AutoCAD 工程设计系列丛书

AutoCAD 2016 中文版机械设计从入门到精通

周生通　许　玢　等编著

机 械 工 业 出 版 社

本书针对 AutoCAD 认证考试最新大纲编写，重点介绍了 AutoCAD 2016 中文版的新功能及其在机械设计领域应用的各种基本操作方法和技巧。其最大的特点是，在大量利用图解方法进行知识点讲解的同时，巧妙地融入了机械设计应用案例，使读者能够在机械设计实践中掌握 AutoCAD 2016 的操作方法和技巧。

全书共分 11 章，分别介绍了国家标准《机械制图》的基本规定，AutoCAD 2016 入门，二维绘图命令，二维编辑命令，文本与表格，尺寸标注，高效绘图工具，零件图的绘制，装配图的绘制，三维造型绘制和三维造型编辑。

本书内容详实、图文并茂、语言简洁、思路清晰、实例丰富，可以作为初学者的入门与提高参考用书，也可作为认证考试辅导与自学参考用书。

图书在版编目（CIP）数据

AutoCAD 2016 中文版机械设计从入门到精通 / 周生通等编著. —北京：机械工业出版社，2015.8
（AutoCAD 工程设计系列丛书）
ISBN 978-7-111-51622-4

Ⅰ. ①A… Ⅱ. ①周… Ⅲ. ①机械设计－计算机辅助设计－AutoCAD 软件 Ⅳ. ①TH122

中国版本图书馆 CIP 数据核字（2015）第 226894 号

机械工业出版社（北京市百万庄大街 22 号 邮政编码 100037）
策划编辑：张淑谦　　责任编辑：张淑谦
责任校对：张艳霞　　责任印制：乔　宇
保定市中画美凯印刷有限公司印刷
2015 年 11 月第 1 版 · 第 1 次印刷
184mm×260mm · 25.75 印张 · 636 千字
0001－3000 册
标准书号：ISBN 978-7-111-51622-4
　　　　　ISBN 978-7-89405-901-7（光盘）
定价：69.80 元（含 1DVD）

凡购本书，如有缺页、倒页、脱页，由本社发行部调换

电话服务
服务咨询热线：（010）88361066
读者购书热线：（010）68326294
　　　　　　　（010）88379203

网络服务
机 工 官 网：www.cmpbook.com
机 工 官 博：weibo.com/cmp1952
教育服务网：www.cmpedu.com
金 书 网：www.golden-book.com

前 言

AutoCAD 是世界上用户群最庞大的 CAD 软件之一。经过多年的发展，其功能不断完善，现已覆盖机械、建筑、服装、电子、气象、地理等各个学科，在全球建立了牢固的用户网络。

一、本书特色

市面上的 AutoCAD 机械设计书籍种类繁多，但读者要挑选一本自己中意的书却很困难。本书如何做到从众多竞争对手中脱颖而出呢？主要通过以下四大特色。

● 作者权威

本书作者有多年的计算机辅助机械设计工作经验和教学经验。本书是作者通过总结多年的设计经验以及教学心得体会而精心编著的，力求全面细致地展现出 AutoCAD 2016 在机械设计应用领域的各种功能和使用方法。

● 提升技能

本书从全面提升 AutoCAD 设计能力的角度出发，结合具体的案例来讲解如何利用 AutoCAD 2016 进行机械设计，真正让读者懂得计算机辅助设计，从而能够独立地完成各种机械工程设计任务。

● 内容全面

本书在有限的篇幅内，讲解了 AutoCAD 常用的功能以及常见的机械图样设计，涵盖了国家标准的基本规定、AutoCAD 2016 入门、二维绘图命令、二维编辑命令、文本与表格、尺寸标注、高效绘图工具、零件图的绘制、装配图的绘制、三维造型绘制、三维造型编辑等知识。

● 知行合一

本书结合典型的机械设计实例详细讲解 AutoCAD 2016 机械设计知识要点，让读者在学习案例的过程中潜移默化地掌握 AutoCAD 2016 软件操作技巧，同时培养了工程设计思维及实践能力。

二、本书源文件

本书所有实例操作需要的原始文件和结果文件，以及上机练习实例的原始文件和结果文件，都在随书光盘的“源文件”文件夹下，读者可以复制到计算机硬盘下参考和使用。

三、光盘使用说明

本书除利用传统的纸面讲解外，还随书附赠了超值的多媒体学习光盘。光盘中包含所有实例的素材源文件，并制作了全程实例视频文件。为了增强教学效果，更进一步方便读者的学习，作者亲自对实例视频进行了配音讲解。

光盘中有两个重要的文件夹希望读者关注，“源文件”文件夹下是本书所有实例操作需要的原始文件和结果文件，以及上机练习实例的原始文件和结果文件；“视频”文件夹下是本书所有实例的操作过程视频讲解文件，总共时长 10 h30 min 左右。

如果读者对本书提供的多媒体界面使用不习惯，也可以打开相应的文件夹，选用自己喜欢的播放器进行播放。

提示：由于本书多媒体光盘放入光驱后会自动播放，有些读者可能不知道怎样查看文件光盘目录。具体的方法是退出本光盘自动播放模式，然后再单击计算机桌面上的“我的电脑”图标，打开文件根目录，在光盘所在盘符上单击鼠标右键，在打开的快捷菜单中选择“打开”命令，就可以查看光盘文件目录。

四、读者学习导航

本书在讲解的过程中，注意由浅入深、从易到难，各章节既相对独立又前后关联。编者根据自己多年的经验及学习心理，及时给出了总结和相关提示，以帮助读者快捷地掌握所学知识。本书可以作为机械设计初学者的入门与提高参考用书，也可以作为机械工程技术人员的参考工具书。

五、致谢

本书由华东交通大学教材基金资助，主要由华东交通大学机电学院机械设计教研室的周生通和许玢两位老师编写，涂嘉、黄志刚、钟礼东老师参与了部分章节的编写，另外王敏、康士廷、王义发、王艳池、胡仁喜、王培合、王玉秋、孙立明、孟培、李兵、刘昌丽等也做了大量编写工作。

由于编者水平有限，书中不足之处在所难免，望广大读者登录网站 www.sjzswsw.com、发送邮件到 win760520@126.com 批评指正或加入三维书屋图书学习交流群（QQ：379090620）共同交流探讨。

编　者

目 录

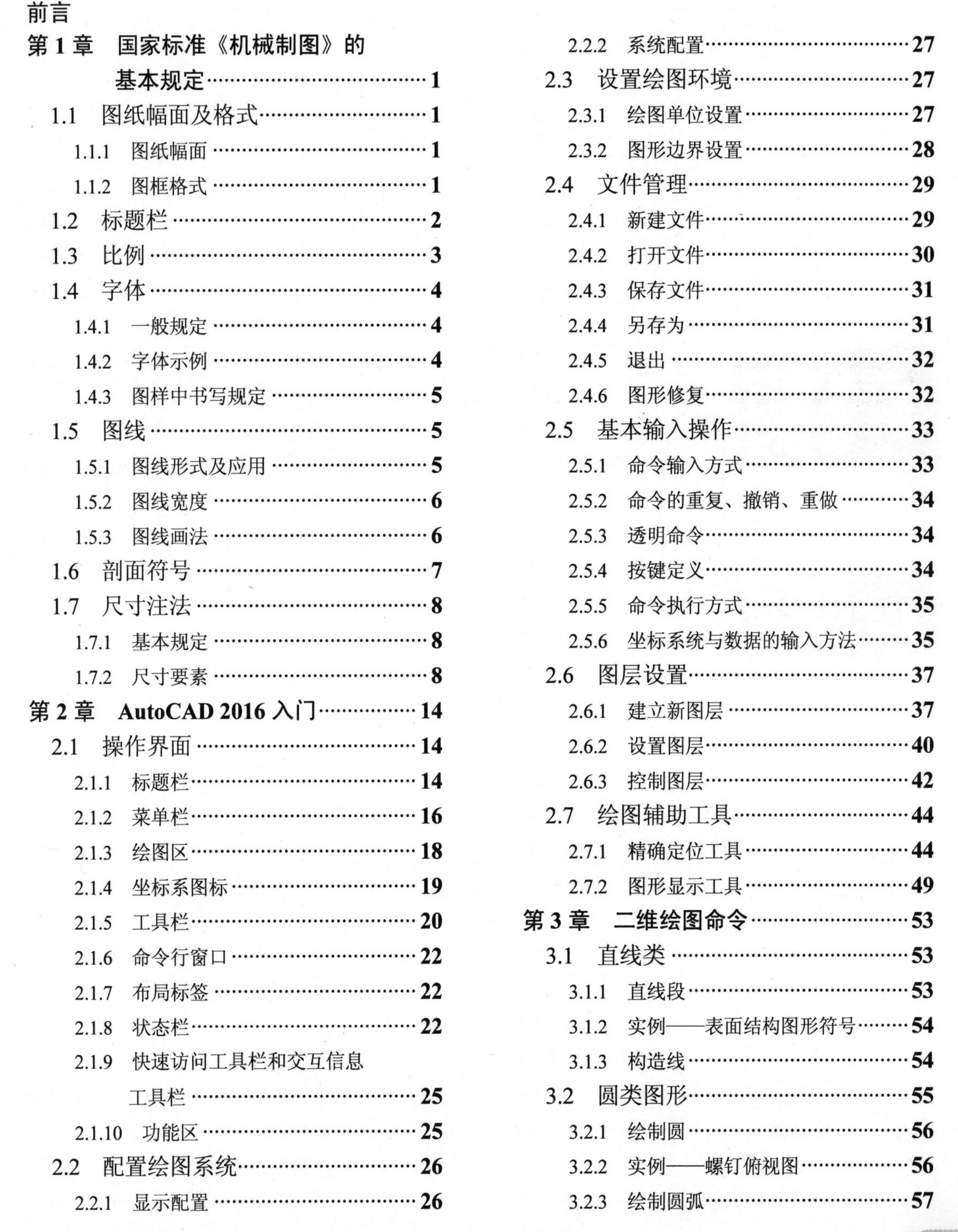

第 1 章 国家标准《机械制图》的基本规定

知识导引

国家标准《机械制图》是对与图样有关的画法、尺寸和技术要求的标注等作的统一规定。

制图标准化是工业标准的基础，我国政府和各有关部门都十分重视制图标准化工作。1959 年中华人民共和国科学技术委员会批准颁发了我国第一个《机械制图》国家标准。为适应经济和科学技术发展的需要先后进行了几次修改，并最终形成了现在适用的标准。

1.1 图纸幅面及格式

国家标准，简称国标，代号为“GB”，斜杠后的字母为标准类型，其后的数字为标准号，由顺序号和发布的年代号组成，如表示比例的标准代号为：GB/T 14690-1993。

图纸幅面及其格式在 GB/T 14689-2008 中进行了详细的规定，下面进行简要介绍。

1.1.1 图纸幅面

绘图时应优先采用表 1-1 规定的基本幅面。图幅代号为 A0、A1、A2、A3、A4 五种，必要时可按规定加长幅面，如图 1-1 所示。

表 1-1 图纸幅面 （单位：mm）

幅面代号	A0	A1	A2	A3	A4
$B\times L$	841×1189	594×841	420×594	297×420	210×297
e		20		10	
c		10		5	
a			25		

1.1.2 图框格式

在图纸上必须用粗实线画出图框，其格式分不留装订边（见图 1-2）和留装订边（见图 1-3）两种，尺寸见表 1-1。

同一产品的图样只能采用同一种格式。

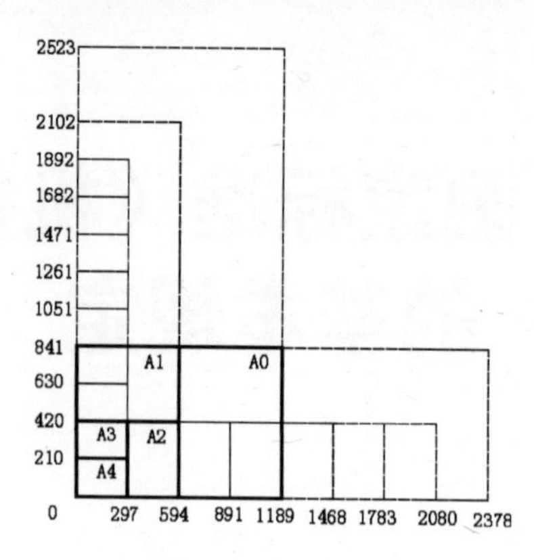

图 1-1　幅面尺寸

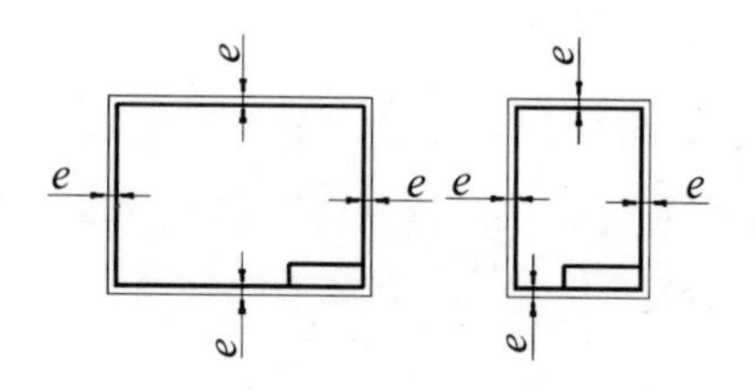

图 1-2　不留装订边图框

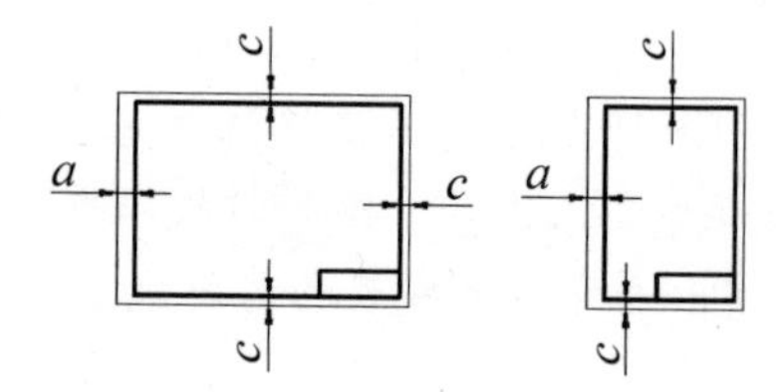

图 1-3　留装订边图框

1.2　标题栏

国标《技术制图 标题栏》规定每张图纸上都必须画出标题栏，标题栏的位置位于图纸的右下角，与看图方向一致。

标题栏的格式和尺寸由 GB/T 10609.1-2008 规定，装配图中明细栏由 GB/T 10609.2-2009 规定，如图 1-4 所示。

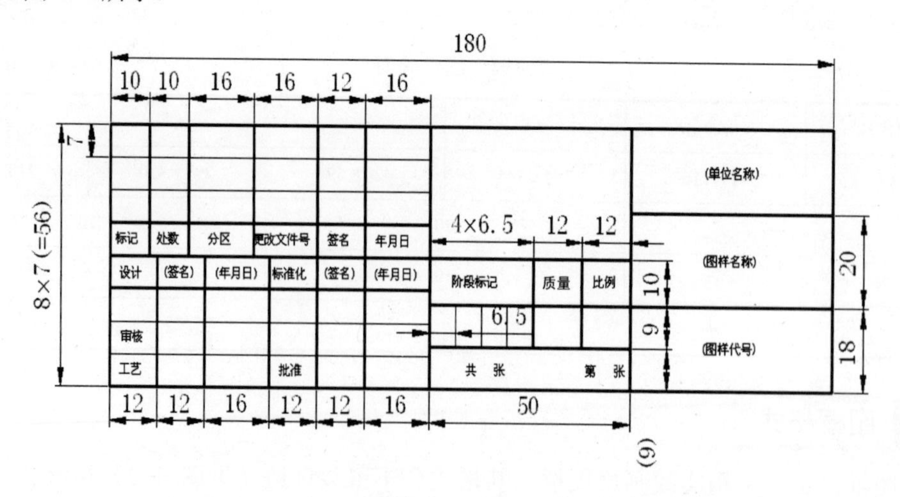

图 1-4　标题栏

在学习过程中，有时为了方便，需要对零件图标题栏和装配图标题栏、明细栏内容进行简化，可以使用图 1-5 所示的格式。

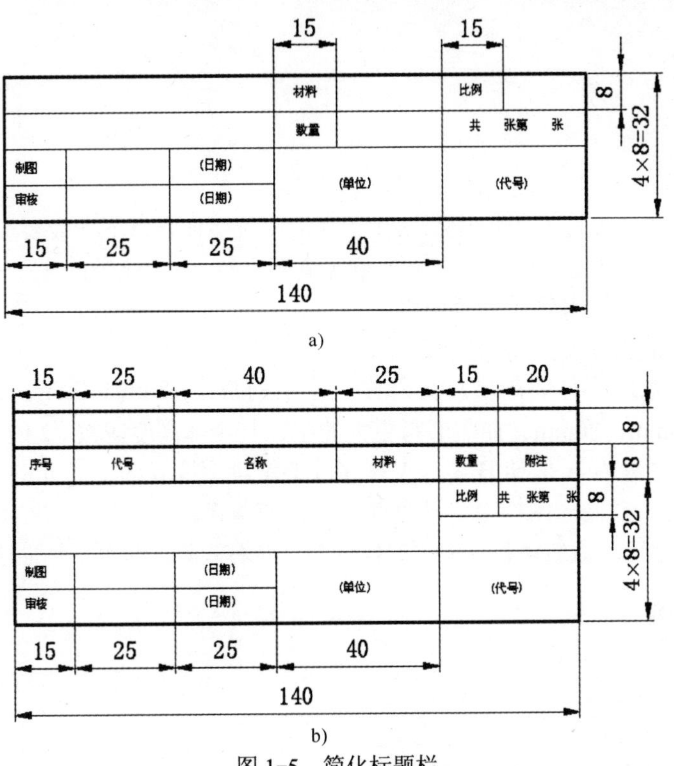

图 1-5 简化标题栏

a) 零件图标题栏 b) 装配图标题栏

1.3 比例

比例为图样中图形与其实物相应要素的线性尺寸之比，分原值比例、放大比例、缩小比例三种。

需要按比例制图时，根据表 1-2 规定的标准比例系列选取适当的比例。必要时也允许选取表 1-3 规定（GB/T 14690-1993）的可用比例系列。

表 1-2 标准比例系列

种　类	比　例
原值比例	1∶1
放大比例	5∶1　2∶1　5×10*n*∶1　2×10*n*∶1　1×10*n*∶1
缩小比例	1∶2　1∶5　1∶10　1∶2×10*n*　1∶5×10*n*　1∶1×10*n*
n 为正整数	

表 1-3 可用比例系列

种　类	比　例
放大比例	4∶1　2.5∶1　4×10*n*∶1　2.5×10 *n*∶1
缩小比例	1∶1.5　1∶2.3　1∶3　1∶4　1∶6 1∶1.5×10*n*　1∶2.5×10*n*　1∶3×10*n*　1∶4×10*n*　1∶6×10*n*

1.4 字体

1.4.1 一般规定

按 GB/ T 14691-1993、GB/T 14665-2012 规定，对字体有以下一般要求：

1）图样中书写字体必须做到：字体工整、笔画清楚、间隔均匀、排列整齐。

2）汉字应写成长仿宋体，并应采用国家正式公布推行的简化字。汉字的高度不应小于 3.5mm，其字宽一般为 $h/\sqrt{2}$（h 为字高）。

3）字体的号数即字体的高度，其公称尺寸系列为：1.8mm、2.5mm、3.5mm、5mm、7mm、10mm、14mm、20mm。如需书写更大的字，其字体高度应按 $\sqrt{2}$ 的比率递增。

4）字母和数字分为 A 型和 B 型。A 型字体的笔画宽度 d 为字高 h 的十四分之一；B 型字体对应为十分之一。同一图样上，只允许使用一种型式。

5）字母和数字可写成斜体和直体。斜体字字头向右倾斜，与水平基准线约成 75°角。

1.4.2 字体示例

1．汉字

长仿宋体，如图 1-6 所示。

字体工整　笔画清楚　间隔均匀　排列整齐

a)

横平竖直　注意起落　结构均匀　填满方格

b)

技术制图　机械电子　汽车航空　船舶土木　建筑矿山　井坑港口　纺织服装

c)

螺纹齿轮　端子接线　飞行指导　驾驶舱位　挖填施工　饮水通风　闸阀坝　棉麻化纤

d)

图 1-6　汉字

a) 10 号字　b) 7 号字　c) 5 号字　d) 3.5 号字

2．拉丁字母

如图 1-7 所示。

ABCDEFGHIJKLMNOP　*abcdefghijklmnop*

a)　b)

ABCDEFGHIJKLMNOP

c)

图 1-7　拉丁字母

a) A 型大写斜体　b) A 型小写斜体　c) B 型大写斜体

3．希腊字母

如图 1-8 所示。

ΑΒΓΕΖΗΘΙΚ

a)

αβγδεζηθικ

b)

图 1-8 希腊字母

a) A 型大写斜体 b) A 型小写正体

4．阿拉伯数字

如图 1-9 所示。

1234567890

a)

1234567890

b)

图 1-9 数字

a) 斜体 b) 正体

1.4.3 图样中书写规定

1）用作指数、分数、极限偏差、注脚等的数字及字母，一般应采用小一号字体。

2）图样中的数字符号、物理量符号、计量单位符号以及其他符号、代号应分别符合有关规定。

1.5 图线

图线的相关使用规则在 GB/T 4457.4−2002 中进行了详细的规定，下面进行简要介绍。

1.5.1 图线形式及应用

国标规定了各种图线的名称、形式、宽度以及在图上的一般应用，图线形式见表 1-4，图线用途示例如图 1-10 所示。

表 1-4 图线形式

图线名称	线 型	线 宽	主要用途
粗实线		b	可见轮廓线
细实线		约 $b/2$	尺寸线、尺寸界线、剖面线、引出线、弯折线、牙底线、齿根线、辅助线、可见过渡线等
细点画线		约 $b/2$	轴线、对称中心线、齿轮节线等
虚线		约 $b/2$	不可见轮廓线、不可见过渡线
波浪线		约 $b/2$	断裂处的边界线、剖视与视图的分界线
双折线		约 $b/2$	断裂处的边界线
粗点画线		b	有特殊要求的线或面的表示线
双点画线		约 $b/2$	相邻辅助零件的轮廓线、极限位置的轮廓线、假想投影的轮廓线

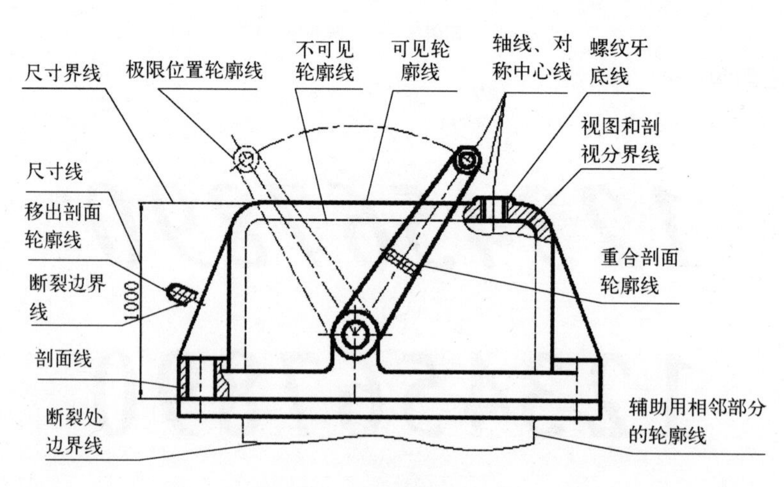

图 1-10 图线用途示例

1.5.2 图线宽度

图线分粗、细两种，粗线的宽度 b 应按图的大小和复杂程度，在 0.5～2mm 之间选择。

图线宽度的推荐系列为：0.18mm，0.25mm，0.35mm，0.5mm，0.7mm，1mm，1.4mm，2mm。

1.5.3 图线画法

1）同一图样中，同类图线的宽度应基本一致。虚线、点画线及双点画线的线段和间隔应各自大致相等。

2）两条平行线（包括剖面线）之间的距离应不小于粗实线的两倍宽度，其最小距离不得<0.7mm。

3）绘制圆的对称中心线时，圆心应为线段的交点。点画线和双点画线的首末两端应是线段而不是短画。建议中心线超出轮廓线 2～5mm，如图 1-11 所示。

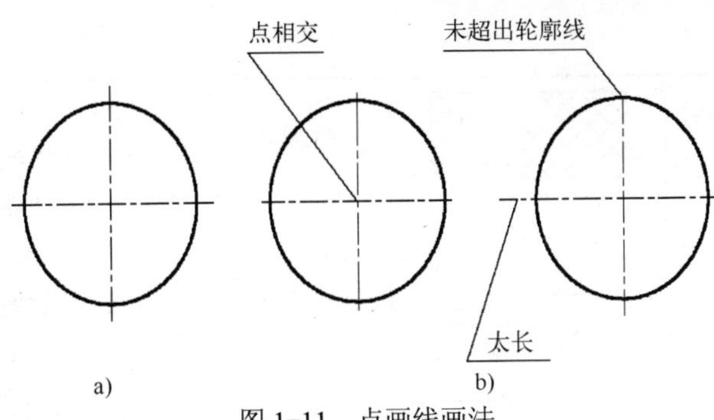

图 1-11 点画线画法

a) 正确 b) 错误

4）在较小的图形上画点画线或双点画线有困难时，可用细实线代替。

为保证图形清晰，各种图线相交、相连时的习惯画法如图 1-12 所示。

点画线、虚线与粗实线相交以及点画线、虚线彼此相交时，均应交于点画线或虚线的线段处。虚线与粗实线相连时，应留间隙；虚直线与虚半圆弧相切时，在虚直线处留间隙，而虚半圆弧画到对称中心线为止。如图 1-12a 所示。

5）由于图样复制中所存在的困难，应尽量避免采用 0.18mm 的线宽。

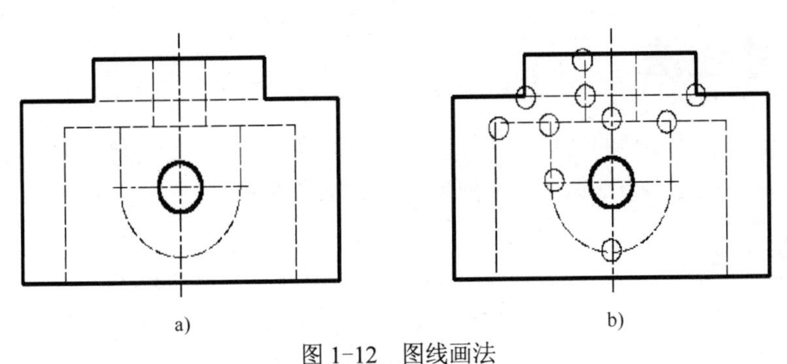

图 1-12 图线画法

a) 正确 b) 错误

1.6 剖面符号

在剖视和断面图中，应采用表 1-5 所规定的剖面符号（GB/T 4457.5-2013）。

表 1-5 剖面符号

金属材料（已有规定剖面符号除外）		纤维材料	
线圈绕组元件		基础周围的泥土	
转子、电枢、变压器和电抗器等迭钢片		混凝土	

（续）

非金属材料（已有规定剖面符号者除外）			钢筋混凝土	
型砂、填砂、粉末冶金、砂轮、陶瓷刀片、硬质合金刀片等			砖	
玻璃及供观察用的其他透明材料			格网(筛网、过滤网等)	
木材	纵剖面		液体	
	横剖面			

注：1. 剖面符号仅表示材料类别，材料的名称和代号必须另行注明。

2. 迭钢片的剖面线方向，应与束装中迭钢片的方向一致。

3. 液面用细实线绘制。

1.7 尺寸注法

图样中，除需表达零件的结构形状外，还需标注尺寸，以确定零件的大小。GB/T 4458.4-2003 中对尺寸标注的基本方法做了一系列规定，必须严格遵守。

1.7.1 基本规定

1）图样中的尺寸以毫米为单位时，不需注明计量单位代号或名称。若采用其他单位，则必须标注相应计量单位或名称，如35°30′。

2）图样上所注的尺寸数值是零件的真实大小，与图形大小及绘图的准确度无关。

3）零件的每一尺寸在图样中一般只标注一次。

4）图样中标注尺寸是该零件最后完工时的尺寸，否则应另加说明。

1.7.2 尺寸要素

一个完整的尺寸，包含下列五个尺寸要素：

1．尺寸界线

尺寸界线用细实线绘制，如图 1-13a 所示。尺寸界线一般是图形轮廓线、轴线或对称中心线的延伸线，超出箭头约 2～3 mm。也可直接用轮廓线、轴线或对称中心线作尺寸界线。

尺寸界线一般与尺寸线垂直，必要时允许倾斜。

2．尺寸线

尺寸线用细实线绘制，如图 1-13a 所示。尺寸线必须单独画出，不能用图上任何其他图线代替，也不能与图线重合或在其延长线上（见图 1-13b 中尺寸 3 和 8 的尺寸线），并应尽量避免尺寸线之间及尺寸线与尺寸界线之间相交。

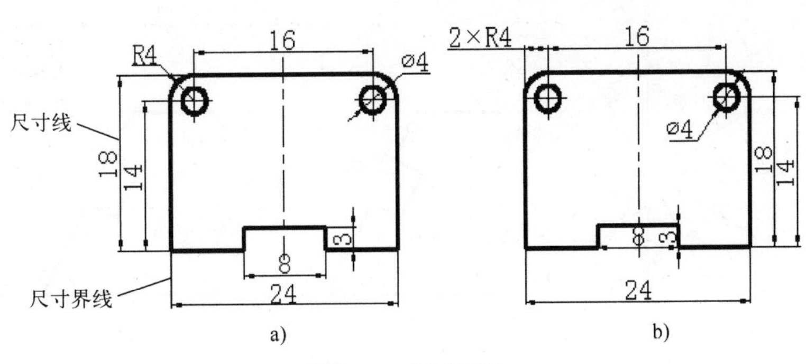

图 1-13　尺寸标注

a) 正确　b) 错误

标注线性尺寸时，尺寸线必须与所标注的线段平行，相同方向的各尺寸线间距要均匀，间隔应>5mm。

3．尺寸线终端

尺寸线终端有两种形式，箭头或细斜线，如图 1-14 所示。

箭头适用于各种类型的图形，箭头尖端与尺寸界线接触，不得超出也不得离开，如图 1-15 所示。

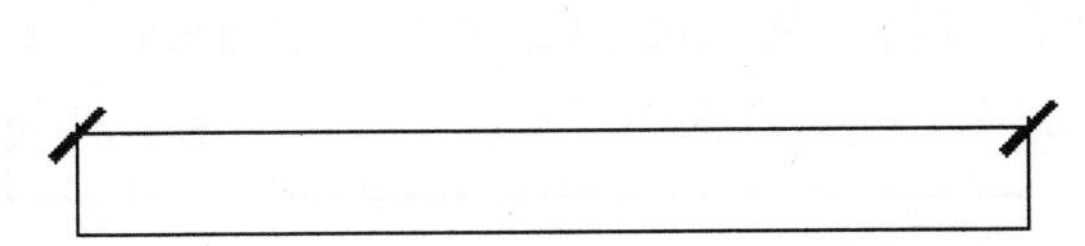
图 1-14　尺寸线终端

细斜线其方向和画法如图 1-14 所示。当尺寸线终端采用斜线形式时，尺寸线与尺寸界线必须相互垂直，并且同一图样中只能采用一种尺寸终端形式。

当采用箭头作为尺寸线终端时，位置若不够，允许用圆点或细斜线代替箭头，如表 1-6 中狭小部位图例所示。

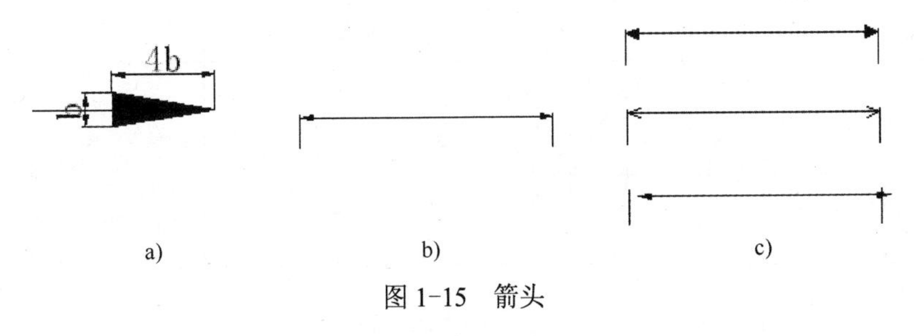

图 1-15　箭头

a) 箭头画法　b) 正确画法　c) 错误画法

4．尺寸数字

线性尺寸的数字一般注写在尺寸线上方或尺寸线中断处。同一图样内大小一致，位置不够可引出标注。

线性尺寸数字方向按图 1-16a 所示方向进行注写，并尽可能避免在图示 30° 范围内标注尺寸，当无法避免时，可按图 1-16b 所示标注。

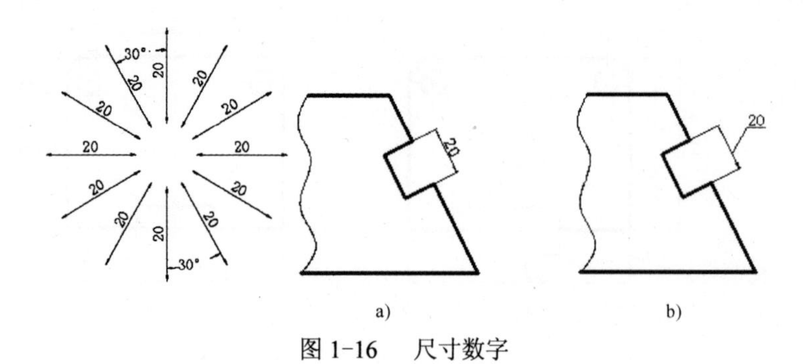

图 1-16　尺寸数字

5．符号

图样中用符号区分不同类型的尺寸：ϕ表示直径；*R* 表示半径；*S* 表示球面；δ表示板状零件厚度。符号“□”表示正方形；符号“∠”表示斜度；符号“◁”表示锥度；符号“±”表示正负偏差；符号“×”为参数分隔符，如 M10×1，槽宽×槽深等；“-”为连字符，如 M10×1-6H。

6．标注示例

国标规定的尺寸标注的一些示例见表 1-6。

表 1-6　尺寸标注示例

标注内容	图　例	说　明
角度	64° 65° 51° 15° 4° 30° 20° 20° 5° 90° 50°	1）角度尺寸线沿径向引出 2）角度尺寸线画成圆弧，圆心是该角顶点 3）角度尺寸数字一律写成水平方向
圆的直径	ø18 ø18 ø12 ø8	1）直径尺寸应在尺寸数字前加注符号“ϕ” 2）尺寸线应通过圆心，尺寸线终端画成箭头 3）整圆或大于半圆标注直径
大圆弧	R60 SR64 a)　b)	当圆弧半径过大在图纸范围内无法标出圆心位置时，按图 a 所示形式标注；若不需标出圆心位置按图 b 所示形式标注

（续）

标注内容	图　例	说　明
圆弧半径	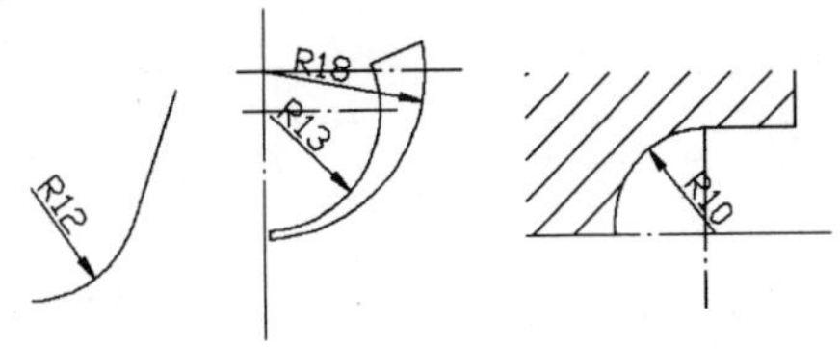	1）半径尺寸数字前加注符号“*R*” 2）半径尺寸必须注在投影为圆弧的图形上，且尺寸线应通过圆心 3）半圆或小于半圆的圆弧标注半径尺寸
狭小部位	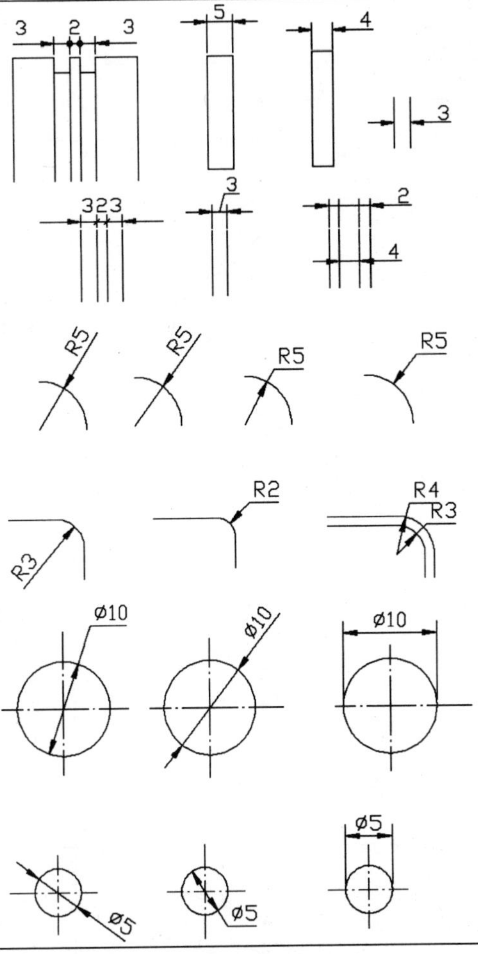	在没有足够位置画箭头或注写数字时，可按图例的形式标注
对称机件	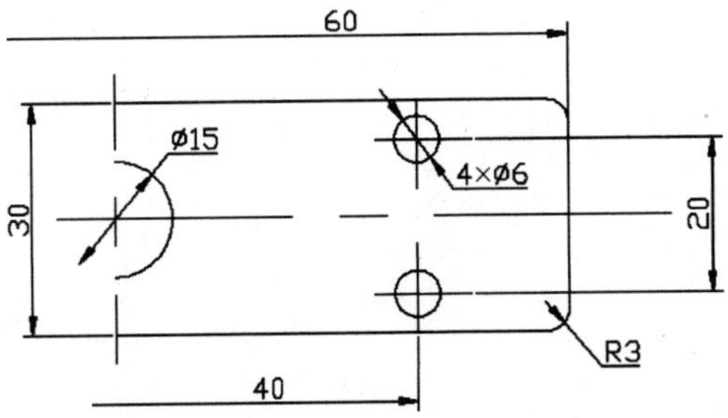	当对称机件的图形只画出一半或略大于一半时，尺寸线应略超过对称中心线或断裂处的边界线，并在尺寸线一端画出箭头

（续）

标注内容	图例	说明
正方形结构	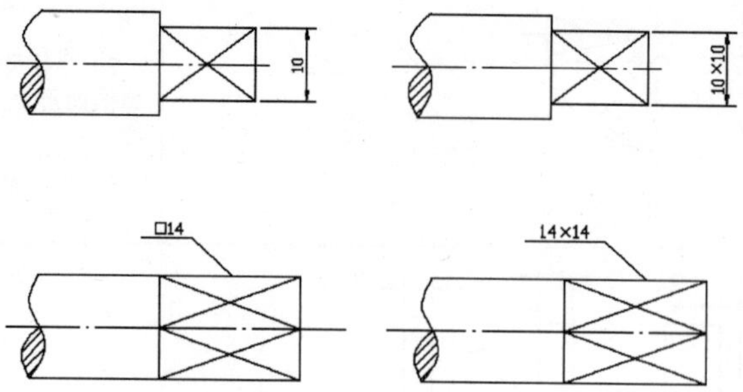 10　10×10　□14　14×14	表示表面为正方形结构尺寸时，可在正方形边长尺寸数字前加注符号“□”，或用 14×14 代替□14
板状零件	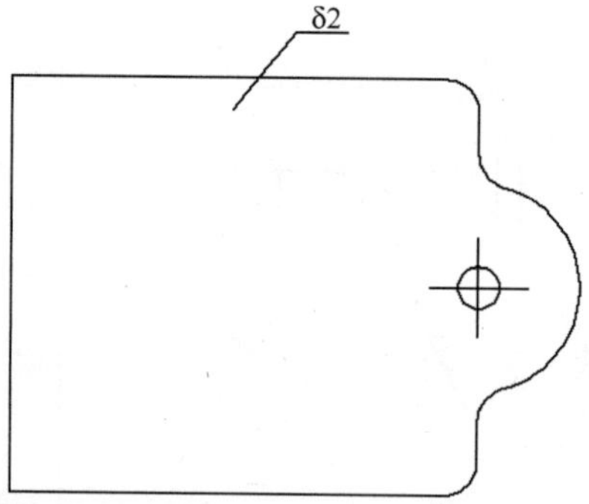 δ2	标注板状零件厚度时，可在尺寸数字前加注符号“δ”
光滑过渡处	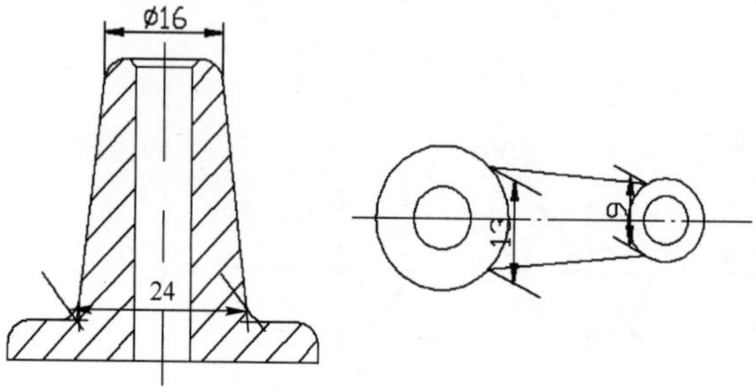 Ø16　24　13　9 a)　b)	1）在光滑过渡处标注尺寸时，须用细实线将轮廓线延长，从交点处引出尺寸界线（见图 a） 2）当尺寸界线过于靠近轮廓线时，允许倾斜画出（见图 b）
弦长和弧长	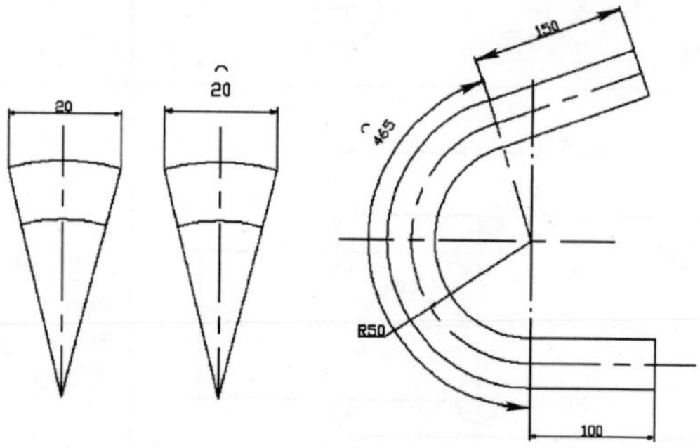 20　⌒20　150　⌒465　R50　100 a)　b)	1）标注弧长时，应在尺寸数字上方加符号“⌒”（见图 a） 2）弦长及弧的尺寸界线应平行该弦的垂直平分线，当弧长较大时，可沿径向引出（见图 b）

（续）

标注内容	图例	说明
球面	SØ14 a)　SR15 b)　R6 c)	标注球面直径或半径时，应在“ϕ”或“R”前再加注符号“S”。对标准件、轴及手柄的端部，在不致引起误解的情况下，可省略“S”（见图 c）
斜度和锥度	30° h　30° h a)　∠1:50 b)　1:15 (α/2=1°54′33″) c)	1）斜度和锥度的标注，其符号应与斜度、锥度的方向一致 2）符号的线宽为 $h/10$，画法如图 a 所示 3）必要时，在标注锥度的同时，在括号内注出其角度值（见图 c）

第 2 章　AutoCAD 2016 入门

知识导引

本章将开始循序渐进地学习 AutoCAD 2016 绘图的有关基础知识，了解如何设置图形的系统参数、样板图，熟悉建立新的图形文件、打开已有文件的方法等。为后面进入系统学习准备必要的前提知识。

2.1　操作界面

AutoCAD 2016 的操作界面是 AutoCAD 显示、编辑图形的区域。一个完整的 AutoCAD 2016 的操作界面如图 2-1 所示，包括标题栏、十字光标、快速访问工具栏、绘图区、功能区、坐标系图标、命令行窗口、状态栏、布局标签和导航栏等。

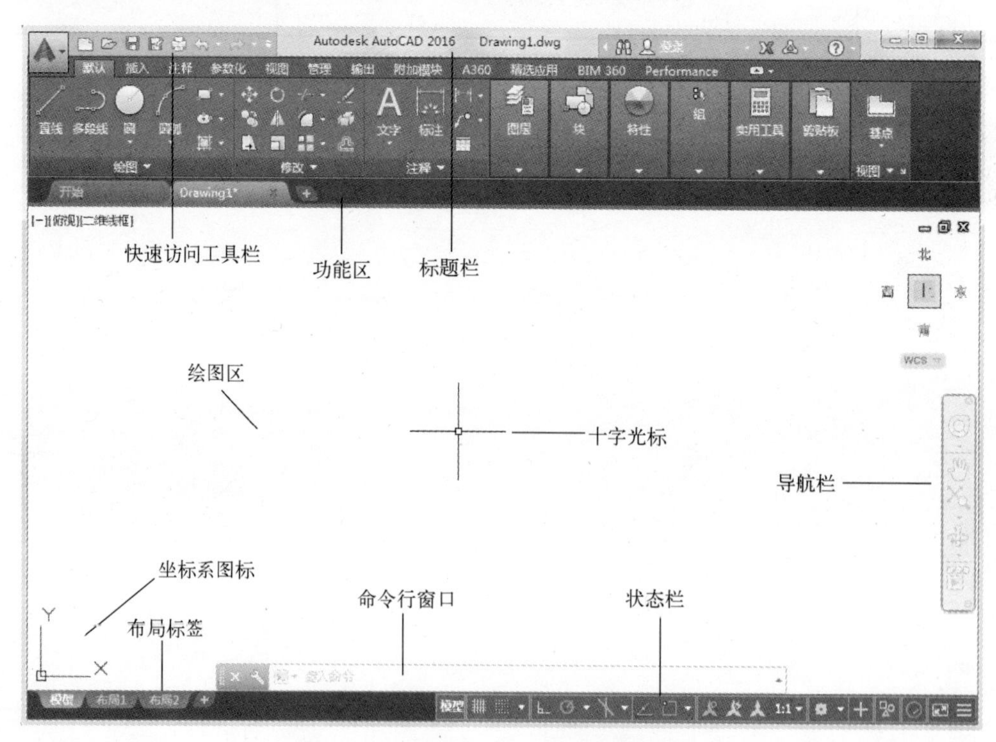

图 2-1　AutoCAD 2016 中文版的操作界面

2.1.1 标题栏

AutoCAD 2016 中文版操作界面的最上端是标题栏。在标题栏中，显示了系统当前正在运行的应用程序（AutoCAD 2016）和用户正在使用的图形文件。在用户第一次启动AutoCAD时，在AutoCAD 2016绘图窗口的标题栏中将显示AutoCAD 2016在启动时创建并打开的图形文件的名字“Drawing1.dwg”，如图2-1所示。

注 意

安装AutoCAD 2016后，默认的界面如图2-1所示。在绘图区中右击鼠标，打开快捷菜单，如图2-2所示，选择“选项”命令，打开“选项”对话框，选择“显示”选项卡，将窗口元素对应的“配色方案”设置为“明”，如图2-3所示。单击“确定”按钮，退出对话框，其操作界面如图2-4所示。

图2-2 快捷菜单

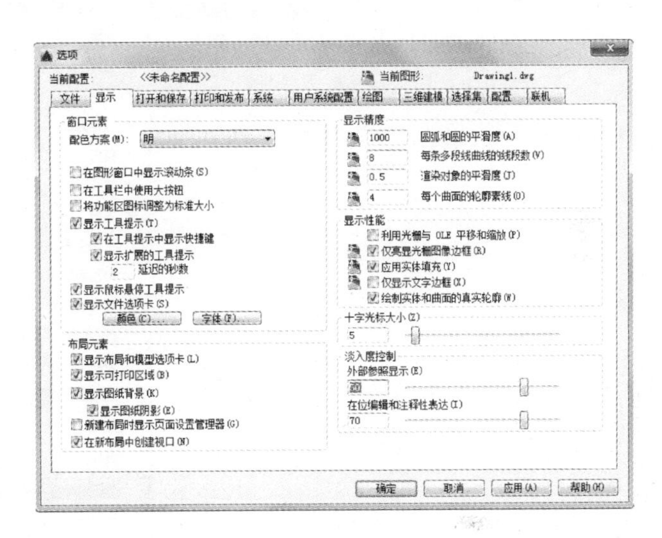

图2-3 “选项”对话框

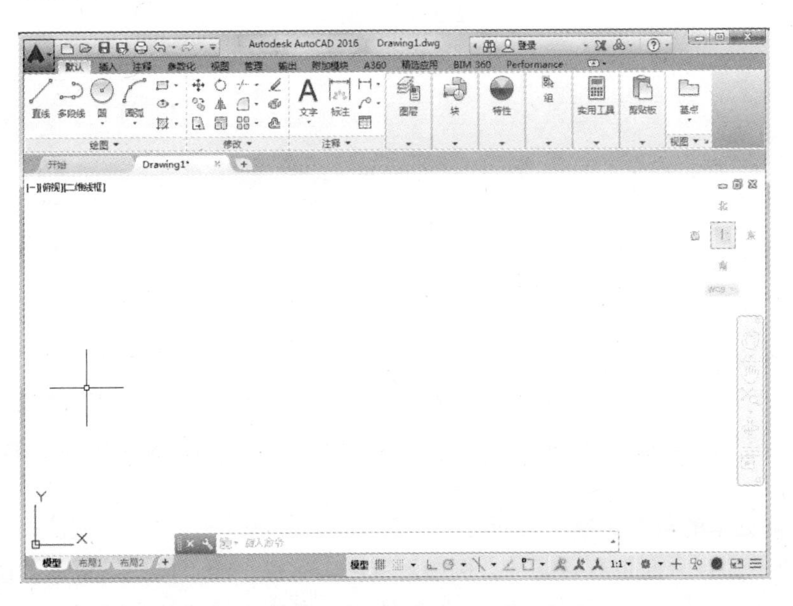

图2-4 AutoCAD 2016中文版的“明”操作界面

2.1.2 菜单栏

在 AutoCAD 快速访问工具栏处调出菜单栏，如图 2-5 所示。调出后的菜单栏如图 2-6 所示。同其他 Windows 程序一样，AutoCAD 的菜单也是下拉形式的，并在菜单中包含子菜单。AutoCAD 的菜单栏中包含 12 个菜单：“文件”“编辑”“视图”“插入”“格式”“工具”“绘图”“标注”“修改”“参数”“窗口”和“帮助”，这些菜单几乎包含了 AutoCAD 的所有绘图命令，后面的章节将对这些菜单功能作详细的讲解。一般来讲，AutoCAD 下拉菜单中的命令有以下三种。

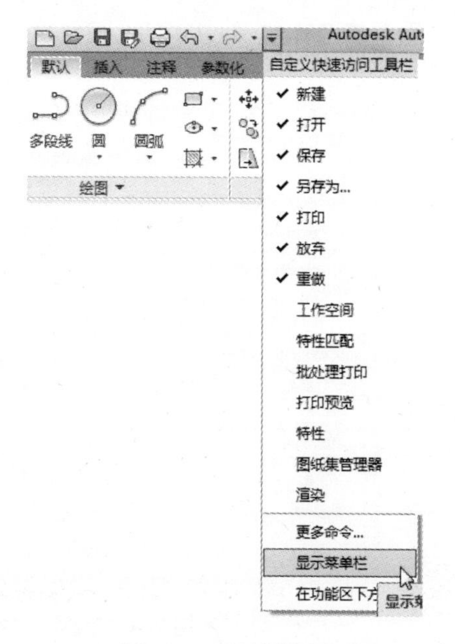

图 2-5　调出菜单栏

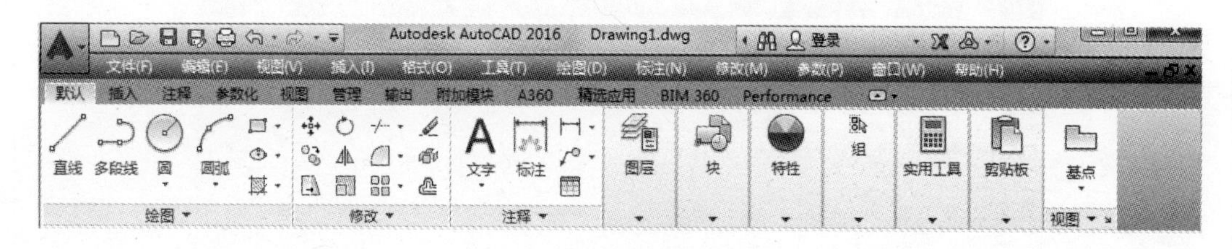

图 2-6　菜单栏显示界面

1．带有子菜单的菜单命令

这种类型的命令后面带有小三角形。例如，单击菜单栏中的“绘图”菜单，鼠标指向其下拉菜单中的“圆”命令，屏幕上就会进一步显示出“圆”子菜单中所包含的命令，如图 2-7 所示。

2．打开对话框的菜单命令

这种类型的命令后面带有省略号。例如，单击菜单栏中的“格式”菜单，选择其下拉菜单中的“文字样式（S）...”命令，如图 2-8 所示。屏幕上就会打开对应的“文字样式”对话框，如图 2-9 所示。

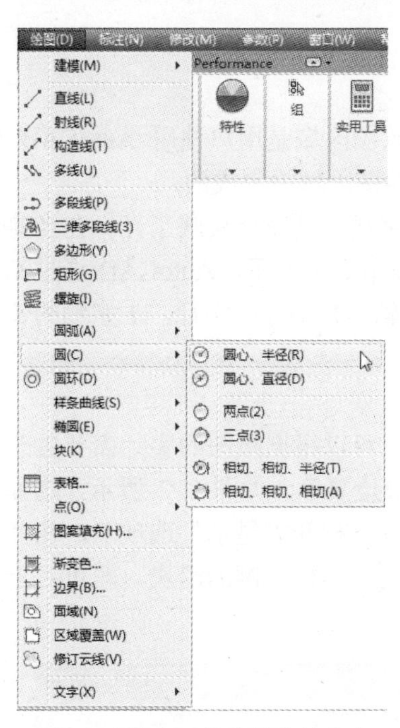

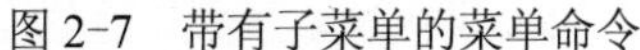

图 2-7 带有子菜单的菜单命令

图 2-8 打开对话框的菜单命令

3. 直接执行操作的菜单命令

这种类型的命令后面既不带小三角形，也不带省略号，选择该命令将直接进行相应的操作。例如，选择菜单栏中的“视图”→“重画”命令，如图 2-10 所示，系统将刷新显示所有视口。

图 2-9 “文字样式”对话框

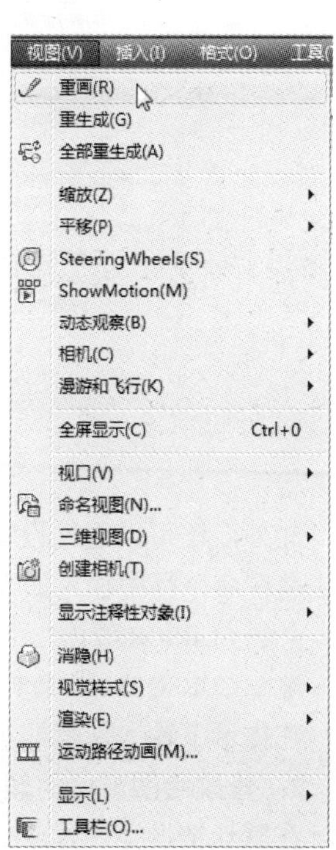

图 2-10 “重画”选项

2.1.3 绘图区

绘图区是指在功能区下方的大片空白区域。绘图区域是用户使用 AutoCAD 绘制图形的区域，用户绘制一幅设计图形的主要工作都是在绘图区域中完成的。

在绘图区域中，还有一个作用类似光标的十字线，其交点反映了光标在当前坐标系中的位置。在 AutoCAD 中，将该十字线称为光标，如图 2-1 所示，AutoCAD 通过光标显示当前点的位置。十字线的方向与当前用户坐标系的 X 轴、Y 轴方向平行，十字线的长度系统预设为屏幕大小的 5%。

1．修改图形窗口中十字光标的大小

光标的长度系统预设为屏幕大小的 5%，用户可以根据绘图的实际需要更改其大小。改变光标大小的方法：在绘图区中右击鼠标，打开快捷菜单，如图 2-2 所示，选择“选项”命令，屏幕上将弹出关于系统配置的“选项”对话框。打开“显示”选项卡，在“十字光标大小”选项组中的文本框中直接输入数值，或者拖动文本框右侧的滑块，即可对十字光标的大小进行调整，如图 2-11 所示。

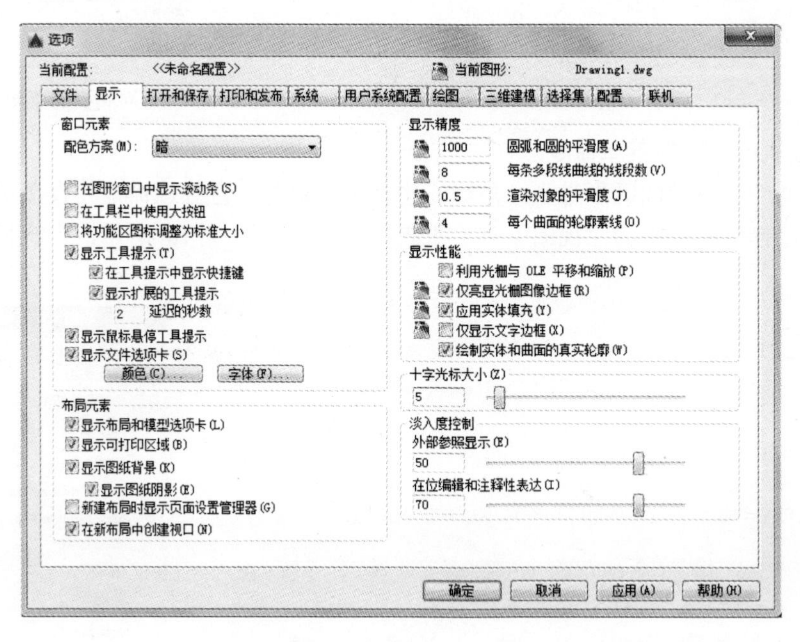

图 2-11 “选项”对话框中的“显示”选项卡

此外，还可以通过设置系统变量 CURSORSIZE 的值，实现对十字光标大小的更改，其方法是在命令行中输入如下命令。

命令: CURSORSIZE↙

输入 CURSORSIZE 的新值 <5>:↙

在提示下输入新值即可，默认值为 5%。

2．修改绘图窗口的颜色

在默认情况下，AutoCAD 的绘图窗口是黑色背景、白色线条，这不符合绝大多数用户的习惯，因此修改绘图窗口颜色是大多数用户都需要进行的操作。修改绘图窗口颜色的步骤如下。

1）在绘图区中右击鼠标，打开快捷菜单，如图 2-2 所示，选择“选项”命令，打开“选项”对话框，选择如图 2-11 所示的“显示”选项卡，单击“窗口元素”选项组中的“颜色”按钮，将打开图 2-12 所示的“图形窗口颜色”对话框。

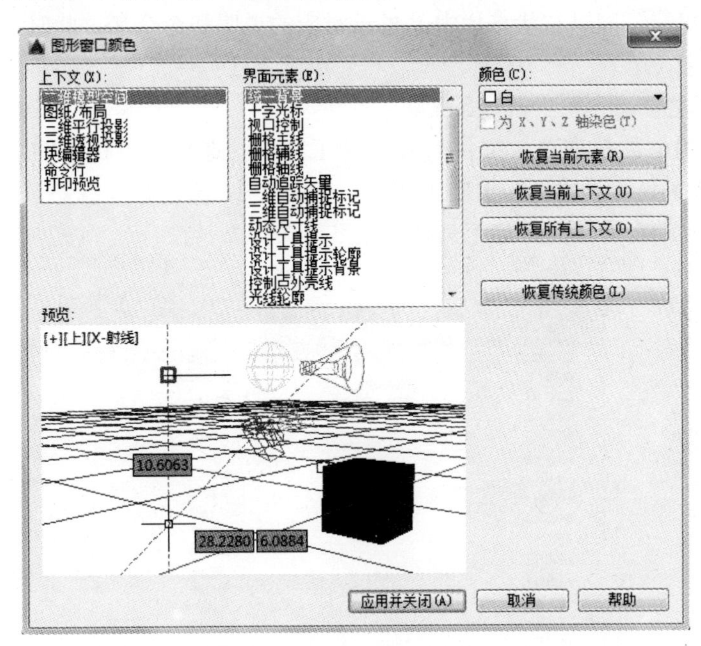

图 2-12 “图形窗口颜色”对话框

2）单击“图形窗口颜色”对话框中“颜色”下拉箭头，在打开的下拉列表中选择需要的窗口颜色，然后单击“应用并关闭”按钮，此时 AutoCAD 的绘图窗口变成了选择的窗口背景色。通常按视觉习惯选择白色为窗口颜色。

2.1.4 坐标系图标

在绘图区域的左下角，有一个箭头指向图标，称之为坐标系图标，表示用户绘图时正使用的坐标系形式，如图 2-1 所示。坐标系图标的作用是为点的坐标确定一个参照系。根据工作需要，用户可以选择将其关闭。其方法是选择菜单栏中的“视图”→“显示”→“UCS 图标”→“开”命令，如图 2-13 所示。

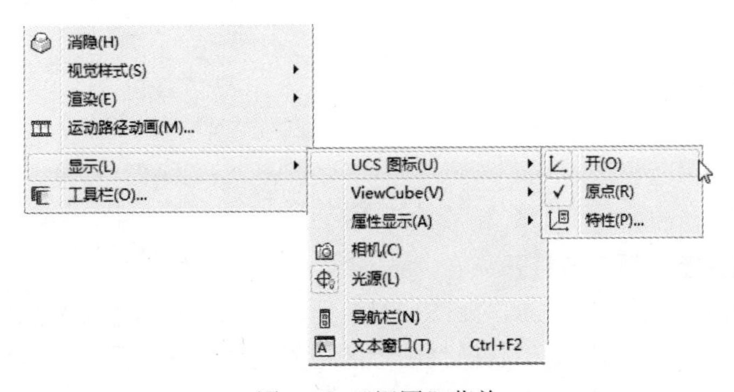

图 2-13 “视图”菜单

2.1.5 工具栏

工具栏是一组按钮工具的集合。选择菜单栏中的“工具”→“工具栏”→“AutoCAD”，调出所需要的工具栏，把光标移动到某个按钮上，稍停片刻即在该按钮的一侧显示相应的功能提示，同时在状态栏中，显示对应的说明和命令名，此时，单击按钮就可以启动相应的命令了。

1．设置工具栏

AutoCAD 2016 的标准菜单提供有几十种工具栏，选择菜单栏中的“工具”→“工具栏”→“AutoCAD”，可调出所需要的工具栏，如图 2-14 所示。单击某一个未在界面显示的工具栏名，系统自动在界面打开该工具栏。反之，关闭工具栏。

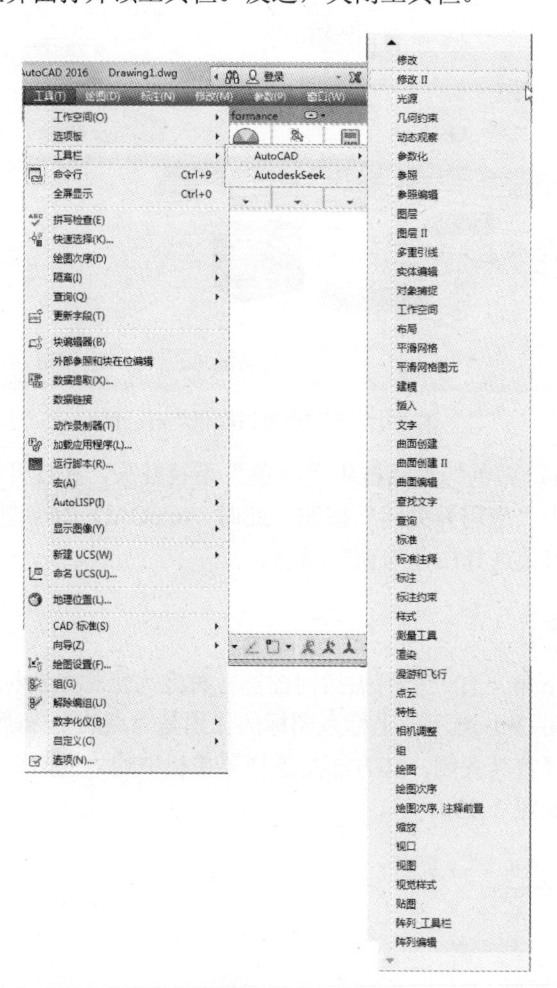

图 2-14　调出工具栏

2．工具栏的固定、浮动与打开

工具栏可以在绘图区浮动显示，如图 2-15 所示，此时显示该工具栏标题，并可以关闭该工具栏。用鼠标可以拖动浮动工具栏到图形区边界，使它变为固定工具栏，此时该工具栏标题隐藏。也可以把固定工具栏拖出，使它成为浮动工具栏。

在有些图标的右下角带有一个小三角，按住鼠标左键会打开相应的工具栏，选择其中适用的工具单击鼠标左键，该图标就成为当前图标。单击当前图标，执行相应命令，如图 2-16 所示。

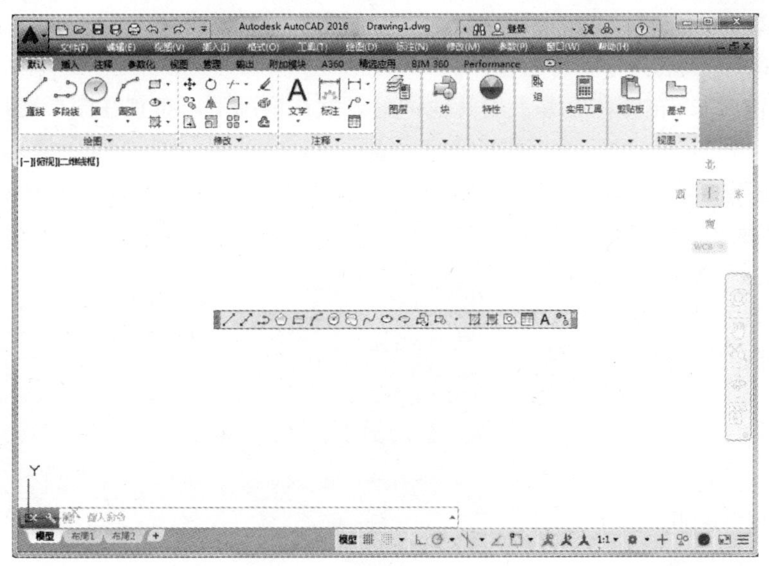

图 2-15 “浮动”工具栏

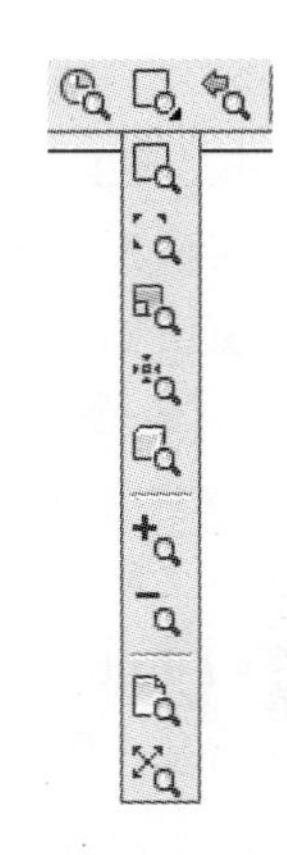

图 2-16 打开工具栏

注 意

安装 AutoCAD 2016 后，默认的界面如图 2-1 所示，为了快速简便地操作绘图，一般通过选择菜单栏中的“工具”→“工具栏”→“AutoCAD”将“绘图”“修改”工具栏打开，如图 2-17 所示。

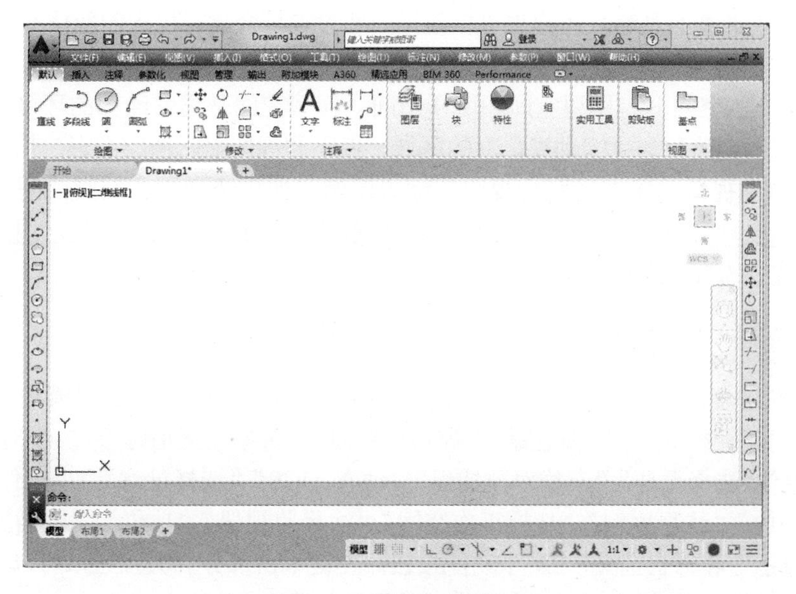

图 2-17 常规操作界面

2.1.6 命令行窗口

命令行窗口是输入命令名和显示命令提示的区域，默认的命令行窗口布置在绘图区下方，是若干文本行，如图 2-1 所示。对命令行窗口，有以下几点需要说明：

1）移动拆分条，可以扩大和缩小命令行窗口。

2）可以拖动命令行窗口，布置在屏幕上的其他位置。默认情况下，布置在图形窗口的下方。

3）对当前命令行窗口中输入的内容，可以按〈F2〉键用文本编辑的方法进行编辑，如图 2-18 所示。AutoCAD 文本窗口和命令窗口相似，它可以显示当前 AutoCAD 进程中命令的输入和执行过程，在执行 AutoCAD 某些命令时，它会自动切换到文本窗口，列出有关信息。

4）AutoCAD 通过命令行窗口可以反馈各种信息，包括出错信息。因此，用户要时刻关注在命令窗口中出现的信息。

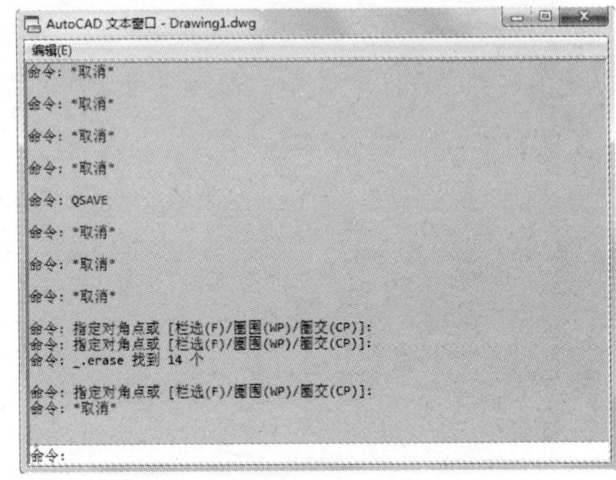

图 2-18　文本窗口

2.1.7 布局标签

AutoCAD 系统默认设定一个模型空间布局标签和“布局 1”“布局 2”两个图样空间布局标签。在这里有两个概念需要解释一下。

1．布局

布局是系统为绘图设置的一种环境，包括图样大小、尺寸单位、角度设定、数值精度等，在系统预设的三个标签中，这些环境变量都按默认值设置。用户可根据实际需要改变这些变量的值，在此暂且从略。用户也可以根据需要设置符合自己要求的新标签。

2．模型

AutoCAD 的空间分为模型空间和图样空间。模型空间是通常绘图的环境，而在图样空间中，用户可以创建称作“浮动视口”的区域，以不同视图显示所绘图形。用户可以在图样空间中调整浮动视口并决定所包含视图的缩放比例。如果选择图样空间，则可打印多个视图，用户可以打印任意布局的视图。AutoCAD 系统默认是打开模型空间，用户可以通过鼠标左键单击选择需要的布局。

2.1.8 状态栏

状态栏在屏幕的底部，依次有“坐标”“模型空间”“栅格”“捕捉模式”“推断约束”“动态输入”“正交模式”“极轴追踪”“等轴测草图”“对象捕捉追踪”“二维对象捕捉”“线宽”“透明度”“选择循环”“三维对象捕捉”“动态 UCS”“选择过滤”“小控件”“注释可见性”“自动缩放”“注释比例”“切换工作空间”“注释监视器”“单位”“快捷特性”“图形性能”“全屏显示”和“自定义”28 个功能按钮。左键单击部分开关按钮，可以实现这些功能的开、关。通过部分按钮也可以控制图形或绘图区的状态。

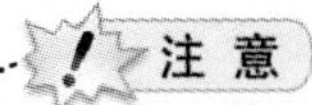

默认情况下，不会显示所有工具，可以通过状态栏上最右侧的按钮，选择要在“自定义”菜单中显示的工具。状态栏上显示的工具可能会发生变化，具体取决于当前的工作空间以及当前显示的是“模型”选项卡还是“布局”选项卡。下面对部分状态栏上的按钮做简单介绍，如图 2-19 所示。

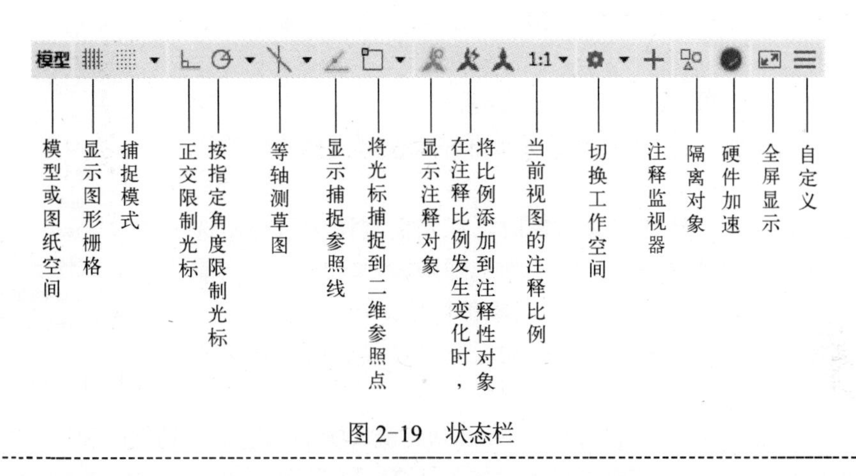

图 2-19 状态栏

1）模型或图纸空间：在模型空间与布局空间之间进行转换。

2）显示图形栅格：栅格是覆盖用户坐标系（UCS）的整个 *XY* 平面的直线或点的矩形图案。使用栅格类似于在图形下放置一张坐标纸。利用栅格可以对齐对象并直观显示对象之间的距离。

3）捕捉模式：对象捕捉对于在对象上指定精确位置非常重要。不论何时提示输入点，都可以指定对象捕捉。默认情况下，当光标移到对象的特殊点捕捉位置时，将显示标记和工具提示。

4）正交限制光标：将光标限制在水平或垂直方向上移动，以便于精确地创建和修改对象。当创建或移动对象时，可以使用正交模式将光标限制在相对于用户坐标系（UCS）的水平或垂直方向上。

5）按指定角度限制光标（极轴追踪）：使用极轴追踪，光标将按指定角度进行移动。创建或修改对象时，可以使用极轴追踪来显示由指定的极轴角度所定义的临时对齐路径。

6）等轴测草图：通过设定“等轴测捕捉/栅格”，可以很容易地沿三个等轴测平面之一对齐对象。尽管等轴测图形看似三维图形，但它实际上是二维表示。因此不能期望提取三维距离和面积，也不能从不同视点显示对象或自动消除隐藏线。

7）显示捕捉参照线（对象捕捉追踪）：使用对象捕捉追踪，可以沿着基于对象捕捉点的对齐路径进行追踪。已获取的点将显示一个小加号“+”，一次最多可以获取七个追踪点。获取点之后，当在绘图路径上移动光标时，将显示相对于获取点的水平、垂直或极轴对齐路径。例如，可以基于对象端点、中点或者对象的交点，沿着某个路径选择一点。

8）将光标捕捉到二维参照点（对象捕捉）：使用对象捕捉设置（也称为对象捕捉），可以在对象上的精确位置指定捕捉点。选择多个选项后，将应用选定的捕捉模式，以返回距离靶框中心最近的点。按< Tab> 键可以在这些选项之间循环。

9）显示注释对象：当图标亮显时表示显示所有比例的注释性对象；当图标变暗时表示仅显示当前比例的注释性对象。

10）在注释比例发生变化时，将比例添加到注释性对象：注释比例更改时，自动将比例添加到注释对象。

11）当前视图的注释比例：左键单击注释比例右下角小三角符号，弹出注释比例列表，如图 2-20 所示，可以根据需要选择适当的注释比例。

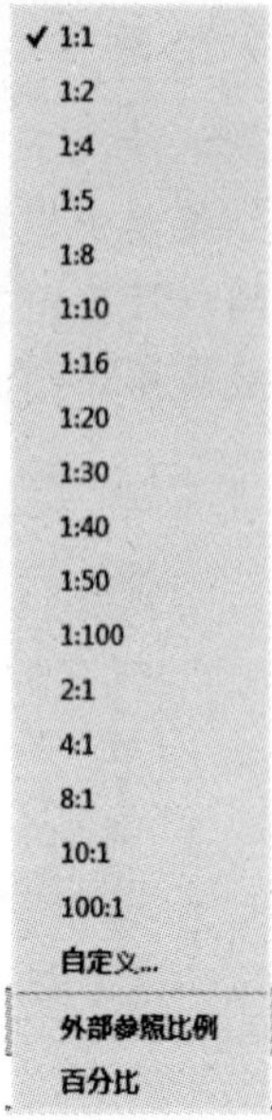

12）切换工作空间：进行工作空间转换。

13）注释监视器： 打开仅用于所有事件或模型文档事件的注释监视器。

14）隔离对象：当选择隔离对象时，在当前视图中只显示选定对象，所有其他对象都暂时隐藏；当选择隐藏对象时，在当前视图中暂时隐藏选定对象，所有其他对象都可见。

15）硬件加速：设定图形卡的驱动程序以及设置硬件加速的选项。

✓ 1:1
1:2
1:4
1:5
1:8
1:10
1:16
1:20
1:30
1:40
1:50
1:100
2:1
4:1
8:1
10:1
100:1
自定义...
外部参照比例
百分比

图 2-20 注释比例列表

16）全屏显示：该选项可以清除 Windows 窗口中的标题栏、功能区和选项板等界面元素，使 AutoCAD 的绘图窗口全屏显示，如图 2-21 所示。

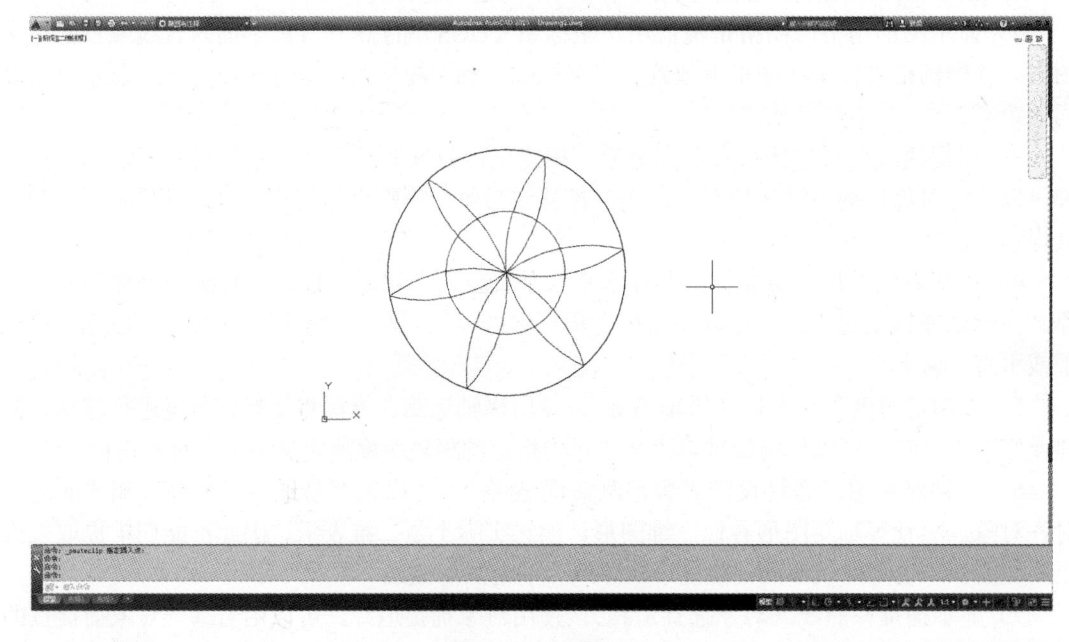

图 2-21 全屏显示

17）自定义：状态栏可以提供重要信息，而无需中断工作流。使用 MODEMACRO 系统变量可将应用程序所能识别的大多数数据显示在状态栏中。使用该系统变量的计算、判断和编辑功能可以完全按照用户的要求构造状态栏。

2.1.9 快速访问工具栏和交互信息工具栏

1．快速访问工具栏

快速访问工具栏包括“新建”“打开”“保存”“另存为”“打印”“放弃”“重做”和“工作空间”等几个最常用的工具。用户也可以单击本工具栏右侧的下拉按钮设置需要的常用工具。

2．交互信息工具栏

交互信息工具栏包括“搜索”“Autodesk 360”“Autodesk Exchange 应用程序”“保持连接”和“帮助”等几个常用的数据交互访问工具。

2.1.10 功能区

在默认情况下，功能区包括“默认”选项卡、“插入”选项卡、“注释”选项卡、“参数化”选项卡、“视图”选项卡、“管理”选项卡、“输出”选项卡、“附加模块”选项卡、“A360”“精选应用”“BIM360”以及 Performance，如图 2-22 所示。所有的选项卡显示面板如图 2-23 所示。每个选项卡集成了相关的操作工具，方便了用户的使用。用户可以单击功能区选项右侧的按钮控制功能的展开与收缩。

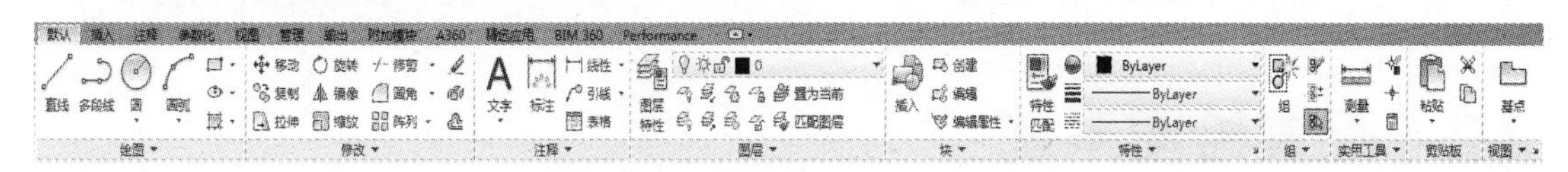

图 2-22　默认情况下出现的选项卡

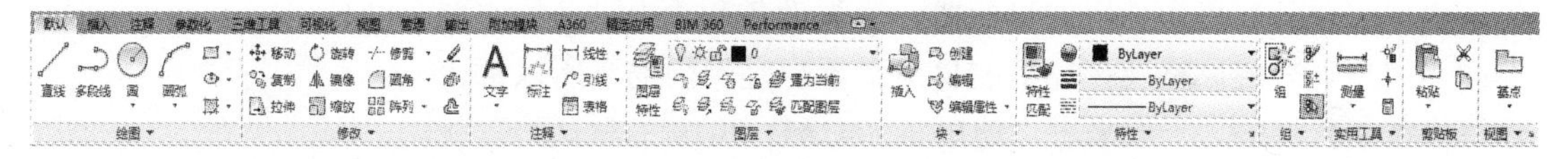

图 2-23　所有的选项卡显示面板

（1）设置选项卡　将光标放在面板中任意位置处，单击鼠标右键，打开图 2-24 所示的快捷菜单。用鼠标左键单击某一个未在功能区显示的选项卡名，系统自动在功能区打开该选项卡。反之，关闭选项卡（调出面板的方法与调出选项板的方法类似，这里不再赘述）。

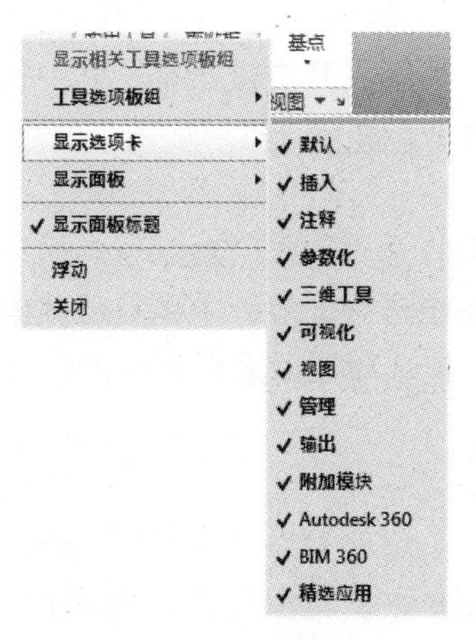

图 2-24　快捷菜单

（2）选项卡中面板的固定与浮动　面板可以在绘图区浮动，如图 2-25 所示，将鼠标放到浮动面板的右上角位置处，显示“将面板返回到功能区”，如图 2-26 所示。鼠标左键单击此处，使它变为固定面板。也可以把固定面板拖出，使它成为浮动面板。

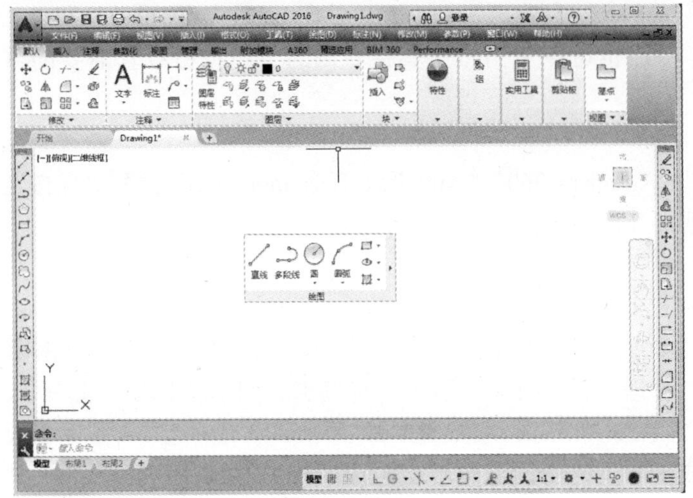

图 2-25　浮动面板

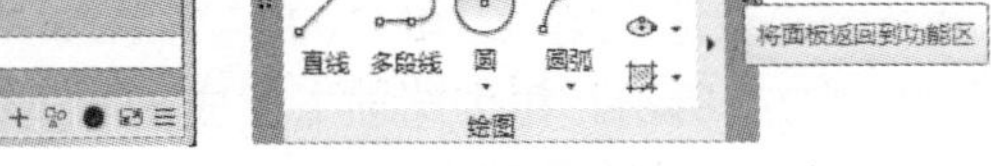

图 2-26　“绘图”面板

2.2　配置绘图系统

由于每台计算机所使用的显示器、输入设备和输出设备的类型不同，用户喜好的风格及计算机的目录设置也是不同的，所以每台计算机都是独特的。一般来讲，使用 AutoCAD 2016 的默认配置就可以绘图，但为了使用用户的定点设备或打印机以及提高绘图的效率，AutoCAD 推荐用户在开始作图前先进行必要的配置。

【执行方式】

命令行：PREFERENCES。

菜单栏：工具→选项。

右键菜单：单击鼠标右键，系统打开右键菜单，其中包括一些最常用的命令，选择“选项”命令，如图 2-27 所示。

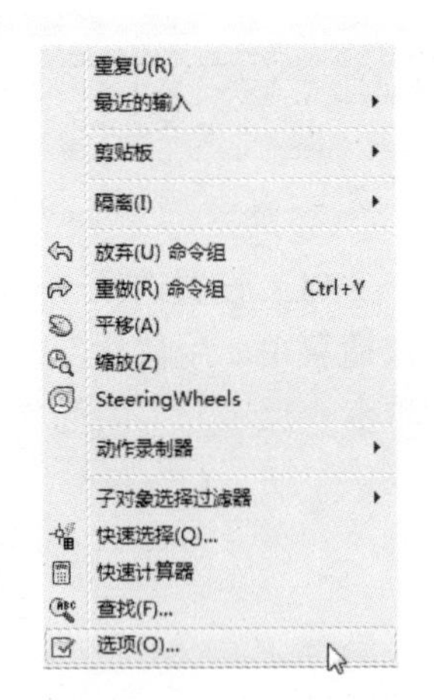

图 2-27　“选项”右键菜单

【操作步骤】

执行上述命令后，系统自动打开“选项”对话框。用户可以在该对话框中选择有关选项，对系统进行配置。下面只就其中主要的几个选项卡作一下说明，其他配置选项在后面用到时再作具体说明。

2.2.1　显示配置

在“选项”对话框中的第二个选项卡为“显示”，该选项卡控制 AutoCAD 窗口的外观。该选项卡可以设定屏幕菜单、滚动条显示与否、固定命令行窗口中文字行数、AutoCAD 2016 的版面布局设置、各实体的显示分辨率以及 AutoCAD 运行时的其他各项性能参数的设定等。前面已经讲述了屏幕菜单设定、屏幕颜色、光标大小等知识，其余有关选项的设置，读者可自己参照“帮助”文件学习。

在设置实体显示分辨率时，请务必记住，显示质量越高，即分辨率越高，计算机计算的时间越长，因此将显示质量设定在一个合理的程度上是很重要的。

2.2.2 系统配置

在“选项”对话框中的第五个选项卡为“系统”，如图 2-28 所示。该选项卡用来设置 AutoCAD 系统的有关特性。

图 2-28 “系统”选项卡

启动 AutoCAD 2016，在 AutoCAD 中，可以利用相关命令对图形单位和图形边界以及工作空间进行具体设置。

2.3 设置绘图环境

2.3.1 绘图单位设置

【执行方式】

命令行：DDUNITS（或 UNITS）。

菜单栏：选择菜单栏中的“格式”→“单位”命令或选择主菜单下的“图形实用工具”→“单位”命令。

【操作步骤】

执行上述命令后，系统打开“图形单位”对话框，如图 2-29 所示。该对话框用于定义单位和角度格式。

【选项说明】

（1）“长度”与“角度”选项组　指定测量的长度与角度的当前单位及当前单位的精度。

（2）“插入时的缩放单位”下拉列表框　控制使用“工具”选项板（如 DesignCenter 或 i-drop）拖入当前图形的块的测量单位。如果块或图形创建时使用的单位与该选项指定的单位不同，则在插入这些块或图形时，将对其按比例缩放。插入比例是原块或图形使用的单位与目标图形使用的单位之比。如果插入块时不按指定单位缩放，可选择“无单位”。

（3）“输出样例”选项组　显示用当前单位和角度设置的例子。

（4）“光源”选项组　当前图形中控制光源的强度测量单位。

（5）“方向”按钮　单击该按钮，系统显示“方向控制”对话框，如图 2-30 所示。可以在该对话框中进行方向控制设置。

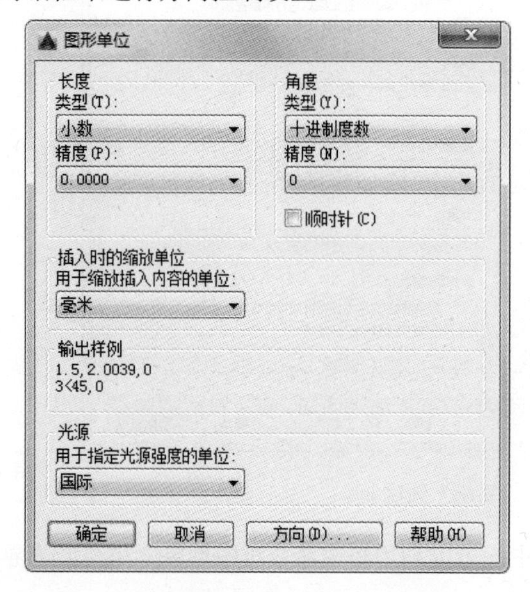

图 2-29 “图形单位”对话框

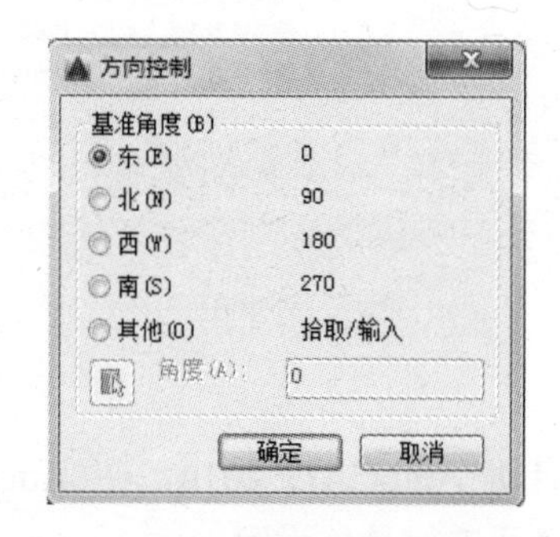

图 2-30 “方向控制”对话框

2.3.2 图形边界设置

【执行方式】

命令行：LIMITS。

菜单栏：格式→图形界限。

【操作步骤】

命令：LIMITS↙

重新设置模型空间界限：

指定左下角点或 [开(ON)/关(OFF)] <0.0000,0.0000>:↙（输入图形边界左下角的坐标后按〈Enter〉键）

指定右上角点 <12.0000,9.0000>:↙（输入图形边界右上角的坐标后按〈Enter〉键）

【选项说明】

（1）开（ON） 使绘图边界有效。系统将在绘图边界以外拾取的点视为无效。

（2）关（OFF） 使绘图边界无效。用户可以在绘图边界以外拾取点或实体。

（3）动态输入角点坐标 AutoCAD 2016 的动态输入功能，可以直接在屏幕上输入角点坐标。输入了横坐标值后，输入“,”，接着输入纵坐标值，如图 2-31 所示。也可以在光标位置直接按下鼠标左键确定角点位置。

图 2-31 动态输入

2.4 文件管理

本节将介绍有关文件管理的一些基本操作方法，包括新建文件、打开已有文件、保存文件和删除文件等，这些都是进行 AutoCAD 2016 操作最基础的知识。

2.4.1 新建文件

【执行方式】

命令行：NEW。

菜单栏：文件→新建。

工具栏：标准→新建或者快速访问→新建。

【操作步骤】

系统打开图 2-32 所示“选择样板”对话框。

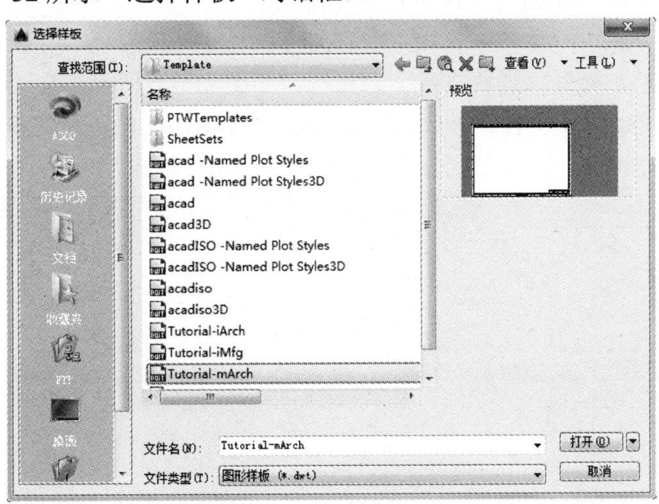

图 2-32 “选择样板”对话框

在运行快速创建图形功能之前必须进行如下设置。

1）将 FILEDIA 系统变量设置为“1”；将 STARTUP 系统变量设置为“0”。

2）从“工具”→“选项”菜单中选择默认图形样板文件。具体方法是：在“文件”选项卡下，单击标记为“样板设置”的节点下的“快速新建的默认样板文件名”分节点，如图 2-33 所示。单击“浏览”按钮，打开与图 2-32 类似的“选择样板”对话框，然后选择需要的样板文件。

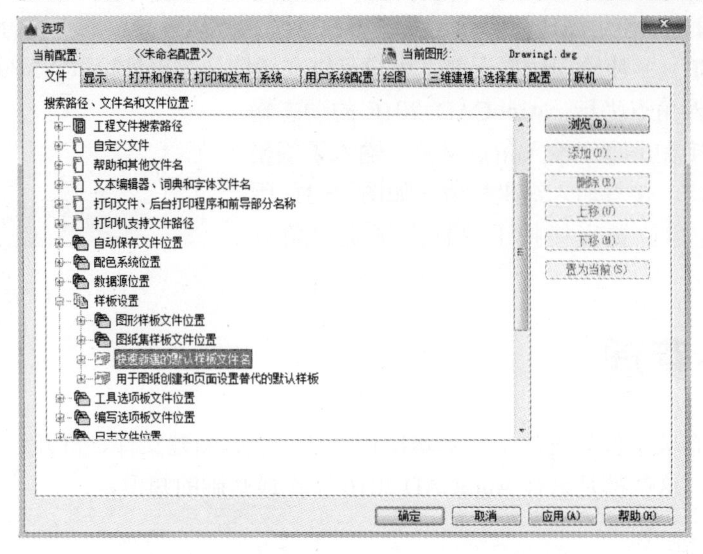

图 2-33 “选项”对话框的“文件”选项卡

2.4.2 打开文件

【执行方式】

命令行：OPEN。

菜单栏：文件→打开。

工具栏：标准→打开或者快速访问→打开。

【操作步骤】

执行上述命令后，打开“选择文件”对话框，如图 2-34 所示。在“文件类型”列表框中用户可选 dwg 文件、dwt 文件、dxf 文件和 dws 文件，dxf 文件是用文本形式存储的图形文件，能够被其他程序读取，许多第三方应用软件都支持 dxf 格式。

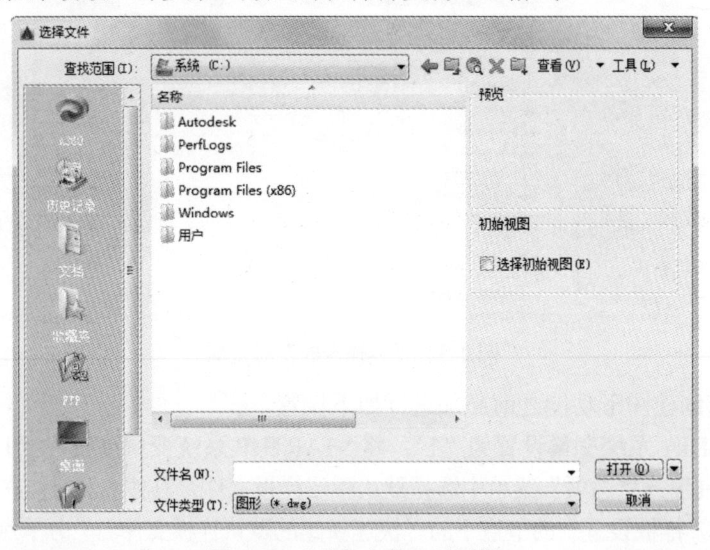

图 2-34 “选择文件”对话框

2.4.3 保存文件

【执行方式】

命令名：QSAVE（或 SAVE）。

菜单栏：文件→保存。

工具栏：标准→保存或者快速访问→保存。

【操作步骤】

执行上述命令后，若文件已命名，则 AutoCAD 自动保存；若文件未命名（即为默认名 drawing1.dwg），则系统打开“图形另存为”对话框，如图 2-35 所示。用户可以命名保存。在“保存于”下拉列表框中可以指定保存文件的路径；在“文件类型”下拉列表框中可以指定保存文件的类型。

图 2-35 “图形另存为”对话框

为了防止因意外操作或计算机系统故障导致正在绘制的图形文件丢失，可以对当前图形文件设置自动保存。步骤如下：

1）利用系统变量 SAVEFILEPATH 设置所有“自动保存”文件的位置，例如，C:\HU\。

2）利用系统变量 SAVEFILE 存储“自动保存”文件名。该系统变量储存的文件名文件是只读文件，用户可以从中查询自动保存的文件名。

3）利用系统变量 SAVETIME 指定在使用“自动保存”时多长时间保存一次图形。

2.4.4 另存为

【执行方式】

命令行：SAVEAS。

菜单栏：文件→另存为。

工具栏：快速访问→另存为。

【操作步骤】

执行上述命令后，打开“图形另存为”对话框，如图 2-35 所示，AutoCAD 用新的文件名保存文件，并把当前图形更名。

2.4.5 退出

【执行方式】

命令行：QUIT 或 EXIT。

菜单栏：文件→退出。

按钮：单击 AutoCAD 操作界面右上角的“关闭”按钮。

【操作步骤】

命令：QUIT↙(或 EXIT↙)

执行上述命令后，若用户对图形所做的修改尚未保存，则会出现图 2-36 所示的系统警告对话框。单击“是”按钮系统将保存文件，然后退出；单击“否”按钮系统将不保存文件。若用户对图形所做的修改已经保存，则直接退出。

2.4.6 图形修复

【执行方式】

命令行：DRAWINGRECOVERY。

菜单栏：文件→图形实用工具→图形修复管理器或者主菜单→图形实用工具→图形修复管理器。

【操作步骤】

命令：DRAWINGRECOVERY↙

执行上述命令后，系统打开“图形修复管理器”面板，如图 2-37 所示，打开“备份文件”列表中的文件，可以重新保存，从而进行修复。

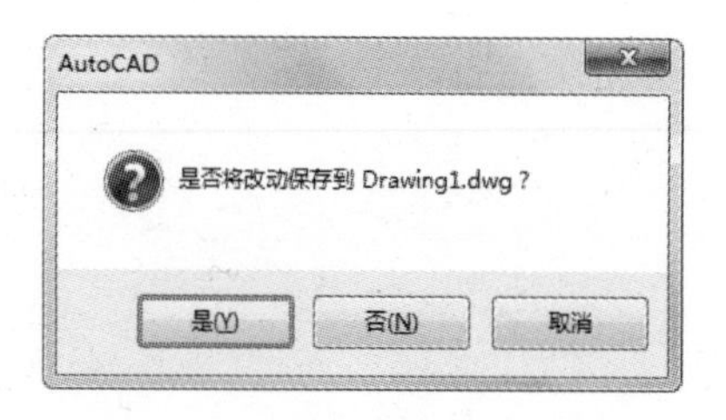

图 2-36　系统警告对话框

图 2-37 “图形修复管理器”面板

2.5 基本输入操作

在 AutoCAD 中，有一些基本的输入操作方法，这些基本方法是进行 AutoCAD 绘图的必备知识基础，也是深入学习 AutoCAD 功能的前提。

2.5.1 命令输入方式

AutoCAD 交互绘图必须输入必要的指令和参数。有多种 AutoCAD 命令输入方式（以画直线为例）。

1．在命令行窗口输入命令名

命令字符可不区分大小写。例如，命令：LINE↙，执行命令时，在命令行提示中经常会出现命令选项。如输入绘制直线命令“LINE”后，命令行中的提示如下。

命令: LINE↙

指定第一个点: ↙（在屏幕上指定一点或输入一个点的坐标）

指定下一点或 [放弃(U)]: ↙

选项中不带括号的提示为默认选项，因此可以直接输入直线段的起点坐标或在屏幕上指定一点。如果要选择其他选项，则应该首先输入该选项的标识字符，如“放弃”选项的标识字符“U”，然后按系统提示输入数据即可。在命令选项的后面有时候还带有尖括号，尖括号内的数值为默认数值。

2．在命令行窗口输入命令缩写字

例如，L（Line）、C（Circle）、A（Arc）、Z（Zoom）、R（Redraw）、M（More）、CO（Copy）、PL（Pline）和 E（Erase）等。

3．选取绘图菜单“直线”选项

选取该选项后，在状态栏中可以看到对应的命令说明及命令名。

4．选取工具栏中的对应图标

选取“直线”图标后，在状态栏中也可以看到对应的命令说明及命令名。

5．在命令行打开右键快捷菜单

如果要输入在前面刚使用过的命令，可以在命令行打开右键快捷菜单，在“最近使用的命令”子菜单中选择需要的命令，如图 2-38 所示。“最近使用的命令”子菜单中储存了最近使用的六个命令，如果经常重复使用某个六次操作之内的命令，这种方法就比较快速简洁。

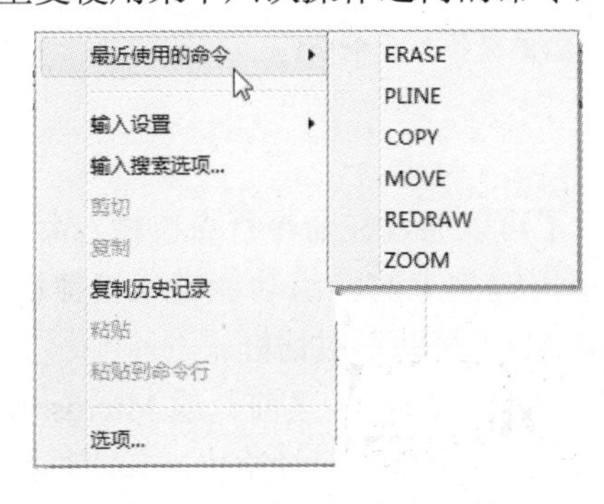

图 2-38 命令行右键快捷菜单

6．在绘图区右击鼠标

如果用户要重复使用上次使用的命令，可以直接在绘图区右击鼠标，系统立即重复执行上次使用的命令，如图 2-39 所示。这种方法适用于重复执行某个命令。

2.5.2 命令的重复、撤销、重做

1．命令的重复

在命令行窗口中输入〈Enter〉键可重复调用上一个命令，不管上一个命令是完成了还是被取消了。

2．命令的撤销

在命令执行的任何时刻都可以取消和终止命令的执行。

【执行方式】

命令行：UNDO。

菜单栏：编辑→放弃。

快捷键：〈Esc〉。

3．命令的重做

已被撤销的命令还可以恢复重做。只能恢复撤销的最后一个命令。

【执行方式】

命令行：REDO。

菜单栏：编辑→重做。

该命令可以一次执行多重放弃和重做操作。单击“UNDO”或“REDO”列表箭头，可以选择要放弃或重做的操作，如图 2-39 所示。

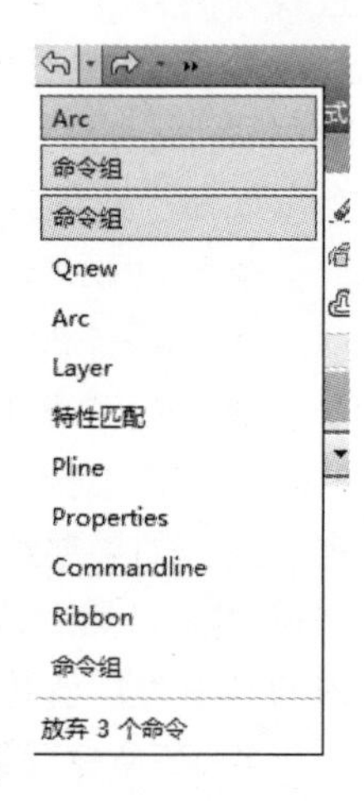

图 2-39　多重重做

2.5.3 透明命令

在 AutoCAD 2016 中有些命令不仅可以直接在命令行中使用，而且还可以在其他命令的执行过程中插入并执行，待该命令执行完毕后，系统继续执行原命令，这种命令称为透明命令。透明命令一般多为修改图形设置或打开辅助绘图工具的命令。

2.5.2 节所述三种命令的执行方式同样适用于透明命令的执行，列举如下。

命令: ARC↙

指定圆弧的起点或 [圆心(C)]: ZOOM↙(透明使用显示缩放命令“ZOOM”)(执行“ZOOM”命令)

正在恢复执行 ARC 命令。

指定圆弧的起点或 [圆心(C)]:↙(继续执行原命令)

2.5.4 按键定义

在 AutoCAD 2016 中，除了可以通过在命令行窗口输入命令、单击工具栏图标或选择菜单项来完成操作外，还可以使用键盘上的一组功能键或快捷键来快速实现指定功能，如按〈F1〉键，系统可以调用 AutoCAD“帮助”对话框。

系统使用 AutoCAD 传统标准（Windows 之前）或 Microsoft Windows 标准解释快捷键。有些功能键或快捷键在 AutoCAD 的菜单中已经给出，如“粘贴”的快捷键为〈Ctrl+V〉，这些只要用户在使用的过程中多加留意，就会熟练掌握。快捷键的定义见菜单命令后面的说明。

2.5.5 命令执行方式

有的命令有两种执行方式，通过对话框或通过命令行输入命令。如果指定使用命令行窗口方式，可以在命令名前加短画线来表示。如“-LAYER”表示用命令行方式执行“图层”命令。而如果在命令行输入“LAYER”，系统则会自动打开“图层特性管理器”对话框。

另外，有些命令同时存在命令行、菜单、工具栏和功能区四种执行方式，这时如果选择菜单、工具栏或者功能区方式，命令行会显示该命令，并在前面加一下画线。例如，通过菜单或工具栏方式执行“直线”命令时，命令行会显示“_line”，命令的执行过程和结果与命令行方式相同。

2.5.6 坐标系统与数据的输入方法

1．坐标系

AutoCAD 采用两种坐标系：世界坐标系（WCS）与用户坐标系。用户刚进入 AutoCAD 时的坐标系就是世界坐标系，是固定的坐标系。世界坐标系也是坐标系中的基准，绘制图形时多数情况下都是在这个坐标系下进行的。

【执行方式】

命令行：UCS。

菜单栏：工具→UCS。

工具栏：标准→坐标系或者单击“UCS”工具栏中的相应按钮。

AutoCAD 有两种视图显示方式：模型空间和图纸空间。模型空间是指单一视图显示法，通常使用的都是这种显示方式；图纸空间是指在绘图区域创建图形的多视图。用户可以对其中每一个视图进行单独操作。在默认情况下，当前 UCS 与 WCS 重合。图 2-40a 所示为模型空间下的 UCS 坐标系图标，通常放在绘图区左下角处；如当前 UCS 和 WCS 重合，则出现一个“W”，如图 2-40b 所示；也可以指定 WCS 放在当前 UCS 的实际坐标原点位置，此时出现一个“十”字，如图 2-40c 所示。图 2-40d 所示为图纸空间下的坐标系图标。

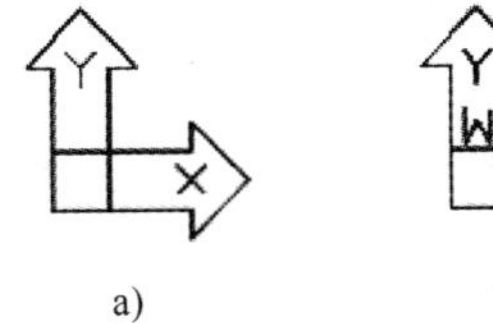

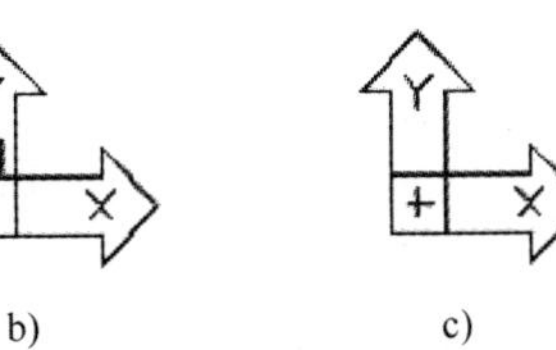

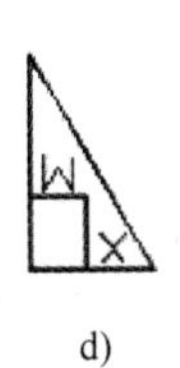

图 2-40　坐标系图标

2．数据输入方法

在 AutoCAD 2016 中，点的坐标可以用直角坐标、极坐标、球面坐标和柱面坐标表示，每一种坐标又分别具有两种坐标输入方式：绝对坐标和相对坐标。其中直角坐标和极坐标最为常用，下面主要介绍一下这两种坐标的输入。

（1）直角坐标法　用点的 x、y 坐标值表示的坐标。例如，在命令行中输入点的坐标提示下，输入“15,18”，则表示输入了一个 x、y 的坐标值分别为“15”“18”的点。此为绝对坐标输入方式，表示该点的坐标是相对于当前坐标原点的坐标值，如图 2-41a 所示。如果输入“@10,20”，则为相对坐标输入方式，表示该点的坐标是相对于前一点的坐标值，如图 2-41b 所示。

（2）极坐标法　用长度和角度表示的坐标，只能用来表示二维点的坐标。

在绝对坐标输入方式下，表示为：长度<角度，如 25<50。其中长度为该点到坐标原点的距离，角度为该点至原点的连线与 *X* 轴正向的夹角，如图 2-41c 所示。

在相对坐标输入方式下，表示为： @长度<角度，如@25<45。其中长度为该点到前一点的距离，角度为该点至前一点的连线与 *X* 轴正向的夹角，如图 2-41d 所示。

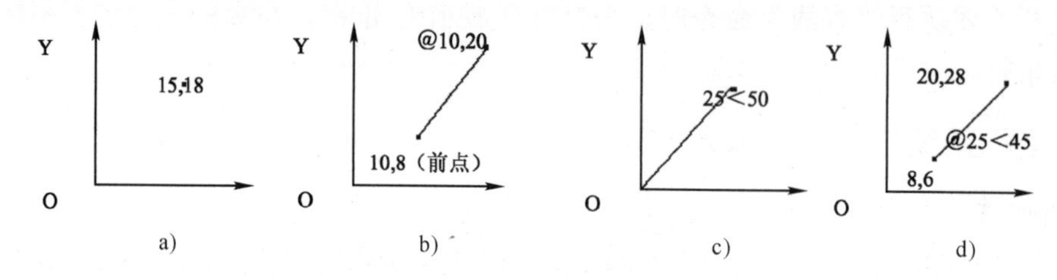

图 2-41　数据输入方法

3．动态数据输入

单击状态栏上的“DYN”按钮，系统打开动态输入功能，可以在屏幕上动态地输入某些参数数据。例如，绘制直线时，在光标附近会动态地显示“指定第一点”，以及后面的坐标框，显示当前光标所在位置。可以输入数据，两个数据之间以逗号隔开，如图 2-42 所示。指定第一点后，系统动态显示直线的角度，同时要求输入线段长度值，如图 2-43 所示。其输入效果与“@长度<角度”方式相同。

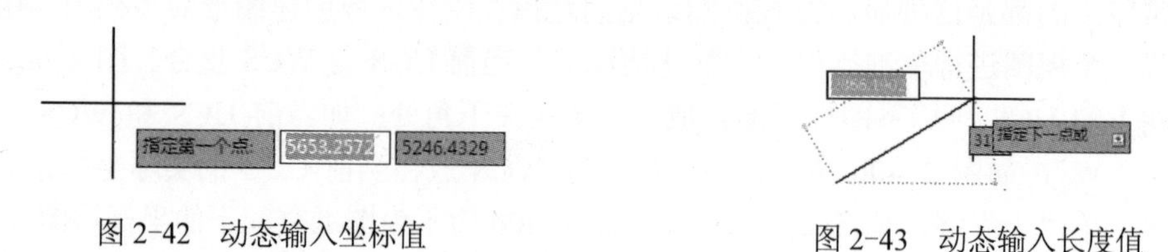

图 2-42　动态输入坐标值

图 2-43　动态输入长度值

下面分别讲述点与距离值的输入方法。

（1）点的输入　绘图过程中，常需要输入点的位置，AutoCAD 提供了如下几种输入点的方式。

1）用键盘直接在命令行窗口中输入点的坐标。直角坐标有两种输入方式：*x*，*y*（点的绝对坐标值，如 100,50）和@*x*，*y*（相对于上一点的相对坐标值，如@50,-30）。坐标值均相对于当前的用户坐标系。

极坐标的输入方式为：长度<角度（其中，长度为点到坐标原点的距离，角度为原点至该点连线与 *X* 轴的正向夹角，如 20<45）或@长度<角度（相对于上一点的相对极坐标，如@50<-30）。

2）用鼠标等定标设备移动光标，单击左键在屏幕上直接取点。

3）用目标捕捉方式捕捉屏幕上已有图形的特殊点，如端点、中点、中心点、插入点、交点、切点、垂足点。

4）直接距离输入：先用光标拖拉出橡筋线确定方向，然后用键盘输入距离。这样有利于准确控制对象的长度等参数。例如，要绘制一条 10 mm 长的线段，方法如下：

命令: LINE↙

指定第一个点: ↙（在屏幕上指定一点）

指定下一点或 [放弃(U)]: ↙

这时在屏幕上移动鼠标指明线段的方向，但不要单击鼠标左键确认，如图 2-44 所示，然后在命令行输入“10”，这样就在指定方向上准确地绘制了长度为 10mm 的线段。

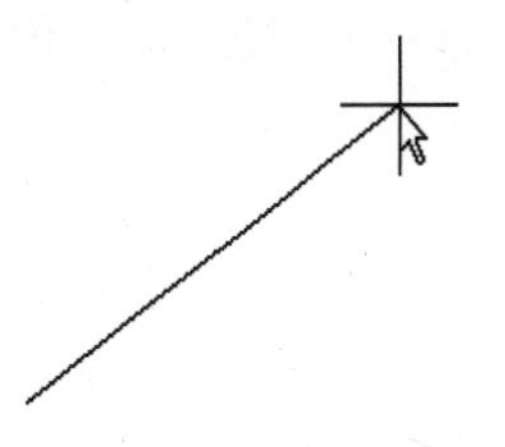

图 2-44 绘制直线

（2）距离值的输入 在 AutoCAD 命令中，有时需要提供高度、宽度、半径、长度等距离值。AutoCAD 提供了两种输入距离值的方式：一种是用键盘在命令行窗口中直接输入数值；另一种是在屏幕上拾取两点，以两点的距离值定出所需数值。

2.6 图层设置

AutoCAD 中的图层就如同在手工绘图中使用的重叠透明图纸，如图 2-45 所示，可以使用图层来组织不同类型的信息。在 AutoCAD 中，图形的每个对象都位于一个图层上，所有图形对象都具有图层、颜色、线型和线宽四个基本属性。在绘制的时候，图形对象将创建在当前的图层上。每个 CAD 文档中图层的数量是不受限制的，每个图层都有自己的名称。

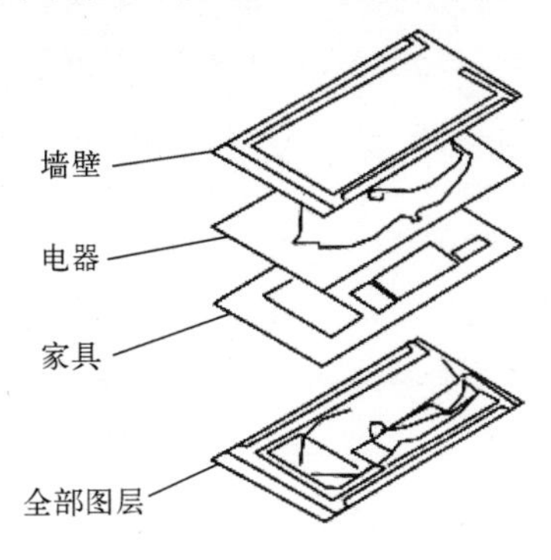

图 2-45 图层示意图

2.6.1 建立新图层

新建的 CAD 文档中只能自动创建一个名称为“0”的特殊图层。默认情况下，图层 0 将被指定使用 7 号颜色、CONTINUOUS 线型、“默认”线宽以及 NORMAL 打印样式，不能删除或重命名图层 0。通过创建新的图层，可以将属性相似的对象指定给同一个图层使其相关联。例如，可以将构造线、文字、标注和标题栏置于不同的图层上，并为这些图层指定通用特性。通过将对象分类放到各自的图层中，可以快速有效地控制对象的显示以及对其进行更改。

【执行方式】

命令行：LAYER。

菜单栏：格式→图层。

工具栏：“图层”→“图层特性管理器”。“图层”工具栏如图 2-46 所示。

功能区：单击“默认”选项卡“图层”面板中的“图层特性”按钮，或单击“视图”选项卡“选项板”面板中的“图层特性”按钮，如图 2-47 所示。

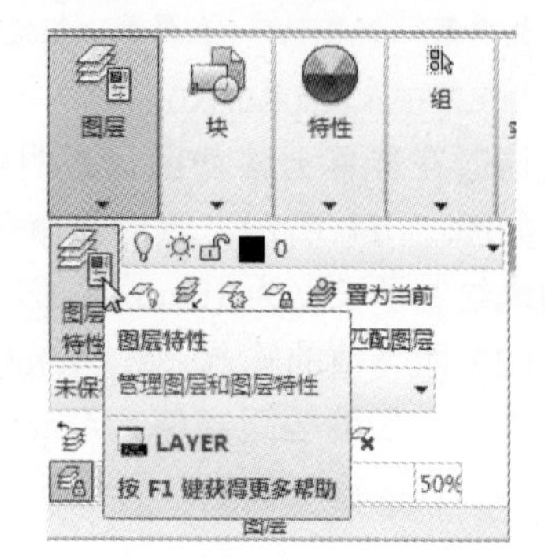

图 2-46 “图层”工具栏

图 2-47 “图层”选项卡

【操作步骤】

执行上述命令后，系统打开“图层特性管理器”面板，如图 2-48 所示。

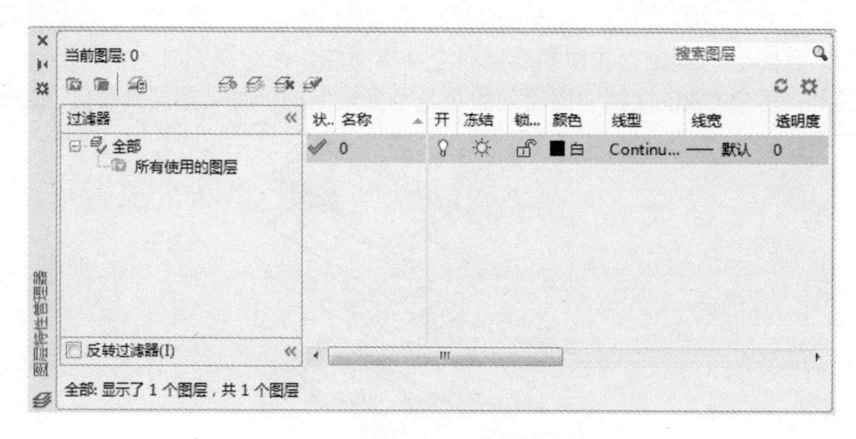

图 2-48 “图层特性管理器”面板

单击“图层特性管理器”面板中“新建”按钮，建立新图层，默认的图层名为“图层 1”。可以根据绘图需要，更改图层名，例如，改为实体层、中心线层或标准层等。

在一个图形中可以创建的图层数以及在每个图层中可以创建的对象数实际上是无限的。图层最长可使用 255 个字符的字母、数字命名。图层特性管理器按名称的字母顺序排列图层。

注 意

如果要建立多个图层，无需重复单击“新建”按钮。更有效的方法是：在建立一个新的图层“图层 1”后，改变图层名，在其后输入一个逗号“，”，这样就会自动建立一个新图层“图层 1”，改变图层名，再输入一个逗号，又可以建立一个新的图层。可依次建立各个图层，也可以按两次〈Enter〉键，建立另一个新的图层。图层的名称也可以更改，直接双击图层名称，输入新的名称即可。

在每个图层属性设置中，包括图层名称、关闭/打开图层、冻结/解冻图层、锁定/解锁图层、图层线条颜色、图层线条线型、图层线条宽度、图层打印样式以及图层是否打印九个参数。下面将分别讲述如何设置这些图层参数。

1．设置图层线条颜色

在工程制图中，整个图形包含多种不同功能的图形对象，如实体、剖面线与尺寸标注等，为了便于直观区分它们，就有必要针对不同的图形对象使用不同的颜色。例如，实体层使用白色，剖面线层使用青色等。

要改变图层的颜色时，单击图层所对应的颜色图标，弹出“选择颜色”对话框，如图 2-49 所示。它是一个标准的颜色设置对话框，可以使用“索引颜色”“真彩色”和“配色系统”三个选项卡来选择颜色。系统显示的 RGB 配比，即 Red（红）、Green（绿）和 Blue（蓝）三种颜色。

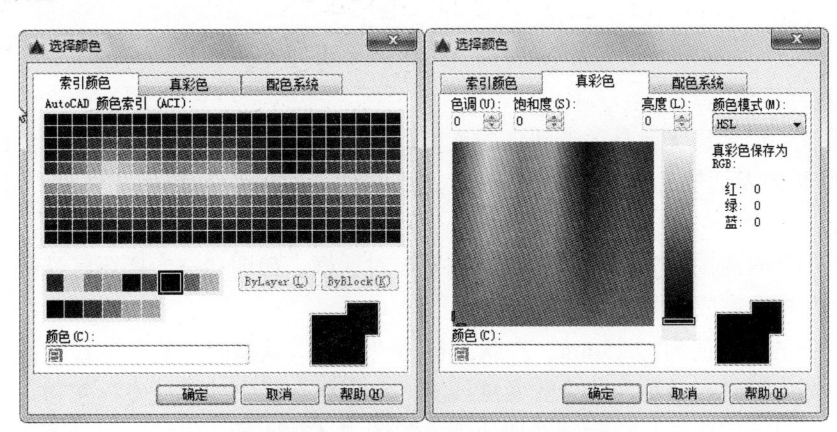

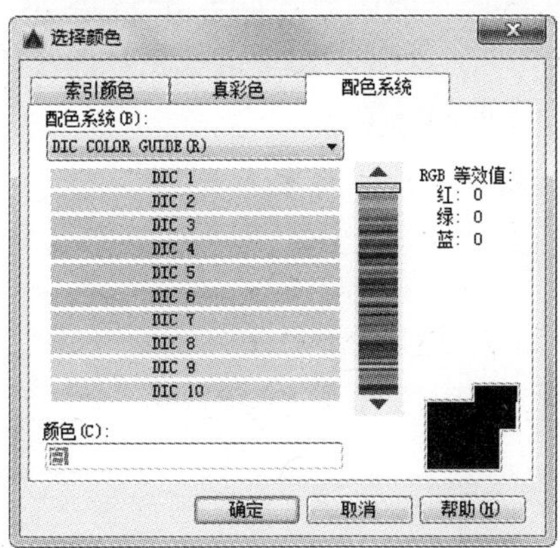

图 2-49 “选择颜色”对话框

2．设置图层线型

线型是指作为图形基本元素的线条的组成和显示方式，如实线、点画线等。在许多的绘图工作中，常常以线型划分图层，为某一个图层设置适合的线型，在绘图时，只需将该图层设为当前工作层，即可绘制出符合线型要求的图形对象，可极大地提高绘图的效率。

单击图层所对应的线型图标，弹出“选择线型”对话框，如图 2-50 所示。默认情况下，在“已加载的线型”列表框中，系统中只添加了“Continuous”线型。单击“加载”按钮，打开“加载或重载线型”对话框，如图 2-51 所示。可以看到 AutoCAD 还提供了许多其他的线型，用鼠标选择所需线型，单击“确定”按钮，即可把该线型加载到“已加载的线型”列表框中，可以按住〈Ctrl〉键，选择多种线型同时加载。

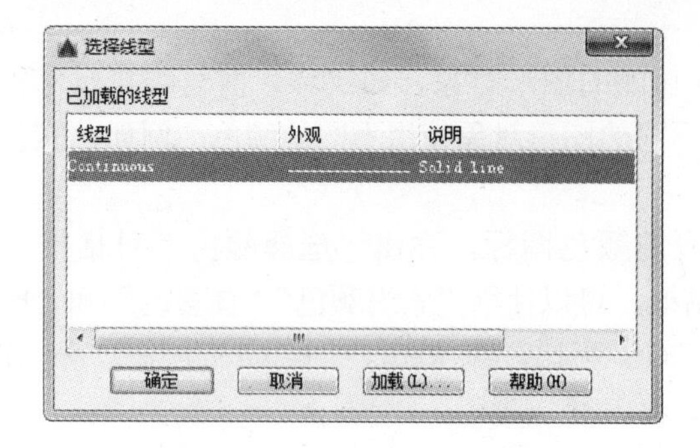

图 2-50 “选择线型”对话框

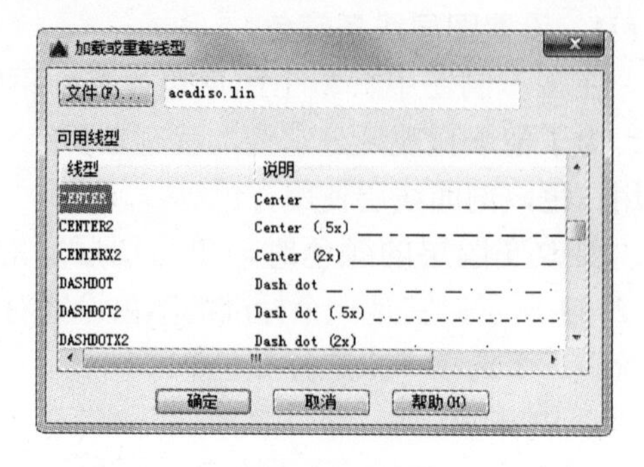

图 2-51 “加载或重载线型”对话框

3．设置图层线宽

线宽设置，顾名思义就是改变线条的宽度。用不同宽度的线条表现图形对象的类型，也可以提高图形的表达能力和可读性。例如，绘制外螺纹时大径使用粗实线，小径使用细实线。

单击图层所对应的线宽图标，弹出“线宽”对话框，如图 2-52 所示。选择一个线宽，单击“确定”按钮完成对图层线宽的设置。

图层线宽的默认值为 0.25mm。在状态栏为“模型”状态时，显示的线宽同计算机的像素有关。线宽为零时，显示为一个像素的线宽。单击状态栏中的“线宽”按钮，屏幕上将显示图形线宽，显示的线宽与实际线宽成比例，如图 2-53 所示。但线宽不随着图形的放大和缩小而变化。“线宽”功能关闭时，不显示图形的线宽，图形的线宽均以默认宽度值显示。可以在“线宽”对话框中选择需要的线宽。

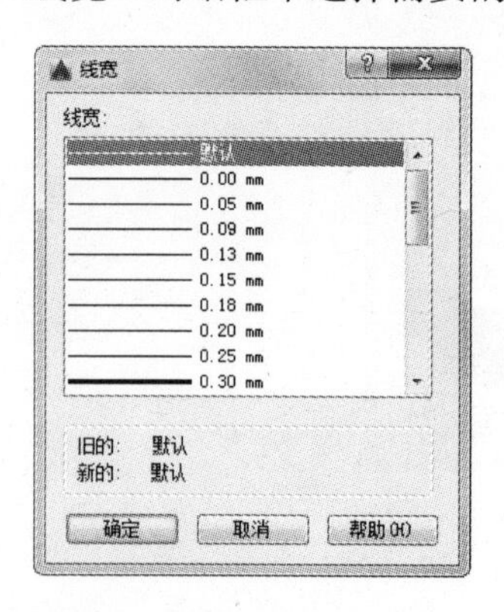

图 2-52 “线宽”对话框

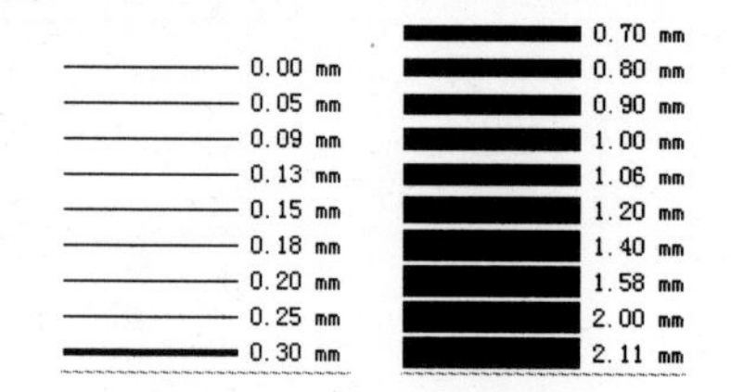

图 2-53 线宽显示效果图

2.6.2 设置图层

除了上面讲述的通过图层管理器设置图层的方法外，还有几种其他的简便方法可以设置图层的颜色、线宽和线型等参数。

1．直接设置图层

可以直接通过命令行或菜单设置图层的颜色、线宽和线型。

（1）设置颜色

【执行方式】

命令行：COLOR。

菜单栏：格式→颜色。

【操作步骤】

执行上述命令后，系统打开“选择颜色”对话框，如图 2-54 所示。

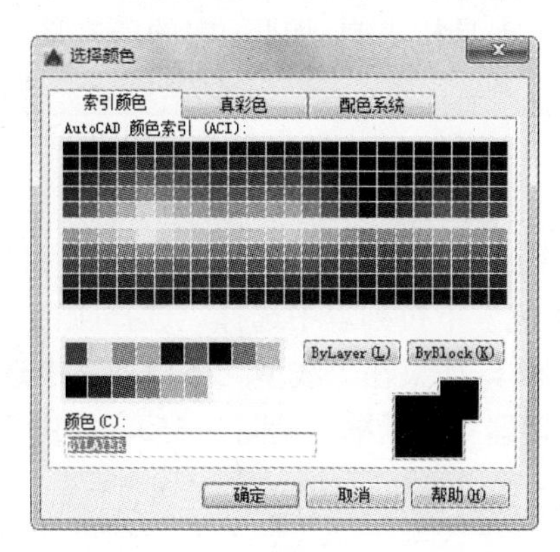

图 2-54 “选择颜色”对话框

（2）设置线型

【执行方式】

命令行：LINETYPE。

菜单栏：格式→线型。

【操作步骤】

执行上述命令后，系统打开“线型管理器”对话框，如图 2-55 所示。该对话框的使用方法与图 2-56 所示的“线宽设置”对话框类似。

图 2-55 “线型管理器”对话框

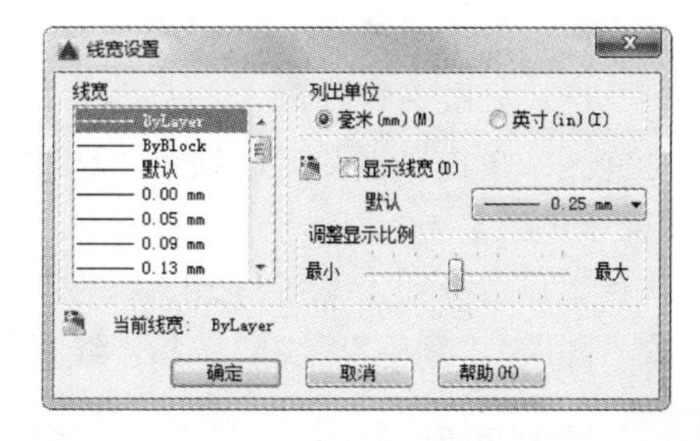

图 2-56 “线宽设置”对话框

（3）设置线宽

【执行方式】

命令行：LINEWEIGHT 或 LWEIGHT。

菜单栏：格式→线宽。

【操作步骤】

执行上述命令后，系统打开“线宽设置”对话框。该对话框的使用方法与“线宽”对话框类似。

2．利用“特性”工具栏设置图层

AutoCAD 2016 提供了一个“特性”工具栏，如图 2-57 所示。用户能够控制和使用工具栏上的特性工具快速地查看和改变所选对象的图层、颜色、线型和线宽等特性。“特性”工具栏上的“颜色”“线型”“线宽”和“打印样式”增强了对编辑对象属性命令的控制。在绘图屏幕上选择任何对象都将在工具栏上自动显示它的所在图层、颜色、线型等属性。

图 2-57 “特性”工具栏

也可以在“特性”工具栏上的“颜色”“线型”“线宽”和“打印样式”下拉列表中选择需要的参数值。例如，在“颜色”下拉列表中选择“选择颜色”选项，如图 2-58 所示，系统打开“选择颜色”对话框。同样，如果在“线型”下拉列表中选择“其他”选项，如图 2-59 所示，系统就会打开“线型管理器”对话框（见图 2-55），提供更多的线型选择。

图 2-58 “选择颜色”选项

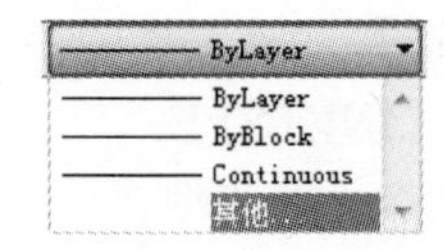

图 2-59 “其他”选项

3．用“特性”工具板设置图层

【执行方式】

命令行：DDMODIFY 或 PROPERTIES。

菜单栏：修改→特性。

工具栏：标准→特性。

功能区：单击“视图”选项卡“选项板”面板中的“特性”按钮，如图 2-60 所示。

【操作步骤】

执行上述命令后，系统打开“特性”工具板，如图 2-61 所示。在其中可以方便地设置或修改“图层”“颜色”“线型”和“线宽”等属性。

2.6.3 控制图层

1．切换当前图层

不同的图形对象需要绘制在不同的图层中，在绘制前，需要将工作图层切换到所需的图层上来。打开“图层特性管理器”对话框，选择图层，单击“当前”按钮完成设置。

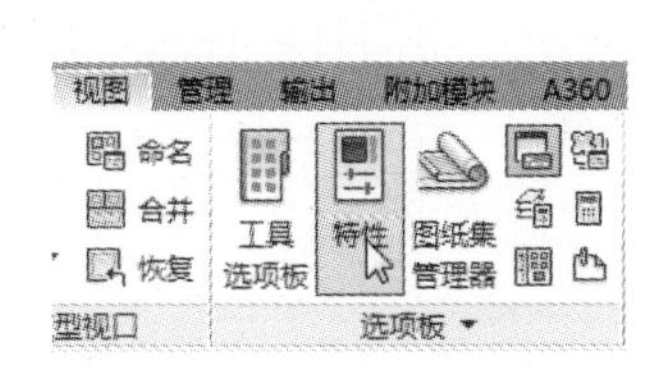

图 2-60 “视图”选项卡

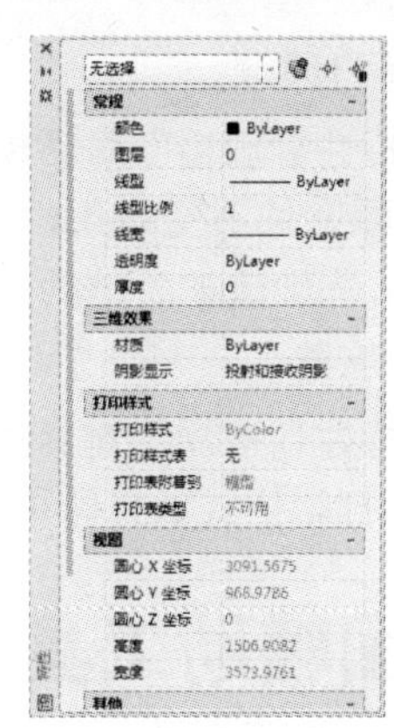

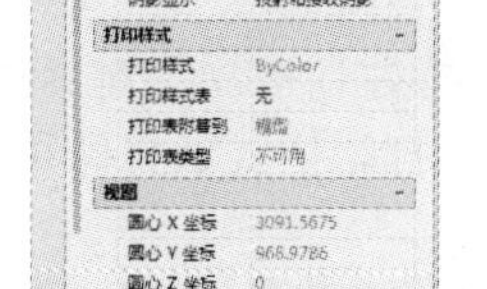

图 2-61 “特性”工具板

2．删除图层

在“图层特性管理器”对话框的图层列表框中选择要删除的图层，单击“删除”按钮即可删除该图层。从图形文件定义中删除选定的图层，只能删除未参照的图层。参照图层包括图层 0 及 DEFPOINTS、包含对象（包括块定义中的对象）的图层、当前图层和依赖外部参照的图层。不包含对象（包括块定义中的对象）的图层、非当前图层和不依赖外部参照的图层都可以删除。

3．关闭/打开图层

在“图层特性管理器”对话框中，单击图标，可以控制图层的可见性。图层打开时，图标小灯泡被激活，该图层上的图形可以显示在屏幕上或绘制在绘图仪上。当单击该属性图标后，图标小灯泡呈灰暗色时，该图层上的图形不显示在屏幕上，而且不能被打印输出，但仍然作为图形的一部分保留在文件中。

4．冻结/解冻图层

在“图层特性管理器”对话框中，单击图标，可以冻结图层或将图层解冻。图标呈雪花灰暗色时，该图层是冻结状态；图标呈太阳鲜艳色时，该图层是解冻状态。冻结图层上的对象不能显示，也不能打印，同时也不能编辑、修改该图层上的图形对象。在图层冻结后，该图层上的对象不影响其他图层上对象的显示和打印。例如，在使用“HIDE”命令消隐的时候，被冻结图层上的对象不隐藏其他的对象。

5．锁定/解锁图层

在“图层特性管理器”对话框中，单击图标可以锁定图层或将图层解锁。锁定图层后，该图层上的图形依然显示在屏幕上并可打印输出，也可以在该图层上绘制新的图形对象，但用户不能对该图层上的图形进行编辑、修改操作。可以对当前图层进行锁定，也可对锁定图层上的图形执行“查询”和“对象捕捉”命令。锁定图层可以防止对图形的意外修改。

6．打印样式

在 AutoCAD 2016 中，可以使用一个称为“打印样式”的新的对象特性。打印样式控制对象的打印特性，包括颜色、抖动、灰度、笔号、虚拟笔、淡显、线型、线宽、线条端点样式、线条连接样式和填充样式等。使用打印样式给用户提供了很大的灵活性，用户可以设置打印样式来替代其他对象特性，也可以按用户需要关闭这些替代设置。

7．打印/不打印

在“图层特性管理器”对话框中，单击图标，可以设定打印时该图层是否打印，以在保证图形显示可见且不变的条件下，控制图形的打印特征。打印功能只对可见的图层起作用，对于已经被冻结或被关闭的图层不起作用。

8．新视口冻结

在“图层特性管理器”对话框中，单击图标，显示可用的打印样式，包括默认打印样式 NORMAL。打印样式是打印中使用的特性设置的集合。

2.7 绘图辅助工具

要快速顺利地完成图形绘制工作，有时要借助一些辅助工具，如用于准确确定绘图位置的精确定位工具和调整图形显示范围与方式的显示工具等。下面简略介绍一下这两种非常重要的辅助绘图工具。

2.7.1 精确定位工具

在绘制图形时，可以使用直角坐标和极坐标精确定位点，但是有些点（如端点、中心点等）的坐标是不知道的，要想精确地指定这些点是很难的，有时甚至是不可能的。AutoCAD 提供的辅助定位工具已经很好地解决了这一问题。使用这类工具，可以很容易地在屏幕中捕捉到这些点，进行精确地绘图。

1．栅格

AutoCAD 的栅格由有规则的点的矩阵组成，延伸到指定为图形界限的整个区域。使用栅格与在坐标纸上绘图是十分相似的，利用栅格可以对齐对象并直观显示对象之间的距离。如果放大或缩小图形，可能需要调整栅格间距，使其适合新的比例。虽然栅格在屏幕上是可见的，但它并不是图形对象，因此它不会被打印成图形中的一部分，也不会影响在何处绘图。

可以单击状态栏上的“栅格”按钮或按〈F7〉键打开或关闭栅格。启用栅格并设置栅格在 *X* 轴方向和 *Y* 轴方向上的间距的方法如下。

【执行方式】

命令行：DSETTINGS（或 DS，SE 或 DDRMODES）。

菜单栏：工具→绘图设置。

快捷菜单：“栅格”按钮处右击→设置。

【操作步骤】

执行上述命令，系统打开“草图设置”对话框，如图 2-62 所示。

如果需要显示栅格，选择“启用栅格”复选框。在“栅格 X 轴间距”文本框中，输入栅格点之间的水平距离，单位为 mm。如果使用相同的间距设置垂直和水平分布的栅格点，则按〈Tab〉键。或者在“栅格 Y 轴间距”文本框中输入栅格点之间的垂直距离。

用户可改变栅格与图形界限的相对位置。默认情况下，栅格以图形界限的左下角为起点，沿着与坐标轴平行的方向填充整个由图形界限所确定的区域。

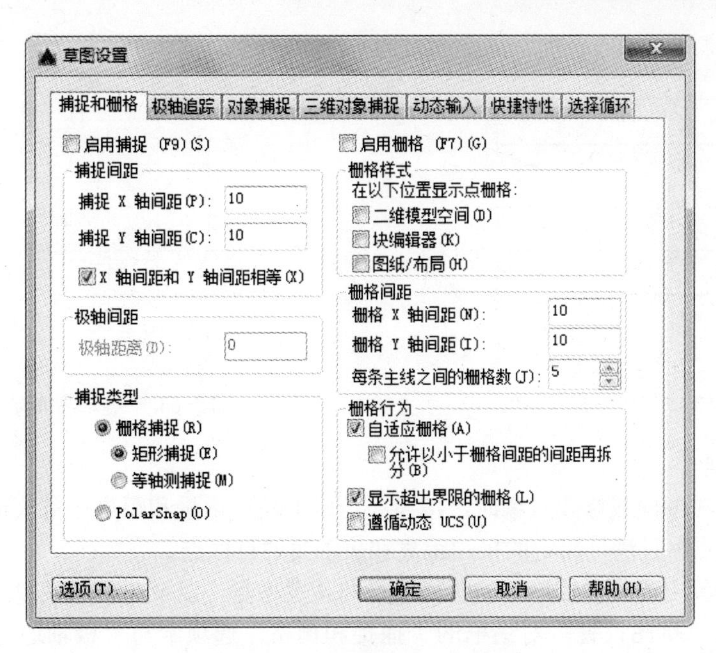

图 2-62 “草图设置”对话框

捕捉功能可以使用户直接使用鼠标快捷准确地定位目标点。捕捉模式有几种不同的形式：栅格捕捉、对象捕捉、极轴捕捉和自动捕捉。在下文中将详细讲解。

另外，可以使用“GRID”命令通过命令行方式设置栅格，功能与“草图设置”对话框类似，此处不再赘述。

注 意

如果栅格的间距设置得太小，当进行打开栅格操作时，AutoCAD 将在文本窗口中显示“栅格太密，无法显示”的信息，而不在屏幕上显示栅格点。或者使用“缩放”命令时，将图形缩放很小，也会出现同样提示，不显示栅格。

2. 捕捉

捕捉是指 AutoCAD 可以生成一个隐含分布于屏幕上的栅格，这种栅格能够捕捉光标，使得光标只能落到其中的一个栅格点上。“栅格捕捉”有“矩形捕捉”和“等轴测捕捉”两种模式。默认设置为“矩形捕捉”，即捕捉点的阵列类似于栅格，如图 2-63 所示。用户可以指定捕捉模式在 *X* 轴方向和 *Y* 轴方向上的间距，也可改变捕捉模式与图形界限的相对位置，其与栅格的不同之处在于：捕捉间距的值必须为正实数；捕捉模式不受图形界限的约束。“等轴测捕捉”表示捕捉模式为等轴测模式，此模式是绘制等轴测图时的工作环境，如图 2-64 所示。在“等轴测捕捉”模式下，栅格和光标十字线呈绘制等轴测图时的特定角度。

在绘制图 2-63 和图 2-64 中的图形时，输入参数点时光标只能落在栅格点上。两种模式切换方法：打开“草图设置”对话框，进入“捕捉和栅格”选项卡，在“捕捉类型”选项组中，通过单选按钮可以切换“矩阵捕捉”模式与“等轴测捕捉”模式。

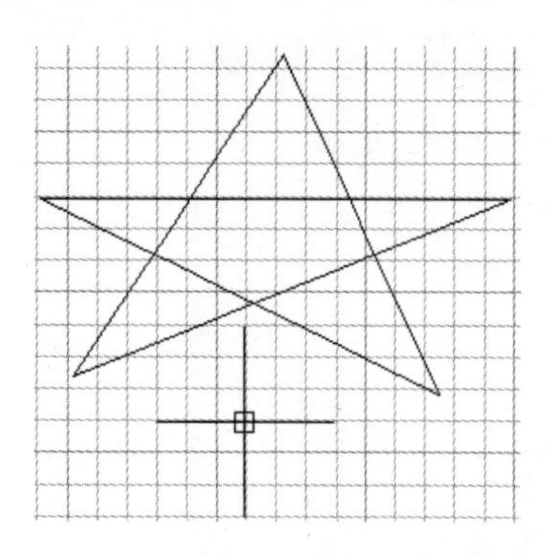

图 2-63 “矩形捕捉”示例

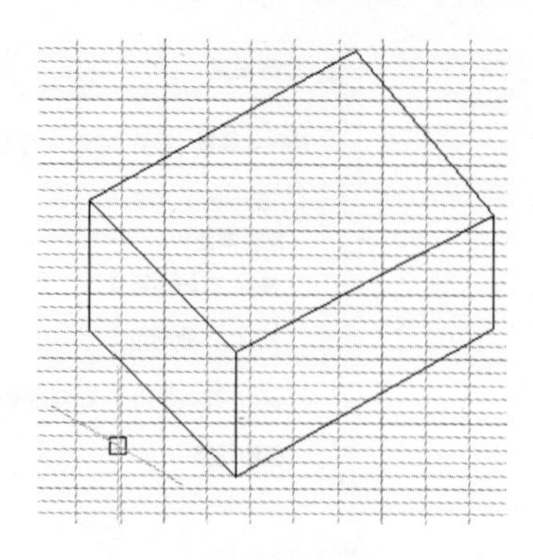

图 2-64 “等轴测捕捉”示例

3．极轴捕捉

极轴捕捉是在创建或修改对象时，按事先给定的角度增量和距离增量来追踪特征点，即捕捉相对于初始点，且满足指定的极轴距离和极轴角的目标点。

极轴追踪设置主要是设置追踪的距离增量和角度增量，以及与之相关联的捕捉模式。这些设置可以通过“草图设置”对话框的“捕捉和栅格”选项卡与“极轴追踪”选项卡来实现，如图 2-62 和图 2-65 所示。

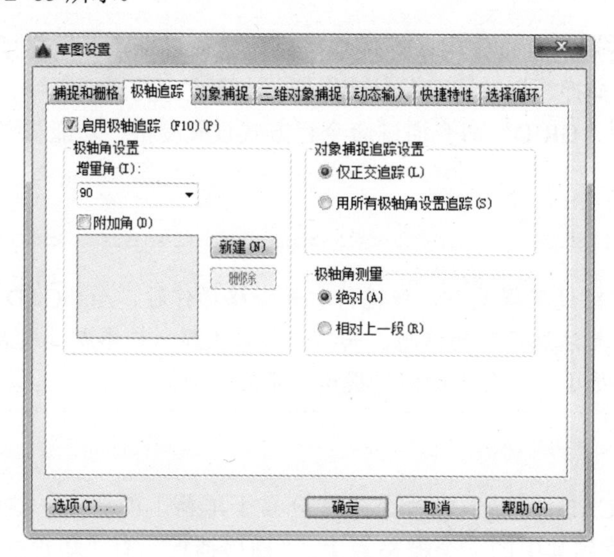

图 2-65 “极轴追踪”选项卡

（1）设置极轴距离　在“草图设置”对话框的“捕捉和栅格”选项卡中，可以设置极轴距离，单位为 mm。绘图时，光标将按指定的极轴距离增量进行移动。

（2）设置极轴角度　在“草图设置”对话框的“极轴追踪”选项卡中，可以设置极轴角增量角度。设置时，可以使用向下箭头打开下拉列表框，选择框中的“90”“45”“30”“22.5”“18”“15”“10”和“5”等极轴角增量，也可以直接输入指定其他任意角度。光标移动时，如果接近极轴角，将显示对齐路径和工具栏提示。如图 2-66 所示，当极轴角增量设置为“30° ”，光标移动“90° ”时显示对齐路径。

“附加角”复选框用于设置极轴追踪时是否采用附加角度追踪。选中“附加角”复选框，通过“增加”按钮或者“删除”按钮来增加、删除附加角度值。

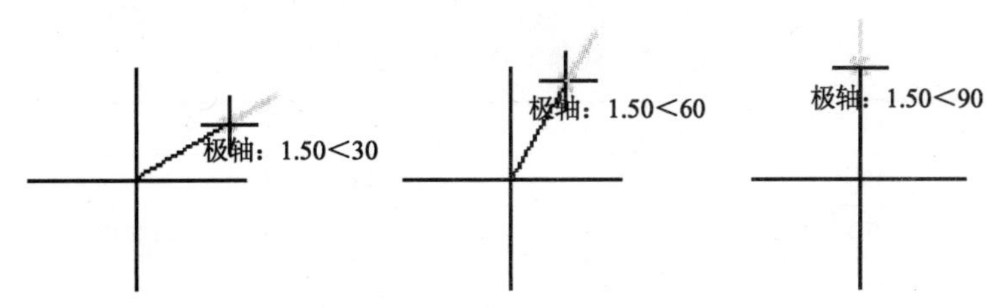

图 2-66 设置极轴角度示例

（3）对象捕捉追踪设置 用于设置对象捕捉追踪的模式。如果选择“仅正交追踪”选项，则当采用追踪功能时，系统仅在水平和垂直方向上显示追踪数据；如果选择“用所有极轴角设置追踪”选项，则当使用追踪功能时，系统不仅可以在水平和垂直方向显示追踪数据，还可以在设置的极轴追踪角度与附加角度所确定的一系列方向上显示追踪数据。

（4）极轴角测量 用于设置极轴角的角度测量采用的参考基准。选择“绝对”单选项是相对水平方向逆时针测量，选择“相对上一段”单选项则是以上一段对象为基准进行测量。

4. 对象捕捉

AutoCAD 给所有的图形对象都定义了特征点，对象捕捉则是指在绘图过程中，通过捕捉这些特征点，迅速准确地将新的图形对象定位在现有对象的确切位置上，如圆的圆心、线段中点或两个对象的交点等。在 AutoCAD 中，可以通过单击状态栏中“对象捕捉”按钮，或是在“草图设置”对话框的“对象捕捉”选项卡中选择“启用对象捕捉”单选项，来启用对象捕捉功能。在绘图过程中，对象捕捉功能的调用可以通过以下方式完成。

图 2-67 “对象捕捉”工具栏

1）“对象捕捉”工具栏：如图 2-67 所示。在绘图过程中，当系统提示需要指定点位置时，可以单击“对象捕捉”工具栏中相应的特征点按钮，再把光标移动到要捕捉的对象上的特征点附近，AutoCAD 会自动提示并捕捉到这些特征点。例如，如果需要用直线连接一系列圆的圆心，可以选择“圆心”特征点执行对象捕捉。如果有两个可能的捕捉点落在选择区域，AutoCAD 将捕捉离光标中心最近的符合条件的点。此外，AutoCAD 还可以在指定点时检查哪一个对象捕捉有效。例如，在指定位置有多个对象捕捉符合条件，在指定点之前，按〈Tab〉键可以遍历所有可能的点。

2）“对象捕捉”快捷菜单：在需要指定点位置时，还可以按住〈Ctrl〉键或〈Shift〉键，单击鼠标右键，弹出“对象捕捉”快捷菜单，如图 2-68 所示。从该菜单上一样可以选择某一种特征点执行对象捕捉，把光标移动到要捕捉的对象上的特征点附近，即可捕捉到这些特征点。

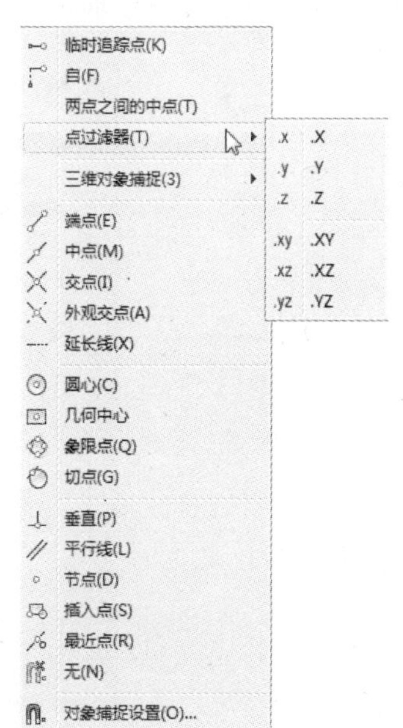

图 2-68 “对象捕捉”快捷菜单

3）使用命令行：当需要指定点位置时，在命令行中输入相应特征点的关键字，把光标移动到要捕捉的对象上的特征点附近，即可捕捉到这些特征点。对象捕捉特征点的关键字见表 2-1。

表 2-1　对象捕捉特征点关键字

模　式	关 键 字	模　式	关 键 字	模　式	关 键 字
临时追踪点	TT	捕捉	FROM	端点	END
中点	MID	交点	INT	外观交点	APP
延长线	EXT	圆心	CEN	象限点	QUA
切点	TAN	垂足	PER	平行线	PAR
节点	NOD	最近点	NEA	无捕捉	NON

注 意

1）对象捕捉不可单独使用，必须配合别的绘图命令一起使用。当 AutoCAD 提示输入点时，对象捕捉才生效。如果试图在命令提示下使用对象捕捉，AutoCAD 将显示错误信息。

2）对象捕捉只影响屏幕上可见的对象，包括锁定图层、布局视口边界和多段线上的对象。不能捕捉不可见的对象，如未显示的对象、关闭或冻结图层上的对象或虚线的空白部分。

5. 自动对象捕捉

在绘制图形的过程中，使用对象捕捉的频率非常高，如果每次在捕捉时都要先选择捕捉模式，将使工作效率大大降低。出于此种考虑，AutoCAD 提供了自动对象捕捉模式。如果启用自动捕捉功能，当光标距指定的捕捉点较近时，系统会自动精确地捕捉这些特征点，并显示出相应的标记以及关于该捕捉的提示。打开“草图设置”对话框中的“对象捕捉”选项卡，选中“启用对象捕捉追踪”复选框，可以调用自动捕捉功能，如图 2-69 所示。

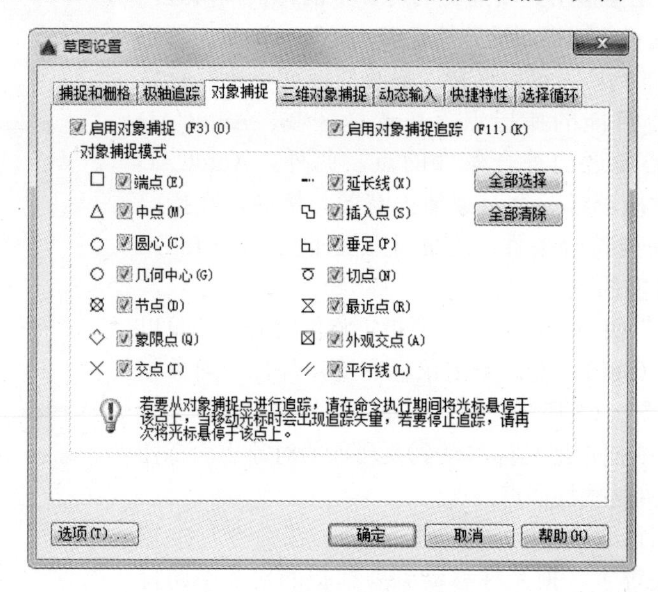

图 2-69　“对象捕捉”选项卡

6．正交绘图

正交绘图模式，即在命令的执行过程中，光标只能沿 *X* 轴或者 *Y* 轴移动。所有绘制的线段和构造线都将平行于 *X* 轴或 *Y* 轴，因此它们相互垂直成 90°相交，即正交。使用正交绘图，对于绘制水平和垂直线非常有用，特别是在绘制构造线时经常使用。而且当捕捉模式为等轴测捕捉模式时，正交绘图还迫使直线平行于三个等轴测中的一个。

注意

可以设置自己经常要用的捕捉模式。一旦设置了运行捕捉模式后，在每次运行时，所设定的目标捕捉模式就会被激活，而不是仅对一次选择有效。当同时使用多种模式时，系统将捕捉距光标最近，同时又是满足多种目标捕捉模式之一的点。当光标距要获取的点非常近时，按下〈Shift〉键将暂时不获取对象点。

设置正交绘图可以直接单击状态栏中“正交”按钮或按〈F8〉键，相应地会在文本窗口中显示开/关提示信息。也可以在命令行中输入“ORTHO”命令，开启或关闭正交绘图。

注意

正交模式将光标限制在水平或垂直（正交）轴上。因为不能同时打开正交模式和极轴追踪，因此正交模式打开时，AutoCAD 会关闭极轴追踪。如果再次打开极轴追踪，AutoCAD 将关闭“正交”模式。

2.7.2 图形显示工具

对于一个较为复杂的图形来说，在观察整幅图形时往往无法对其局部细节进行查看和操作，而在屏幕上显示一个细部时又看不到其他部分。为解决此类问题，AutoCAD 提供了“缩放”“平移”“视图”“鸟瞰视图”和“视口”等一系列图形显示控制命令，可以用来任意地放大、缩小或移动屏幕上的图形显示，或者同时从不同的角度、不同的部位来显示图形。AutoCAD 2016 还提供了“重画”和“重新生成”命令来刷新屏幕、重新生成图形。

1．图形缩放

图形缩放命令类似于照相机的镜头，可以放大或缩小屏幕所显示的范围，只改变视图的比例，但是对象的实际尺寸并不发生变化。当放大图形一部分的显示尺寸时，可以更清楚地查看这个区域的细节；相反，如果缩小图形的显示尺寸则可以查看更大的区域，如整体浏览。

图形缩放功能在绘制大幅面机械图样，尤其是装配图时非常有用，是使用频率最高的命令之一。这个命令可以透明地使用，也就是说，该命令可以在其他命令执行时运行。用户完成涉及透明命令的过程后，AutoCAD 会自动返回到在用户调用透明命令前正在运行的命令。执行图形缩放的方法如下。

【执行方式】

命令行：ZOOM。

菜单栏：视图→缩放。

工具栏：标准→缩放（见图 2-70）。

图 2-70 “缩放”工具栏

功能区：单击“视图”选项卡“导航”面板上的“范围”下拉菜单中的“缩放”按钮（见图 2-71）。

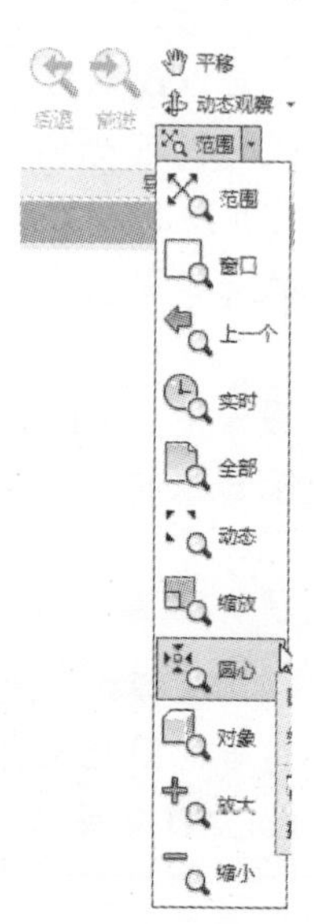

图 2-71 “范围”下拉菜单

【操作步骤】

执行上述命令后，系统提示：

指定窗口的角点，输入比例因子 (nX 或 nXP)，或者 [全部(A)/中心(C)/动态(D)/范围(E)/上一个(P)/比例(S)/窗口(W)/对象(O)] <实时>:

【选项说明】

（1）实时　这是“缩放”命令的默认操作，即在输入“ZOOM”命令后，直接按〈Enter〉键，将自动调用实时缩放操作。实时缩放就是可以通过上下移动鼠标交替进行放大和缩小。在使用实时缩放时，系统会显示一个“＋”号或“－”号。当缩放比例接近极限时，AutoCAD 将不再与光标一起显示“＋”号或“－”号。需要从实时缩放操作中退出时，可按〈Enter〉键、〈Esc〉键或是从菜单中选择“Exit”命令退出。

（2）全部(A)　执行“ZOOM”命令后，在提示文字后输入“A”，即可执行“全部(A)”缩放操作。不论图形有多大，该操作都将显示图形的边界或范围，即使对象不包括在边界以内，它们也将被显示。因此，使用“全部(A)”缩放选项，可查看当前视口中的整个图形。

（3）中心(C)　通过确定一个中心点，该选项可以定义一个新的显示窗口。操作过程中需要指定中心点以及输入比例或高度。默认的新的中心点就是视图的中心点，默认的输入高度就是当前视图的高度，直接按〈Enter〉键后，图形将不会被放大。输入比例时，数值越大，图形放大倍数也将越大。也可以在数值后面紧跟一个“X”，如 3X，表示在放大时不是按照绝对值变化，而是按相对于当前视图的相对值缩放。

（4）动态(D)　通过操作一个表示视口的视图框，可以确定所需显示的区域。选择该选项，在绘图窗口中会出现一个小的视图框，按住鼠标左键左右移动可以改变该视图框的大小。定形后放开左键，再按下鼠标左键移动视图框，确定图形中的放大位置，系统将清除当前视口并显示一个特定的视图选择屏幕。这个特定屏幕由有关当前视图及有效视图的信息所构成。

（5）范围(E)　“范围(E)”选项可以使图形缩放至整个显示范围。图形的范围由图形所在的区域构成，剩余的空白区域将被忽略。应用该选项，图形中所有的对象都尽可能地被放大。

注意

在绘图时，有时会出现无论怎样拖动鼠标也无法缩小图形的情形，这时，只要执行“范围(E)”缩放命令，就可以把图形显示在绘图界面范围内，然后继续拖动鼠标，就可以正常缩小图形了。

（6）上一个(P)　在绘制一幅复杂的图形时，有时需要放大图形的一部分以进行细节的编辑。当编辑完成后，有时希望回到前一个视图，这种操作可以使用“上一个(P)”选项来实现。当前视图由“缩放”命令的各种选项或“移动视图”“视图恢复”“平行投影”及“透视”命令引起的任何变化，系统都将保存。每一个视口最多可以保存 10 个视图。连续使用“上一个(P)”选项可以恢复前 10 个视图。

（7）比例(S)　“比例(S)”选项提供了三种使用方法。在提示信息下，直接输入比例系数，AutoCAD 将按照此比例因子放大或缩小图形的尺寸。如果在比例系数后面加一“X”，则表示相对于当前视图计算的比例因子。使用比例因子的第三种方法仅适用于图纸空间，如可以在图纸空间阵列布排或打印出模型的不同视图。为了使每一张视图都与图纸空间单位成比例，可以使用“比例(S)”选项，以便每一个视图都可以有单独的比例。

（8）窗口(W)　“窗口(W)”选项是最常使用的选项。通过确定一个矩形窗口的两个对角点来指定所需缩放的区域，对角点可以由鼠标指定，也可以输入坐标确定。指定窗口的中心点将成为新的显示屏幕的中心点，窗口中的区域将被放大或者缩小。调用“ZOOM”命令时，可以在没有选择任何选项的情况下，利用鼠标在绘图窗口中直接指定缩放窗口的两个对角点。

（9）对象(O)　“对象(O)”选项是指缩放图形以便尽可能大地在视图中显示一个或多个选定的对象，并使其位于视图的中心。可以在启动“ZOOM”命令前或后选择对象。

注意

这里所提到的诸如放大、缩小或移动的操作，仅仅是对图形在屏幕上的显示进行控制，图形本身并没有任何改变。

2．图形平移

当图形放大后幅面大于当前视口时，如果需要在当前视口之外观察或绘制一个特定区域，可以使用图形平移命令来实现。“平移”命令能将当前视口以外的图形的一部分移进显示窗口查看或编辑，且不会改变图形的缩放比例。执行图形平移的方法如下。

【执行方式】

命令行：PAN。

菜单栏：视图→平移。

工具栏：标准→平移。

快捷菜单：绘图窗口中单击右键，选择“平移”选项。

功能区：单击“视图”选项卡“导航”面板中的“平移”按钮（见图 2-72）。

图 2-72 “导航”面板

【操作步骤】

激活“平移”命令之后，光标将变成一只“小手”，可以在绘图窗口中任意移动，以示当前正处于平移模式。单击并按住鼠标左键将光标锁定在当前位置，即“小手”已经抓住图形，然后，拖动图形使其移动到所需位置上。松开鼠标左键将停止平移图形。可以反复按下鼠标左键，拖动、松开，将图形平移到其他位置上。

“平移”命令预先定义了一些不同的菜单选项与按钮，它们可用于在特定方向上平移图形，在激活“平移”命令后，这些选项可以从菜单“视图”→“平移”→“*”(*表示下列六个选项的其中之一）中调用。

【选项说明】

1）实时：是“平移”命令中最常用的选项。也是默认选项。前面提到的平移操作都是指实时平移，通过鼠标的拖动可实现任意方向上的平移。

2）点：该选项要求确定位移量，这就需要确定图形移动的方向和距离。可以通过输入点的坐标或用鼠标指定点的坐标来确定位移。

3）左：该选项移动图形使屏幕左部的图形进入显示窗口。

4）右：该选项移动图形使屏幕右部的图形进入显示窗口。

5）上：该选项向底部平移图形后，使屏幕顶部的图形进入显示窗口。

6）下：该选项向顶部平移图形后，使屏幕底部的图形进入显示窗口。

第 3 章　二维绘图命令

知识导引

二维图形是指在二维平面空间绘制的图形，主要由一些图形元素组成，如点、直线、圆弧、圆、椭圆、矩形、正多边形、多段线、样条曲线等几何元素。AutoCAD 提供了大量的绘图工具，可以帮助用户完成二维图形的绘制。本章主要内容包括直线、圆和圆弧、椭圆和椭圆弧、平面图形、点、多段线、样条曲线和图案填充等。

3.1　直线类

直线类命令包括直线、射线和构造线等命令。这几个命令是 AutoCAD 中最简单的绘图命令。

3.1.1 直线段

【执行方式】

命令行：LINE（缩写名：L）。

菜单栏：绘图→直线。

工具栏：绘图→直线。

功能区：单击“默认”选项卡“绘图”面板中的“直线”按钮（见图 3-1）。

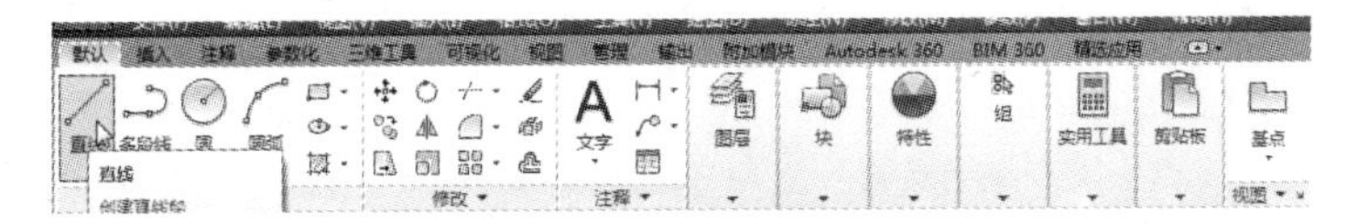

图 3-1　绘图面板一

【操作步骤】

命令: LINE↙

指定第一个点:（输入直线段的起点，用鼠标指定点或者给定点的坐标）

指定下一点或 [放弃(U)]:（输入直线段的端点，也可以用鼠标指定一定角度后，直接输入直线的长度）

指定下一点或 [放弃(U)]:（输入下一直线段的端点。输入选项“U”表示放弃前面的输入；单击鼠标右键或按〈Enter〉键，结束命令）

指定下一点或 [闭合(C)/放弃(U)]:（输入下一直线段的端点，或输入选项“C”使图形闭合，结束命令）

【选项说明】

1）若按〈Enter〉键响应“指定第一点：”提示，系统会把上次绘制线（或弧）的终点作为本次操作的起始点。特别地，若上次操作为绘制圆弧，按〈Enter〉键响应后，绘出通过圆弧终点的与该圆弧相切的直线段，该线段的长度由鼠标在屏幕上指定的一点与切点之间线段的长度确定。

2）在“指定下一点”提示下，用户可以指定多个端点，从而绘出多条直线段。但是，每一段直线是一个独立的对象，可以进行单独的编辑操作。

3）绘制两条以上直线段后，若用选项“C”响应“指定下一点”提示，系统会自动连接起始点和最后一个端点，从而绘出封闭的图形。

4）若用选项“U”响应提示，则擦除最近一次绘制的直线段；若设置正交方式（按下状态栏上“正交”按钮），只能绘制水平直线段或垂直直线段。

5）若设置动态数据输入方式（按下状态栏上“动态输入”按钮），则可以动态输入坐标或长度值。

3.1.2 实例——表面结构图形符号

在机械制图新标准中，将旧版本的粗糙度符号更名为表面结构图形符号，本例将绘制表面结构的基本图形符号的完整图形，此符号表示允许任何工艺加工。在报告和文本中可用“APA”表示该符号。在机械图样中常采用简化画法，即去除图 3-2 所示直线 3-4。图 3-2 所示为利用“直线”命令，通过在命令行中输入坐标点确定直线位置绘制的表面结构图形符号。

【操作步骤】

单击“绘图”工具栏中的“直线”按钮，绘制表面结构图形符号，命令行提示与操作如下：

命令：LINE↙

指定第一个点:150,240 （1 点）

指定下一点或 [放弃(U)]：@80<-60 （2 点，也可以按下状态栏上“动态输入”按钮，在鼠标位置为 300 °时，动态输入“80”，如图 3-3 所示，下同）

指定下一点或 [放弃(U)]：@160<60（3 点）

指定下一点或 [闭合(C)/放弃(U)]：↙（结束直线命令）

命令:↙（再次执行直线命令）

指定第一个点：↙（以上次命令的最后一点即 3 点为起点）

指定下一点或 [放弃(U)]：@80,0 （4 点）

指定下一点或 [放弃(U)]：↙（结束直线命令）

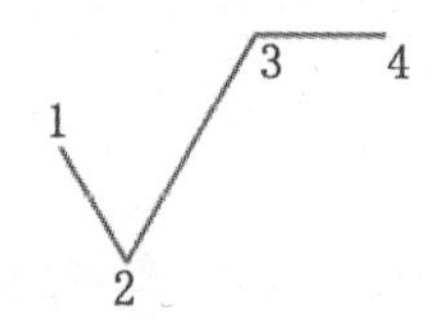

图 3-2　表面结构图形符号

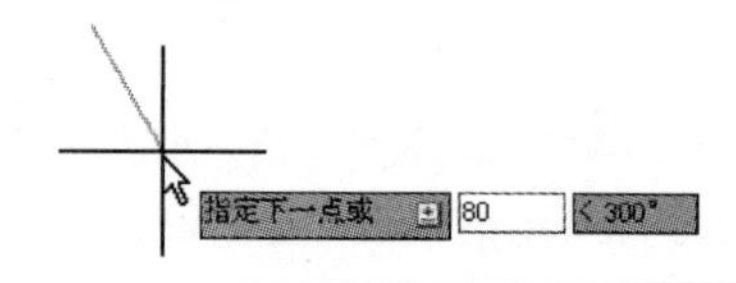

图 3-3　动态输入

3.1.3 构造线

【执行方式】

命令行：XLINE。

菜单栏：绘图→构造线。

工具栏：绘图→构造线。

功能区：单击“默认”选项卡“绘图”面板中的“构造线”按钮（见图 3-4）。

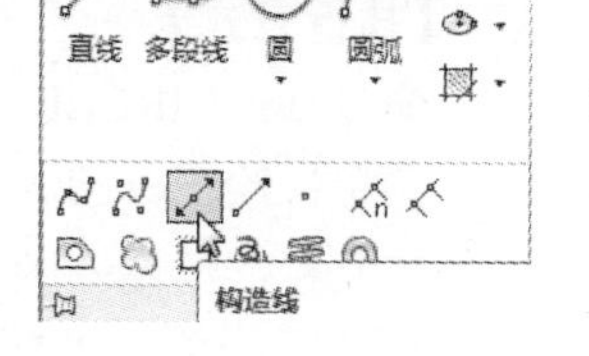

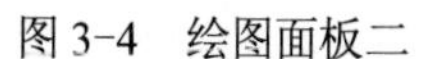

图 3-4 绘图面板二

【操作步骤】

命令: XLINE↙

指定点或 [水平(H)/垂直(V)/角度(A)/二等分(B)/偏移(O)]:（给出根点 1，如图 3-5a 所示）

指定通过点:（给定通过点 2，画一条双向无限长直线）

指定通过点:（继续给点，继续画线，按〈Enter〉键结束命令）

【选项说明】

1）执行选项中有“指定点”“水平”“垂直”“角度”“二等分”和“偏移”六种方式绘制构造线，分别如图 3-5a～图 3-5f 所示。

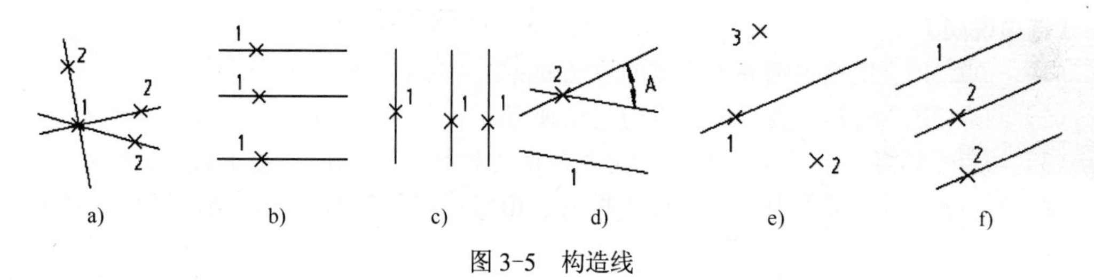

a)　b)　c)　d)　e)　f)

图 3-5 构造线

a) 指定点 b) 水平 c) 垂直 d) 角度 e) 二等分 f) 偏移

2）构造线模拟手工作图中的辅助作图线，用特殊的线型显示，在绘图输出时可不作输出。常用于辅助作图。

应用构造线作为辅助线绘制机械图中的三视图是构造线的最主要用途，构造线的应用保证了三视图之间主俯视图长对正、主左视图高平齐、俯左视图宽相等的对应关系。图 3-6 所示为应用构造线作为辅助线绘制机械图中三视图的示例，图中红色线为构造线，黑色线为三视图轮廓线。

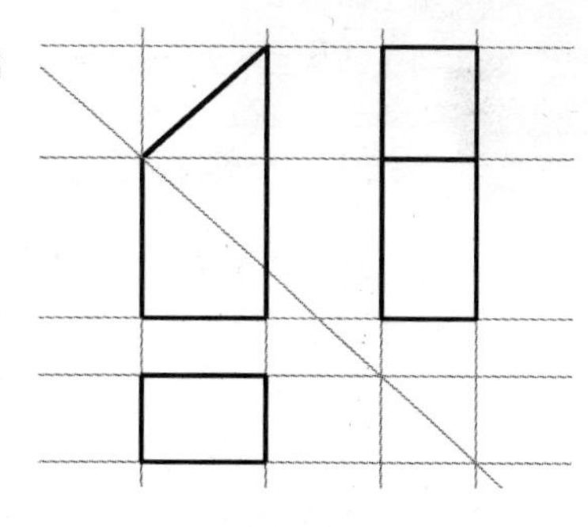

图 3-6 构造线辅助绘制三视图

说 明

一般每个命令有三种执行方式，这里只给出了命令行执行方式，其他两种执行方式的操作方法与命令行执行方式相同。

3.2 圆类图形

圆类命令主要包括“圆”“圆弧”“椭圆”“椭圆弧”以及“圆环”等命令，这几个命令是 AutoCAD 中最简单的圆类命令。

3.2.1 绘制圆

【执行方式】

命令行：CIRCLE（缩写名：C）。

菜单：绘图→圆。

工具栏：绘图→圆。

功能区：单击“默认”选项卡“绘图”面板中的“圆”下拉菜单（见图 3-7）。

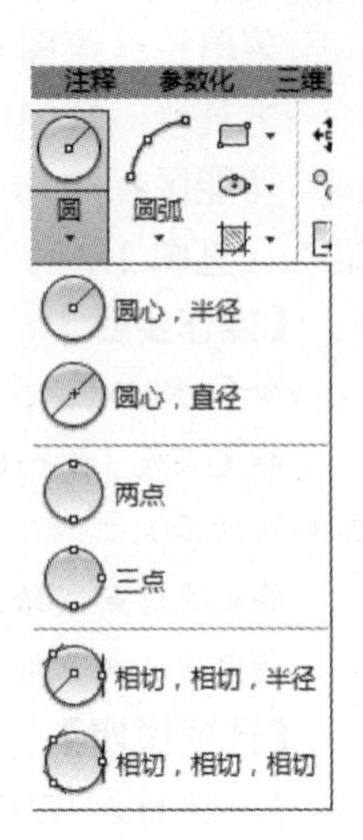

图 3-7 “圆”下拉菜单

【操作步骤】

命令: CIRCLE↙

指定圆的圆心或 [三点(3P)/两点(2P)/切点、切点、半径(T)]: （指定圆心）

指定圆的半径或 [直径(D)]: （直接输入半径数值或用鼠标指定半径长度）

指定圆的直径 <默认值>: （输入直径数值或用鼠标指定直径长度）

【选项说明】

（1）三点(3P) 用指定圆周上三点的方法画圆。

（2）两点(2P) 按指定直径两端点的方法画圆。

（3）切点、切点、半径(T) 按先指定两个相切对象，后给出半径的方法画圆。

“绘图”→“圆”菜单中多了一种“相切、相切、相切”的方法，当选择此方式时，系统提示：

指定圆上的第一个点: _tan 到: （指定相切的第一个圆弧）

指定圆上的第二个点: _tan 到: （指定相切的第二个圆弧）

指定圆上的第三个点: _tan 到: （指定相切的第三个圆弧）

3.2.2 实例——螺钉俯视图

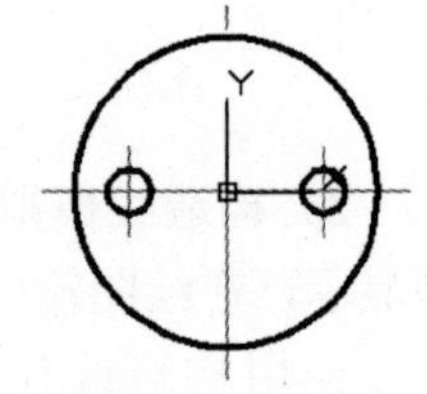

图 3-8 螺钉俯视图

绘制图 3-8 所示的螺钉俯视图。

【操作步骤】

（1）图层设定 单击“图层”工具栏中的“图层特性管理器”按钮，新建如下四个图层：

1）第一图层命名为“粗实线”图层，线宽“0.3mm”，其余属性默认。

2）第二图层命名为“细实线”图层，线宽“0.09mm”，其余属性默认。

3）第三图层命名为“中心线”图层，线宽“0.09mm”，颜色红色，线型“CENTER”，其余属性默认。

（2）绘制中心线 将“中心线”图层设置为当前层，单击“绘图”工具栏中的“直线”按钮，命令行提示与操作如下。

命令: LINE↙

指定第一个点: -17,0↙

指定下一点或 [放弃(U)]: @34,0↙

指定下一点或 [放弃(U)]: ↙

同样，单击“绘图”工具栏中的“直线”按钮，绘制另外三条线段，端点坐标分别为

{（0,-17），（@0,70）}{（-9,4），（@0,-8）}{（9,4），（@0,-8）}。

（3）绘制轮廓线　将“粗实线”图层设置为当前层，单击“绘图”工具栏中的“圆”按钮，命令行提示与操作如下。

命令: CIRCLE↙

指定圆的圆心或 [三点(3P)/两点(2P)/切点、切点、半径(T)]: 0,0↙

指定圆的半径或 [直径(D)]: 14↙

同样，单击“绘图”工具栏中的“圆”按钮，圆心坐标为（-9,0），半径为“2”；再次单击“绘图”工具栏中的“圆”按钮，绘制另一个圆，圆心坐标为（9,0），半径为“2”。结果如图 3-8 所示。

3.2.3 绘制圆弧

【执行方式】

命令行：ARC（缩写名：A）。

菜单：绘图→圆弧。

工具栏：绘图→圆弧。

功能区：单击“默认”选项卡“绘图”面板中的“圆弧”下拉菜单（见图 3-9）。

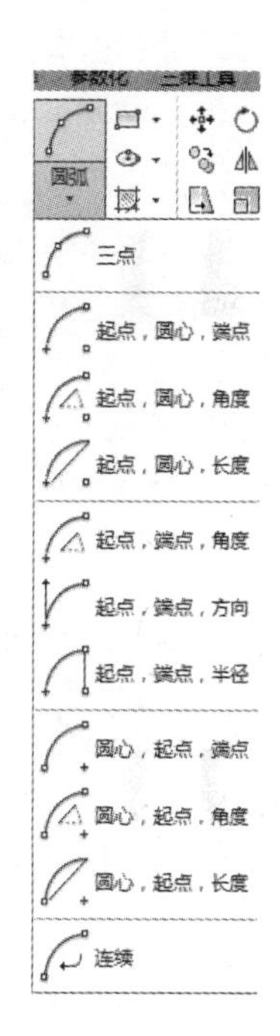

图 3-9 “圆弧”下拉菜单

【操作步骤】

命令: ARC↙

指定圆弧的起点或 [圆心(C)]:（指定起点）

指定圆弧的第二个点或 [圆心(C)/端点(E)]:（指定第二点）

指定圆弧的端点:（指定端点）

【选项说明】

1）用命令行方式绘制圆弧时，可以根据系统提示选择不同的选项，具体功能和菜单栏中的“绘图”→“圆弧”子菜单中提供的 11 种方式相似。这 11 种方式绘制的圆弧分别如图 3-10a～图 3-10k 所示。

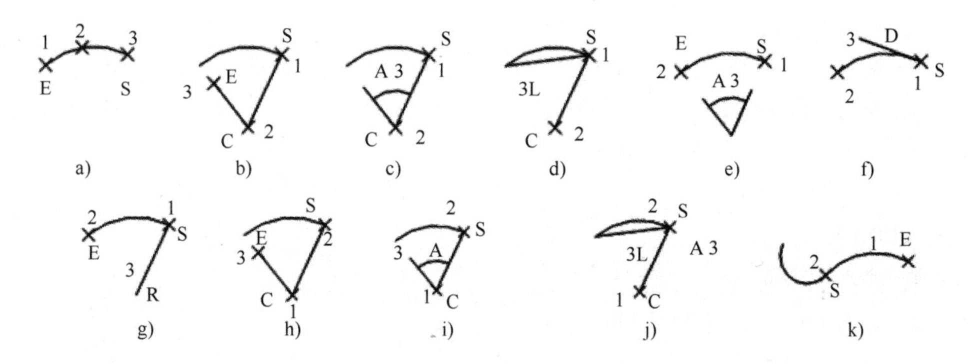

图 3-10　11 种圆弧绘制方法

2）需要强调的是“连续”方式，绘制的圆弧与上一次绘制的线段或圆弧相切，继续画圆弧段时，提供端点即可。

3.2.4 实例——销

由于图形中出现了两种不同的线型，所以需要设置图层来管理线型。本例利用“直线”和“圆弧”命令绘制销平面图形，结果如图 3-11 所示。

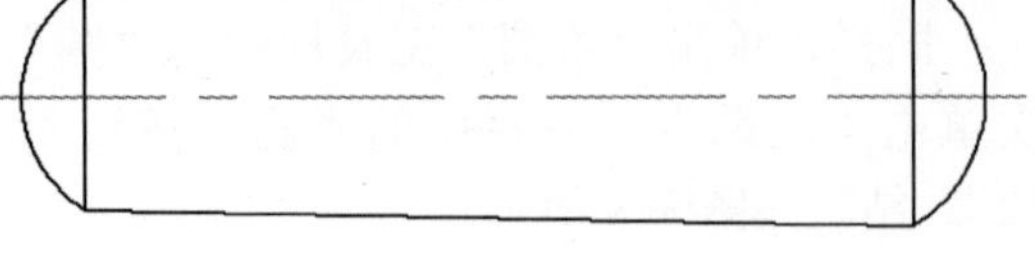

图 3-11　销平面图

【操作步骤】

1．设置图层

单击“图层”工具栏中的“图层特性管理器”按钮，打开“图层特性管理器”面板。新建“中心线”和“轮廓线”两个图层，如图 3-12 所示。

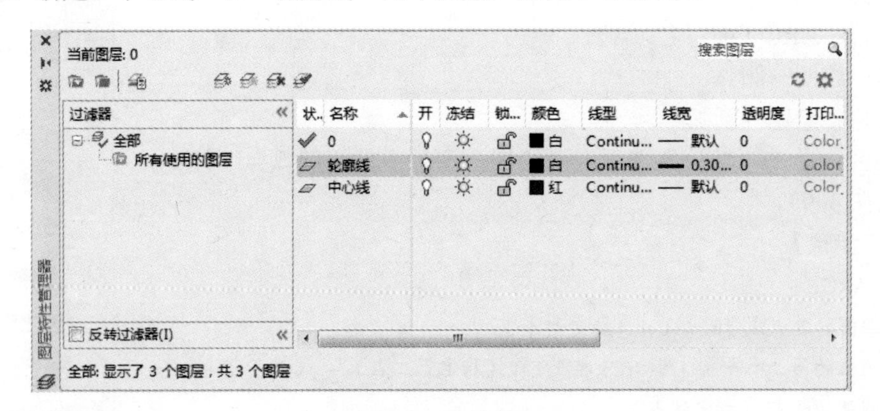

图 3-12　图层设置

2．绘制中心线

将当前图层设置为“中心线”层，单击“绘图”工具栏中的“直线”按钮，绘制中心线，端点坐标值为{（100,100），（138,100）}，结果如图 3-13 所示。

3．绘制销侧面斜线

1）将当前图层转换为“轮廓线”图层，单击“绘图”工具栏中的“直线”按钮，命令行提示与操作如下。

命令: LINE ↙

指定第一个点: 104,104 ↙

指定下一点或 [放弃(U)]: @30<1.146↙

指定下一点或 [放弃(U)]:↙

命令: LINE↙

指定第一个点: 104,96 ↙

指定下一点或 [放弃(U)]: @30<-1.146↙

指定下一点或 [放弃(U)]:↙

绘制的效果如图 3-13 所示。

2）单击“绘图”工具栏中的“直线”按钮，分别连接两条斜线的两个端点，结果如图 3-14 所示。

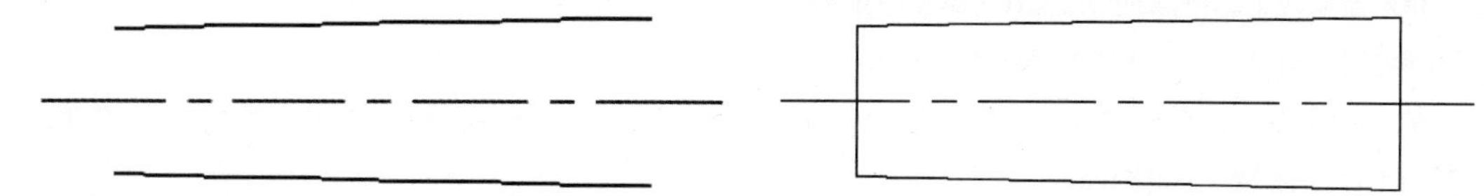

图 3-13　绘制中心线和斜线　　　　图 3-14　连接端点

注意

绘制直线，一般都是采用笛卡儿坐标系下输入直线两端点的直角坐标来完成，例如:

命令：LINE↙

指定第一个点：[指定所绘直线段的起始端点的坐标(x1,y1)]

指定下一点或[放弃(U)]：[指定所绘直线段的另一端点坐标(x2，y2)]

...

指定下一点或[闭合(C)／放弃(U)]：(按空格键或〈Enter〉键结束本次操作)

但是当绘制与水平线倾斜某一特定角度的直线时，直线端点的笛卡儿坐标往往不能精确算出，此时需要使用极坐标模式，即输入相对于第一端点的水平倾角和直线长度，“@直线长度<倾角”，如图 3-15 所示。

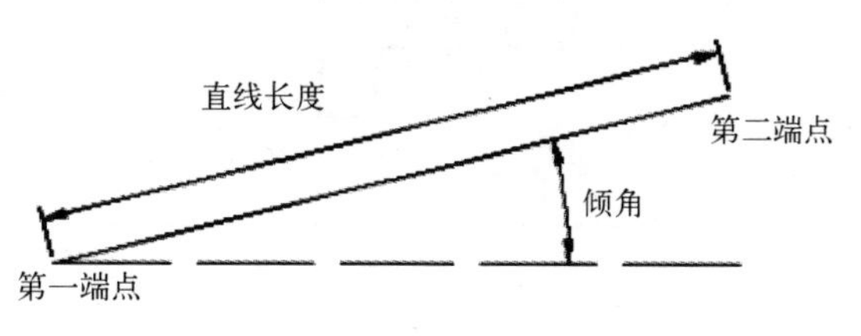

图 3-15　极坐标系下“直线”命令

4．绘制圆弧顶

单击“绘图”工具栏中的“圆弧”按钮，命令行提示与操作如下。

命令: _arc

指定圆弧的起点或 [圆心(C)]:（捕捉上斜线左端点）

指定圆弧的第二个点或 [圆心(C)/端点(E)]:（在中心线上适当位置捕捉一点，如图 3-16 所示）

指定圆弧的端点：（捕捉下斜线左端点，结果如图 3-17 所示）

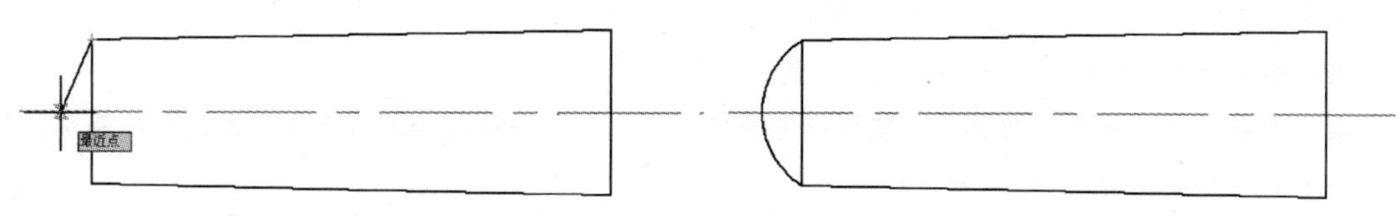

图 3-16　指定第二点　　　　图 3-17　圆弧顶绘制结果

命令: _arc

指定圆弧的起点或 [圆心(C)]: （捕捉下斜线右端点）

指定圆弧的第二个点或 [圆心(C)/端点(E)]: e↙

指定圆弧的端点: （捕捉上斜线右端点）

指定圆弧的中心点(按住 〈Ctrl〉 键以切换方向)或 [角度(A)/方向(D)/半径(R)]:a↙

指定夹角(按住 〈Ctrl〉 键以切换方向): (适当拖动鼠标，利用拖动线的角度指定包含角，如图 3-18 所示)

最终结果如图 3-11 所示。

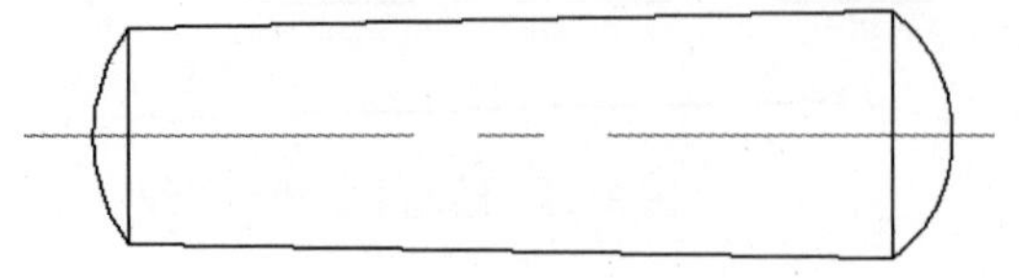

图 3-18　指定包含角

注 意

系统默认圆弧的绘制方向为逆时针方向，即指定两点后，圆弧从第一点沿逆时针方向伸展到第二点。所以在指定端点时，一定要注意点的位置顺序，否则绘制不出预想中的圆弧。

定位销有圆锥形和圆柱形两种结构。为保证重复拆装时定位销与销孔的紧密性和便于定位销拆卸，应采用圆锥销。一般取定位销直径 d=(0.7 ~ 0.8)d_2，d_2 为箱盖、箱座连接螺栓直径。其长度应大于上、下箱连接凸缘的总厚度，并且装配后上、下两头均有一定长度的外伸量，以便装拆。如图 3-19 所示。

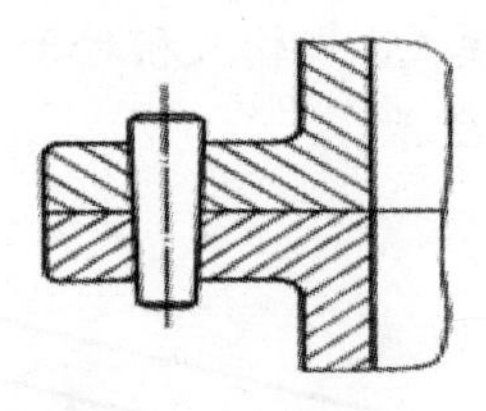

图 3-19　定位销

3.2.5 绘制圆环

【执行方式】

命令行：DONUT（缩写名：DO）。

菜单：绘图→圆环。

功能区：单击“默认”选项卡“绘图”面板中的“圆环”按钮◎。

【操作步骤】

命令: DONUT↙

指定圆环的内径 <默认值>: （指定圆环小径）

指定圆环的外径 <默认值>: （指定圆环大径）

指定圆环的中心点或 <退出>: (指定圆环的中心点)

指定圆环的中心点或 <退出>: (继续指定圆环的中心点，则继续绘制具有相同内大径的圆环。按〈Enter〉键或空格键或右击，结束命令)

【选项说明】

1）若指定内径为零，则画出实心填充圆。

2）用命令“FILL”可以控制圆环是否填充。

命令: FILL↙

输入模式 [开(ON)/关(OFF)] <开>: （选择“开（ON）”表示填充，选择“关（OFF）”表示不填充）

3.2.6 绘制椭圆与椭圆弧

【执行方式】

命令行：ELLIPSE（缩写名：EL）。

菜单：绘图→椭圆→圆弧。

工具栏：绘图→椭圆或绘制→椭圆弧。

功能区：单击“默认”选项卡“绘图”面板中的“椭圆”下拉菜单（见图3-20）。

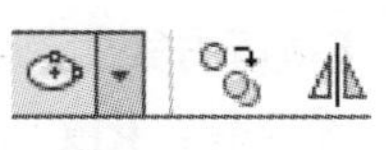

图3-20 “椭圆”下拉菜单

【操作步骤】

命令: ELLIPSE↙

指定椭圆的轴端点或 [圆弧(A)/中心点(C)]:

指定轴的另一个端点:

指定另一条半轴长度或 [旋转(R)]:

【选项说明】

（1）指定椭圆的轴端点　根据两个端点，定义椭圆的第一条轴。第一条轴的角度确定了整个椭圆的角度。第一条轴既可定义为椭圆的长轴也可定义为椭圆的短轴。

（2）旋转(R)　通过绕第一条轴旋转圆来创建椭圆。相当于将一个圆绕椭圆轴旋转一个角度后的投影视图。

（3）中心点(C)　通过指定的中心点创建椭圆。

（4）圆弧(A)　该选项用于创建一段椭圆弧。与选择工具栏“绘制”→“椭圆弧”命令功能相同。其中第一条轴的角度确定了椭圆弧的角度。选择该项，命令行提示如下。

指定椭圆弧的轴端点或 [中心点(C)]:（指定端点或输入“C”）

指定轴的另一个端点:（指定另一端点）

指定另一条半轴长度或 [旋转(R)]: （指定另一条半轴长度或输入“R”）

指定起点角度或 [参数(P)]:（指定起始角度或输入“P”）

指定端点角度或 [参数(P)/夹角(I)]:

其中各选项含义如下：

1）角度：指定椭圆弧端点的两种方式之一，光标与椭圆中心点连线的夹角为椭圆弧端点位置的角度。

2）参数(P)：指定椭圆弧端点的另一种方式，该方式同样是指定椭圆弧端点的角度，通过以下矢量参数方程式创建椭圆弧。

$$p(u) = c + a^* \cos(u) + b^* \sin(u)$$

其中，c是椭圆的中心点，a和b分别是椭圆的长轴和短轴，u为光标与椭圆中心点连线的夹角。

3）夹角(I)：定义从起始角度开始的包含角度。

3.3 平面图形

3.3.1 绘制矩形

【执行方式】

命令行：RECTANG（缩写名：REC）。

菜单：绘图→矩形。

工具栏：绘图→矩形▭。

功能区：单击“默认”选项卡“绘图”面板中的“矩形”按钮▭。

【操作步骤】

命令: RECTANG↙

指定第一个角点或 [倒角(C)/标高(E)/圆角(F)/厚度(T)/宽度(W)]:

指定另一个角点或 [面积(A)/尺寸(D)/旋转(R)]:

【选项说明】

（1）第一个角点　通过指定两个角点来确定矩形，如图 3-21a 所示。

（2）倒角(C)　指定倒角距离，绘制带倒角的矩形，如图 3-21b 所示。每一个角点的逆时针和顺时针方向的倒角可以相同，也可以不同，其中第一个倒角距离是指角点逆时针方向的倒角距离，第二个倒角距离是指角点顺时针方向的倒角距离。

（3）标高(E)　指定矩形标高（z 坐标），即把矩形画在标高为 z，与 XOY 坐标面平行的平面上，并作为后续矩形的标高值。

（4）圆角(F)　指定圆角半径，绘制带圆角的矩形，如图 3-21c 所示。

（5）厚度(T)　指定矩形的厚度，如图 3-21d 所示。

（6）宽度(W)　指定线宽，如图 3-21e 所示。

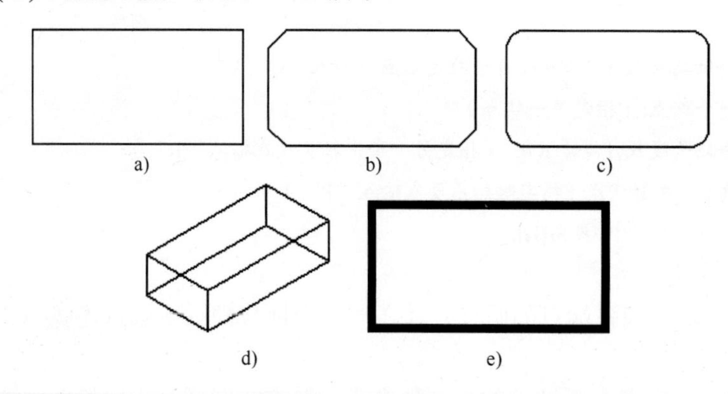

图 3-21　绘制矩形

a) 指定两个角点　b) 指定倒角距离　c) 指定圆角半径　d) 指定矩形的厚度　e) 指定线宽

（7）尺寸(D)　使用长和宽创建矩形。第二个指定点将矩形定位在与第一角点相关的四个位置之一内。

（8）面积（A）　通过指定面积和长或宽来创建矩形。选择该选项，系统提示：

输入以当前单位计算的矩形面积 <20.0000>: （输入面积值）

计算矩形标注时依据 [长度(L)/宽度(W)] <长度>:（按〈Enter〉键或输入“W”）

输入矩形长度 <4.0000>: （指定长度或宽度）

指定长度或宽度后，系统自动计算并绘制出矩形。如果矩形被倒角或为圆角，则在长度或宽度计算中，将会考虑此设置。如图 3-22 所示。

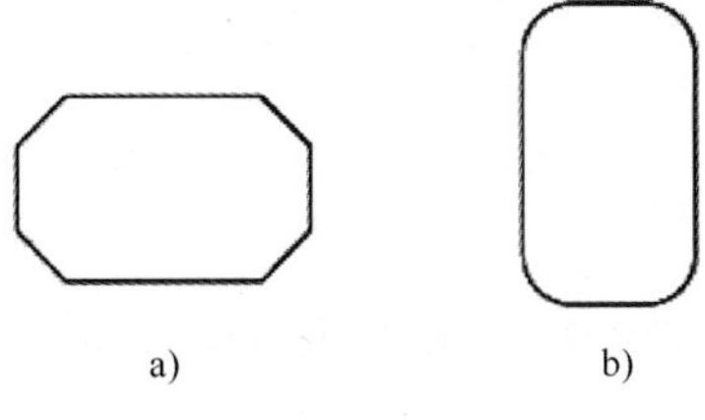

a) b)

图 3-22 按面积绘制矩形

a) 倒角距离（1，1）面积：20 长度：6 b) 圆角半径：1.0 面积：20 宽度：6

（9）旋转(R) 按指定角度旋转所绘制的矩形。选择该选项，系统提示：

指定旋转角度或 [拾取点(P)] <135>: （指定角度）

指定另一个角点或 [面积(A)/尺寸(D)/旋转(R)]:（指定另一个角点或选择其他选项）

指定旋转角度后，系统按指定旋转角度创建矩形，如图 3-23 所示。

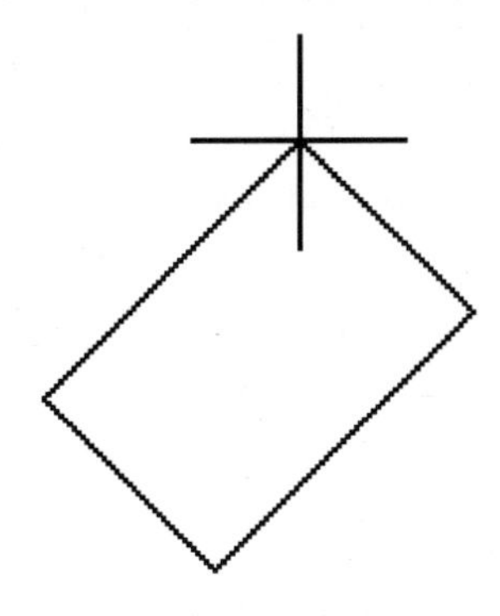

图 3-23 按指定旋转角度创建矩形

3.3.2 实例——定距环

定距环是机械零件中的一种典型的辅助轴向定位零件，绘制比较简单。定距环呈管状，主视图呈圆环状，利用“圆”命令绘制；俯视图呈矩形状，利用“矩形”命令绘制；中心线利用“直线”命令绘制。绘制的定距环如图 3-24 所示。

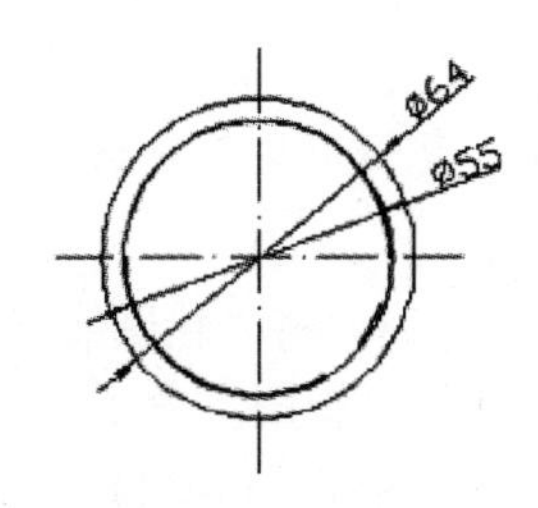

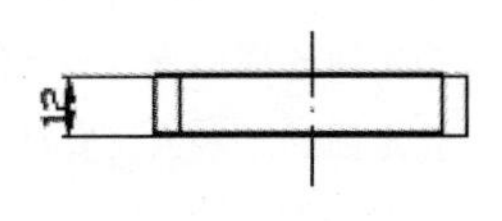

图 3-24 定距环

【操作步骤】

1）单击“图层”工具栏中的“图层特性管理器”按钮，打开“图层特性管理器”面板。单击“新建图层”按钮，新建“中心线”和“轮廓线”两个图层，图层设置如图 3-25 所示。

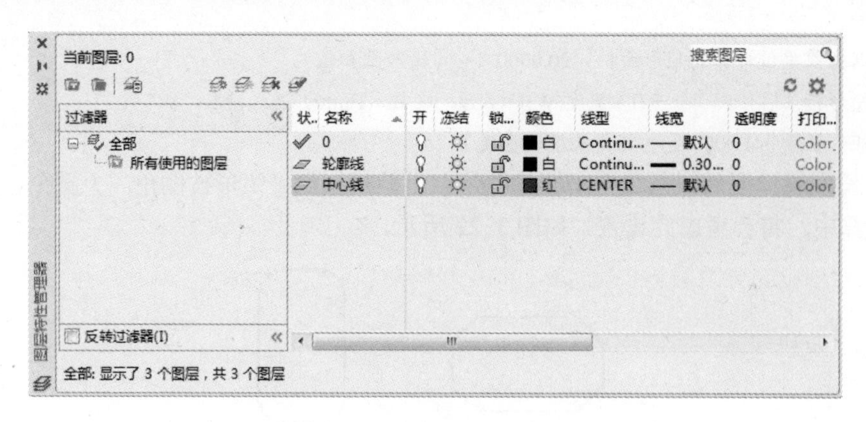

图 3-25 “图层特性管理器”面板

2）单击“绘图”工具栏中的“直线”按钮，绘制中心线。命令行提示与操作如下。

命令: LINE ↙

指定第一个点: 150,92 ↙

指定下一点或 [放弃(U)]: 150,120 ↙

指定下一点或 [放弃(U)]: ↙

使用同样的方法绘制另两条中心线{(100,200)，(200,200)}和{(150,150)，(150,250)}。得到的效果如图 3-26 所示。

注 意

在命令行中输入坐标时，请检查此时的输入法是否是英文输入。如果是中文输入法，例如输入“150,92”，则由于逗号“，”的原因，系统会认定该坐标输入无效。这时，只需将输入法改为英文即可。

注 意

在绘制某些局部图形时，可能会重复使用同一命令，此时若重复使用菜单命令、工具栏命令或命令行命令，则绘图效率太低。AutoCAD 2016 提供了快速重复前一命令的方法。在绘图窗口中非选中图形对象上，单击鼠标右键，弹出快捷菜单，选择第一项“重复某某”命令，或者使用更为简便的做法，直接按〈Enter〉键或是空格键，即可重复调用某一命令。

3）将“轮廓线”层设置为当前图层。单击“绘图”工具栏中的“圆”按钮，绘制定距环主视图，命令行提示与操作如下。

命令: CIRCLE ↙

指定圆的圆心或 [三点(3P)/两点(2P)/ 切点、切点、半径(T)]: 150,200 ↙

指定圆的半径或 [直径(D)] : 27.5 ↙

使用同样的方法绘制另一个圆：圆心点(150,200)，半径 32mm。得到的效果如图 3-27 所示。

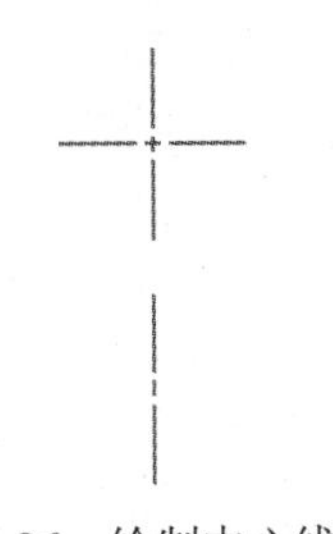

图 3-26 绘制中心线

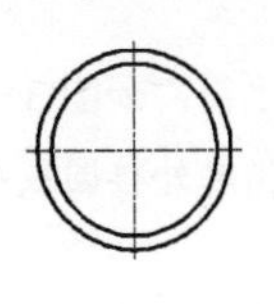

图 3-27 绘制主视图

注 意

对于圆心点的选择，除了直接输入圆心点“150,200”坐标之外，还可以利用圆心点与中心线的对应关系，利用对象捕捉的方法进行选择。单击状态栏中的“对象捕捉”按钮，如图 3-28 所示。命令行中会提示“命令: <对象捕捉 开>”。重复绘制圆的操作，当命令行提示“指定圆的圆心或[三点(3P)/两点(2P)/ 切点、切点、半径(T)]: ”时，移动鼠标到中心线交叉点附近，系统会自动在中心线交叉点显示黄色小三角形，此时表明系统已经捕捉到该点，单击鼠标左键确认，命令行会继续提示“指定圆的半径或 [直径(D)] : ”，输入圆的半径值，按〈Enter〉键完成圆的绘制。

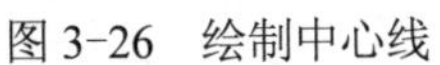

图 3-28 打开对象捕捉功能

4）单击“绘图”工具栏中的“矩形”按钮，绘制定距环俯视图。命令行中提示与操作如下。

命令: RECTANG ↙

指定第一个角点或 [倒角(C)/标高(E)/圆角(F)/厚度(T)/宽度(W)]: 118,100 ↙

指定另一个角点或 [面积(A)/尺寸(D)/旋转(R)]: 182,112 ↙

结果如图 3-29 所示。

5）单击“绘图”工具栏中的“直线”按钮，由主视图向下引出竖直线，结果如图 3-24 所示。

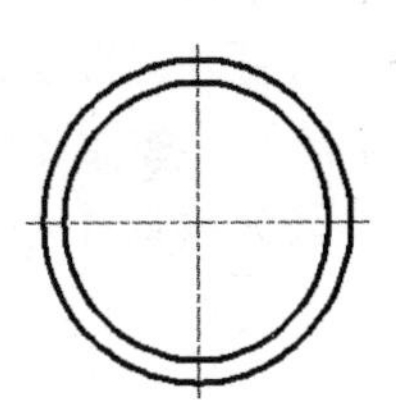

图 3-29 绘制俯视图

3.3.3 绘制正多边形

【执行方式】

命令行：POLYGON（缩写名：POL）。

菜单：绘图→多边形。

工具栏：绘图→多边形。

功能区：单击“默认”选项卡“绘图”面板中的“多边形”按钮。

【操作步骤】

命令: POLYGON↙

输入侧面数 <4>:（指定多边形的边数，默认值为 4）

指定正多边形的中心点或 [边(E)]: （指定中心点）

输入选项 [内接于圆(I)/外切于圆(C)] <I>:（指定是内接于圆或外切于圆，“I”表示内接于圆，如图 3-30a

所示，“C”表示外切于圆，如图 3-30b 所示）

指定圆的半径:（指定外接圆或内切圆的半径）

【选项说明】

如果选择“边（E）”选项，则只要指定多边形的一条边，系统就会按逆时针方向创建该正多边形，如图 3-30c 所示。

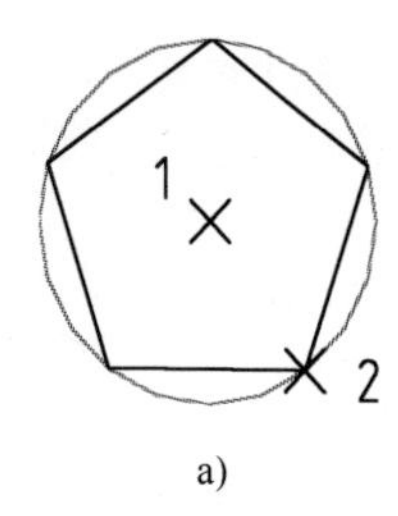

a)

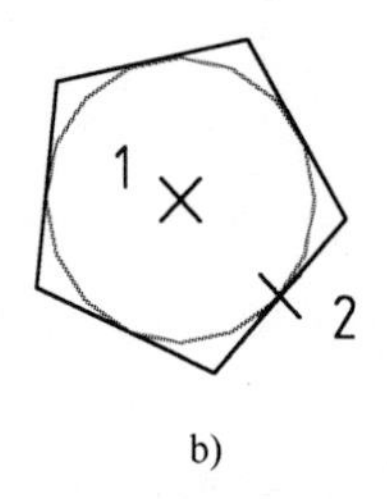

b)

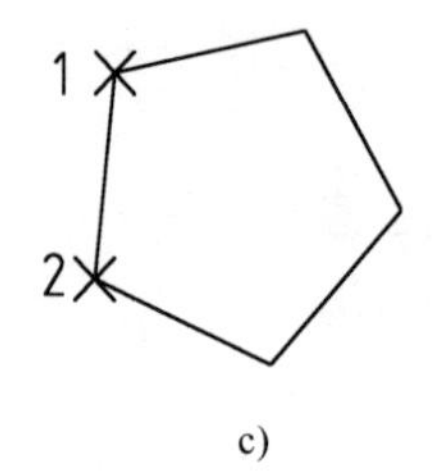

c)

图 3-30　画正多边形

a) 内接于圆　b) 外切于圆　c) 选择“边（E）”选项

3.3.4 实例——螺母

本例绘制的螺母主视图主要利用“多边形”“圆”和“直线”命令，绘制结果如图 3-31 所示。

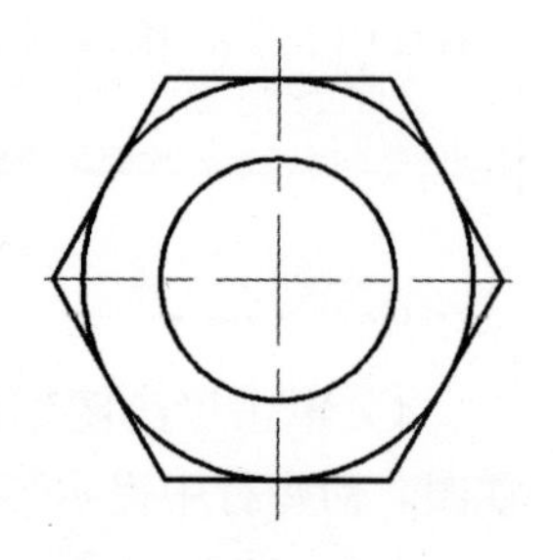

图 3-31　螺母主视图

【操作步骤】

（1）设置图层　单击“图层”工具栏中的“图层特性管理器”按钮，打开“图层特性管理器”面板。新建“中心线”和“轮廓线”两个图层，如图 3-32 所示。

（2）绘制中心线　将当前图层设置为“中心线”层，单击“绘图”工具栏中的“直线”按钮，绘制中心线，端点坐标值为{（90,150），（210,150）}、{（150,90），（150,210）}，结果如图 3-33 所示。

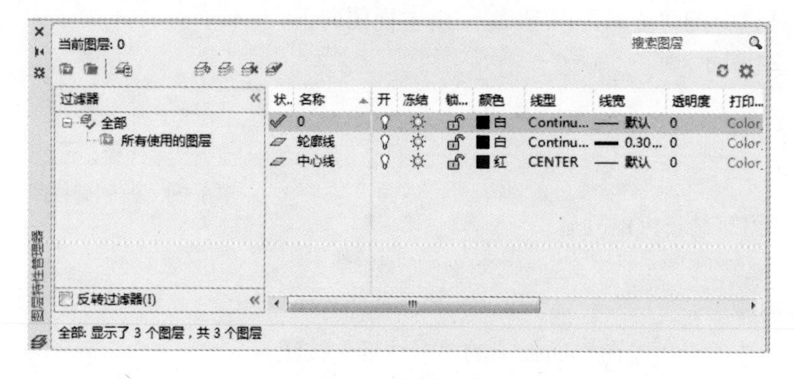

图 3-32　图层设置

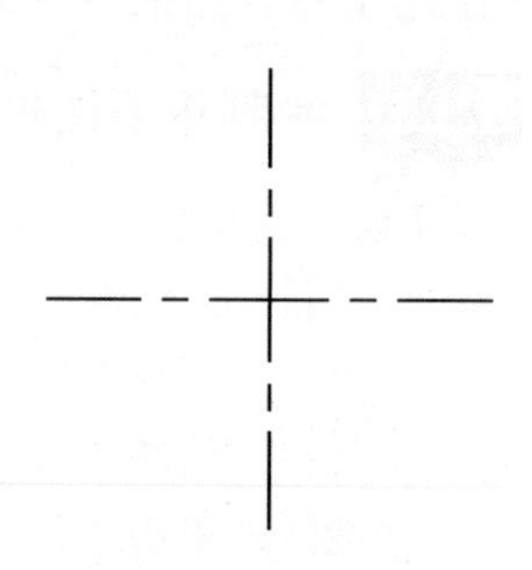

图 3-33　绘制中心线

（3）绘制螺母轮廓　将当前图层设置为“轮廓线”层。

1）单击“绘图”工具栏中的“圆”按钮，绘制一个圆，命令行提示与操作如下。

命令: CIRCLE↙

指定圆的圆心或 [三点(3P)/两点(2P)/相切、相切、半径(T)]: 150,150↙

指定圆的半径或 [直径(D)]: 50↙

得到的结果如图 3-34 所示。

2）单击“绘图”工具栏中的“多边形”按钮，绘制正六边形，命令行提示与操作如下。

命令: POLYGON↙

输入侧面数[4]: 6

指定正多边形的中心点或 [边(E)]: 150,150↙

输入选项 [内接于圆(I)/外切于圆(C)] <I>: c↙

指定圆的半径: 50↙

得到的结果如图 3-35 所示。

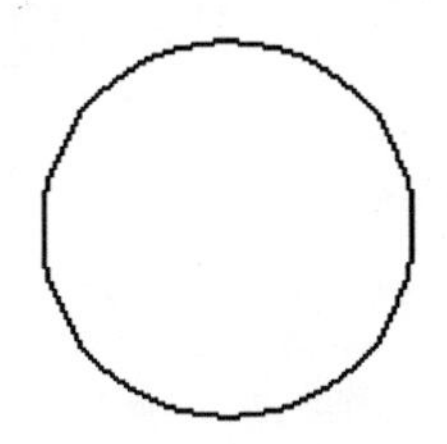

图 3-34 绘制圆

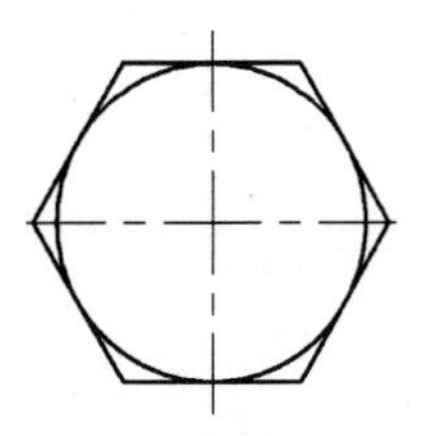

图 3-35 绘制正六边形

3）同样以（150,150）为圆心，以“30”为半径绘制另一个圆，结果如图 3-31 所示。

3.4 点

点在 AutoCAD 有多种不同的表示方式，可以根据需要进行设置。也可以设置等分点和测量点。

3.4.1 绘制点

【执行方式】

命令行：POINT（缩写名：PO）。

菜单栏：绘图→点→单点或多点。

工具栏：绘图→点。

功能区：单击“默认”选项卡“绘图”面板中的“多点”按钮。

【操作步骤】

命令: POINT↙

指定点:（指定点所在的位置）

【选项说明】

1）通过菜单方法操作时（见图 3-36），“单点”选项表示只输入一个点，“多点”选项表示可输入多个点。

2）可以打开状态栏中的对象捕捉功能，设置点捕捉模式，帮助用户拾取点。

3）点在图形中的表示样式共有 20 种。可通过命令“DDPTYPE”或菜单：“格式”→“点样式”，打开“点样式”对话框来设置，如图 3-37 所示。

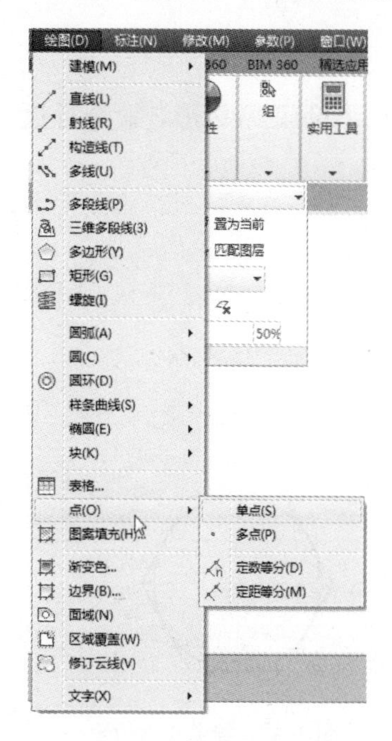

图 3-36 “点”子菜单

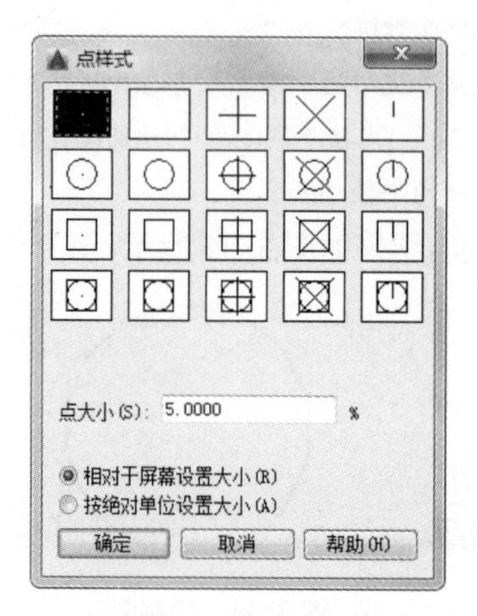

图 3-37 “点样式”对话框

3.4.2 等分点

【执行方式】

命令行：DIVIDE（缩写名：DIV）。

菜单栏：绘制→点→定数等分。

功能区：单击“默认”选项卡“绘图”面板中的“定数等分”按钮，如图 3-38 所示。

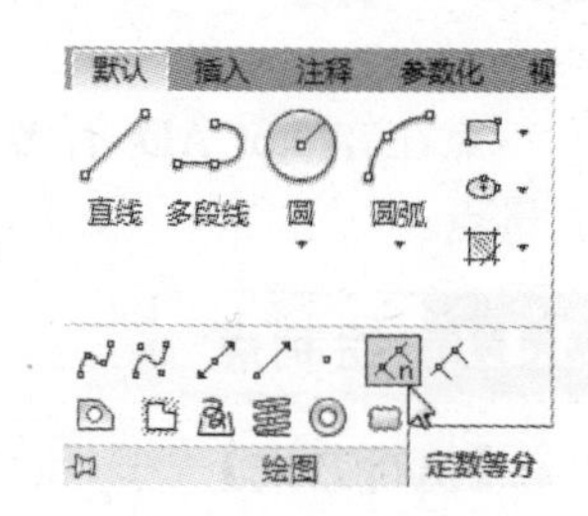

图 3-38 “绘图”面板一

【操作步骤】

命令：DIVIDE↙

选择要定数等分的对象：（选择要等分的实体）

输入线段数目或 [块(B)]：（指定实体的等分数，绘制结果如图 3-39a 所示）

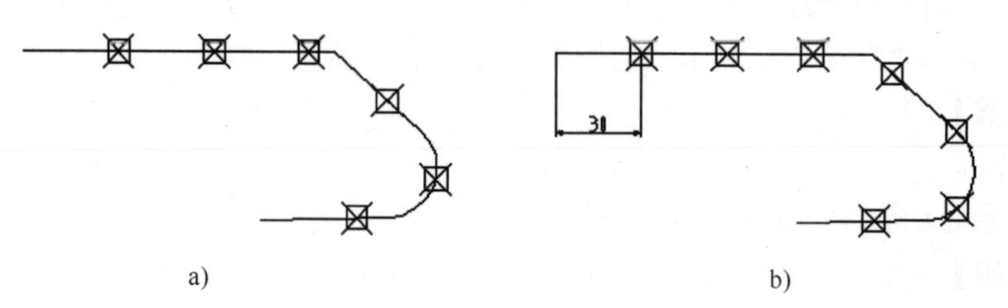

a)　　　　b)

图 3-39 画出等分点和测量点

a) 等分点 b) 测量点

【选项说明】

1）等分数范围 2～32767。

2）在等分点处，按当前点样式设置画出等分点。

3）在第二提示行选择“块(B)”选项时，表示在等分点处插入指定的块（BLOCK）。

3.4.3 测量点

【执行方式】

命令行：MEASURE（缩写名：ME）。

菜单栏：绘制→点→定距等分。

功能区：单击“默认”选项卡“绘图”面板中的“定距等分”按钮，如图 3-40 所示。

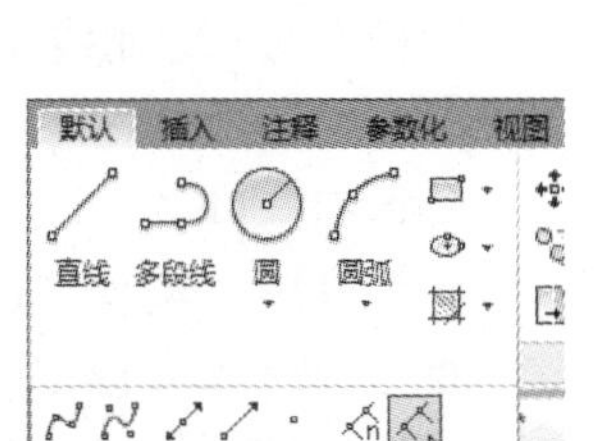

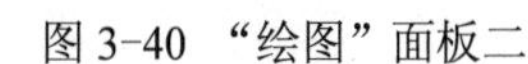
图 3-40 “绘图”面板二

【操作步骤】

命令: MEASURE↙

选择要定距等分的对象:（选择要设置测量点的实体）

指定线段长度或 [块(B)]:（指定分段长度，绘制结果如图 3-39b 所示）

【选项说明】

1）设置的起点一般是指定线的绘制起点。

2）在第二提示行选择“块（B）”选项时，表示在测量点处插入指定的块，后续操作与上节等分点类似。

3）在测量点处，按当前点样式设置画出测量点。

4）最后一个测量段的长度不一定等于指定分段长度。

3.4.4 实例——棘轮

本实例要绘制的是常见的机械零件——棘轮，它的轮齿呈圆周均匀分布，可以考虑采用圆周等分的方式确定轮齿位置。在绘制过程中，要用到剪切、删除等编辑命令。

【操作步骤】

（1）图层设置　选择菜单栏中的“格式”→“图层”命令，或者单击“图层”工具栏中的“图层特性管理器”按钮，新建三个图层：

1）第一图层命名为“粗实线”图层，将线宽设为“0.3mm”，其余属性默认。

2）第二图层命名为“细实线”图层，所有选项默认。

3）第三图层命名为“中心线”图层，颜色为“红色”，线型为“CENTER”，其余属性默认。

（2）缩放图形至合适比例

命令: ZOOM↙

指定窗口的角点，输入比例因子 (nX 或 nXP)，或者

[全部(A)/中心(C)/动态(D)/范围(E)/上一个(P)/比例(S)/窗口(W)/对象(O)] <实时>: C

指定中心点: 0,0↙

输入比例或高度 <1025.7907>: 400↙

（3）绘制棘轮中心线　将“中心线”图层设置为当前图层。

命令:LINE↙

指定第一个点: -120,0↙

指定下一点或 [放弃(U)]: @240,0↙

指定下一点或 [放弃(U)]: ↙

同样方法，绘制线段，端点坐标为（0,120）和（@0,-240）。

（4）绘制棘轮内孔及轮齿内外圆　将“粗实线”图层设置为当前图层。

命令: CIRCLE↙

指定圆的圆心或 [三点(3P)/两点(2P)/切点、切点、半径(T)]: 0,0↙

指定圆的半径或 [直径(D)]: 35↙

同样方法，以（0，0）为圆心绘制同心圆，半径分别为“45”“90”和“110”。绘制效果如图 3-41 所示。

（5）等分圆形　选择菜单栏中的“格式”→“点样式”命令，打开“点样式”对话框。单击其中的☒样式，将点大小设置为相对于屏幕大小的“5%”，单击“确定”按钮。

利用“DIVIDE”命令将半径分别为“90”和“110”的圆 18 等分，绘制结果如图 3-42 所示。

命令: _DIVIDE

选择要定数等分的对象: (选择半径为“90”与“110”的圆)

输入线段数目或 [块(B)]: 18

（6）绘制齿廓

命令: ARC↙

指定圆弧的起点或 [圆心(C)]:（捕捉图 3-43 所示的 *A* 点）

指定圆弧的第二个点或 [圆心(C)/端点(E)]:（捕捉图 3-43 所示的 *B* 点）

指定圆弧的端点:（捕捉图 3-43 所示的 *O* 点）

绘制完毕后的图形如图 3-43 所示。

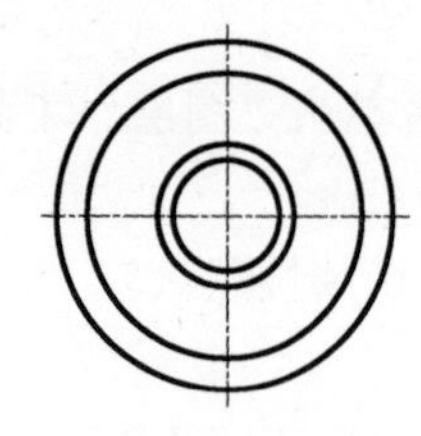

图 3-41　绘制棘轮轮廓线及中心线

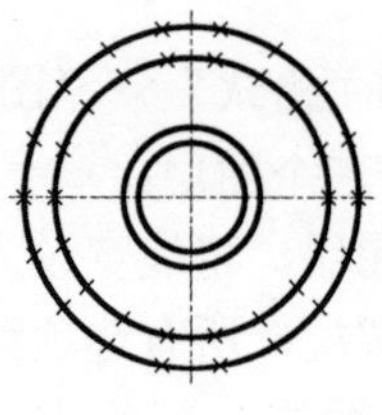

图 3-42　等分棘轮轮齿内外圆

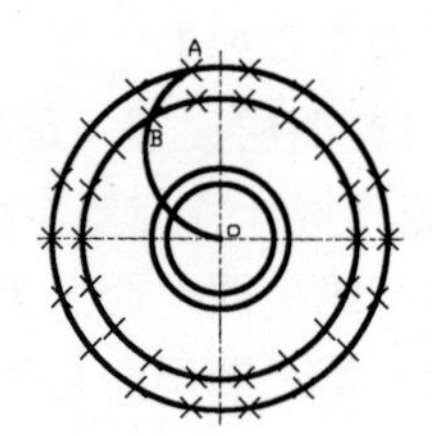

图 3-43　轮齿的绘制

（7）修剪圆弧

命令:TRIM↙

当前设置:投影=UCS，边=无

选择剪切边...

选择对象或 <全部选择>:（选择半径为“90”的圆）

选择对象:↙

选择要修剪的对象，或按住〈Shift〉键选择要延伸的对象，或[栏选(F)/窗交(C)/投影(P)/边(E)/删除(R)/放弃(U)]:（选择 *ABO* 圆弧的 *BO* 部分）

选择要修剪的对象，或按住〈Shift〉键选择要延伸的对象，或[栏选(F)/窗交(C)/投影(P)/边(E)/删除(R)/放弃(U)]:（“修剪”命令，在后面的章节将详细介绍）↙

结果如图 3-44 所示。

（8）绘制另一段齿廓并修剪

命令:ARC↙

指定圆弧的起点或 [圆心(C)]:（选择图 3-45 所示的 *A* 点）

指定圆弧的第二个点或 [圆心(C)/端点(E)]:（选择图 3-45 所示的 *C* 点）

指定圆弧的端点:（选择图 3-45 所示的 *D* 点）

绘制图形如图 3-45 所示。

将弧线 *CD* 段修剪。单击“修改”工具栏中的“修剪”按钮，修剪结果如图 3-46 所示。

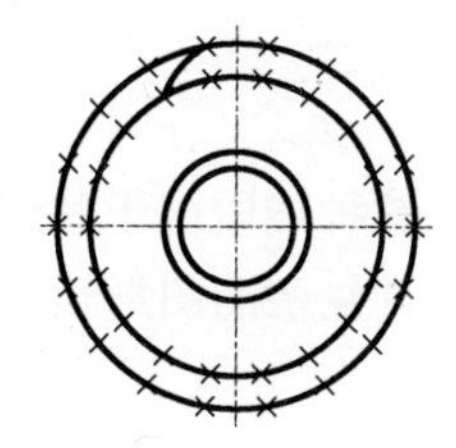

图 3-44　剪切后的图形

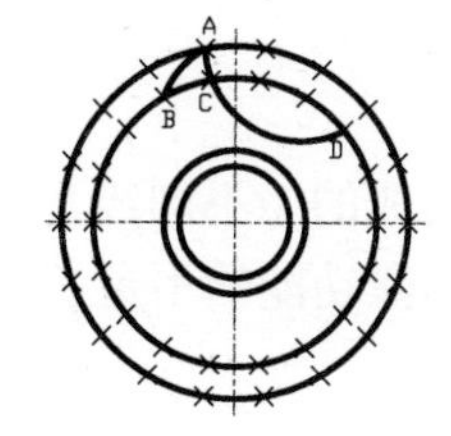

图 3-45　绘制弧线 *ACD* 后的图形

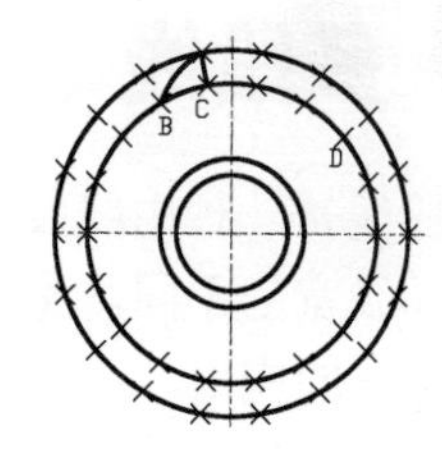

图 3-46　剪切弧线 *CD* 后的图形

重复以上步骤，绘制圆弧直到图形如图 3-47 所示为止。

注 意

在图 3-41 的基础上，绘图成如图 3-47 所示轮齿，一条一条地绘制圆弧在 AutoCAD 绘图中并不可取。简便的方法可以通过“环形阵列”命令来完成。具体操作方法后面章节将详细介绍。

（9）绘制键槽

命令:LINE↙

指定第一个点: 40,5↙

指定下一点或 [放弃(U)]: @-10,0↙

指定下一点或 [放弃(U)]: @0,-10↙

指定下一点或 [闭合(C)/放弃(U)]: @10,0↙

指定下一点或 [闭合(C)/放弃(U)]: C↙

利用“TRIM”命令和“ERASE”命令修剪键槽部分图线，结果如图 3-48 所示。

（10）擦除圆　利用“ERASE”命令擦除半径为“90”和“110”的圆，得到图 3-49 所示的图形。

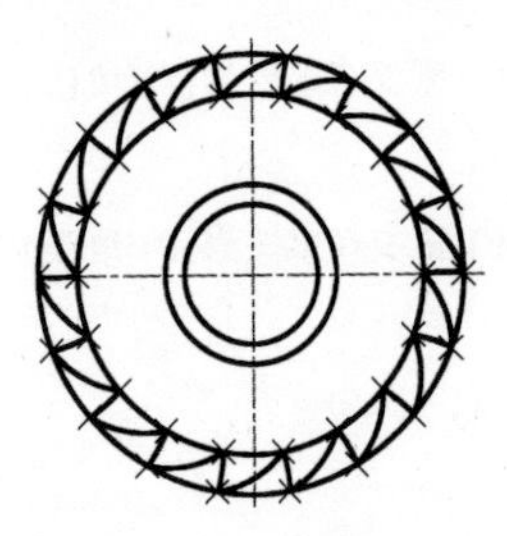
图 3-47　轮齿

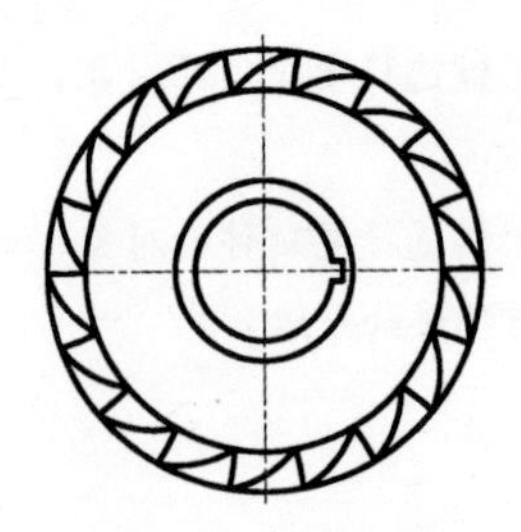
图 3-48　绘制键槽

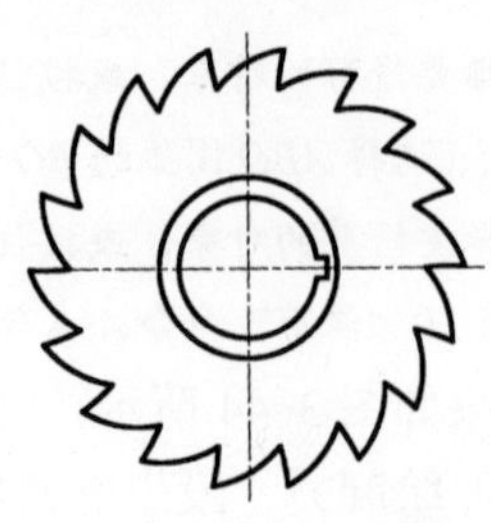
图 3-49　棘轮

总结与点评

本例讲解的棘轮也是一个典型的机械零件。其最关键的地方是确定单个棘轮齿的轮廓，这里采用的是等分圆的方法确定棘轮齿圆弧轮廓线上的关键点，这为后面的准确绘制所有棘轮齿埋下了伏笔。读者可以自己体会一下，如果随意绘制两条圆弧作为棘轮齿轮廓会出现什么情形。

3.5　多段线

多段线是一种由线段和圆弧组合而成的、不同线宽的多线段，这种线段由于其组合形式的多样和线宽的不同，弥补了直线或圆弧功能的不足，适合绘制各种复杂的图形轮廓，因而得到了广泛的应用。

3.5.1　绘制多段线

【执行方式】

命令行：PLINE（缩写名：PL）。

菜单：绘图→多段线。

工具栏：绘图→多段线。

功能区：单击“默认”选项卡“绘图”面板中的“多段线”按钮。

【操作步骤】

命令: PLINE↙

指定起点:（指定多段线的起点）

当前线宽为 0.0000

指定下一个点或 [圆弧(A)/半宽(H)/长度(L)/放弃(U)/宽度(W)]:（指定多段线的下一点）

【选项说明】

多段线主要由不同长度的、连续的线段或圆弧组成，如果在上述命令提示中选择“圆弧（A）”选项，则命令行提示如下。

[角度(A)/圆心(CE)/方向(D)/半宽(H)/直线(L)/半径(R)/第二个点(S)/放弃(U)/宽度(W)]:

3.5.2　编辑多段线

【执行方式】

命令行：PEDIT（缩写名：PE）。

菜单：修改→对象→多段线。

工具栏：修改II→编辑多段线。

快捷菜单：选择要编辑的多线段，在绘图区右击，从打开的右键快捷菜单上选择“多段线编辑”。

功能区：单击“默认”选项卡“修改”面板中的“编辑多段线”按钮。

【操作步骤】

命令：PEDIT↙

选择多段线或 [多条(M)]：(选择一条要编辑的多段线)

输入选项 [闭合(C)/合并(J)/宽度(W)/编辑顶点(E)/拟合(F)/样条曲线(S)/非曲线化(D)/线型生成(L)/反转（R）/放弃(U)]：

【选项说明】

（1）合并(J) 以选中的多段线为主体，合并其他直线段、圆弧或多段线，使其成为一条多段线。能合并的条件是各段线的端点首尾相连，如图 3-50 所示。

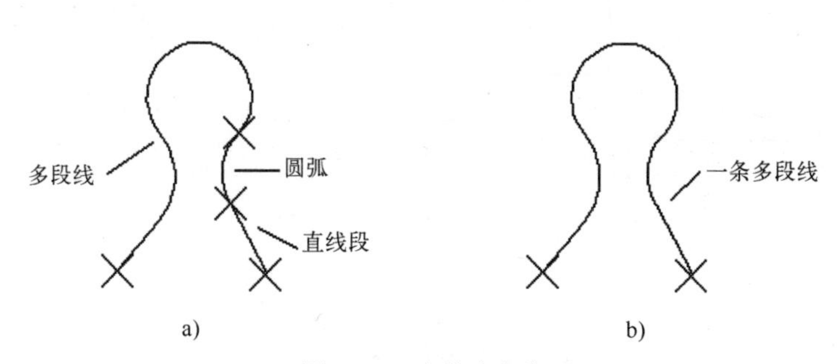

图 3-50 合并多段线

a) 合并前 b) 合并后

（2）宽度(W) 修改整条多段线的线宽，使其具有同一线宽。如图 3-51 所示。

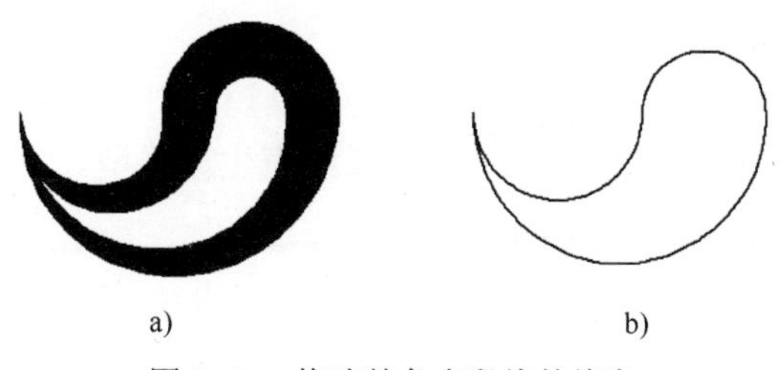

图 3-51 修改整条多段线的线宽

a) 修改前 b) 修改后

（3）编辑顶点(E) 选择该选项后，在多段线起点处出现一个斜的十字叉“×”，它为当前顶点的标记，并在命令行出现进行后续操作的提示：

[下一个(N)/上一个(P)/打断(B)/插入(I)/移动(M)/重生成(R)/拉直(S)/切向(T)/宽度(W)/退出(X)] <N>:

这些选项允许用户进行移动、插入顶点和修改任意两点间的线的线宽等操作。

（4）拟合(F) 从指定的多段线生成由光滑圆弧连接而成的圆弧拟合曲线，该曲线经过多段线的各顶点，如图 3-52 所示。

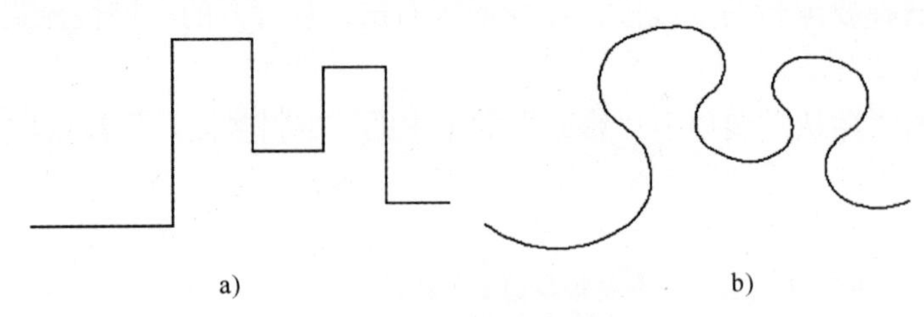

图 3-52 生成圆弧拟合曲线

a) 修改前 b) 修改后

（5）样条曲线(S) 以指定的多段线的各顶点作为控制点生成 B 样条曲线，如图 3-53 所示。

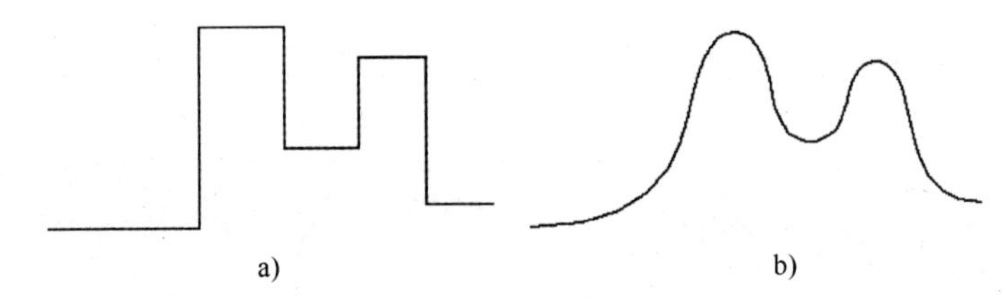

图 3-53 生成 B 样条曲线

a) 修改前 b) 修改后

（6）非曲线化(D) 用直线代替指定的多段线中的圆弧。对于选择“拟合（F）”选项或“样条曲线（S）”选项后生成的圆弧拟合曲线或样条曲线，删去其生成曲线时新插入的顶点，则恢复成由直线段组成的多段线。

（7）线型生成(L) 当多段线的线型为点画线时，可控制多段线的线型生成方式开关。选择此项，系统提示：

输入多段线线型生成选项 [开(ON)/关(OFF)] <关>:

选择“开（ON）”时，将在每个顶点处允许以短画开始或结束生成线型；选择“关（OFF）”时，将在每个顶点处允许以长画开始或结束生成线型。“线型生成”不能用于包含带变宽的线段的多段线。如图 3-54 所示。

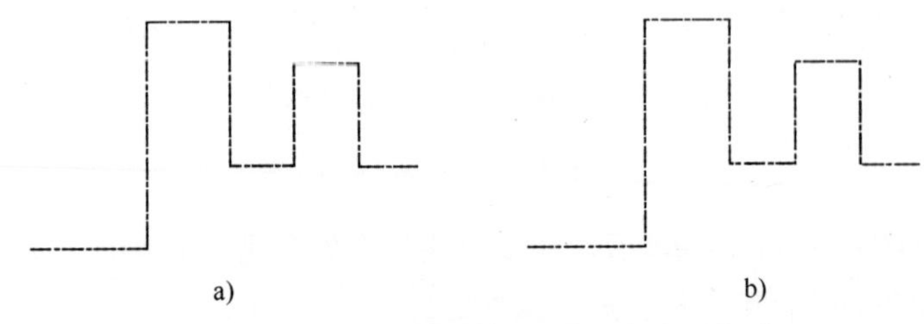

图 3-54 控制多段线的线型（线型为点画线时）

a) 关 b) 开

（8）反转（R） 反转多段线顶点的顺序。使用此选项可反转使用包含文字线型的对象的方向。例如，根据多段线的创建方向，线型中的文字可以倒置显示。

3.5.3 实例——泵轴

本实例绘制的泵轴，主要由直线、圆及圆弧组成，因此，可以用“直线”（LINE）命令、“多段线”（PLINE）命令、“圆”（CIRCLE）命令及“圆弧”（ARC）命令结合对象捕捉功能来绘制完成，如图 3-55 所示。

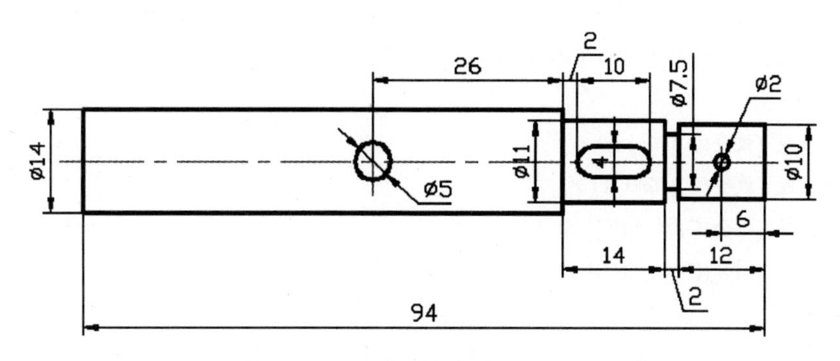

图 3-55 泵轴

【操作步骤】

1．图层设置

选择菜单栏中的“格式”→“图层”命令，或者单击“图层”工具栏中的“图层特性管理器”按钮，新建两个图层：

1）“轮廓线”层，线宽属性为“0.3mm”，其余属性默认。

2）“中心线”层，颜色设为“红色”，线型加载为“CENTER”，其余属性默认。

2．绘制泵轴的中心线

将当前图层设置“中心线”图层。单击“绘图”工具栏中的“直线”按钮，绘制泵轴中心线，命令行提示与操作如下。

命令: LINE↙

指定第一个点: 65,130↙

指定下一点或 [放弃(U)]: 170,130↙

指定下一点或 [放弃(U)]:↙

命令: LINE↙ （绘制ϕ5 圆的竖直中心线）

指定第一个点: 110,135↙

指定下一点或 [放弃(U)]: 110,125↙

指定下一点或 [放弃(U)]:↙

命令:↙ （绘制ϕ2 圆的竖直中心线）

指定第一个点: 158,133↙

指定下一点或 [放弃(U)]: 158,127↙

指定下一点或 [放弃(U)]:↙

3．绘制泵轴的外轮廓线

将当前图层设置为“轮廓线”图层。单击“绘图”工具栏中的“矩形”按钮，绘制泵轴外轮廓线，命令行提示与操作如下。

命令: RECTANG↙ （绘制“矩形”命令，绘制左端ϕ14 轴段）
指定第一个角点或 [倒角(C)/标高(E)/圆角(F)/厚度(T)/宽度(W)]: 70,123↙ （输入矩形的左下角点坐标）
指定另一个角点或 [面积(A)/尺寸(D)/旋转(R)]: @66,14↙ （输入矩形的右上角点相对坐标）
命令: LINE↙ （绘制ϕ11 轴段）
指定第一个点: _from 基点:（单击“对象捕捉”工具栏中的图标，打开“捕捉自”功能，按提示操作）
_int 于: （捕捉ϕ14 轴段右端与水平中心线的交点）
<偏移>: @0,5.5↙
指定下一点或 [放弃(U)]: @14,0↙
指定下一点或 [放弃(U)]: @0,-11↙
指定下一点或 [闭合(C)/放弃(U)]: @-14,0↙
指定下一点或 [闭合(C)/放弃(U)]:↙
命令: LINE↙
指定第一点: _from 基点: _int 于（捕捉ϕ11 轴段右端与水平中心线的交点）
<偏移>: @0,3.75↙
指定下一点或 [放弃(U)]: @ 2,0↙
指定下一点或 [放弃(U)]:↙
命令: LINE↙
指定第一个点: _from 基点: _int 于（捕捉ϕ11 轴段右端与水平中心线的交点）
<偏移>: @0,-3.75↙
指定下一点或 [放弃(U)]: @2,0↙
指定下一点或 [放弃(U)]:↙
命令: RECTANG↙ （绘制右端ϕ10 轴段）
指定第一个角点或 [倒角(C)/标高(E)/圆角(F)/厚度(T)/宽度(W)]: 152,125↙ （输入矩形的左下角点坐标）
指定另一个角点或 [面积(A)/尺寸(D)/旋转(R)]: @12,10↙ （输入矩形的右上角点相对坐标）

绘制结果如图 3-56 所示。

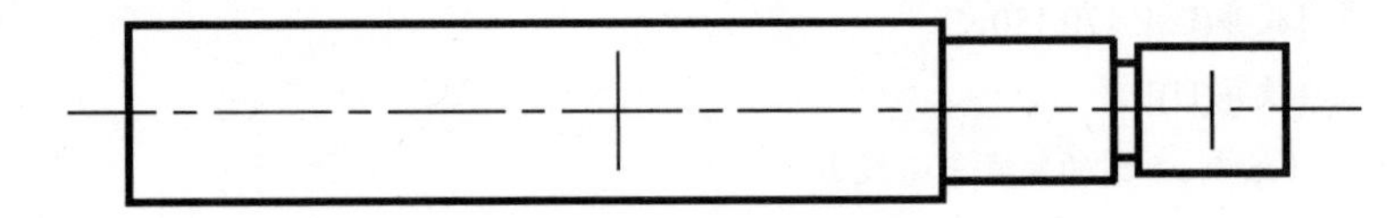

图 3-56 泵轴的外轮廓线

4．绘制泵轴的孔及键槽

单击“绘图”工具栏中的“圆”按钮及“多段线”按钮，绘制泵轴的孔及键槽，命令行提示与操作如下。

命令: CIRCLE↙
指定圆的圆心或 [三点(3P)/两点(2P)/切点、切点、半径(T)]:
指定圆的半径或 [直径(D)]: D↙

指定圆的直径: 5↙

命令: CIRCLE↙

指定圆的圆心或 [三点(3P)/两点(2P)/切点、切点、半径(T)]:

指定圆的半径或 [直径(D)] <2.5000>: D↙

指定圆的直径 <5.0000>: 2↙

命令: PLINE↙ （绘制多段线命令，绘制泵轴的键槽）

指定起点: 140,132↙

当前线宽为 0.0000

指定下一个点或 [圆弧(A)/半宽(H)/长度(L)/放弃(U)/宽度(W)]: @6,0↙

指定下一点或 [圆弧(A)/闭合(C)/半宽(H)/长度(L)/放弃(U)/宽度(W)]: A↙ （绘制圆弧）

指定圆弧的端点(按住〈Ctrl〉键以切换方向)或[角度(A)/圆心(CE)/闭合(CL)/方向(D)/半宽(H)/直线(L)/半径(R)/第二个点(S)/放弃(U)/宽度(W)]: @0,-4↙

指定圆弧的端点(按住〈Ctrl〉键以切换方向)或[角度(A)/圆心(CE)/闭合(CL)/方向(D)/半宽(H)/直线(L)/半径(R)/第二个点(S)/放弃(U)/宽度(W)]: L↙

指定下一点或 [圆弧(A)/闭合(C)/半宽(H)/长度(L)/放弃(U)/宽度(W)]: @-6,0↙

指定下一点或 [圆弧(A)/闭合(C)/半宽(H)/长度(L)/放弃(U)/宽度(W)]: A↙

指定圆弧的端点(按住〈Ctrl〉键以切换方向)或[角度(A)/圆心(CE)/闭合(CL)/方向(D)/半宽(H)/直线(L)/半径(R)/第二个点(S)/放弃(U)/宽度(W)]: _endp 于（捕捉上部直线段的左端点，绘制左端的圆弧）

指定圆弧的端点(按住〈Ctrl〉键以切换方向)或[角度(A)/圆心(CE)/闭合(CL)/方向(D)/半宽(H)/直线(L)/半径(R)/第二个点(S)/放弃(U)/宽度(W)]:↙

最终绘制的结果如图 3-55 所示。

3.6 样条曲线

AutoCAD 2016 提供了一种称为非一致有理 B 样条（NURBS）曲线的特殊样条曲线类型。NURBS 曲线在控制点之间产生一条光滑的样条曲线，如图 3-57 所示。样条曲线可用于创建形状不规则的曲线，例如，应用于地理信息系统（GIS）或设计汽车时绘制轮廓线。

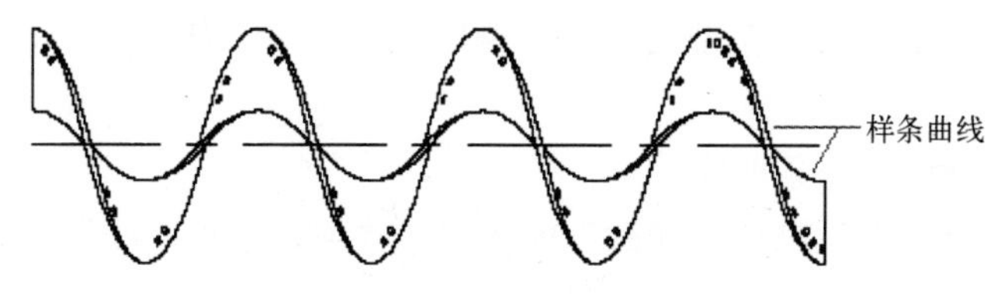

图 3-57 样条曲线

3.6.1 绘制样条曲线

【执行方式】

命令行：SPLINE（缩写名：SPL）。

菜单栏：绘图→样条曲线。

工具栏：绘图→样条曲线。

功能区：单击“默认”选项卡“绘图”面板中的“样条曲线拟合”按钮或“样条曲线控制点”按钮（见图3-58）。

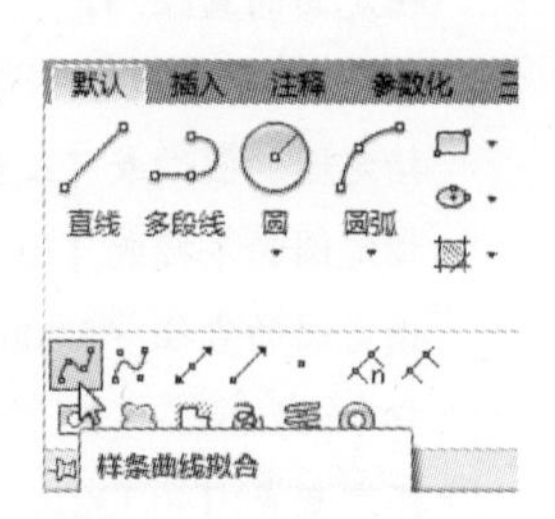

图3-58 “绘图”面板

【操作步骤】

命令: _spline

当前设置: 方式=拟合　　节点=弦

指定第一个点或 [方式(M)/节点(K)/对象(O)]:（指定样条曲线的起点）

输入下一个点或 [起点切向(T)/公差(L)]:（输入下一个点）

输入下一个点或 [端点相切(T)/公差(L)/放弃(U)]:（输入下一个点）

输入下一个点或 [端点相切(T)/公差(L)/放弃(U)/闭合(C)]:

【选项说明】

（1）对象(O)　将二维或三维的二次或三次样条曲线拟合的多段线转换为等价的样条曲线，然后（根据 DELOBJ 系统变量的设置）删除该拟合多段线。

（2）闭合(C)　将最后一点定义为与第一点一致，并使它在连接处与样条曲线相切，这样可以闭合样条曲线。选择该选项，系统继续提示：

指定切向:（指定点或按〈Enter〉键）

用户可以指定一点来定义切向矢量，或者通过对象捕捉功能，使用“切点”和“垂足”特征点使样条曲线与现有对象相切或垂直。

（3）公差(L)　使用新的公差值将样条曲线重新拟合至现有的拟合点。

（4）起点切向（T）　定义样条曲线的第一点和最后一点的切向。

如果在样条曲线的两端都指定切向，可以通过输入一个点或者对象捕捉功能，使用“切点”和“垂足”特征点使样条曲线与已有的对象相切或垂直。如果按〈Enter〉键，AutoCAD将计算默认切向。

3.6.2 编辑样条曲线

【执行方式】

命令行：SPLINEDIT。

菜单栏：修改→对象→样条曲线。

快捷菜单：选择要编辑的样条曲线，在绘图区右键单击，从打开的右键快捷菜单上选择“编辑样条曲线”选项。

工具栏：修改II→编辑样条曲线。

功能区：单击“默认”选项卡“修改”面板中的“编辑样条曲线”按钮。

【操作步骤】

命令: SPLINEDIT

选择样条曲线:（选择要编辑的样条曲线。若选择的样条曲线是用“SPLINE”命令创建的，其近似点以夹点的颜色显示出来；若选择的样条曲线是用“PLINE”命令创建的，其控制点以夹点的颜色显示出来。）

输入选项[闭合(C)/合并(J)/拟合数据(F)/编辑顶点(E)/转换为多段线(P)/反转(R)/放弃(U)/退出(X)] <退出>:

【选项说明】

（1）拟合数据（F） 编辑近似数据。选择该选项后，创建该样条曲线时指定的各点将以小方格的形式显示出来。

（2）编辑顶点（E） 编辑样条曲线上的当前点。

（3）转换为多段线（P） 将样条曲线转换为多段线。精度值决定生成的多段线与样条曲线的接近程度。有效值为 0～99 的任意整数。

（4）反转（R） 反转样条曲线的方向。该选项操作主要用于应用程序。

3.6.3 实例——凸轮

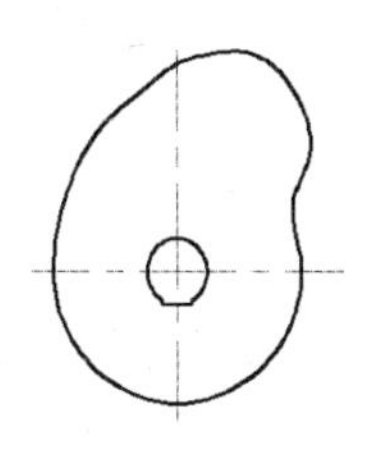

图 3-59 凸轮

本实例要绘制的凸轮轮廓由不规则的曲线组成。为了准确地绘制凸轮轮廓曲线，需要用到样条曲线，并且要利用点的等分来控制样条曲线的范围。在绘制的过程中，也要用到剪切、删除等编辑功能。凸轮如图 3-59 所示。

【操作步骤】

（1）图层设置 选择菜单栏中的“格式”→“图层”命令，或者单击“图层”工具栏中的“图层特性管理器”按钮，新建三个图层：

1）第一层命名为“粗实线”，线宽设为“0.3mm”，其余属性默认。

2）第二层命名为“细实线”，所有属性默认。

3）第三层命名为“中心线”，颜色为“红色”，线型为“CENTER”，其余属性默认。

（2）绘制中心线 将“中心线”图层设置为当前图层。

命令: LINE↙

指定第一个点: -40,0↙

指定下一点或 [放弃(U)]: 40,0↙

指定下一点或 [放弃(U)]:↙

同样方法，绘制线段，两个端点坐标分别为（0,40）和（0,-40）。

（3）绘制辅助直线 将“细实线”图层设置为当前图层。

命令: LINE↙

指定第一个点: 0,0↙

指定下一点或 [放弃(U)]: @40<30↙

指定下一点或 [放弃(U)]: ↙

同样方法，绘制两条线段，端点坐标分别为{（0,0），（@40<100）}和{（0,0），（@40<120）}。所绘制的图形如图 3-60 所示。

（4）绘制辅助线圆弧

命令:ARC↙

ARC 指定圆弧的起点或 [圆心(C)]: C↙

指定圆弧的圆心: 0,0↙

指定圆弧的起点: 30<120↙

指定圆弧的端点（按住〈Ctrl〉键以切换方向）或 [角度(A)/弦长(L)]: A↙

指定夹角（按住〈Ctrl〉键以切换方向）: 60↙

同样方法绘制圆弧，圆心坐标为（0，0），圆弧起点坐标为（@30<30），夹角为“70”。

（5）等分圆弧　在命令行输入命令“DDPTYPE”，或者选择菜单栏中的“格式”→“点样式”命令，系统打开“点样式”对话框，如图 3-61 所示。将点格式设为⊞。

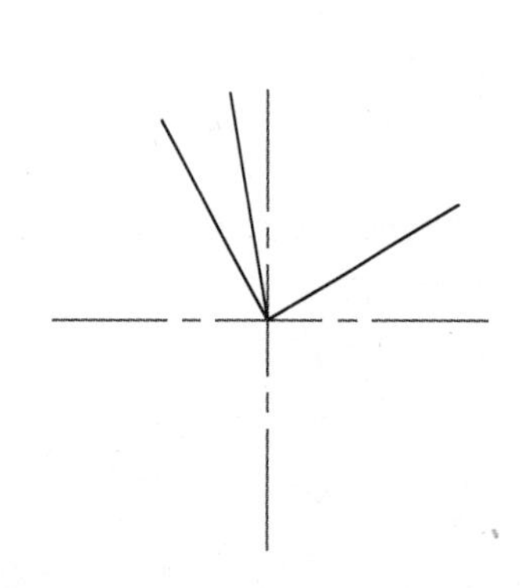

图 3-60　绘制中心线及其辅助线

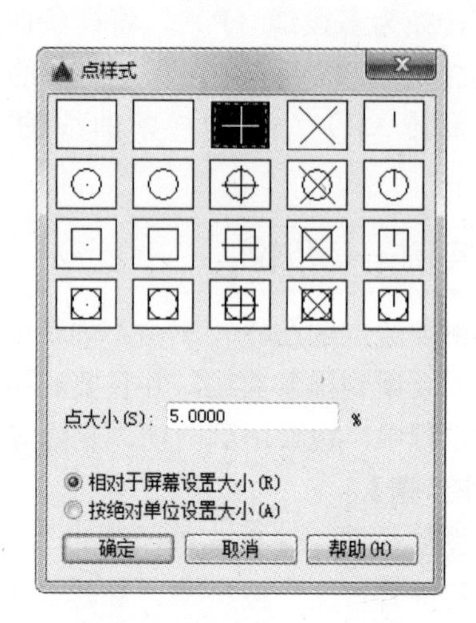

图 3-61　“点样式”对话框

命令: DIVIDE↙　（或者选择菜单栏中的“绘图”→“点”→“定数等分”命令，下同）

选择要定数等分的对象:（选择左边的弧线）

输入线段数目或 [块(B)]: 3↙

同样方法将另一条圆弧七等分，绘制结果如图 3-62 所示。将中心点与第二段弧线的等分点连上直线，如图 3-63 所示。

（6）绘制凸轮下半部分圆弧　将“粗实线”图层设置为当前图层。

命令:ARC↙

指定圆弧的起点或 [圆心(C)]:C↙

指定圆弧的圆心:0,0↙

指定圆弧的起点:24,0↙

指定圆弧的端点（按住〈Ctrl〉键以切换方向）或[角度(A)/弦长(L)]:A↙

指定夹角（按住〈Ctrl〉键以切换方向）:-180↙

绘制结果如图 3-64 所示。

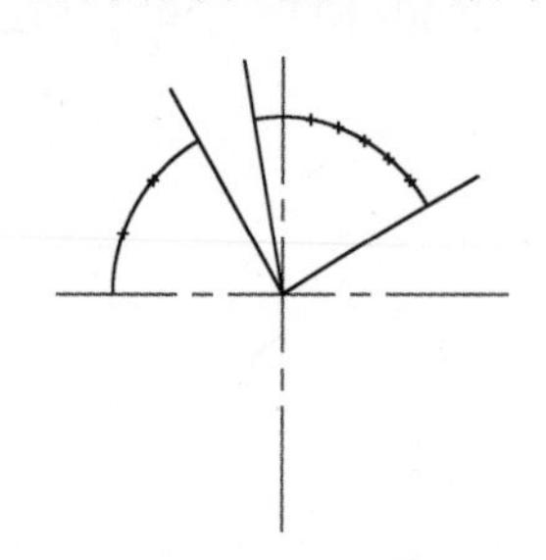

图 3-62　绘制辅助线圆弧并等分

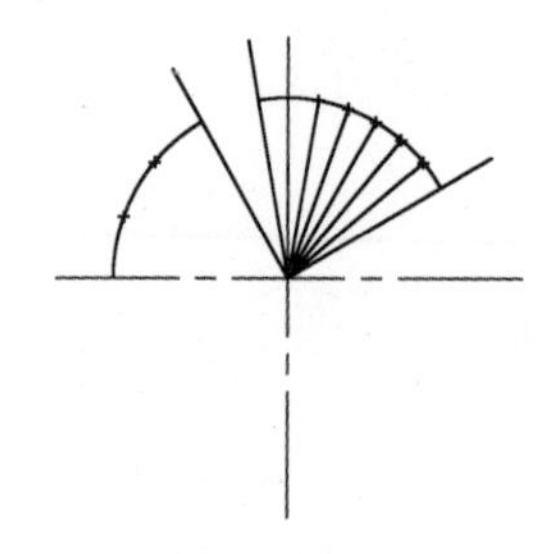

图 3-63　连接等分点与中心点

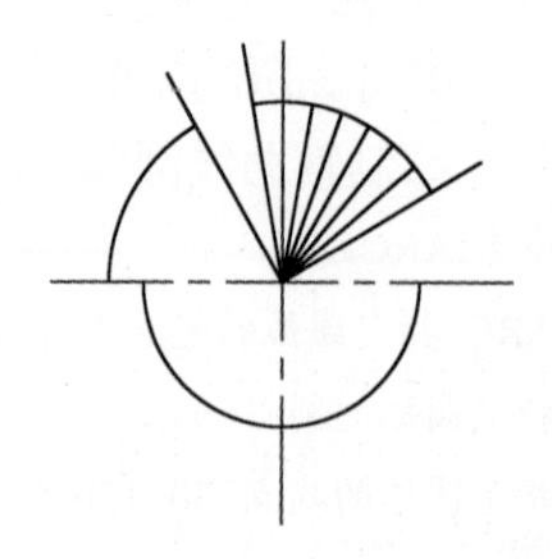

图 3-64　绘制凸轮下半部分轮廓线

（7）绘制凸轮上半部分样条曲线

1）标记样条曲线的端点，命令行提示与操作如下。

命令: POINT↙　（或者选择菜单栏中的"绘图"→"点"→"多点"命令）

当前点模式:　PDMODE=2　PDSIZE=-2.0000

指定点: 24.5<160↙

相同方法，依次标记点（26.5<140）、（30<120）、（34<100）、（37.5<90）、（40<80）、（42<70）、（41<60）、（38<50）、（33.5<40）和（26<30）。

注意

这些点刚好在等分点与圆心连线延长线上，可以通过对象捕捉功能中的"捕捉到延长线"选项确定这些点的位置。"对象捕捉"工具栏中的"捕捉到延长线"按钮如图 3-65 所示。

图 3-65 "对象捕捉"工具栏

2）绘制样条曲线，命令行提示与操作如下。

命令:SPLINE↙

当前设置: 方式=拟合　节点=弦

指定第一个点或 [方式(M)/节点(K)/对象(O)]:（选择下边圆弧的右端点）

输入下一个点或 [起点切向(T)/公差(L)]:（选择"26<30 点"）

输入下一个点或 [端点相切(T)/公差(L)/放弃(U)]:（选择"33.5<40 点"）

输入下一个点或 [端点相切(T)/公差(L)/放弃(U)/闭合(C)]:（选择"38<50 点"）

……(依次选择上面绘制的各点，最后一点为下边圆弧的左端点)

输入下一个点或 [端点相切(T)/公差(L)/放弃(U)/闭合(C)]:↙

绘制结果如图 3-66 所示。

（8）修剪图形

命令: ERASE ↙

选择对象:（选择绘制的辅助线和点）

选择对象:↙

将多余的点和辅助线删除掉。再单击"修改"工具栏上的"打断"按钮，将过长的中心线剪掉，结果如图 3-67 所示。（关于"修剪""打断"命令在后面的章节中，将详细介绍）

（9）绘制凸轮轴孔

命令: CIRCLE↙

指定圆的圆心或 [三点(3P)/两点(2P)/切点、切点、半径(T)]: 0, 0↙

指定圆的半径或 [直径(D)]: 6↙

命令: LINE↙

指定第一个点: -3,0↙

指定下一点或 [放弃(U)]: @0,-6↙

指定下一点或 [放弃(U)]: @6,0↙

指定下一点或 [闭合(C)/放弃(U)]: @0,6↙

指定下一点或 [闭合(C)/放弃(U)]: C↙

绘制的图形如图 3-68 所示。单击“修改”工具栏中的“修剪”按钮，修剪键槽位置的圆弧，单击状态栏上的“线宽”按钮，打开线宽属性。凸轮最终如图 3-59 所示。

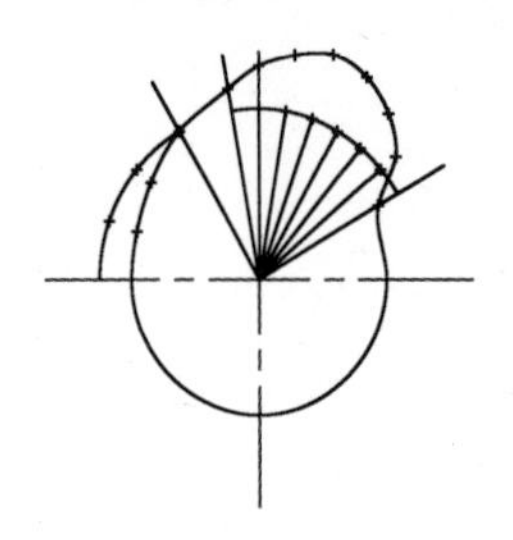

图 3-66 绘制样条曲线

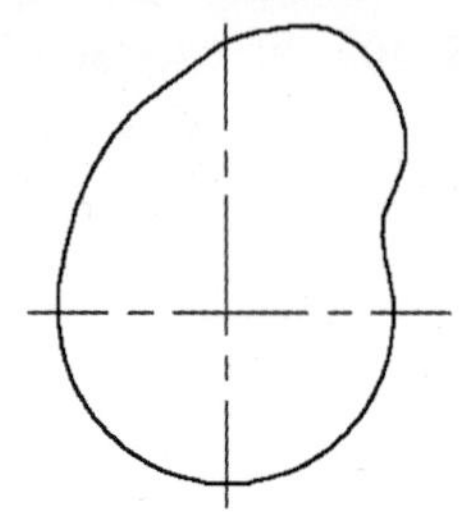

图 3-67 删除辅助线

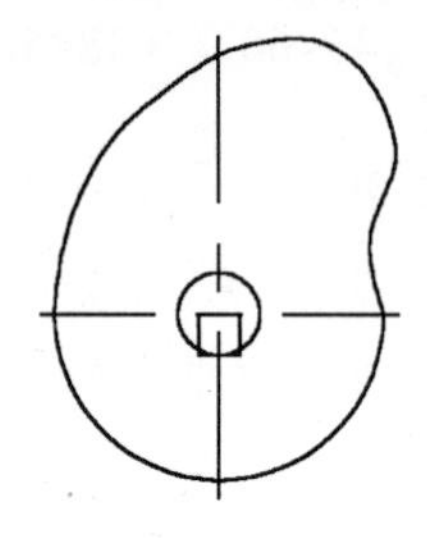

图 3-68 绘制轴孔

总结与点评

本例主要强调了“样条曲线”与“定数等分”命令的使用方法，灵活使用 “样条曲线”命令，可以绘制很多曲线形状比较复杂的造型，如局部剖视图的断裂分界线等。

本例讲解的凸轮，是一种典型机械零件，真实的凸轮曲线绘制，要按照从动件运动规律利用反转法或解析计算法确定其准确的轮廓曲线。

3.7 图案填充

当用户需要用一个重复的图案（pattern）填充某个区域时，可以使用“BHATCH”命令建立一个相关联的填充阴影对象，即所谓的图案填充。

3.7.1 基本概念

1．图案边界

当进行图案填充时，首先要确定图案填充的边界。定义边界的对象只能是直线、双向射线、单向射线、多段线、样条曲线、圆弧、圆、椭圆、椭圆弧和面域等对象或用这些对象定义的块，而且作为边界的对象，在当前屏幕上必须全部可见。

2．孤岛

在进行图案填充时，把位于总填充域内的封闭区域称为孤岛，如图 3-69 所示。在用“BHATCH”命令进行图案填充时，AutoCAD 允许用户以拾取点的方式确定填充边界，即在希望填充的区域内任意拾取一点，AutoCAD 会自动确定出填充边界，同时也确定该边界内的孤岛。如果用户是以单击对象的方式确定填充边界的，则必须确切地单击这些孤岛，有关知识将在下一节中介绍。

3．填充方式

在进行图案填充时，需要控制填充的范围，AutoCAD 系统为用户设置了以下三种填充方式，以实现对填充范围的控制。

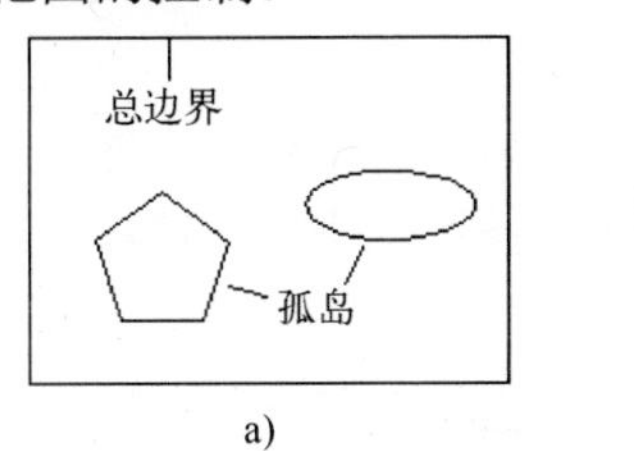

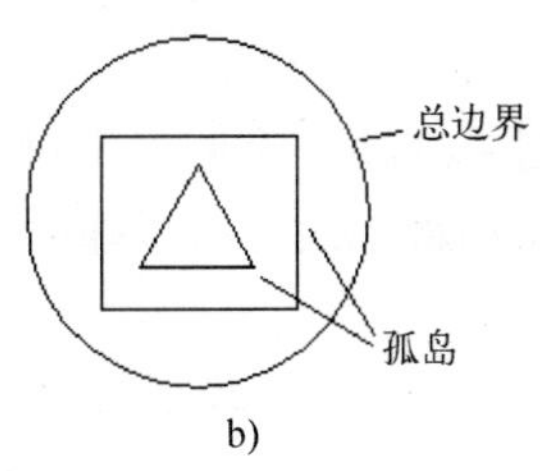

a) b)

图 3-69 孤岛

（1）普通方式 如图 3-70a 所示。该方式从边界开始，从每条填充线或每个剖面符号的两端向里画，遇到内部对象与之相交时，填充线或剖面符号断开，直到遇到下一次相交时再继续画。采用这种方式时，要避免填充线或剖面符号与内部对象的相交次数为奇数。该方式为系统内部的默认方式。

（2）最外层方式 如图 3-70b 所示。该方式从边界开始，向里画剖面符号，只要在边界内部与对象相交，则剖面符号由此断开，而不再继续画。

（3）忽略方式 如图 3-70c 所示。该方式忽略边界内部的对象，所有内部结构都被剖面符号覆盖。

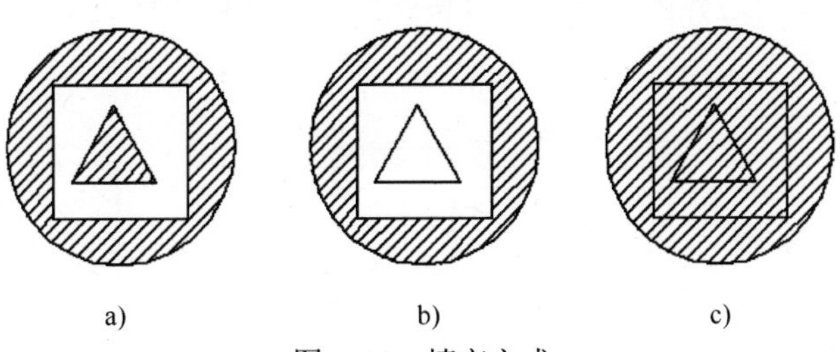

a) b) c)

图 3-70 填充方式

a) 普通方式 b) 最外层方式 c) 忽略方式

3.7.2 图案填充的操作

【执行方式】

命令行：BHATCH。

菜单：绘图→图案填充。

工具栏：绘图→图案填充 或 绘图→渐变色。

功能区：单击“默认”选项卡“绘图”面板中的“图案填充”按钮。

【操作步骤】

执行上述命令后，系统弹出图 3-71 所示的“图案填充创建”选项卡，各面板和按钮含义如下：

图 3-71 “图案填充创建”选项卡一

【选项说明】

1．“边界”面板

（1）拾取点　通过选择由一个或多个对象形成的封闭区域内的点，确定图案填充边界，如图 3-72 所示。指定内部点时，可以随时在绘图区域中单击鼠标右键，以显示包含多个选项的快捷菜单。

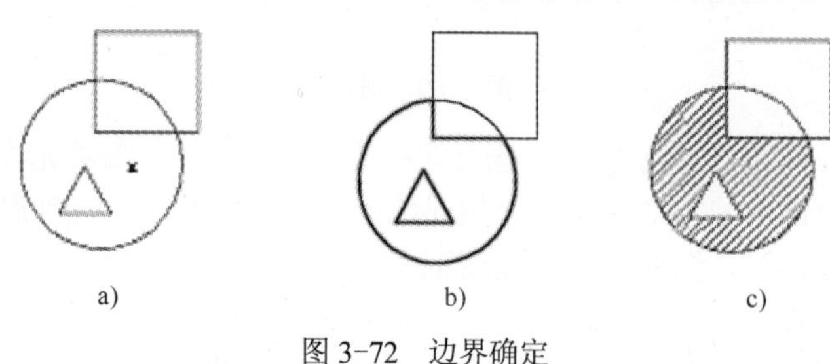

图 3-72　边界确定

a) 选择一点　b) 填充区域　c) 填充结果

（2）选择边界对象　指定基于选定对象的图案填充边界。使用该选项时，不会自动检测内部对象，必须选择选定边界内的对象，以按照当前孤岛检测样式填充这些对象，如图 3-73 所示。

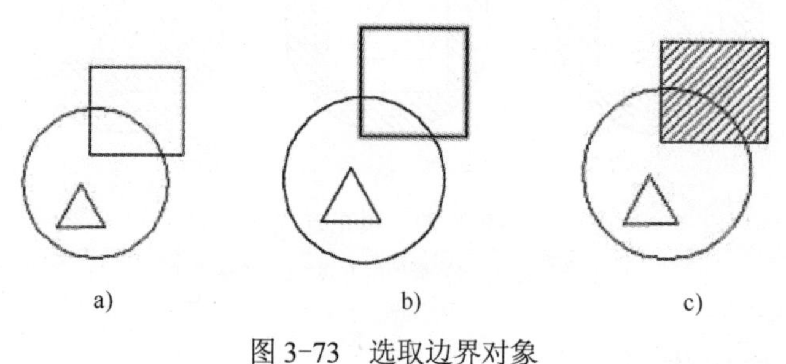

图 3-73　选取边界对象

a) 原始图形　b) 选取边界对象　c) 填充结果

（3）删除边界对象　从边界定义中删除之前添加的任何对象，如图 3-74 所示。

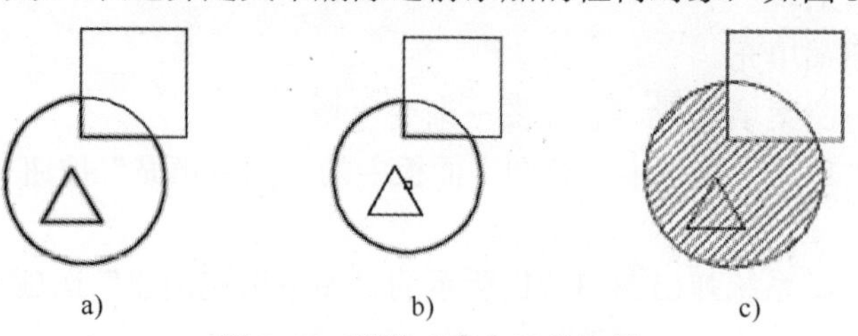

图 3-74　删除“岛”后的边界

a) 选取边界对象　b) 删除边界　c) 填充结果

（4）重新创建边界　围绕选定的图案填充区域或填充对象创建多段线或面域，并使其与图案填充对象相关联（可选）。

（5）显示边界对象　选择构成选定关联图案填充对象的边界对象，使用显示的夹点可修改图案填充边界。

（6）保留边界对象　指定如何处理图案填充边界对象。选项包括：

1）不保留边界。（仅在图案填充创建期间可用）不创建独立的图案填充边界对象。

2）保留边界-多段线。（仅在图案填充创建期间可用）创建封闭图案填充对象的多段线。

3）保留边界-面域。（仅在图案填充创建期间可用）创建封闭图案填充对象的面域对象。

4）选择新边界集。指定对象的有限集（称为边界集），以便在创建图案填充时拾取点进行计算。

2.“图案”面板

显示所有预定义和自定义图案的预览图像。

3.“特性”面板

（1）图案填充类型　指定是使用纯色、渐变色、图案还是用户定义的填充。

（2）图案填充颜色　替代实体填充和填充图案的当前颜色。

（3）背景色　指定填充图案背景的颜色。

（4）图案填充透明度　设定新图案填充或填充的透明度，替代当前对象的透明度。

（5）图案填充角度　指定图案填充或填充的角度。

（6）填充图案比例　放大或缩小预定义或自定义填充图案。

（7）相对图纸空间　（仅在布局中可用）相对于图纸空间单位缩放填充图案。使用此选项，可很容易地做到以适合于布局的比例显示填充图案。

（8）双向　（仅当“图案填充类型”设定为“用户定义”时可用）将绘制第二组直线，与原始直线成 90°角，从而构成交叉线。

（9）ISO 笔宽　（仅对于预定义的 ISO 图案可用）基于选定的笔宽缩放 ISO 图案。

4.“原点”面板

（1）设定原点　直接指定新的图案填充原点。

（2）左下　将图案填充原点设定在图案填充边界矩形范围的左下角。

（3）右下　将图案填充原点设定在图案填充边界矩形范围的右下角。

（4）左上　将图案填充原点设定在图案填充边界矩形范围的左上角。

（5）右上　将图案填充原点设定在图案填充边界矩形范围的右上角。

（6）中心　将图案填充原点设定在图案填充边界矩形范围的中心。

（7）使用当前原点　将图案填充原点设定在 HPORIGIN 系统变量中存储的默认位置。

（8）存储为默认原点　将新图案填充原点的值存储在 HPORIGIN 系统变量中。

5.“选项”面板

（1）关联　指定图案填充或填充为关联的图案填充。关联的图案填充或填充在用户修改其边界对象时将会更新。

（2）注释性　指定图案填充为注释性。此特性会自动完成缩放注释过程，从而使注释能够以正确的大小在图纸上打印或显示。

（3）特性匹配

1）使用当前原点：使用选定图案填充对象（图案填充原点除外）设定图案填充的特性。

2）使用源图案填充的原点：使用选定图案填充对象（包括图案填充原点）设定图案填

充的特性。

（4）允许的间隙　设定将对象用作图案填充边界时可以忽略的最大间隙。默认值为 0，此值指定对象必须封闭区域而没有间隙。

（5）创建独立的图案填充　当指定了几个单独的闭合边界时，控制是创建单个图案填充对象，还是创建多个图案填充对象。

（6）孤岛检测

1）普通孤岛检测：从外部边界向内填充。如果遇到内部孤岛，填充将关闭，直到遇到孤岛中的另一个孤岛。

2）外部孤岛检测：从外部边界向内填充。此选项仅填充指定的区域，不会影响内部孤岛。

3）忽略孤岛检测：忽略所有内部的对象，填充图案时将通过这些对象。

（7）绘图次序　为图案填充或填充指定绘图次序。选项包括“不更改”“后置”“前置”“置于边界之后”和“置于边界之前”。

6.“关闭”面板

关闭“图案填充创建”：退出 HATCH 并关闭上下文选项卡。也可以按〈Enter〉键或〈Esc〉键退出 HATCH。

3.7.3 渐变色的操作

【执行方式】

命令行：GRADIENT。

菜单栏：选择菜单栏中的绘图→渐变色。

工具栏：单击“绘图”工具栏中的“渐变色”按钮。

功能区：单击“默认”选项卡“绘图”面板中的“渐变色”按钮。

【操作步骤】

执行上述命令后系统打开图 3-75 所示的“图案填充创建”选项卡，各面板中的按钮含义与图案填充的类似，这里不再赘述。

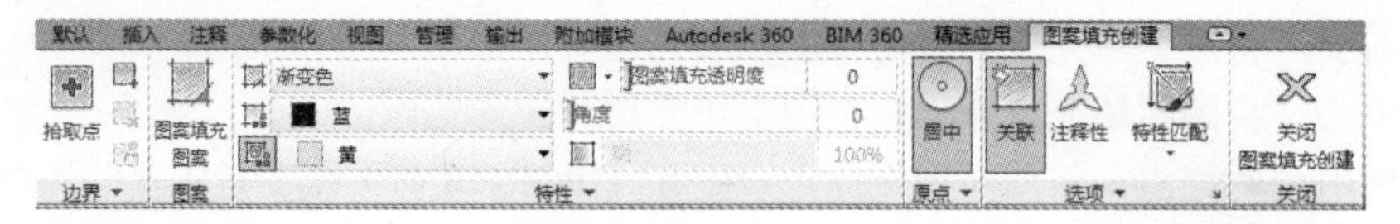

图 3-75 “图案填充创建”选项卡二

3.7.4 边界的操作

【执行方式】

命令行：BOUNDARY。

功能区：单击“默认”选项卡“绘图”面板中的“边界”按钮。

【操作步骤】

执行上述命令后系统打开图 3-76 所示的“边界创建”对话框，其中选项的含义如下。

图 3-76 “边界创建”对话框

【选项说明】

1）“拾取点”按钮：根据围绕指定点构成封闭区域的现有对象来确定边界。

2）“孤岛检测”复选框：控制 “BOUNDARY” 命令是否检测内部闭合边界，该边界称为孤岛。

3）“对象类型”下拉列表框：控制新边界对象的类型。“BOUNDARY”命令将边界作为面域或多段线对象创建。

4）“边界集”选项组：定义通过指定点定义边界时，“BOUNDARY”命令要分析的对象集。

3.7.5 编辑填充的图案

利用“HATCHEDIT”命令，编辑已经填充的图案。

【执行方式】

命令行：HATCHEDIT。

菜单栏：选择菜单栏中的“修改”→“对象”→“图案填充”命令。

工具栏：单击“修改 II”工具栏中的“编辑图案填充”按钮。

功能区：单击“默认”选项卡“修改”面板中的“编辑图案填充”按钮。

快捷菜单：选中填充的图案右击，在打开的快捷菜单中选择“图案填充编辑”命令（见图 3-77）。

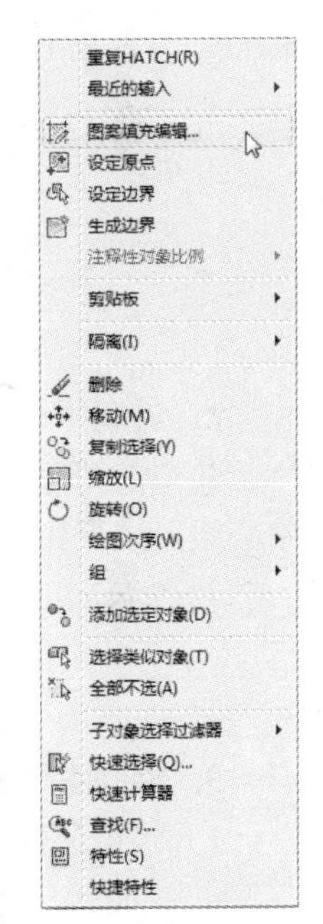

图 3-77 快捷菜单

快捷方法：直接选择填充的图案，打开“图案填充编辑器”选项卡（见图 3-78）。

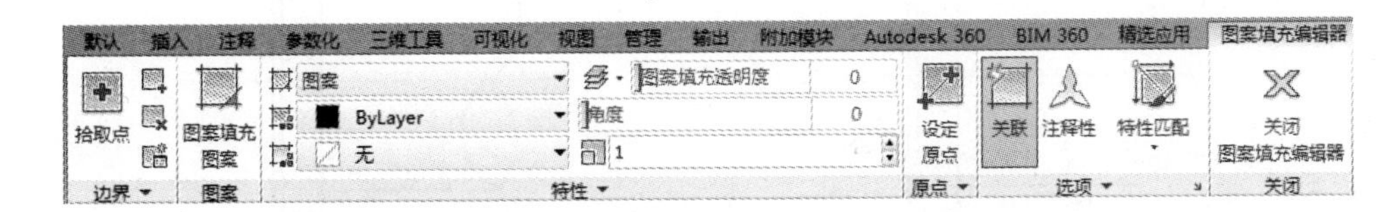

图 3-78 “图案填充编辑器”选项卡

3.7.6 实例——滚花零件

本例利用“直线”“圆弧”命令绘制零件轮廓，并利用“图案填充”命令填充图 3-79 所示的滚花零件。

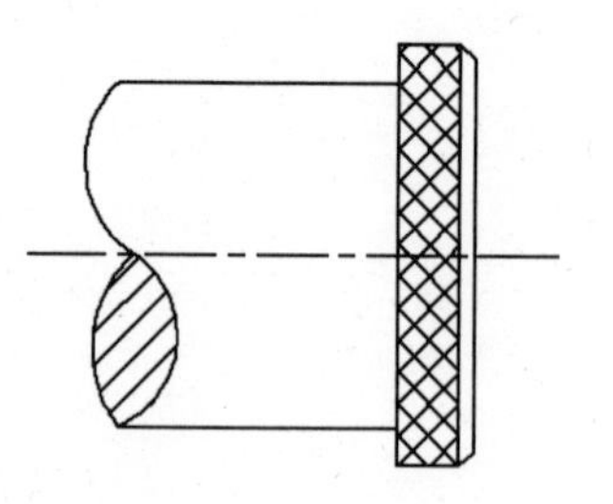

图 3-79　滚花零件

【操作步骤】

1．设置图层

单击“图层”工具栏中的“图层特性管理器”按钮，打开“图层特性管理器”面板。新建“中心线”“轮廓线”和“细实线”三个图层，如图 3-80 所示。

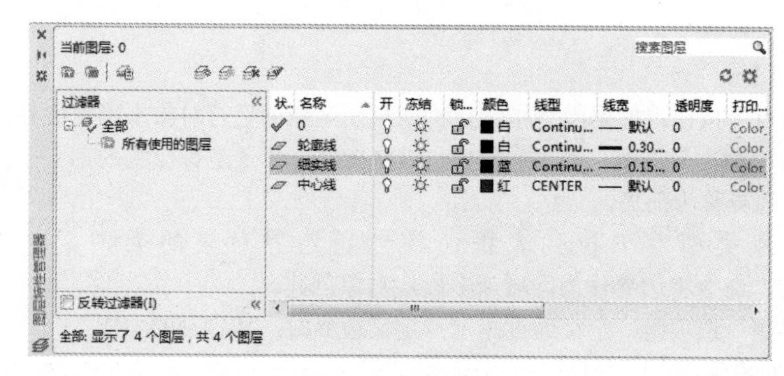

图 3-80　图层设置

2．绘制中心线

将当前图层设置为“中心线”层，单击“绘图”工具栏中的“直线”按钮，绘制水平中心线，结果如图 3-81 所示。

图 3-81　绘制中心线

3．绘制主体及填充图案

1）将当前图层设置为“轮廓线”层，单击“绘图”工具栏中的“直线”按钮，绘制零件主体部分，如图 3-82 所示。

2）将当前图层设置为“细实线”层，单击“绘图”工具栏中的“圆弧”按钮，绘制零件断裂部分示意线，如图 3-83 所示。

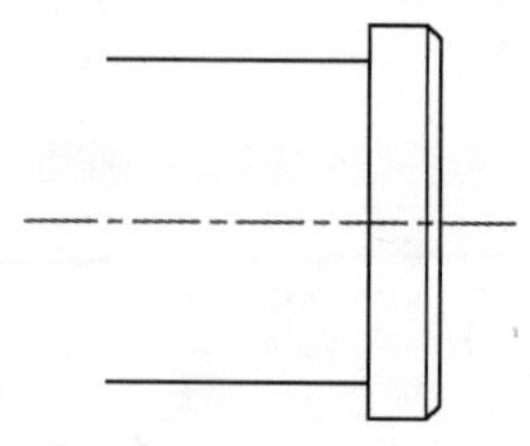

图 3-82　绘制主体

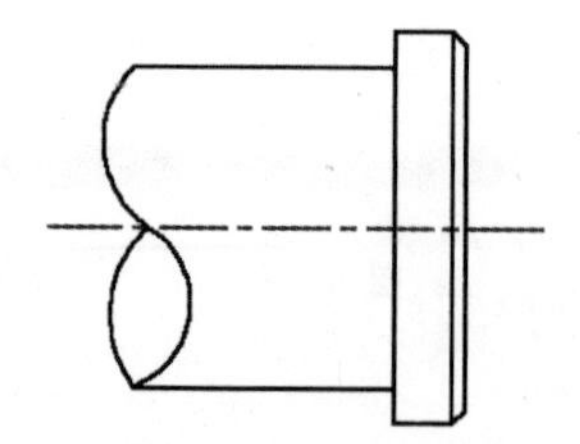

图 3-83　绘制断裂线

3）填充断面。单击“绘图”工具栏中的“图案填充”按钮，系统打开“图案填充创建”选项卡，在“图案填充类型”下拉列表框中选择“用户定义”选项，“角度”为“45”，“图案填充间距”设置为“2”，如图 3-84 所示。拾取填充区域内一点，按〈Enter〉键，完成图案的填充，如图 3-85 所示。

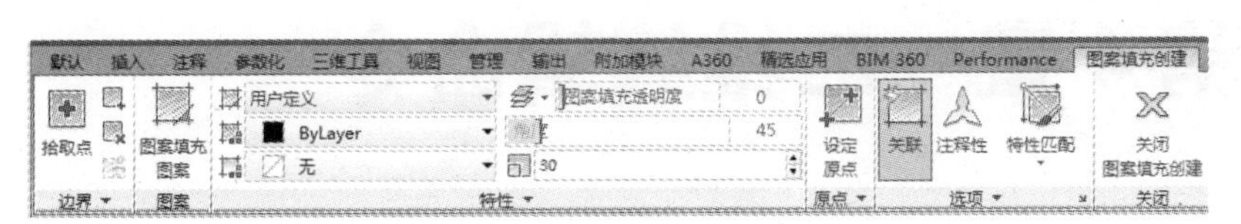

图 3-84 图案填充设置一

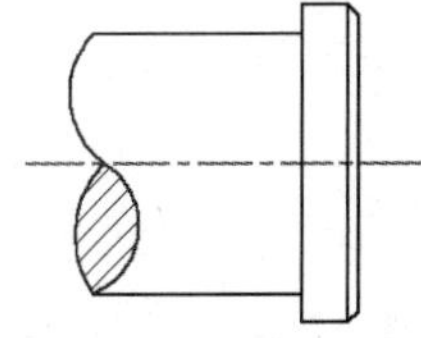
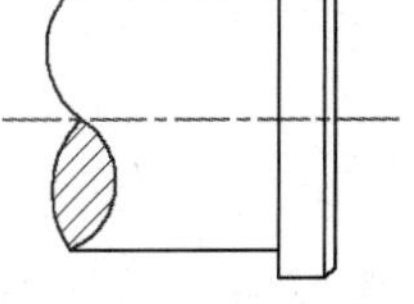

图 3-85 填充断面结果

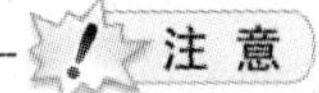

由于绘制的图形尺寸不确定，因此根据实际图形设置“间距”，此处的“2”，只适用于本例。

4）绘制滚花表面。重新输入“图案填充”命令，打开“图案填充创建”选项卡，在“图案填充类型”下拉列表框中选择“用户定义”选项，“图案填充角度”设置为“45”，“图案填充间距”设置为“2”，选中“特性”下拉列表下的“交叉线”按钮，如图 3-86 所示。拾取填充区域内一点，按〈Enter〉键，完成图案的填充，最终绘制的图形如图 3-87 所示。

图 3-86 图案填充设置二

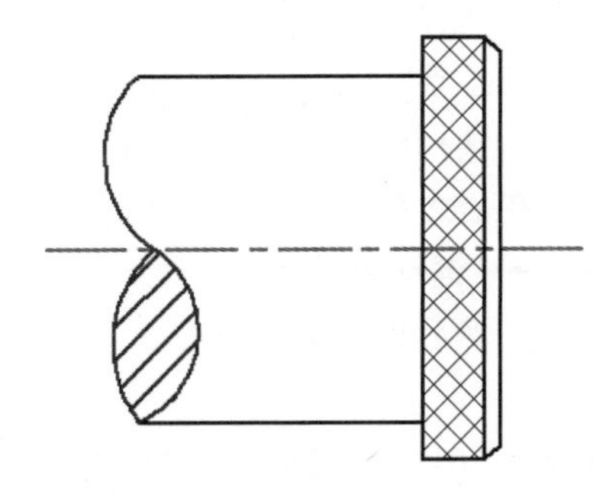

图 3-87 填充滚花表面结果

第4章　二维编辑命令

知识导引

二维图形的编辑操作配合绘图命令的使用可以进一步完成复杂图形对象的绘制工作，并可使用户合理安排和组织图形，保证绘图准确，减少重复，因此，对编辑命令的熟练掌握和使用有助于提高设计和绘图的效率。本章主要内容包括：选择对象、复制类命令、改变位置类命令、删除及恢复类命令、改变几何特性命令和对象编辑等。

4.1　选择对象

AutoCAD 2016 提供了两种编辑图形的途径：

1）先执行编辑命令，然后选择要编辑的对象。

2）先选择要编辑的对象，然后执行编辑命令。

这两种途径的执行效果是相同的，但选择对象是进行编辑的前提。AutoCAD 2016 提供了多种对象选择方法，如单击选取方法、用选择窗口选择对象、用选择线选择对象和用对话框选择对象等。AutoCAD 可以把选择的多个对象组成整体（如选择集和对象组）进行整体编辑与修改。

4.1.1　构造选择集

选择集可以仅由一个图形对象构成，也可以是一个复杂的对象组，如位于某一特定层上的具有某种特定颜色的一组对象。选择集的构造可以在调用编辑命令之前或之后进行。AutoCAD 提供以下几种方法来构造选择集：

1）先选择一个编辑命令，然后选择对象，按〈Enter〉键，结束操作。

2）使用“SELECT”命令。在命令提示行输入“SELECT”，然后根据选择的选项，出现相应的选择对象提示，按〈Enter〉键结束操作。

3）用单击选取设备选择对象，然后调用编辑命令。

4）定义对象组。

无论使用哪种方法，AutoCAD 2016 都将提示用户选择对象，并且光标的形状由十字光标变为拾取框。

下面结合“SELECT”命令说明选择对象的方法。

“SELECT”命令可以单独使用，也可以在执行其他编辑命令时被自动调用。此时屏幕提示：“选择对象：”等待用户以某种方式选择对象作为回答。AutoCAD 2016 提供了多种选择方式，可以输入“？”查看这些选择方式。选择选项后，命令行出现如下提示：

需要点或窗口(W)/上一个(L)/窗交(C)/框(BOX)/全部(ALL)/栏选(F)/圈围(WP)/圈交(CP)/编组(G)/添加(A)/

删除(R)/多个(M)/前一个(P)/放弃(U)/自动(AU)/单个(SI)/子对象（SU）/对象（O）

选择对象:

【选项说明】

（1）点　该选项表示直接通过单击选取的方式选择对象。用鼠标或键盘移动拾取框，使其框住要选取的对象，然后单击就会选中，该对象以高亮度显示。

（2）窗口(W)　用由两个对角顶点确定的矩形窗口选取位于其范围内部的所有图形，与边界相交的对象不会被选中。应该按照从左向右的顺序指定对角顶点。如图 4-1 所示。

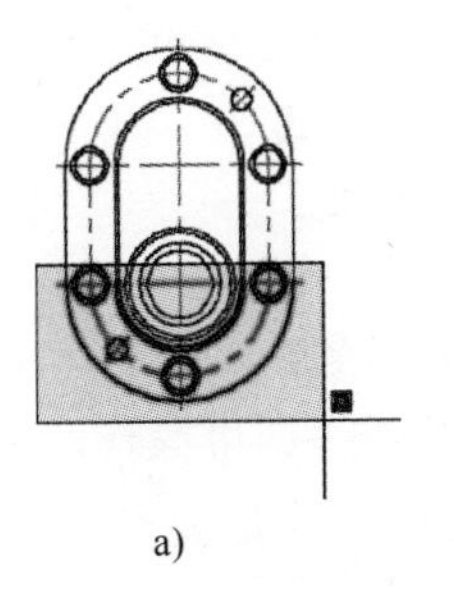

a)

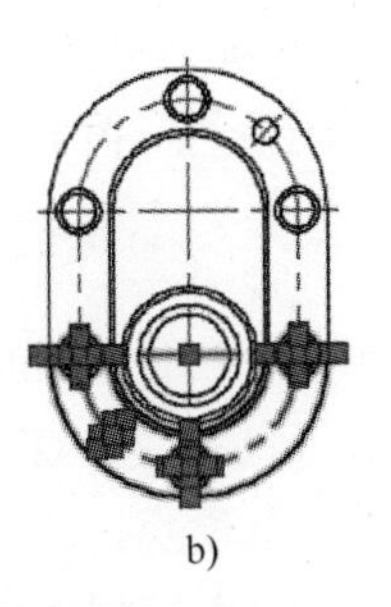

b)

图 4-1 “窗口”对象选择方式

a) 图中下部方框为选择框　b) 选择后的图形

（3）上一个(L)　在“选择对象:”提示下输入“L”后，按〈Enter〉键，系统会自动选取最后绘出的一个对象。

（4）窗交(C)　该方式与上述“窗口”方式类似，区别在于，它不但选中矩形窗口内部的对象，也选中与矩形窗口边界相交的对象。选择的对象如图 4-2 所示。

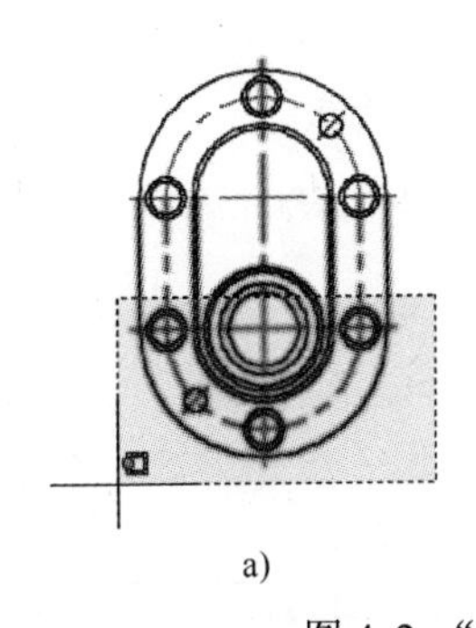

a)

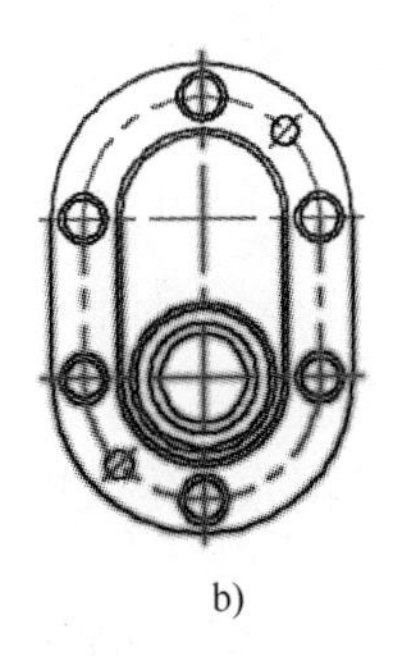

b)

图 4-2 “窗交”对象选择方式

a) 图中下部虚线框为选择框　b) 选择后的图形

（5）框(BOX)　使用时，系统根据用户在屏幕上给出的两个对角点的位置而自动引用“窗口”或“窗交”方式。若从左向右指定对角点，则为“窗口”方式；反之，则为“窗交”方式。

（6）全部(ALL)　选取图面上的所有对象。

（7）栏选(F)　用户临时绘制一些直线，这些直线不必构成封闭图形，凡是与这些直线相交的对象均被选中。执行结果如图 4-3 所示。

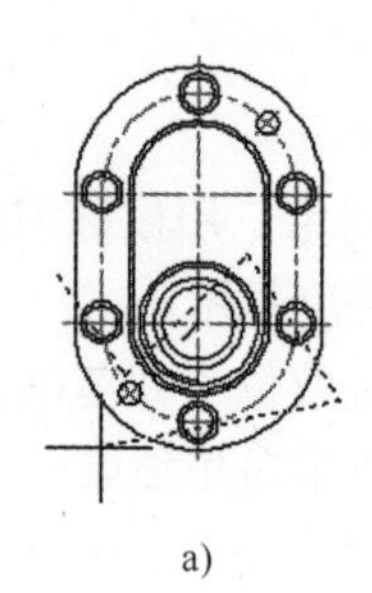

a)

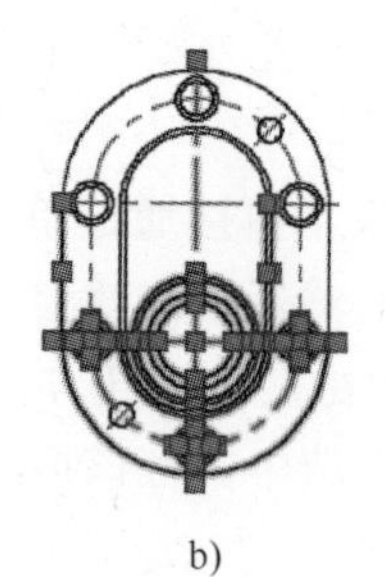

b)

图 4-3 “栏选”对象选择方式

a) 图中虚线为选择栏 b) 选择后的图形

（8）圈围(WP) 使用一个不规则的多边形来选择对象。根据提示，用户顺次输入构成多边形的所有顶点的坐标，最后，按〈Enter〉键做出空回答结束操作。系统将自动连接第一个顶点到最后一个顶点的各个顶点，形成封闭的多边形。凡是被多边形围住的对象均被选中（不包括边界）。执行结果如图 4-4 所示。

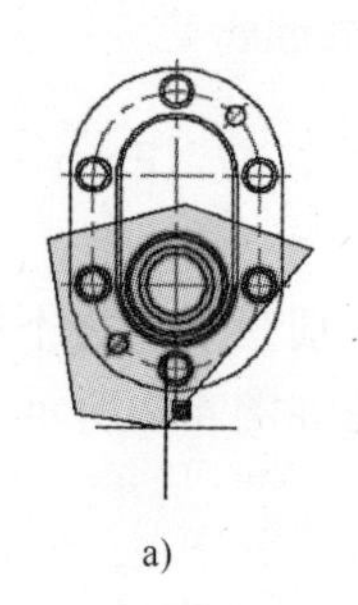

a)

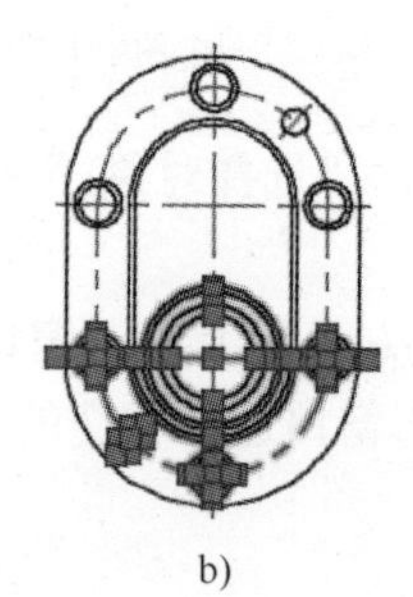

b)

图 4-4 “圈围”对象选择方式

a) 图中十字线所拉出多边形为选择框 b) 选择后的图形

（9）圈交(CP) 类似于“圈围”方式，在“选择对象：”提示后输入“CP”，后续操作与“圈围”方式相同。区别在于，与多边形边界相交的对象也被选中。

（10）编组(G) 使用预先定义的对象组作为选择集。事先将若干个对象组成对象组，用组名引用。

（11）添加(A) 添加下一个对象到选择集。也可用于从移走模式（Remove）到选择模式的切换。

（12）删除(R) 按住〈Shift〉键选择对象，可以从当前选择集中移走该对象。对象由高亮度显示状态变为正常显示状态。

（13）多个(M) 指定多个点，不高亮度显示对象。这种方法可以加快在复杂图形上的选择对象过程。若两个对象交叉，两次指定交叉点，则可以选中这两个对象。

（14）上一个(P) 用关键字“P”回应“选择对象：”的提示，则把上次编辑命令中的最后一次构造的选择集或最后一次使用“SELECT（DDSELECT）”命令预置的选择集作为当前选择集。这种方法适用于对同一选择集进行多种编辑操作的情况。

（15）放弃（U） 用于取消加入选择集的对象。

（16）自动(AU) 选择结果视用户在屏幕上的选择操作而定。如果选中单个对象，则该对象为自动选择的结果；如果选择点落在对象内部或外部的空白处，系统会提示：

指定对角点:

此时，系统会采取一种窗口的选择方式。对象被选中后，变为虚线形式并以高亮度显示。

说 明

若矩形框从左向右定义，即第一个选择的对角点为左侧的对角点，矩形框内部的对象被选中，框外部的及与矩形框边界相交的对象不会被选中。若矩形框从右向左定义，矩形框内部及与矩形框边界相交的对象都会被选中。

（17）单个(SI) 选择指定的第一个对象或对象集，不再提示进行下一步的选择。

4.1.2 快速选择

有时用户需要选择具有某些共同属性的对象来构造选择集，如选择具有相同颜色、线型或线宽的对象，用户当然可以使用前面介绍的方法来选择这些对象，但如果要选择的对象数量较多且分布在较复杂的图形中，则会带来很大的工作量。AutoCAD 2016 提供了“QSELECT”命令来解决这个问题。调用“QSELECT”命令后，弹出“快速选择”对话框，利用该对话框可以根据用户指定的过滤标准快速创建选择集。“快速选择”对话框如图 4-5 所示。

【执行方式】

命令行：QSELECT。

菜单：工具→快速选择。

快捷菜单：在绘图区右击，从打开的右键快捷菜单上选择“快速选择”命令（见图 4-6）或“特性”选项板→快速选择（见图 4-7）。

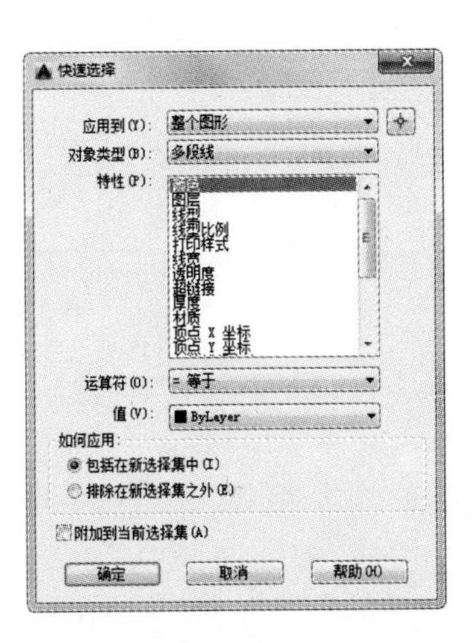

图 4-5 “快速选择”对话框

图 4-6 右键快捷菜单

图 4-7 “特性”选项板中的快速选择

【操作步骤】

执行上述命令后，系统打开“快速选择”对话框。在该对话框中，可以选择符合条件的对象或对象组。

4.2 删除及恢复类命令

这一类命令主要用于删除图形的某部分或对已被删除的部分进行恢复。包括“删除”“回退”“重做”和“清除”等命令。

4.2.1 “删除”命令

如果所绘制的图形不符合要求或错绘了图形，则可以使用“删除”（ERASE）命令把它删除。

【执行方式】

命令行：ERASE。

菜单栏：修改→删除。

快捷菜单：选择要删除的对象，在绘图区右击，从打开的右键快捷菜单上选择“删除”命令。

工具栏：修改→删除。

功能区：单击“默认”选项卡“修改”面板中的“删除”按钮。

【操作步骤】

可以先选择对象，然后调用“删除”命令；也可以先调用“删除”命令，然后再选择对象。选择对象时，可以使用前面介绍的各种对象选择的方法。

当选择多个对象时，多个对象都被删除；若选择的对象属于某个对象组，则该对象组的所有对象都被删除。

4.2.2 “恢复”命令

若误删除了图形，则可以使用“恢复”（OOPS）命令恢复误删除的对象。

【执行方式】

命令行：OOPS 或 U。

菜单栏：编辑→放弃。

工具栏：标准→放弃。

快捷键：〈Ctrl+Z〉。

【操作步骤】

在命令行窗口的提示行上输入“OOPS”，按〈Enter〉键。

4.2.3 “清除”命令

此命令与“删除”命令的功能完全相同。

【执行方式】

菜单栏：编辑→删除。

快捷键：〈Del〉。

【操作步骤】

用菜单或快捷键输入上述命令后，系统提示：

选择对象：(选择要清除的对象，按〈Enter〉键执行“清除”命令)

4.3 对象编辑

在对图形进行编辑时，还可以对图形对象本身的某些特性进行编辑，从而方便地进行图形绘制。

4.3.1 钳夹功能

利用钳夹功能可以快速方便地编辑对象。AutoCAD 在图形对象上定义了一些特殊点，称为夹点，利用夹点可以灵活地控制对象，如图 4-8 所示。

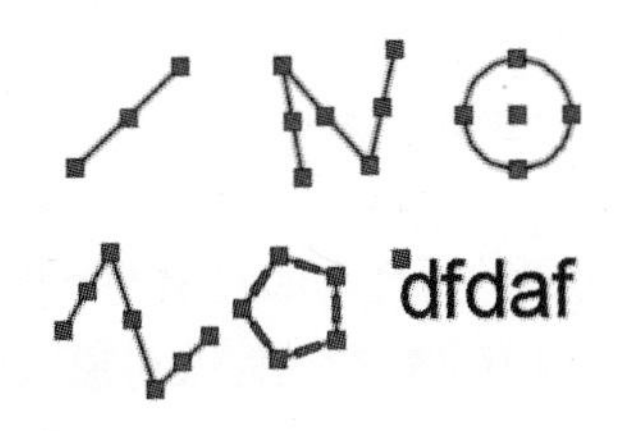

图 4-8 夹点

要使用钳夹功能编辑对象，必须先打开钳夹功能，打开方法是：单击“工具”→“选项”命令。

在“选项”对话框的“选择集”选项卡中，选中“显示夹点”复选框。在该选项卡中，还可以设置代表夹点的小方格的尺寸和颜色。

也可以通过 GRIPS 系统变量来控制是否打开钳夹功能，“1”代表打开，“0”代表关闭。

打开了钳夹功能后，应该在编辑对象之前先选择对象。夹点表示了对象的控制位置。

使用夹点编辑对象，要选择一个夹点作为基点，称为基准夹点。然后，选择一种编辑操作：删除、移动、复制选择、旋转和缩放。可以用空格键、〈Enter〉键或键盘上的快捷键循环选择这些功能。

下面仅以其中的拉伸对象操作为例进行讲述，其他操作类似。

在图形上拾取一个夹点，该夹点改变颜色，此点为夹点编辑的基准夹点。这时系统提示：

** 拉伸 **

指定拉伸点或 [基点(B)/复制(C)/放弃(U)/退出(X)]:

在上述拉伸编辑提示下，输入缩放命令或右击，选择快捷菜单中的“缩放”命令，系统就会转换为缩放操作，其他操作类似。

4.3.2 修改对象属性

【执行方式】

命令行：DDMODIFY 或 PROPERTIES。

菜单栏：修改→特性或工具→选项板→特性。

工具栏：标准→特性。

功能区：单击“视图”选项卡“特性选项板”面板中的“特性”按钮（见图 4-9）或单击“默认”选项卡“特性”面板中的“对话框启动器”按钮。

【操作步骤】

命令：DDMODIFY↙

AutoCAD 打开“特性”工具板，如图 4-10 所示。利用它可以方便地设置或修改对象的各种属性。不同的对象属性种类和值不同，修改属性值，对象改变为新的属性。

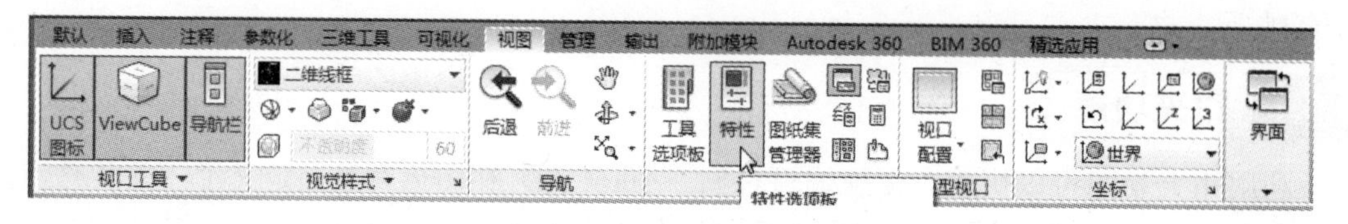

图 4-9 “特性选项板”面板

4.3.3 特性匹配

利用特性匹配功能可以将目标对象的属性与源对象的属性进行匹配，使目标对象的属性与源对象属性相同。利用特性匹配功能可以方便快捷地修改对象属性，并使不同对象的属性相同。

【执行方式】

命令行：MATCHPROP。

菜单栏：修改→特性匹配。

工具栏：单击“标准”工具栏中的“特性匹配”按钮。

功能区：单击“默认”选项卡“特性”面板中的“特性匹配”按钮。

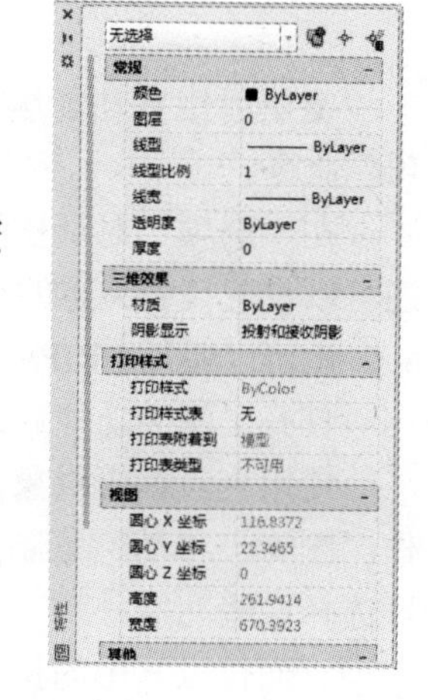

图 4-10 “特性”工具板

【操作步骤】

命令: MATCHPROP↙

选择源对象:（选择源对象，如图 4-11a 所示）

当前活动设置：颜色 图层 线型 线型比例 线宽 透明度 厚度 打印样式 标注 文字 图案填充 多段线 视口 表格材质 阴影显示 多重引线

选择目标对象或 [设置(S)]:（选择目标对象，如图 4-11b 所示）

结果如图 4-11c 所示。

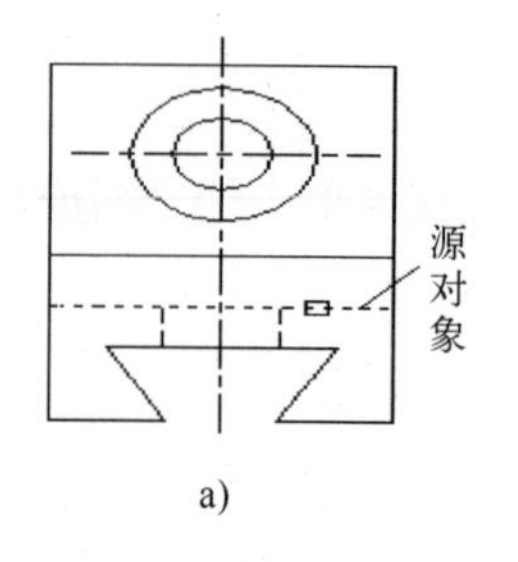

a)

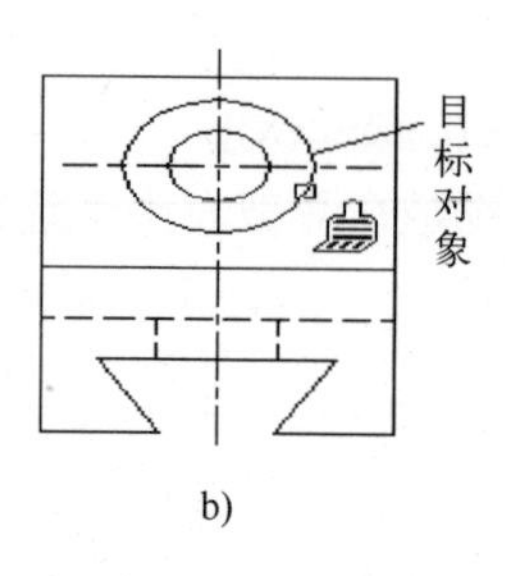

b)

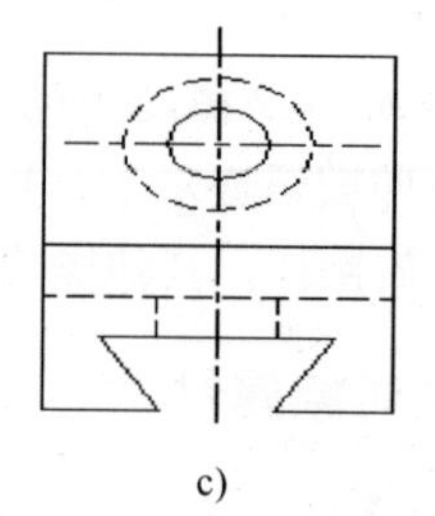

c)

图 4-11 特性匹配

4.4 复制类命令

本节详细介绍 AutoCAD 2016 的复制类命令。利用这些复制类命令，可以方便地编辑绘制图形。

4.4.1 “偏移”命令

偏移对象是指保持选择对象的形状，在不同的位置以不同的尺寸大小新建一个对象。

【执行方式】

命令行：OFFSET。

菜单栏：修改→偏移。

工具栏：修改→偏移。

功能区：单击“默认”选项卡“修改”面板中的“偏移”按钮。

【操作步骤】

命令: OFFSET↙

当前设置: 删除源=否 图层=源 OFFSETGAPTYPE=0

指定偏移距离或 [通过(T)/删除(E)/图层(L)] <通过>:（指定距离植）

选择要偏移的对象，或 [退出(E)/放弃(U)] <退出>:（选择要偏移的对象。按〈Enter〉键结束操作）

指定要偏移的那一侧上的点，或 [退出(E)/多个(M)/放弃(U)] <退出>:（指定偏移方向）

选择要偏移的对象，或 [退出(E)/放弃(U)] <退出>:

【选项说明】

（1）指定偏移距离 输入一个距离值，或按〈Enter〉键，使用当前的距离值，系统把该距离值作为偏移距离。如图 4-12 所示。

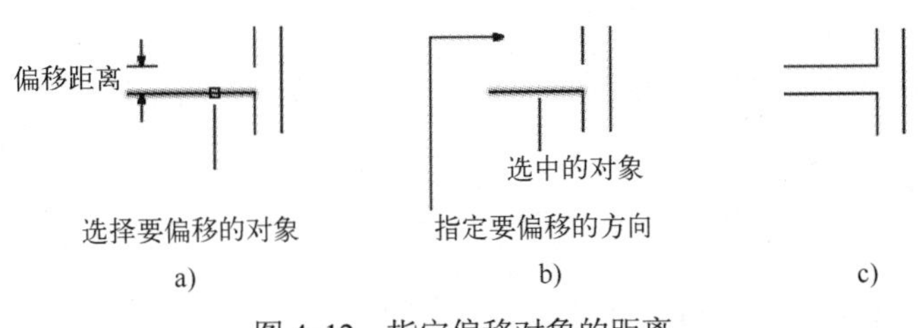

图 4-12 指定偏移对象的距离

a) 选择偏移对象 b) 指定偏移方向 c) 执行结果

（2）通过(T) 指定偏移对象的通过点。选择该选项后出现如下提示。

选择要偏移的对象或 <退出>:（选择要偏移的对象，按〈Enter〉键结束操作）

指定通过点:（指定偏移对象的一个通过点）

操作完毕后，系统根据指定的通过点绘出偏移对象。如图 4-13 所示。

（3）删除(E) 偏移后，将源对象删除。选择该选项后出现如下提示。

要在偏移后删除源对象吗? [是(Y)/否(N)]<当前>:

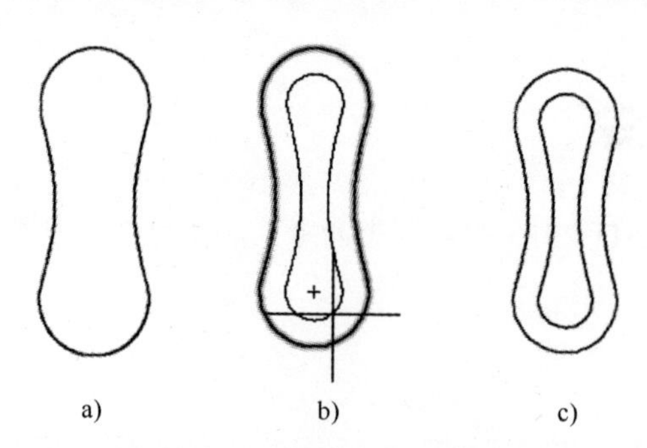

图 4-13　指定偏移对象的通过点

a) 要偏移的对象　b) 指定通过点　c) 执行结果

（4）图层(L)　确定将偏移对象创建在当前图层上还是源对象所在的图层上。选择该选项后出现如下提示。

输入偏移对象的图层选项 [当前(C)/源(S)] <当前>:

4.4.2 实例——绘制挡圈

绘制图 4-14 所示的挡圈。

【操作步骤】

1）设置图层。单击“图层”工具栏中的“图层特性管理器”按钮，新建两个图层：粗实线图层，线宽“0.3mm”，其余属性默认；中心线图层，线型为“CENTER”，其余属性默认。

2）绘制中心线。将“中心线图层”设置为当前图层。命令行提示与操作如下。

命令: _line

指定第一点: (用鼠标指定一点)

指定下一点或 [放弃(U)]: <正交 开>(打开正交开关，用鼠标指定水平向右单击一点)

指定下一点或 [放弃(U)]: ↙

相同方法绘制竖直相交中心线以及偏上位置水平中心线。结果如图 4-15 所示。

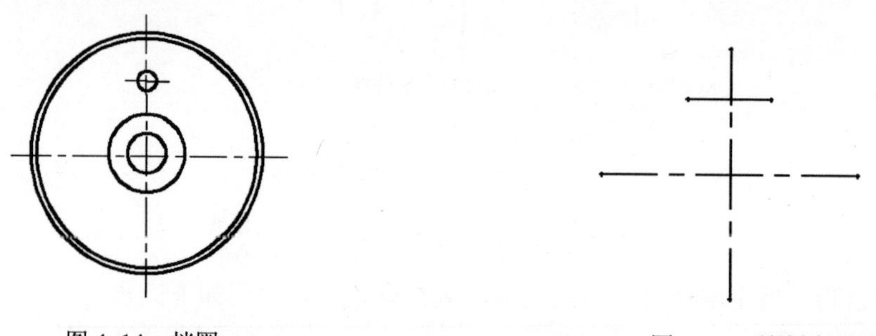

图 4-14　挡圈　　　　图 4-15　绘制中心线

3）单击“绘图”工具栏中的“圆”按钮，绘制挡圈内孔。将“粗实线图层”设置为当前图层。命令行提示与操作如下。

命令: _circle

指定圆的圆心或 [三点(3P)/两点(2P)/切点、切点、半径(T)]:(捕捉中心线交点为圆心)

指定圆的半径或 [直径(D)]:（指定半径值）

结果如图 4-16 所示。

4）单击“修改”工具栏中的“偏移”按钮，绘制挡圈其他轮廓线。命令行提示与操作如下。

命令: _offset

当前设置: 删除源=否　图层=源　OFFSETGAPTYPE=0

指定偏移距离或 [通过(T)/删除(E)/图层(L)] <通过>: 3↙

选择要偏移的对象，或 [退出(E)/放弃(U)] <退出>: （指定绘制的圆）

指定要偏移的那一侧上的点，或 [退出(E)/多个(M)/放弃(U)] <退出>: （指定圆外侧）

选择要偏移的对象，或 [退出(E)/放弃(U)] <退出>:↙

相同方法指定距离为“38”和“40”，以初始绘制的圆为对象向外偏移，结果如图 4-17 所示。

图 4-16　绘制内孔　　　　图 4-17　绘制轮廓线

5）绘制小孔。单击“绘图”工具栏中的“圆”按钮，以偏上位置的中心线交点为圆心绘制小孔，最终结果如图 4-14 所示。

4.4.3 “复制”命令

【执行方式】

命令行：COPY。

菜单栏：修改→复制。

工具栏：修改→复制。

快捷菜单：选择要复制的对象，在绘图区右击，从打开的右键快捷菜单上选择“复制选择”命令。

功能区：单击“默认”选项卡“修改”面板中的“复制”按钮（见图 4-18）。

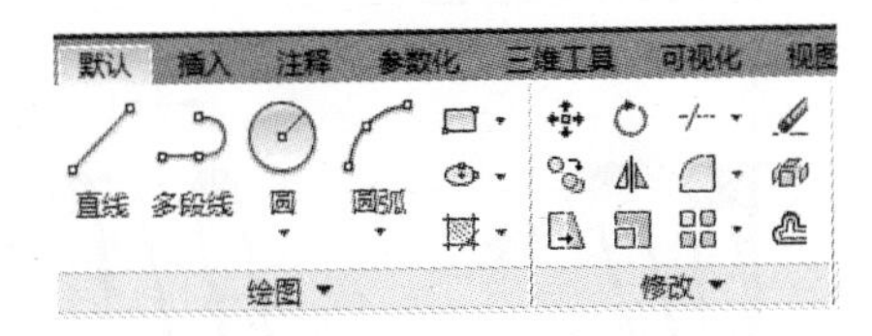

图 4-18 “修改”面板

【操作步骤】

命令: COPY↙

选择对象：（选择要复制的对象）

用前面介绍的对象选择方法选择一个或多个对象，按〈Enter〉键，结束选择操作。系统继续提示：

当前设置：复制模式 = 多个

指定基点或 [位移(D)/模式(O)] <位移>:

指定第二个点或 [阵列(A)] <使用第一个点作为位移>:

指定第二个点或 [阵列(A)/退出(E)/放弃(U)] <退出>:

【选项说明】

（1）指定基点　指定一个坐标点后，AutoCAD 2016 把该点作为复制对象的基点，并提示：

指定位移的第二点或 <用第一点作位移>:

指定第二个点后，系统将根据这两点确定的位移矢量把选择的对象复制到第二点处。如果此时直接按〈Enter〉键，即选择默认的“用第一点作位移”，则第一个点被当作相对于 *X*、*Y*、*Z* 方向的位移。例如，如果指定基点为（2,3）并在下一个提示下按〈Enter〉键，则该对象从它当前的位置开始，在 *X* 方向上移动 2 个单位，在 *Y* 方向上移动 3 个单位。复制完成后，系统会继续提示：

指定位移的第二点:

这时，可以不断指定新的第二点，从而实现多重复制。

（2）位移（D）　直接输入位移值，表示以选择对象时的拾取点为基准，沿纵横比方向移动指定位移后所确定的点为基点。例如，选择对象时的拾取点坐标为（2,3），输入位移为“5”，则表示以（2,3）点为基准，沿纵横比为 3∶2 的方向移动 5 个单位所确定的点为基点。

（3）模式（O）　控制是否自动重复“复制”命令。确定复制模式是单个还是多个。

（4）阵列（A）　指定在线性阵列中排列的副本数量。

4.4.4 实例——弹簧

弹簧作为机械设计中的常见零件，其样式及画法多种多样，本例绘制的弹簧主要利用“圆”和“直线”命令，绘制单个部分，并利用上节介绍的“复制”命令简化绘制图 4-19 所示的弹簧。

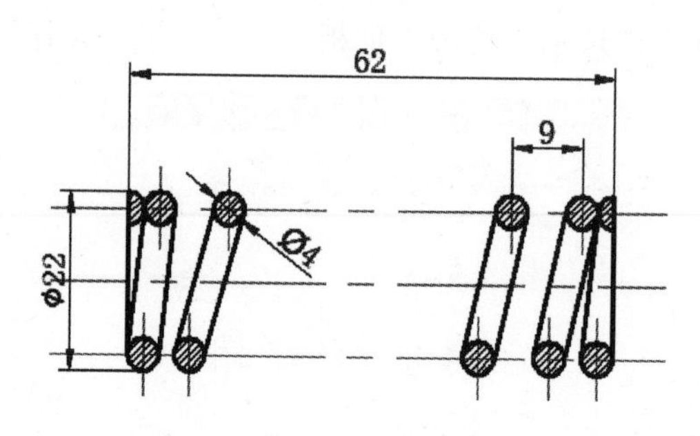

图 4-19　弹簧

【操作步骤】

（1）创建图层　选择菜单栏中的“格式”→“图层”命令或单击“图层”工具栏中的“图层特性管理器”按钮，打开“图层特性管理器”面板，设置图层：

1）中心线：颜色为“红色”，线型为“CENTER”，线宽为“0.15mm”。

2）粗实线：颜色为“白色”，线型为“Continuous”，线宽为“0.30mm”。

3）细实线：颜色为“白色”，线型为“Continuous”，线宽为“0.15mm”。

（2）绘制中心线　将“中心线”图层设定为当前图层。单击“绘图”工具栏中的“直线”按钮，以坐标点{(150,150)，(230,150)}{(160,164)，(160,154)}{(162,146)，(162,136)}绘制中心线，修改线型比例为“0.5”。结果如图 4-20 所示。

（3）偏移中心线　单击“修改”工具栏中的“偏移”按钮，将绘制的水平中心线向上、下两侧偏移，偏移距离为“9”；将图 4-20 所示的竖直中心线 *A* 向右偏移，偏移距离为“4”“9”“36”“9”“4”将图 4-20 所示的竖直中心线 *B* 向右偏移，偏移距离为“6”“37”“9”“6”结果如图 4-21 所示。

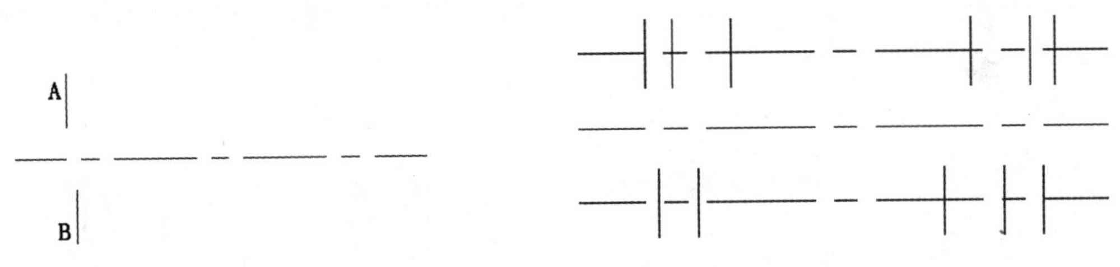

图 4-20　绘制中心线　　图 4-21　偏移中心线

（4）绘制圆　将“粗实线”图层设定为当前图层。单击“绘图”工具栏中的“圆”按钮，以最上水平中心线与左边第 2 根竖直中心线交点为圆心，绘制半径为“2”的圆，结果如图 4-22 所示。

（5）复制圆　单击“修改”工具栏中的“复制”按钮，命令行提示与操作如下。

命令: _copy

选择对象:（选择刚绘制的圆）

选择对象:↙

当前设置:　复制模式 = 多个

指定基点或 [位移(D)/模式(O)] <位移>:（选择圆心）

指定第二个点或 [阵列(A)] <使用第一个点作为位移>:（分别选择竖直中心线与水平中心线的交点）

指定第二个点或 [阵列(A)/退出(E)/放弃(U)] <退出>:↙

结果如图 4-23 所示。

（6）绘制圆弧　单击“绘图”工具栏中的“圆弧”按钮，命令行提示与操作如下。

命令: _arc

指定圆弧的起点或 [圆心(C)]: c↙

指定圆弧的圆心:（指定最左边竖直中心线与最上水平中心线交点）

指定圆弧的起点: @0,-2↙

指定圆弧的端点（按〈Ctrl〉键以切换方向）或 [角度(A)/弦长(L)]: @0,4↙

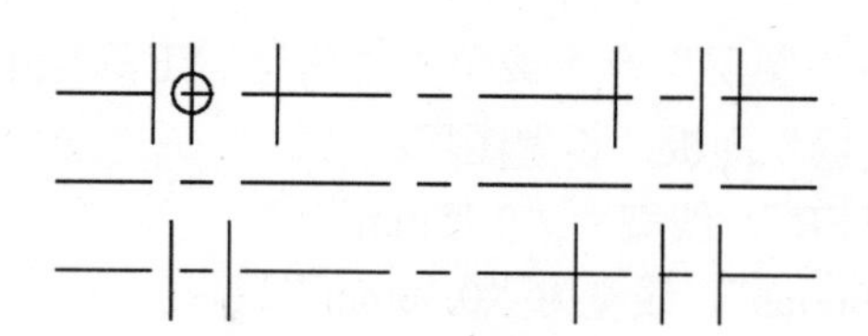

图 4-22　绘制圆

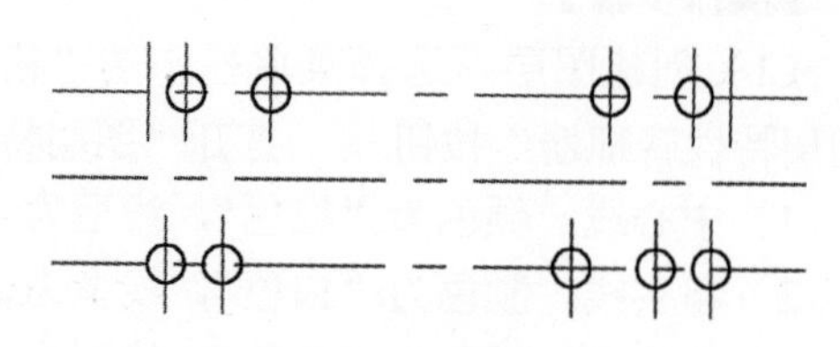

图 4-23　复制圆

相同方法绘制另一段圆弧，命令行提示与操作如下。

命令: _arc

指定圆弧的起点或 [圆心(C)]: c 指定圆弧的圆心:

指定圆弧的起点: @0,2

指定圆弧的端点（按住〈Ctrl〉键以切换方向）或 [角度(A)/弦长(L)]: @0,-4

结果如图 4-24 所示。

（7）绘制连接线　单击“绘图”工具栏中的“直线”按钮，绘制连接线，结果如图 4-25 所示。

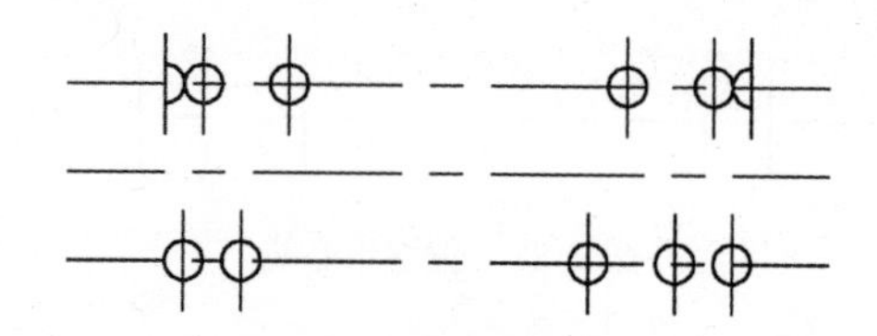

图 4-24　绘制圆弧

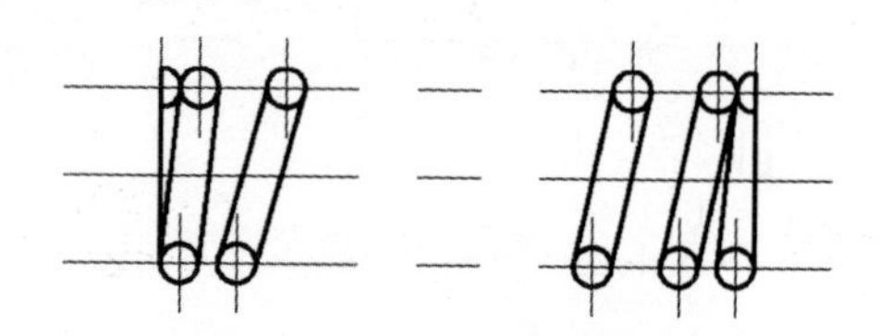

图 4-25　绘制连接线

（8）绘制剖面线　将“细实线”图层设定为当前图层。

单击“绘图”工具栏中的“图案填充”按钮，设置填充图案为“ANST31”，角度为“0”，比例为“0.2”，打开状态栏上的“线宽”按钮。结果如图 4-26 所示。

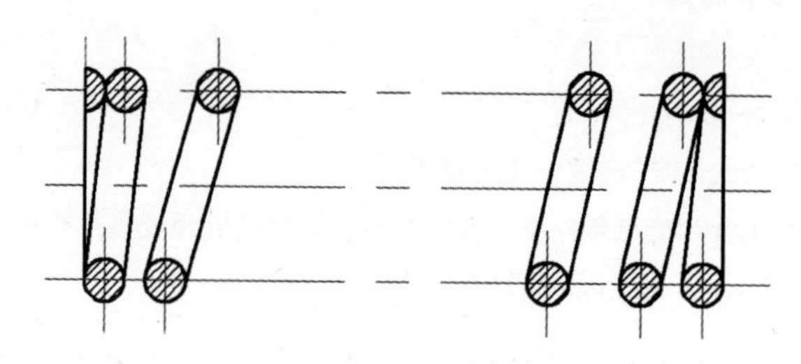

图 4-26　弹簧图案填充

4.4.5 “镜像”命令

镜像对象是指把选择的对象以一条镜像线为对称轴进行镜像的操作。镜像操作完成后，可以保留源对象也可以将其删除。

【执行方式】

命令行：MIRROR。

菜单栏：修改→镜像。

工具栏：修改→镜像。

功能区：单击“默认”选项卡“修改”面板中的“镜像”按钮。

【操作步骤】

命令：MIRROR↙

选择对象：（选择要镜像的对象）

指定镜像线的第一点：（指定镜像线的第一个点）

指定镜像线的第二点：（指定镜像线的第二个点）

要删除源对象？[是(Y)/否(N)] <N>:（确定是否删除源对象）

指定的两点确定一条镜像线，被选择的对象以该线为对称轴进行镜像。包含该线的镜像平面与用户坐标系的 *XY* 平面垂直，即镜像操作是在与用户坐标系的 *XY* 平面平行的平面上进行的。

4.4.6 实例——阀杆

本例绘制的阀杆首先利用“直线”命令绘制一侧轮廓，再利用“镜像”命令，向下镜像轮廓，最后填充剖面线。结果如图 4-27 所示。

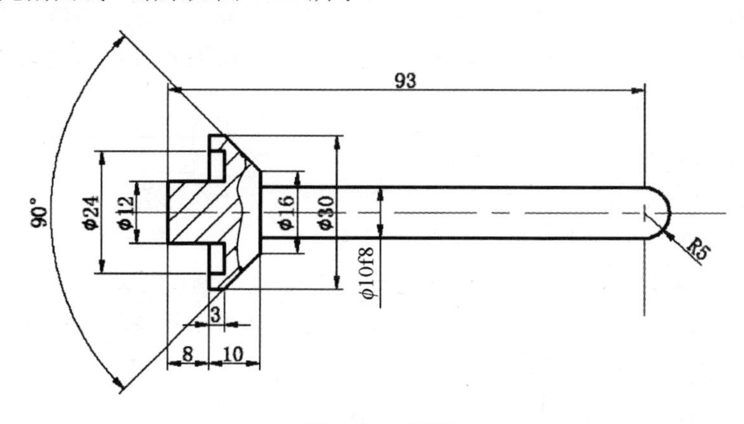

图 4-27　阀杆

【操作步骤】

（1）创建图层　单击“图层”工具栏中的“图层特性管理器”按钮，打开“图层特性管理器”面板，设置图层：

1）中心线：颜色为“红色”，线型为“CENTER”，线宽为“0.15mm”。

2）粗实线：颜色为“白色”，线型为“Continuous”，线宽为“0.30mm”。

3）细实线：颜色为“白色”，线型为“Continuous”，线宽为“0.15mm”。

（2）绘制中心线　将“中心线”图层设定为当前图层。单击“绘图”工具栏中的“直线”按钮，以坐标点{(125,150)，(233,150)}{(223,160)，(223,140)}绘制中心线，结果如图 4-28 所示。

（3）绘制直线　将“粗实线”图层设定为当前图层。单击“绘图”工具栏中的“直线”按钮，以下列坐标点{(130,150)、(130,156)、(138,156)、(138,165)、(141,165)、(148,158)、(148,150)}{(148,155)、(223,155)}，{(138,156)、(141,156)、(141,162)、(138,162)}依次绘制线段，结果如图 4-29 所示。

图 4-28　绘制中心线　　　　图 4-29　绘制直线

（4）镜像处理　单击“修改”工具栏中的“镜像”按钮，以水平中心线为镜像轴，命令行提示与操作如下。

命令: mirror↙
选择对象:（选择刚绘制的实线）
选择对象:↙
指定镜像线的第一点:（在水平中心线上选取一点）
指定镜像线的第二点:（在水平中心线上选取另一点）
要删除源对象吗? [是(Y)/否(N)] <N>:↙

结果如图 4-30 所示。

（5）绘制圆弧　单击“绘图”工具栏中的“圆弧”按钮，以中心线交点为圆心，以上下水平实线最右端两个端点为圆弧两个端点，绘制圆弧。结果如图 4-31 所示。

图 4-30　镜像处理　　　　图 4-31　绘制圆弧

（6）绘制局部剖切线　将“细实线”图层设定为当前图层。单击“绘图”工具栏中的“样条曲线”按钮，绘制局部剖切线。结果如图 4-32 所示。

（7）绘制剖面线　单击“绘图”工具栏中的“图案填充”按钮，设置填充图案为“ANST31”，角度为“0”，比例为“1”，打开状态栏上的“线宽”按钮。结果如图 4-33 所示。

图 4-32　绘制局部剖切线

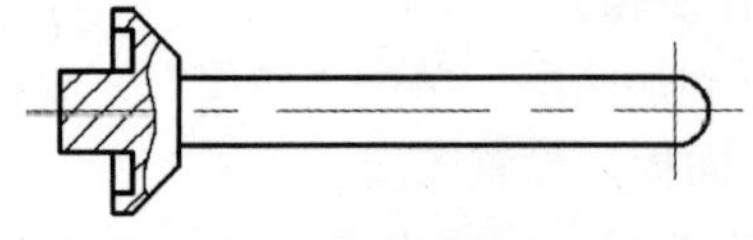

图 4-33　阀杆图案填充

4.4.7 “阵列”命令

阵列是指多重复制选择对象并把这些副本按矩形或环形排列。把副本按矩形排列称为建立矩形阵列，把副本按环形排列称为建立极阵列。建立极阵列时，应该控制复制对象的次数和对象是否被旋转；建立矩形阵列时，应该控制行和列的数量以及对象副本之间的距离。

用“阵列”命令可以建立矩形阵列、极阵列（环形）和旋转的矩形阵列。

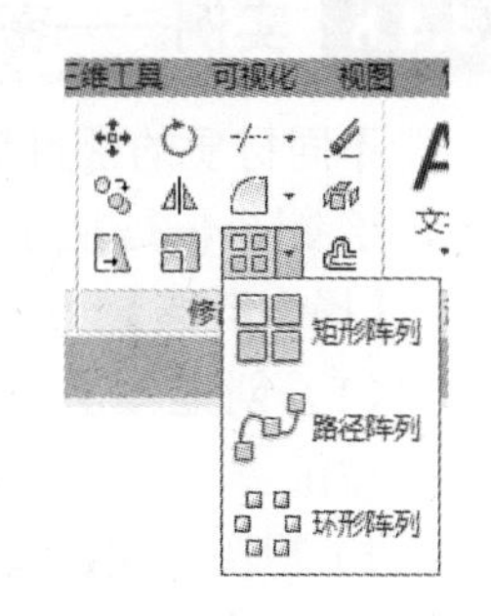

图 4-34 “修改”面板

【执行方式】

命令行：ARRAY。

菜单栏：修改→阵列→矩形阵列/路径阵列/环形阵列。

工具栏：修改→矩形阵列、路径阵列和环形阵列。

功能区：单击“默认”选项卡“修改”面板中的“矩形阵列”按钮/“路径阵列”按钮/“环形阵列”按钮（见图 4-34）。

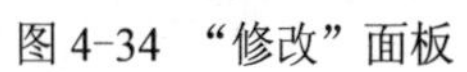

【操作步骤】

命令：ARRAY↙

选择对象：（使用对象选择方法）

输入阵列类型[矩形（R）/路径（PA）/极轴（PO）]<矩形>:

【选项说明】

（1）矩形（R）（命令行：ARRAYRECT） 将选定对象的副本分布到行数、列数和层数的任意组合。选择该选项后命令行出现如下提示。

选择夹点以编辑阵列或 [关联(AS)/基点(B)/计数(COU)/间距(S)/列数(COL)/行数(R)/层数(L)/退出(X)] <退出>:（通过夹点，调整阵列间距，列数，行数和层数；也可以分别选择各选项输入数值）

（2）路径（PA）（命令行：ARRAYPATH） 沿路径或部分路径均匀分布选定对象的副本。选择该选项后命令行出现如下提示。

选择路径曲线:（选择一条曲线作为阵列路径）

选择夹点以编辑阵列或 [关联(AS)/方法(M)/基点(B)/切向(T)/项目(I)/行(R)/层(L)/对齐项目(A)/Z 方向(Z)/退出(X)] <退出>:（通过夹点，调整阵行数和层数；也可以分别选择各选项输入数值）

（3）极轴（PO） 在绕中心点或旋转轴的环形阵列中均匀分布对象副本。选择该选项后命令行出现如下提示。

指定阵列的中心点或 [基点(B)/旋转轴(A)]:（选择中心点、基点或旋转轴）

选择夹点以编辑阵列或 [关联(AS)/基点(B)/项目(I)/项目间角度(A)/填充角度(F)/行(ROW)/层(L)/旋转项目(ROT)/退出(X)] <退出>:（通过夹点，调整角度，填充角度；也可以分别选择各选项输入数值）

（4）环形阵列（ARRAYPOLAR） 在环形阵列中，项目将均匀地围绕中心点或旋转轴分布。执行此命令后出现如下提示。

命令: _arraypolar

选择对象: 找到 1 个

选择对象:

类型 = 极轴 关联 = 是

指定阵列的中心点或 [基点(B)/旋转轴(A)]: （选择中心点）

选择夹点以编辑阵列或 [关联(AS)/基点(B)/项目(I)/项目间角度(A)/填充角度(F)/行(ROW)/层(L)/旋转项目(ROT)/退出(X)] <退出>:

4.4.8 实例——密封垫

不同材质的密封垫在各种机械中是不可或缺的，本例主要利用“圆”和“环形阵列”命令，绘制图 4-35 所示的密封垫。

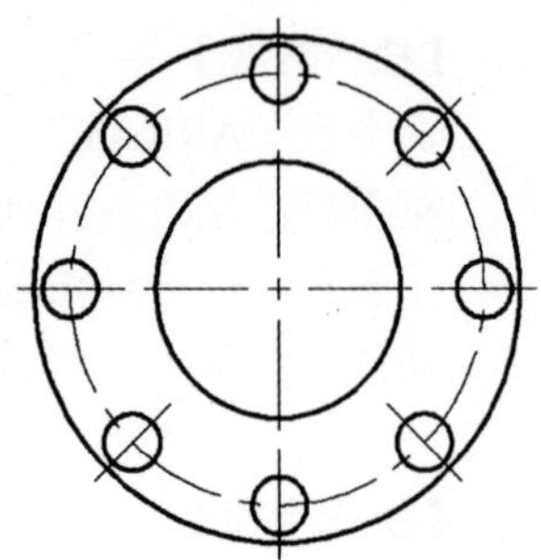

图 4-35　密封垫

【操作步骤】

（1）创建图层　单击“图层”工具栏中的“图层特性管理器”按钮，新建三个图层：

1）粗实线层，线宽为“0.50mm”，其余属性默认。

2）细实线层，线宽为“0.30mm”，其余属性默认。

3）中心线层，线宽为“0.15mm”，颜色为红色，线型为“CENTER”，其余属性默认。

（2）绘制中心线　将线宽显示打开。将当前图层设置为“中心线层”图层。单击“绘图”工具栏中的“直线”按钮，绘制相交中心线{(120,180)、(280,180)}和{(200,260)、(200,100)}，结果如图 4-36 所示。

单击“绘图”工具栏中的“圆”按钮，捕捉中心线交点为圆心，绘制直径为“128”的圆。命令行提示与操作如下。

```
命令: _circle
指定圆的圆心或 [三点(3P)/两点(2P)/切点、切点、半径(T)]:  （捕捉中心线交点）
指定圆的半径或 [直径(D)]: d
指定圆的直径: 128
```

结果如图 4-37 所示。

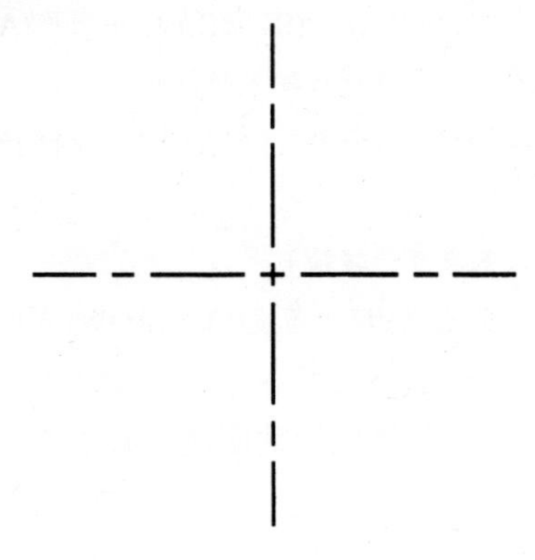

图 4-36　绘制中心线

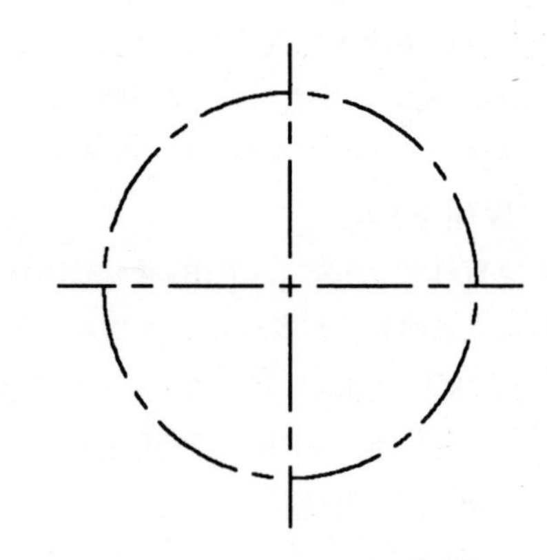

图 4-37　绘制中心线圆

（3）绘制同心园　将当前图层设置为“粗实线层”图层。单击“绘图”工具栏中的“圆”按钮，捕捉中心线交点为圆心，绘制直径为“150”“76”的同心圆。绘制结果如图 4-38 所示。

（4）绘制小圆　单击“绘图”工具栏中的“圆”按钮，捕捉竖直中心线与中心线圆的交点为圆心，绘制直径为“17”的圆，绘制结果如图 4-39 所示。

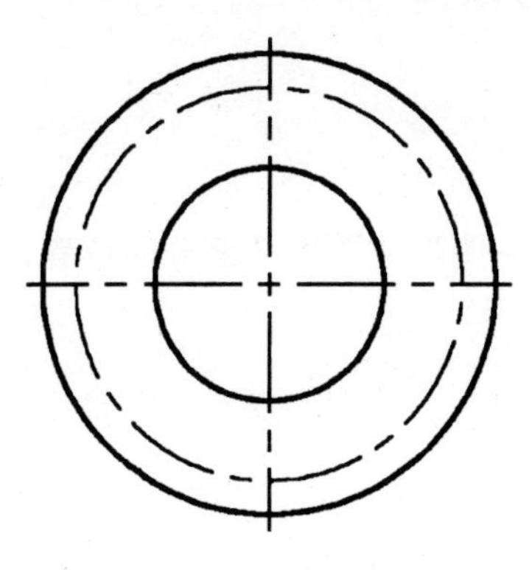

图 4-38 绘制同心圆

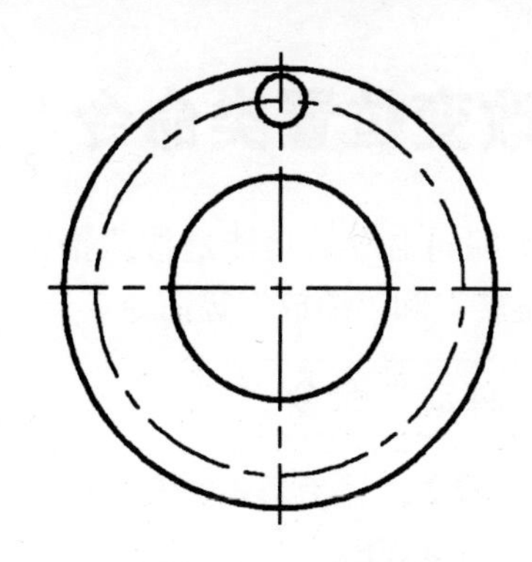

图 4-39 绘制小圆

（5）添加中心线 在“图层特性管理器”下拉列表中选择“中心线层”图层，将图层置为当前。单击“绘图”工具栏中的“直线”按钮，捕捉适当点绘制中心线，绘制结果如图 4-40 所示。

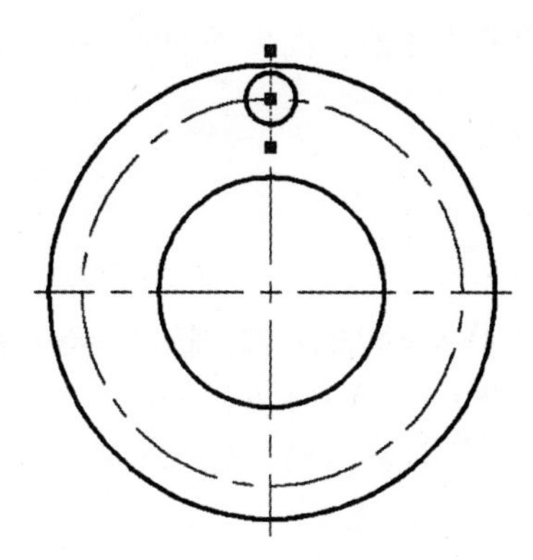

图 4-40 添加中心线

（6）阵列小圆 单击“修改”工具栏中的“环形阵列”按钮，项目数设置为“8”，填充角度设置为“360”，命令行提示与操作如下。

命令: _arraypolar

选择对象: 找到 1 个

选择对象: 找到 1 个，总计 2 个（选择小圆）

选择对象:

类型 = 极轴 关联 = 是

指定阵列的中心点或 [基点(B)/旋转轴(A)]:（捕捉中心线圆的圆心）

选择夹点以编辑阵列或 [关联(AS)/基点(B)/项目(I)/项目间角度(A)/填充角度(F)/行(ROW)/层(L)/旋转项目(ROT)/退出(X)] <退出>: i

输入阵列中的项目数或 [表达式(E)] <6>: 8

选择夹点以编辑阵列或 [关联(AS)/基点(B)/项目(I)/项目间角度(A)/填充角度(F)/行(ROW)/层(L)/旋转项目(ROT)/退出(X)] <退出>:

阵列结果如图 4-35 所示。

4.5 改变位置类命令

这一类编辑命令的功能是按照指定要求改变当前图形或图形某部分的位置，主要包括“移动”“旋转”和“缩放”等命令。

4.5.1 “移动”命令

【操作步骤】

命令行：MOVE。

菜单栏：修改→移动。

快捷菜单：选择要移动的对象，在绘图区右击，从打开的右键快捷菜单上选择“移动”命令。

工具栏：修改→移动。

功能区：单击“默认”选项卡“修改”面板中的“移动”按钮。

【操作步骤】

命令：MOVE↙

选择对象：（选择对象）

选择对象：

用前面介绍的对象选择方法选择要移动的对象，按〈Enter〉键，结束选择。系统继续提示：

指定基点或 [位移(D)] <位移>:（指定基点或移至点）

指定第二个点或 <使用第一个点作为位移>:（指定基点或位移）

命令的选项功能与“复制”命令类似。

4.5.2 “旋转”命令

【执行方式】

命令行：ROTATE。

菜单栏：修改→旋转。

快捷菜单：选择要旋转的对象，在绘图区右击，从打开的右键快捷菜单上选择“旋转”命令。

工具栏：修改→旋转。

功能区：单击“默认”选项卡“修改”面板中的“旋转”按钮。

【操作步骤】

命令：ROTATE↙

UCS 当前的正角方向： ANGDIR=逆时针 ANGBASE=0

选择对象：（选择要旋转的对象）

指定基点：（指定旋转的基点。在对象内部指定一个坐标点）

指定旋转角度，或[复制(C)/参照(R)] <0>:（指定旋转角度或其他选项）

【选项说明】

（1）复制(C) 选择该选项，在旋转对象的同时，保留源对象。如图 4-41 所示。

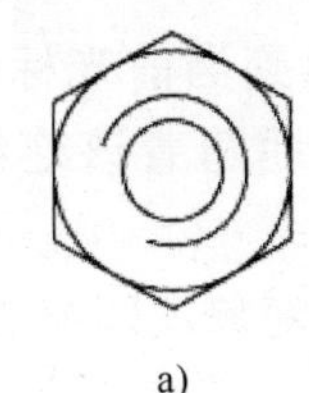

a)

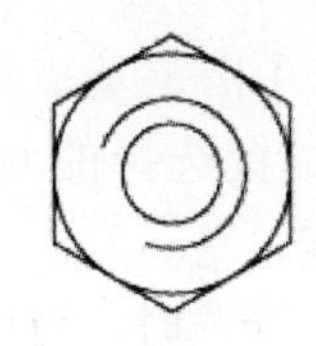
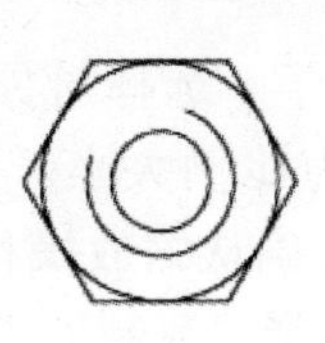

b)

图 4-41 复制旋转

a) 旋转前 b) 旋转后

（2）参照(R) 采用参照方式旋转对象时，系统提示：

指定参照角 <0>:（指定要参考的角度，默认值为 0）

指定新角度或[点(P)] <0>:（输入旋转后的角度值）

操作完毕后，对象被旋转至指定的角度位置。

说 明

可以用拖动鼠标的方法旋转对象。选择对象并指定基点后，从基点到当前光标位置会出现一条连线，鼠标选择的对象会动态地随着该连线与水平方向的夹角的变化而旋转，按〈Enter〉键，确认旋转操作。如图 4-42 所示。

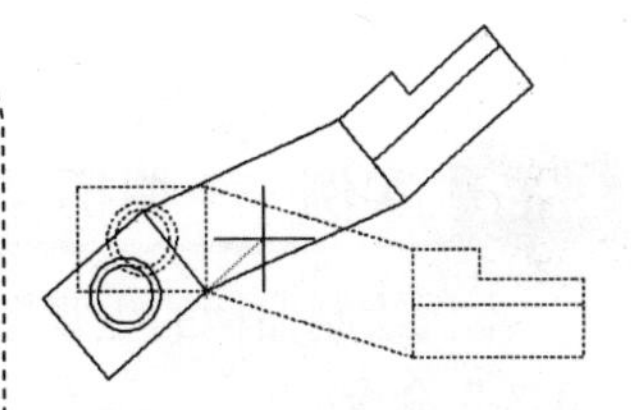

图 4-42 拖动鼠标旋转对象

4.5.3 “缩放”命令

【执行方式】

命令行：SCALE。

菜单栏：修改→缩放。

快捷菜单：选择要缩放的对象，在绘图区右击，从打开的右键快捷菜单上选择“缩放”命令。

工具栏：修改→缩放。

功能区：单击“默认”选项卡“修改”面板中的“缩放”按钮。

【操作步骤】

命令: SCALE↙

选择对象: （选择要缩放的对象）

指定基点: （指定缩放操作的基点）

指定比例因子或 [复制(C)/参照(R)] <1.0000>:

【选项说明】

（1）参照(R) 采用参考方向缩放对象时，系统提示：

指定参照长度 <1>:（指定参考长度值）

指定新的长度或 [点(P)] <1.0000>:（指定新长度值）

若新长度值大于参考长度值，则放大对象；否则，缩小对象。操作完毕后，系统以指定的基点按指定的比例因子缩放对象。如果选择“点(P)”选项，则指定两点来定义新的长度。

（2）指定比例因子　选择对象并指定基点后，从基点到当前光标位置会出现一条线段，线段的长度即为比例大小。鼠标选择的对象会动态地随着该连线长度的变化而缩放，按〈Enter〉键，确认缩放操作。

（3）复制(C)　选择“复制(C)”选项时，可以复制缩放对象，即缩放对象时，保留源对象。如图 4-43 所示。

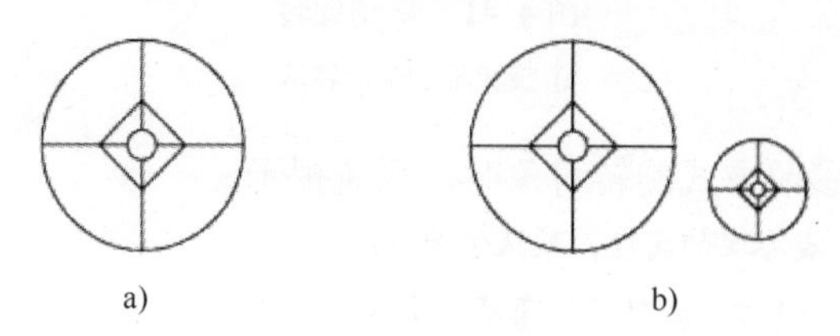

图 4-43　复制缩放

a) 缩放前　b) 缩放后

4.5.4 实例——曲柄

本例绘制曲柄的主视图，如图 4-44 所示。绘制主视图时，主要用到了“旋转”命令和“镜像”命令。

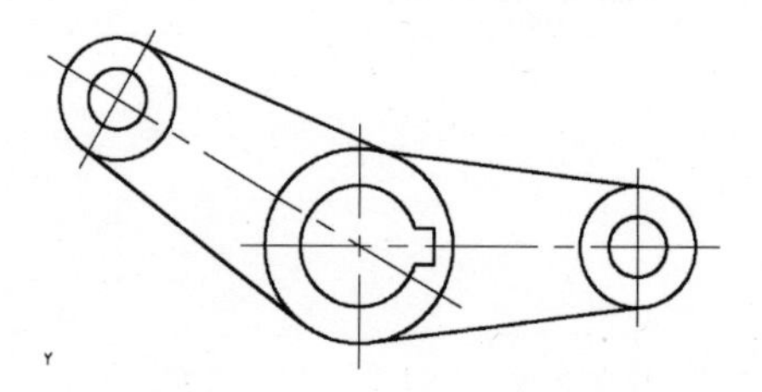

图 4-44　曲柄主视图

【操作步骤】

1）单击“图层”工具栏中的“图层特性管理器”按钮，打开“图层特性管理器”面板。单击“新建图层”按钮，新建“中心线”“细实线”和“粗实线”三个图层，图层设置如图 4-45 所示。

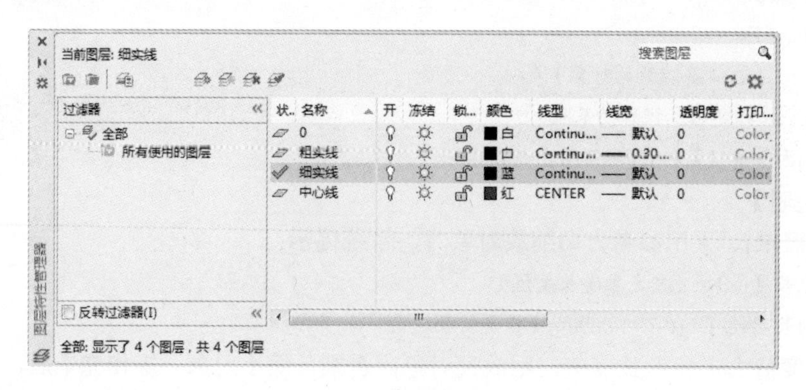

图 4-45　“图层特性管理器”面板

2）将“中心线”层设置为当前图层，单击“绘图”工具栏中的“直线”按钮，分别以坐标{（100,100）（180,100）}和{（120,120），（120,80）}绘制水平和竖直中心线，结果如图 4-46 所示。

3）单击“修改”工具栏中的“偏移”按钮，将竖直中心线向右偏移。命令行提示与操作如下。

命令: O↙（“OFFSET” 命令缩写）

当前设置: 删除源=否　图层=源　OFFSETGAPTYPE=0

指定偏移距离或 [通过(T)/删除(E)/图层(L)] <通过>: 48↙

选择要偏移的对象，或 [退出(E)/放弃(U)] <退出>: （选择所绘制竖直中心线）

指定要偏移的那一侧上的点，或 [退出(E)/多个(M)/放弃(U)] <退出>: （在选择的竖直中心线右侧任意一点单击鼠标左键）

选择要偏移的对象，或 [退出(E)/放弃(U)] <退出>: ↙

结果如图 4-47 所示。

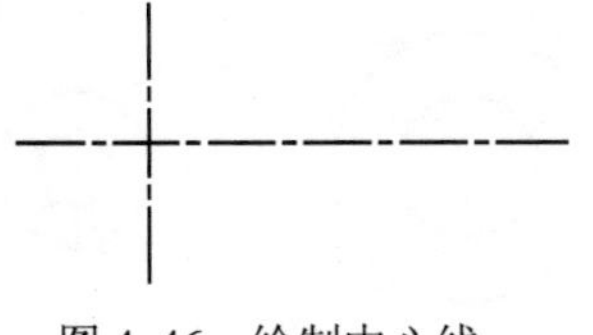

图 4-46　绘制中心线

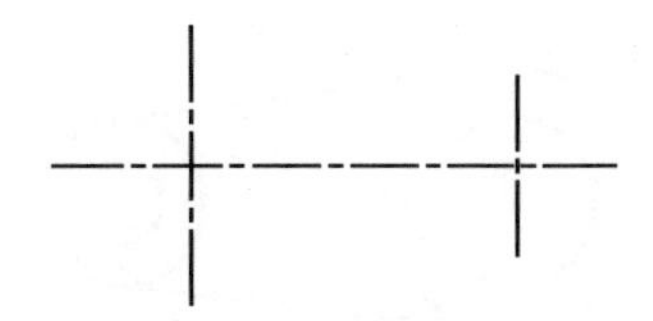

图 4-47　偏移中心线

4）将“粗实线”层设置为当前图层。单击“绘图”工具栏中的“圆”按钮，命令行提示与操作如下。

命令:CIRCLE↙（绘制ϕ32 圆）

指定圆的圆心或 [三点(3P)/两点(2P)/相切、相切、半径(T)]: _int 于（捕捉左端中心线的交点）

指定圆的直径: 32↙

同样，利用“圆”命令，分别捕捉左端和右端中心线的交点为圆心，指定直径为“20”绘制两个圆。捕捉右端中心线的交点为圆心，指定直径为“10”绘制圆，结果如图 4-48 所示。

5）单击“绘图”工具栏中的“直线”按钮，绘制切线。命令行提示与操作如下。

命令:LINE↙（绘制左端ϕ32 圆与右端ϕ20 圆的切线）

指定第一点: _tan 到（单击“对象捕捉”工具栏上的“捕捉到切点”按钮，捕捉右端ϕ20 圆上部的切点）

指定下一点或 [放弃(U)]: _tan （同样方法捕捉左端ϕ32 圆上部的切点）

指定下一点或 [放弃(U)]:↙

用同样的方法绘制下部的切线，结果如图 4-49 所示。

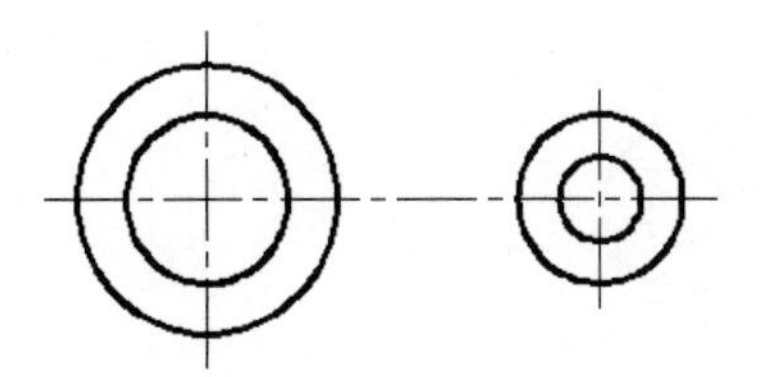

图 4-48　绘制轴孔

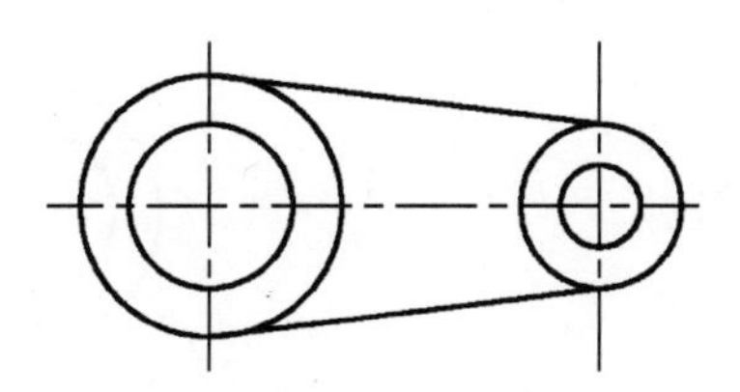

图 4-49　绘制切线

6）单击“修改”工具栏中的“偏移”按钮，将水平中心线向上、向下各偏移“3”，将左边竖直中心线向右偏移“14.8”，结果如图 4-50 所示。

7）单击“绘图”工具栏中的“直线”按钮，绘制键槽，结果如图 4-51 所示。

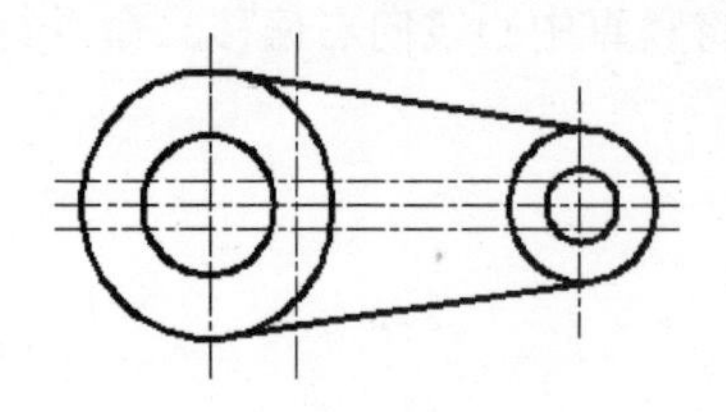

图 4-50　绘制辅助线

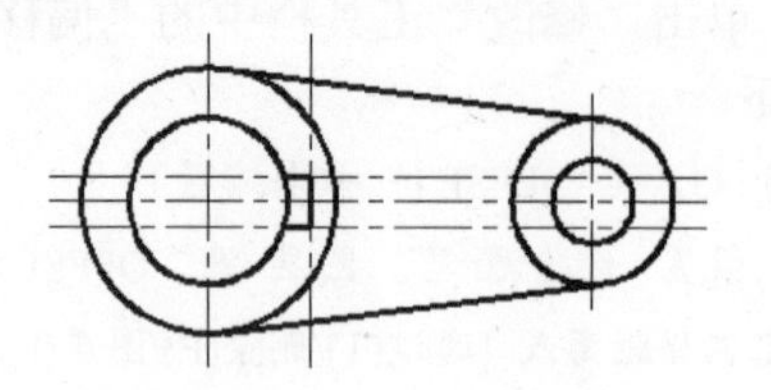

图 4-51　绘制键槽

8）单击“修改”工具栏中的“修剪”按钮，剪掉键槽开口部分的圆弧。结果如图 4-52 所示。

9）单击“修改”工具栏中的“删除”按钮，删除辅助线。结果如图 4-53 所示。

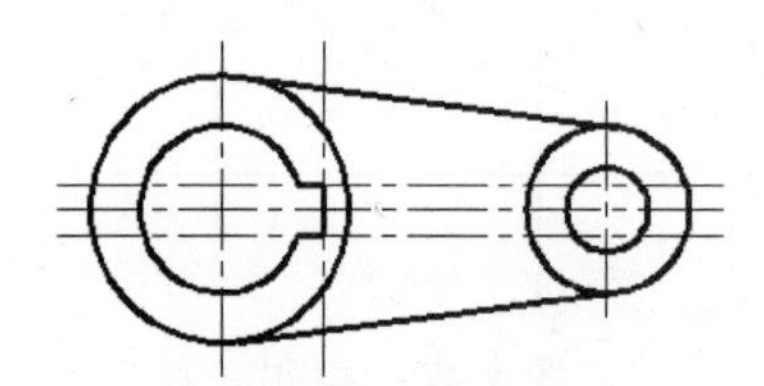

图 4-52　修剪键槽

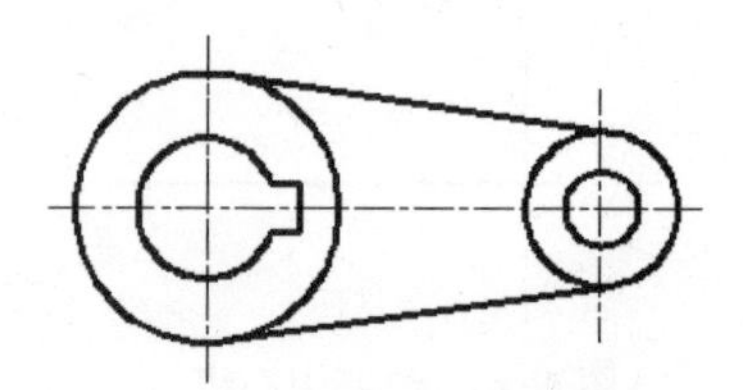

图 4-53　删除辅助线

10）单击“修改”工具栏中的“旋转”按钮，将绘制的图形进行旋转复制。命令行提示与操作如下。

命令: ROTATE↙

UCS 当前的正角方向:　ANGDIR=逆时针　ANGBASE=0

选择对象:（如图 4-54 所示，选择图形中要旋转的部分）

……

找到 1 个，总计 6 个

选择对象:↙

指定基点: _int 于（捕捉左边中心线的交点）

指定旋转角度，或 [复制(C)/参照(R)] <0>:C↙

旋转一组选定对象。

指定旋转角度，或 [复制(C)/参照(R)] <0>: 150↙

最终结果如图 4-44 所示。

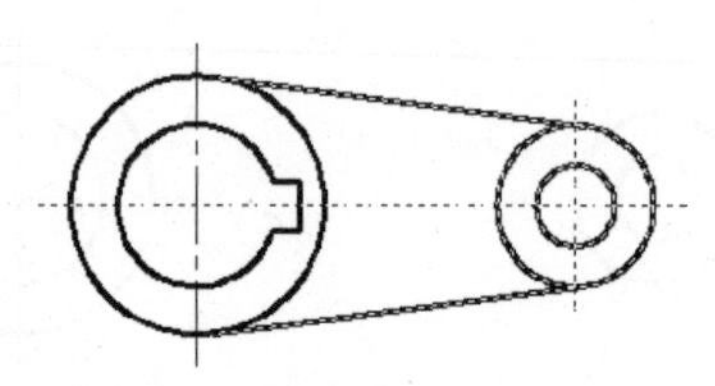

图 4-54　选择对象

4.6 改变几何特性类命令

这一类编辑命令在对指定对象进行编辑后，使编辑对象的几何特性发生改变。包括“倒角”“圆角”“打断”“剪切”“延伸”“拉长”和“拉伸”等命令。

4.6.1 “打断”命令

【执行方式】

命令行：BREAK。

菜单栏：修改→打断。

工具栏：修改→打断。

功能区：单击“默认”选项卡“修改”面板中的“打断”按钮。

【操作步骤】

命令：BREAK↙

选择对象：（选择要打断的对象）

指定第二个打断点或 [第一点(F)]：（指定第二个断开点或输入“F”）

【选项说明】

如果选择“第一点(F)”选项，系统将丢弃前面的第一个选择点，重新提示用户指定两个打断点。

4.6.2 打断于点

打断于点是指在对象上指定一点，从而把对象在此点拆分成两部分。此命令与“打断”命令类似。

【执行方式】

工具栏：修改→打断于点。

功能区：单击“默认”选项卡“修改”面板中的“打断于点”按钮。

【操作步骤】

输入此命令后，命令行提示：

选择对象：（选择要打断的对象）

指定第二个打断点或 [第一点(F)]：_f（系统自动执行“第一点(F)”选项）

指定第一个打断点：（选择打断点）

指定第二个打断点：@（系统自动忽略此提示）

4.6.3 “圆角”命令

圆角是指用指定半径确定的一段平滑的圆弧连接两个对象。系统规定可以圆角连接一对直线段、非圆弧的多段线段、样条曲线、双向无限长线、射线、圆、圆弧和椭圆。可以在任何时刻用圆角连接非圆弧多段线的每个节点。

【执行方式】

命令行：FILLET。

菜单：修改→圆角。

工具栏：修改→圆角▢。

功能区：单击“默认”选项卡“修改”面板中的“圆角”按钮▢。

【操作步骤】

命令：FILLET↙

当前设置：模式 = 修剪，半径 =0.0000

选择第一个对象或 [放弃(U)/多段线(P)/半径(R)/修剪(T)/多个(M)]：（选择第一个对象或别的选项）

选择第二个对象，或按住〈Shift〉键选择对象以应用角点或 [半径(R)]：（选择第二个对象）

【选项说明】

1）多段线(P)：在一条二维多段线的两段直线段的节点处插入圆滑的弧。选择多段线后，系统会根据指定的圆弧的半径把多段线各顶点用圆滑的弧连接起来。

2）修剪(T)：确定在圆角连接两条边时，是否修剪这两条边。如图 4-55 所示。

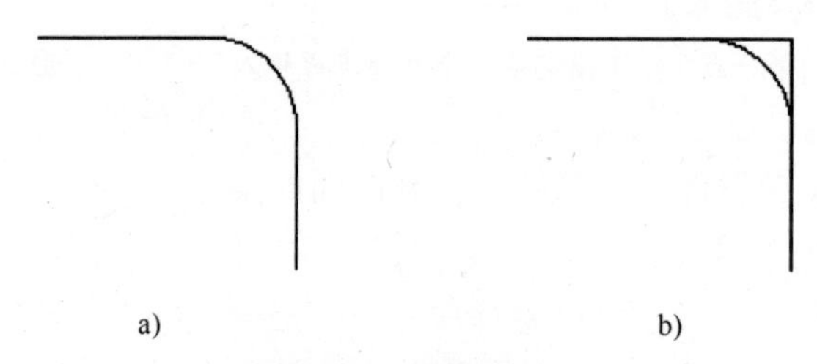

a)　　　　b)

图 4-55　圆角连接

a) 修剪方式　b) 不修剪方式

3）多个(M)：可以同时对多个对象进行圆角编辑。而不必重新起用命令。

4）按住〈Shift〉键并选择两条直线，可以快速创建零距离倒角或零半径圆角。

4.6.4 “倒角”命令

倒角是指用斜线连接两个不平行的线型对象。可以用斜线连接直线段、双向无限长线、射线和多段线。

【执行方式】

命令行：CHAMFER。

菜单：修改→倒角。

工具栏：修改→倒角▢。

功能区：单击“默认”选项卡“修改”面板中的“倒角”按钮▢。

【操作步骤】

命令：CHAMFER↙

（“不修剪”模式）当前倒角距离 1 = 0.0000，距离 2 = 0.0000

选择第一条直线或 [放弃(U)/多段线(P)/距离(D)/角度(A)/修剪(T)/方式(E)/多个(M)]：(选择第一条直线或别的选项)

选择第二条直线，或按住〈Shift〉键选择直线以应用角点或 [距离(D)/角度(A)/方法(M)]:（选择第二条直线）

【选项说明】

（1）距离(D) 选择倒角的两个斜线距离。斜线距离是指从被连接的对象与斜线的交点到被连接的两对象的可能的交点之间的距离。如图 4-56 所示。图中的两个斜线距离可以相同也可以不相同，若二者均为“0”，则系统不绘制连接的斜线，而是把两个对象延伸至相交，并修剪超出的部分。

（2）角度(A) 选择第一条直线的斜线距离和角度。采用这种方法斜线连接对象时，需要输入两个参数，即斜线与一个对象的斜线距离和斜线与该对象的夹角。如图 4-57 所示。

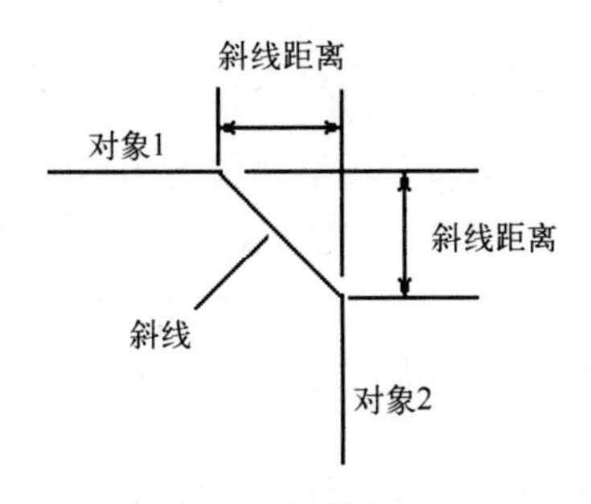

图 4-56 斜线距离

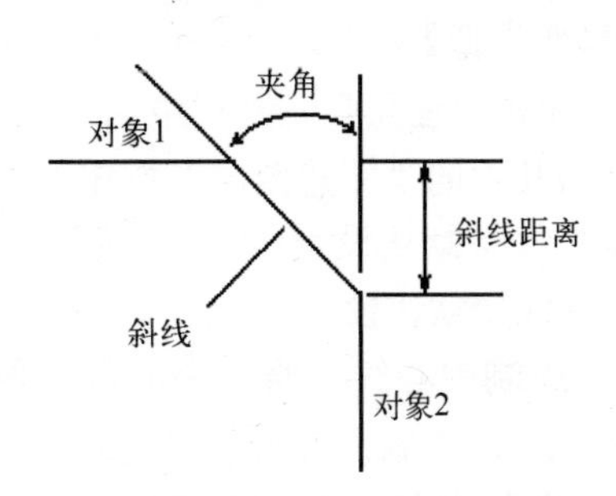

图 4-57 斜线距离与夹角

（3）多段线(P) 对多段线的各个交叉点进行倒角编辑。为了得到最好的连接效果，一般设置斜线是相等的值。系统根据指定的斜线距离把多段线的每个交叉点都作斜线连接，连接的斜线成为多段线新添加的构成部分。如图 4-58 所示。

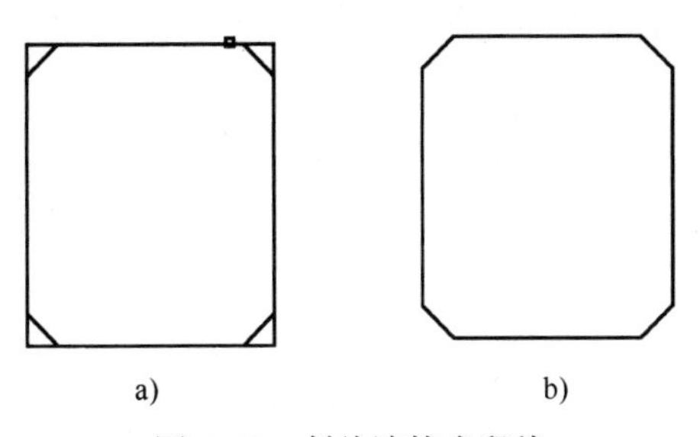

a) b)

图 4-58 斜线连接多段线

a) 选择多段线 b) 倒角结果

（4）修剪(T) 与圆角连接命令“FILLET”相同，该选项确定连接对象后是否剪切源对象。

（5）方法(M) 确定采用“距离”方式还是“角度”方式来倒角。

（6）多个(M) 同时对多个对象进行倒角编辑。

有时用户在执行“圆角”和“倒角”命令时，发现命令不执行或执行后没什么变化，那是因为系统默认圆角半径和斜线距离均为 0，如果不事先设定圆角半径或斜线距离，系统就以默认值执行命令，所以看起来好像没有执行命令。

4.6.5 实例——圆柱销

本例主要利用“图层”“直线”和“偏移”等基础操作命令绘制图形轮廓，并利用“倒角”命令进行细节修饰，绘制图 4-59 所示的圆柱销。

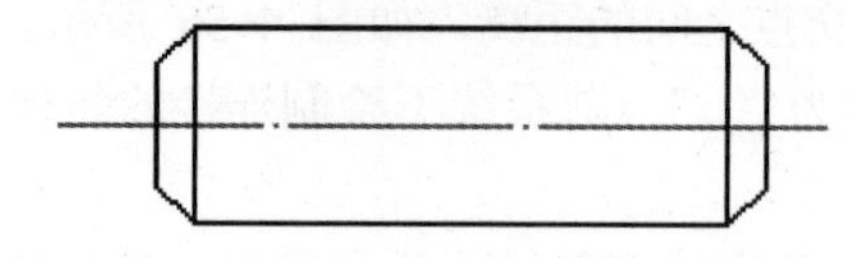

图 4-59 圆柱销

【操作步骤】

1）单击“图层”工具栏中的“图层特性管理器”按钮，打开“图层特性管理器”面板，单击其中的“新建图层”按钮，新建两个图层：“轮廓线”图层，线宽为“0.3mm”，其余属性保持默认设置；“中心线”图层，颜色设置为“红色”，线型加载为“CENTER”，其余属性保持默认设置。

2）绘制中心线。将“中心线”图层设置为当前图层，单击“绘图”工具栏中的“直线”按钮，绘制一条水平直线，如图 4-60 所示。

3）绘制直线。将“轮廓线”图层设置为当前图层，绘制直线，命令行提示与操作如下。

命令: _line
指定第一个点:
指定下一点或 [放弃(U)]: @0,2.5
指定下一点或 [放弃(U)]: @16,0
指定下一点或 [闭合(C)/放弃(U)]: @0,-5
指定下一点或 [闭合(C)/放弃(U)]: @-16,0
指定下一点或 [闭合(C)/放弃(U)]: C

结果如图 4-61 所示。

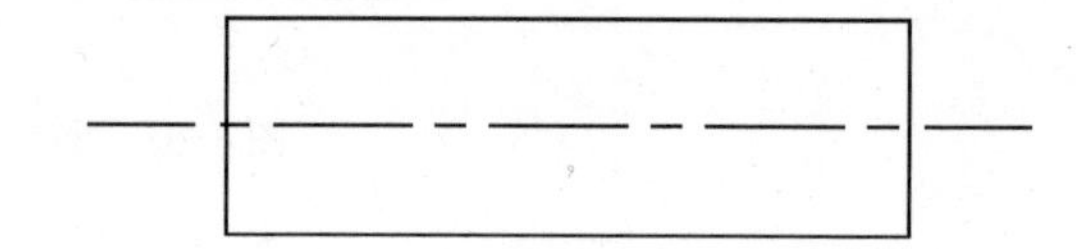

图 4-60 绘制中心线　　图 4-61 绘制直线

4）偏移处理。单击“修改”工具栏中的“偏移”按钮，将两条竖直直线分别向内偏移“1”，结果如图 4-62 所示。

5）倒角处理。单击“修改”工具栏中的“倒角”按钮，对圆柱销两端进行倒角处理，倒角尺寸为“C1”，命令行提示与操作如下所示。

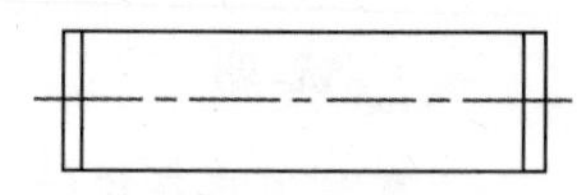

图 4-62 偏移直线

命令: _chamfer
(“修剪”模式) 当前倒角距离 1 = 0.0000，距离 2 = 0.0000

选择第一条直线或 [放弃(U)/多段线(P)/距离(D)/角度(A)/修剪(T)/方式(E)/多个(M)]: d
指定 第一个 倒角距离 <0.0000>: 1
指定 第二个 倒角距离 <1.0000>:
选择第一条直线或 [放弃(U)/多段线(P)/距离(D)/角度(A)/修剪(T)/方式(E)/多个(M)]: m
选择第一条直线或 [放弃(U)/多段线(P)/距离(D)/角度(A)/修剪(T)/方式(E)/多个(M)]:
选择第二条直线，或按住〈Shift〉键选择直线以应用角点或 [距离(D)/角度(A)/方法(M)]:
选择第一条直线或 [放弃(U)/多段线(P)/距离(D)/角度(A)/修剪(T)/方式(E)/多个(M)]:
选择第二条直线，或按住〈Shift〉键选择直线以应用角点或 [距离(D)/角度(A)/方法(M)]:
选择第一条直线或 [放弃(U)/多段线(P)/距离(D)/角度(A)/修剪(T)/方式(E)/多个(M)]:
选择第二条直线，或按住〈Shift〉键选择直线以应用角点或 [距离(D)/角度(A)/方法(M)]:
选择第一条直线或 [放弃(U)/多段线(P)/距离(D)/角度(A)/修剪(T)/方式(E)/多个(M)]:
选择第二条直线，或按住〈Shift〉键选择直线以应用角点或 [距离(D)/角度(A)/方法(M)]:
选择第一条直线或 [放弃(U)/多段线(P)/距离(D)/角度(A)/修剪(T)/方式(E)/多个(M)]:

完成圆柱销的设计，结果如图 4-59 所示。

4.6.6 “拉伸”命令

拉伸对象是指拖拉选择的对象，且形状发生改变后的对象。拉伸对象时，应指定拉伸的基点和移置点。利用一些辅助工具，如捕捉、钳夹功能及相对坐标等可以提高拉伸的精度。如图 4-63 所示。

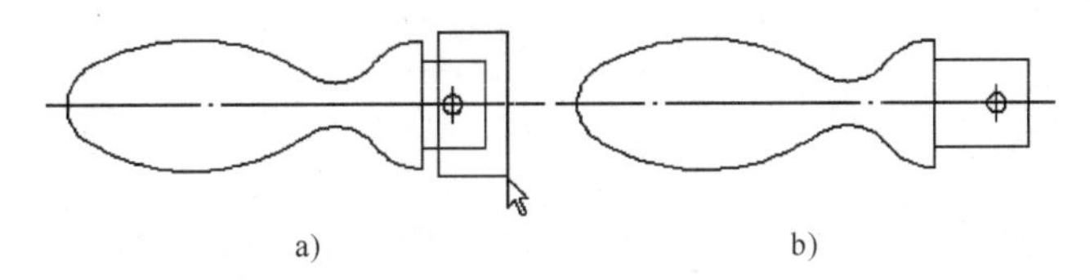

图 4-63 拉伸

a) 选取对象 b) 拉伸后

【执行方式】

命令行：STRETCH。
菜单：修改→拉伸。
工具栏：修改→拉伸。
功能区：单击“默认”选项卡“修改”面板中的“拉伸”按钮。

【操作步骤】

命令：STRETCH↙
以交叉窗口或交叉多边形选择要拉伸的对象...
选择对象：C↙
指定第一个角点：指定对角点：找到 2 个（采用交叉窗口的方式选择要拉伸的对象）
指定基点或 [位移(D)] <位移>：（指定拉伸的基点）
指定第二个点或 <使用第一个点作为位移>：（指定拉伸的移至点）

此时，若指定第二个点，系统将根据这两点确定矢量拉伸对象。若直接按〈Enter〉键，系统会把第一个点作为 X 轴和 Y 轴的分量值。

拉伸操作仅移动位于交叉选择窗口内的顶点和端点，不更改那些位于交叉选择窗口外的顶点和端点。部分包含在交叉选择窗口内的对象将被拉伸。

说 明

执行“STRETCH”命令时，必须采用交叉窗口（C）或交叉多边形（CP）方式选择对象。用交叉窗口选择拉伸对象时，落在交叉窗口内的端点被拉伸，落在外部的端点保持不动。

4.6.7 实例——螺栓

本例主要利用“拉伸”命令拉伸图形，绘制图 4-64 所示的螺栓零件图。

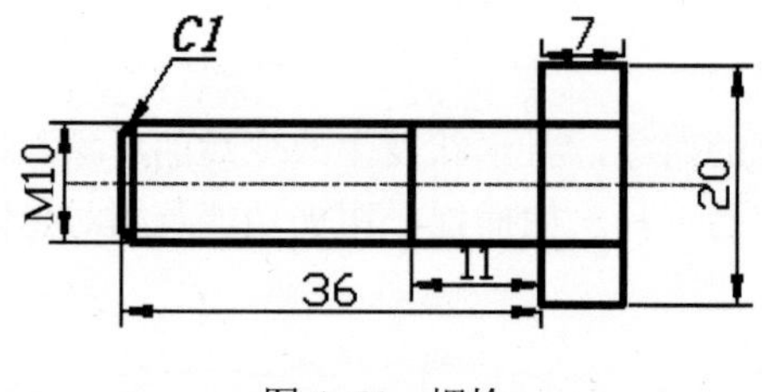

图 4-64　螺栓

【操作步骤】

（1）图层设置　选择菜单栏中的“格式”→“图层”命令，新建三个图层，名称及属性如下。

1）“粗实线”图层，线宽为“0.3mm”，其余属性默认。

2）“细实线”图层，线宽为“0.15mm”，其余属性默认。

3）“中心线”图层，线宽为“0.15mm”，线型为“CENTER”，颜色设为“红色”，其余属性默认。

（2）绘制中心线　将“中心线”层设置为当前图层。单击“绘图”工具栏中的“直线”按钮，绘制坐标点为（-5,0）、（@30,0）的中心线。

（3）绘制初步轮廓线　将“粗实线”层设置为当前层。单击“绘图”工具栏中的“直线”按钮，绘制四条线段或连续线段，端点坐标分别为{（0,0）、（@0,5）、（@20,0）}{（20,0）、（@0,10）、（@-7,0）、（@0,-10）}{（10,0）、（@0,5）}{（1,0）、（@0,5）}。

（4）绘制螺纹牙底线　将“细实线”层设置为当前层。单击“绘图”工具栏中的“直线”按钮，绘制线段，端点坐标为{（0,4）、（@10,0）}，打开线宽显示，绘制结果如图 4-65 所示。

（5）倒角处理 单击“修改”工具栏中的“倒角”按钮，倒角距离为“1”，对图 4-66 所示 *A* 点处的两条直线进行倒角处理，结果如图 4-66 所示。

（6）镜像处理 单击“修改”工具栏中的“镜像”按钮，对所有绘制的对象进行镜像，镜像轴为螺栓的中心线，绘制结果如图 4-67 所示。

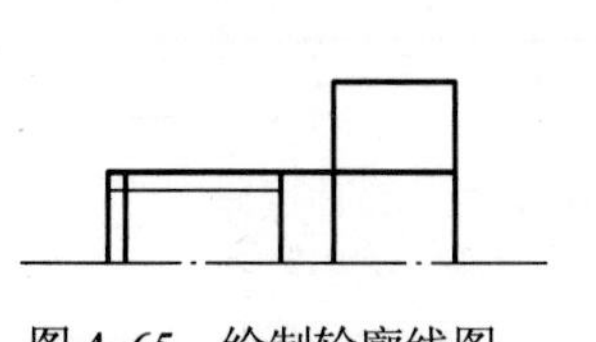

图 4-65 绘制轮廓线图

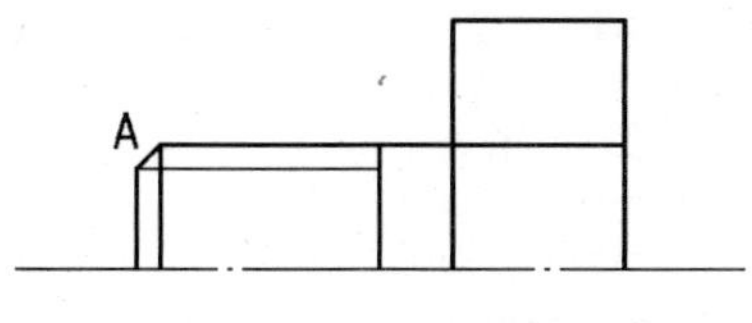

图 4-66 倒角处理

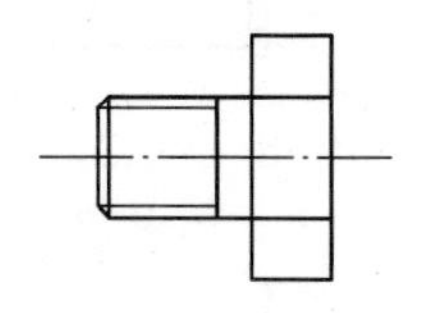

图 4-67 镜像处理

（7）拉伸处理 单击“修改”工具栏中的“拉伸”按钮，拉伸上步绘制的图形，命令行提示与操作如下。

命令: STRETCH↙

以交叉窗口或交叉多边形选择要拉伸的对象...

选择对象:（选择图 4-68 所示的虚线框所显示的范围）

指定对角点: 找到 13 个

选择对象: ↙

指定基点或 [位移(D)] <位移>:（指定图中任意一点）

指定第二个点或 <使用第一个点作为位移>: @-8,0↙

绘制结果如图 4-69 所示。

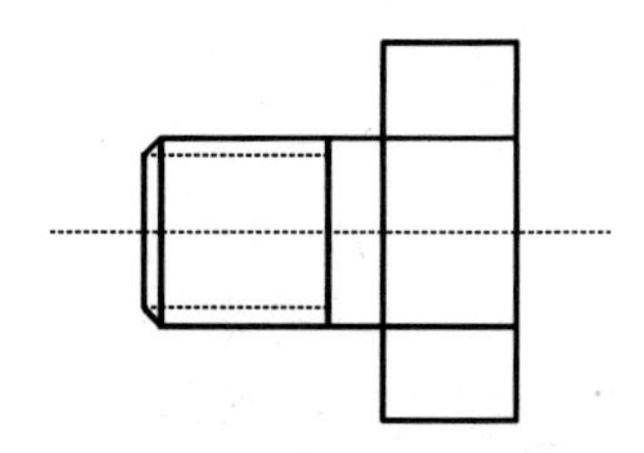

图 4-68 拉伸操作一

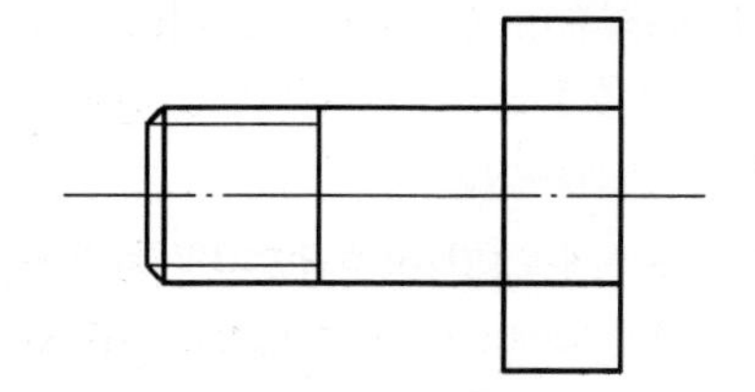

图 4-69 拉伸后的图形

按空格键继续执行“拉伸”操作，命令行提示与操作如下。

命令: STRETCH↙

以交叉窗口或交叉多边形选择要拉伸的对象...

选择对象:（选择图 4-70 所示的虚线框所显示的范围）

指定对角点: 找到 13 个

选择对象: ↙

指定基点或 [位移(D)] <位移>:（指定图中任意一点）

指定第二个点或 <使用第一个点作为位移>:@-15,0↙

绘制结果如图 4-71 所示。

（8）保存文件　在命令行输入命令“QSAVE”，或者单击“标准”工具栏中的“保存”按钮。标注尺寸后最后得到图 4-64 所示的零件图。

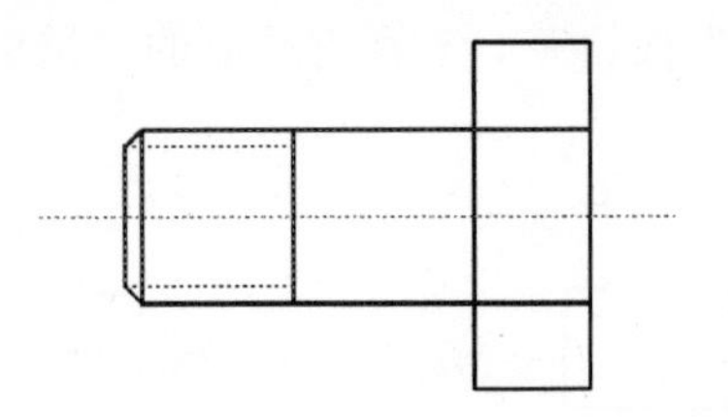
图 4-70　拉伸操作二

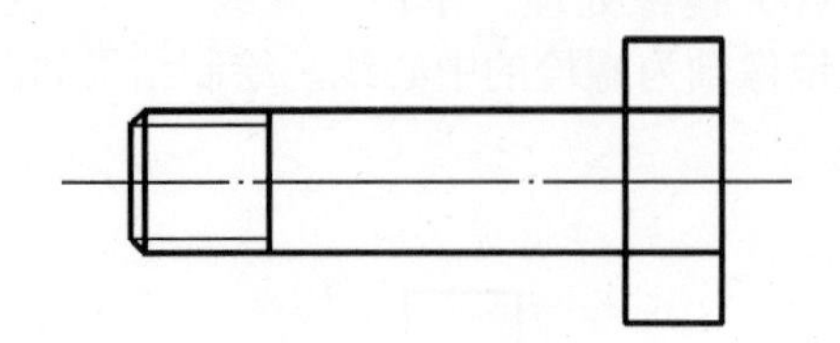
图 4-71　拉伸螺栓

说 明

“拉伸”命令修改/拉伸选择拉伸的对象和拉伸的两个角点。AutoCAD 可拉伸与选择窗口相交的圆弧、椭圆弧、直线、多段线线段、二维实体、射线、宽线和样条曲线。“STRETCH”命令只移动窗口内的端点，而不改变窗口外的端点。“STRETCH”命令还移动窗口内的宽线和二维实体的顶点，而不改变窗口外的宽线和二维实体的顶点。多段线的每一段都被当作简单的直线或圆弧分开处理。

4.6.8 “拉长”命令

【执行方式】

命令行：LENGTHEN。

菜单栏：修改→拉长。

功能区：单击“默认”选项卡“修改”面板中的“拉长”按钮。

【操作步骤】

命令:LENGTHEN↙

选择对象或 [增量(DE)/百分比(P)/总计(T)/动态(DY)]:（选择对象）

当前长度: 30.5001（给出选择对象的长度，如果选择圆弧则还应给出圆弧的包含角）

选择对象或 [增量(DE)/百分比(P)/总计(T)/动态(DY)]: DE↙［选择拉长或缩短的方式。如选择“增量（DE）”方式］

输入长度增量或 [角度(A)] <0.0000>: 10↙（输入长度增量数值。如果选择圆弧段，则可输入选项“A”，给定角度增量）

选择要修改的对象或 [放弃(U)]:（选择要修改的对象，进行拉长操作）

选择要修改的对象或 [放弃(U)]:（继续选择，按〈Enter〉键，结束命令）

【选项说明】

（1）增量(DE)　用指定增加量的方法来改变对象的长度或角度。

（2）百分比(P)　用指定要修改对象的长度占总长度的百分比的方法来改变圆弧或直线段的长度。

（3）总计(T)　用指定新的总长度或总角度值的方法来改变对象的长度或角度。

（4）动态(DY)　在该模式下，可以使用拖拉鼠标的方法来动态地改变对象的长度或角度。

4.6.9 “修剪”命令

【执行方式】

命令行：TRIM。

菜单栏：修改→修剪。

工具栏：修改→修剪。

功能区：单击“默认”选项卡“修改”面板中的“修剪”按钮。

【操作步骤】

命令：TRIM↙

当前设置：投影=UCS，边=无

选择剪切边...

选择对象或 <全部选择>:（选择用作修剪边界的对象）

按〈Enter 键〉，结束对象选择，系统提示：

选择要修剪的对象，或按住〈Shift〉键选择要延伸的对象，或[栏选(F)/窗交(C)/投影(P)/边(E)/删除(R)/放弃(U)]:

【选项说明】

（1）按〈Shift〉键　在选择对象时，如果按住〈Shift〉键，系统就自动将“修剪”命令转换成“延伸”命令，“延伸”命令将在 4.6.11 节介绍。

（2）边(E)　选择此选项时，可以选择对象的修剪方式：“延伸”和“不延伸”。

1）延伸(E)：延伸边界进行修剪。在此方式下，如果剪切边没有与要修剪的对象相交，系统会延伸剪切边直至与要修剪的对象相交，然后再修剪，如图 4-72 所示。

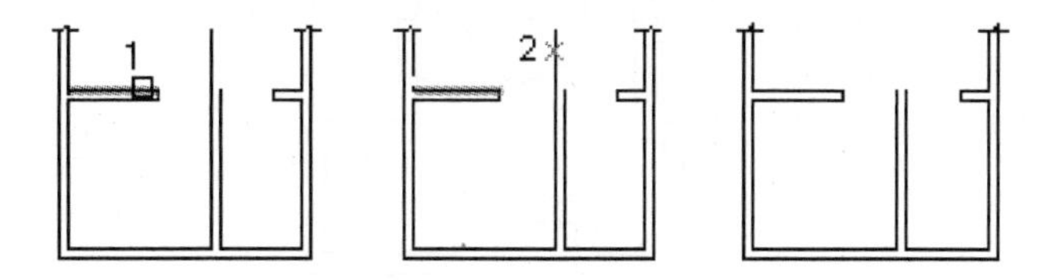

图 4-72　延伸方式修剪对象

2）不延伸(N)：不延伸边界修剪对象。只修剪与剪切边相交的对象。

（3）栏选(F)　选择此选项时，系统以栏选的方式选择被修剪对象，如图 4-73 所示。

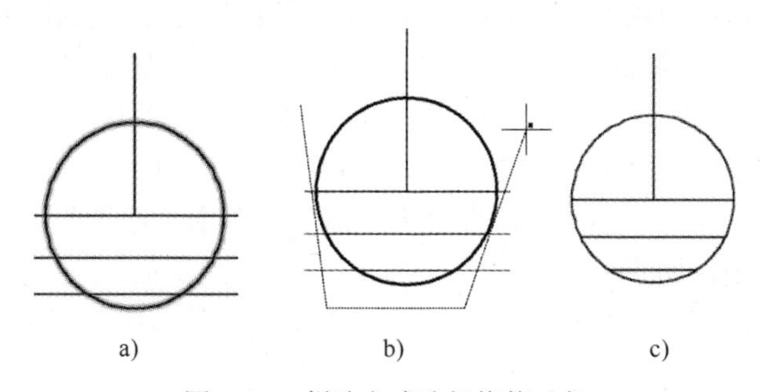

a)　　b)　　c)

图 4-73　栏选方式选择修剪对象

a) 选择剪切边　b) 选择要修剪的对象　c) 修剪后的结果

（4）窗交(C)　选择此选项时，系统以窗交的方式选择被修剪对象，如图 4-74 所示。

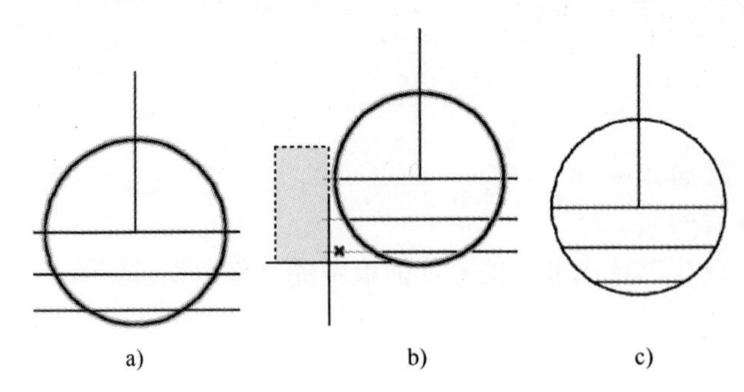

图 4-74　窗交方式选择修剪对象

a) 选择剪切边　b) 选择要修剪的对象　c) 修剪后的结果

被选择的对象可以互为边界和被修剪对象，此时系统会在选择的对象中自动判断边界，如图 4-74 所示。

4.6.10 实例——支架

本例利用上面学到的多段线编辑功能绘制支架。首先利用基本二维绘图命令将支架的外轮廓绘出，然后用多段线编辑命令将其合并，再利用“偏移”命令完成整个图形。结果如图 4-75 所示。

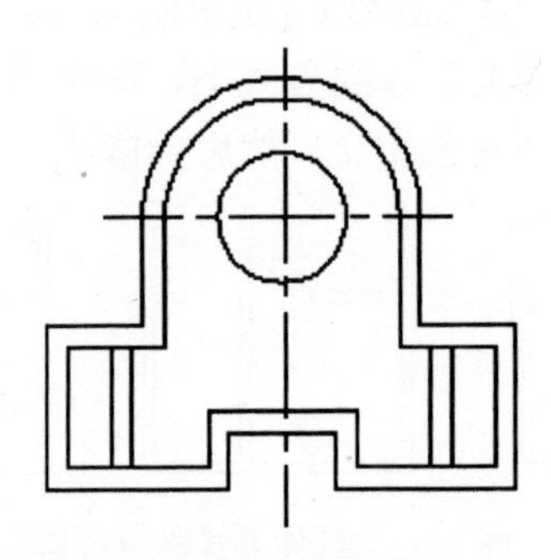

图 4-75　绘制支架

【操作步骤】

1）设置图层。单击“图层”工具栏中的“图层特性管理器”按钮，新建两个图层：

第一图层命名为“轮廓线”，线宽属性为“0.3mm”，其余属性默认。

第二图层命名为“中心线”，颜色设为“红色”，线型加载为“CENTER”，其余属性默认。

2）绘制中心线。将“中心线”层设置为当前层。单击“绘图”工具栏中的“直线”按钮，命令行提示与操作如下。

命令: LINE↙

指定第一个点:

指定下一点或 [放弃(U)]:（用鼠标在水平方向选取两点）

指定下一点或 [放弃(U)]:↙

重复上述命令绘制竖直线，结果如图 4-76 所示。

3）绘制圆。将“轮廓线”层设置为当前层。单击“绘图”工具栏中的“圆”按钮，绘制半径为“12”与“22”的两个圆。命令行提示与操作如下。

命令: CIRCLE↙

指定圆的圆心或 [三点(3P)/两点(2P)/切点、切点、半径(T)]:（选取两条中心线的交点）

指定圆的半径或 [直径(D)]: 12↙

重复上述命令绘制半径为“22”的同心圆，结果如图 4-77 所示。

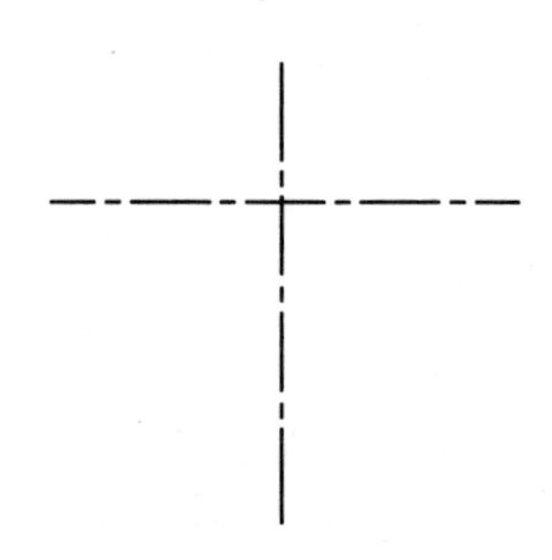

图 4-76　绘制中心线

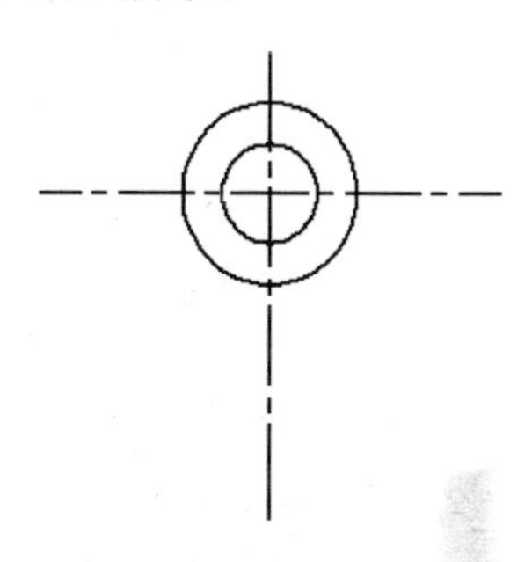

图 4-77　绘制圆

4）偏移处理。单击“修改”工具栏中的“偏移”按钮，命令行提示与操作如下。

命令: OFFSET

当前设置: 删除源=否　图层=源　OFFSETGAPTYPE=0

指定偏移距离或 [通过(T)/删除(E)/图层(L)] <通过>: 14↙

选择要偏移的对象，或 [退出(E)/放弃(U)] <退出>:（选择竖直中心线）

选择要偏移的对象或 <退出>:↙

选择要偏移的对象，或 [退出(E)/放弃(U)] <退出>:（选择竖直中心线的右侧）

重复上述命令将竖直中心线分别向右偏移“28”“40”，将水平中心线分别向下偏移“24”“36”和“46”。选取偏移后的直线，将图层修改为“轮廓线”层，结果如图 4-78 所示。

5）绘制直线。单击“绘图”工具栏中的“直线”按钮，绘制与大圆相切的竖直线，结果如图 4-79 所示。

6）修剪处理。单击“修改”工具栏中的“修剪”按钮，修剪相关图线，结果如图 4-80 所示。

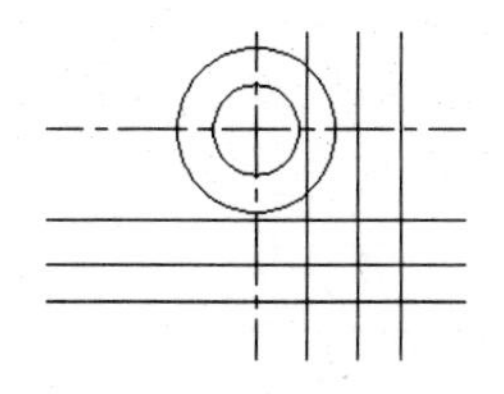

图 4-78　偏移处理

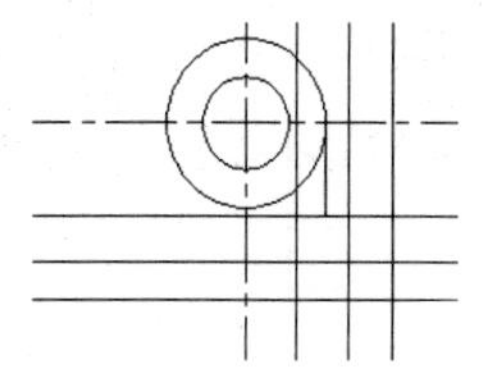

图 4-79　绘制直线

7）镜像处理。单击“修改”工具栏中的“镜像”按钮，命令行提示与操作如下。

命令: MIRROR

选择对象:（选择点画线的右下区）

指定对角点: 找到 7 个

选择对象:↙

指定镜像线的第一点: 指定镜像线的第二点:(在竖直中心线上选取两点)

要删除源对象? [是(Y)/否(N)] <N>:↙

结果如图 4-81 所示。

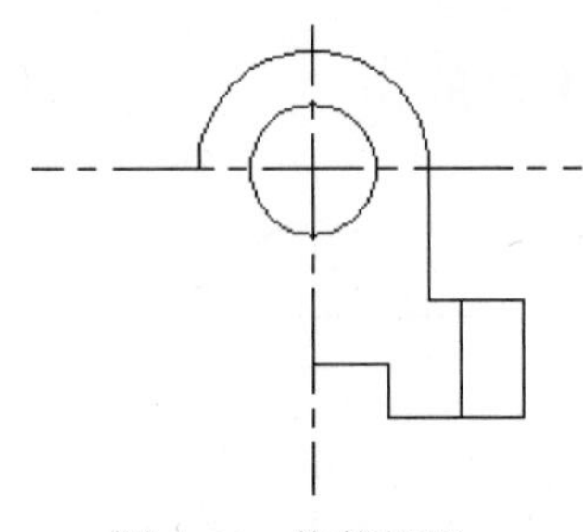

图 4-80 修剪处理

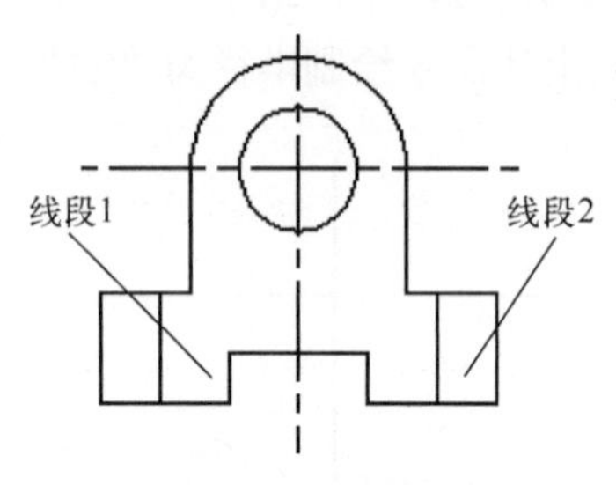

图 4-81 镜像处理

8)偏移处理。单击“修改”工具栏中的“偏移”按钮，将线段 1 向左偏移“4”，将线段 2 向右偏移“4”，结果如图 4-82 所示。

9)多段线的转化。

命令: PEDIT↙

选择多段线或 [多条(M)]: M↙

选择对象:(选取图形的外轮廓线)

选择对象:↙

是否将直线、圆弧和样条曲线转换为多段线? [是(Y)/否(N)]? <Y>

输入选项 [闭合(C)/打开(O)/合并(J)/宽度(W)/拟合(F)/样条曲线(S)/非曲线化(D)/线型生成(L) /反转(R)/放弃 (U)]: J↙

合并类型 = 延伸

输入模糊距离或 [合并类型(J)] <0.0000>:↙

多段线已增加 12 条线段

输入选项 [闭合(C)/打开(O)/合并(J)/宽度(W)/拟合(F)/样条曲线(S)/非曲线化(D)/线型生成(L) /反转(R)/放弃 (U)]:↙

10)偏移处理。单击“修改”工具栏中的“偏移”按钮，将外轮廓线向外偏移“4”，结果如图 4-83 所示。

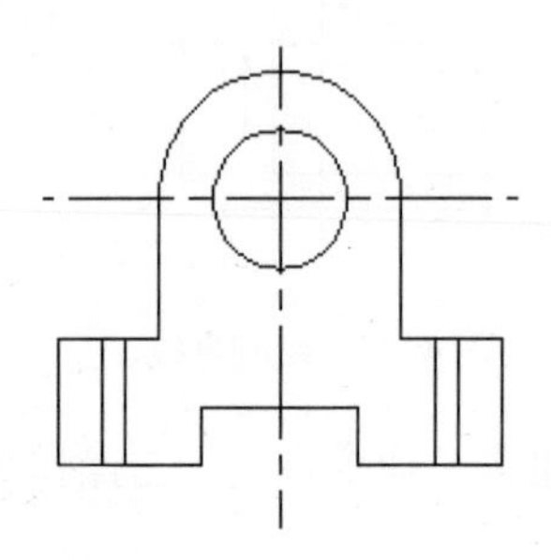

图 4-82 偏移处理

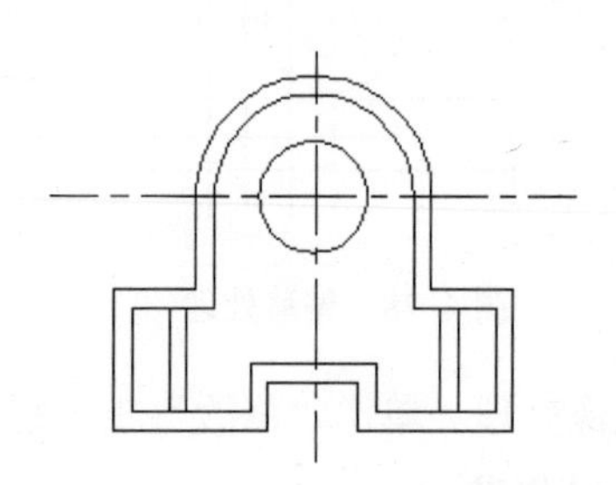

图 4-83 偏移多段线

11）修剪中心线。单击“修改”工具栏中的“打断”按钮，命令行提示与操作如下。

命令: BREAK↙

选择对象: （选择水平中心线上右边适当一点）

指定第二个打断点或 [第一点(F)]: （选择轮廓线外右边一点）

同样方法修剪中心线左端，结果如图 4-75 所示。

《机械制图》国家标准中规定中心线应超出轮廓线 4～5。

12）整理图形并保存文件。单击“修改”工具栏中的“修剪”按钮，将多余的线段进行修剪。单击“标准”工具栏中的“保存”按钮，保存文件。命令行提示与操作如下。

命令: SAVEAS↙ （将绘制完成的图形以“支架.dwg”为文件名保存在指定的路径中）

4.6.11 “延伸”命令

延伸对象是指将要延伸的对象延伸直至另一个对象的边界线。如图 4-84 所示。

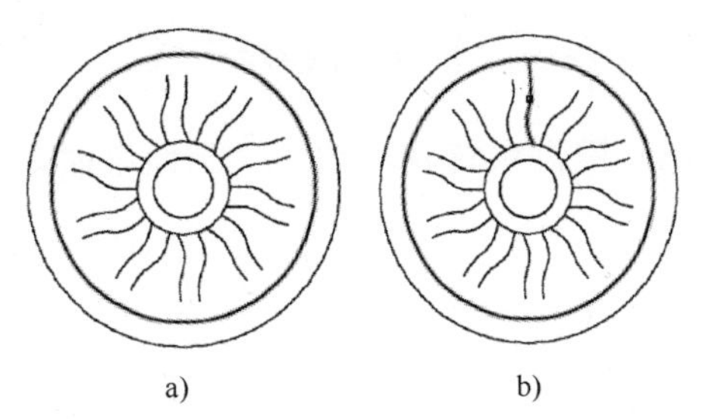

图 4-84 延伸对象

a) 选择边界 b) 选择要延伸的对象 c) 执行结果

【执行方式】

命令行：EXTEND。

菜单栏：修改→延伸。

工具栏：修改→延伸。

功能区：单击“默认”选项卡“修改”面板中的“延伸”按钮。

【操作步骤】

命令: EXTEND↙

当前设置:投影=UCS，边=无

选择边界的边...

选择对象或 <全部选择>: （选择边界对象）

此时可以通过选择对象来定义边界。若直接按〈Enter〉键，则选择所有对象作为可能的边界对象。

系统规定可以用作边界对象的对象有：直线段、射线、双向无限长线、圆弧、圆、椭圆、二维和三维多段线、样条曲线、文本、浮动的视口和区域。如果选择二维多段线作为边界对象，系统会忽略其宽度而把对象延伸至多段线的中心线上。

选择边界对象后，命令行提示如下。

选择要延伸的对象，或按住〈Shift〉键选择要修剪的对象，或[栏选(F)/窗交(C)/投影(P)/边(E)/放弃(U)]:

【选项说明】

1）如果要延伸的对象是适配样条多段线，则延伸后会在多段线的控制框上增加新节点。如果要延伸的对象是锥形的多段线，系统会修正延伸端的宽度，使多段线从起始端平滑地延伸至新的终止端。如果延伸操作导致新终止端的宽度为负值，则取宽度值为“0”。如图 4-85 所示。

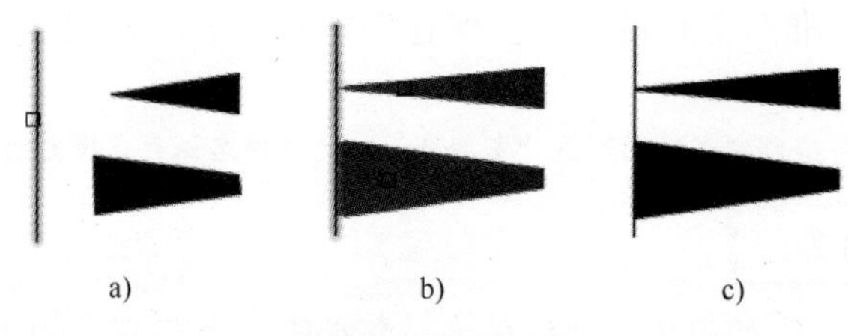

图 4-85　延伸对象

a) 选择边界对象　b) 选择要延伸的多段线　c) 延伸后的结果

2）选择对象时，如果按住〈Shift〉键，系统就自动将“延伸”命令转换成“修剪”命令。

4.6.12 实例——螺堵

本例绘制图 4-86 所示的螺堵主视图，主要利用“直线”和“倒角”命令绘制基本轮廓，并利用“延伸”和“偏移”命令编辑图形细节部分。

【操作步骤】

1）创建图层。单击“图层”工具栏中的“图层特性管理器”按钮，打开“图层特性管理器”对话框，设置图层：

中心线：颜色为“红色”，线型为“CENTER”，线宽为“0.15mm”。

粗实线：颜色为“白色”，线型为“CONTINUOUS”，线宽为“0.30mm”。

图 4-86　螺堵主视图

细实线：颜色为“白色”，线型为“CONTINUOUS”，线宽为“0.15mm”。

2）在“图层特性管理器”面板的下拉列表中选择“中心线”图层，将图层设置为当前。

3）单击“绘图”工具栏中的“直线”按钮，绘制水平中心线{（100,185）、（130,185）}。选择绘制的中心线，单击右键，在弹出的快捷菜单中选择“特性”，弹出“特性”选项板，如图 4-87 所示，在“线型比例”文本框中输入“0.1”。中心线绘制结果如图 4-88 所示。

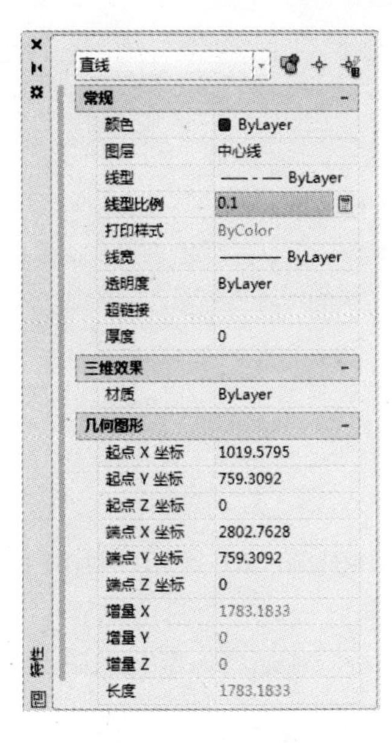

图 4-87 设置线宽

图 4-88 绘制中心线

在“图层特性管理器”面板的下拉列表中选择“粗实线”图层，将图层设置为当前。

4）单击“绘图”工具栏中的“直线”按钮，绘制轮廓线，点坐标为（102,185）、（@0,13.5）、（@25,0）、（@0,−12）、（@−5,0）、（@0,−1.5），命令行提示与操作如下。

命令: _line

指定第一个点: 102,185

指定下一点或 [放弃(U)]: @0,13.5

指定下一点或 [放弃(U)]: @25,0

指定下一点或 [闭合(C)/放弃(U)]: @0,−12

指定下一点或 [闭合(C)/放弃(U)]: @−5,0

指定下一点或 [闭合(C)/放弃(U)]: @0,−1.5

指定下一点或 [闭合(C)/放弃(U)]: *取消*

结果如图 4-89 所示。

5）单击“修改”工具栏中的“倒角”按钮，对轮廓进行倒角操作，结果如图 4-90 所示。

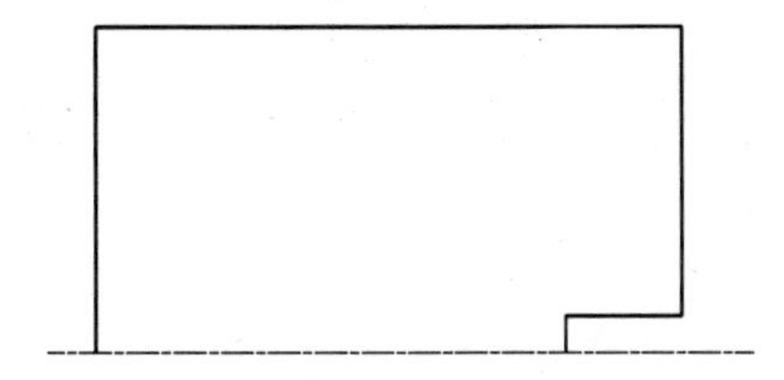

图 4-89 绘制轮廓线

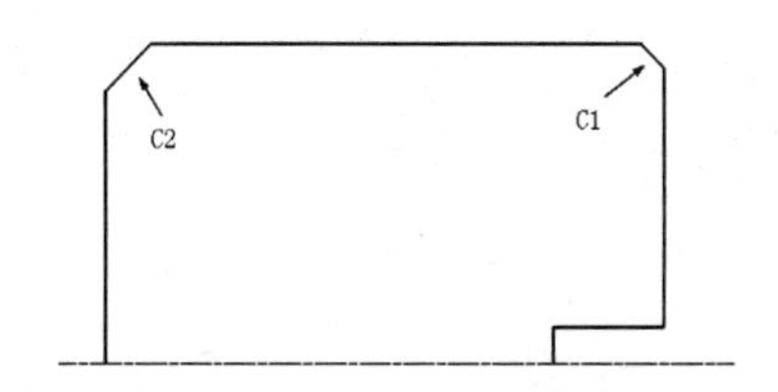

图 4-90 倒角结果

6）单击“修改”工具栏中的“偏移”按钮和“延伸”按钮，将最上端水平直线向下偏移“1”，并延伸到两条倒角斜线位置。命令行提示与操作如下。

命令: _offset（“偏移” 命令）

当前设置: 删除源=否　图层=源　OFFSETGAPTYPE=0

指定偏移距离或 [通过(T)/删除(E)/图层(L)] <通过>: 1

选择要偏移的对象，或 [退出(E)/放弃(U)] <退出>:（选择最上端直线）

指定要偏移的那一侧上的点，或 [退出(E)/多个(M)/放弃(U)] <退出>:

选择要偏移的对象，或 [退出(E)/放弃(U)] <退出>:

命令: _extend（“延伸” 命令）

当前设置:投影=UCS，边=无

选择边界的边...

选择对象或 <全部选择>:

选择要延伸的对象，或按住〈Shift〉键选择要修剪的对象，或[栏选(F)/窗交(C)/投影(P)/边(E)/放弃(U)]:（选择偏移直线左端）

选择要延伸的对象，或按住〈Shift〉键选择要修剪的对象，或[栏选(F)/窗交(C)/投影(P)/边(E)/放弃(U)]:（选择偏移直线右端）

选择要延伸的对象，或按住〈Shift〉键选择要修剪的对象，或[栏选(F)/窗交(C)/投影(P)/边(E)/放弃(U)]:

7）将延伸后的直线设为“细实线”图层，结果如图 4-91 所示。

8）单击“修改”工具栏中的“镜像”按钮，镜像水平中心线上方图形，结果如图 4-92 所示。

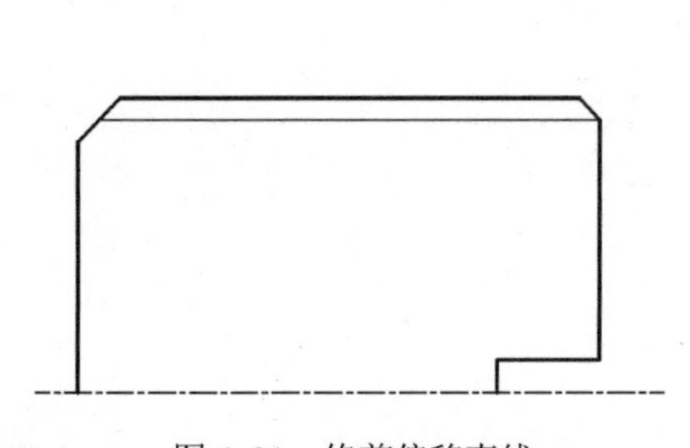

图 4-91　修剪偏移直线

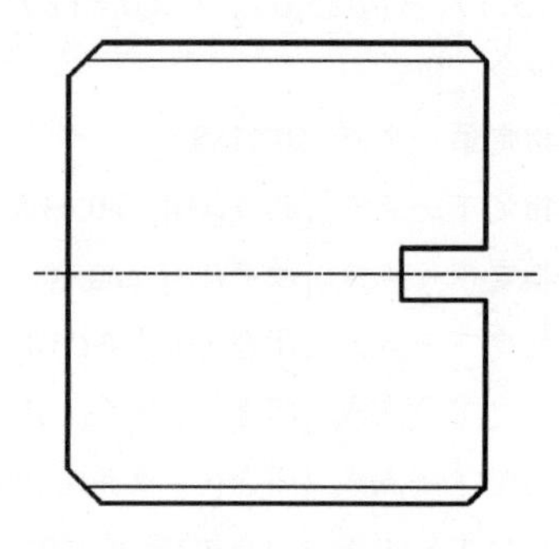

图 4-92　镜像结果

4.6.13 “分解”命令

【执行方式】

命令行：EXPLODE。

菜单栏：修改→分解。

工具栏：修改→分解。

功能区：单击“默认”选项卡“修改”面板中的“分解”按钮。

【操作步骤】

命令: EXPLODE↙

选择对象:（选择要分解的对象）

选择一个对象后，该对象会被分解。系统继续提示该行信息，允许分解多个对象。

4.6.14 “合并”命令

可以将直线、圆弧、椭圆弧和样条曲线等独立的对象合并为一个对象，如图 4-93 所示。

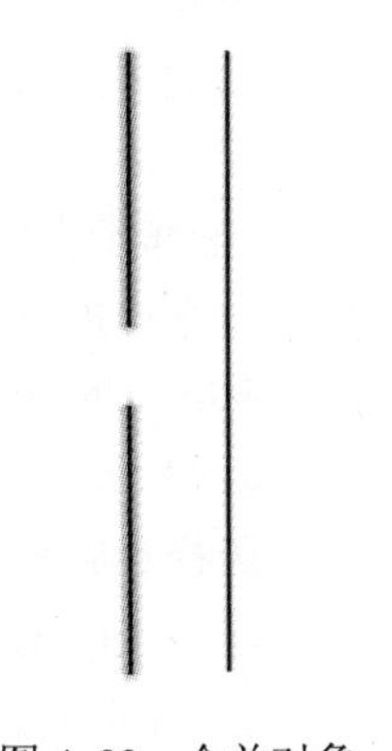
图 4-93 合并对象

【执行方式】

命令行：JOIN。

菜单栏：修改→合并。

工具栏：修改→合并。

功能区：单击“默认”选项卡“修改”面板中的“合并”按钮。

【操作步骤】

命令: JOIN↙

选择源对象或要一次合并的多个对象: 找到 1 个（选择一个对象）

选择要合并的对象: 找到 1 个，总计 2 个（选择另一个对象）

选择要合并的对象: ↙

两个对象已转换为一条多段线。

4.7 面域

面域是具有边界的平面区域，内部可以包含孔。用户可以将由某些对象围成的封闭区域转变为面域，这些封闭区域可以是圆、椭圆、封闭二维多段线、封闭样条曲线等，也可以是由圆弧、直线、二维多段线和样条曲线等构成的封闭区域。

4.7.1 创建面域

【执行方式】

命令行：REGION（快捷命令：REG）。

菜单栏：绘图→面域。

工具栏：绘图→面域。

功能区：单击“默认”选项卡“绘图”面板中的“面域”按钮。

【操作步骤】

命令行提示与操作如下。

命令: REGION↙

选择对象:

选择对象后，系统自动将所选择的对象转换成面域。

4.7.2 面域的布尔运算

布尔运算是数学中的一种逻辑运算，用在 AutoCAD 绘图中，能够极大地提高绘图效率。布尔运算包括并集、交集和差集三种，操作方法类似，一并介绍如下。

【执行方式】

命令行：UNION（并集，快捷命令：UNI）或 INTERSECT（交集，快捷命令：IN）或

SUBTRACT（差集，快捷命令：SU）。

菜单栏：修改→实体编辑→并集（差集、交集）。

工具栏：实体编辑→并集（差集、交集）。

功能区：单击“三维工具”选项卡“实体编辑”面板中的“并集”按钮（差集、交集）。

【操作步骤】

命令行提示与操作如下。

命令：UNION（SUBTRACT、INTERSECT）↙

选择对象：

选择对象后，系统对所选择的面域做并集（差集、交集）计算。

命令：SUBTRACT↙

选择要从中减去的实体、曲面和面域

选择对象：（选择差集运算的主体对象）

选择对象：（右击结束选择）

选择要减去的实体、曲面和面域

选择对象：（选择差集运算的参照体对象）

选择对象：（右击结束选择）

选择对象后，系统对所选择的面域做差集运算。运算逻辑是在主体对象上减去与参照体对象重叠的部分，布尔运算的结果如图 4-94 所示。

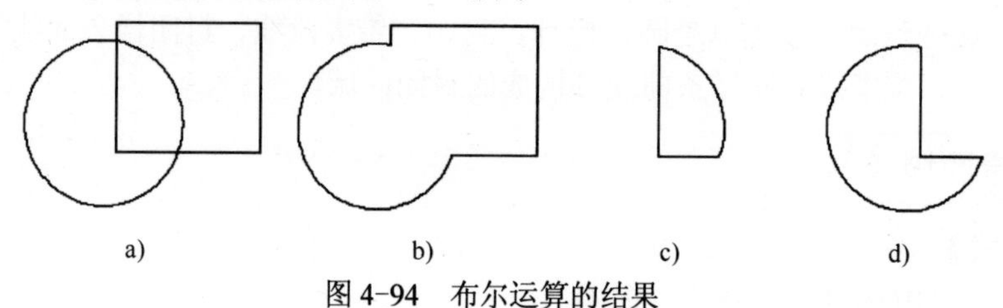

图 4-94 布尔运算的结果

a) 面域原图 b) 并集 c) 交集 d) 差集

布尔运算的对象只包括实体和共面面域，对于普通的线条对象无法使用布尔运算。

4.7.3 实例——扳手

本例绘制扳手平面图，首先利用二维基本绘图命令绘制各子图部分，然后利用“移动”（MOVE）命令、“面域”（REGION）命令和布尔运算的“差集”（SUBTRACT）命令完成图形的绘制。结果如图 4-95 所示。

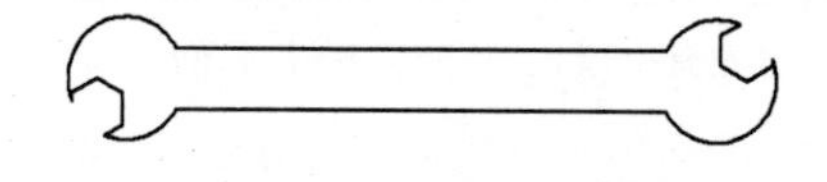

图 4-95 扳手平面图

【操作步骤】

1）单击“绘图”工具栏中的“矩形”按钮，绘制矩形。

命令:RECTANGLE↙

指定第一个角点或 [倒角(C)/标高(E)/圆角(F)/厚度(T)/宽度(W)]: 50,50↙

指定另一个角点或 [面积(A)/尺寸(D)/旋转(R)]:90,40↙

结果如图 4-96 所示。

2）单击“绘图”工具栏中的“圆”按钮，绘制圆。

命令: CIRCLE↙

指定圆的圆心或 [三点(3P)/两点(2P)/切点、切点、半径(T)]: 50,45↙

指定圆的半径或 [直径(D)]: 9↙

结果如图 4-97 所示。

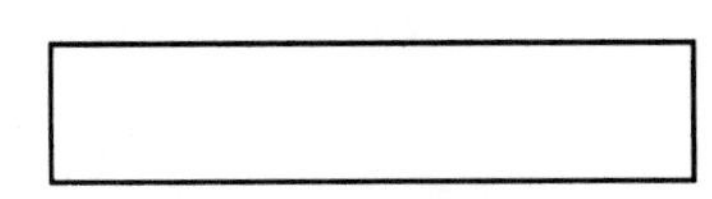

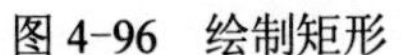

图 4-96 绘制矩形

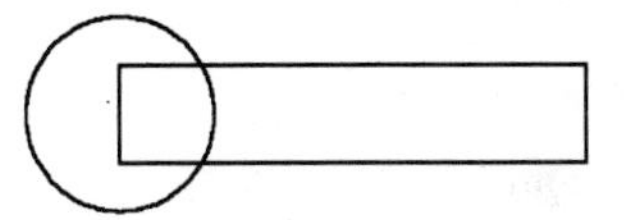

图 4-97 绘制圆

3）单击“绘图”工具栏中的“多边形”按钮，绘制正六边形。

命令: POLYGON↙

输入侧面数 <4>: 6↙

指定正多边形的中心点或 [边(E)]: 50,45↙

输入选项 [内接于圆(I)/外切于圆(C)] <I>:↙

指定圆的半径: 5↙

结果如图 4-98 所示。

4）单击“修改”工具栏中的“旋转”按钮，旋转正六边形。

命令: ROTATE↙

UCS 当前的正角方向: ANGDIR=逆时针 ANGBASE=0

选择对象:（选择正六边形）

找到 1 个

指定基点: 50,45↙

指定旋转角度，或 [复制(C)/参照(R)] <0>:30↙

结果如图 4-99 所示。

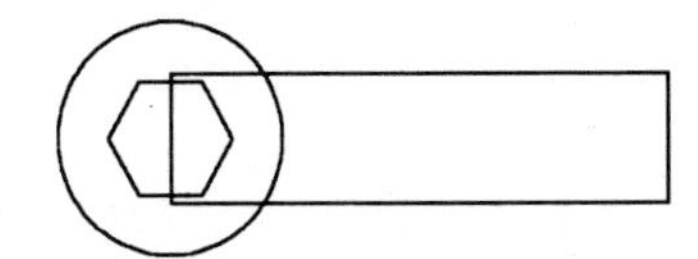

图 4-98 绘制正六边形

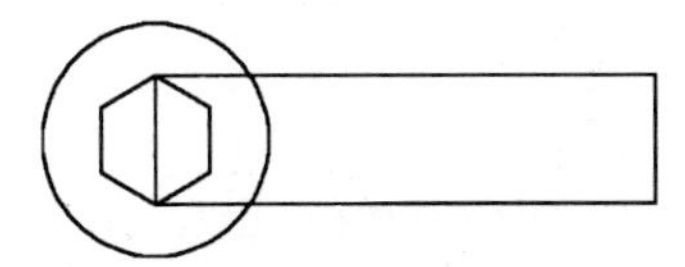

图 4-99 旋转处理

5）单击“修改”工具栏中的“镜像”按钮，镜像图形。

命令: MIRROR↙

选择对象:（用鼠标选择圆、正多边形和矩形）

指定对角点:

找到 3 个

选择对象:↙

指定镜像线的第一点: 90,50↙

指定镜像线的第二点: 90,40↙

要删除源对象吗? [是(Y)/否(N)] <N>:↙

结果如图 4-100 所示。

6）单击“绘图”工具栏中的“面域”按钮，创建面域对象并求其并集。

命令: REGION↙

选择对象: 指定对角点: 找到 6 个↙（用鼠标选择 6 个对象）

选择对象:↙

已提取 6 个环。

已创建 6 个面域。

命令: union↙

选择对象:指定对角点:找到 2 个(2 个重复)，总计 4 个（用鼠标选择圆和矩形）

选择对象:↙

结果如图 4-101 所示。

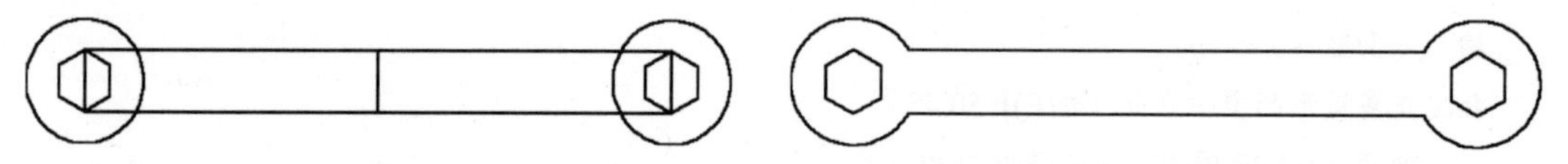

图 4-100　镜像处理　　图 4-101　并集处理的结果

7）单击“修改”工具栏中的“移动”按钮，移动正六边形区域。

命令: MOVE↙

选择对象:（选择右侧的正六边形）

找到 1 个

选择对象:↙

指定基点或 [位移(D)] <位移>: 130,45↙

指定第二个点或 <使用第一个点作为位移>:135,50↙

结果如图 4-102 所示。重复上述命令移动左边的正六边形面域，结果如图 4-103 所示。

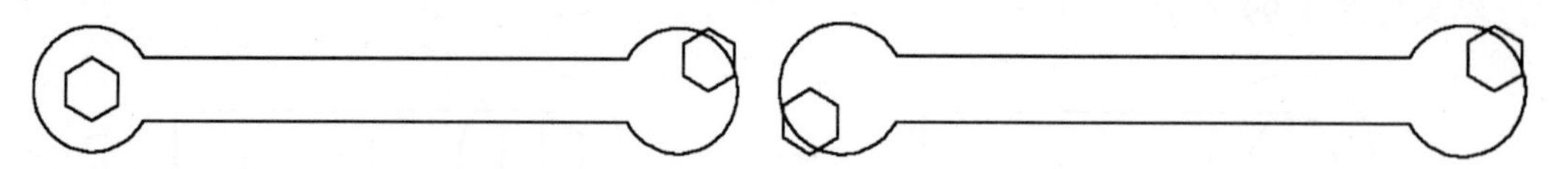

图 4-102　移动右侧正六边形　　图 4-103　移动左侧正六边形

8）单击“实体编辑”工具栏中的“差集”按钮，差集处理。

命令: subtract↙

选择要从中减去的实体、曲面和面域...

选择对象:（选择外部轮廓线）

选择对象:↙

选择要减去的实体、曲面和面域...

选择对象:(选择正六边形面域)

选择对象:↙

最终结果如图 4-95 所示。

总结与点评

本例讲解了一个常用的生产工具的绘制方法，主要应用了两类命令:

1）三个简单的编辑命令，如“移动”“旋转”和“镜像”命令。这三个命令有一个共同特征，都是属于复制类命令，即生成与自身相同的对象。这些对象的操作相对简单，读者注意通过实例体会。

2）“面域”和“并集”“差集”布尔运算命令。这些命令在二维绘图中不常用到，很多读者都不熟悉，但是这些命令能为绘图带来很多方便。其中“面域”命令是进行布尔运算以及很多三维操作的基础，读者要注意学习体会。

第5章 文本与表格

知识导引

文字注释是图样中很重要的一部分内容。进行各种设计时，通常不仅要绘出图形，还要在图形中标注一些文字，如技术要求、注释说明等，对图形对象加以解释。

AutoCAD 提供了多种写入文字的方法，本章将介绍文本的注释和编辑功能。图表在 AutoCAD 图形中也有大量的应用，如明细表、参数表和标题栏等。本章主要内容包括：文本样式，文本标注，文本编辑及表格的定义、创建和文字等。

5.1 文本样式

所有 AutoCAD 图形中的文字都有和其相对应的文本样式。当输入文字对象时，AutoCAD 使用当前设置的文本样式。文本样式是用来控制文字基本形状的一组设置。

5.1.1 定义文本样式

【执行方式】

命令行：STYLE 或 DDSTYLE。

菜单栏：格式→文字样式。

工具栏：文字→文字样式。

功能区：单击“默认”选项卡“注释”面板中的“文字样式”按钮（见图 5-1），或单击“注释”选项卡“文字”面板上的“文字样式”下拉菜单中的“管理文字样式”按钮（见图 5-2），或单击“注释”选项卡“文字”面板中“对话框启动器”按钮。

图 5-1 “注释”面板一

图 5-2 “文字”面板

【操作步骤】

命令: STYLE↙

在命令行输入“STYLE”或“DDSTYLE”命令，或在“格式”菜单中选择“文字样式”命令，AutoCAD 打开“文字样式”对话框，如图 5-3 所示。

该选项组主要用于命名新样式名或对已有样式名进行相关操作。单击“新建”按钮，AutoCAD 打开图 5-4 所示“新建文字样式”对话框。在此对话框中可以为新建的样式输入名字。从文本样式列表框中选择要改名的文本样式。

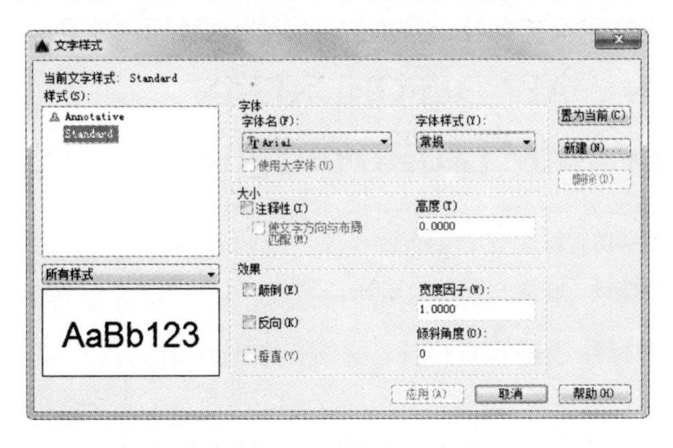

图 5-3 “文字样式”对话框

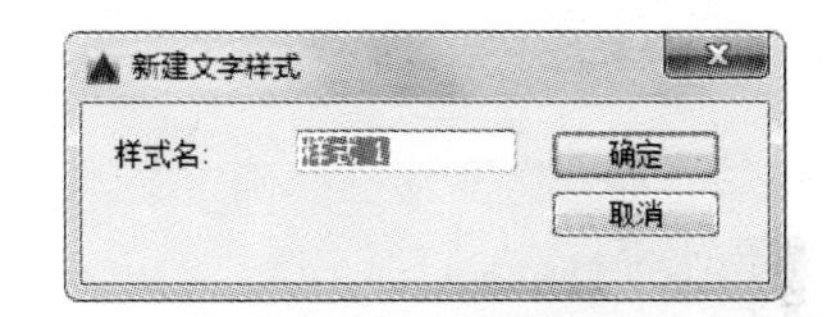

图 5-4 “新建文字样式”对话框

5.1.2 设置当前文本样式

在图 5-3 所示的“文字样式”对话框中可以进行文本样式的设置。

【选项说明】

（1）“字体”选项组　确定字体式样。文字的字体确定字符的形状，在 AutoCAD 中，除了它固有的 SHX 形状字体文件外，还可以使用 TrueType 字体（如宋体、楷体和 italley 等）。一种字体可以设置不同的效果从而被多种文本样式使用，图 5-5 所示就是同一种字体（宋体）的不同样式。

机械设计基础机械设计

机械设计基础机械设计

机械设计基础机械设计

机械设计基础

机械设计基础机械设计

图 5-5　同一字体的不同样式

“字体”选项组用来确定文本样式使用的字体文件、字体风格及字高等。其中如果在“字体样式”文本框中输入一个数值，则作为创建文字时的固定字高，在用“TEXT”命令输入文字时，AutoCAD 不再提示输入字高参数。如果在“字体样式”文本框中设置字高为“0”，AutoCAD 则会在每一次创建文字时提示输入字高。所以，如果不想固定字高就可以把“字体样式”设置为“0”。

（2）“大小”选项组

1）“注释性”复选框：指定文字为注释性文字。

2）“使文字方向与布局匹配”复选框：指定图纸空间视口中的文字方向与布局方向匹

配。如果清除“注释性”选项，则该选项不可用。

3)“高度”文本框：设置文字高度。如果输入“0.0”，则每次用该样式输入文字时，文字默认值为“0.2”高度。

(3)“效果”选项组

1)“颠倒”复选框：选中此复选框，表示将文本文字倒置标注，如图 5-6a 所示。

2)“反向”复选框：确定是否将文本文字反向标注。图 5-6b 所示为这种标注效果。

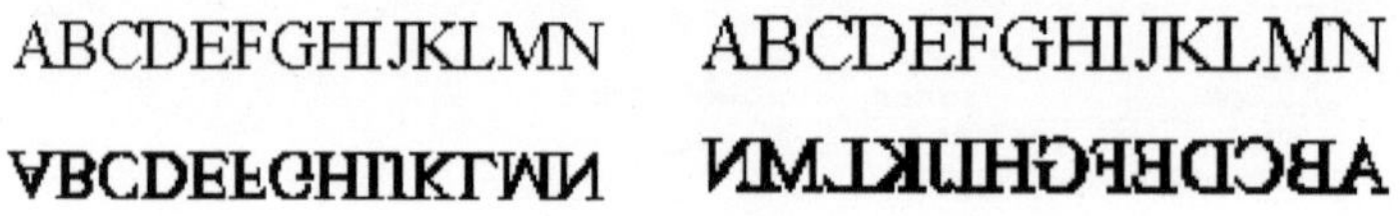

ABCDEFGHIJKLMN　　ABCDEFGHIJKLMN

a)　　b)

图 5-6　文字倒置标注与反向标注

a) 选中“颠倒”复选框　b) 选中“反向”复选框

3)“垂直”复选框：确定文本是水平标注还是垂直标注。此复选框选中时为垂直标注，否则为水平标注。

> **注 意**
>
> “垂直”复选框只有在 SHX 字体下才可用。

4) 宽度因子：设置宽度系数，确定文本字符的宽高比。当比例系数为“1”时，表示将按字体文件中定义的宽高比标注文字。当此系数<1 时字会变窄，反之变宽。图 5-3 所示为不同比例系数下标注的文本。

5) 倾斜角度：用于确定文字的倾斜角度。角度为“0”时不倾斜，为正时向右倾斜，为负时向左倾斜（见图 5-5）。

(4)“应用”按钮　确认对文本样式的设置。当建立新的样式或者对现有样式的某些特征进行修改后，都需按此按钮，以便 AutoCAD 确认所做的改动。

5.2　文本标注

在制图过程中文字传递了很多设计信息，它可能是一个很长、很复杂的说明，也可能是一个简短的文字信息。当需要标注的文本不太长时，可以利用“TEXT”命令创建单行文本。当需要标注很长、很复杂的文字信息时，用户可以用“MTEXT”命令创建多行文本。

5.2.1 单行文本标注

【执行方式】

命令行：TEXT。

菜单栏：绘图→文字→单行文字。

工具栏：文字→单行文字A|。

功能区：单击“注释”选项卡“文字”面板中的“单行文字”按钮A|，或单击“默认”选项卡“注释”面板中的“单行文字”按钮A|。

【操作步骤】

命令: TEXT↙

选择相应的菜单项或在命令行输入“TEXT”命令后按〈Enter〉键，命令行提示：

当前文字样式： Standard 当前文字高度： 0.2000 注释性： 否

指定文字的起点或 [对正(J)/样式(S)]:

【选项说明】

（1）指定文字的起点　在此提示下直接在作图屏幕上单击一点作为文本的起始点，命令行提示：

指定高度 <0.2000>:（确定字符的高度）

指定文字的旋转角度 <0>:（确定文本行的倾斜角度）

输入文字: (输入文本)

在此提示下输入一行文本后按〈Enter〉键，命令行继续显示“输入文字:”提示，可继续输入文本，待全部输入完后在此提示下直接按〈Enter〉键，则退出“TEXT”命令。可见，由“TEXT”命令也可创建多行文本，只是这种多行文本每一行是一个对象，不能对多行文本同时进行操作。

注 意

只有当前文本样式中设置的字符高度为“0”时，在使用“TEXT”命令时命令行才出现要求用户确定字符高度的提示。

AutoCAD 允许将文本行倾斜排列，图 5-7 所示为倾斜角度 0°、45° 和 −45° 时的排列效果。可以在“指定文字的旋转角度 <0>:”提示下，输入文本行的倾斜角度或在屏幕上拉出一条直线来指定倾斜角度。

（2）对正(J)　在命令行的提示下输入“J”，用来确定文本的对齐方式，对齐方式决定文本的哪一部分与所选的插入点对齐。执行此选项，命令行提示：

输入选项 [对齐(A)/调整(F)/中心(C)/中间(M)/右(R)/左上(TL)/中上(TC)/右上(TR)/左中(ML)/正中(MC)/右中(MR)/左下(BL)/中下(BC)/右下(BR)]:

旋转0°

旋转-45°

旋转45°

图 5-7　文本行倾斜排列的效果

在此提示下选择一个选项作为文本的对齐方式。当文本串水平排列时，AutoCAD 为标注文本串定义了图 5-8 所示的顶线、中线、基线和底线，各种对齐方式如图 5-9 所示，图中大写字母对应上述提示中各命令。下面以“对齐（A）”选项为例进行简要说明。

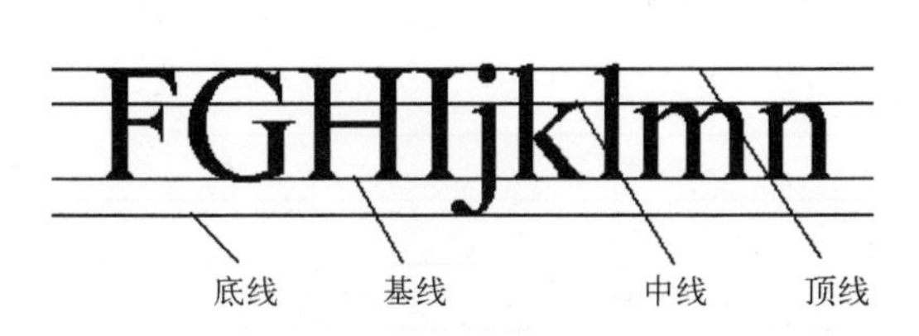

图 5-8　文本行的底线、基线、中线和顶线

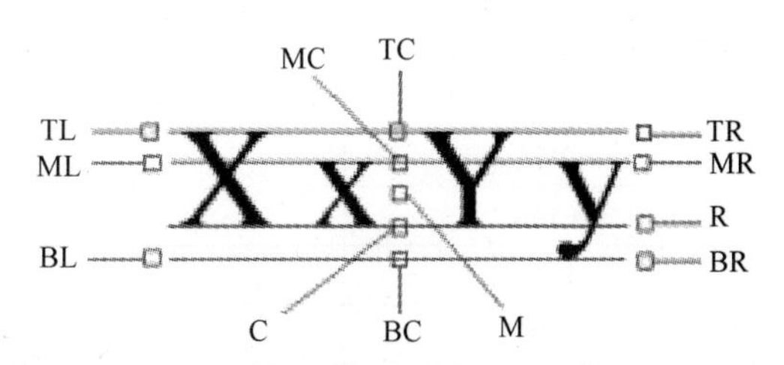

图 5-9　文本的对齐方式

对齐(A)：选择此选项，要求用户指定文本行基线的起始点与终止点的位置，命令行提示：

指定文字基线的第一个端点：(指定文本行基线的起点位置)

指定文字基线的第二个端点：(指定文本行基线的终点位置)

输入文字：(输入一行文本后按〈Enter〉键)

输入文字：(继续输入文本或直接按〈Enter〉键结束命令)

执行结果：所输入的文本字符均匀地分布于指定的两点之间，如果两点间的连线不水平，则文本行倾斜放置，倾斜角度由两点间的连线与 X 轴夹角确定；字高、字宽根据两点间的距离、字符的多少以及文本样式中设置的宽度系数自动确定。指定了两点之后，每行输入的字符越多，字宽和字高越小。

其他选项与“对齐（A）”选项类似，不再赘述。

（3）样式(S)　指定文字样式，文字样式决定文字字符的外观。创建的文字使用当前文字样式。

实际绘图时，有时需要标注一些特殊字符，例如，直径符号、上画线或下画线和温度符号等。由于这些符号不能直接从键盘上输入，AutoCAD 提供了一些控制码，用来实现这些要求。控制码用两个百分号（%%）加一个字符构成，Auto CAD 常用的控制码见表 5-1。

表 5-1　AutoCAD 常用控制码

符　号	功　能
%%O	上画线
%%U	下画线
%%D	“度”符号
%%P	正负符号（±）
%%C	直径符号
%%%	百分号%
\u+2248	几乎相等
\u+2220	角度
\u+E100	边界线
\u+2104	中心线
\u+0394	差值
\u+0278	电相位
\u+E101	流线
\u+2261	标识
\u+E102	界碑线
\u+2260	不相等
\u+2126	欧姆
\u+03A9	欧米伽
\u+214A	低界线
\u+2082	下标 2
\u+00B2	上标 2

其中，%%O 和%%U 分别是上画线和下画线的开关，第一次出现此符号开始画上画线和下画线，第二次出现此符号上画线和下画线终止。例如，在“Text:”提示后输入“I want to %%U go to Beijing%%U.”，则得到图 5-10a 所示的文本行；输入“50%%D+%%C75%%P12”，则得到图 5-10b 所示的文本行。

用“TEXT”命令可以创建一个或若干个单行文本，也就是说用此命令可以标注多行文本。在“输入文本:”提示下输入一行文本后按〈Enter〉键，命令行继续提示“输入文本:”，用户可输入第二行文本，依次类推，直到文本全部输完，再在此提示下直接按〈Enter〉键，结束文本输入命令。每按〈Enter〉键一次就结束一个单行文本的输入，每一个单行文本是一个对象，可以单独修改其文本样式、字高、旋转角度和对齐方式等。

用“TEXT”命令创建文本时，在命令行输入的文字同时显示在屏幕上，而且在创建过程中可以随时改变文本的位置，只要将光标移到新的位置单击左键，则当前行结束，随后输入的文本在新的位置出现。用这种方法可以把多行文本标注到屏幕的任何地方。

I want to go to Beijing.

a)

50°+ø75±12

b)

图 5-10 文本行

5.2.2 多行文本标注

【执行方式】

命令行：MTEXT。

菜单栏：绘图→文字→多行文字。

工具栏：绘图→多行文字A或文字→多行文字A。

功能区：单击“默认”选项卡“注释”面板中的“多行文字”按钮A或单击“注释”选项卡“文字”面板中的“多行文字”按钮A。

【操作步骤】

命令:MTEXT↙

选择相应的菜单项或单击工具条图标，或在命令行输入“MTEXT”命令后按〈Enter〉键，系统提示：

当前文字样式: “Standard”　当前文字高度:1.9122　注释性:　否

指定第一角点: (指定矩形框的第一个角点)

指定对角点或 [高度(H)/对正(J)/行距(L)/旋转(R)/样式(S)/宽度(W)/栏(C)]:

【选项说明】

（1）指定对角点　直接在屏幕上拾取一个点作为矩形框的第二个角点，AutoCAD 以这两个点作为对角点形成一个矩形区域，其宽度作为将来要标注的多行文本的宽度，而且第一个点作为第一行文本顶线的起点。执行后 AutoCAD 打开“文字编辑器”选项卡和多行文字编辑器，可利用此编辑器输入多行文本并对其格式进行设置。“文本编辑器”选项卡中各选项的含义与编辑器功能，下文将详细介绍。

（2）对正(J)　确定所标注文本的对齐方式。这些对齐方式与“TEXT”命令中的各对齐方式相同，在此不再重复。选择一种对齐方式后按〈Enter〉键，AutoCAD 回到上一级提示。

（3）行距(L)　确定多行文本的行间距，这里所说的行间距是指相邻两文本行的基线之间的垂直距离。选择此选项，命令行提示如下。

输入行距类型[至少(A)/精确(E)]<至少(A)>:

在此提示下有两种方式确定行间距：“至少”方式和“精确”方式。“至少”方式下 AutoCAD 根据每行文本中最大的字符自动调整行间距；“精确”方式下 AutoCAD 给多行文本赋予一个固定的行间距。可以直接输入一个确切的间距值，也可以“*n*x”的形式输入，其中“*n*”是一个具体数，表示行间距设置为单行文本高度的 *n* 倍，而单行文本高度是本行文本字符高度的 1.66 倍。

（4）旋转(R)　确定文本行的倾斜角度。选择此选项，命令行提示如下。

指定旋转角度<0>:（输入倾斜角度）

输入角度值后按〈Enter〉键，返回到“指定对角点或[高度(H)/对正(J)/行距(L)/旋转(R)/样式(S)/宽度(W)]:”提示。

（5）样式(S)　确定当前的文字样式。

（6）宽度(W)　指定多行文本的宽度。可在屏幕上拾取一点，将其与前面确定的第一个角点组成的矩形框的宽度作为多行文本的宽度，也可以输入一个数值，精确设置多行文本的宽度。

注 意

在创建多行文本时，只要指定文本行的起始点和宽度后，AutoCAD 就会打开“文字编辑器”选项卡和多行文字编辑器，如图 5-11 和图 5-12 所示。该编辑器与 Microsoft Word 编辑器界面相似，事实上该编辑器与 Word 编辑器在某些功能上趋于一致。这样既增强了多行文字的编辑功能，又能使用户更熟悉和方便地使用。

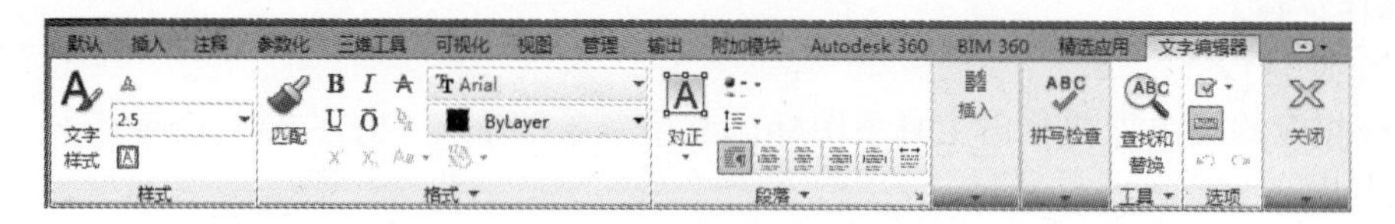

图 5-11　“文字编辑器”选项卡

图 5-12　多行文字编辑器

（7）栏(C)　可以将多行文字对象的格式设置为多栏。可以指定栏和栏之间的宽度、高度及栏数，以及使用夹点编辑栏宽和栏高。其中提供了三个栏选项："不分栏""静态栏"和"动态栏"。

（8）"文字编辑器"选项卡　用来控制文本文字的显示特性。可以在输入文本文字前设置文本的特性，也可以改变已输入的文本文字特性。要改变已有文本文字显示特性，首先应选择要修改的文本，选择文本的方式有以下三种。

- 将光标定位到文本文字开始处，按住鼠标左键，拖到文本末尾。
- 双击某个文字，则该文字被选中。
- 三次单击鼠标，则选中全部内容。

下面介绍"文字编辑器"选项卡中部分选项的功能：

1）"文字高度"下拉列表框：用于确定文本的字符高度，可在文本编辑器中设置输入新的字符高度，也可从此下拉列表框中选择已设定过的高度值。

2）"加粗"**B**和"斜体"*I*按钮：用于设置加粗或斜体效果，但这两个按钮只对TrueType字体有效。

3）"删除线"按钮A：用于在文字上添加水平删除线。

4）"下画线"U和"上画线"Ō按钮：用于设置或取消文字的上、下画线。

5）"堆叠"按钮：为层叠或非层叠文本按钮，用于层叠所选的文本文字，也就是创建分数形式。当文本中某处出现"/""^"或"#"三种层叠符号之一时，选中需层叠的文字，才可层叠文本，二者缺一不可。符号左边的文字作为分子，右边的文字作为分母进行层叠。AutoCAD提供了三种分数形式：

- 如选中"abcd/efgh"后单击"堆叠"按钮，得到图5-13a所示的分数形式。
- 如果选中"abcd^efgh"后单击"堆叠"按钮，则得到图5-13b所示的形式，此形式多用于标注极限偏差。
- 如果选中"abcd # efgh"后单击"堆叠"按钮，则创建斜排的分数形式，如图5-13c所示。

如果选中已经层叠的文本对象后单击"堆叠"按钮，则恢复到非层叠形式。

6）"倾斜角度"（0/）文本框：用于设置文字的倾斜角度。

注 意

倾斜角度与斜体效果是两个不同的概念，前者可以设置任意倾斜角度，后者是在任意倾斜角度的基础上设置斜体效果，如图5-14所示。第一行倾斜角度为0°，非斜体效果；第二行倾斜角度为12°，非斜体效果；第三行倾斜角度为12°，斜体效果。

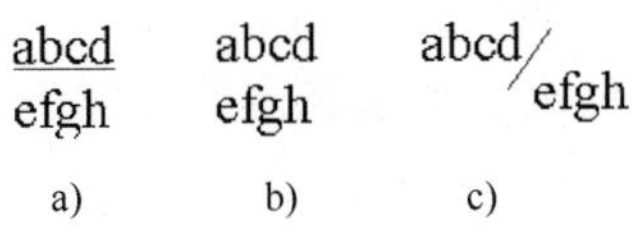

a)	b)	c)
$\frac{abcd}{efgh}$	abcd efgh	abcd/efgh

图5-13　文本层叠

都市农夫
都市农夫
都市农夫

图5-14　倾斜角度与斜体效果

7）"符号"按钮@：用于输入各种符号。单击此按钮，系统打开符号列表，如图5-15所示，可以从中选择符号输入到文本中。

8）“插入字段”按钮：用于插入一些常用或预设字段。单击此按钮，系统打开“字段”对话框，如图 5-16 所示，用户可从中选择字段，插入到标注文本中。

9）“追踪”下拉列表框 a-b：用于增大或减小选定字符之间的空间。1.0 表示设置常规间距，设置>1.0 表示增大间距，设置<1.0 表示减小间距。

10）“宽度因子”下拉列表框：用于扩展或收缩选定字符。1.0 表示此字体中字母设置为常规宽度，可以增大该宽度或减小该宽度。

11）“上标” X^2 按钮：将选定文字转换为上标，即在输入线的上方设置稍小的文字。

12）“下标” X_2 按钮：将选定文字转换为下标，即在输入线的下方设置稍小的文字。

13）“清除格式”下拉列表：删除选定字符的字符格式，或删除选定段落的段落格式，或删除选定段落中的所有格式。其选项有：

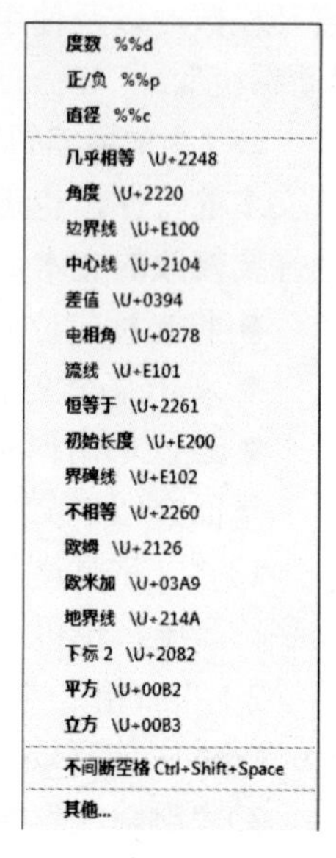

图 5-15 符号列表

- 关闭：如果选择此选项，将从应用了列表格式的选定文字中删除字母、数字和项目符号。不更改缩进状态。
- 以数字标记：将带有句点的数字用于列表中的项的列表格式。

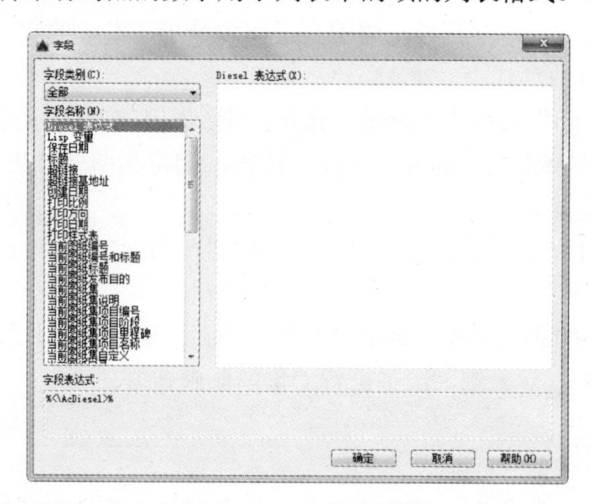

图 5-16 “字段”对话框

- 以字母标记：应用将带有句点的字母用于列表中的项的列表格式。如果列表含有的项多于字母表中字母的数量，可以使用双字母继续序列。
- 以项目符号标记：将项目符号用于列表中的项的列表格式。
- 启动：在列表格式中启动新的字母或数字序列。如果选定的项位于列表中间，则选定项下面的未选中的项将成为新列表的一部分。
- 继续：将选定的段落添加到上面最后一个列表，然后继续序列。如果选择了列表项而非段落，选定项下面的未选中的项将继续序列。
- 允许自动项目符号和编号：在输入文本时应用于列表格式。以下字符可以用作字母和数字后的标点但不能用作项目符号：句点“.”、逗号“,”、右括号“)”、右尖括号“>”、右方括号“]”和右花括号“}”。

- 允许项目符号和列表：如果选择此选项，列表格式将应用到外观类似列表的多行文字对象中的所有纯文本。
- 拼写检查：确定输入时拼写检查处于打开还是关闭状态。
- 编辑词典：显示“词典”对话框，从中可添加或删除在拼写检查过程中使用的自定义词典。
- 标尺：在编辑器顶部显示标尺。拖动标尺末尾的箭头可更改文字对象的宽度。列模式处于活动状态时，还显示高度和列夹点。

14）段落：为段落和段落的第一行设置缩进。指定制表位和缩进，控制段落对齐方式、段落间距和段落行距，“段落”对话框如图 5-17 所示。

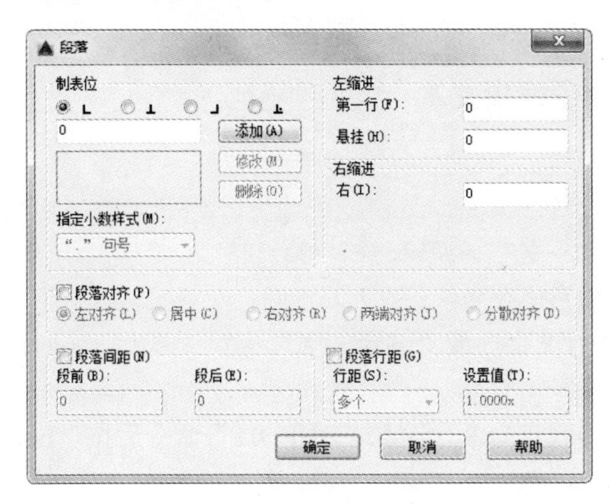

图 5-17 “段落”对话框

15）输入文字：选择此项，系统打开“选择文件”对话框，如图 5-18 所示，可以选择任意 ASCII 或 RTF 格式的文件。输入的文字保留原始字符格式和样式特性，但可以在多行文字编辑器中编辑和格式化输入的文字。选择要输入的文本文件后，可以替换选定的文字或全部文字，或在文字边界内将插入的文字附加到选定的文字中。输入文字的文件必须小于 32K。

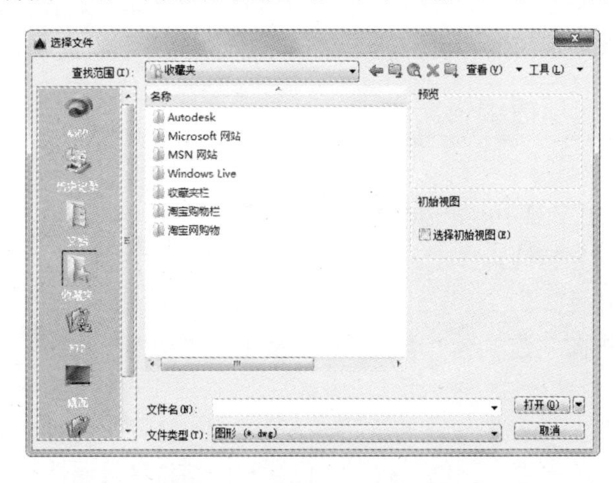

图 5-18 “选择文件”对话框

16）编辑器设置：显示“文字格式”工具栏的选项列表。有关详细信息，请参见“编辑器”选项卡的设置章节。

注 意

多行文字是由任意数目的文字行或段落组成的，布满指定的宽度，还可以沿垂直方向无限延伸。多行文字中，无论行数是多少，单个编辑任务中创建的每个段落集将构成单个对象，用户可对其进行移动、旋转、删除、复制、镜像或缩放操作。

5.3 文本编辑

5.3.1 用“编辑”命令编辑文本

【执行方式】

命令行：DDEDIT。

菜单栏：修改→对象→文字→编辑。

工具栏：文字→编辑。

快捷菜单：“修改多行文字”或“编辑文字”。

【操作步骤】

选择相应的菜单项，或在命令行输入“DDEDIT”命令后按〈Enter〉键，命令行提示：

命令: DDEDIT↙

选择注释对象或 [放弃(U)]:

【选项说明】

要求选择想要修改的文本，同时光标变为拾取框。用拾取框选择对象时：

1）如果选择的文本是用“TEXT”命令创建的单行文本，则深显该文本，可对其进行修改。

2）如果选择的文本是用“MTEXT”命令创建的多行文本，选择对象后则打开“文字编辑器”选项卡和多行文字编辑器，可根据 5.2.2 节的介绍对各项设置或对内容进行修改。

5.3.2 用“特性”选项板编辑文本

【执行方式】

命令行：DDMODIFY 或 PROPERTIES。

菜单栏：修改→对象特性。

工具栏：标准→特性。

功能区：单击“视图”选项卡“选项板”面板中的“特性”按钮。

【操作步骤】

选择上述命令，然后选择要修改的文字，AutoCAD 打开“特性”选项板。利用该选项板可以方便地修改文本的内容、颜色、线型、位置和倾斜角度等属性。

5.4 表格

从 AutoCAD 2005 开始，AutoCAD 便新增加了一个“表格”绘图功能。有了该功能，创建表格就变得非常容易，用户可以直接插入设置好样式的表格，而不用绘制由单独图线组成的表格。

5.4.1 表格样式

和文字样式一样，所有 AutoCAD 图形中的表格都有和其相对应的表格样式。当插入表格对象时，系统使用当前设置的表格样式。表格样式是用来控制表格基本形状和间距的一组设置。模板文件 ACAD.DWT 和 ACADISO.DWT 中定义了名称为“STANDARD”的默认表格样式。

【执行方式】

命令行：TABLESTYLE。

菜单栏：格式→表格样式。

工具栏：样式→表格样式管理器。

功能区：单击“默认”选项卡“注释”面板中的“表格样式”按钮，或单击“注释”选项卡“表格”面板上的“表格样式”下拉菜单中的“管理表格样式”按钮，或单击“注释”选项卡“表格”面板中“对话框启动器”按钮。

【操作步骤】

命令: TABLESTYLE↙

在命令行输入“TABLESTYLE”命令，或在“格式”菜单中选择“文字样式” 命令，或者在“样式”工具栏中单击“表格样式管理器”按钮，AutoCAD 打开“表格样式”对话框，如图 5-19 所示。

【选项说明】

（1）新建 单击该按钮，系统打开“创建新的表格样式”对话框，如图 5-20 所示。输入新的表格样式名后，单击“继续”按钮，系统打开“新建表格样式：standard 副本”对话框，如图 5-21 所示。从中可以定义新的表样式。

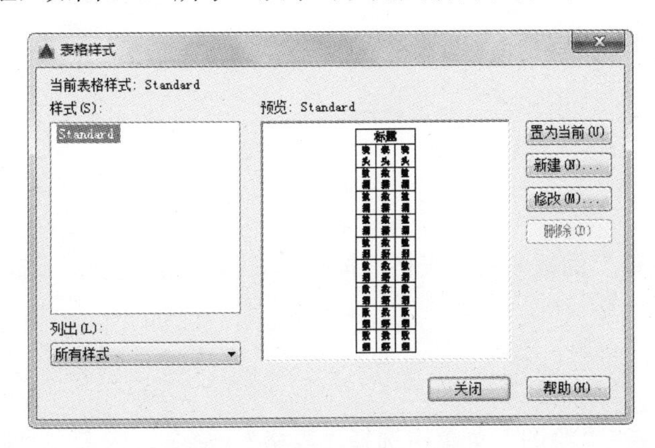

图 5-19 “表格样式”对话框

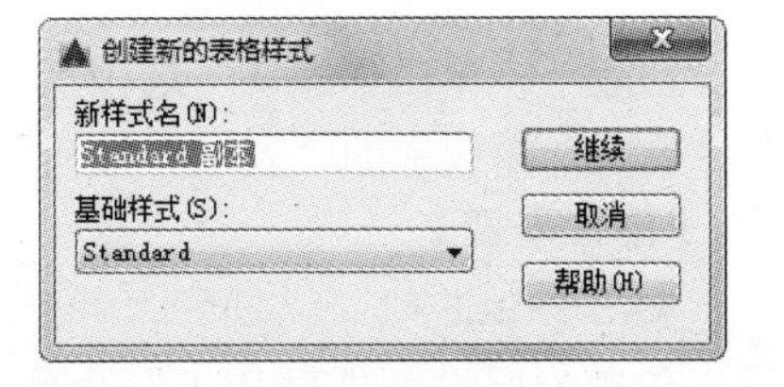

图 5-20 “创建新的表格样式”对话框

“新建表格样式”对话框中有三个选项卡：“常规”“文字”和“边框”。如图 5-21 所示。其分别控制表格中数据、表头和标题的有关参数，如图 5-22 所示。

除了图 5-21 所示的“常规”选项卡外，还有：

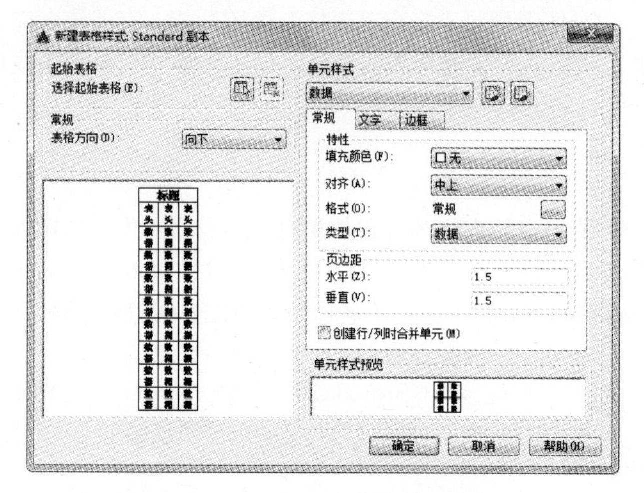

图 5-21 “新建表格样式”对话框

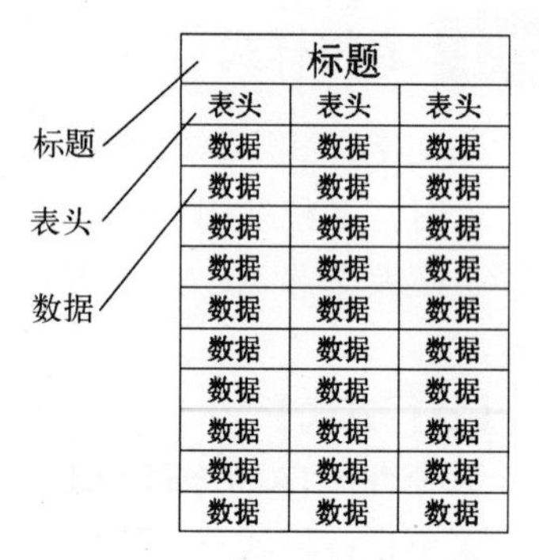

图 5-22 表格样式

1）“文字”选项卡。选项有：

- 文字高度：指定文字高度。
- 文字颜色：指定文字颜色。
- 文字角度：设置文字角度。

2）“边框”选项卡。选项有：

- 线宽：设置要用于显示边界的线宽。
- 线型：通过单击“边框”按钮，设置线型以应用于指定边框。
- 颜色：指定颜色以应用于显示的边框。
- 双线：指定选定的边框为双线型。

（2）修改　单击该按钮，对当前表格样式进行修改，方式与新建表格样式相同。

5.4.2 表格绘制

在设置好表格样式后，可以利用“TABLE”命令创建表格。

【执行方式】

命令行：TABLE。

菜单栏：绘图→表格。

工具栏：绘图→表格。

功能区：单击“默认”选项卡“注释”面板中的“表格”按钮，或单击“注释”选项卡“表格”面板中的“表格”按钮。

【操作步骤】

命令: TABLE↙

在命令行输入“TABLE”命令，或在“绘图”菜单中选择“表格” 命令，或者在“绘

图”工具栏中单击“表格”按钮，AutoCAD 打开“插入表格”对话框，如图 5-23 所示。

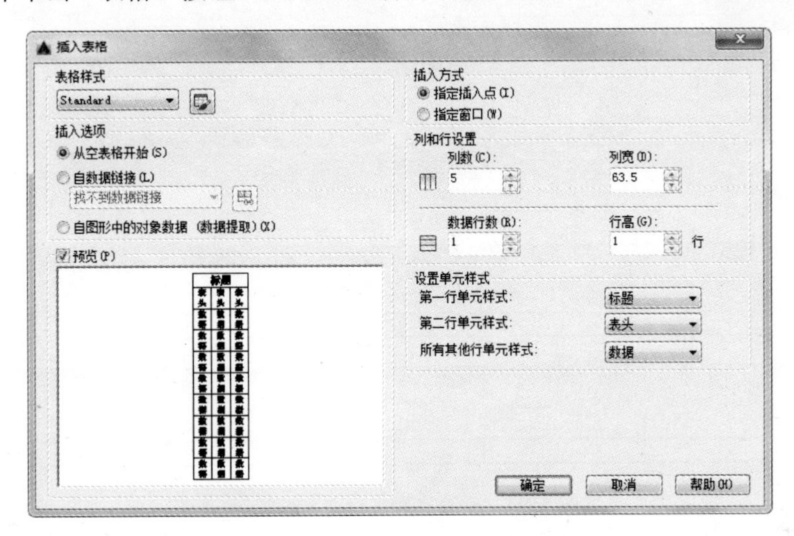

图 5-23 “插入表格”对话框

【选项说明】

（1）“表格样式”选项组　可以在“表格样式”下拉列表框中选择一种表格样式，也可以单击右侧的按钮新建或修改表格样式。

（2）“插入选项”选项组　指定插入表格的方式。

1）“从空表格开始”单选按钮：创建可以手动填充数据的空表格。

2）“自数据链接”单选按钮：通过启动数据链接管理器来创建表格。

3）“自图形中的对象数据”单选按钮：通过启动“数据提取”向导来创建表格。

（3）“插入方式”选项组

1）“指定插入点”单选按钮：指定表左上角的位置。可以使用定点设备，也可以在命令行输入坐标值。如果表格样式将表的方向设置为由下而上读取，插入点位于表的左下角。

2）“指定窗口”单选按钮：指定表的大小和位置。可以使用定点设备，也可以在命令行输入坐标值。选择此选项时，行数、列数、列宽和行高取决于窗口的大小以及列和行设置。

（4）“列和行设置”选项组　指定列和行的数目以及列宽与行高。

（5）“设置单元样式”选项组　“第一行单元样式”“第二行单元样式”和“所有其他行单元样式”分别为标题、表头和数据设置样式。

注 意

在“插入方式”选项组中选择了“指定窗口”单选按钮后，列与行设置的两个参数中只能指定一个，另外一个有指定窗口大小自动等分指定。

在“插入表格”对话框中进行相应设置后，单击“确定”按钮，系统在指定的插入点或窗口自动插入一个空表格，并显示多行文字编辑器，用户可以逐行、逐列输入相应的文字或数据，如图 5-24 所示。

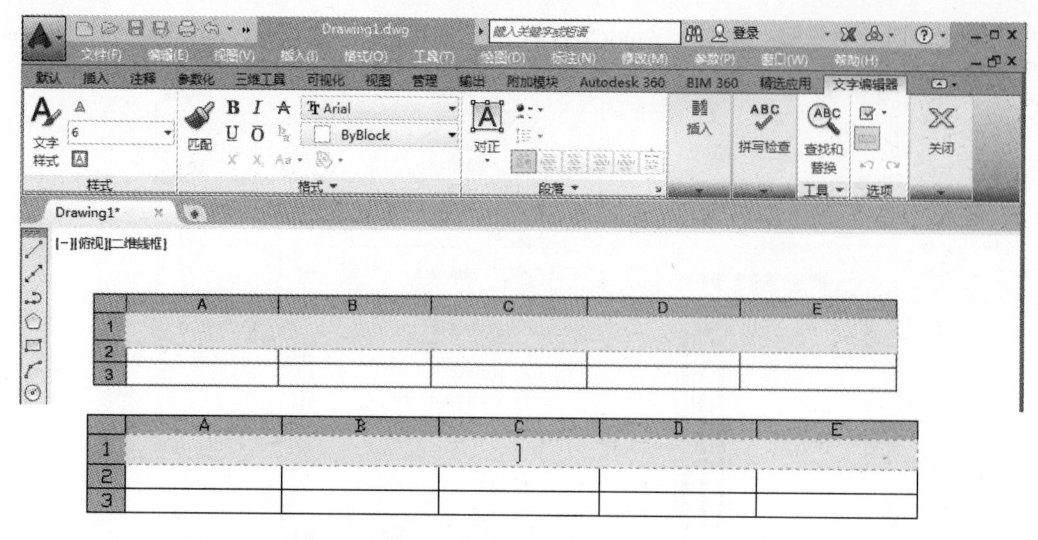

图 5-24　空表格和多行文字编辑器

> **注 意**
>
> 在插入后的表格中选择某一个单元格，单击后出现钳夹点，通过移动钳夹点可以改变单元格的大小，如图 5-25 所示。

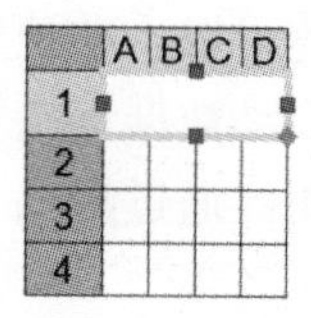

图 5-25　改变单元格大小

5.4.3 表格编辑

【执行方式】

命令行：TABLEDIT。

快捷菜单：选定表和一个或多个单元后，单击右键，再单击快捷菜单上的“编辑文字”（见图 5-26）。

定点设备：在表单元内双击。

【操作步骤】

命令: TABLEDIT↙

系统打开如图如 5-24 所示的多行文字编辑器，用户可以对指定表格单元的文字进行编辑。

5.4.4 实例——齿轮参数表

绘制图 5-27 所示的齿轮参数表。

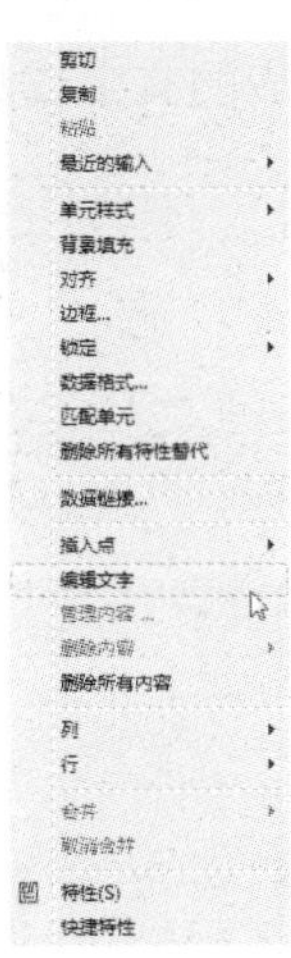

图 5-26 快捷菜单

齿数	Z	24
模数	m	3
压力角	α	30°
公差等级及配合类别	6H-GE	GB/T 3478.1-2008
作用齿槽宽最小值	E_{Vmin}	4.7120
实际齿槽宽最大值	E_{max}	4.8370
实际齿槽宽最小值	E_{min}	4.7590
作用齿槽宽最大值	E_{Vmax}	4.7900

图 5-27 齿轮参数表

【操作步骤】

1）设置表格样式。选择菜单栏中的“格式”→“表格样式”命令，或者单击“样式”工具栏中的“表格样式”按钮，打开“表格样式”对话框。

2）单击“修改”按钮，系统打开“修改表格样式：standard”对话框，如图 5-28 所示。在该对话框中进行设置：数据、表头和标题的文字样式为“standard”，文字高度为“4.5”，文字颜色为“ByBlock”，填充颜色为“无”，对齐方式为“正中”。在“边框特性”选项组中按下第一个按钮，栅格颜色为“洋红”；表格方向向下，水平单元边距和垂直单元边距都为“1.5”。

3）设置好文字样式后，按“确定”按钮退出。

4）创建表格。执行“表格”命令，系统打开“插入表格”对话框，设置插入方式为“指定插入点”，行和列设置为“8”行“3”列，列宽为“48”，行高为“1”。

确认后，在绘图平面指定插入点，则插入空表格，并显示多行文字编辑器，不输入文字，直接在多行文字编辑器中单击“确定”按钮退出。

5）右键单击第 1 列某一个单元格，出现“特性”面板后，将列宽变成“68”，结果如图 5-29 所示。

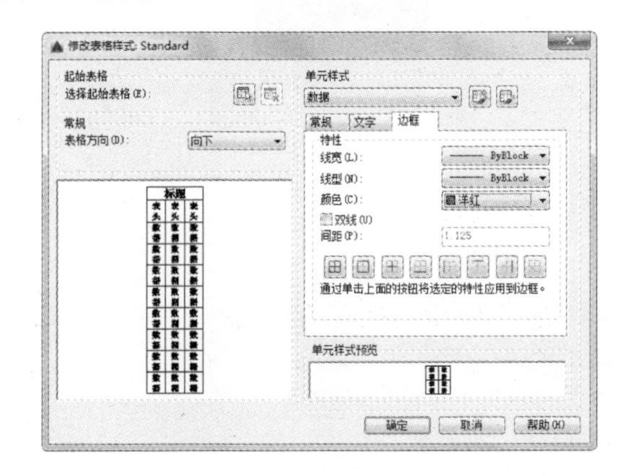

图 5-28 “修改表格样式”对话框

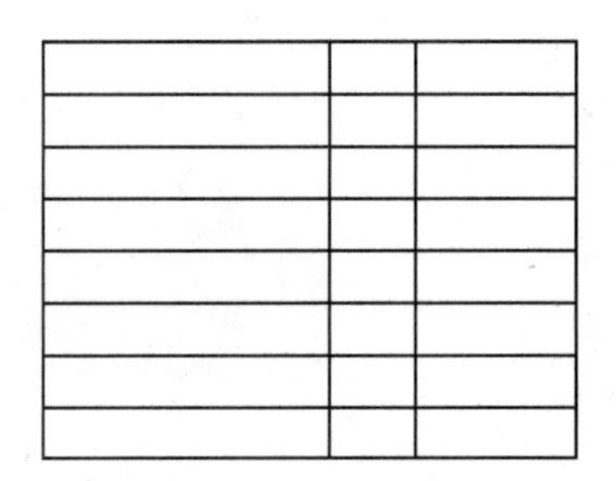

图 5-29 改变列宽

6）双击单元格，重新打开多行文字编辑器，在各单元格中输入相应的文字或数据，最终结果如图 5-27 所示。

5.5 综合实例——绘制 A3 图纸模板

本节主要介绍 A3 标准样板图样的绘制方法，绘制结果如图 5-30 所示。

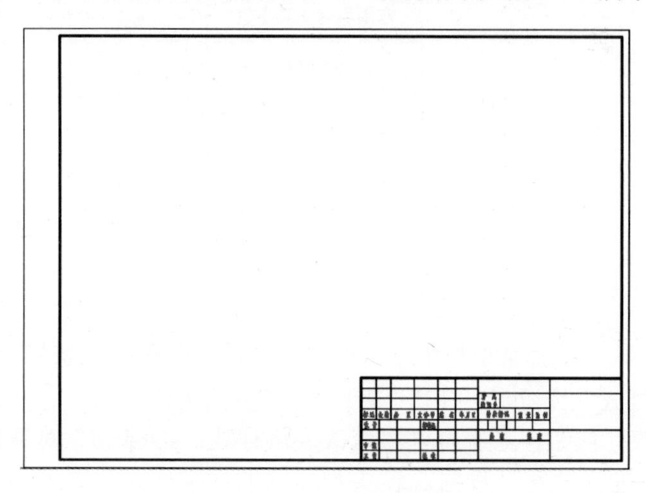

图 5-30　A3 图纸模板

1. 新建文件

1）打开程序。双击“AutoCAD 2016”图标，打开 AutoCAD 2016 应用程序。

2）选择样板文件。单击“标准”工具栏中的“新建”按钮，系统打开“选择样板”对话框，选择“acadiso.dwt”样板文件为模板，如图 5-31 所示。单击“打开”按钮，进入绘图环境。

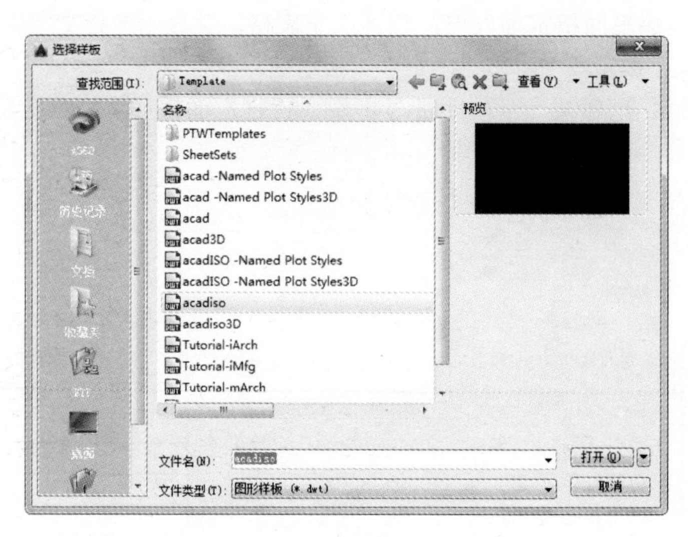

图 5-31　“选择样板”对话框

2．新建图层

1）设置绘制图环境。单击状态栏中的“栅格显示”按钮，取消栅格显示，显示空白绘图环境。

2）设置图层。单击“图层”工具栏中的“图层特性管理器”按钮，新建五个图层，分别命名为“CSX”“XSX”“ZXX”“WZ”和“BZ”，图层的颜色、线型、线宽等属性状态设置如图 5-32 所示。

注 意

在新的机械制图标准中粗实线与细实线线宽比例为 2∶1。

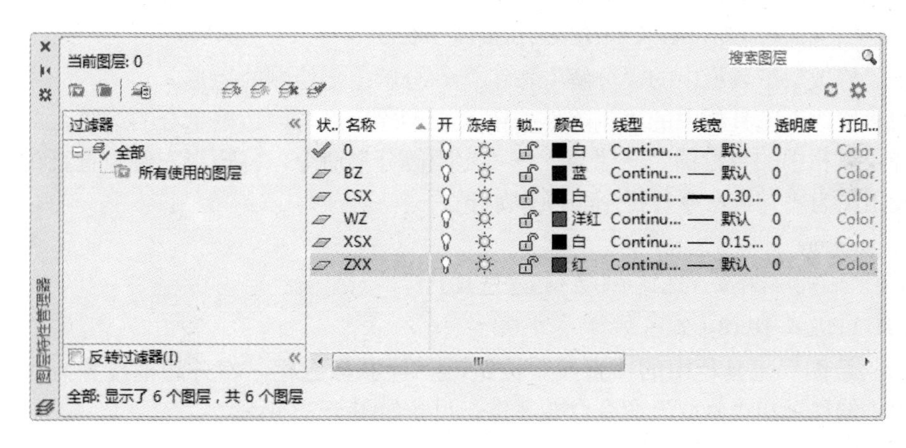

图 5-32　创建图层

说 明

图层就像是透明的覆盖图，运用它可以很好地组织不同类型的图形信息。直接从“对象特性”工具栏的下拉列表框中选取颜色、线型和线宽等实体信息，对后期处理图形会带来很大不便。应该严格做到层次分明，规范作图，在绘图之前先创建图层。

3. 绘制外框

1）在“图层特性管理器”下拉列表中选择“XSX”图层，将该图层设置为当前。

2）选择菜单栏中的“绘图”→“矩形”命令，或者单击“绘图”工具栏中的“矩形”按钮，绘制大小为（420,297）的矩形，命令行提示与操作如下。

命令: _rectang

指定第一个角点或 [倒角(C)/标高(E)/圆角(F)/厚度(T)/宽度(W)]: 0,0

指定另一个角点或 [面积(A)/尺寸(D)/旋转(R)]: 420,297

4. 绘制内框

1）在“图层特性管理器”下拉列表中选择“CSX”图层，将该图层设置为当前。

2）选择菜单栏中的“绘图”→“矩形”命令，或者单击“绘图”工具栏中的“矩形”按钮，绘制适当大小的矩形，命令行提示与操作如下。

命令: _rectang

指定第一个角点或 [倒角(C)/标高(E)/圆角(F)/厚度(T)/宽度(W)]: 25,5

指定另一个角点或 [面积(A)/尺寸(D)/旋转(R)]: 415,292

5. 绘制标题栏

1）在“图层特性管理器”下拉列表中选择“XSX”图层，将该图层设置为当前。

2）选择菜单栏中的“绘图”→“矩形”命令，或者单击“绘图”工具栏中的“矩形”按钮，在内框右下角绘制标题栏外框，尺寸大小为（180,56），命令行提示与操作如下。

命令: _rectang

指定第一个角点或 [倒角(C)/标高(E)/圆角(F)/厚度(T)/宽度(W)]:（选择内框右下角点）

指定另一个角点或 [面积(A)/尺寸(D)/旋转(R)]: @-180,56

单击“修改”工具栏中的“分解”按钮，分解上步绘制的矩形。

单击“修改”工具栏中的“删除”按钮，删除矩形与内边框重合的边线。

选择菜单栏中的“绘图”→“点”→“定距等分”命令，将矩形左侧竖直直线等分为 8 段，每段距离为“7”，命令行提示与操作如下。

命令: _measure

选择要定距等分的对象:（选择矩形左侧竖直直线）

指定线段长度或 [块(B)]: 7

单击“绘图”工具栏中的“直线”按钮，绘制标题栏，将外边框设置为“CSX”图层，利用“偏移”和“修剪”命令合并表格，尺寸如图 5-33 所示。

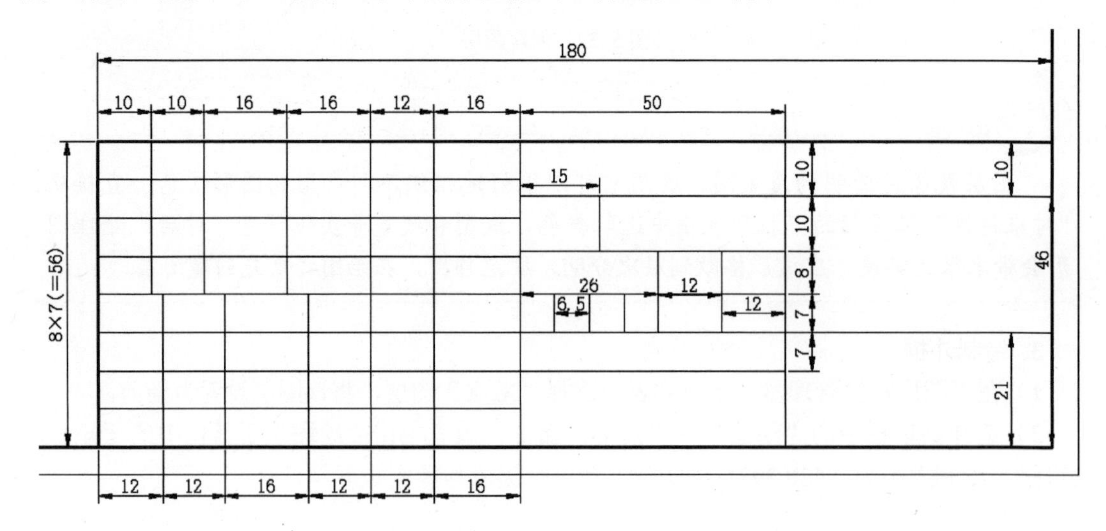

图 5-33 标题栏尺寸值

6. 添加文字说明

1）在“图层特性管理器”下拉列表中选择“WZ”图层，将该图层设置为当前。

2）单击“样式”工具栏中“文字样式”按钮，弹出“文字样式”对话框，在“字体名”下拉列表中选择“txt.shx”，“宽度因子”设置为“0.6700”，如图 5-34 所示。

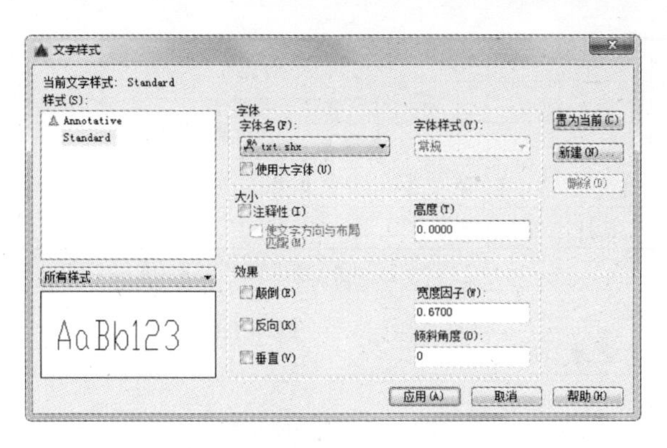

图 5-34 “文字样式”对话框

3）单击“新建”按钮，在弹出的“新建文字样式”对话框的“样式名”文本框中输入“长仿宋”，如图 5-35 所示，单击“确定”按钮，返回“文字样式”对话框。在“字体名”下拉列表中选择“仿宋 GB2312”，设置宽度因子为“0.6700”，如图 5-36 所示，单击“应用”按钮，设置字体。

说 明

文字是工程图中不可缺少的一部分，例如，尺寸标注文字、图样说明，注释和标题等，文字和图形一起表达完整的设计思想。尽管 AutoCAD 2010 后的版本提供了很强的文字处理功能，但符合工程制图规范的文字并没有直接提供。因此要学会设置如“长仿宋”这一类规范文字。

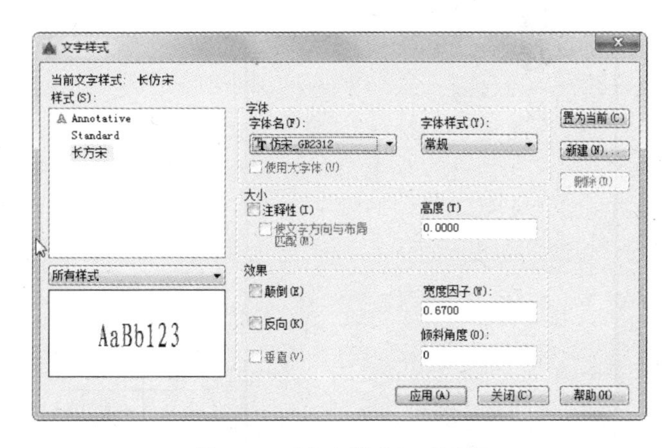

图 5-35 “新建文字样式”对话框

图 5-36 “文字样式”对话框

4）单击“绘图”工具栏中的“多行文字”按钮 A，在标题栏图框中适当位置单击，弹出“文字格式”编辑器，字体大小为“3”，在“多行文字对正”按钮下拉列表中选择“● 正中 MC ”，输入对应文字“标记”。

5）单击“修改”工具栏中的“复制”按钮，选择上步绘制的文字，并将其放置到对应位置，双击复制后的文字，弹出“文字格式”编辑器，修改文字内容，绘制结果如图 5-37 所示。

						(图样代号)			(图样符号)
						所属装配号	(所属装配号)		(图样名称)
标记	处数	分区	文件号	签名	年月日	阶段标记	质量	比例	
设计	(签名)	(年月日)	标准化	(签名)	(年月日)				
						共 张		第 张	(材料标记)
审核						(公司名称)			
工艺			批准						

图 5-37 绘制标题栏

说 明

对于标题栏的填写，比较方便的方法是把已经填写好的文字复制，然后再进行修改，这样不仅简便，而且可以简化解决文字对齐的问题。

7. 保存文件

1)单击“标准”工具栏中的“保存”按钮，弹出“另存为”对话框，在“文件类型”下拉列表中选择 AutoCAD 图形样板 (*.dwt)，输入文件名称“A3 样板图模板”，单击“确定”按钮，退出对话框。A3 图纸绘制结果如图 5-30 所示。

2）按照上面的步骤绘制 A4、A2、A0 图纸模板，粗实线矩形外轮廓大小为（210,297）、（594,420），(841,1189)，模板及标题栏尺寸如图 5-38～图 5-40 所示。

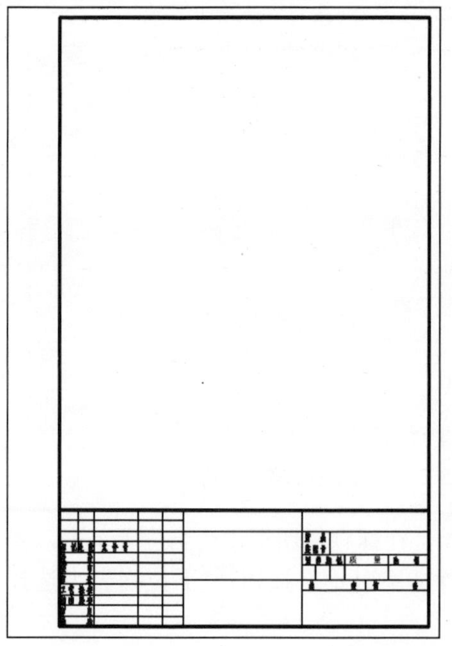

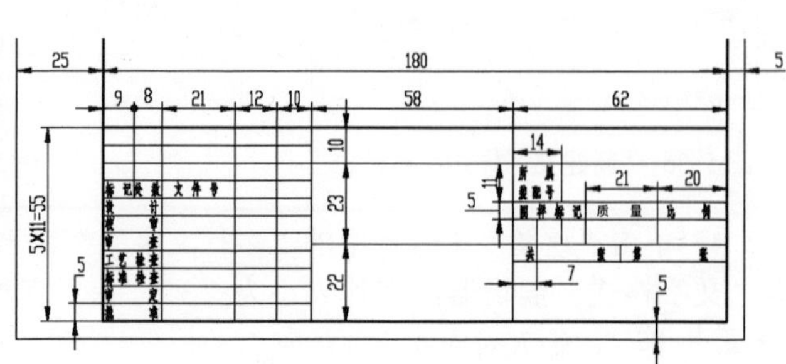

图 5-38 A4 图纸模板

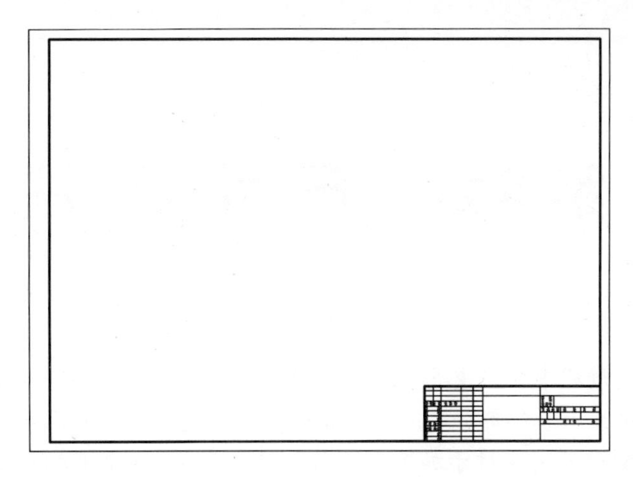

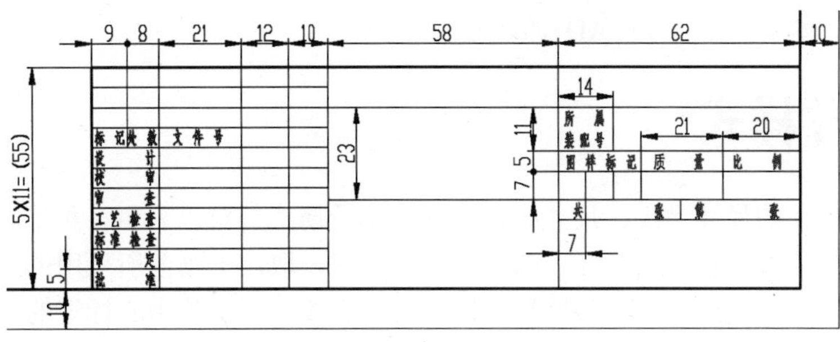

图 5-39　A2 图纸模板

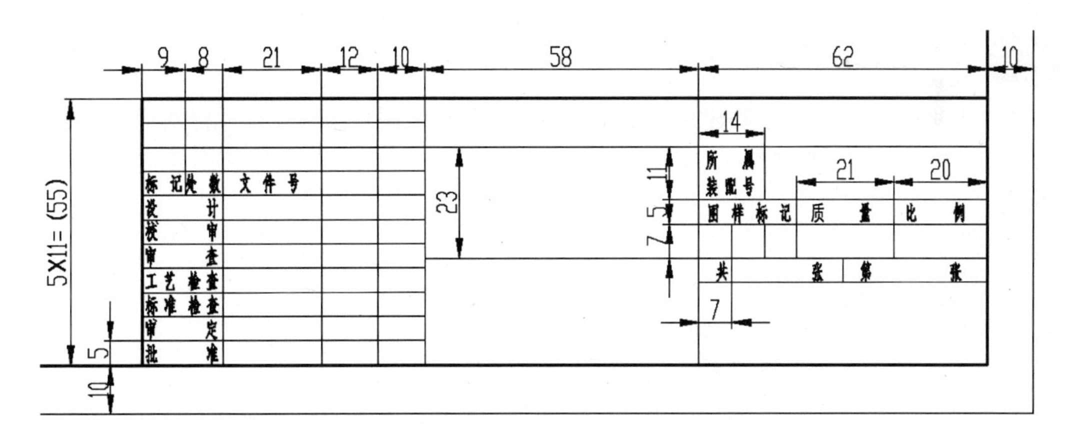

图 5-40　A0 图纸模板

第6章 尺寸标注

知识导引

尺寸标注是绘图过程中相当重要的一个环节。因为图形的主要作用是表达物体的形状，而物体各部分的真实大小和各部分之间的确切位置只能通过尺寸标注来表达。因此，没有正确的尺寸标注，绘制出的图样对于加工制造就没什么意义。AutoCAD 提供了方便、准确的标注尺寸功能。本章介绍 AutoCAD 的尺寸标注功能。

6.1 尺寸样式

组成尺寸标注的尺寸界线、尺寸线、尺寸文本及箭头等可以采用多种形式，具体标注一个几何对象的尺寸时，它的尺寸标注以什么形式出现，取决于当前所采用的尺寸标注样式。标注样式决定尺寸标注的形式，包括尺寸线、尺寸界线、箭头和中心标记的形式，尺寸文本的位置和特性等。在 AutoCAD 2016 中用户可以利用“标注样式管理器”对话框方便地设置自己需要的尺寸标注样式。本节介绍如何定制尺寸标注样式。

6.1.1 新建或修改尺寸样式

在进行尺寸标注之前，要建立尺寸标注的样式。如果用户不建立尺寸样式而直接进行标注，系统使用默认名称为“STANDARD”的样式。用户如果认为使用的标注样式某些设置不合适，也可以修改标注样式。

【执行方式】

命令行：DIMSTYLE。

菜单栏：格式→标注样式或标注→标注样式。

工具栏：标注→标注样式。

功能区：单击“默认”选项卡“注释”面板中的“标注样式”按钮（见图 6-1），或单击“注释”选项卡“标注”面板上的“标注样式”下拉菜单中的“管理标注样式”按钮（见图 6-2），或单击“注释”选项卡“标注”面板中“对话框启动器”按钮。

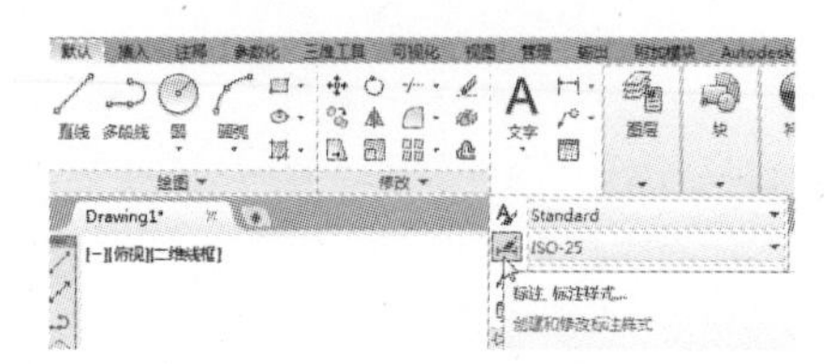

图 6-1 “注释”面板

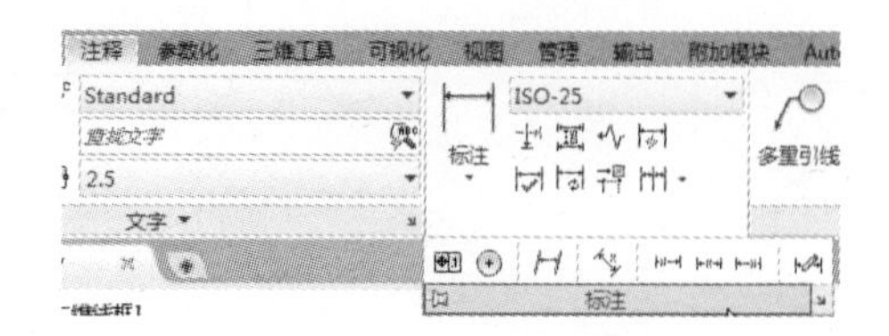

图 6-2 “标注”面板

【操作步骤】

命令：DIMSTYLE↙。

或选择相应的菜单项或工具图标，AutoCAD 打开“标注样式管理器”对话框，如图 6-3 所示。利用此对话框可方便、直观地定制和浏览尺寸标注样式，包括产生新的标注样式、修改已存在的样式、设置当前尺寸标注样式、样式重命名以及删除一个已有样式等。

【选项说明】

（1）“置为当前”按钮　单击此按钮，把在“样式”列表框中选中的样式设置为当前样式。

（2）“新建”按钮　定义一个新的尺寸标注样式。单击此按钮，AutoCAD 打开“创建新标注样式”对话框，如图 6-4 所示。利用此对话框可创建一个新的尺寸标注样式，其中各项的功能说明如下。

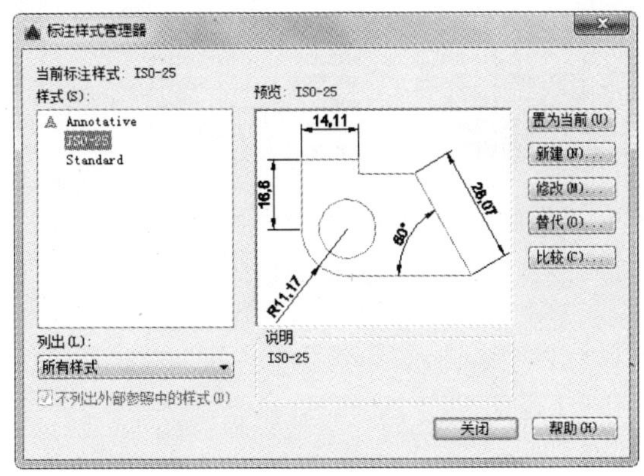

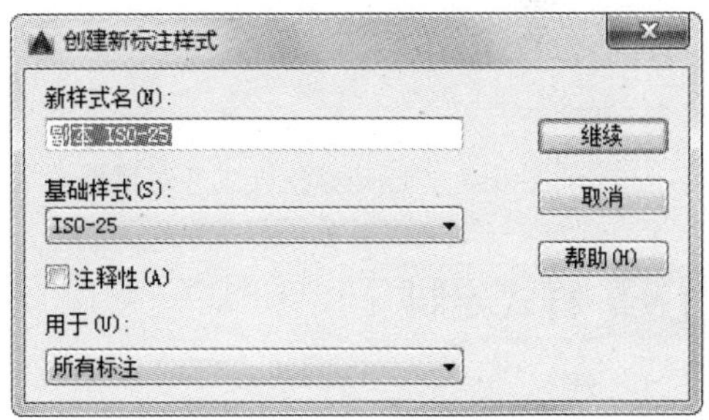

图 6-3 “标注样式管理器”对话框　　图 6-4 “创建新标注样式”对话框

1）新样式名：给新的尺寸标注样式命名。

2）基础样式：选取创建新样式所基于的标注样式。单击右侧的向下箭头，出现当前已有的样式列表，从中选取一个作为定义新样式的基础，新的样式是在此样式的基础上修改一些特性得到的。

3）用于：指定新样式应用的尺寸类型。单击右侧的向下箭头出现尺寸类型列表，如果新建样式应用于所有尺寸，则选择“所有标注”；如果新建样式只应用于特定的尺寸标注，如只在标注直径时使用此样式，则选取相应的尺寸类型。

4）“继续”按钮：各选项设置好以后，单击“继续”按钮，AutoCAD 打开“新建标注样式”对话框，利用此对话框可对新样式的各项特性进行设置。该对话框中各部分的含义和功能将在下文介绍。

（3）“修改”按钮　修改一个已存在的尺寸标注样式。单击此按钮，系统弹出“新建标注样式：副本 ISO-25”对话框，如图 6-5 所示。该对话框中的各选项与“修改标注样式”对话框中完全相同，可以对已有标注样式进行修改。

（4）“替代”按钮　设置临时覆盖的尺寸标注样式。单击此按钮，AutoCAD 打开“替代当前样式”对话框，该对话框中各选项与“修改标注样式”对话框完全相同，用户可改变选项的设置覆盖原来的设置，但这种修改只对指定的尺寸标注起作用，而不影响当前尺寸变量的设置。

（5）“比较”按钮　比较两个尺寸标注样式在参数上的区别或浏览一个尺寸标注样式的参数设置。单击此按钮，AutoCAD 打开“比较标注样式”对话框，如图 6-6 所示。可以把比较结果复制到剪切板上，然后再粘贴到其他的 Windows 应用软件上。

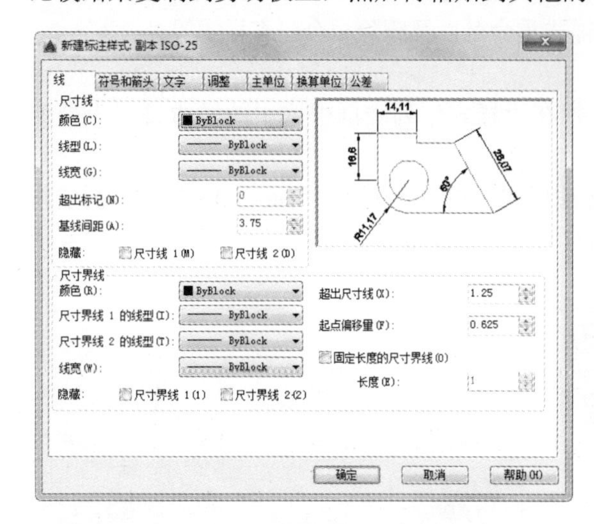

图 6-5 “新建标注样式”对话框

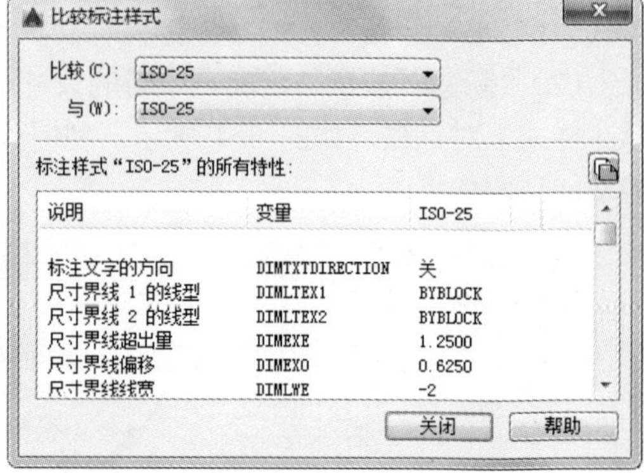

图 6-6 “比较标注样式”对话框

6.1.2 样式定制

1. 线

在“新建标注样式”对话框中，第一个选项卡就是“线”。该选项卡用于设置尺寸线、尺寸界线的形式和特性。下面分别进行说明。

（1）“尺寸线”选项组　设置尺寸线的特性。其中各选项的含义如下。

1）“颜色”下拉列表框：设置尺寸线的颜色。可直接输入颜色名字，也可从下拉列表中选择，如果选取“选择颜色”，系统打开“选择颜色”对话框，供用户选择其他颜色。

2）“线，宽”下拉列表框：设置尺寸线的线宽，下拉列表中列出了各种线宽的名字和宽度。

3）“超出标记”微调框：当尺寸箭头设置为短斜线、短波浪线时，或尺寸线上无箭头时，可利用此微调框设置尺寸线超出尺寸界线的距离。

4）“基线间距”微调框：设置以基线方式标注尺寸时，相邻两尺寸线之间的距离。

5）“隐藏”复选框组：确定是否隐藏尺寸线及相应的箭头。选中“尺寸线 1”复选框表示隐藏第一段尺寸线，选中“尺寸线 2”复选框表示隐藏第二段尺寸线。

（2）“尺寸界线”选项组　该选项组用于确定尺寸界线的形式。其中各项的含义如下。

1）“颜色”下拉列表框：设置尺寸界线的颜色。

2）“线宽”下拉列表框：设置尺寸界线的线宽。

3）“超出尺寸线”微调框：确定尺寸界线超出尺寸线的距离，相应的尺寸变量是 DIMEXE。

4）“起点偏移量”微调框：确定尺寸界线的实际起始点相对于指定的尺寸界线的起始点的偏移量，相应的尺寸变量是 DIMEXO。

5）“固定长度的尺寸界线”复选框：选中该复选框，系统以固定长度的尺寸界线标注尺寸。可以在下面的“长度”微调框中输入长度值。

6）“隐藏”复选框组：确定是否隐藏尺寸界线。选中“尺寸界线 1”复选框表示隐藏第一段尺寸界线，选中“尺寸界线 2”复选框表示隐藏第二段尺寸界线。

2．尺寸样式显示框

在“新建标注样式”对话框的右上方，是一个尺寸样式显示框，该框以样例的形式显示用户设置的尺寸样式。

3．符号和箭头

在“新建标注样式”对话框中，第二个选项卡就是“符号和箭头”，如图 6-7 所示。该选项卡用于设置箭头、圆心标记、弧长符号和半径标注折弯的形式及特性，现分别说明如下。

（1）“箭头”选项组　设置尺寸箭头的形式。AutoCAD 提供了多种箭头形式，列在“第一个”和“第二个”下拉列表框中。另外，还允许采用用户自定义的箭头形式。两个尺寸箭头可以采用相同的形式，也可采用不同的形式。

1）“第一个”下拉列表框　用于设置第一个尺寸箭头的形式。可单击右侧的向下箭头从下拉列表中选择，其中列出了各种箭头形式的名字以及各类箭头的形式。一旦确定了第一个箭头的类型，第二个箭头则自动与其匹配，要想第二个箭头采取不同的形式，可在“第二个”下拉列表框中设定。

如果在列表中选择了“用户箭头”，则打开图 6-8 所示的“选择自定义箭头块”对话框。可以事先把自定义的尺寸箭头存成一个图块，在此对话框中输入该图块名即可。

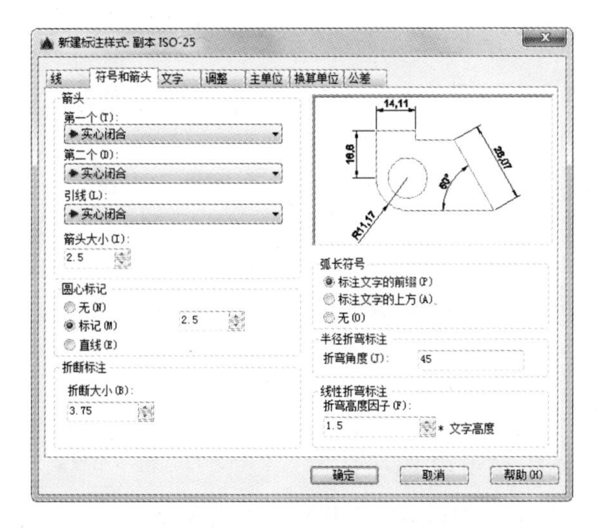

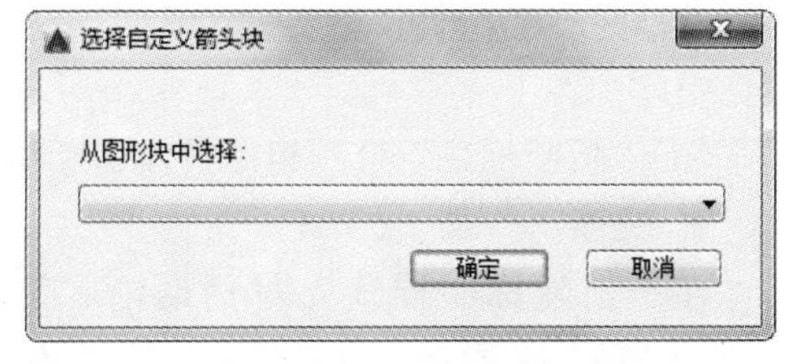

图 6-7 “符号和箭头”选项卡

图 6-8 “选择自定义箭头块”对话框

2）“第二个”下拉列表框　确定第二个尺寸箭头的形式，可与第一个箭头不同。

3）“引线”下拉列表框　确定引线箭头的形式，与“第一个”尺寸箭头的设置类似。

4）“箭头大小”微调框　设置尺寸箭头的大小。

（2）“圆心标记”选项组

1）“直线”单选按钮：中心标记采用中心线的形式，6-9a 所示。

2）“标记”单选按钮：中心标记为一个记号，如图 6-9b 所示。

3）“无”单选按钮：既不产生中心标记，也不产生中心线，如图 6-9c 所示。

4）“大小”微调框：设置中心标记及中心线的大小和粗细。

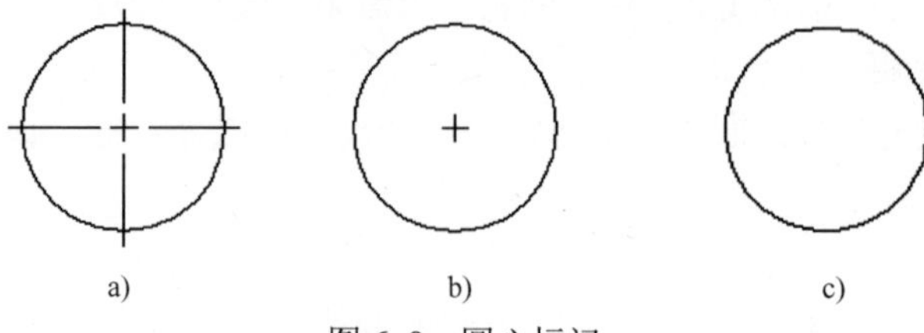

图 6-9　圆心标记

a) 直线　b) 标记　c) 无

（3）“弧长符号”选项组　控制弧长标注中圆弧符号的显示。有三个单选项：

1）“标注文字的前缀”单选按钮：将弧长符号放在标注文字的前面，如图 6-10a 所示。

2）“标注文字的上方”单选按钮：将弧长符号放在标注文字的上方，如图 6-10b 所示。

3）“无”单选按钮：不显示弧长符号，如图 6-10c 所示。

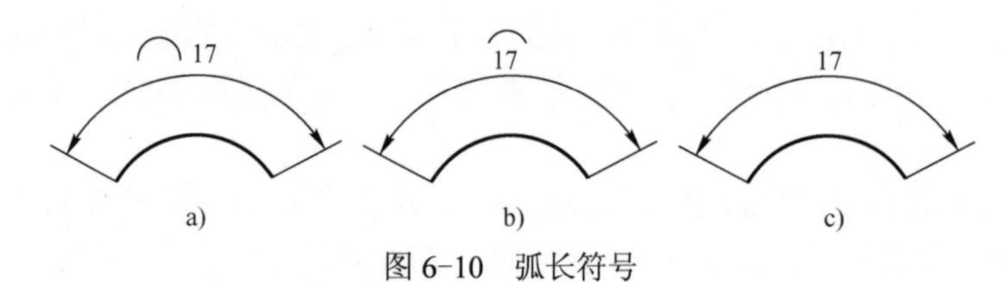

图 6-10　弧长符号

a) 标注文字的前缀　b) 标注文字的上方　c) 无

（4）“半径折弯标注”选项组　控制折弯（Z 字型）半径标注的显示。折弯半径标注通常在圆的中心点位于页面外部时创建。在“折弯角度”文本框中可以输入连接半径标注的尺寸界线和尺寸线横向直线的角度。如图 6-11 所示。

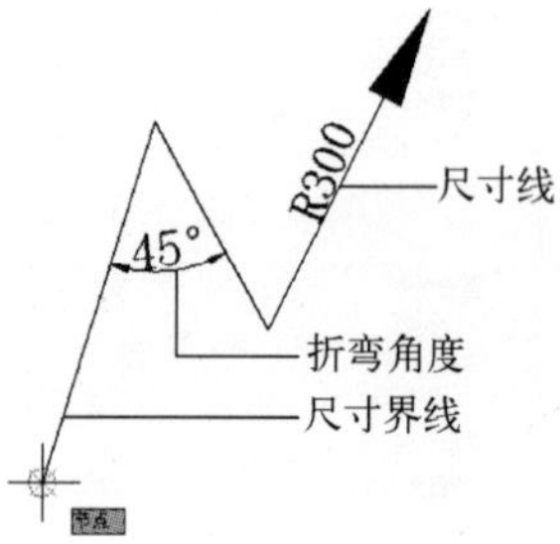

图 6-11　折弯角度

（5）“线性折弯标注”选项组　控制线性标注折弯的显示。当线性标注不能精确表示实际尺寸时，通常将折弯线添加到线性标注中。

（6）“折断标注”选项组　控制折断标注的间距宽度。

4. 文字

在“新建标注样式”对话框中，第三个选项卡就是“文字”，如图 6-12 所示。该选项卡用于设置尺寸文本的形式、布置和对齐方式等。

（1）“文字外观”选项组

1）“文字样式”下拉列表框：选择当前尺寸文本采用的文本样式。可单击右侧向下箭头从下拉列表中选取一个样式，也可单击右侧的[...]按钮，打开“文字样式”对话框，创建新的文本样式或对文本样式进行修改。

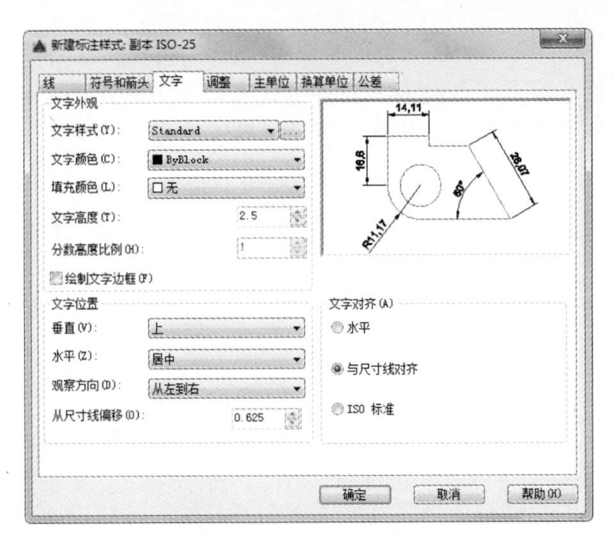

图 6-12 “文字”选项卡

2)“文字颜色”下拉列表框：设置尺寸文本的颜色，其操作方法与设置尺寸线颜色的方法相同。

3)“填充颜色”下拉列表框：用于设置标注中文字背景的颜色。如果选择“选择颜色”选项，系统打开“选择颜色”对话框，可以从 255 种 AutoCAD 索引（ACI）颜色、真彩色和配色系统颜色中选择颜色。

4)“文字高度”微调框：设置尺寸文本的字高。如果选用的文本样式中已设置了具体的字高（不是 0），则此处的设置无效；如果文本样式中设置的字高为“0”，才以此处的设置为准。

5)“分数高度比例”微调框：确定尺寸文本的比例系数。

6)“绘制文字边框”复选框：选中此复选框，AutoCAD 在尺寸文本周围加上边框。

(2)“文字位置”选项组

1)“垂直”下拉列表框：确定尺寸文本相对于尺寸线在垂直方向的对齐方式。单击右侧的向下箭头打开下拉列表，可选择的对齐方式有以下四种。

- 居中：将尺寸文本放在尺寸线的中间。
- 上：将尺寸文本放在尺寸线的上方。
- 外部：将尺寸文本放在远离第一条尺寸界线起点的位置，即和所标注的对象分列于尺寸线的两侧。
- JIS：使尺寸文本的放置符合 JIS（日本工业标准）规则。

四种文本布置方式如图 6-13 所示。

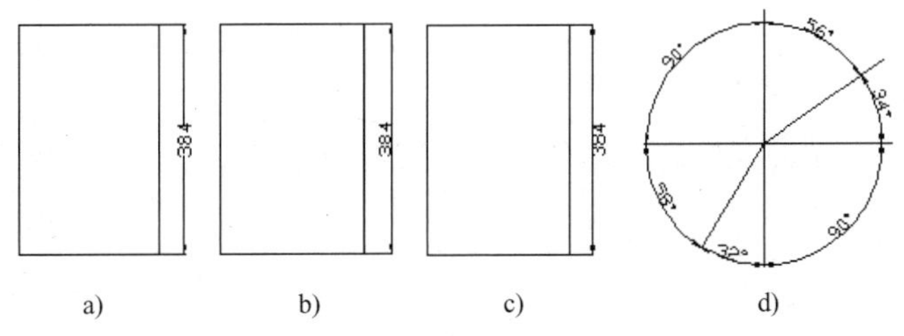

图 6-13 尺寸文本在垂直方向的放置

a) 居中 b) 上方 c) 外部 d) JIS

2）“水平”下拉列表框：确定尺寸文本相对于尺寸线和尺寸界线在水平方向的对齐方式。单击右侧的向下箭头打开下拉列表，对齐方式有以下五种：居中、第一条尺寸界线、第二条尺寸界线、第一条尺寸界线上方和第二条尺寸界线上方，如图 6-14a～图 6-14e 所示。

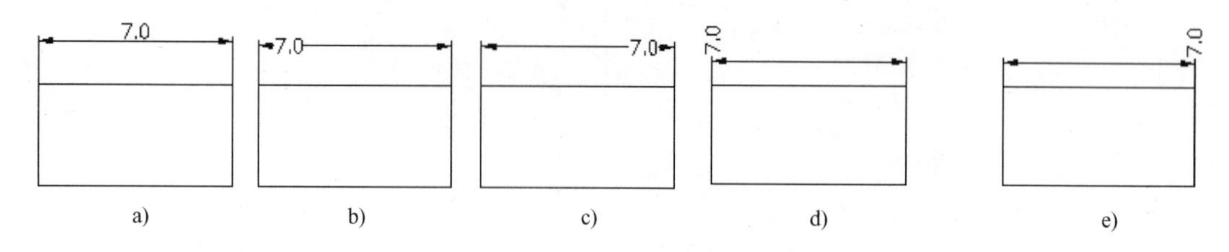

图 6-14　尺寸文本在水平方向的放置

a) 居中　b) 第一条尺寸界线　c) 第二条尺寸界线　d) 第一条尺寸界线上方　e) 第二条尺寸界线上方

3）“从尺寸线偏移”微调框：当尺寸文本放在断开的尺寸线中间时，此微调框用来设置尺寸文本与尺寸线之间的距离（尺寸文本间隙）。

（3）“文字对齐”选项组：用来控制尺寸文本排列的方向。

1）“水平”单选按钮：尺寸文本沿水平方向放置。不论标注什么方向的尺寸，尺寸文本总保持水平。

2）“与尺寸线对齐”单选按钮：尺寸文本沿尺寸线方向放置。

3）“ISO 标准”单选按钮：当尺寸文本在尺寸界线之间时，沿尺寸线方向放置；在尺寸界线之外时，沿水平方向放置。

5．调整

在“新建标注样式”对话框中，第四个选项卡就是“调整”，如图 6-15 所示。该选项卡根据两条尺寸界线之间的空间，设置将尺寸文本、尺寸箭头放在两尺寸界线的里边还是外边。如果空间允许，AutoCAD 总是把尺寸文本和箭头放在尺寸界线的里边，当空间不够时，则根据本选项卡的各项设置放置。

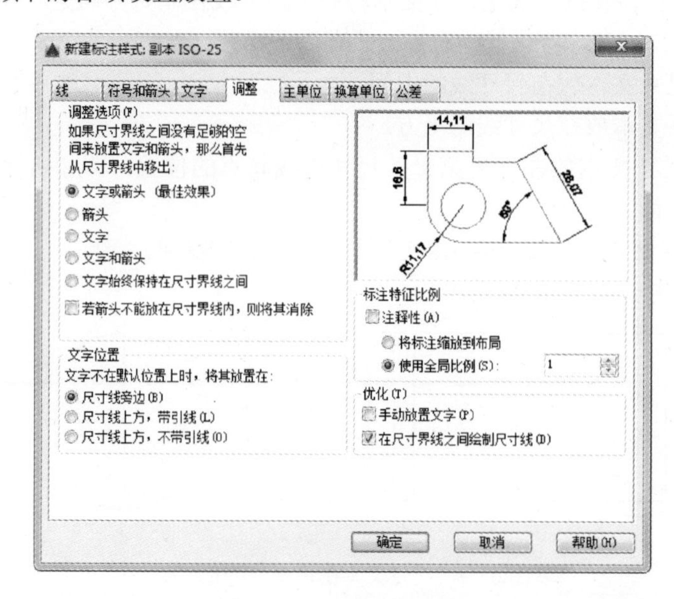

图 6-15　“调整”选项卡

（1）“调整选项”选项组

1）“文字或箭头（最佳效果）”单选按钮：选中此单选按钮，按以下方式放置尺寸文本和箭头。

如果空间允许，把尺寸文本和箭头都放在两尺寸界线之间；如果两尺寸界线之间只够放置尺寸文本，则把文本放在尺寸界线之间，而把箭头放在尺寸界线的外边；如果只够放置箭头，则把箭头放在里边，把文本放在外边；如果两尺寸界线之间既放不下文本，也放不下箭头，则把二者均放在外边。

2）“箭头”单选按钮：选中此单选按钮，按以下方式放置尺寸文本和箭头。

如果空间允许，把尺寸文本和箭头都放在两尺寸界线之间；如果空间只够放置箭头，则把箭头放在尺寸界线之间，把文本放在外边；如果尺寸界线之间的空间放不下箭头，则把箭头和文本均放在外面。

3）“文字”单选按钮：选中此单选按钮，按以下方式放置尺寸文本和箭头。

如果空间允许，把尺寸文本和箭头都放在两尺寸界线之间；否则把文本放在尺寸界线之间，把箭头放在外面；如果尺寸界线之间的空间放不下尺寸文本，则把文本和箭头都放在外面。

4）“文字和箭头”单选按钮：选中此单选按钮，如果空间允许，把尺寸文本和箭头都放在两尺寸界线之间；否则把文本和箭头都放在尺寸界线外面。

5）“文字始终保持在尺寸界线之间”单选按钮：选中此单选按钮，AutoCAD 总是把尺寸文本放在两条尺寸界线之间。

6）“若箭头不能放在尺寸界线内，则将其消除”复选框：选中此复选框，则尺寸界线之间的空间不够时省略尺寸箭头。

（2）“文字位置”选项组　用来设置尺寸文本的位置。其中三个选项的含义如下。

1）“尺寸线旁边”单选按钮：选中此单选按钮，把尺寸文本放在尺寸线的旁边，如图 6-16a 所示。

2）“尺寸线上方，带引线”单选按钮：选中此选项，把尺寸文本放在尺寸线的上方，并用引线与尺寸线相连，如图 6-16b 所示。

3）“尺寸线上方，不带引线”单选按钮：选中此选项，把尺寸文本放在尺寸线的上方，中间无引线，如图 6-16c 所示。

（3）“标注特征比例”选项组

1）“注释性”复选框：指定标注为“annotative”。

2）“使用全局比例”单选按钮：选中此选项，确定尺寸的整体比例系数。其右侧的“比例值”微调框可以用来选择需要的比例。

3）“将标注缩放到布局”单选按钮：选中此选项，确定图纸空间内的尺寸比例系数，默认值为 1。

（4）“优化”选项组　设置附加的尺寸文本布置选项，包含两个选项：

1）“手动放置文字”复选框：选中此复选框，标注尺寸时由用户确定尺寸文本的放置位置，忽略

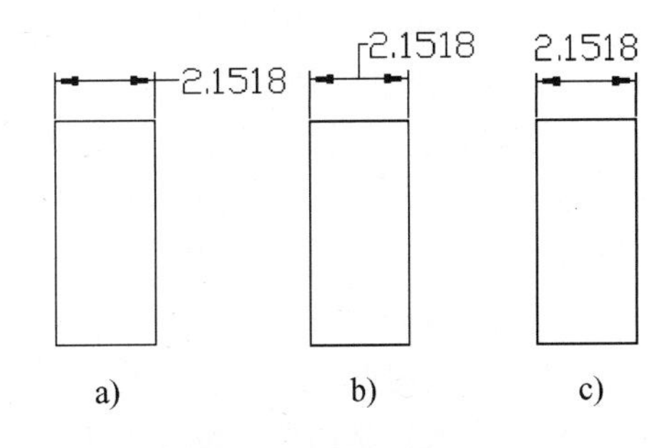

图 6-16　尺寸文本的位置

a) 尺寸线旁边　b) 尺寸线上方，带引线

c) 尺寸线上方，不带引线

前面的对齐设置。

2）“在尺寸界线之间绘制尺寸线”复选框：选中此复选框，不论尺寸文本在尺寸界线内部还是外面，AutoCAD 均在两尺寸界线之间绘出一尺寸线；否则当尺寸界线内放不下尺寸文本而将其放在外面时，尺寸界线之间无尺寸线。

6．主单位

在“新建标注样式”对话框中，第五个选项卡就是“主单位”，如图 6-17 所示。该选项卡用来设置尺寸标注的主单位和精度，以及给尺寸文本添加固定的前缀或后缀。该选项卡含两个选项组，分别对长度型标注和角度型标注进行设置。

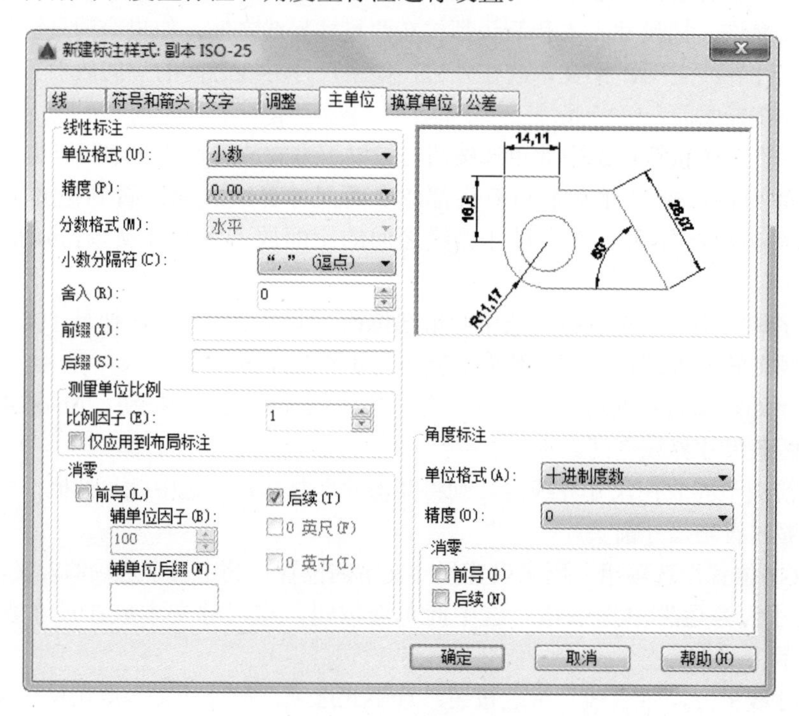

图 6-17 “主单位”选项卡

（1）“线性标注”选项组　用来设置标注长度型尺寸时采用的单位和精度。

1）“单位格式”下拉列表框：确定标注尺寸时使用的单位制（角度型尺寸除外）。在下拉列表中 AutoCAD 提供了“科学”“小数”“工程”“建筑”“分数”和“Windows 桌面”六种单位制，可根据需要选择。

2）“精度”下拉列表框：设置线性标注的精度。

3）“分数格式”下拉列表框：设置分数的形式。AutoCAD 提供了“水平”“对角”和“非堆叠”三种形式供用户选用。

4）“小数分隔符”下拉列表框：确定十进制单位（Decimal）的分隔符，AutoCAD 提供了三种形式：句点“.”、逗点“,”和空格。

5）“舍入”微调框：设置除角度之外的尺寸测量的圆整规则。在文本框中输入一个值，如果输入“1”则所有测量值均圆整为整数。

6）“前缀”文本框：设置固定前缀。可以输入文本，也可以用控制符产生特殊字符，这些文本将被加在所有尺寸文本之前。

7）“后缀”文本框：给尺寸标注设置固定后缀。

8）“测量单位比例”选项组：确定 AutoCAD 自动测量尺寸时的比例因子。其中“比例因子”微调框用来设置除角度之外所有尺寸测量的比例因子。例如，如果用户确定比例因子为 2，AutoCAD 则把实际测量为 1 的尺寸标注为“2”。

如果选中“仅应用到布局标注”复选框，则设置的比例因子只适用于布局标注。

9）“消零”选项组：用于设置是否省略标注尺寸时的 0。

- “前导”复选框：选中此复选框，省略尺寸值处于高位的 0。例如，0.50000 标注为“.50000”。
- “后续”复选框：选中此复选框，省略尺寸值小数点后末尾的 0。例如，12.5000 标注为“12.5”，而 30.0000 标注为“30”。
- “0 英尺”复选框：选中此复选框，采用“工程”和“建筑”单位制时，如果尺寸值<1ft，省略尺位的数值。例如，0'-61/2"标注为“61/2"”。
- “0 英寸”复选框：选中此复选框，采用“工程”和“建筑”单位制时，如果尺寸值是整数时，省略寸位的数值。例如，1'-0"标注为“1'”。

（2）“角度标注”选项组　用来设置标注角度时采用的角度单位。

1）“单位格式”下拉列表框：设置角度单位制。AutoCAD 提供了“十进制度数”“度/分/秒”“百分度”和“弧度”四种角度单位。

2）“精度”下拉列表框：设置角度型尺寸标注的精度。

3）“消零”选项组：设置是否省略标注角度时的 0。

7. 换算单位

在“新建标注样式”对话框中，第六个选项卡就是“换算单位”，如图 6-18 所示。该选项卡用于对替换单位进行设置。

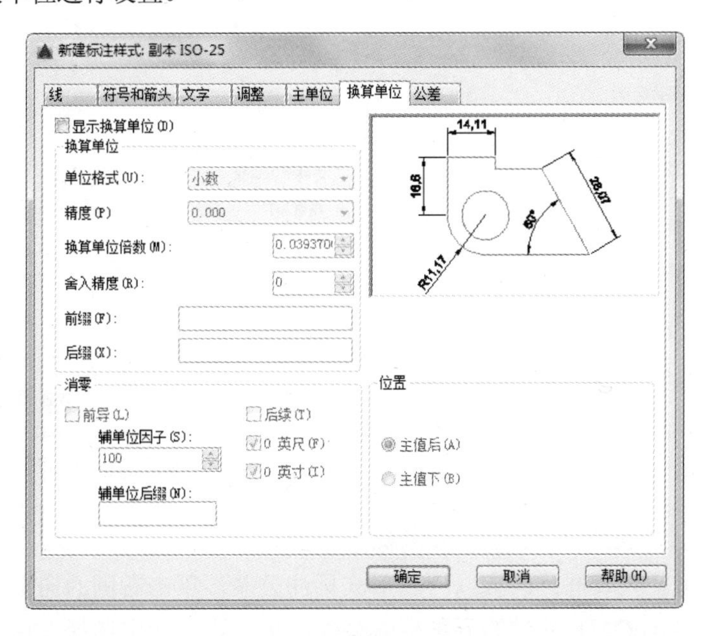

图 6-18 “换算单位”选项卡

（1）“显示换算单位”复选框　选中此复选框，则替换单位的尺寸值同时显示在尺寸文本上。

（2）“换算单位”选项组　用于设置替换单位。其中各项的含义如下。

1）“单位格式”下拉列表框：选取替换单位采用的单位制。

2）“精度”下拉列表框：设置替换单位的精度。

3）“换算单位倍数”微调框：指定主单位和替换单位的转换因子。

4）“舍入精度” 微调框：设定替换单位的圆整规则。

5）“前缀”文本框：设置替换单位文本的固定前缀。

6）“后缀”文本框：设置替换单位文本的固定后缀。

（3）“消零”选项组　设置是否省略尺寸标注中的0。

（4）“位置”选项组　设置替换单位尺寸标注的位置。

1）“主值后”单选按钮：选中此选项，把替换单位尺寸标注放在主单位标注的后边。

2）“主值下”单选按钮：选中此选项，把替换单位尺寸标注放在主单位标注的下边。

8．公差

在“新建标注样式”对话框中，第七个选项卡就是“公差”，如图6-19所示。该选项卡用来确定标注公差的方式。

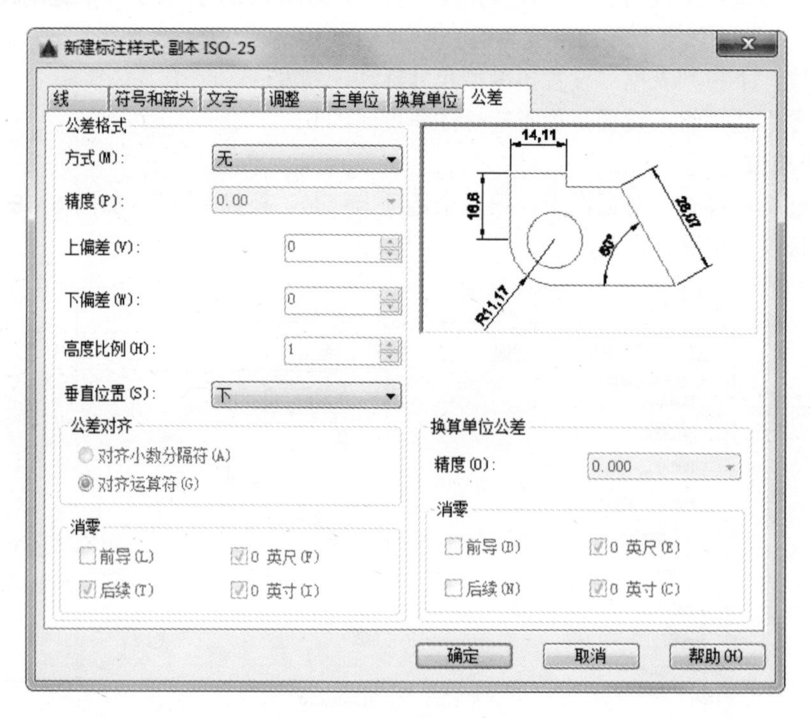

图6-19 “公差”选项卡

（1）“公差格式”选项组　设置公差的标注方式。

1）“方式”下拉列表框：设置以何种形式标注公差。单击右侧的向下箭头打开下拉列表，其中列出了 AutoCAD 提供的五种标注公差的形式，可从中选择。这五种形式分别是

“无”“对称”“极限偏差”“极限尺寸”和“基本尺寸”，其中“无”表示不标注公差，即通常的标注情形。其余四种标注形式如图 6-20 所示。

2）“精度”下拉列表框：确定公差标注的精度。

3）“上偏差”微调框：设置尺寸的上偏差。

4）“下偏差”微调框：设置尺寸的下偏差。

5）“高度比例”微调框：设置公差文本的高度比例，即公差文本的高度与一般尺寸文本的高度之比。

6）“垂直位置”下拉列表框：控制“对称”和“极限偏差”形式的公差标注的文本对齐方式。有三种选项：

- 上：公差文本的顶部与一般尺寸文本的顶部对齐。
- 中：公差文本的中线与一般尺寸文本的中线对齐。
- 下：公差文本的底线与一般尺寸文本的底线对齐。

这三种对齐方式如图 6-21 所示。

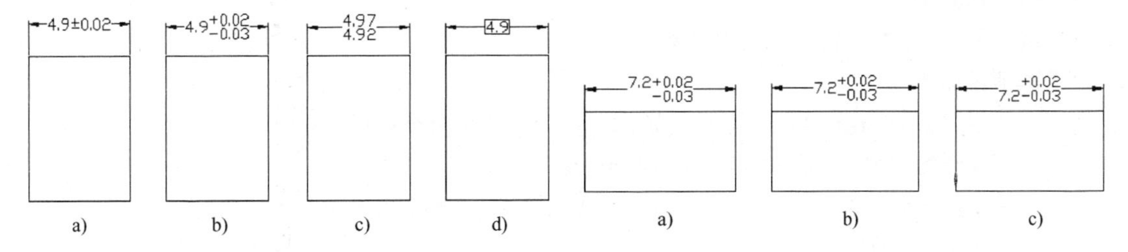

图 6-20 公差标注的形式

a) 对称 b) 极限偏差 c) 极限尺寸 d) 基本尺寸

图 6-21 公差文本的对齐方式

a) 上 b) 中 c) 下

7）“消零”选项组：设置是否省略公差标注中的 0。

（2）“换算单位公差”选项组 对几何公差标注的替换单位进行设置。其中各项的设置方法与上述的相同。

6.2 标注尺寸

正确地进行尺寸标注是设计绘图工作中非常重要的一个环节，AutoCAD 提供了方便快捷的尺寸标注方法，可通过执行命令实现，也可利用菜单或工具图标实现。本节重点介绍如何对各种类型的尺寸进行标注。

6.2.1 线性标注

【执行方式】

命令行：DIMLINEAR（缩写名 DIMLIN）。

菜单栏：标注→线性。

工具栏：标注→线性标注。

功能区：单击“默认”选项卡“注释”面板中的“线性”按钮（见图 6-22），或单击“注释”选项卡“标注”面板中的“线性”按钮（见图 6-23）。

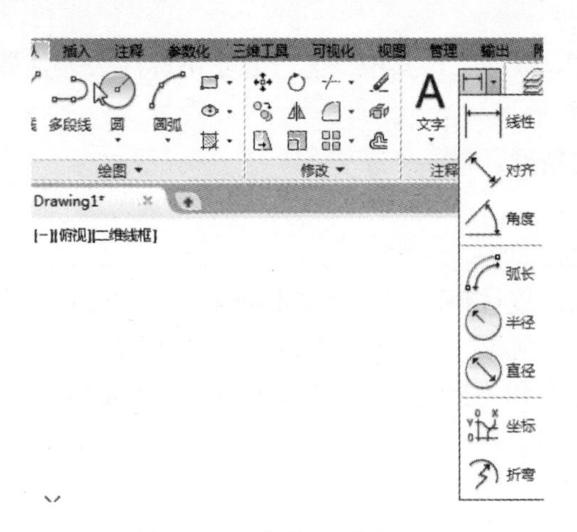

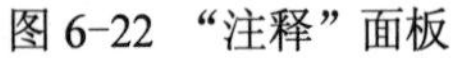

图 6-22 “注释”面板

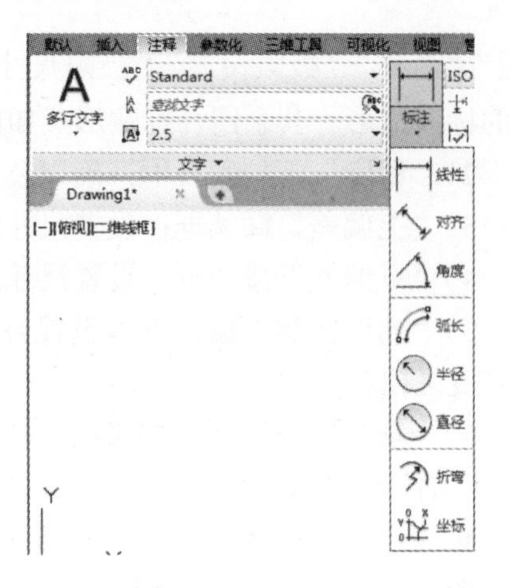

图 6-23 “标注”面板 1

【操作步骤】

命令：DIMLIN↙

指定第一个尺寸界线原点或 <选择对象>:

【选项说明】

（1）直接按〈Enter〉键 光标变为拾取框，并且在命令行提示：

选择标注对象：(用拾取框选取要标注尺寸的线段)

指定尺寸线位置或[多行文字(M)/文字(T)/角度(A)/水平(H)/垂直(V)/旋转(R)]:

各选项的含义如下。

1）指定尺寸线位置：确定尺寸线的位置。用户可移动鼠标选择合适的尺寸线位置，然后按〈Enter〉键或单击鼠标左键，AutoCAD 则自动测量所标注线段的长度并标注出相应的尺寸。

2）多行文字(M)：用多行文本编辑器确定尺寸文本。

3）文字(T)：在命令行提示下输入或编辑尺寸文本。选择此选项后，命令行提示：

输入标注文字 <默认值>:

其中的默认值是 AutoCAD 自动测量得到的被标注线段的长度，直接按〈Enter〉键即可采用此长度值，也可输入其他数值代替默认值。当尺寸文本中包含默认值时，可使用尖括号“<>”表示默认值。

注 意

要在公差尺寸前或后添加某些文本符号，必须输入尖括号“< >”表示默认值。例如，要将图 6-24a 所示原始尺寸改为图 6-24b 所示尺寸，在进行线性标注时，执行“M”或“T”命令后，在“输入标注文字 <默认值>:”提示下应该输入“%%c< >”。如果要将图 6-24a 所示的尺寸文本改为图 6-24c 所示的文本则比较麻烦。因为后面的公差是堆叠文本，这时可以用“多行文字（M）”选项来执行，在多行文字编辑器中输入“5.8+0.1^-0.2”，然后堆叠处理一下即可。

4）角度(A)：确定尺寸文本的倾斜角度。

5）水平(H)：水平标注尺寸，不论标注什么方向的线段，尺寸线均水平放置。

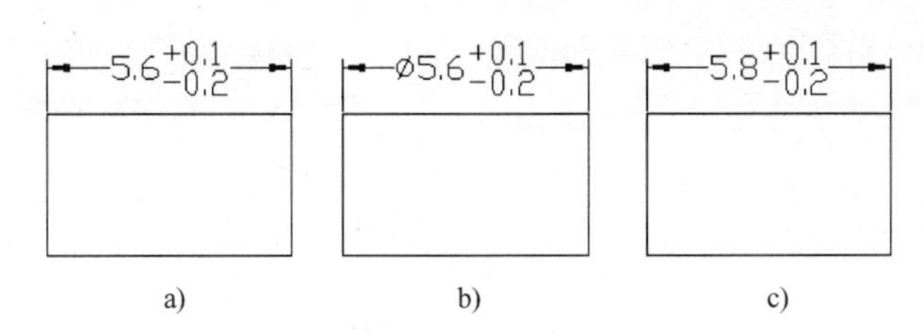

图 6-24　在公差尺寸前或后添加某些文本符号

6）垂直(V)：垂直标注尺寸，不论被标注线段沿什么方向，尺寸线总保持垂直。

7）旋转(R)：输入尺寸线旋转的角度值，旋转标注尺寸。

（2）指定第一条尺寸界线原点：指定第一条与第二条尺寸界线的起始点。

6.2.2 实例——标注胶垫尺寸

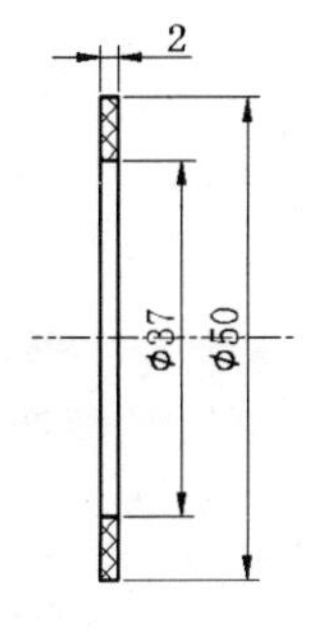

图 6-25　胶垫

标注图 6-25 所示的胶垫尺寸。

【操作步骤】

1．设置绘制环境

单击“标准”工具栏中的“打开”按钮，打开源文件夹下的“胶垫”图形。

选择菜单栏中的“文件”→“保存为”命令，保存文件为“标注胶垫”。

2．设置标注样式

将“尺寸标注”图层设定为当前图层。选择菜单栏中的“格式”→“标注样式”命令，或者单击“样式”工具栏中的“标注样式”按钮，系统弹出图 6-26 所示的“标注样式管理器”对话框。单击“新建”按钮，在弹出的“创建新标注样式”对话框中设置“新样式名”为“机械制图”，如图 6-27 所示。单击“继续”按钮，系统弹出“新建标注样式：机械制图”对话框。在图 6-28 所示的“线”选项卡中，设置“基线间距”为“2”，“超出尺寸线”为“1.25”，“起点偏移量”为“0.625”，其他设置保持默认。在图 6-29 所示的“符号和箭头”选项卡中，设置“箭头”为“实心闭合”，“箭头大小”为“2.5”，其他设置保持默认。在图 6-30 所示的“文字”选项卡中，设置“文字高度”为“3”，其他设置保持默认。在图 6-31 所示的“主单位”选项卡中，设置“精度”为“0.0”，“小数分隔符”为“句点”，其他设置保持默认。完成设置后单击“确认”按钮退出。在“标注样式管理器”对话框中将“机械制图”样式设置为当前样式，单击“关闭”按钮退出。

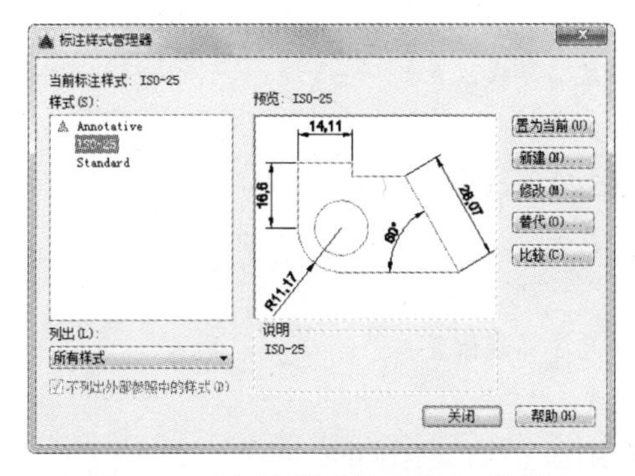

图 6-26　“标注样式管理器”对话框

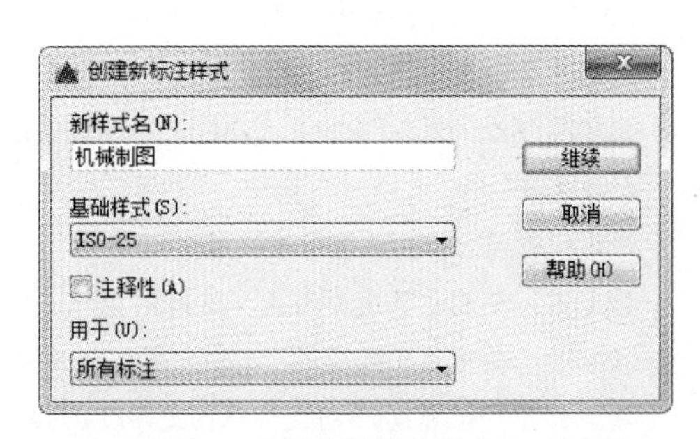

图 6-27　“创建新标注样式”对话框

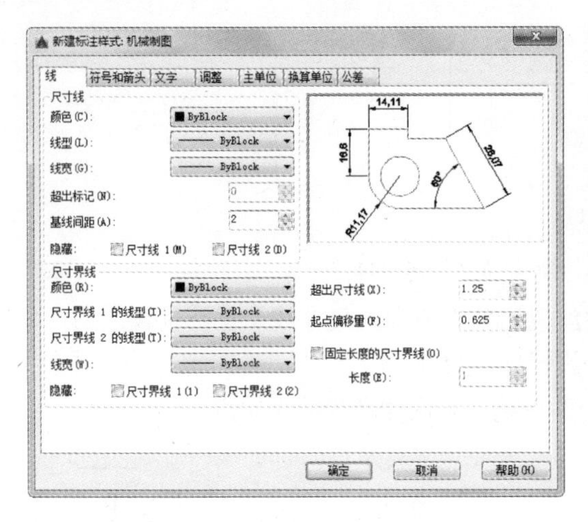

图 6-28　设置“线”选项卡

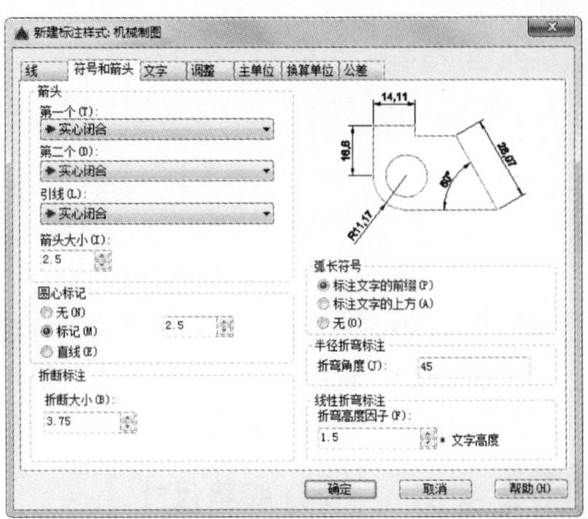

图 6-29　设置“符号和箭头”选项卡

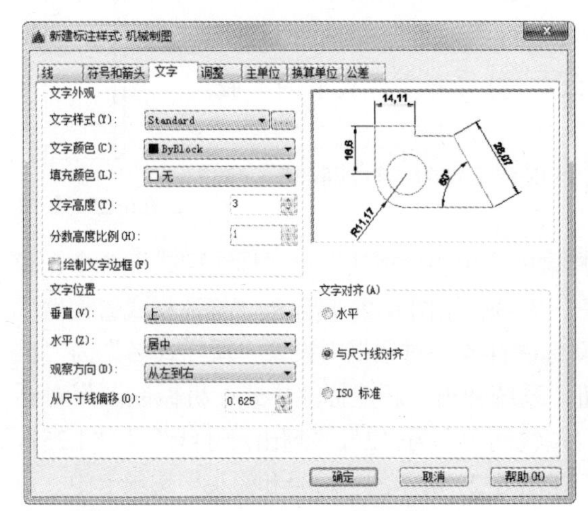

图 6-30　设置“文字”选项卡

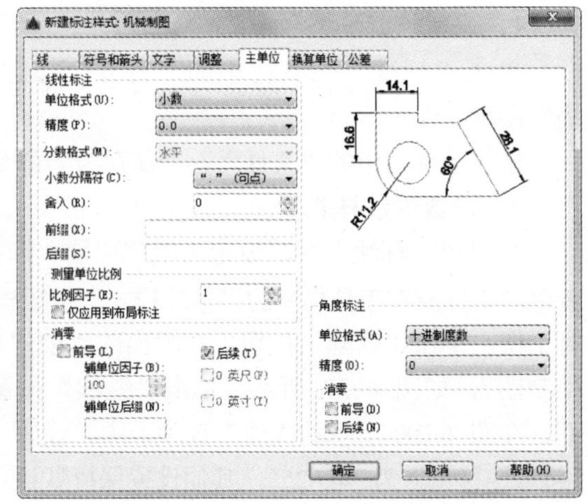

图 6-31　设置“主单位”选项卡

3．标注尺寸

单击“标注”工具栏中的“线性”按钮，对图形进行尺寸标注，命令行提示与操作如下：

命令: _dimlinear↙（标注厚度尺寸“2”）

指定第一个尺寸界线原点或 <选择对象>:（指定第一条尺寸界线位置）

指定第二条尺寸界线原点:（指定第二条尺寸界线位置）

指定尺寸线位置或[多行文字(M)/文字(T)/角度(A)/水平(H)/垂直(V)/旋转(R)]:（选取尺寸放置位置）

标注文字 ＝2

命令: _dimlinear↙（标注直径尺寸“ϕ37”）

指定第一个尺寸界线原点或 <选择对象>:（指定第一条尺寸界线位置）

指定第二条尺寸界线原点:（指定第二条尺寸界线位置）

指定尺寸线位置或[多行文字(M)/文字(T)/角度(A)/水平(H)/垂直(V)/旋转(R)]: t

输入标注文字 <37>: %%c37

指定尺寸线位置或[多行文字(M)/文字(T)/角度(A)/水平(H)/垂直(V)/旋转(R)]：（选取尺寸放置位置）

标注文字 =37

命令: _dimlinear↙（标注直径尺寸“ϕ50”）

指定第一个尺寸界线原点或 <选择对象>:（指定第一条尺寸界线位置）

指定第二条尺寸界线原点:（指定第二条尺寸界线位置）

指定尺寸线位置或[多行文字(M)/文字(T)/角度(A)/水平(H)/垂直(V)/旋转(R)]: t

输入标注文字 <50>: %%c50

指定尺寸线位置或[多行文字(M)/文字(T)/角度(A)/水平(H)/垂直(V)/旋转(R)]：（选取尺寸放置位置）

标注文字 =50

最终结果如图 6-25 所示。

6.2.3 直径和半径标注

【执行方式】

命令行：DIMDIAMETER。

菜单栏：标注→直径。

工具栏：标注→直径标注。

功能区：单击“默认”选项卡“注释”面板中的“直径”按钮，或单击“注释”选项卡“标注”面板中的“直径”按钮。

【操作步骤】

命令: DIMDIAMETER↙

选择圆弧或圆:（选择要标注直径的圆或圆弧）

指定尺寸线位置或 [多行文字(M)/文字(T)/角度(A)]:（确定尺寸线的位置或选某一选项）

用户可以选择“多行文字(M)”选项、“文字(T)”选项或“角度(A)”选项来输入、编辑尺寸文本，或确定尺寸文本的倾斜角度，也可以直接确定尺寸线的位置，标注出指定圆或圆弧的直径。

半径标注参照直径标注。

6.2.4 实例——标注胶木球尺寸

标注图 6-32 所示的胶木球尺寸。

【操作步骤】

（1）设置绘制环境　单击“标准”工具栏中的“打开”按钮，打开源文件夹下的“胶木球”图形。

选择菜单栏中的“文件”→“保存为”命令，保存文件为“标注胶木球”。

（2）设置标注样式　将“尺寸标注”图层设定为当前图层。按 6.2.2 节讲述的相同方法设置标注样式。

（3）标注尺寸

1）单击“标注”工具栏中的“线性”按钮，标注线性尺寸，结果如图 6-33 所示。

2）单击“标注”工具栏中的“直径”按钮，标注直径尺寸，命令行提示与操作如下。

命令: DIMDIAMETER

选择圆弧或圆:（选择要标注直径的圆弧）

标注文字 =18

指定尺寸线位置或 [多行文字(M)/文字(T)/角度(A)]: t

输入标注文字 <18>: s%%c18

指定尺寸线位置或 [多行文字(M)/文字(T)/角度(A)]:（适当指定一个位置）

最终结果如图 6-32 所示。

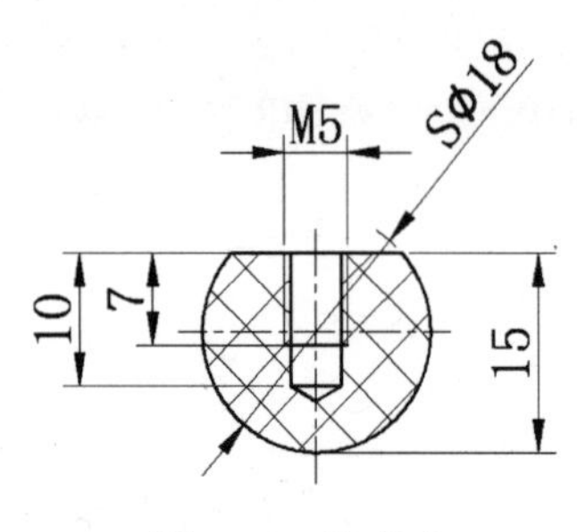

图 6-32　胶木球

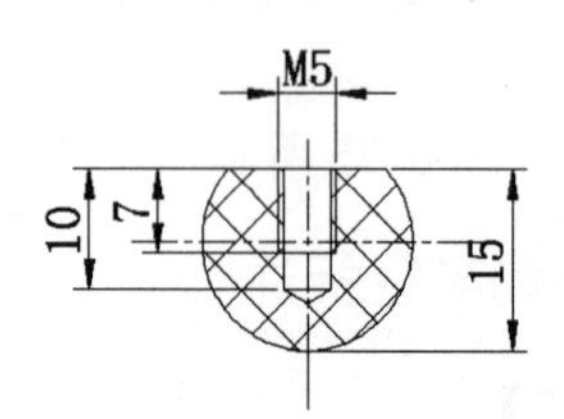

图 6-33　线性尺寸标注

6.2.5 角度型尺寸标注

【执行方式】

命令行：DIMANGULAR。

菜单栏：标注→角度。

工具栏：标注→角度标注△。

功能区：单击“注释”选项卡“标注”面板中的“角度”按钮△，或者单击“默认”选项卡“注释”面板中的“角度”按钮△。

【操作步骤】

命令: DIMANGULAR↙

选择圆弧、圆、直线或 <指定顶点>:

【选项说明】

（1）选择圆弧（标注圆弧的中心角）　当选取一段圆弧后，命令行提示：

指定标注弧线位置或 [多行文字(M)/文字(T)/角度(A)/象限点(Q)]:（确定尺寸线的位置或选取某一项）

在此提示下确定尺寸线的位置，AutoCAD 按自动测量得到的值标注出相应的角度。在此之前用户可以选择“多行文字(M)”选项、“文字(T)”选项或“角度(A)”选项，通过多行文本编辑器或命令行来输入或定制尺寸文本以及指定尺寸文本的倾斜角度。

（2）选择一个圆（标注圆上某段弧的中心角）　当单击圆上一点选择该圆后，命令行提示选取第二点：

指定角的第二个端点:（选取另一点，该点可在圆上，也可不在圆上）

指定标注弧线位置或 [多行文字(M)/文字(T)/角度(A)/象限点(Q)]:

在此提示下确定尺寸线的位置，AutoCAD 标出一个角度值。该角度以圆心为顶点，两条尺寸界线通过所选取的两点，第二点可以不必在圆周上。还可以选择“多行文字(M)”选项、“文字(T)”选项或“角度(A)”选项编辑尺寸文本和指定尺寸文本倾斜角度。如图 6-34

所示。

（3）选择一条直线（标注两条直线间的夹角） 当选取一条直线后，命令行提示选取另一条直线：

选择第二条直线:（选取另外一条直线）

指定标注弧线位置或 [多行文字(M)/文字(T)/角度(A) /象限点(Q)]:

在此提示下确定尺寸线的位置，AutoCAD 标出这两条直线之间的夹角。该角以两条直线的交点为顶点，以两条直线为尺寸界线，所标注角度取决于尺寸线的位置，如图 6-35 所示。用户还可以利用“多行文字(M)”选项、“文字(T)”选项或“角度(A)”选项编辑尺寸文本和指定尺寸文本的倾斜角度。

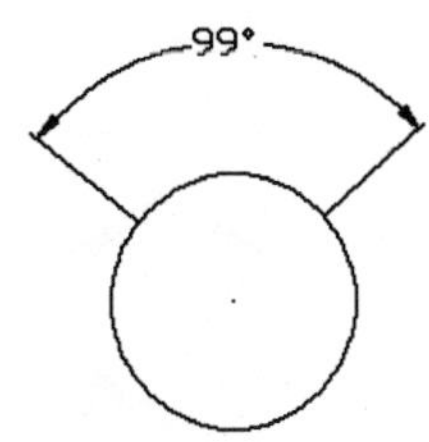

图 6-34 标注角度

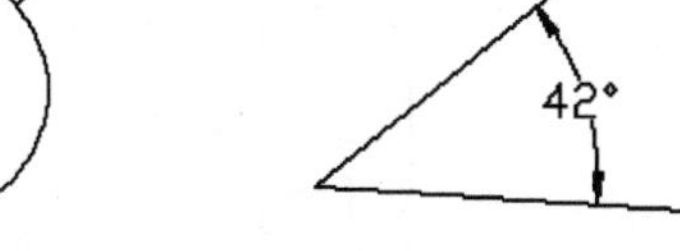

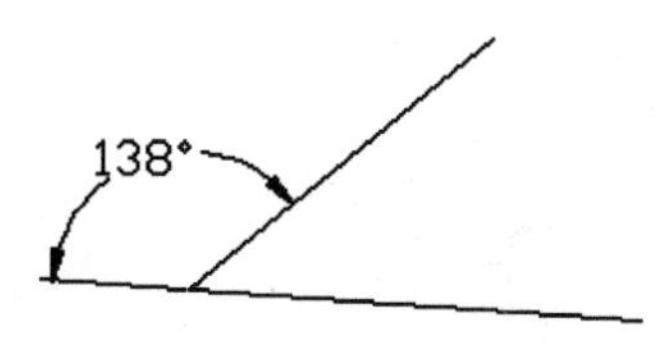

图 6-35 用“DIMANGULAR”命令标注两直线的夹角

（4）<指定顶点> 直接按〈Enter〉键，命令行提示：

指定角的顶点:（指定顶点）

指定角的第一个端点:（输入角的第一个端点）

指定角的第二个端点:（输入角的第二个端点）

创建了无关联的标注。

指定标注弧线位置或 [多行文字(M)/文字(T)/角度(A)/象限点（Q）]:（输入一点作为角的顶点）

在此提示下给定尺寸线的位置，AutoCAD 根据给定的三点标注出角度，如图 6-36 所示。另外，还可以用“多行文字(M)”选项、“文字(T)”选项或“角度(A)”选项编辑尺寸文本和指定尺寸文本的倾斜角度。

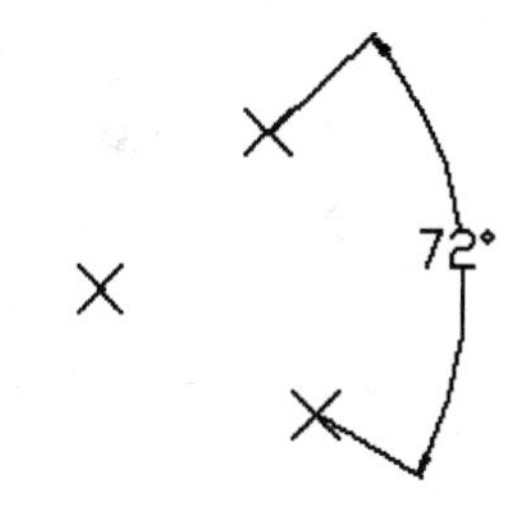

图 6-36 标注三点确定的角度

6.2.6 实例——标注压紧螺母尺寸

标注图 6-37 所示的压紧螺母尺寸。

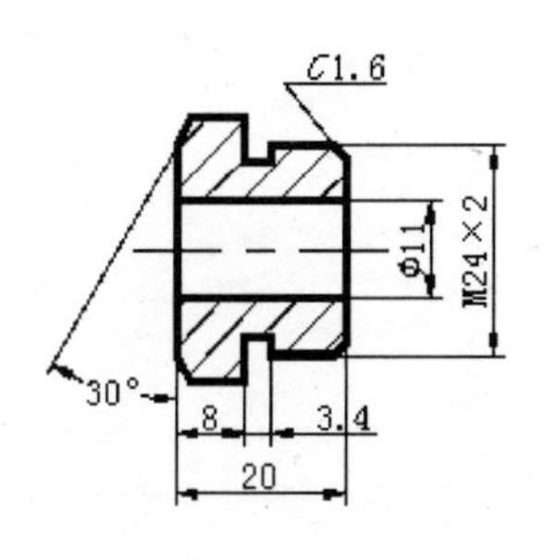

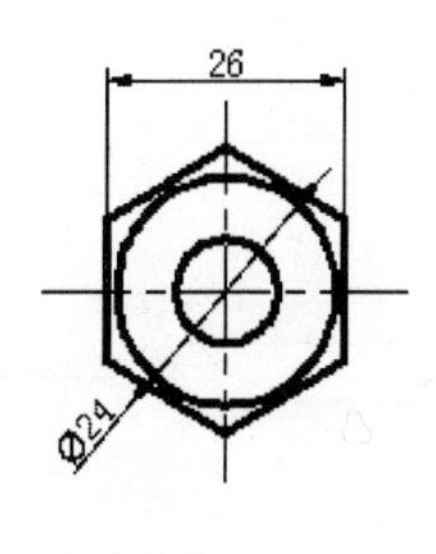

图 6-37 压紧螺母

【操作步骤】

1）设置绘制环境。单击“标准”工具栏中的“打开”按钮，打开源文件夹下的“压紧螺母”图形。

选择菜单栏中的“文件”→“保存为”命令，保存文件为“标注压紧螺母”。

2）设置标注样式。将“尺寸标注”图层设定为当前图层。按 6.2.2 节所述相同方法设置标注样式。

3）标注线性尺寸。单击“标注”工具栏中的“线性”按钮，标注线性尺寸，结果如图 6-38 所示。

4）标注直径尺寸。单击“标注”工具栏中的“直径”按钮，标注直径尺寸，结果如图 6-39 所示。

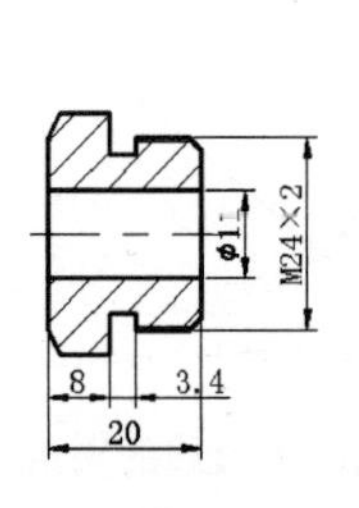

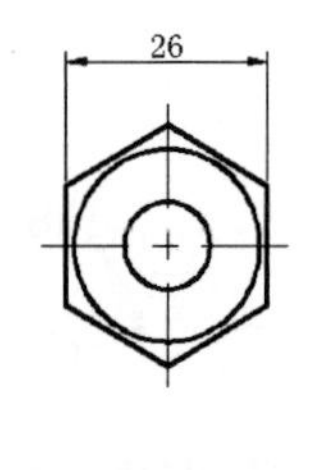

图 6-38　线性尺寸标注

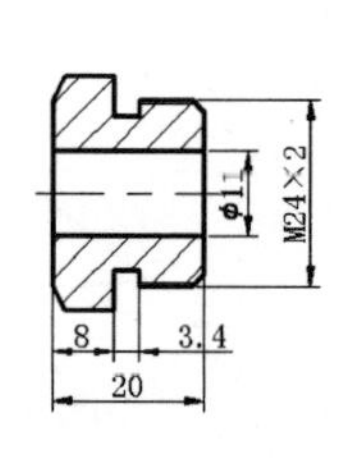

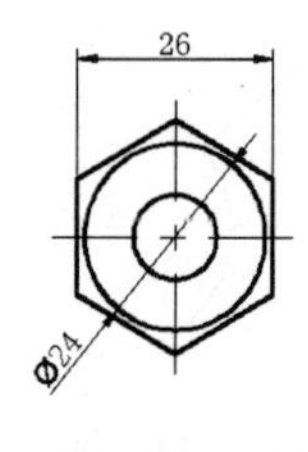

图 6-39　直径尺寸标注

5）设置角度标注尺寸样式。选择菜单栏中的“格式”→“标注样式”命令，或者单击“样式”工具栏中的“标注样式”按钮，在系统弹出的“标注样式管理器”对话框“样式”列表中，选择已经设置的“机械制图”样式。单击“新建”按钮，在弹出的“创建新标注样式”对话框中的“用于”下拉列表中选择“角度标注”，如图 6-40 所示。单击“继续”按钮，弹出“新建标注样式：机械制图：角度”对话框，在“文字”选项卡“文字对齐”选项组选择“水平”单选按钮，其他选项按默认设置，如图 6-41 所示。单击“确定”按钮，回到“标注样式管理器”对话框，“样式”列表中新增加了“机械制图”样式下的“角度”标注样式，如图 6-42 所示。单击“关闭”按钮，“角度”标注样式被设置为当前标注样式，并只对角度标注有效。

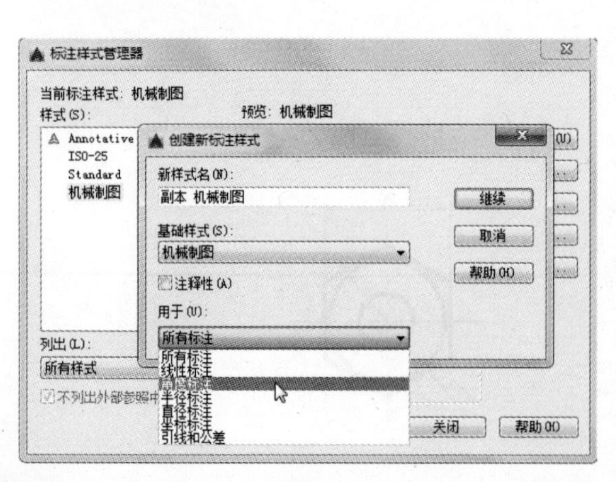

图 6-40　新建标注样式

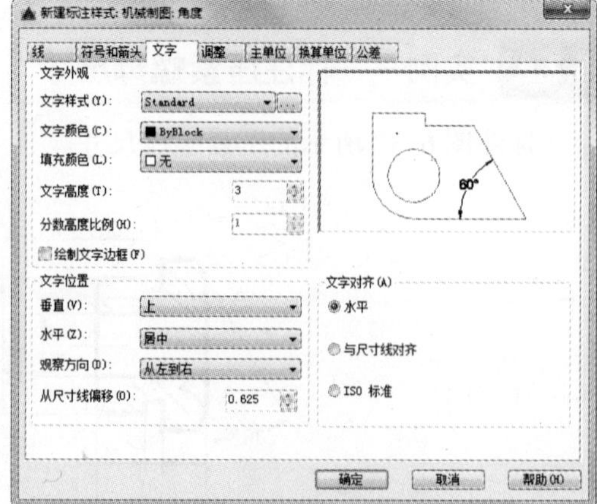

图 6-41　设置标注样式

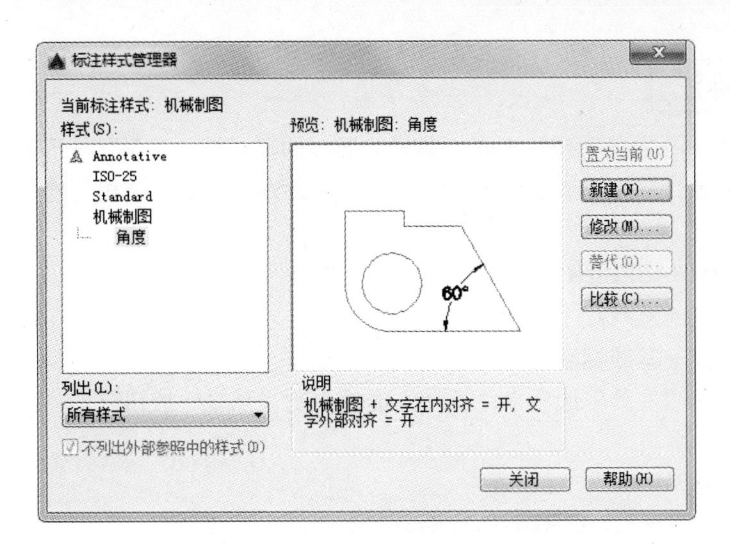

图 6-42 “标注样式管理器”对话框

注 意

在《机械制图》国家标准(GB/T 4458.4-2003)中规定，角度的尺寸数字必须水平放置，所以这里要对角度尺寸的标注样式进行重新设置。

6）标注角度尺寸。单击“标注”工具栏中的“角度”按钮，对图形进行角度尺寸标注，命令行提示与操作如下。

命令: _dimangular

选择圆弧、圆、直线或 <指定顶点>:（选择主视图上倒角的斜线）

选择第二条直线:（选择主视图最左端竖直线）

指定标注弧线位置或 [多行文字(M)/文字(T)/角度(A)/象限点(Q)]:（选择合适位置）

标注文字 ＝30

最终结果如图 6-43 所示。

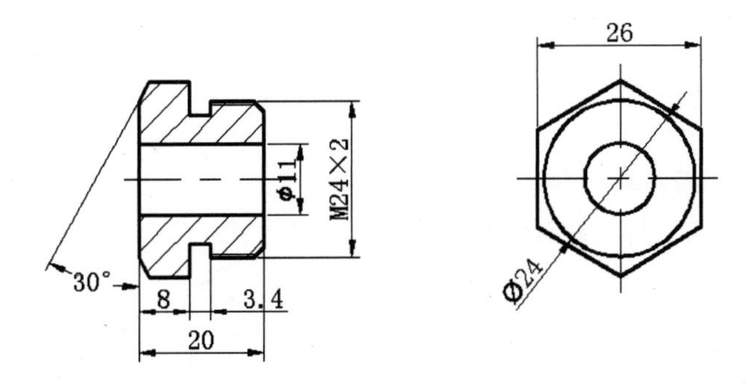

图 6-43 角度尺寸标注

7）标注倒角尺寸 *C*1.6。该尺寸标注方法在后面章节讲述，这里暂且不讲，最终结果如图 6-37 所示。

6.2.7 基线标注

基线标注用于产生一系列基于同一条尺寸界线的尺寸标注，适用于长度尺寸标注、角度标注和坐标标注等。在使用基线标注方式之前，应该先标注出一个相关的尺寸。

【执行方式】

命令行：DIMBASELINE。

菜单栏：标注→基线。

工具栏：标注→基线标注。

功能区：单击“注释”选项卡“标注”面板中的“基线”按钮。

【操作步骤】

命令：DIMBASELINE↙

指定第二条尺寸界线原点或 [放弃(U)/选择(S)] <选择>:

【选项说明】

（1）指定第二条尺寸界线原点　直接确定另一个尺寸的第二条尺寸界线的起点，AutoCAD 以上次标注的尺寸为基准标注出相应尺寸。

（2）<选择>　在上述提示下直接按〈Enter〉键，命令行提示：

选择基准标注：(选取作为基准的尺寸标注)

6.2.8 连续标注

连续标注又称尺寸链标注，用于产生一系列连续的尺寸标注，后一个尺寸标注均把前一个尺寸标注的第二条尺寸界线作为它的第一条尺寸界线。适用于长度型尺寸标注、角度型标注和坐标标注等。在使用连续标注方式之前，应该先标注出一个相关的尺寸。

【执行方式】

命令行：DIMCONTINUE。

菜单栏：标注→连续。

工具栏：标注→连续标注。

功能区：单击“注释”选项卡“标注”面板中的“连续”按钮。

【操作步骤】

命令：DIMCONTINUE↙

选择连续标注：

指定第二条尺寸界线原点或 [放弃(U)/选择(S)] <选择>:

在此提示下的各选项与基线标注中完全相同，不再叙述。

AutoCAD 允许用户利用基线标注方式和连续标注方式进行角度标注，如图 6-44 所示。

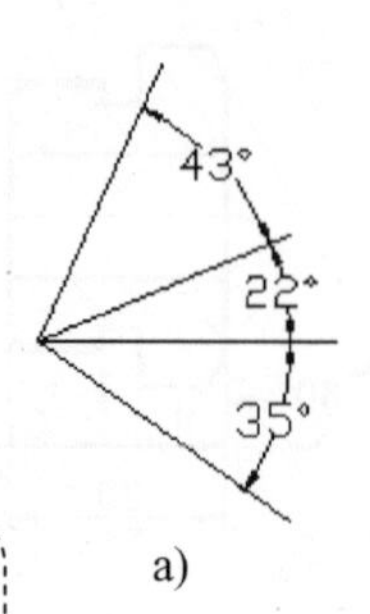

a)

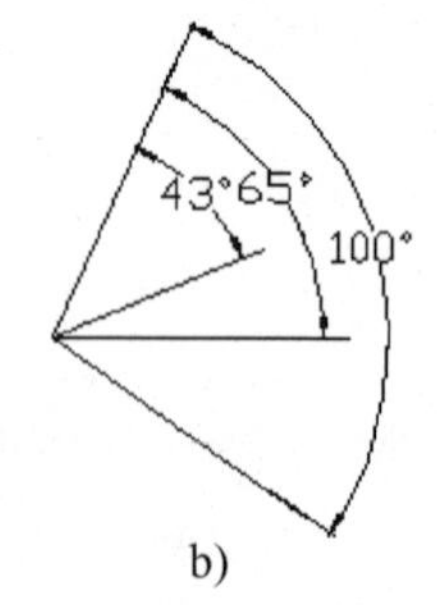

b)

图 6-44　连续型和基线型角度标注
a) 连续型　b) 基线型

6.2.9 实例——标注阀杆尺寸

标注图 6-45 所示的阀杆尺寸。

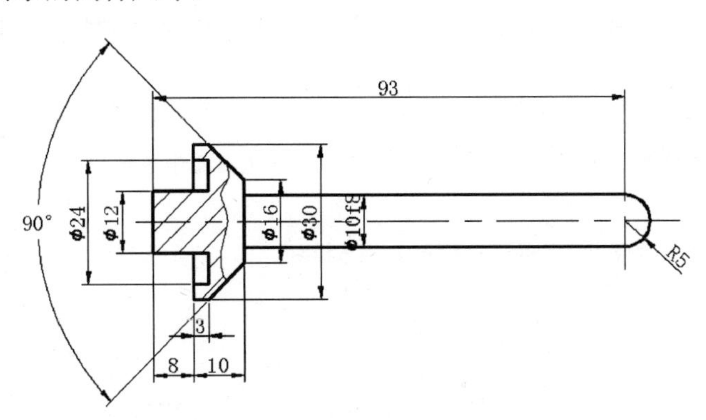

图 6-45 标注阀杆尺寸

【操作步骤】

1）设置绘制环境。单击“标准”工具栏中的“打开”按钮，打开源文件夹下的“阀杆”图形。

选择菜单栏中的“文件”→“保存为”命令，保存文件为“标注阀杆”。

2）设置标注样式。将“尺寸标注”图层设定为当前图层。按 6.2.2 节所述相同方法设置标注样式。

3）标注线性尺寸。单击“标注”工具栏中的“线性”按钮，标注线性尺寸，结果如图 6-46 所示。

4）标注半径尺寸。单击“标注”工具栏中的“半径”按钮，标注圆弧半径尺寸，结果如图 6-47 所示。

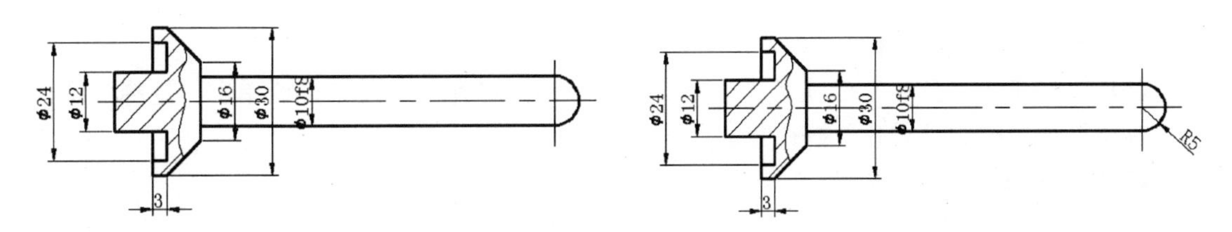

图 6-46 标注线性尺寸

图 6-47 标注半径尺寸

5）设置角度标注样式。按 6.2.6 节所述相同方法设置角度标注样式。

6）标注角度尺寸。单击“标注”工具栏中的“角度”按钮，对图形进行角度尺寸标注，结果如图 6-48 所示。

7）标注基线尺寸。先单击“标注”工具栏中的“线性”按钮，标注线性尺寸“93”，再单击“标注”工具栏中的“基线”按钮，标注基线尺寸“8”，命令行提示与操作如下：

```
命令: _dimbaseline
指定第二条尺寸界线原点或 [放弃(U)/选择(S)] <选择>:（选择尺寸界线）
标注文字 =8
```

指定第二条尺寸界线原点或 [放弃(U)/选择(S)] <选择>:

选择刚标注的线性尺寸的尺寸界线，利用钳夹功能将尺寸线移动到合适的位置，结果如图 6-49 所示。

8）标注连续尺寸。单击“标注”工具栏中的“连续”按钮，标注连续尺寸“10”，命令行提示与操作如下：

命令: _dimcontinue

指定第二条尺寸界线原点或 [放弃(U)/选择(S)] <选择>:（选择尺寸界线）

标注文字 =10

指定第二条尺寸界线原点或 [放弃(U)/选择(S)] <选择>:

最终结果如图 6-45 所示。

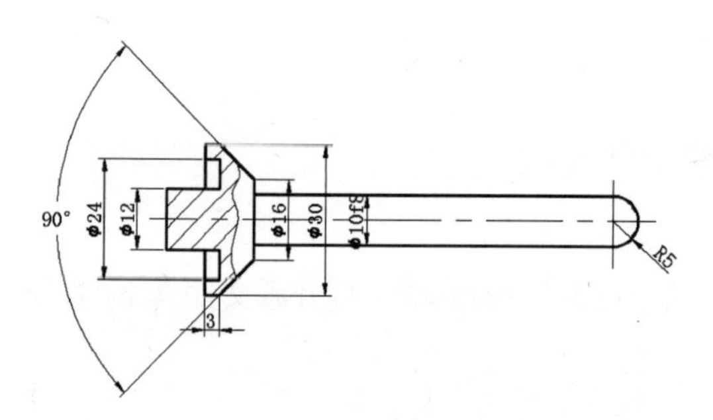

图 6-48　标注角度尺寸

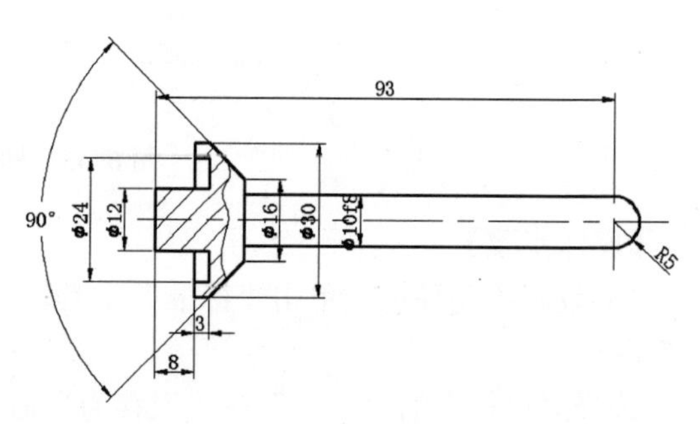

图 6-49　标注基线尺寸

6.2.10 对齐标注

【执行方式】

命令行：DIMALIGNED。

菜单栏：标注→对齐。

工具栏：标注→对齐标注。

功能区：单击“默认”选项卡“注释”面板中的“对齐”按钮，或单击“注释”选项卡“标注”面板中的“对齐”按钮。

【操作步骤】

命令: DIMALIGNED↙

指定第一条尺寸界线原点或 <选择对象>:

该命令标注的尺寸线与所标注轮廓线平行，标注的是起始点到终点之间距离尺寸。

6.2.11 实例——标注手把尺寸

标注图 6-50 所示的手把尺寸。

【操作步骤】

1）设置绘制环境。单击“标准”工具栏中的“打开”按钮，打开源文件夹下的“手把”图形。

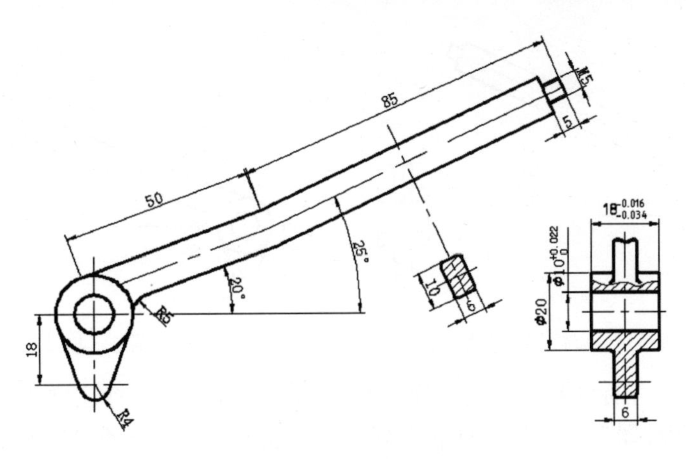

图 6-50　标注手把尺寸

选择菜单栏中的“文件”→“保存为”命令，保存文件为“标注手把”。

2）设置标注样式。将“尺寸标注”图层设定为当前图层。按 6.2.2 节所述相同方法设置标注样式。

3）标注线性尺寸。单击“标注”工具栏中的“线性”按钮，标注线性尺寸，结果如图 6-51 所示。

4）标注半径尺寸。单击“标注”工具栏中的“半径”按钮，标注圆弧半径尺寸，结果如图 6-52 所示。

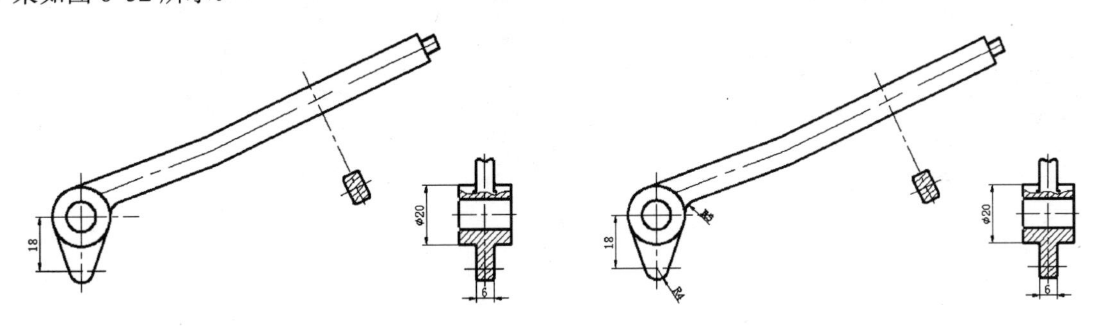

图 6-51　标注线性尺寸　　图 6-52　标注半径尺寸

5）设置角度标注样式。按 6.2.6 节所述相同方法设置角度标注样式。

6）标注角度尺寸。单击“标注”工具栏中的“角度”按钮，对图形进行角度尺寸标注，结果如图 6-53 所示。

7）标注对齐尺寸。单击“标注”工具栏中的“对齐”按钮，对图形进行对齐尺寸标注，命令行提示与操作如下。

命令: _dimaligned

指定第一个尺寸界线原点或 <选择对象>:（选择合适的标注起始位置点）

指定第二条尺寸界线原点:（选择合适的标注终止位置点）

指定尺寸线位置或[多行文字(M)/文字(T)/角度(A)]:（指定合适的尺寸线位置）

标注文字 =50

相同方法标注其他对齐尺寸，结果如图 6-54 所示。

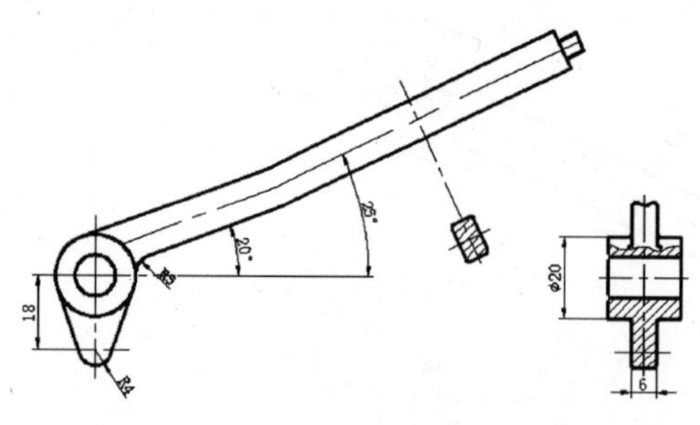

图 6-53　标注角度尺寸

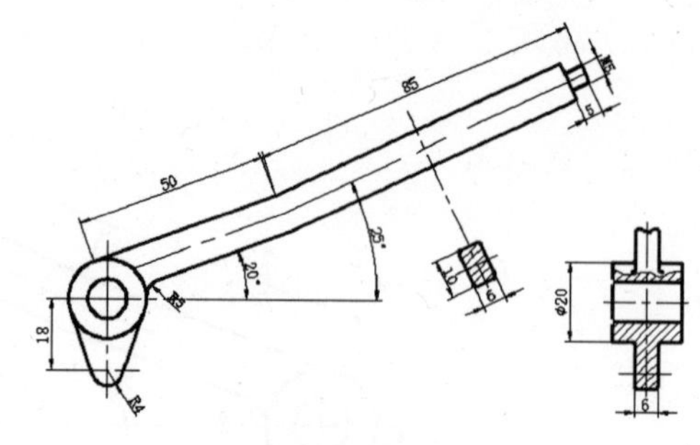

图 6-54　标注对齐尺寸

8）设置公差尺寸标注样式。选择菜单栏中的“格式”→“标注样式”命令，在系统弹出的“标注样式管理器”对话框“样式”列表中，选择已经设置的“机械制图”样式。单击“替代”按钮，打开“替代当前样式：机械制图”对话框，在其中的“公差”选项卡中，选择“方式”为“极限偏差”，“精度”为“0.000”，在“上偏差”文本框中输入“0.022”，在“下偏差”文本框中输入“0”，在“高度比例”文本框中输入“0.5”，在“垂直位置”下拉列表框中选择“中”，如图 6-55 所示。再打开“主单位”选项卡，在“前缀”文本框中输入“%%C”，如图 6-56 所示。单击“确定”按钮，退出“替代当前样式：机械制图”对话框，再单击“关闭”按钮，退出“标注样式管理器”对话框。

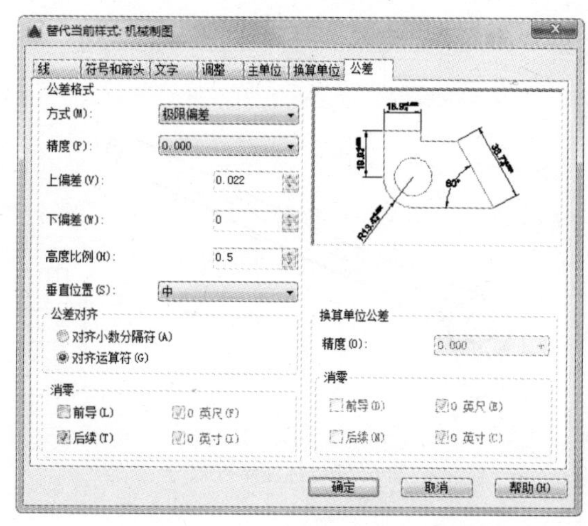

图 6-55　设置“公差”选项卡

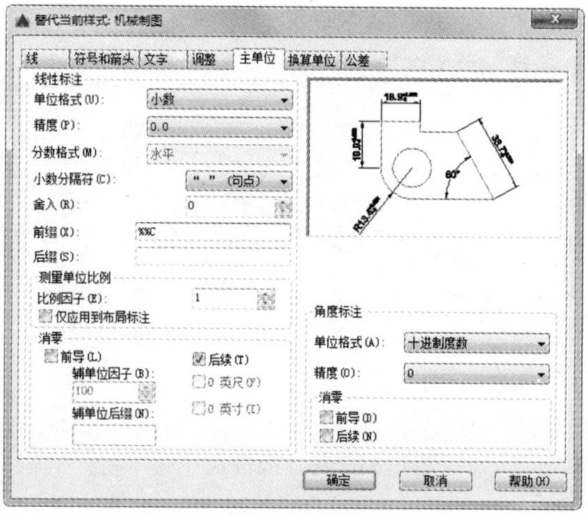

图 6-56　设置“主单位”选项卡

注 意

1）“上（下）偏差”文本框中的数值不能随意填写，应该查阅相关工程手册中的标准公差数值。本例标准的是基准尺寸为“10”，孔公差系列为 H8 的尺寸，查阅相关手册，上偏差为“+22”（即 0.022），下偏差为“0”。这样一来，每次标注新的、不同的公差值的公差尺寸，就要重新设置一次替代标注样式，相当烦琐。当然，也可以采取另一种相对简单的方法，后面会讲述，读者注意体会。

2）系统默认在下偏差数值前加一个“-”符号，如果下偏差为正值，一定要在“下偏差”文本框中输入一个“负号（-）”。

3）“精度”一定要选择为“0.000”，即小数点后三位数字，否则显示的偏差会出错。

4）“高度比例”文本框中一定要输入“0.5”，这样竖直堆放在一起的两个偏差数字的总的高度就和前面的基准数值高度相近，符合《机械制图》相关标准。

5）“垂直位置”下拉列表框中选择“中”，可以使偏差数值与前面的基准数值对齐，相对美观，也符合《机械制图》相关标准。

6）在“主单位”选项卡的“前缀”文本框中输入“%%C”的目的是要标注线性尺寸的直径符号 ϕ。此处不能采用普通的不带偏差值的线性尺寸的标准方法，即不能通过重新输入文字值来处理，因为重新输入文字时无法输入上下偏差值（其实可以，但非常烦琐，一般读者很难掌握，这里就不再介绍了）。

9）标注公差尺寸。单击“标注”工具栏中的“线性”按钮，标注公差尺寸，结果如图 6-57 所示。

10）单击“标注”工具栏中的“线性”按钮，标注另一个公差尺寸，结果如图 6-58 所示。该公差尺寸有两个地方不符合实际情况：一是前面多了一个直径符号 ϕ，二是公差数值不符合实际公差系列中查阅的数值，所以需要修改。

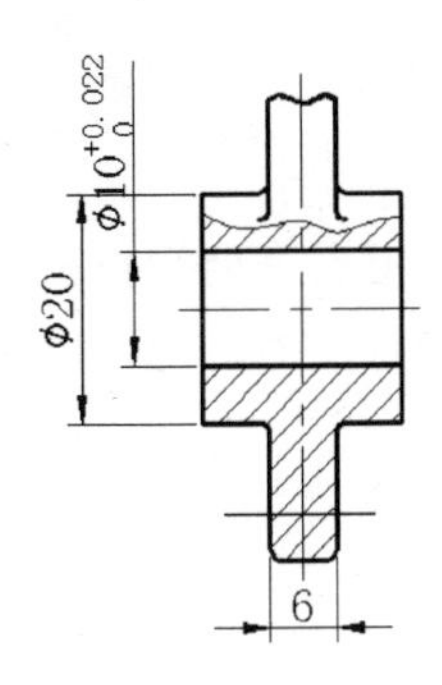

图 6-57　标注公差尺寸

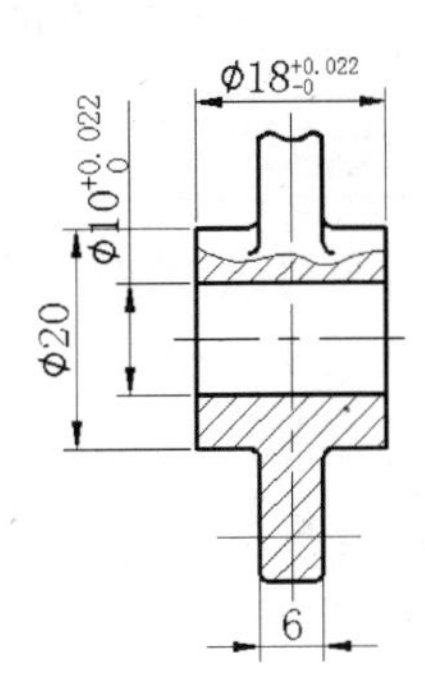

图 6-58　标注另一个公差尺寸

11）修改公差值。单击“修改”工具栏中的“分解”按钮，将刚标注的公差尺寸分解。鼠标左键双击分解后的尺寸数字，打开文字格式编辑器，如图 6-59 所示。选择公差数字，这时，文字格式编辑器上的“堆叠”按钮处于可用的亮显状态，单击该按钮，把公差数值展开，如图 6-60 所示。将公差数字前面的直径符号 ϕ 去掉，修改公差值，再次选择展开后的公差数字，单击“堆叠”按钮，如图 6-61 所示。单击文字格式编辑器上的“确定”按钮，修改结果如图 6-62 所示。

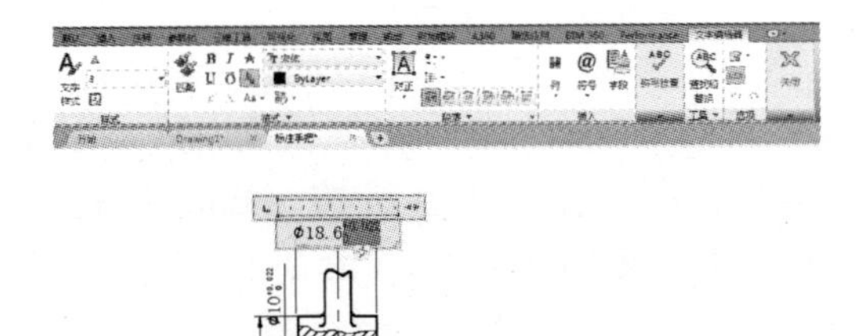

图 6-59　打开文字格式编辑器

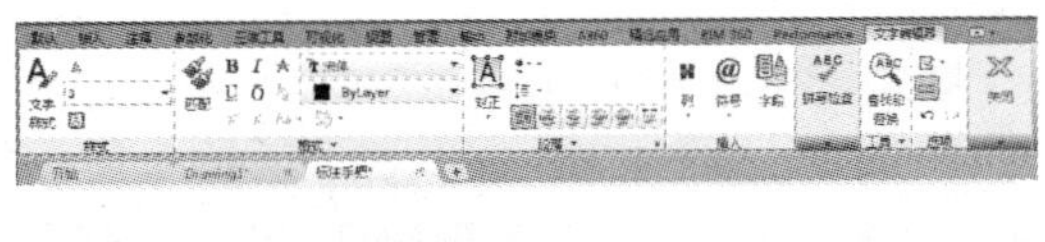

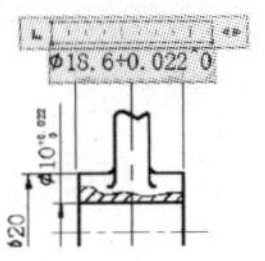

图 6-60　展开公差数字

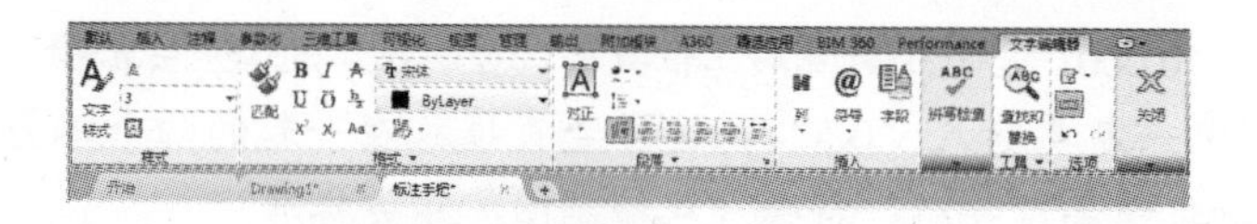

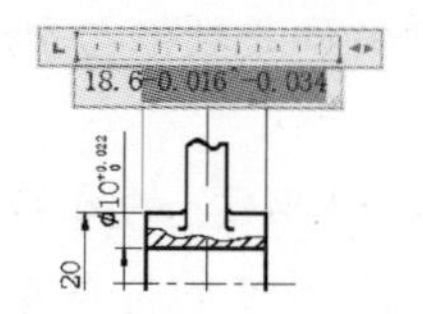

图 6-61　选择公差数字

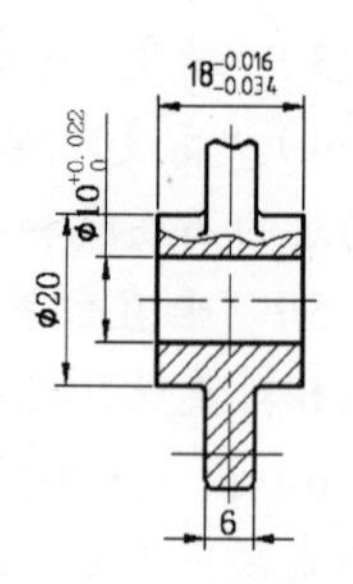

图 6-62　修改结果

最终结果如图 6-50 所示。

6.3　引线标注

AutoCAD 提供了引线标注功能，利用该功能不仅可以标注特定的尺寸，如圆角、倒角等，还可以实现在图中添加多行旁注和说明。在引线标注中指引线可以是折线，也可以是曲线，指引线端部可以有箭头，也可以没有箭头。

6.3.1　一般引线标注

“LEADE”命令可以创建灵活多样的引线标注形式，可根据需要把指引线设置为折线或曲线，指引线可带箭头，也可不带箭头，注释文本可以是多行文本，也可以是几何公差，可以从图形其他部位复制，还可以是一个图块。

【执行方式】

命令行：LEADER。

【操作步骤】

命令：LEADER↙

指定引线起点：(输入指引线的起始点)

指定下一点：(输入指引线的另一点)

指定下一点或 [注释(A)/格式(F)/放弃(U)] <注释>:

【选项说明】

（1）指定下一点　直接输入一点，AutoCAD 根据前面的点画出折线作为指引线。

（2）<注释>　输入注释文本，为默认项。在上面提示下直接按〈Enter〉键，命令行提示：

输入注释文字的第一行或 <选项>:

1）输入注释文本：在此提示下输入第一行文本后按〈Enter〉键，可继续输入第二行文本，如此反复执行，直到输入全部注释文本，然后在此提示下直接按〈Enter〉键，AutoCAD 会在指引线终端标注出所输入的多行文本，并结束“LEADER”命令。

2）直接按〈Enter〉键：如果在上面的提示下直接按〈Enter〉键，命令行提示：

输入注释选项 [公差(T)/副本(C)/块(B)/无(N)/多行文字(M)] <多行文字>:

在此提示下选择一个注释选项或直接按〈Enter〉键选择“多行文字”选项。其中各选项的含义如下。

- 公差(T)：标注几何公差。几何公差的标注见 6.4 节。
- 副本(C)：把已由“LEADER”命令创建的注释复制到当前指引线末端。执行该选项，系统提示：

选择要复制的对象:

在此提示下选取一个已创建的注释文本，则 AutoCAD 把它复制到当前指引线的末端。

- 块(B)：插入块，把已经定义好的图块插入到指引线的末端。执行该选项，系统提示：

输入块名或 [?]:

在此提示下输入一个已定义好的图块名，AutoCAD 把该图块插入到指引线的末端。或输入“？”列出当前已有图块，用户可从中选择。

- 无(N)：不进行注释，没有注释文本。
- <多行文字>：用多行文本编辑器标注注释文本并定制文本格式，此为默认选项。

（3）格式(F)　确定指引线的形式。选择该选项，命令行提示：

输入引线格式选项 [样条曲线(S)/直线(ST)/箭头(A)/无(N)] <退出>:

选择指引线形式，或直接按〈Enter〉键回到上一级提示。

1）样条曲线(S)：设置指引线为样条曲线。

2）直线(ST)：设置指引线为折线。

3）箭头(A)：在指引线的起始位置画箭头。

4）无(N)：在指引线的起始位置不画箭头。

5）<退出>：此项为默认选项，选取该选项退出“格式（F）”选项，返回“指定下一点或 [注释(A)/格式(F)/放弃(U)] <注释>:”提示，并且指引线形式按默认方式设置。

6.3.2 快速引线标注

利用“QLEADER”命令可快速生成指引线及注释，而且可以通过命令行优化对话框进行用户自定义，由此可以消除不必要的命令行提示，取得最高的工作效率。

【执行方式】

命令行：QLEADER。

【操作步骤】

命令: QLEADER↙

指定第一个引线点或 [设置(S)] <设置>:

【选项说明】

（1）指定第一个引线点　在上面的提示下确定一点作为指引线的第一点，命令行提示：

指定下一点:（输入指引线的第二点）

指定下一点:（输入指引线的第三点）

AutoCAD 提示用户输入的点的数目由“引线设置”对话框确定。输入完指引线的点后，命令行提示：

指定文字宽度 <0.0000>:（输入多行文本的宽度）

输入注释文字的第一行 <多行文字(M)>:

此时，有两种命令输入选项，含义如下。

1）输入注释文字的第一行：在命令行输入第一行文本。系统继续提示：

输入注释文字的下一行：（输入另一行文本）

输入注释文字的下一行：（输入另一行文本或按〈Enter〉键）

2）<多行文字(M)>：打开多行文字编辑器，输入编辑多行文字。

直接按〈Enter〉键，结束“QLEADER”命令，并把多行文本标注在指引线的末端附近。

（2）<设置>：直接按〈Enter〉键或输入“S”，打开“引线设置”对话框，允许对引线标注进行设置。该对话框包含“注释”“引线和箭头”和“附着”三个选项卡，下面分别进行介绍。

1）“注释”选项卡（见图 6-63）：用于设置引线标注中注释文本的类型、多行文本的格式并确定注释文本是否多次使用。

2）“引线和箭头”选项卡（见图 6-64）：用来设置引线标注中指引线和箭头的形式。其中“点数”选项组设置执行“QLEADER”命令时命令行提示用户输入的点的数目。例如，设置点数为“3”，执行“QLEADER”命令时当用户在提示下指定三个点后，命令行自动提示用户输入注释文本。注意设置的点数要比用户希望的指引线的段数多 1，可利用微调框进行设置。如果选择“无限制”复选框，命令行会一直提示用户输入点直到连续按〈Enter〉键两次为止。“角度约束”选项组设置第一段和第二段指引线的角度约束。

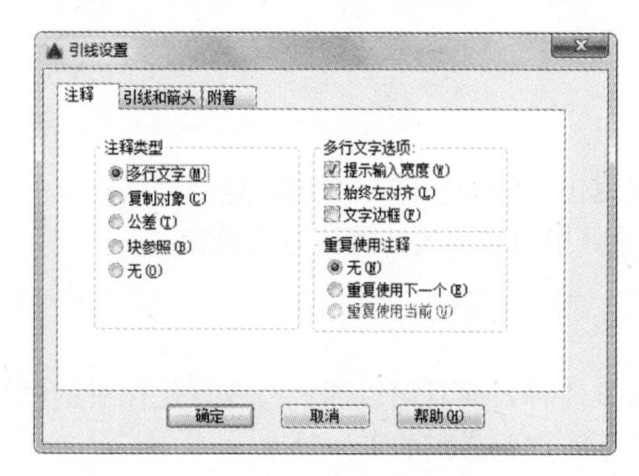

图 6-63 “引线设置”对话框“注释”选项

图 6-64 “引线设置”对话框“引线和箭头”选项卡

3）“附着”选项卡（见图 6-65）：设置注释文本和指引线的相对位置。如果最后一段指引线指向右边，系统自动把注释文本放在右侧；反之放在左侧。利用该选项卡左侧和右侧的单选按钮，可分别设置位于左侧和右侧的注释文本与最后一段指引线的相对位置，二者可相同也可不相同。

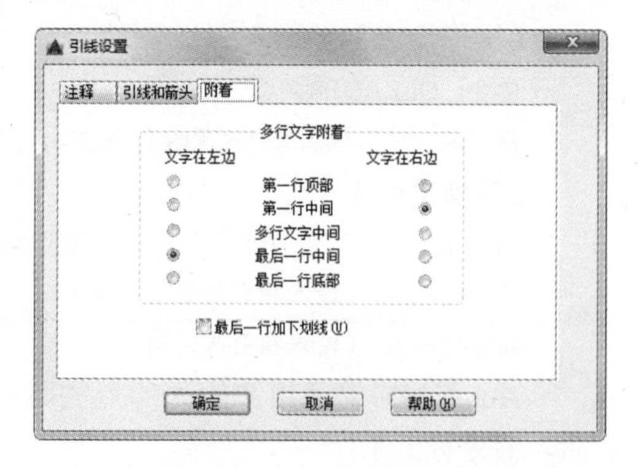

图 6-65 “引线设置”对话框的“附着”选项卡

6.3.3 多重引线标注

多重引线的创建有箭头优先、引线基线优先和内容优先三种形式。

【执行方式】

命令行：MLEADER。

菜单栏：标注→多重引线。

工具栏：标注→多重引线。

功能区：单击“默认”选项卡“注释”面板中的“引线”按钮。

【操作步骤】

命令: MLEADER

指定引线箭头的位置或 [引线基线优先(L)/内容优先(C)/选项(O)] <选项>:

【选项说明】

（1）引线箭头位置　指定多重引线对象箭头的位置。

（2）引线基线优先(L)　指定多重引线对象的基线的位置。如果先前绘制的多重引线对象是基线优先，则后续的多重引线也将先创建基线（除非另外指定）。

（3）内容优先(C)　指定与多重引线对象相关联的文字或块的位置。如果先前绘制的多重引线对象是内容优先，则后续的多重引线对象也将先创建内容（除非另外指定）。

（4）选项（O）　指定用于放置多重引线对象的选项。选择该选项，命令行提示：

输入选项 [引线类型(L)/引线基线(A)/内容类型(C)/最大点数(M)/第一个角度(F)/第二个角度(S)/退出选项(X)]:

1）引线类型（L）：指定要使用的引线类型。选择该选项，命令行提示：

输入选项 [类型(T)/基线(L)]:

● 类型(T)：指定直线、样条曲线或无引线。选择该选项，命令行提示：

选择引线类型 [直线(S)/样条曲线(P)/无(N)]:

● 基线(L)：更改水平基线的距离。选择该选项，命令行提示：

使用基线 [是(Y)/否(N)]:

如果此时选择“否”，则不会有与多重引线对象相关联的基线。

2）内容类型(C)：指定要使用的内容类型。选择该选项，命令行提示：

输入内容类型 [块(B)//无(N)]:

● 块：指定图形中的块，以与新的多重引线相关联。选择该选项，命令行提示：

输入块名称:

● 无：指定“无”内容类型。

3）最大点数(M)：指定新引线的最大点数。选择该选项，命令行提示：

输入引线的最大点数或 <无>:

4）第一个角度(F)：约束新引线中的第一个点的角度。选择该选项，命令行提示：

输入第一个角度约束或 <无>:

5）第二个角度(S)：约束新引线中的第二个角度。选择该选项，命令行提示：

输入第二个角度约束或 <无>:

6）退出选项(X)：返回到第一个“MLEADER”命令提示。

6.3.4 实例——标注螺堵尺寸

标注图 6-66 所示的螺堵尺寸。

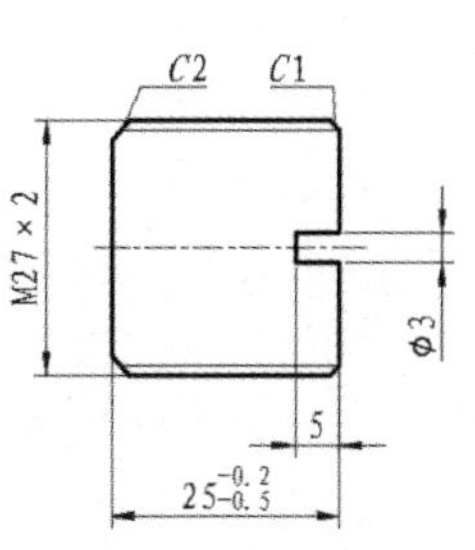

图 6-66　螺堵

【操作步骤】

1）设置绘制环境。单击“标准”工具栏中的“打开”按钮，打开源文件夹下的“螺堵”图形。

选择菜单栏中的“文件”→“保存为”命令，保存文件为“标注螺堵”。

2）创建图层。单击“图层”工具栏中的“图层特性管理器”按钮，打开“图层特性管理器”面板，设置图层：

尺寸标注：颜色为“蓝色”，其余参数默认。

3）设置标注样式。将“尺寸标注”图层设定为当前图层。按 6.2.2 节所述相同方法设置标注样式。

4）标注水平尺寸。单击“标注”工具栏中的“线性”按钮和“基线”按钮，标注孔的深度尺寸“5”和水平总尺寸“25”，命令行提示与操作如下。

命令: _DIMLINEAR

指定第一个尺寸界线原点或 <选择对象>:

指定第二条尺寸界线原点:

指定尺寸线位置或[多行文字(M)/文字(T)/角度(A)/水平(H)/垂直(V)/旋转(R)]:

标注文字 =5

命令: _DIMBASELINE

指定第二条尺寸界线原点或 [放弃(U)/选择(S)] <选择>:

标注文字 =25

指定第二条尺寸界线原点或 [放弃(U)/选择(S)] <选择>: *取消*

结果如图 6-67 所示。

5）标注竖直尺寸。单击“标注”工具栏中的“线性”按钮，标注孔的直径尺寸“3”与外轮廓尺寸“M27×2”，命令行提示与操作如下。

命令: _DIMLINEAR

指定第一个尺寸界线原点或 <选择对象>:

指定第二条尺寸界线原点:

指定尺寸线位置或

[多行文字(M)/文字(T)/角度(A)/水平(H)/垂直(V)/旋转(R)]:

标注文字 =3

命令: DIMLINEAR

指定第一个尺寸界线原点或 <选择对象>:

指定第二条尺寸界线原点:

指定尺寸线位置或

[多行文字(M)/文字(T)/角度(A)/水平(H)/垂直(V)/旋转(R)]: m

指定尺寸线位置或

[多行文字(M)/文字(T)/角度(A)/水平(H)/垂直(V)/旋转(R)]:

标注文字 =27

结果如图 6-68 所示。

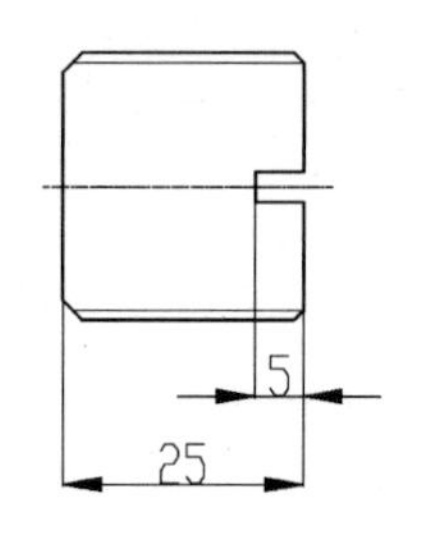

图 6-67　标注水平尺寸

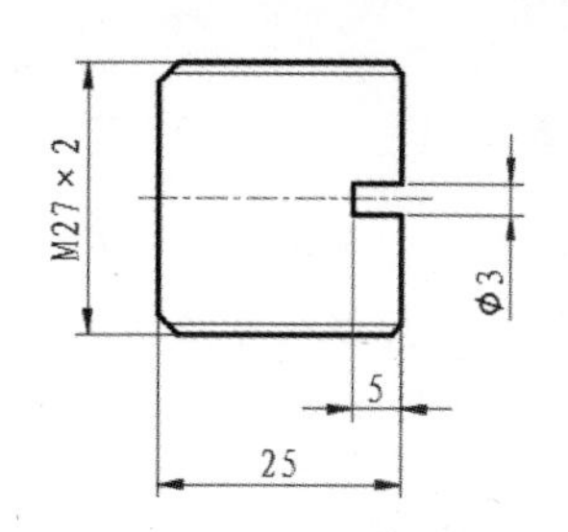

图 6-68　标注竖直尺寸

6）引线标注。在命令行中输入“LEADER”命令，利用引线标注倒角“$C1$”“$C2$”，命令行提示与操作如下。

命令: LEADER

指定引线起点:　<正交 关>

指定下一点:

指定下一点或 [注释(A)/格式(F)/放弃(U)] <注释>: f

输入引线格式选项 [样条曲线(S)/直线(ST)/箭头(A)/无(N)] <退出>: n

指定下一点或 [注释(A)/格式(F)/放弃(U)] <注释>:　<正交 开>

指定下一点或 [注释(A)/格式(F)/放弃(U)] <注释>: a

输入注释文字的第一行或 <选项>: C2

输入注释文字的下一行:

命令:　LEADER

指定引线起点:　<正交 关>

指定下一点:

指定下一点或 [注释(A)/格式(F)/放弃(U)] <注释>:　<正交 开> f

输入引线格式选项 [样条曲线(S)/直线(ST)/箭头(A)/无(N)] <退出>: n

指定下一点或 [注释(A)/格式(F)/放弃(U)] <注释>:

指定下一点或 [注释(A)/格式(F)/放弃(U)] <注释>: a

输入注释文字的第一行或 <选项>: C1

输入注释文字的下一行:

结果如图 6-69 所示。

7）编辑标注文字。双击水平标注“25”，在弹出的文字格式编辑器中输入“25-0.2^-0.5”，利用“堆叠”按钮，添加上偏差“-0.2”，下偏差“-0.5”，结果如图 6-70 所示。标注后的最终结果如图 6-66 所示。

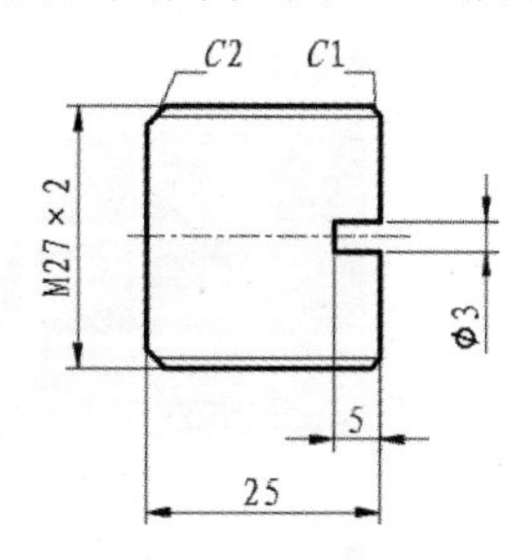

图 6-69　引线标注

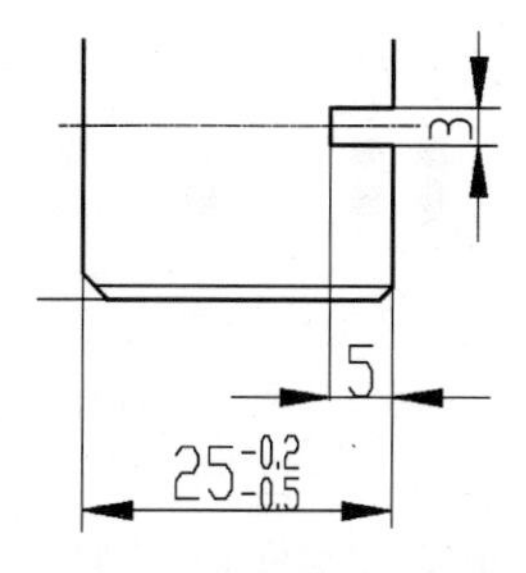

图 6-70　添加上下偏差

注 意

对于 45° 倒角，可以标注 “C*” ，C1 表示 1×1 的 45° 倒角。如果倒角不是 45°，就必须按常规尺寸标注的方法进行标注。

6.4 几何公差

为方便机械设计工作，AutoCAD 提供了标注几何公差的功能。几何公差的标注如图 6-71 所示，包括指引线、特征符号、公差值以及基准代号和其附加符号。

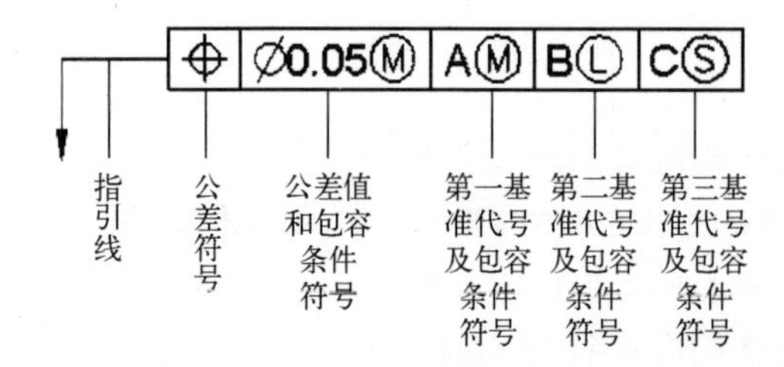

图 6-71　几何公差标注

【执行方式】

命令行：TOLERANCE。

菜单栏：标注→公差。

工具栏：标注→公差。

功能区：单击“注释”选项卡“标注”面板中的“公差”按钮。

【操作步骤】

命令：TOLERANCE↙

在命令行输入“TOLERANCE”命令，或选择相应的菜单项或工具栏图标，AutoCAD 打开图 6-72 所示的“形位公差”对话框，可通过此对话框对几何公差标注进行设置。

【选项说明】

（1）符号　设定或改变公差代号。单击下面的黑方块，系统打开图 6-73 所示的“特征符号”对话框，可从中选取公差代号。

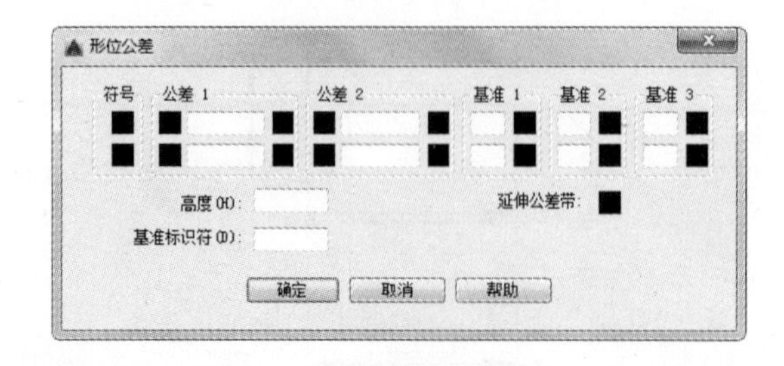

图 6-72 “形位公差”对话框

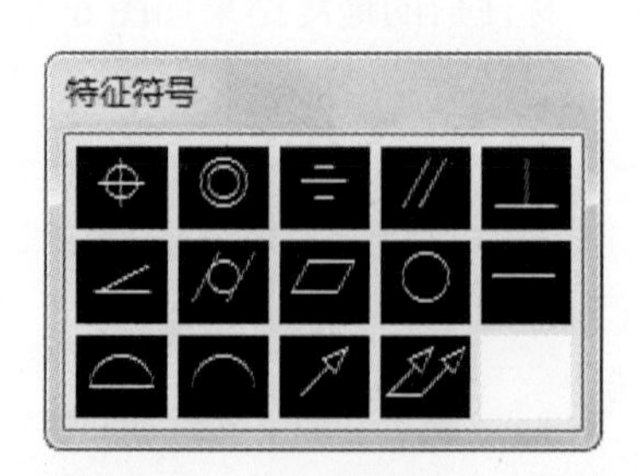

图 6-73 “特征符号” 对话框

（2）公差 1(2) 产生第一（二）个公差的公差值及“附加符号”符号。白色文本框左侧的黑块控制是否在公差值之前加一个直径符号，单击它则出现一个直径符号，再单击则又消失。白色文本框用于确定公差值，在其中可输入一个具体数值。右侧黑块用于插入“包容条件”符号，单击它，AutoCAD 打开图 6-74 所示的“附加符号”对话框，可从中选取所需符号。

（3）“高度”文本框 确定标注复合几何公差的高度。

（4）延伸公差带 单击此黑块，在复合公差带后面加一个复合公差符号。

（5）“基准标识符”文本框 产生一个标识符号，用一个字母表示。图 6-75 所示是几个利用“TOLERANCE”命令标注的几何公差。

（6）基准 1(2、3) 确定第一（二、三）个基准代号及材料状态符号。在白色文本框中输入一个基准代号。

注 意

在“形位公差”对话框中有两行，可实现复合形位公差的标注。如果两行中输入的公差代号相同，则得到图 6-75e 所示的形式。

图 6-74 “附加符号”对话框

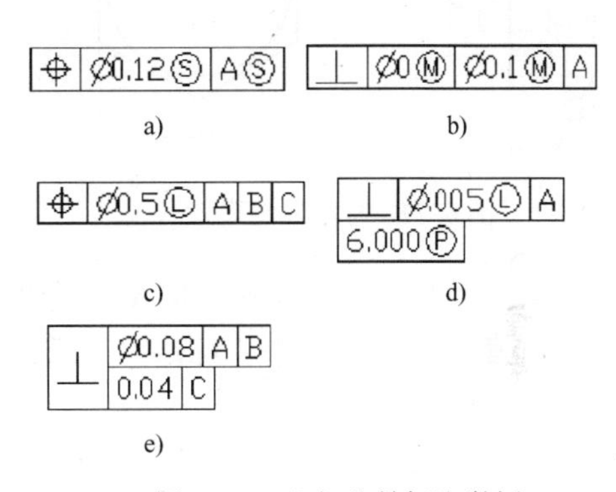

图 6-75 几何公差标注举例

6.5 综合实例——标注底座尺寸

本实例的绘制思路：首先标注一般尺寸，然后再标注倒角尺寸，最后标注几何公差，结果如图 6-76 所示。

【操作步骤】

单击“标准”工具栏中的“打开”按钮，打开源文件夹下“底座”图形。

选择菜单栏中的“文件”→“保存为”命令，保存文件为“标注底座”。

1）设置标注样式。将“尺寸标注”图层设定为当前图层。按 6.2.2 节所述相同方法设置标注样式。

2）标注线性尺寸。单击“标注”工具栏中的“线性”按钮，标注线性尺寸，结果如图 6-77 所示。

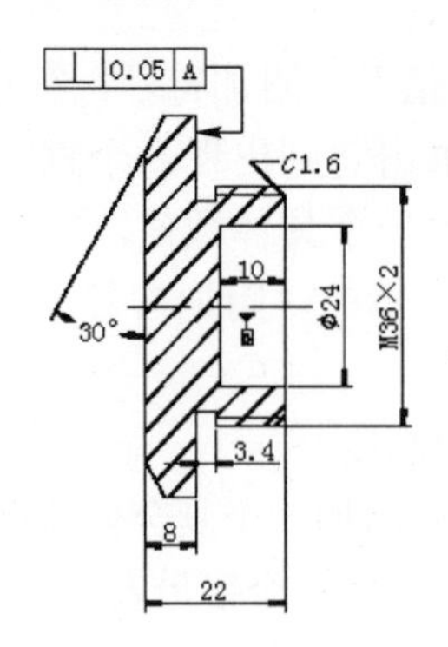

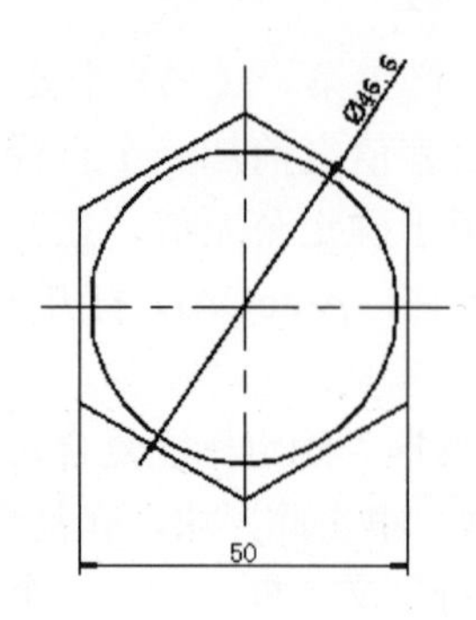

图 6-76 标注底座尺寸

3）标注直径尺寸。单击“标注”工具栏中的“直径”按钮，标注直径尺寸，结果如图 6-78 所示。

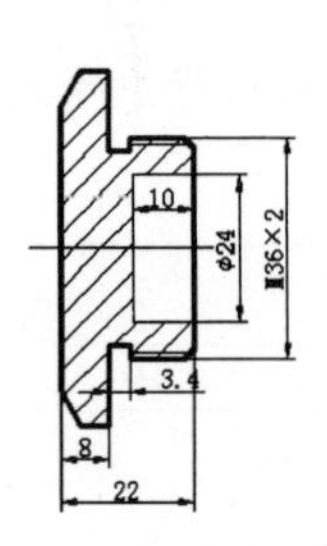
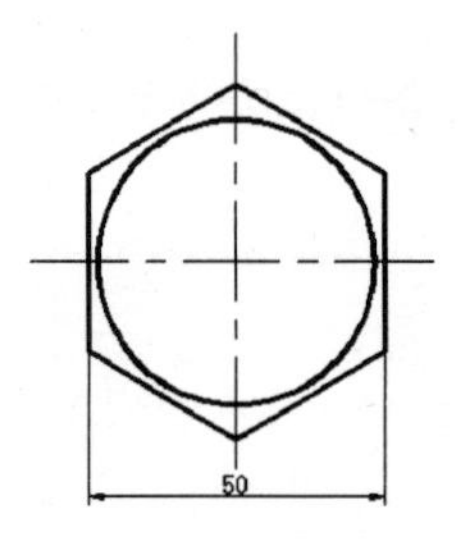

图 6-77 标注线性尺寸

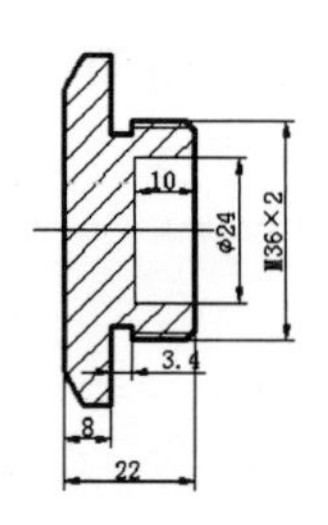
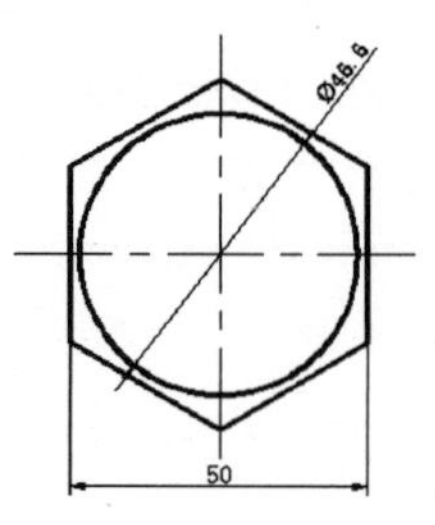

图 6-78 标注直径尺寸

4）设置角度标注尺寸样式。按 6.2.6 节所述相同方法设置角度标注样式。

5）标注角度尺寸。单击“标注”工具栏中的“角度”按钮，对图形进行角度尺寸标注，结果如图 6-79 所示。

6）标注引线尺寸。按 6.3.4 节所述相同方法标注引线尺寸，结果如图 6-80 所示。

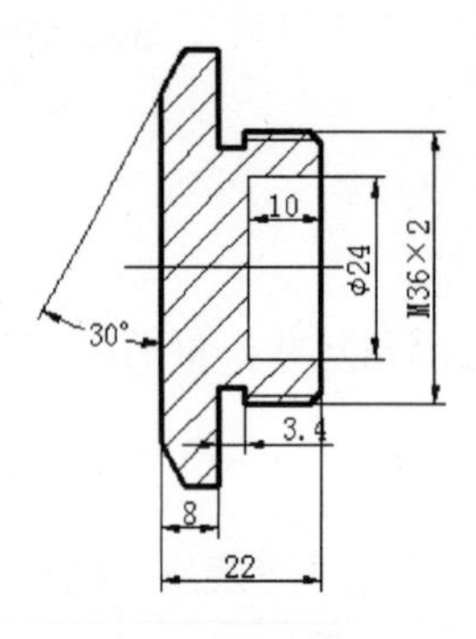

图 6-79 标注角度尺寸

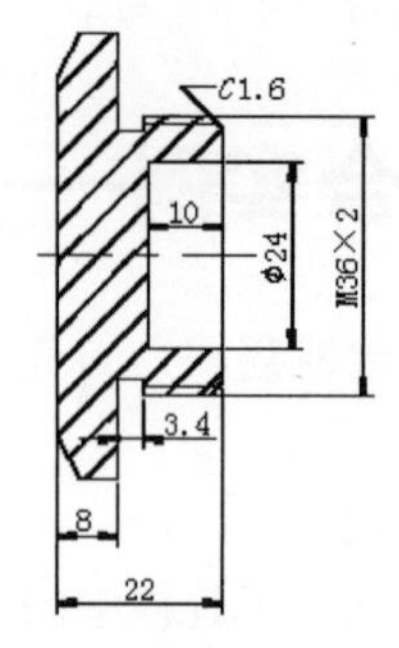

图 6-80 标注引线尺寸

7）标注几何公差。单击“标注”工具栏中的“几何公差”按钮，打开“形位公差”对话框，单击“符号”黑框，打开“特征符号”对话框，如图 6-81 所示，选择“⊥”符号，在“公差 1”文本框中输入“0.05”，在“基准 1”文本框中输入字母“*A*”，单击“确定”按钮。在图形的合适位置放置几何公差，如图 6-82 所示。

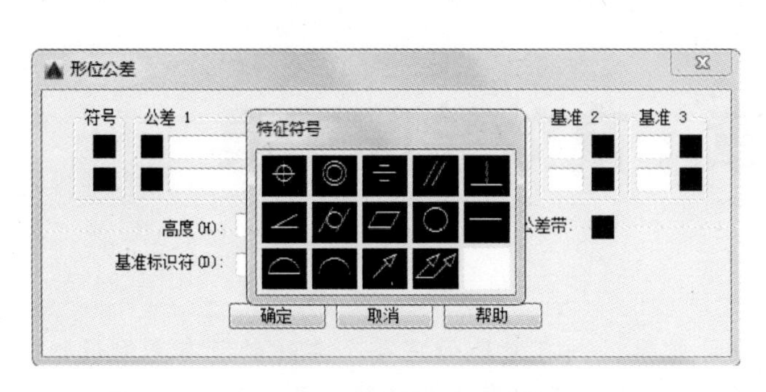

图 6-81 “形位公差”对话框

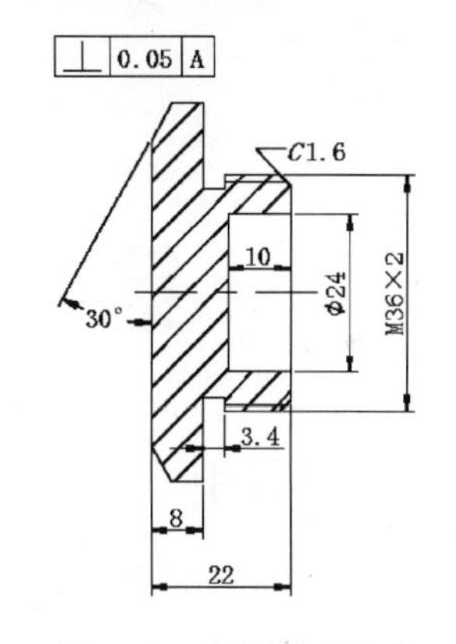

图 6-82 放置几何公差

8）绘制引线。利用“LEADER”命令绘制引线，命令行提示与操作如下。

命令: LEADER

指定引线起点:（适当指定一点）

指定下一点:（适当指定一点）

指定下一点或 [注释(A)/格式(F)/放弃(U)] <注释>:（适当指定一点）

指定下一点或 [注释(A)/格式(F)/放弃(U)] <注释>:（适当指定一点）

指定下一点或 [注释(A)/格式(F)/放弃(U)] <注释>:（系统打开文字格式编辑器，不输入文字，单击“确定”按钮）↙

结果如图 6-83 所示。

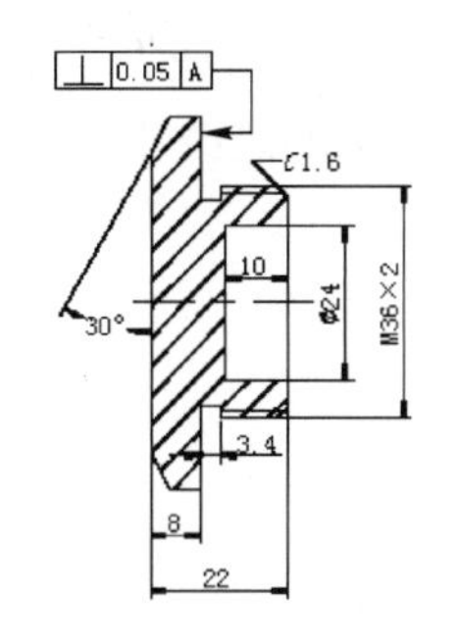

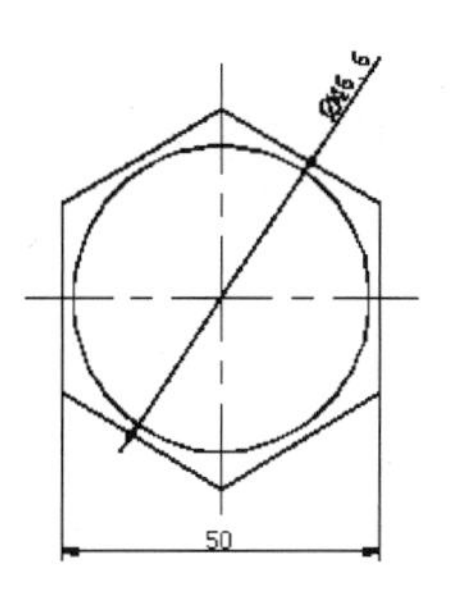

图 6-83 绘制引线

9）绘制基准符号。利用“直线”“矩形”和“多行文字”等命令绘制基准符号。最终结果如图 6-76 所示。

第7章　高效绘图工具

知识导引

为了提高系统整体的图形设计效率，并有效地管理整个系统的所有图形设计文件，AutoCAD 经过不断地探索和完善，推出了大量的集成化绘图工具。利用设计中心和工具选项板，用户可以建立自己的个性化图库，也可以利用别人提供的强大的资源快速、准确地进行图形设计。

本章主要介绍图块工具、设计中心、工具选项板等知识。

7.1　图块操作

图块也称块，它是由一组图形组成的集合。一组对象一旦被定义为图块，它们将成为一个整体，拾取图块中任意一个图形对象即可选中构成图块的所有对象。AutoCAD 把一个图块作为一个对象进行编辑修改等操作，用户可根据绘图需要把图块插入到图中任意指定的位置，而且在插入时还可以指定不同的缩放比例和旋转角度。如果需要对组成图块的单个图形对象进行修改，还可以利用“分解”命令把图块炸开，分解成若干个对象。图块还可以重新定义，一旦被重新定义，整个图中基于该块的对象都将随之改变。

7.1.1 定义图块

【执行方式】

命令行：BLOCK。

菜单栏：绘图→块→创建。

工具栏：绘图→创建块。

功能区：单击“插入”选项卡“定义块”面板中的“创建块”按钮。

【操作步骤】

命令: BLOCK↙

选择相应的菜单命令或单击相应的工具栏图标，或在命令行输入“BLOCK”后按〈Enter〉键，AutoCAD 打开图 7-1 所示的“块定义”对话框，利用该对话框可定义图块并为之命名。

【选项说明】

（1）“基点”选项组　确定图块的基点，默认值是（0,0,0）。也可以在下面的“X（Y、Z）”文本框中输入块的基点坐标值。单击“拾取点”按钮，AutoCAD 临时切换到绘图屏幕，用鼠标在图形中拾取一点后，返回“块定义”对话框，把所拾取的点作为图块的基点。

图 7-1 “块定义”对话框

（2）“对象”选项组　该选项组用于选择制作图块的对象以及对象的相关属性。如图 7-2 所示，把图 7-2a 所示的正五边形定义为图块，图 7-2b 所示为选中“删除”单选按钮的结果，图 7-2c 所示为选中“保留”单选按钮的结果。

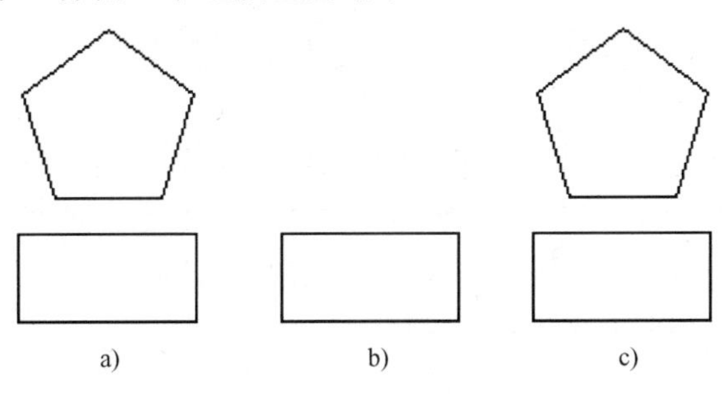

图 7-2　删除图形对象

a) 正五边形　b) 选中“删除”　c) 选中“保留”

（3）“设置”选项组　指定从 AutoCAD 设计中心拖动图块时用于测量图块的单位，以及进行缩放、分解和超链接等设置。

（4）“在块编辑器中打开”复选框　选中此复选框，系统打开块编辑器，可以定义动态块。后面详细讲述。

7.1.2 图块的存盘

用“BLOCK”命令定义的图块保存在其所属的图形当中，该图块只能在该图中插入，而不能插入到其他的图中。但是有些图块在许多图中要经常用到，这时可以用“WBLOCK”命令把图块以图形文件的形式（扩展名为.DWG）写入磁盘，图形文件可以在任意图形中用“INSERT”命令插入。

【执行方式】

命令行：WBLOCK。

功能区：单击“插入”选项卡“块定义”面板中的“写块”按钮。

【操作步骤】

命令: WBLOCK↙。

在命令行输入“WBLOCK”后按〈Enter〉键，AutoCAD 打开“写块”对话框，如图 7-3 所示，利用此对话框可把图形对象保存为图形文件或把图块转换成图形文件。

图 7-3 “写块”对话框

【选项说明】

（1）“源”选项组　确定要保存为图形文件的图块或图形对象。其中选中“块”单选按钮，单击右侧的向下箭头，在下拉列表框中选择一个图块，将其保存为图形文件。选中“整个图形”单选按钮，则把当前的整个图形保存为图形文件。选中“对象”单选按钮，则把不属于图块的图形对象保存为图形文件。对象的选取通过“对象”选项组来完成。

（2）“目标”选项组　用于指定图形文件的名字、保存路径和插入单位等。

7.1.3 实例——胶垫图块

将图 7-4 所示图形定义为图块，取名为“胶垫”，并保存。

【操作步骤】

1）单击“标准”工具栏中的“打开”按钮，打开源文件夹下的“胶垫”图形。

2）选择菜单栏中的“绘图”→“块”→“创建”命令，或单击“绘图”工具栏中的“创建块”图标，打开“块定义”对话框。

3）在“名称”下拉列表框中输入“胶垫”。

4）单击“拾取”按钮切换到作图屏幕，选择中心线左端点为插入基点，返回“块定义”对话框。

5）单击“选择对象”按钮切换到作图屏幕，选择图 7-4 中的对象后，按〈Enter〉键返回“块定义”对话框。

6）如图 7-5 所示，单击“确认”按钮，关闭对话框。

图 7-4　创建胶垫图块

7）在命令行输入“WBLOCK”命令，系统打开“写块”对话框，在“源”选项组中选择“块”单选按钮，在右侧的下拉列表框中选择“胶垫”块，如图 7-6 所示，单击“确认”按钮，退出对话框。

图 7-5 “块定义”对话框

图 7-6 “写块”对话框

7.1.4 图块的插入

在用 AutoCAD 绘图的过程当中，可根据需要随时把已经定义好的图块或图形文件插入到当前图形的任意位置，在插入的同时还可以改变图块的大小、旋转一定角度或把图块炸开等。插入图块的方法有多种，本节逐一进行介绍。

【执行方式】

命令行：INSERT。

菜单栏：插入→块。

工具栏：插入→插入块或绘图→插入块。

功能区：单击“插入”选项卡“块”面板中的“插入”按钮。

【操作步骤】

命令: INSERT↙

AutoCAD 打开“插入”对话框，如图 7-7 所示，可以指定要插入的图块及插入位置。

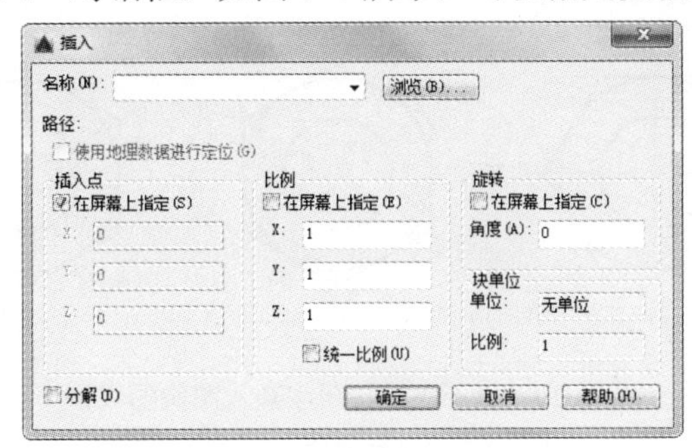

图 7-7 “插入”对话框

【选项说明】

（1）“路径”复选框　指定图块的保存路径。

（2）“插入点”选项组　指定插入点，插入图块时该点与图块的基点重合。可以在屏幕上指定该点，也可以通过其下的文本框输入该点坐标值。

（3）“比例”选项组　确定插入图块时的缩放比例。图块被插入到当前图形中的时候，可以以任意比例放大或缩小，如图 7-8 所示。图 7-8a 所示是被插入的图块；图 7-8b 所示为取比例系数为“1.5”插入该图块的结果；图 7-8c 所示是取比例系数为“0.5”的结果。*X* 轴方向和 *Y* 轴方向的比例系数也可以取不同，如图 7-8d 所示，*X* 轴方向的比例系数为“1”，*Y* 轴方向的比例系数为“1.5”。另外，比例系数还可以是一个负数，当为负数时表示插入图块的镜像，其效果如图 7-9 所示。

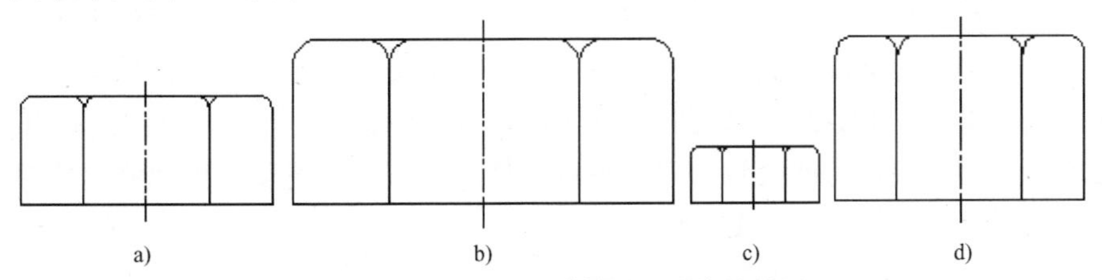

图 7-8 取不同比例系数插入图块的效果

a) 被插入的图块　b) 比例系数 1.5　c) 比例系数 0.5　d) *X* 轴、*Y* 轴比例系数不同

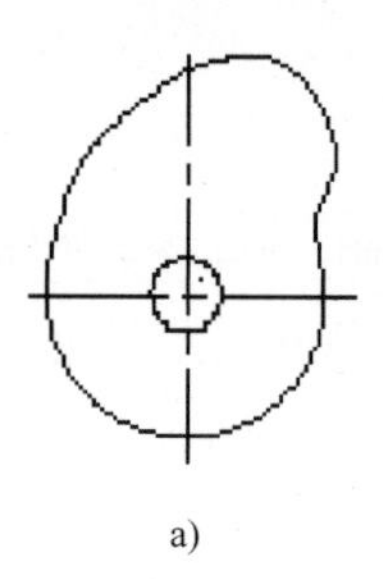
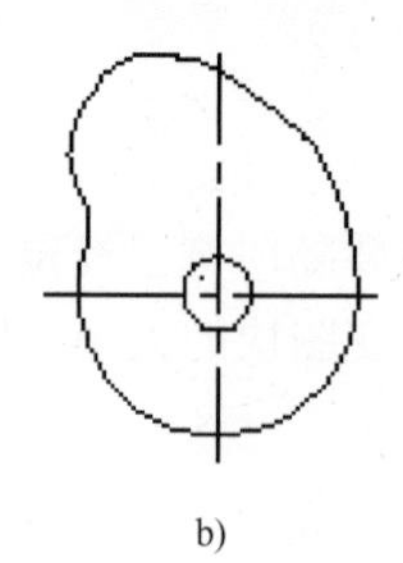
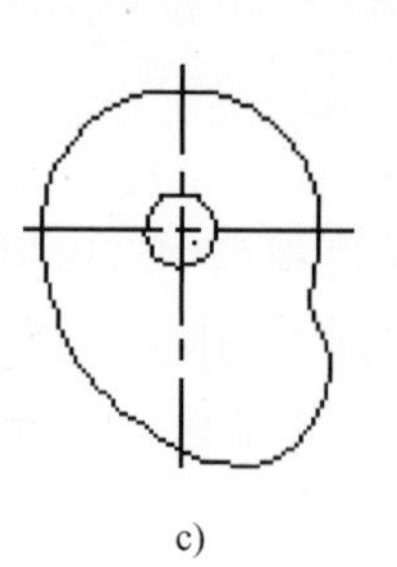
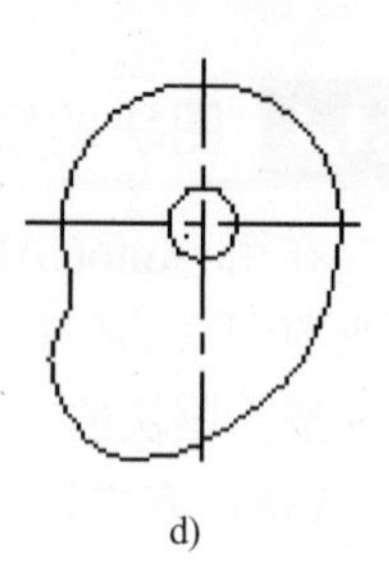

a)　b)　c)　d)

图 7-9　取比例系数为负值插入图块的效果

a) X 比例=1，Y 比例=1　b) X 比例=-1，Y 比例=1　c) X 比例=1，Y 比例=-1　d) X 比例=-1，Y 比例-1

（4）"旋转"选项组　指定插入图块时的旋转角度。图块被插入到当前图形中的时候，可以绕其基点旋转一定的角度，角度可以是正数（表示沿逆时针方向旋转），也可以是负数（表示沿顺时针方向旋转）。图 7-10b 所示是图 7-10a 所示图块旋转 30° 插入的效果，图 7-10c 所示是旋转-30° 插入的效果。

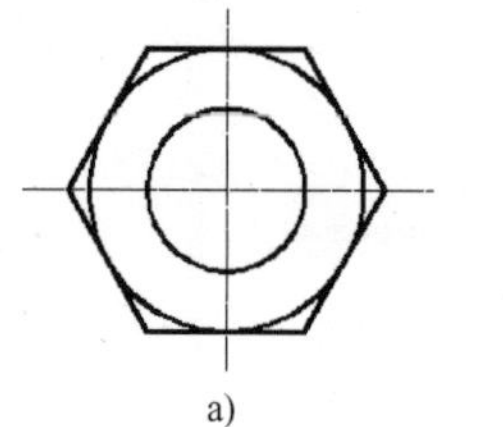
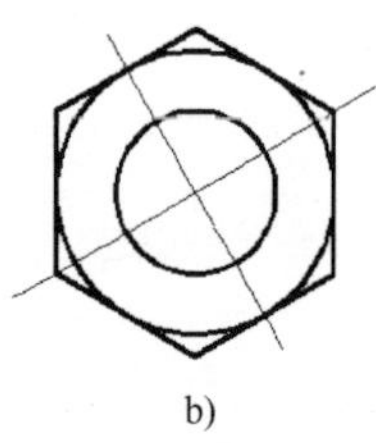
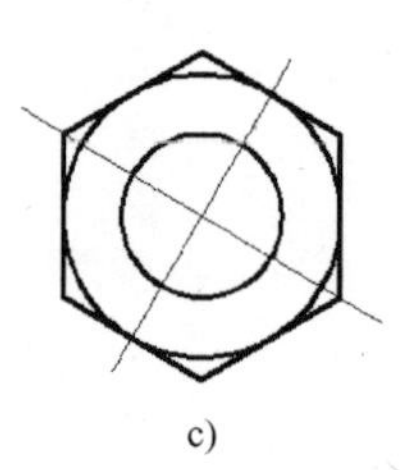

a)　b)　c)

图 7-10　以不同旋转角度插入图块的效果

a) 图块　b) 旋转 30°　c) 旋转-30°

如果选中"在屏幕上指定"复选框，系统切换到绘图屏幕，在屏幕上拾取一点，AutoCAD 自动测量插入点与该点连线和 X 轴正方向之间的夹角，并把它作为块的旋转角。也可以在"角度"文本框直接输入插入图块时的旋转角度。

（5）"分解"复选框　选中此复选框，则在插入块的同时把其炸开，插入到图形中的组成块的对象不再是一个整体，可对每个对象单独进行编辑操作。

7.1.5 动态块

动态块具有灵活性和智能性。用户在操作时可以轻松地更改图形中的动态块参照。可以通过自定义夹点或自定义特性来操作动态块参照的几何图形。这使得用户可以根据需要在位调整块，而不用搜索另一个块以插入或重定义现有的块。

例如，如果在图形中插入一个门块参照，编辑图形时可能需要更改门的大小。如果该块是动态的，并且定义为可调整大小，那么只需拖动自定义夹点或在"特性"选项板中指定不同的大小就可以修改门的大小。如图 7-11 所示。用户可能还需要修改门的打开角度。如图 7-12 所示。该门块还可能会包含对齐夹点，使用对齐夹点可以轻松地将门块参照与图形中的其他几何图形对齐，如图 7-13 所示。

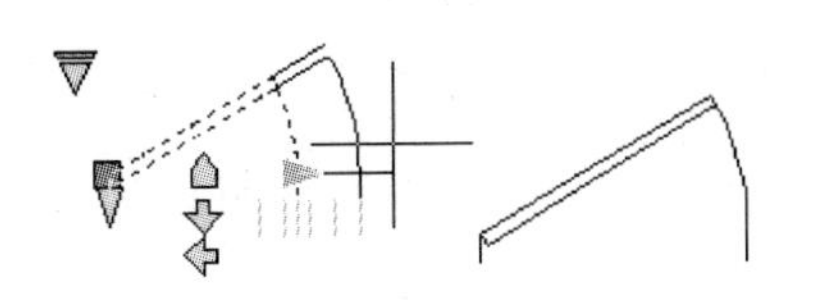

图 7-11 改变大小

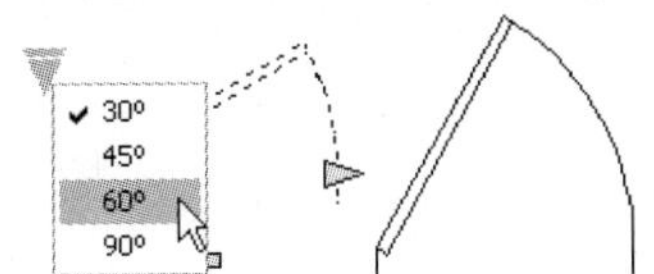

图 7-12 改变角度

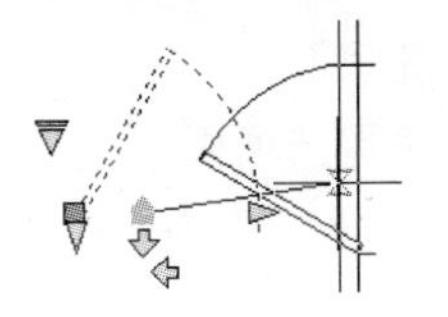
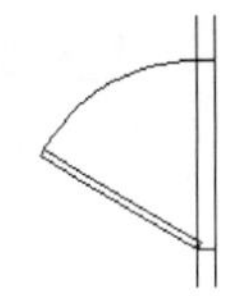

图 7-13 对齐

可以使用块编辑器创建动态块。块编辑器是一个专门的编写区域，用于添加能够使块成为动态块的元素。用户可以从头创建块，可以向现有的块定义中添加动态行为，也可以像在绘图区域中一样创建几何图形。

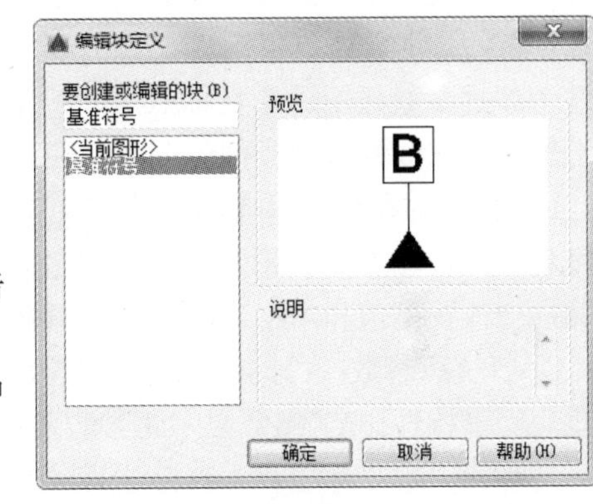

图 7-14 “编辑块定义”对话框

【执行方式】

命令行：BEDIT。

菜单栏：工具→块编辑器。

工具栏：标准→块编辑器 。

快捷菜单：选择一个块参照，在绘图区域中单击鼠标右键，选择“块编辑器”选项。

功能区：单击“插入”选项卡“块定义”面板中的“块编辑器”按钮 。

【操作步骤】

命令: BEDIT↙

系统打开“编辑块定义”对话框，如图 7-14 所示，在“要创建或编辑的块”文本框中输入块名，或在列表框中选择已定义的块或当前图形。确认后，系统打开块编写选项板和“块编辑器”工具栏，如图 7-15 所示。

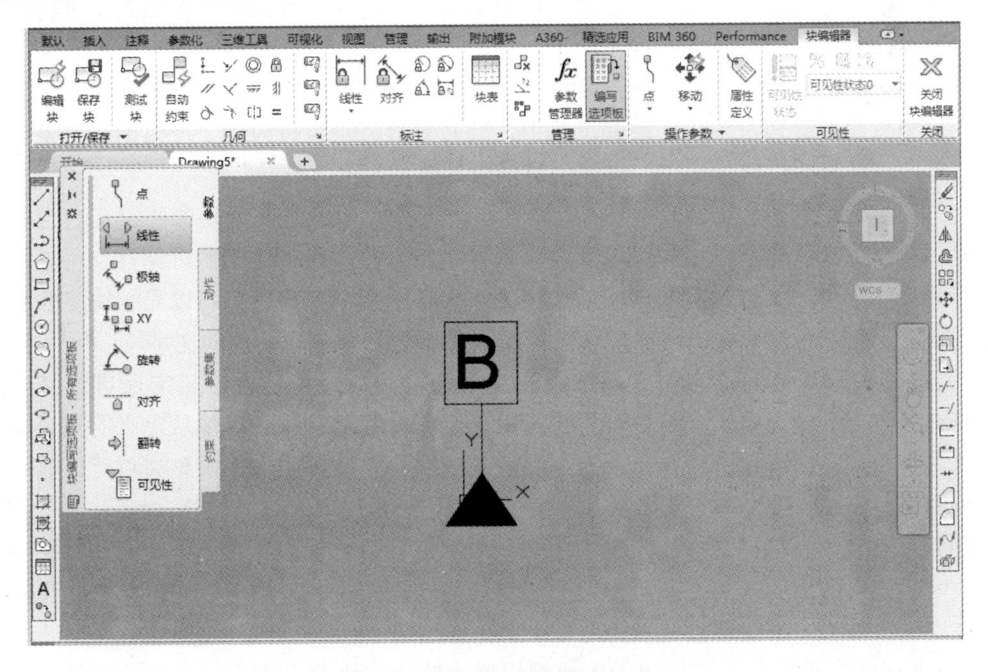

图 7-15 块编辑状态绘图平面

【选项说明】

1．块编写选项板

（1）“参数”选项卡　提供用于向块编辑器中的动态块定义中添加参数的工具。参数用于指定几何图形在块参照中的位置、距离和角度。将参数添加到动态块定义中时，该参数将定义块的一个或多个自定义特性。此选项卡也可以通过命令“BPARAMETER”来打开。

1）点参数：可向动态块定义中添加一个点参数，并为块参照定义自定义 *X* 和 *Y* 特性。点参数定义图形中的 *X* 和 *Y* 位置。在块编辑器中，点参数类似于一个坐标标注。

2）线性参数：可向动态块定义中添加一个线性参数，并为块参照定义自定义距离特性。线性参数显示两个目标点之间的距离。线性参数限制沿预设角度进行的夹点移动。在块编辑器中，线性参数类似于对齐标注。

3）极轴参数：可向动态块定义中添加一个极轴参数，并为块参照定义自定义距离和角度特性。极轴参数显示两个目标点之间的距离和角度值。可以使用夹点和“特性”选项板来共同更改距离值和角度值。在块编辑器中，极轴参数类似于对齐标注。

4）*XY* 参数：可向动态块定义中添加一个 *XY* 参数，并为块参照定义自定义水平距离和垂直距离特性。*XY* 参数显示距参数基点的 *X* 距离和 *Y* 距离。在块编辑器中，*XY* 参数显示为一对标注（水平标注和垂直标注）。这一对标注共享一个公共基点。

5）旋转参数：可向动态块定义中添加一个旋转参数，并为块参照定义自定义角度特性。旋转参数用于定义角度。在块编辑器中，旋转参数显示为一个圆。

6）对齐参数：可向动态块定义中添加一个对齐参数。对齐参数用于定义 *X* 位置、*Y* 位置和角度。对齐参数总是应用于整个块，并且无需与任何动作相关联。对齐参数允许块参照自动围绕一个点旋转，以便与图形中的其他对象对齐。对齐参数影响块参照的角度特性。在块编辑器中，对齐参数类似于对齐线。

7）翻转参数：可向动态块定义中添加一个翻转参数，并为块参照定义自定义翻转特性。翻转参数用于翻转对象。在块编辑器中，翻转参数显示为投射线。可以围绕这条投射线翻转对象。翻转参数将显示一个值，该值显示块参照是否已被翻转。

8）可见性参数：可向动态块定义中添加一个可见性参数，并为块参照定义自定义可见性特性。通过可见性参数，用户可以创建可见性状态并控制块中对象的可见性。可见性参数总是应用于整个块，并且无需与任何动作相关联。在图形中单击夹点可以显示块参照中所有可见性状态的列表。在块编辑器中，可见性参数显示为带有关联夹点的文字。

9）查询参数：可向动态块定义中添加一个查询参数，并为块参照定义自定义查询特性。查询参数用于定义自定义特性，用户可以指定或设置该特性，以便从定义的列表或表格中计算出某个值。该参数可以与单个查询夹点相关联。在块参照中单击该夹点可以显示可用值的列表。在块编辑器中，查询参数显示为文字。

10）基点参数：可向动态块定义中添加一个基点参数。基点参数用于定义动态块参照相对于块中的几何图形的基点。基点参数无法与任何动作相关联，但可以属于某个动作的选择集。在块编辑器中，基点参数显示为带有十字光标的圆。

（2）“动作”选项卡　提供用于向块编辑器中的动态块定义中添加动作的工具。动作定义了在图形中操作块参照的自定义特性时，动态块参照的几何图形将如何移动或变化，应将动作与参数相关联。此选项卡也可以通过命令“BACTIONTOOL”来打开。

1）移动动作：可在用户将移动动作与点参数、线性参数、极轴参数或 *XY* 参数关联时，将该动作添加到动态块定义中。移动动作类似于“MOVE”命令。在动态块参照中，移动动作将使对象移动指定的距离和角度。

2）缩放动作：可在用户将缩放动作与线性参数、极轴参数或 *XY* 参数关联时，将该动作添加到动态块定义中。缩放动作类似于“SCALE”命令。在动态块参照中，当通过移动夹点或使用“特性”选项板编辑关联的参数时，缩放动作将使其选择集发生缩放。

3）拉伸动作：可在用户将拉伸动作与点参数、线性参数、极轴参数或 *XY* 参数关联时，将该动作添加到动态块定义中。拉伸动作将使对象在指定的位置移动和拉伸指定的距离。

4）极轴拉伸动作：可在用户将极轴拉伸动作与极轴参数关联时将该动作添加到动态块定义中。当通过夹点或“特性”选项板更改关联的极轴参数上的关键点时，极轴拉伸动作将使对象旋转、移动和拉伸指定的角度和距离。

5）旋转动作：可在用户将旋转动作与旋转参数关联时将该动作添加到动态块定义中。旋转动作类似于“ROTATE”命令。在动态块参照中，当通过夹点或“特性”选项板编辑相关联的参数时，旋转动作将使其相关联的对象进行旋转。

6）翻转动作：可在用户将翻转动作与翻转参数关联时将该动作添加到动态块定义中。使用翻转动作可以围绕指定的轴（称为投射线）翻转动态块参照。

7）阵列动作：可在用户将阵列动作与线性参数、极轴参数或 *XY* 参数关联时，将该动作添加到动态块定义中。通过夹点或“特性”选项板编辑关联的参数时，阵列动作将复制关联的对象并按矩形的方式进行阵列。

8）查询动作：可向动态块定义中添加一个查询动作。向动态块定义中添加查询动作并将其与查询参数相关联后创建查询表。可以使用查询表将自定义特性和值指定给动态块。

（3）“参数集”选项卡　提供用于在块编辑器中向动态块定义中添加一个参数和至少一个动作的工具。将参数集添加到动态块中时，动作将自动与参数相关联。将参数集添加到动态块中后，应双击黄色警示图标（或使用“BACTIONSET”命令），然后按照命令行上的提示将动作与几何图形选择集相关联。此选项卡也可以通过命令“BPARAMETER”来打开。

1）点移动：可向动态块定义中添加一个点参数，系统会自动添加与该点参数相关联的移动动作。

2）线性移动：可向动态块定义中添加一个线性参数，系统会自动添加与该线性参数的端点相关联的移动动作。

3）线性拉伸：可向动态块定义中添加一个线性参数，系统会自动添加与该线性参数相关联的拉伸动作。

4）线性阵列：可向动态块定义中添加一个线性参数，系统会自动添加与该线性参数相关联的阵列动作。

5）线性移动配对：可向动态块定义中添加一个线性参数，系统会自动添加两个移动动作，一个与基点相关联，另一个与线性参数的端点相关联。

6）线性拉伸配对：可向动态块定义中添加一个线性参数，系统会自动添加两个拉伸动作，一个与基点相关联，另一个与线性参数的端点相关联。

7）极轴移动：可向动态块定义中添加一个极轴参数，系统会自动添加与该极轴参数相关联的移动动作。

8）极轴拉伸：可向动态块定义中添加一个极轴参数，系统会自动添加与该极轴参数相关联的拉伸动作。

9）环形阵列：可向动态块定义中添加一个极轴参数，系统会自动添加与该极轴参数相关联的阵列动作。

10）极轴移动配对：可向动态块定义中添加一个极轴参数，系统会自动添加两个移动动作，一个与基点相关联，另一个与极轴参数的端点相关联。

11）极轴拉伸配对：可向动态块定义中添加一个极轴参数，系统会自动添加两个拉伸动作，一个与基点相关联，另一个与极轴参数的端点相关联。

12）*XY* 移动：可向动态块定义中添加一个 *XY* 参数，系统会自动添加与 *XY* 参数的端点相关联的移动动作。

13）*XY* 移动配对：可向动态块定义中添加一个 *XY* 参数，系统会自动添加两个移动动作，一个与基点相关联，另一个与 *XY* 参数的端点相关联。

14）*XY* 移动方格集：运行“BPARAMETER”命令，然后指定四个夹点并选择“*XY* 参数”选项，可向动态块定义中添加一个 *XY* 参数，系统会自动添加四个移动动作，分别与 *XY* 参数上的四个关键点相关联。

15）*XY* 拉伸方格集：可向动态块定义中添加一个 *XY* 参数，系统会自动添加四个拉伸动作，分别与 *XY* 参数上的四个关键点相关联。

16）*XY* 阵列方格集：可向动态块定义中添加一个 *XY* 参数，系统会自动添加与该 *XY* 参数相关联的阵列动作。

17）旋转集：可向动态块定义中添加一个旋转参数，系统会自动添加与该旋转参数相关联的旋转动作。

18）翻转集：可向动态块定义中添加一个翻转参数，系统会自动添加与该翻转参数相关联的翻转动作。

19）可见性集：可向动态块定义中添加一个可见性参数并允许定义可见性状态，无需添加与可见性参数相关联的动作。

20）查寻集：可向动态块定义中添加一个查寻参数，系统会自动添加与该查寻参数相关联的查寻动作。

（4）“约束”选项卡　提供用于将几何约束和约束参数应用于对象的工具。将几何约束应用于一对对象时，选择对象的顺序以及选择每个对象的点，可能影响对象相对于彼此的放置方式。

1）几何约束

- 重合约束：可同时将两个点或一个点约束至曲线（或曲线的延伸线）。对象上的任意约束点均可以与其他对象上的任意约束点重合。
- 垂直约束：可使选定直线垂直于另一条直线。垂直约束在两个对象之间应用。
- 平行约束：可使选定的直线位于彼此平行的位置。平行约束在两个对象之间应用。
- 相切约束：可使曲线与其他曲线相切。相切约束在两个对象之间应用。

- 水平约束：可使直线或点对位于与当前坐标系的 *X* 轴平行的位置。
- 竖直约束：可使直线或点对位于与当前坐标系的 *Y* 轴平行的位置。
- 共线约束：可将两条直线段沿同一条直线的方向放置。
- 同心约束：可将两条圆弧、圆或椭圆约束到同一个中心点。结果与将重合约束应用于曲线的中心点所产生的结果相同。
- 平滑约束：可在共享一个重合端点的两条样条曲线之间创建曲率连续（G2）条件。
- 对称约束：可使选定的直线或圆受相对于选定直线的对称约束。
- 相等约束：可将选定圆弧和圆的尺寸重新调整为半径相同，或将选定直线的尺寸重新调整为长度相同。
- 固定约束：可将点和曲线锁定在位。

2）约束参数

- 对齐约束：可约束直线的长度或两条直线之间、对象上的点和直线之间或不同对象上的两个点之间的距离。
- 水平约束：可约束直线或不同对象上的两个点之间的 *X* 距离。有效对象包括直线段和多段线线段。
- 竖直约束：可约束直线或不同对象上的两个点之间的 *Y* 距离。有效对象包括直线段和多段线线段。
- 角度约束：可约束两条直线段或多段线线段之间的角度。这与角度标注类似。
- 半径约束：可约束圆、圆弧或多段圆弧段的半径。
- 直径约束：可约束圆、圆弧或多段圆弧段的直径。

2．“块编辑器”工具栏

该工具栏提供了在块编辑器中使用、创建动态块以及设置可见性状态的工具。

（1）编辑或创建块定义 显示“编辑块定义”对话框。

（2）保存块定义 保存当前块定义。

（3）将块另存为 显示“将块另存为”对话框，可以在其中用一个新名称保存当前块定义的副本。

（4）名称 显示当前块定义的名称。

（5）测试块 运行“BTESTBLOCK”命令，可从块编辑器打开一个外部窗口以测试动态块。

（6）自动约束对象 运行“AUTOCONSTRAIN”命令，可根据对象相对于彼此的方向将几何约束应用于对象的选择集。

（7）应用几何约束 运行“GEOMCONSTRAINT”命令，可在对象或对象上的点之间应用几何关系。

（8）显示/隐藏约束栏 运行“CONSTRAINTBAR”命令，可显示或隐藏对象上的可用几何约束。

（9）参数约束 运行“BCPARAMETER”命令，可将约束参数应用于选定对象，或将标注约束转换为参数约束。

（10）块表 运行“BTABLE”命令，可显示对话框已定义块的变量。

（11）参数 运行“BPARAMETER”命令，可向动态块定义中添加参数。

（12）动作 运行“BACTION”命令，可向动态块定义中添加动作。

（13）定义属性 打开“属性定义”对话框，从中可以定义模式、属性标记、提示、值、插入点和属性的文字选项。

（14）编写选项板 编写选项板处于未激活状态时执行“BAUTHORPALETTE”命令。否则，将执行“BAUTHORPALETTECLOSE”命令。

（15）参数管理器 f_x 参数管理器处于未激活状态时执行“PARAMETERS”命令。否则，将执行“PARAMETERSCLOSE”命令。

（16）了解动态块 可以在“新功能专题研习”中创建动态块的演示。

（17）关闭块编辑器 关闭块编辑器(C) 运行“BCLOSE”命令，可关闭块编辑器，并提示用户保存或放弃对当前块定义所做的任何更改。

（18）可见性模式 设置BVMODE系统变量，可以使当前可见性状态下不可见的对象变暗或隐藏。

（19）使可见 运行“BVSHOW”命令，可以使对象在当前可见性状态或所有可见性状态下均可见。

（20）使不可见 运行“BVHIDE”命令，可以使对象在当前可见性状态或所有可见性状态下均不可见。

（21）管理可见性状态 打开“可见性状态”对话框。从中可以创建、删除、重命名和设置当前可见性状态。在列表框中选择一种状态，右键单击，选择快捷菜单中“新状态”选项，打开“新建可见性状态”对话框，可以设置可见性状态。

（22）可见性状态 可见性状态0 指定显示在块编辑器中的当前可见性状态。

7.2 图块的属性

图块除了包含图形对象以外，还可以具有非图形信息。例如，把一个椅子的图形定义为图块后，还可把椅子的号码、材料、质量、价格以及说明等文本信息一并加入到图块当中。图块的这些非图形信息，称为图块的属性，它是图块的一个组成部分，与图形对象一起构成一个整体，在插入图块时 AutoCAD 把图形对象连同属性一起插入到图形中。

7.2.1 定义图块属性

【执行方式】

命令行：ATTDEF。

菜单栏：绘图→块→定义属性。

功能区：单击“插入”选项卡“块定义”面板中的“定义属性”按钮。

【操作步骤】

命令: ATTDEF↙

选取相应的菜单项或在命令行输入“ATTDEF”按〈Enter〉键，打开“属性定义”对话框，如图 7-16 所示。

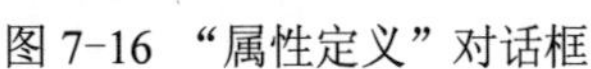
图 7-16 “属性定义”对话框

【选项说明】

（1）“模式”选项组　确定属性的模式。

1）“不可见”复选框：插入图块并输入属性值后，属性值在图中并不显示出来。

2）“固定”复选框：属性值为常量。

3）“验证”复选框：当插入图块时 AutoCAD 重新显示属性值，让用户验证该值是否正确。

4）“预设”复选框：当插入图块时自动把事先设置好的默认值赋予属性，而不再提示输入属性值。

5）“锁定位置”复选框：选中此复选框，当插入图块时 AutoCAD 锁定块参照中属性的位置。解锁后，属性可以相对于使用夹点编辑的块的其他部分移动，并且可以调整多行属性的大小。

6）“多行”复选框：指定属性值可以包含多行文字。

（2）“属性”选项组　用于设置属性值。在每个文本框中 AutoCAD 允许输入不超过 256 个字符。

1）“标记”文本框：输入属性标签。属性标签可由除空格和感叹号以外的所有字符组成，AutoCAD 自动把小写字母改为大写字母。

2）“提示”文本框：输入属性提示。属性提示是插入图块时 AutoCAD 要求输入属性值的提示。如果不在此文本框内输入文本，则以属性标签作为提示。如果在“模式”选项组选中“固定”复选框，即设置属性为常量，则不需设置属性提示。

3）“默认”文本框：设置默认的属性值。可把使用次数较多的属性值作为默认值，也可不设默认值。

（3）“插入点”选项组　确定属性文本的位置。可以在插入时由用户在图形中确定属性文本的位置，也可在“X”“Y”“Z”文本框中直接输入属性文本的位置坐标。

（4）“文字设置”选项组　设置属性文本的对正方式、文字样式、文字字高和倾斜角度。

（5）“在上一个属性定义下对齐”复选框　选中此复选框表示把属性标签直接放在前一个属性的下面，而且该属性继承前一个属性的文本样式、字高和倾斜角度等特性。

注 意

在动态块中，由于属性的位置包括在动作的选择集中，因此必须将其锁定。

7.2.2 修改属性的定义

在定义图块之前，可以对属性的定义加以修改，不仅可以修改属性标签，还可以修改属性提示和属性默认值。

【执行方式】

命令行：DDEDIT。

菜单栏：修改→对象→文字→编辑。

【操作步骤】

命令: DDEDIT↙

选择注释对象或 [放弃(U)]:

在此提示下选择要修改的属性定义，AutoCAD 打开“编辑属性定义”对话框，如图 7-17 所示。该对话框显示要修改的属性的“标记”为“文字”，“提示”为“数值”，无默认值，可在各文本框中对各项进行修改。

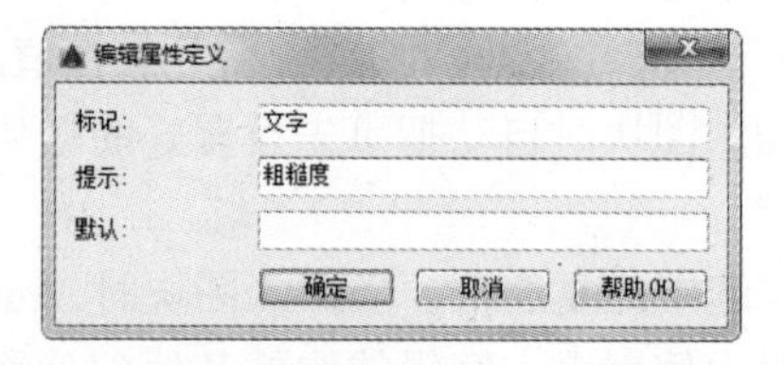

图 7-17 “编辑属性定义”对话框

7.2.3 图块属性编辑

当属性被定义到图块当中，甚至图块被插入到图形当中之后，用户还可以对属性进行编辑。利用“ATTEDIT”命令可以通过对话框对指定图块的属性值进行修改，利用“ATTEDIT”命令不仅可以修改属性值，而且可以对属性的位置、文本等其他设置进行编辑。

【执行方式】

命令行：ATTEDIT。

菜单栏：修改→对象→属性→单个。

工具栏：修改 II→编辑属性。

功能区：单击“插入”选项卡“块”面板中的“编辑属性”按钮。

【操作步骤】

命令: ATTEDIT↙

选择块参照:

此时光标变为拾取框，选择要修改属性的图块，则 AutoCAD 打开图 7-18 所示的“编辑属性”对话框。对话框中显示出所选图块中包含的前八个属性的值，用户可对这些属性值进行修改。如果该图块中还有其他的属性，可单击“上一个”和“下一个”按钮对它们进行观察和修改。

当用户通过菜单或工具栏执行上述命令时，系统打开“增强属性编辑器”对话框，如图 7-19 所示。该对话框不仅可以编辑属性值，还可以编辑属性的文字选项和图层、线型和颜色等特性值。

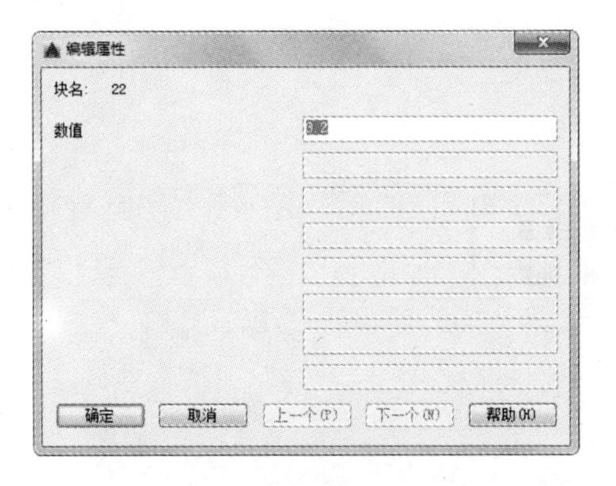

图 7-18 “编辑属性”对话框

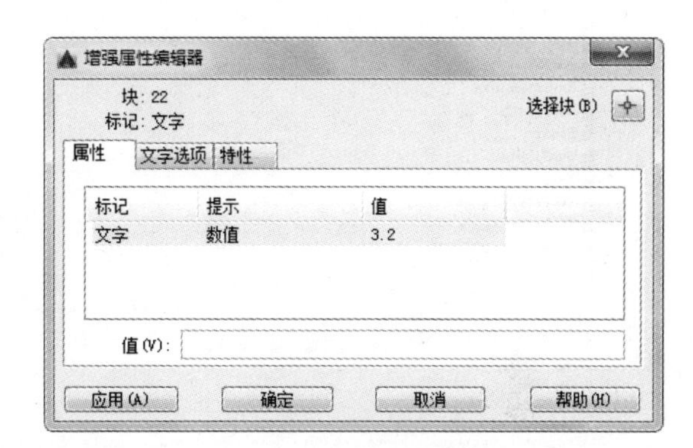

图 7-19 “增强属性编辑器”对话框

还可以通过“块属性管理器”对话框来编辑属性，方法是：选择工具栏中的“修改II”→“块属性管理器”命令。执行此命令后，系统打开“块属性管理器”对话框，如图 7-20 所示。单击“编辑”按钮，系统打开“编辑属性”对话框，如图 7-21 所示。可以通过该对话框编辑属性。

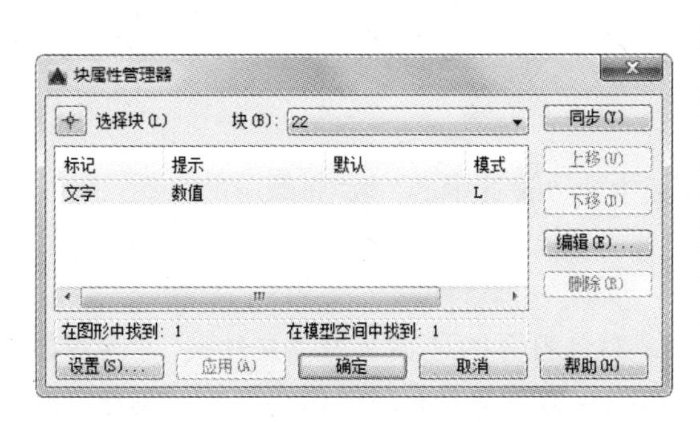

图 7-20 “块属性管理器”对话框

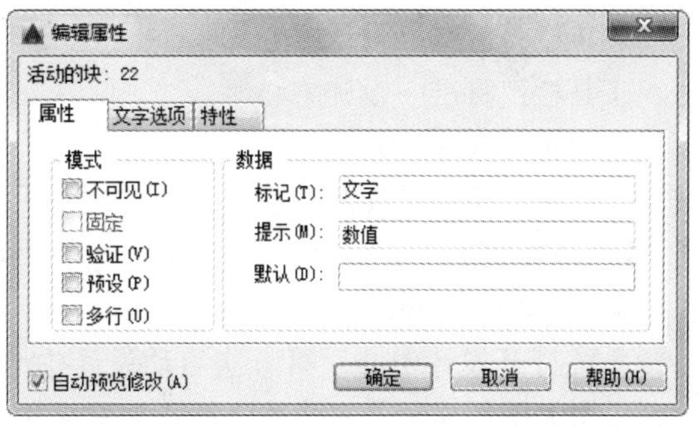

图 7-21 “编辑属性”对话框

7.3 设计中心

使用 AutoCAD 设计中心可以很容易地组织设计内容，并把它们拖动到自己的图形中。可以使用 AutoCAD 设计中心窗口的内容显示区，通过 AutoCAD 设计中心的资源管理器浏览资源的细目。如图 7-22 所示，左边方框为 AutoCAD 设计中心的资源管理器，右边方框为 AutoCAD 设计中心窗口的内容显示区。其中上面窗口为文件显示框，中间窗口为图形预览显示框，下面窗口为说明文本显示框。

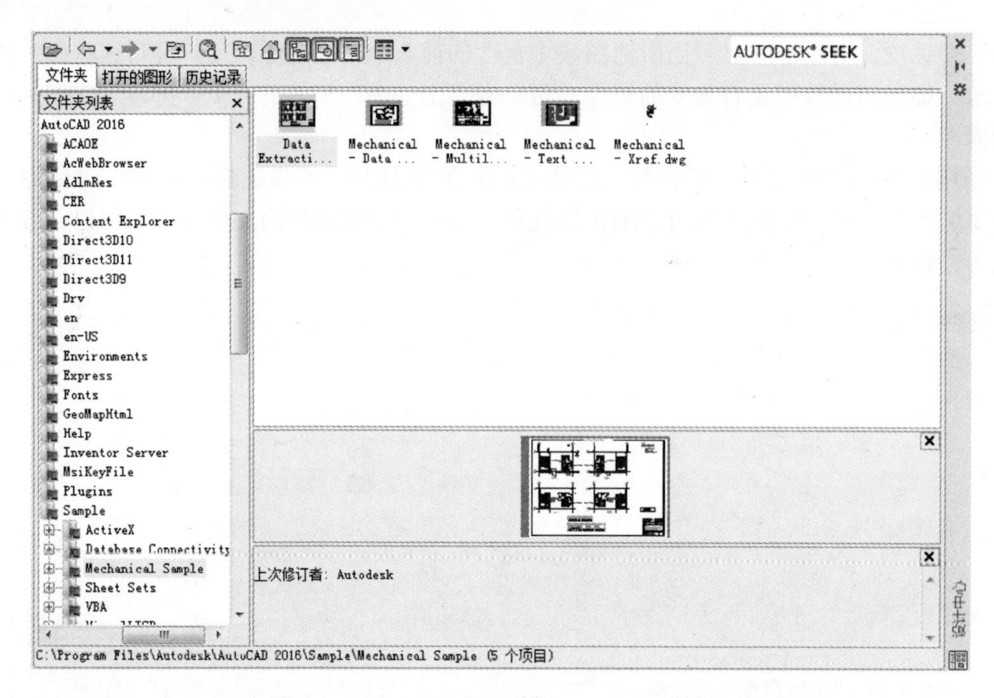

图 7-22　AutoCAD 设计中心的资源管理器和内容显示区

7.3.1 启动设计中心

【执行方式】

命令行：ADCENTER。

菜单栏：工具→设计中心。

工具栏：标准→设计中心。

快捷键：〈Ctrl+2〉。

功能区：单击“视图”选项卡“选项板”面板中的“设计中心”按钮。

【操作步骤】

命令：ADCENTER↙

系统打开设计中心。第一次启动设计中心时，默认打开的选项卡为“文件夹”。内容显示区采用大图标显示，左边的资源管理器采用 tree view 方式显示系统的树形结构，浏览资源的同时，在内容显示区显示所浏览资源的有关细目或内容，如图 7-22 所示。

可以通过鼠标拖动边框来改变 AutoCAD 设计中心资源管理器、内容显示区以及 AutoCAD 绘图区的大小，但内容显示区的最小尺寸应能显示两列大图标。

如果要改变 AutoCAD 设计中心的位置，可在设计中心工具条的上部用鼠标拖动它，松开鼠标后，AutoCAD 设计中心便处于当前位置，到新位置后，仍可以用鼠标改变各窗口的大小。也可以通过设计中心边框左边下方的“自动隐藏”按钮来自动隐藏设计中心。

7.3.2 插入图块

可以将图块插入到图形当中。当将一个图块插入到图形当中的时候，块定义就被复制到图形数据库当中。在一个图块被插入图形之后，如果原来的图块被修改，则插入到图形当中的图块也随之改变。

当其他命令正在执行时，不能插入图块到图形当中。例如，如果在插入块时提示行正在执行一个命令，此时光标变成一个带斜线的圆，提示操作无效。另外，一次只能插入一个图块。

系统根据鼠标拉出的线段的长度与角度确定比例与旋转角度。插入图块的步骤如下。

1）从文件夹列表或查找结果列表中选择要插入的图块，按住鼠标左键，将其拖动到打开的图形。松开鼠标左键，此时，选择的对象被插入到当前打开的图形当中。利用当前设置的捕捉方式，可以将对象插入到任何存在的图形当中。

2）按下鼠标左键，指定一点作为插入点，移动鼠标，鼠标位置点与插入点之间距离为缩放比例，按下鼠标左键确定比例。同样方法移动鼠标，鼠标指定位置与插入点连线与水平线角度为旋转角度。被选择的对象将根据鼠标指定的比例和角度插入到图形当中。

7.3.3 图形复制

1．在图形之间复制图块

利用 AutoCAD 设计中心可以浏览和装载需要复制的图块，然后将图块复制到剪贴板，利用剪贴板将图块粘贴到图形当中。具体方法如下。

1）在控制板选择需要复制的图块，右击打开快捷菜单，选择“复制”命令。

2）将图块复制到剪贴板上，然后通过“粘贴”命令粘贴到当前图形上。

2．在图形之间复制图层

利用 AutoCAD 设计中心可以从任何一个图形复制图层到其他图形。例如，如果已经绘制了一个包括设计所需的所有图层的图形，在绘制另外的新图形的时候，可以新建一个图形，并通过 AutoCAD 设计中心将已有的图层复制到新的图形当中，这样可以节省时间，并保证图形间的一致性。

1）拖动图层到已打开的图形：确认要复制图层的目标图形文件被打开，并且是当前的图形文件。在控制板或查找结果列表中选择要复制的一个或多个图层。拖动图层到打开的图形文件。松开鼠标后选择的图层即被复制到打开的图形当中。

2）复制或粘贴图层到打开的图形：确认要复制图层的图形文件被打开，并且是当前的图形文件。在控制板或查找结果列表中选择要复制的一个或多个图层，右击打开快捷菜单，在快捷菜单中选择“复制到粘贴板”命令。如果要粘贴图层，确认粘贴的目标图形文件被打开，并为当前文件。右击打开快捷菜单，在快捷菜单中选择“粘贴”命令。

7.4 工具选项板

该选项板是指“工具选项板”窗口中选项卡形式的区域，可以提供组织、共享和放置块及填充图案的有效方法。工具选项板还可以包含由第三方开发人员提供的自定义工具。

7.4.1 打开工具选项板

【执行方式】

命令行：TOOLPALETTES。

菜单栏：工具→工具选项板窗口。

工具栏：标准→工具选项板。

快捷键：〈Ctrl+3〉。

功能区：单击“视图”选项卡“选项板”面板中的“工具选项板”按钮。

【操作步骤】

命令：TOOLPALETTES↙

系统自动打开工具选项板窗口。

【选项说明】

在工具选项板中，系统设置了一些常用图形选项卡，这些常用图形可以方便用户绘图。

7.4.2 工具选项板的显示控制

1．移动和缩放工具选项板窗口

用户可以用鼠标按住工具选项板窗口深色边框，拖动鼠标即可移动工具选项板窗口。将鼠标指向工具选项板窗口边缘，出现双向伸缩箭头，按住鼠标左键拖动即可缩放工具选项板窗口。

2．自动隐藏

在工具选项板窗口深色边框下面有一个“自动隐藏”按钮，单击该按钮就可自动隐藏工具选项板窗口，再次单击，则自动打开工具选项板窗口。

3．“透明度”控制

在工具选项板窗口深色边框下面有一个“特性”按钮，单击该按钮，打开快捷菜单，如图 7-23 所示。选择“透明度”命令，系统打开“透明”对话框，通过“调节”按钮可以调节工具选项板窗口的透明度。

7.4.3 新建工具选项板

用户可以建立新工具选项板，这样有利于个性化作图，也能够满足特殊作图需要。

【执行方式】

命令行：CUSTOMIZE。

菜单栏：工具→自定义→工具选项板。

快捷菜单：在任意工具栏上单击右键，然后选择“自定义”。

工具选项板：“特性”按钮→自定义（或新建选项板）。

【操作步骤】

命令：CUSTOMIZE↙

系统打开“自定义”对话框的“工具选项板”选项卡，如图 7-24 所示。

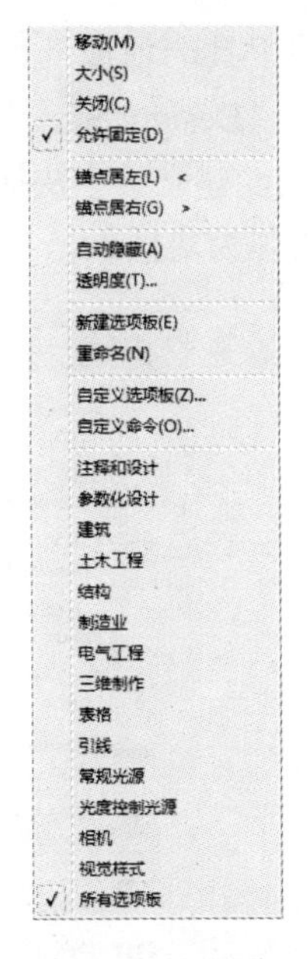

图 7-23 快捷菜单

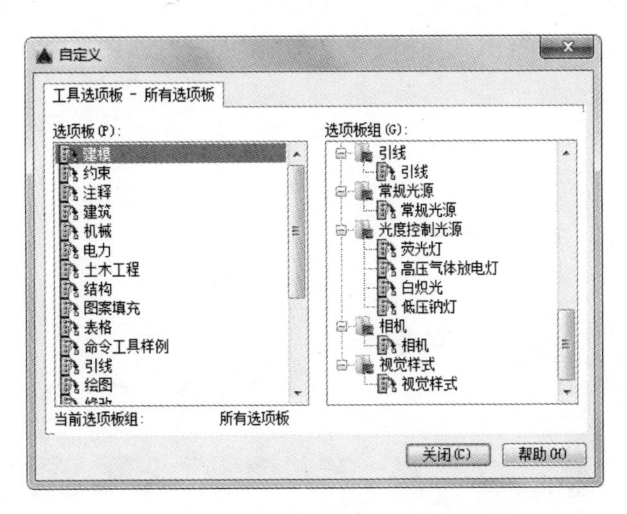

图 7-24 “自定义”对话框

右击鼠标，打开快捷菜单，如图 7-25 所示。选择“新建选项板”选项，在对话框中可以为新建的工具选项板命名。确认后，工具选项板中就增加了一个新的选项卡，如图 7-26 所示。

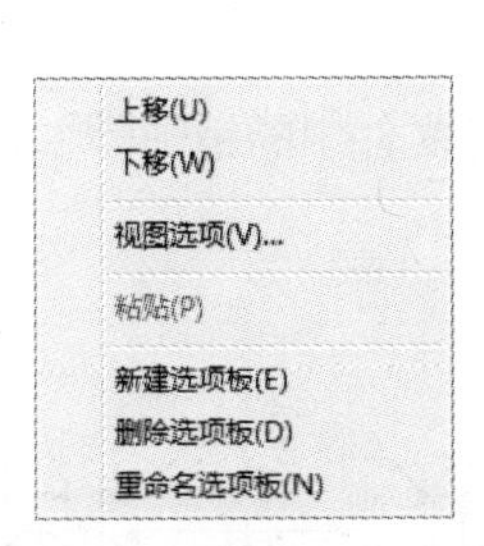

图 7-25 “新建选项板”选项

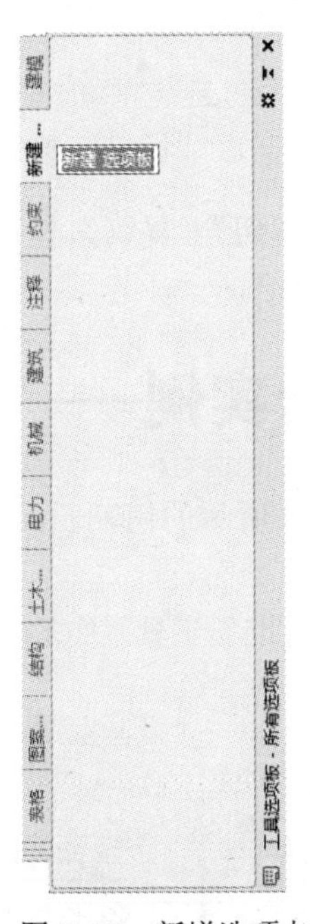

图 7-26 新增选项卡

7.4.4 向工具选项板添加内容

1）将图形、块和图案填充从设计中心拖动到工具选项板上。例如，在“Designcenter”

文件夹上右击鼠标，系统打开右键快捷菜单，从中选择“创建块的工具选项板”命令，如图 7-27a 所示。设计中心中储存的图元就出现在工具选项板中新建的“Designcenter”选项卡上，如图 7-27b 所示。这样就可以将设计中心与工具选项板结合起来，建立一个快捷方便的工具选项板。将工具选项板中的图形拖动到另一个图形中时，图形将作为块插入。

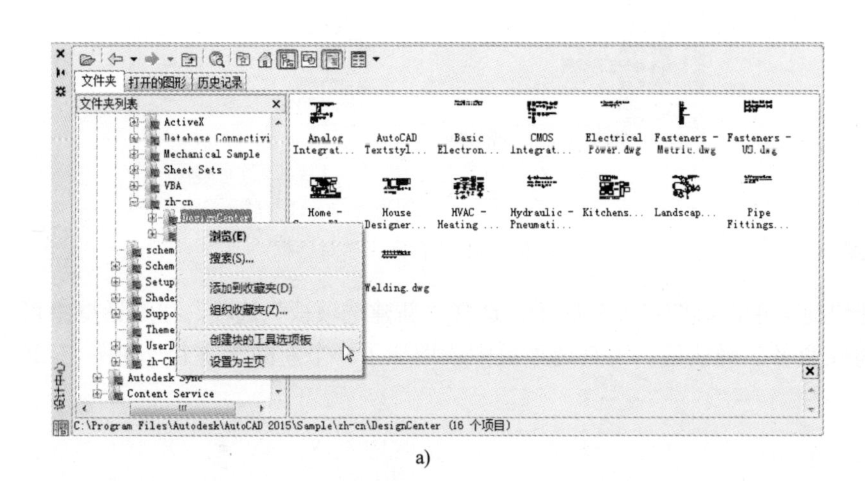

a)

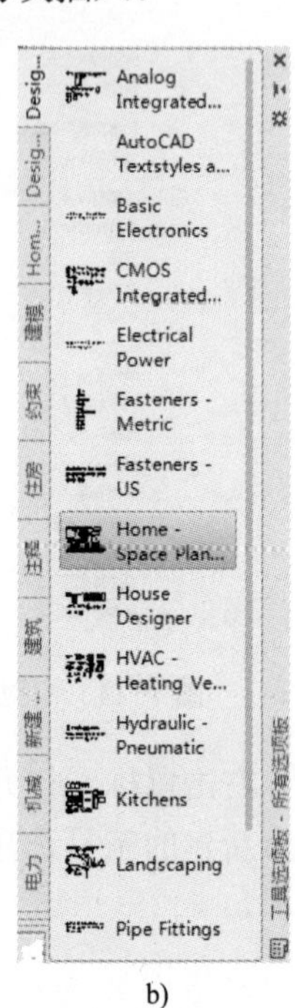

b)

图 7-27　将储存图元创建成“Designcenter”工具选项板

2）使用“剪切”“复制”和“粘贴”命令可将一个工具选项板中的工具移动或复制到另一个工具选项板中。

7.5　综合实例——标注销轴表面粗糙度

标注图 7-28 所示的销轴表面粗糙度。

【操作步骤】

1）单击“标准”工具栏中的“打开”按钮，打开源文件中的销轴标注图形，如图 7-29 所示。

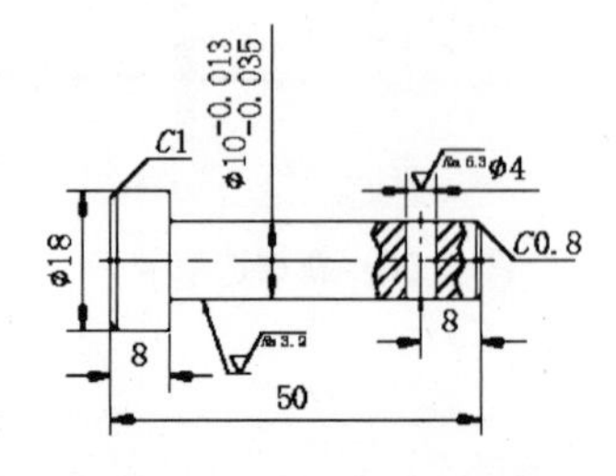

图 7-28　标注销轴表面粗糙度

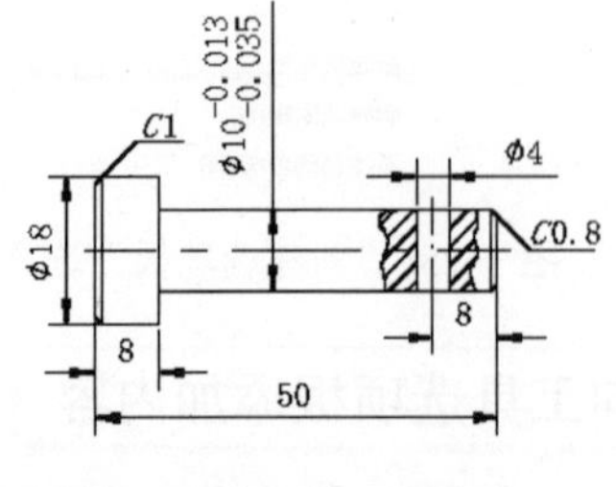

图 7-29　销轴

2）绘制粗糙度符号。单击“绘图”工具栏中的“直线”按钮，绘制粗糙度符号，三角形夹角为“60°”，边长为“5”，结果如图7-30所示。

3）定义块属性。选择菜单栏中的“绘图”→“块”→“定义属性”命令，系统打开“属性定义”对话框，进行图7-31所示的设置，其中“模式”选中“验证”复选框，确认后退出，将标记“粗糙度”插入到图形中，结果如图7-32所示。

图7-30 绘制粗糙度符号

图7-31 “属性定义”对话框

4）创建图块。在命令行输入“WBLOCK”命令，打开“写块”对话框，如图7-33所示。拾取图7-32所示粗糙度符号图形下尖点为基点，以此图形为对象，输入图块名称并指定路径，确认后退出。

5）插入图块。单击“绘图”工具栏中的“插入块”按钮，打开“插入”对话框，单击“浏览”按钮找到刚才保存的图块，如图7-34所示。单击“确定”按钮，退出对话框。命令行提示如下。

命令: _INSERT↙

指定插入点或 [基点(B)/比例(S)/X/Y/Z/旋转(R)]:（选取图块插入点）

图7-33 “写块”对话框

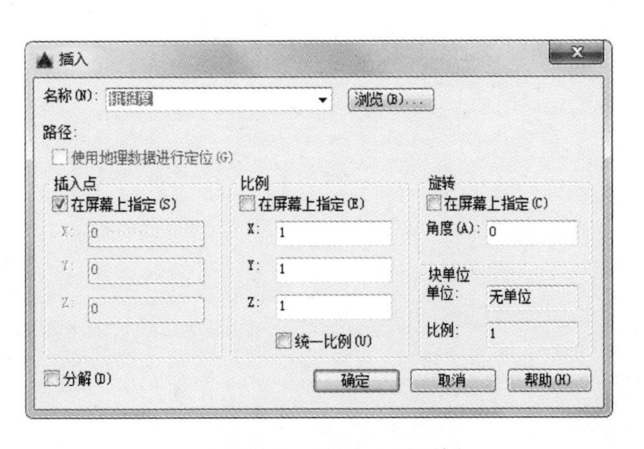

图7-34 “插入”对话框

弹出“编辑属性”对话框，在“粗糙度”文本框中输入粗糙度值“*Ra* 6.3”如图 7-35 所示。单击“确定”按钮，完成图块插入，结果如图 7-36 所示

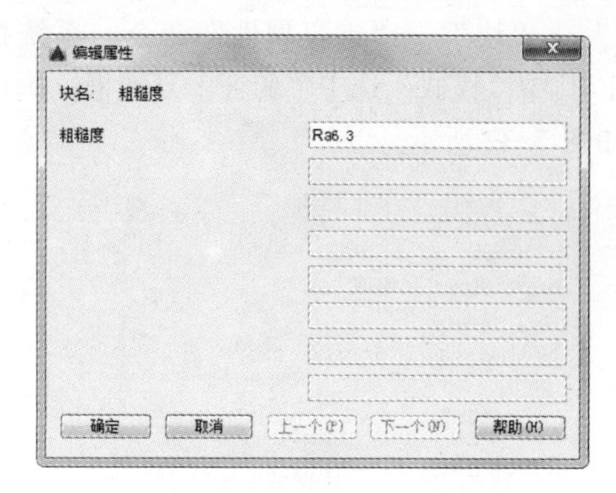

图 7-35 “编辑属性”对话框

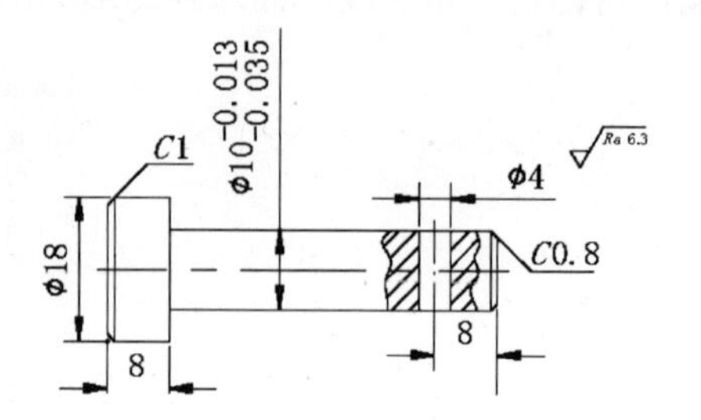

图 7-36 插入粗糙度符号

6）继续插入粗糙度符号图块。单击“绘图”工具栏中的“插入块”按钮，继续插入粗糙度符号图块，输入不同的属性值作为粗糙度数值，并单击“绘图”工具栏中的“多段线”按钮，绘制引出线，直到完成所有粗糙度符号标注，如图 7-28 所示。

第 8 章　零件图的绘制

知识导引

零件图是生产中指导制造和检验零件的主要图样，因此本章将通过一些零件图绘制实例，结合前面学习过的平面图形的绘制、编辑命令及尺寸标注命令，详细介绍机械工程中零件图的绘制方法、步骤及零件图中技术要求的标注，使读者灵活运用所学过的命令，掌握方便、快捷地绘制零件图的方法，提高绘图效率。

8.1　零件图简介

零件图是反映设计者意图及生产部门组织生产的重要技术文件，因此它不仅应将零件的材料和内、外结构形状及大小表达清楚，而且还要对零件的加工、检验、测量提出必要的技术要求。一张完整的零件图应包含下列内容。

（1）一组视图　包括视图、剖视图、剖面图、局部放大图等，用以完整、清晰地表达出零件的内、外形状和结构。

（2）完整的尺寸　零件图中应正确、完整、清晰、合理地标注出用以确定零件各部分结构形状和相对位置的、制造零件所需的全部尺寸。

（3）技术要求　用以说明零件在制造和检验时应达到的技术要求，如表面粗糙度、尺寸公差、几何公差以及表面处理和材料热处理等。

（4）标题栏　位于零件图的右下角，用以填写零件的名称、材料、比例、数量、图号以及设计、制图、校核人员签名等。

在绘制零件图时，应对零件进行形状结构分析，根据零件的结构特点、用途及主要加工方法，确定零件图的表达方案，选择主视图、视图数量和各视图的表达方法。在机械生产中根据零件的结构形状，大致可以将零件分为四类：

1）轴套类零件：轴、衬套等零件。

2）盘盖类零件：端盖、阀盖等零件。

3）叉架类零件：拨叉、连杆、支座等零件。

4）箱体类零件：阀体、泵体、减速器箱体等零件。

另外，还有一些常用零件或标准零件，例如，键、销、垫片、螺栓、螺母、齿轮、轴承和弹簧等，其结构或参数已经标准化，在设计时，应注意参照有关标准。

8.2　零件图绘制的一般过程

在使用计算机绘图时，除了要遵守机械制图国家标准外，还应尽可能地发挥计算机共享资源的优势。以下是绘制零件图的一般过程及绘图过程中需要注意的问题。

1）在绘制零件图之前，应根据图纸幅面大小和版式的不同，分别建立符合机械制图国家标准的若干机械图样模板。模板中包括图纸幅面、图层、使用文字的一般样式、尺寸标注的一般样式等，这样在绘制零件图时，就可以直接调用建立好的模板进行绘图，有利于提高工作效率。

2）使用绘图命令和编辑命令完成图形的绘制。在绘制过程中，应根据结构的对称性、重复性等特征，灵活运用镜像、阵列、多重复制等编辑操作，避免不必要的重复劳动，提高绘图效率。

3）进行尺寸标注。将标注内容分类，可以首先标注线性尺寸、角度尺寸、直径及半径尺寸等操作比较简单、直观的尺寸，然后标注带有尺寸公差的尺寸，最后再标注几何公差及表面粗糙度。

4）由于在 AutoCAD 中没有提供表面粗糙度符号，而且关于几何公差的标注也存在着一些不足，如符号不全和代号不一致等，因此，可以通过建立外部块、外部参照的方式，为用户自定义和使用的图形库积累数据，或者开发进行表面粗糙度和几何公差标注的应用程序，以达到简化标注这些技术要求的目的。

5）填写标题栏，并保存图形文件。

8.3 零件图的绘制方法及绘图实例

本节将选取一些典型的机械零件，讲解其设计思路和具体绘制方法。

8.3.1 止动垫圈设计

垫圈按其用途可分为：衬垫、防松和特殊三种类型。一般垫圈用于增加支撑面，能遮盖较大孔眼及防止损伤零件表面。圆形小垫圈一般用于金属零件；圆形大垫圈一般用于非金属零件，本节以绘制非标准件止动垫圈为例，说明垫圈系列零件的设计方法和步骤。在绘制垫圈之前，首先应该对垫圈进行系统的分析。根据国家标准需要确定零件图的图幅、零件图中要表示的内容、零件各部分的线型、线宽、公差及公差标注样式及表面粗糙度等，另外还需要确定用几个视图来清楚地表达该零件。

根据国家标准和工程分析，一个主视图就可以将该零件表达清楚完整。为了将图形表达得更加清楚，选择绘图比例为 1∶1，图幅为 A3。图 8-1 所示是要绘制的止动垫圈零件图，止动垫圈零件图的绘制方法和步骤如下。

【操作步骤】

1．配置绘图环境

单击“标准”工具栏中的“新建”按钮，弹出“选择样板”对话框，在该对话框中选择需要的样板图。本例选择“A3”样板图，然后单击“打开”按钮，返回绘图区域，同时选择的样板图也会出现在绘图区域内。

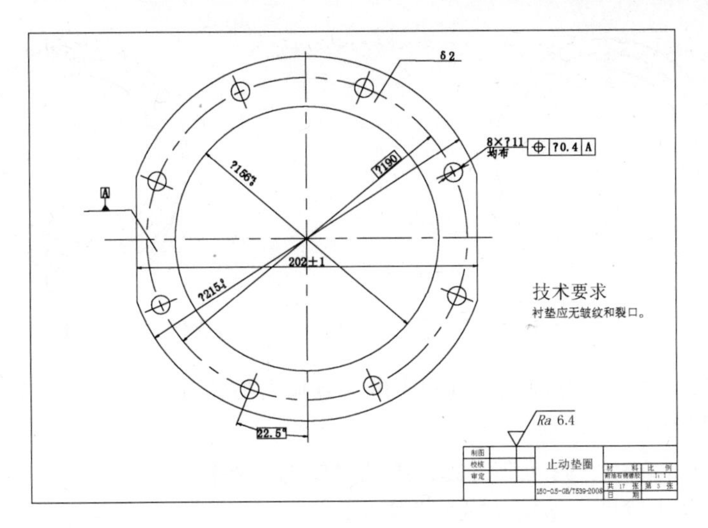

图 8-1　止动垫圈零件图

2．绘制止动垫圈

该零件图由一个主视图来表达，主要有中心线和圆形轮廓线构成。

（1）绘制中心线　将“中心线”图层设置为当前层。根据止动垫圈的尺寸，绘制止动垫圈中心线的长度约为 230。单击“绘图”工具栏中的“直线”按钮，绘制中心线{（70,165），（@230,0）}{（190,45），（@0,230）}，结果如图 8-2 所示。

（2）绘制止动垫圈零件图的轮廓线　根据分析可以知道，该零件图的轮廓线主要由圆组成。在绘制主视图轮廓线的过程中需要用到“圆”“直线”“修剪”及“镜像”等命令。

1）绘制孔定位圆。单击“绘图”工具栏中的“圆”按钮，以两条中心线的交点为圆心，绘制半径为“95”的圆，结果如图 8-3 所示。

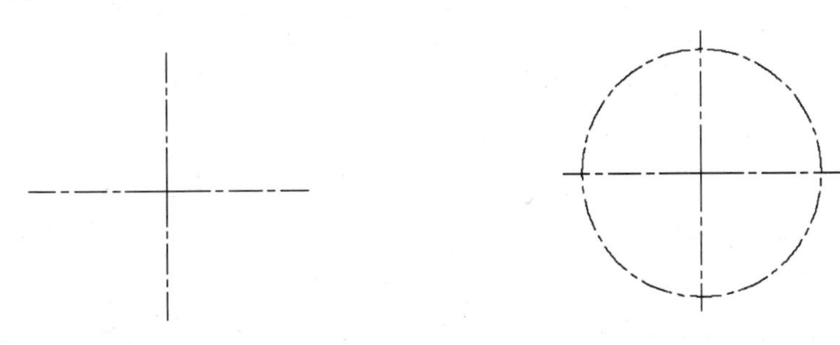

图 8-2　绘制的中心线　　　　图 8-3　绘制定位圆后的图形

2）绘制内外圆。将“实体层”图层设置为当前层。单击“绘图”工具栏中的“圆”按钮，以图 8-3 所示两条中心线的交点为圆心，分别以“78”和“107.5”为半径绘制圆，结果如图 8-4 所示。

3）绘制竖直直线。单击“绘图”工具栏中的“直线”按钮，直线端点分别为（89,165）及与圆的交点，结果如图 8-5 所示。

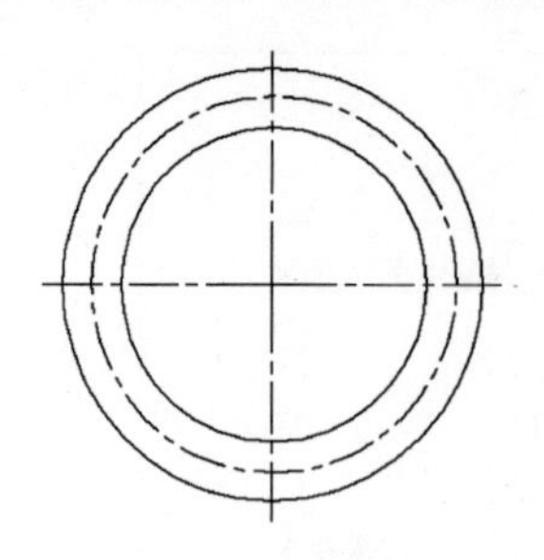

图 8-4　绘制圆后的图形

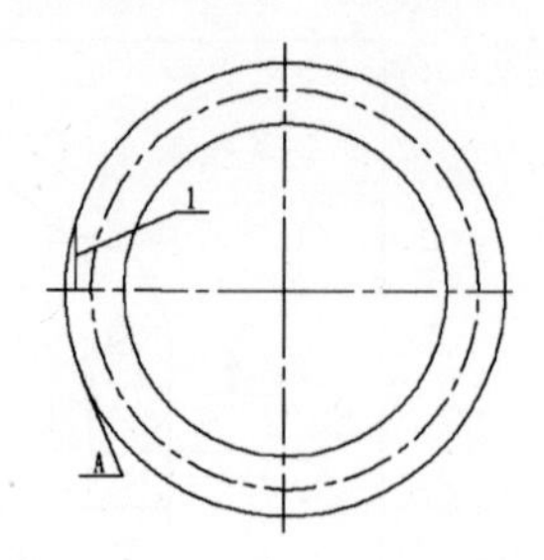

图 8-5　绘制直线后的图形

4）延伸直线。单击“修改”工具栏中的“延伸”按钮，将直线 1 延伸到图 8-5 所示的圆 *A* 处，结果如图 8-6 所示。

5）镜像直线。单击“修改”工具栏中的“镜像”按钮，以竖直中心线为镜像轴，将图 8-6 所示的直线 1 镜像，结果如图 8-7 所示。

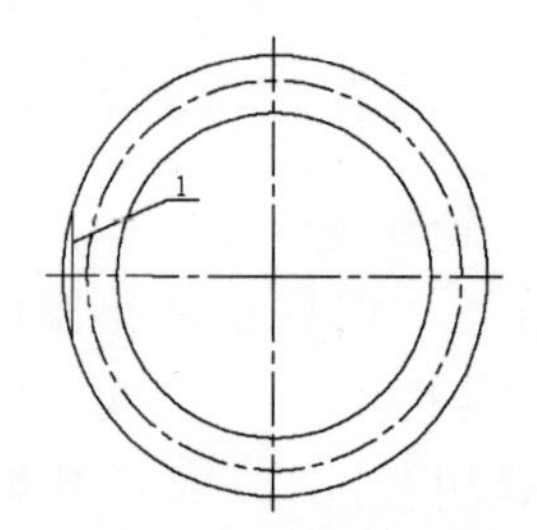

图 8-6　延伸直线后的图形

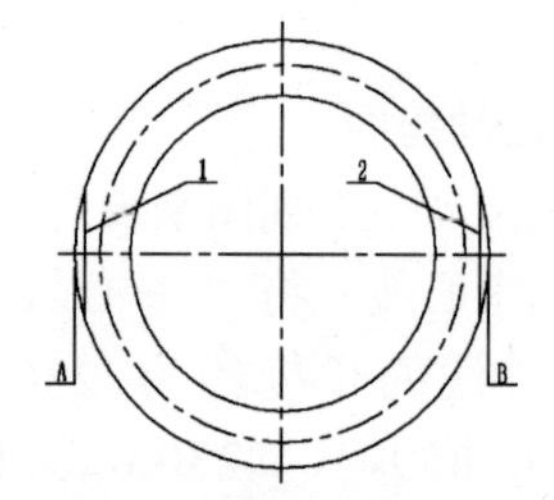

图 8-7　镜像直线后的图形

6）修剪圆弧。单击“修改”工具栏中的“修剪”按钮，修剪图形，结果如图 8-8 所示。

7）绘制中心线。将“中心线”图层设置为当前层。单击“绘图”工具栏中的“直线”按钮，绘制中心线{（160,230）、（@45<112.5）}。

8）绘制圆。将“实体层”图层设置为当前层。单击“绘图”工具栏中的“圆”按钮，以上步绘制的中心线和定位圆线的交点为圆心，半径为“5.5”，绘制圆，结果如图 8-9 所示。

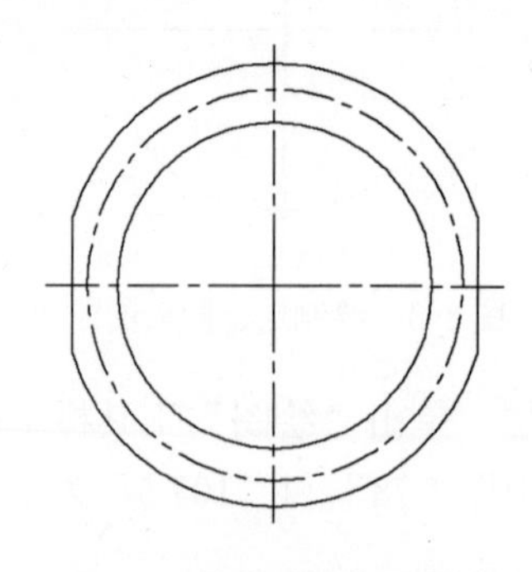

图 8-8　修剪圆弧后的图形

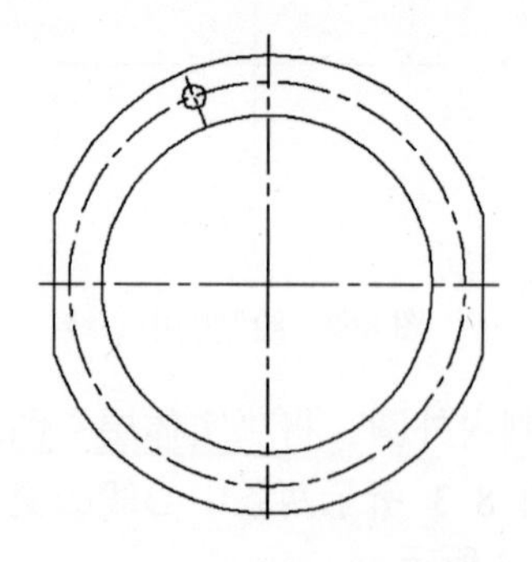

图 8-9　绘制圆孔后的图形

9）阵列圆孔。单击“修改”工具栏中的“阵列”按钮，绘制止动垫圈上的其他圆孔，命令行提示与操作如下。

命令: _arraypolar

选择对象: 找到 1 个（选取半径为 5.5 的圆）

选择对象: 找到 1 个, 总计 2 个(选择中心线)

选择对象:

类型 = 极轴 关联 = 是

指定阵列的中心点或 [基点(B)/旋转轴(A)]: （选取两条中心线的交点）

选择夹点以编辑阵列或 [关联(AS)/基点(B)/项目(I)/项目间角度(A)/填充角度(F)/行(ROW)/层(L)/旋转项目(ROT)/退出(X)] <退出>: I

输入阵列中的项目数或 [表达式(E)] <6>: 8

选择夹点以编辑阵列或 [关联(AS)/基点(B)/项目(I)/项目间角度(A)/填充角度(F)/行(ROW)/层(L)/旋转项目(ROT)/退出(X)] <退出>:命令:↙

结果如图 8-10 所示。

3．标注止动垫圈

在图形绘制完成后，要对图形进行标注，该零件图的标注包括线性标注、引线标注、直径标注、几何公差标注和填写技术要求等。下面将着重介绍引线标注和角度标注方式。

（1）线性标注　首先将“尺寸标注”图层设置为当前层，单击“标注”工具栏中的“线性”按钮，命令行提示与操作如下。

命令: _dimlinear

指定第一个尺寸界线原点或 <选择对象>: (用鼠标在标注的位置指定起点)

指定第二条尺寸界线原点: (用鼠标在标注的位置指定终点)

指定尺寸线位置或[多行文字(M)/文字(T)/角度(A)/水平(H)/垂直(V)/旋转(R)]: t

输入标注文字 <202>: 202%%P1

指定尺寸线位置或[多行文字(M)/文字(T)/角度(A)/水平(H)/垂直(V)/旋转(R)]: (用鼠标适当指定尺寸线位置)

标注文字 =202

结果如图 8-11 所示。

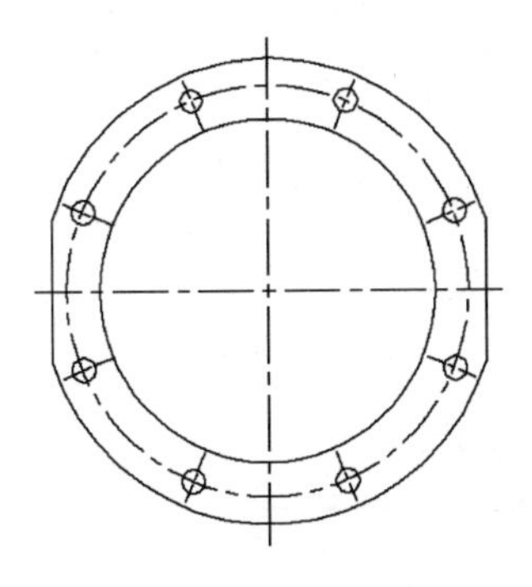

图 8-10　阵列后的图形

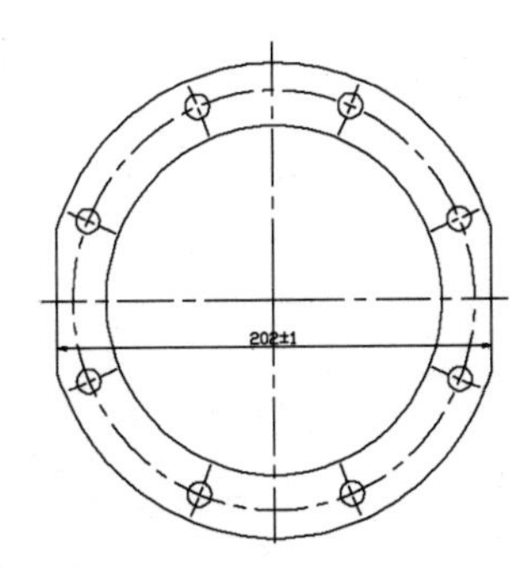

图 8-11　线性标注

注 意

在文字标注时，%%P 表示“±”。

（2）引线标注　标注止动垫圈厚度。在命令行中输入“QLEADER”命令，命令行提示与操作如下。

命令 QLEADER:

指定第一个引线点或 [设置(S)] <设置>:

此时输入“S”，按〈Enter〉键，弹出图 8-12 所示的“引线设置”对话框，在其中“注释”选项卡的“注释类型”选项组中选择“多行文字”；在“引线和箭头”选项卡的“箭头”选项组中选择“无”；在“附着”选项卡中勾选“最后一行加下画线”；单击“确定”按钮，命令行会继续提示：

指定第一个引线点或 [设置(S)] <设置>: (用鼠标在标注的位置指定一点)

指定下一点: (用鼠标在标注的位置指定第二点)

指定下一点: (用鼠标在标注的位置指定第三点)

指定文字宽度 <0>:5

输入注释文字的第一行 <多行文字(M)>: δ2

输入注释文字的下一行: ↙

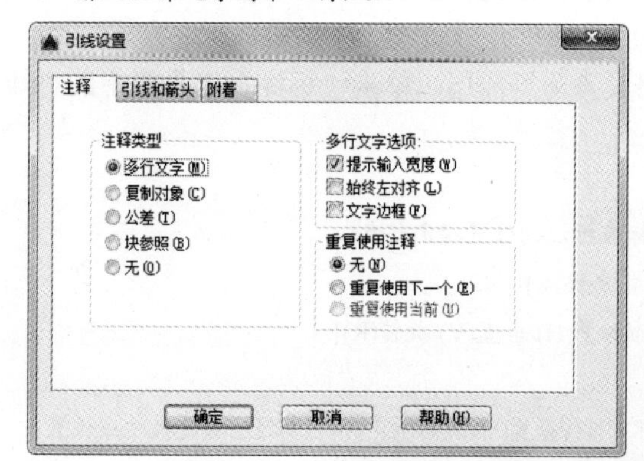

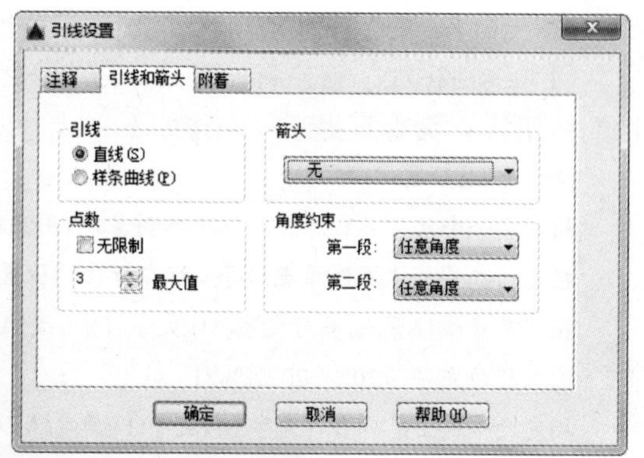

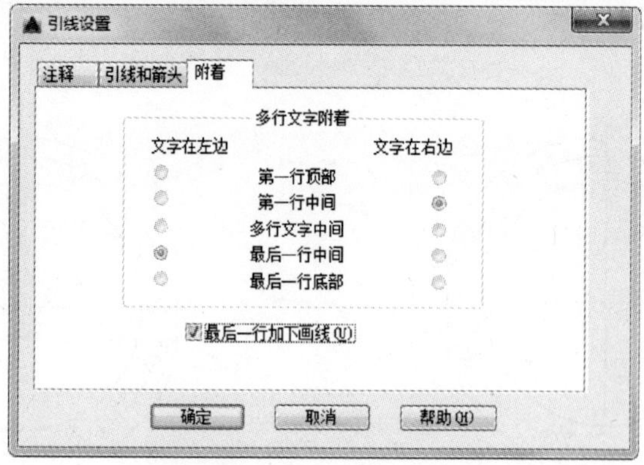

图 8-12 “引线设置”对话框

图 8-13 所示为使用该标注方法标注的结果。

注 意

标注类似于 δ、× 这些特殊符号，一般可以通过从文本中复制然后粘贴进命令行的方法实现。

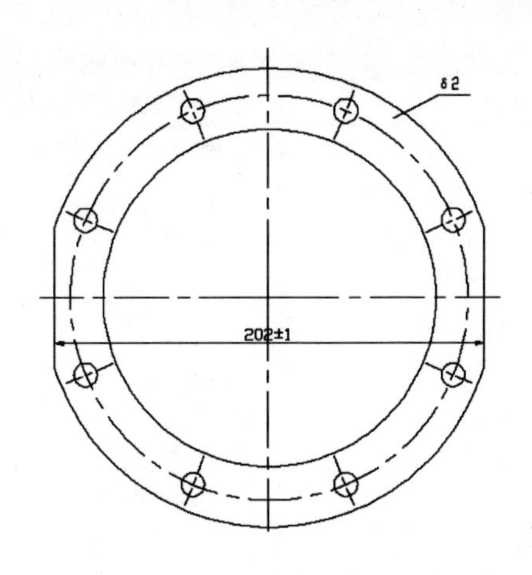

图 8-13 引线标注的结果

（3）角度标注 以标注 22.5° 为例说明角度的标注方法。由于本例中的角度为参考尺寸，需要加注方框，所以在标注前需要设置标注样式。

注 意

按照《机械制图》国家标准，角度尺寸的尺寸数字要求水平放置，所以，此处在标注角度尺寸时，要新建标注样式，将其中的“文字”选项卡中的“文字对齐”选项设置成“水平”。

1）单击“样式”工具栏中“标注样式”按钮，弹出“标注样式管理器”对话框，如图 8-14 所示。单击“新建”按钮，弹出“创建新标注样式”对话框，如图 8-15 所示。在“用于”下拉列表中选择“角度标注”，单击“继续”按钮，弹出“新建标注样式：机械制图：角度”对话框。在“文字”选项卡“文字外观”选项组中选中“绘制文字边框”复选框，在“文字对齐”选项组中选中“水平”单选按钮，“角度”精度为“0.0”，如图 8-16 所示。

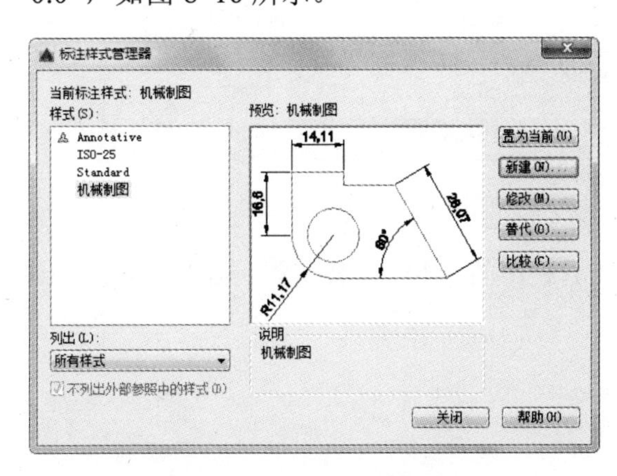

图 8-14 “标注样式管理器”对话框

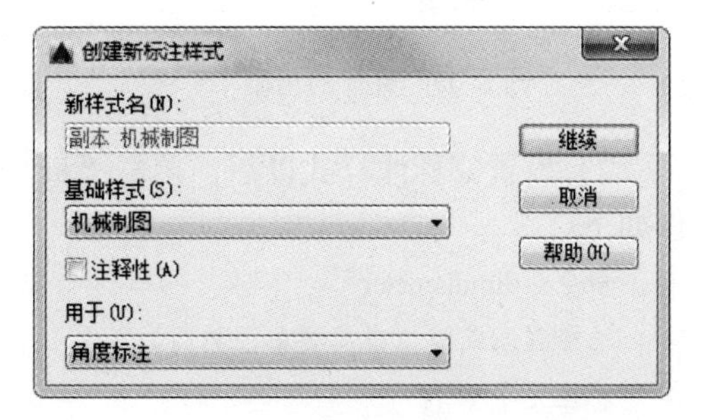

图 8-15 “创建新标注样式”对话框

图 8-16 “新建标注样式”对话框

2）设置好标注样式以后，单击“标注”工具栏中的“角度”按钮，标注角度尺寸，结果如图 8-17 所示。

（4）直径标注

1）单击“样式”工具栏中“标注样式”按钮，弹出“标注样式管理器”对话框，单击“新建”按钮，弹出“创建新标注样式”对话框，如图 8-18 所示。在“用于”下拉列表中选择“直径标注”，单击“继续”按钮，弹出“新建标注样式：机械制图：直径”对话框。在“文字”选项卡“文字对齐”选项组中选中“ISO 标准”单选按钮，如图 8-19 所示。

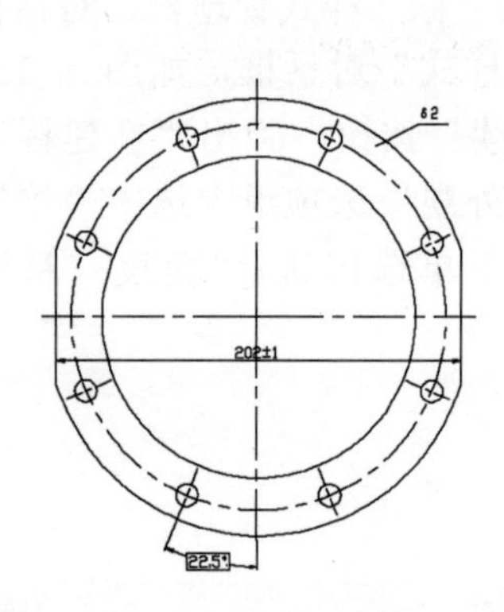

图 8-17 标注的角度

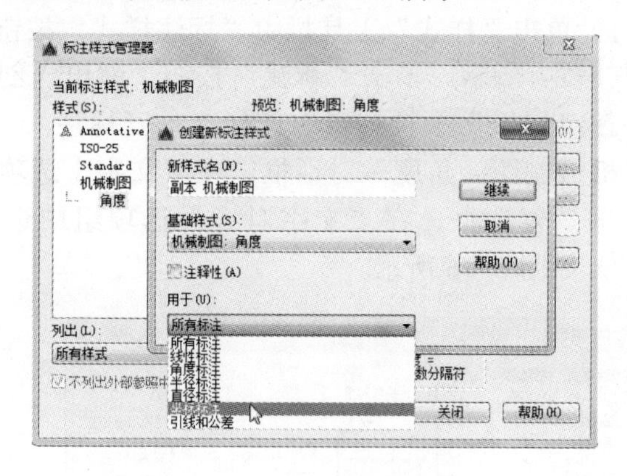

图 8-18 创建新标注样式

2）设置好标注样式以后，单击“标注”工具栏中的“直径”按钮，命令行提示与操作如下。

命令: _dimdiameter

选择圆弧或圆:（选择要标注的圆）

标注文字 =11

指定尺寸线位置或 [多行文字(M)/文字(T)/角度(A)]: t

输入标注文字 <11>: 8 × %%c11

指定尺寸线位置或 [多行文字(M)/文字(T)/角度(A)]:（适当指定位置确定尺寸文字的放置）

结果如图 8-20 所示。

图 8-19 “新建标注样式”对话框

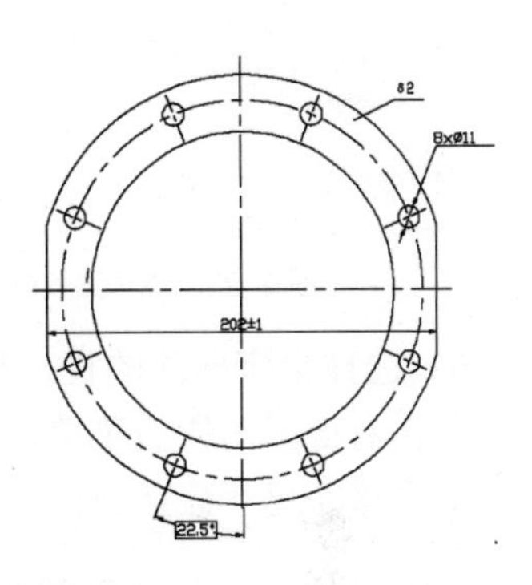

图 8-20 直径标注结果

3）单击“绘图”工具栏中的“多行文字”按钮A，弹出多行文字编辑器，标注文字“均布”，如图 8-21 所示。

图 8-21 文字标注

文字标注结果如图 8-22 所示。

4）单击“样式”工具栏中“标注样式”按钮，选择“标注样式”列表中的“机械制图”样式，单击“替代”按钮，弹出“替代当前样式：机械制图”对话框。在“文字”选项卡“文字外观”选项组中选中“绘制文字边框”复选框，在“文字对齐”选项组中选中“与尺寸线对齐”单选按钮，如图 8-23 所示。单击“确定”按钮。

5）单击“标注”工具栏中的“直径”按钮，标注圆形中心线，标注结果如图 8-24 所示。

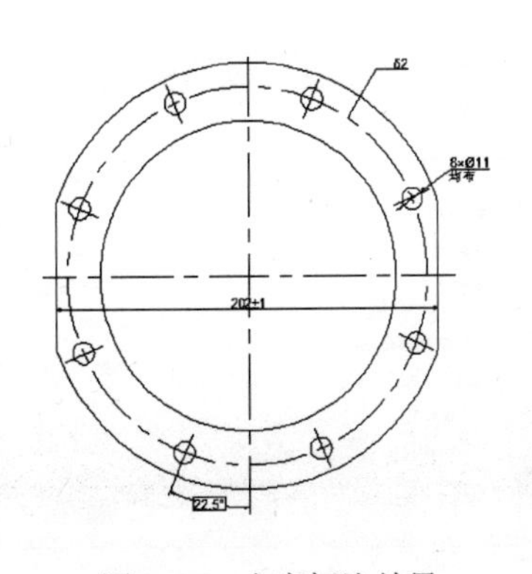

图 8-22 文字标注结果

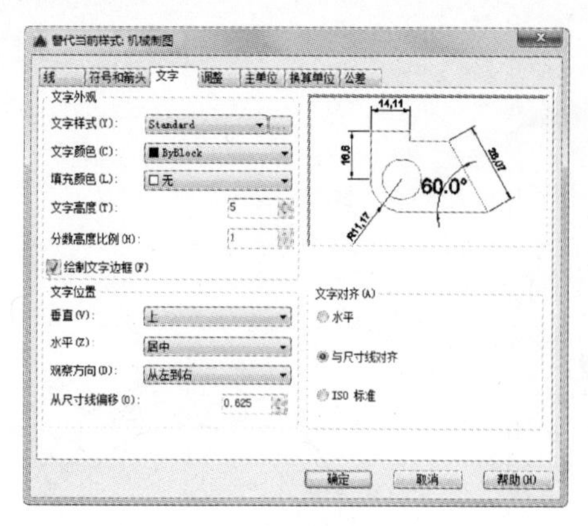

图 8-23　替代标注样式设置

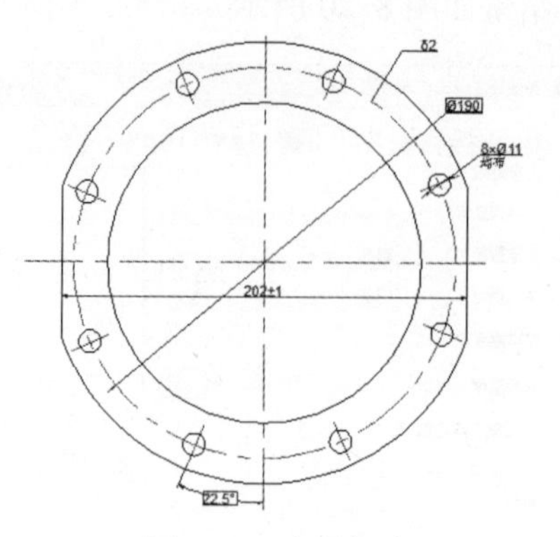

图 8-24　直径标注

6）选择上步标注的直径尺寸，将鼠标放置文字下方的夹点处，夹点颜色由蓝色变成红色，单击右键弹出快捷菜单，选择“仅移动文字”和“在尺寸线上方”命令，如图 8-25 所示，适当移动尺寸数字到合适位置，结果如图 8-26 所示。

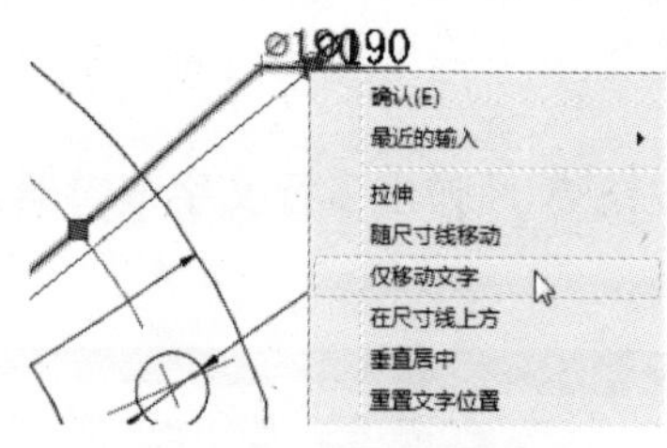

图 8-25　右键快捷菜单

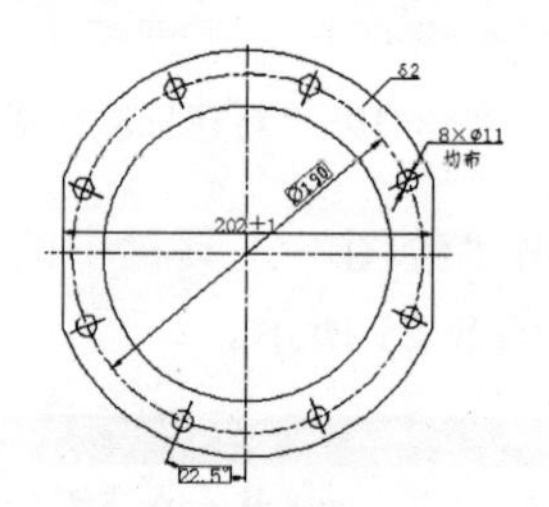

图 8-26　移动尺寸数字

7）同样方法，再次替代当前标注样式，弹出“替代当前样式：机械制图”对话框。在“公差”选项卡“公差格式”选项组中选择“极限偏差”方式，“精度”设置为“0”，“上偏差”设置为“1”，“下偏差”设置为“0”，“高度比例”设置为“1”，“垂直位置”设置为“中”，其他为默认设置，如图 8-27 所示。在“文字”选项卡“文字对齐”选项组中选中“与尺寸线对齐”单选按钮，“分数高度比例”为“0.5”，其他为默认设置，如图 8-28 所示。单击“确定”按钮。

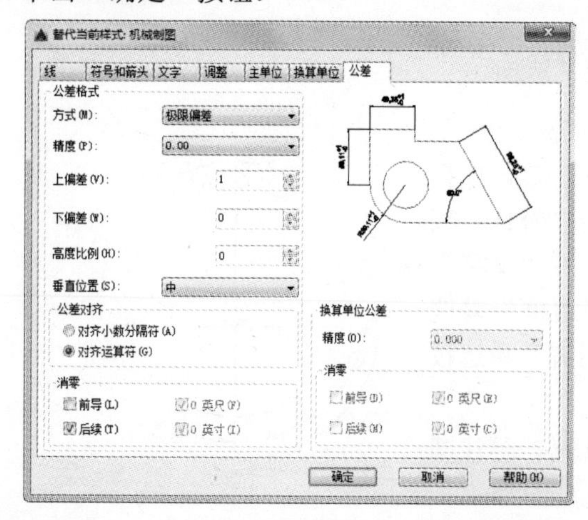

图 8-27　替代标注样式“公差”选项卡设置一

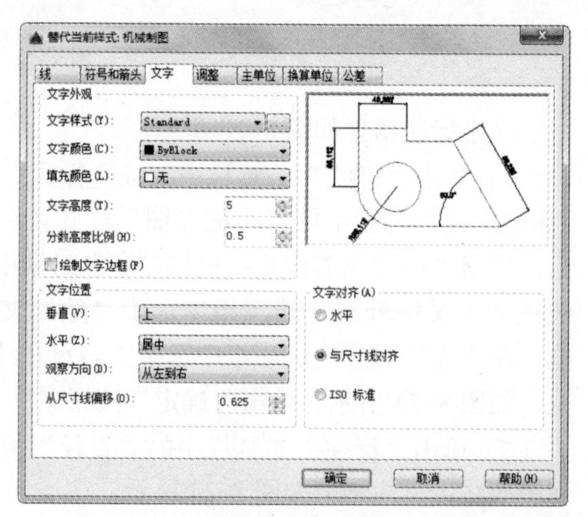

图 8-28　替代标注样式“文字”选项卡设置

8）单击“标注”工具栏中的“直径”按钮，标注内部同心圆，标注结果如图 8-29 所示。调整尺寸数字到适当位置，结果如图 8-30 所示。

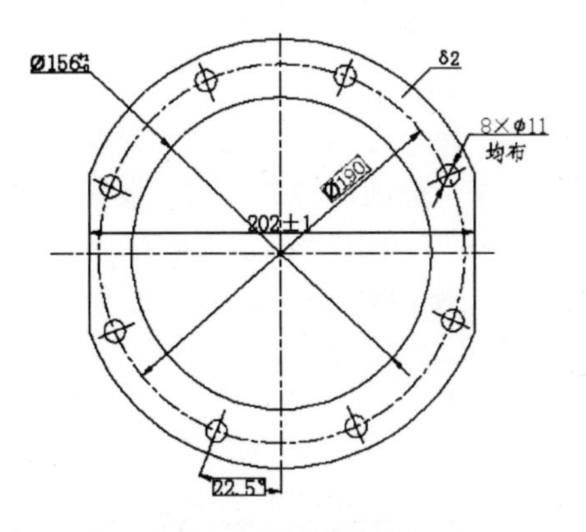

图 8-29 带公差直径标注

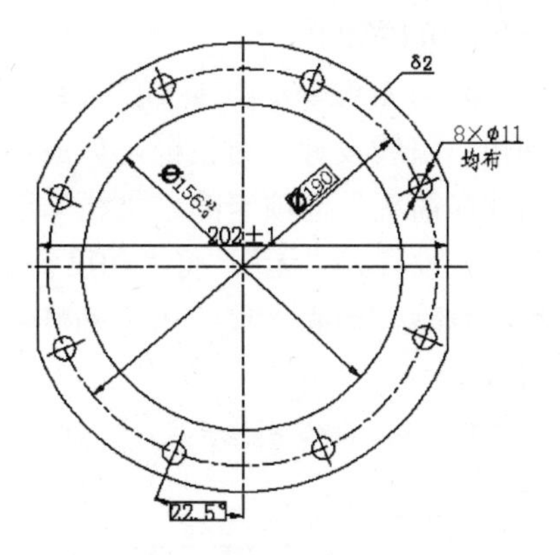

图 8-30 移动尺寸数字位置

9）同样方法，再次替代当前标注样式，弹出“替代当前样式：机械制图”对话框。在“公差”选项卡“公差格式”选项组中选择“极限偏差”方式，“精度”设置为“0”，“上偏差”设置为“0”，“下偏差”设置为“1”，“高度比例”设置为“0.5”，“垂直位置”设置为“中”，其他为默认设置，如图 8-31 所示。单击“确定”按钮。

10）单击“标注”工具栏中的“直径”按钮，标注外部同心圆，并调整尺寸数字到适当位置，结果如图 8-32 所示。

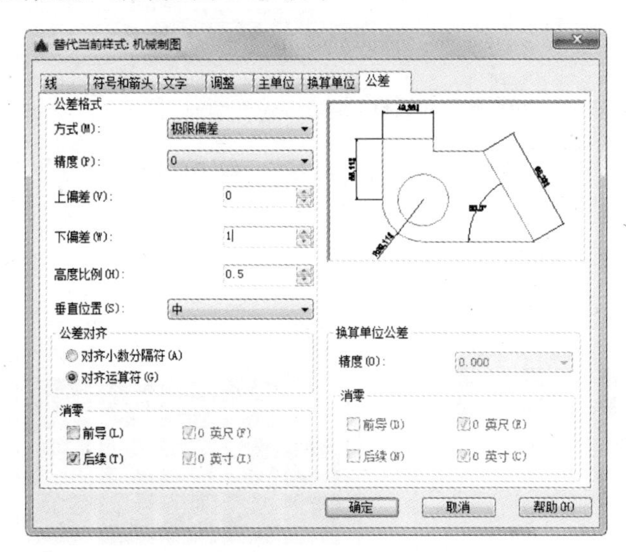

图 8-31 替代标注样式“公差”选项卡设置二

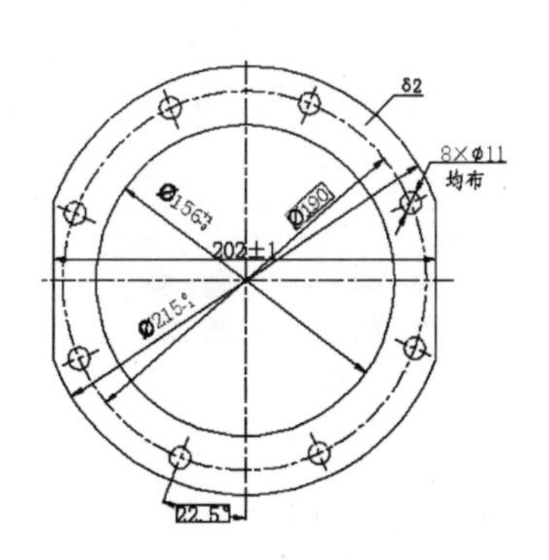

图 8-32 带公差直径标注

在标注样式的“公差”选项卡“公差格式”选项组的“下偏差”设置过程中，系统自动默认下偏差为负值，即在输入的数字前加一个负号，这一点需要读者格外注意。

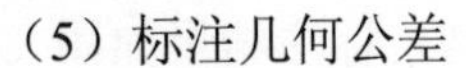

（5）标注几何公差

1）在命令行中输入“QLEADER”命令，命令行提示与操作如下。

命令：QLEADER ↙

指定第一个引线点或 [设置(S)] <设置>: ↙

弹出“引线设置”对话框，如图 8-33 所示。在“注释”选项卡中选择“公差”选项，在“引线和箭头”选项卡的“引线”选项组中选择“直线”选项，将“点数”设置为“2”，将“箭头”设置为“无”，将“角度约束”都设置为“水平”，单击“确定”按钮。

输入注释文字的第一行 <多行文字(M)>:指定第一个引线点或 [设置(S)] <设置>: (利用对象捕捉功能指定标注位置)

指定下一点：(指定引线长度)

指定下一点：↙

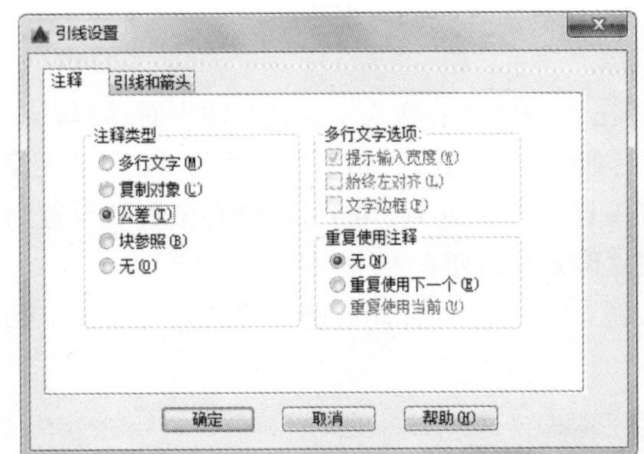

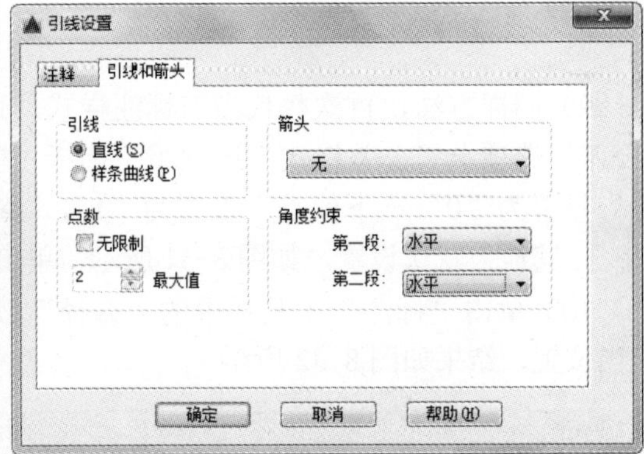

图 8-33 “引线设置”对话框

2）弹出“形位公差”对话框，如图 8-34 所示。单击“符号”，弹出“特征符号”对话框，如图 8-35 所示，选择一种几何公差符号。在“公差 1”“公差 2”和“基准 1”文本框中输入公差值和基准面值，单击“确定”按钮，结果如图 8-36 所示。

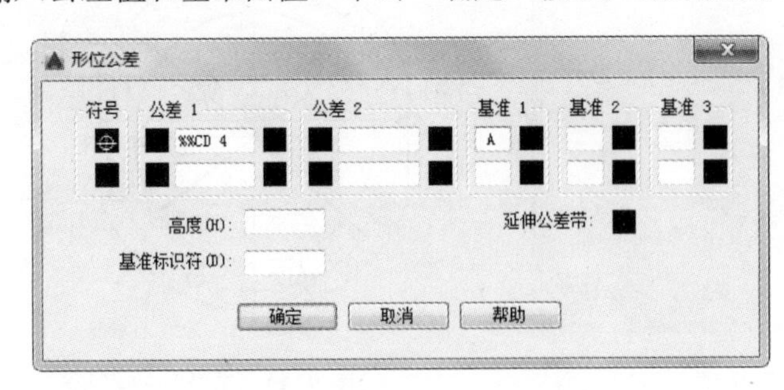

图 8-34 “形位公差”对话框

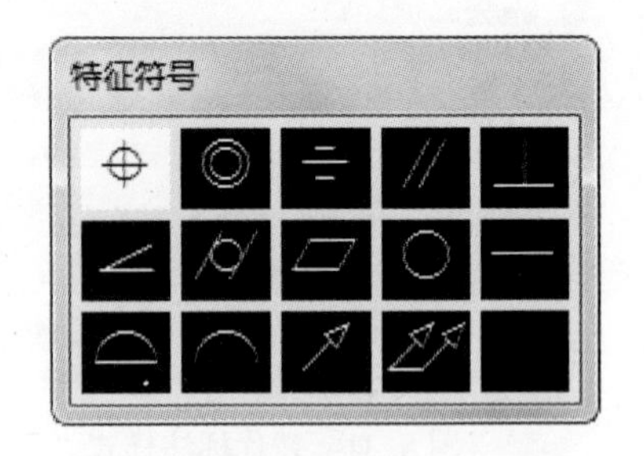

图 8-35 “特征符号”对话框

（6）标注基准面符号

1）绘制基准面符号。利用“矩形”“图案填充”和“直线”等命令指定适当尺寸绘制基准面符号，如图 8-37 所示。

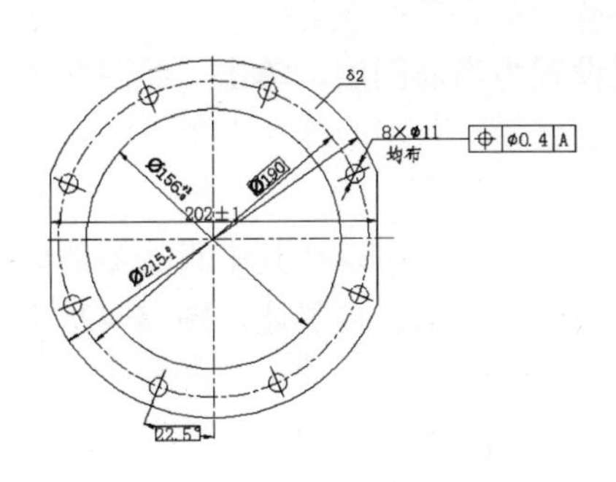

图 8-36 几何公差标注

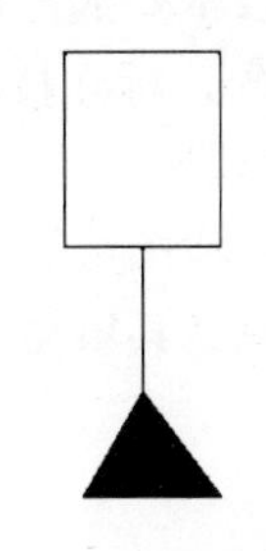
图 8-37 基准面符号

2）设置基准面值的文字样式。单击“样式”工具栏中“文字样式”按钮，弹出“文字样式”对话框，在其中设置标注基准面值的文字样式，如图 8-38 所示。

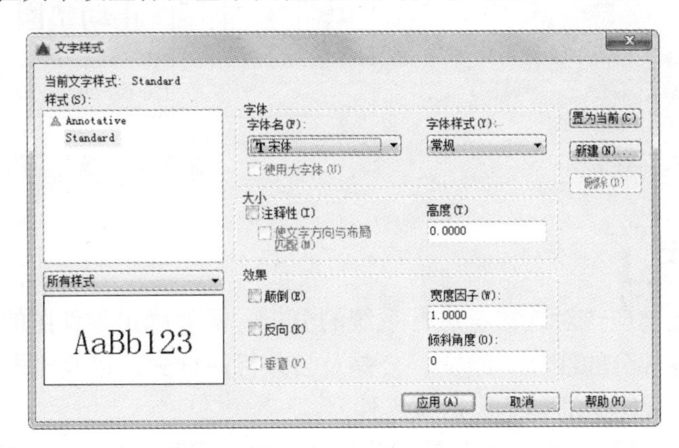

图 8-38 “文字样式”对话框

3）输入文字。单击“绘图”工具栏中的“多行文字”按钮，指定文字输入区域，弹出多行文字编辑器，指定文字高度为“5”，在基准面符号方框中输入文字“A”，如图 8-39 所示。

4）移动和旋转基准面符号。单击“修改”工具栏中的“移动”按钮和“旋转”按钮，将输入文字的基准面符号移动到适当位置并进行旋转，完成基准面符号标注，如图 8-40 所示。

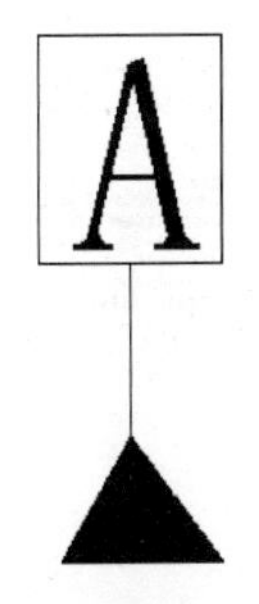

图 8-39 输入文字

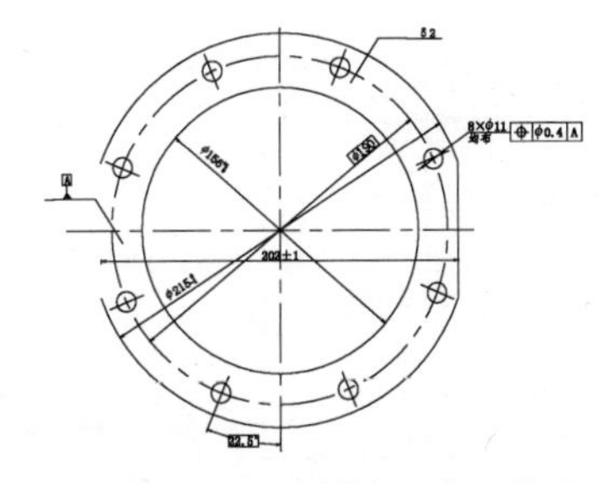
图 8-40 绘制的基准面符号

（7）标注表面粗糙度 插入表面粗糙度图块。单击“绘图”工具栏中的“插入块”按钮，系统弹出“插入”对话框，如图 8-41 所示，单击“浏览”按钮找到保存的图块，在对话框中指定插入点、比例和旋转角度，在适当位置插入。

（8）标注技术要求　将“标题栏”图层设置为当前图层，单击“绘图”工具栏中的“多行文字”按钮A，标注技术要求。

4．填写标题栏

标题栏是反应图形属性的一个重要信息来源，用户可以在其中查找零部件的材料、设计者及修改等信息。其填写与标注文字的过程相似，这里不再赘述，图 8-42 所示为填写好的标题栏。

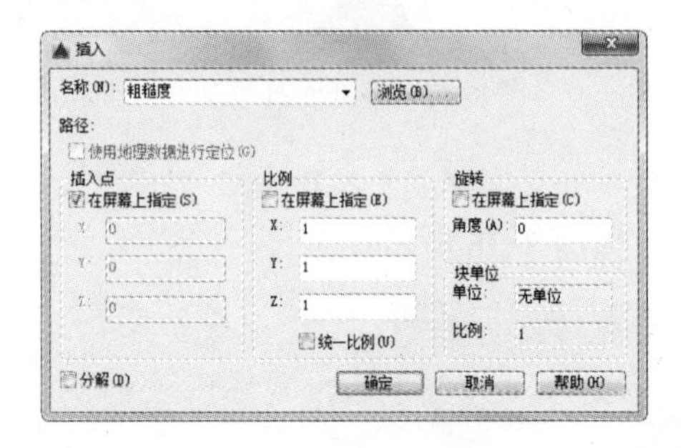

图 8-41 “插入”对话框

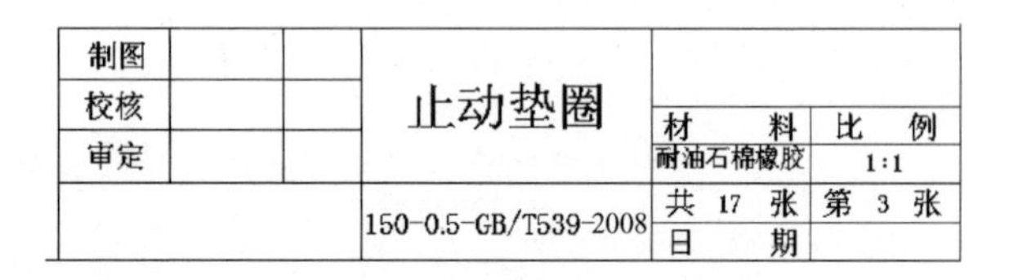

制图			止动垫圈		
校核				材料	比例
审定				耐油石棉橡胶	1:1
			150-0.5-GB/T539-2008	共 17 张	第 3 张
				日期	

图 8-42 填写好的标题栏

8.3.2 连接盘设计

在绘制连接盘之前应该对连接盘进行系统的分析。需要确定零件图的图幅、零件图中要表示的内容、零件各部分的线型、线宽、公差及公差标注样式，以及表面粗糙度等，另外还需要确定需要用几个视图来清楚地表达该零件。

根据国家标准和工程分析，要将齿轮表达清楚完整，需要一个主视剖视图和一个左视图。为了将图形表达得更加清楚，选择绘图比例为 1∶1，图幅为 A2，另外还需要在图形中绘制连接盘内部齿轮的齿轮参数表及技术要求等。图 8-43 所示是要绘制的连接盘零件图。

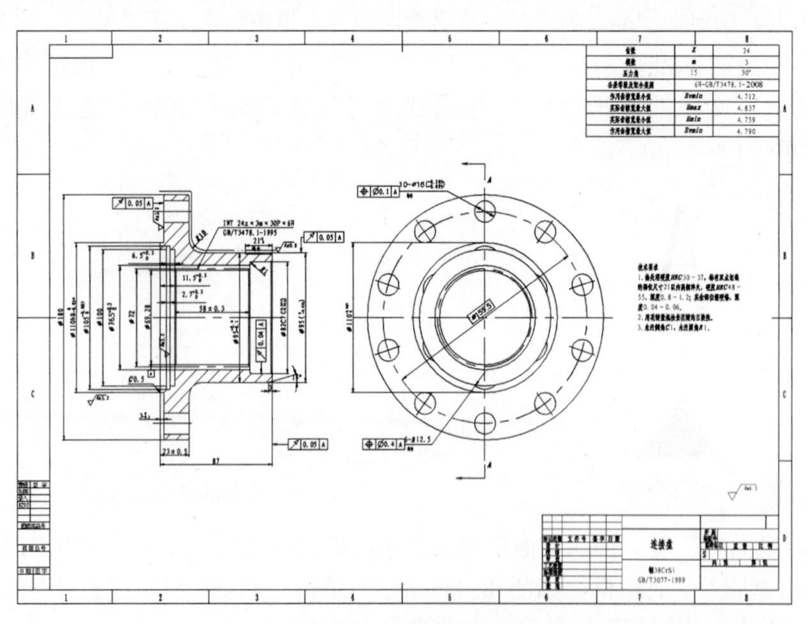

图 8-43 连接盘零件图

【操作步骤】

1．配置绘图环境

（1）调入样板图　新建一个文件，选择A2样板，其中样板图左下端点坐标为（0,0）。

在样板图中已经设置了一系列的图层，但为了说明高频淬火的位置，需要用到双点画线，所以，在此需要设置一个新图层。

（2）新建图层　单击“图层”工具栏中的“图层特性管理器”按钮，新建一个图层，将图层名设置为“双点画线层”，并将其颜色设置为“蓝色”，将双点画线层的线型设置为“DIVIDE”线型。

2．绘制主视图

主视图为全剖视图，由于其关于中心线对称，所以只需绘制中心线一边的图形，另一边的图形使用“镜像”命令镜像即可。

（1）绘制中心线和齿部分度圆线　将“中心线”图层设置为当前层。根据连接盘的尺寸，绘制连接盘中心线的长度为“100”，连接盘端部孔的中心线的长度为“30”，两线的间距为“77.75”，齿部分度线的长度为“58”。

单击“绘图”工具栏中的“直线”按钮，绘制直线{（160,160），（@100,0）}{（160,82.25），（@30,0）}{（176.5,124）（@58,0）}，结果如图8-44所示。

（2）绘制主视图的轮廓线　根据分析可以知道，该主视图的轮廓线主要由直线组成，另外还有齿部的轮廓线，由于连接盘零件具有对称性，所以先绘制主视图轮廓线的一半，然后再使用“镜像”命令绘制完整的轮廓线。在绘制主视图轮廓线的过程中需要用到“直线”“倒角”和“圆角”等命令。以下为绘制连接盘轮廓线的命令序列。

1）绘制外轮廓线。将“实体层”设置为当前层。单击“绘图”工具栏中的“直线”按钮，其端点坐标依次是：（252,119），（@0,-6.5），（@-64,0），（@0,-42.5），（@-20,0），（@0,35），（@-3,0），（@0,5），（@5,0），（@0,-2.5），（@2.7,0），（@0,2.5），（@3.8,0），（@0,15.36），（@58,0），（@0,-6.36），（@17.5,0），结果如图8-45所示。

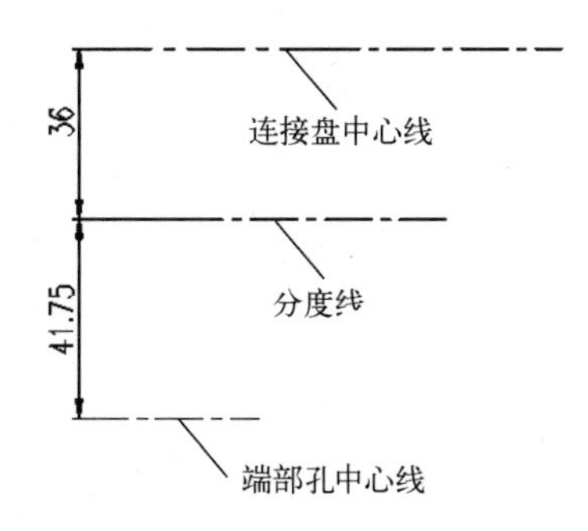

图8-44　绘制的中心线和分度线

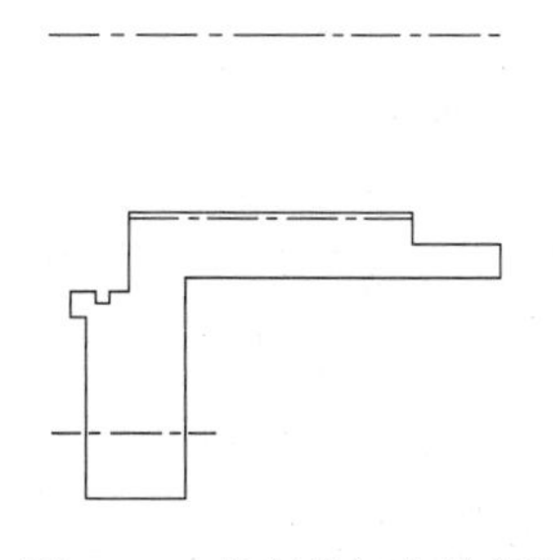

图8-45　绘制的初步轮廓图

2）绘制齿部齿根线。单击“绘图”工具栏中的“直线”按钮，绘制直线{（176.5,121.75），（@58,0）}，结果如图8-46所示。

3）绘制连接盘端部孔。单击“绘图”工具栏中的“直线”按钮，绘制直线{（168,90.25），（@20,0）}，结果如图8-47所示。

4）镜像上一步绘制的直线。单击“修改”工具栏中的“镜像”按钮，将图8-47中的直线 1 以中心线为镜像轴进行镜像，结果如图 8-48 所示。

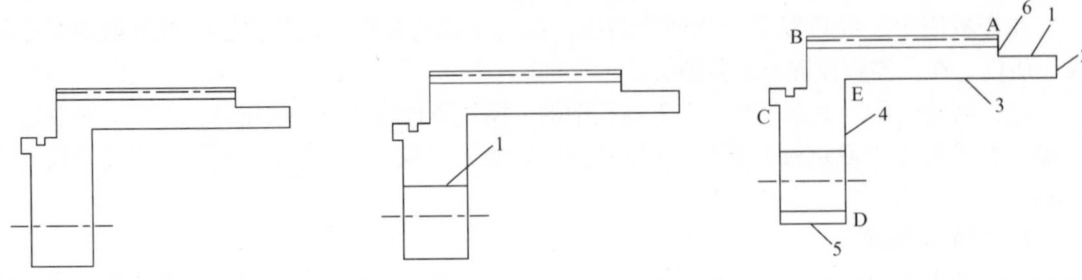

图 8-46　绘制齿根线后的轮廓图　图 8-47　绘制端部孔一直线后轮廓线　图 8-48　绘制端部孔后的轮廓线

5）绘制倒角。单击“修改”工具栏中的“倒角”按钮，选用距离和修剪模式依次给图 8-48 所示的直线 1 和直线 2 之间以及 *A*、*B*、*C*、*D* 处倒角。其中直线 1 和直线 2，*A*、*B*、*D* 处的第一个倒角距离和第二个倒角距离都为“1”，*C* 处第一个倒角距离和第二个倒角距离都为“0.5”，结果如图 8-49 所示。

6）圆角处理。单击“修改”工具栏中的“圆角”按钮，采用修剪方式，对图 8-48 所示的直线 3 和直线 4 进行圆角操作，圆角半径为“10”；直线 1 和直线 6 也进行圆角操作，圆角半径为“1”，结果如图 8-50 所示。

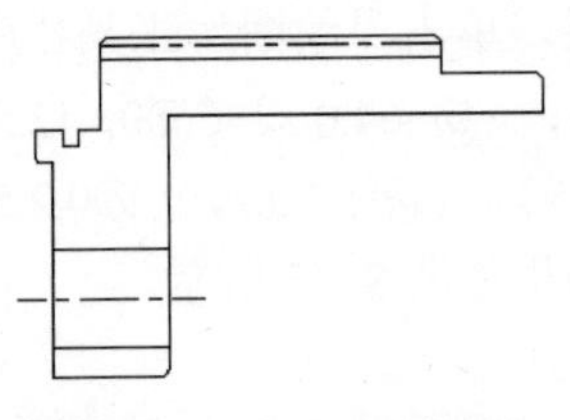

图 8-49　倒角后的轮廓线

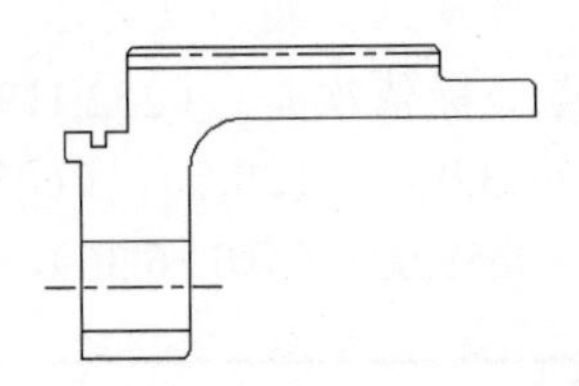

图 8-50　倒圆角后的轮廓线

7）绘制右端倒角线。单击“绘图”工具栏中的“直线”按钮，绘制直线{（252,118），（252,160）}{（251,119），（@41<90）}，结果如图 8-51 所示。

重复“直线”命令，以图 8-52 所示的点 *A* 为起点，以与中心线的交点为端点绘制直线，结果如图 8-52 所示。

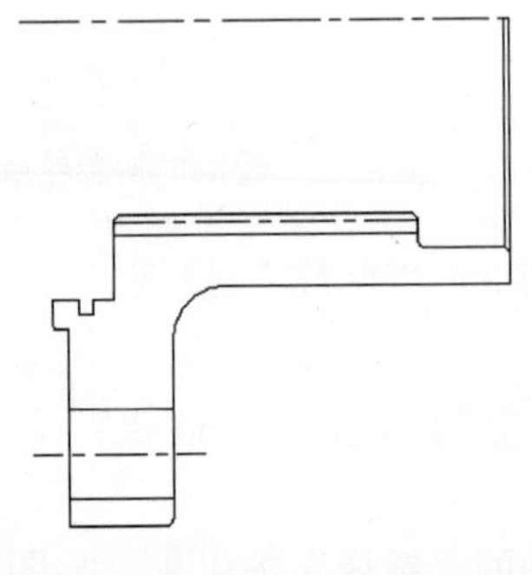

图 8-51　绘制右端倒角线后的轮廓线

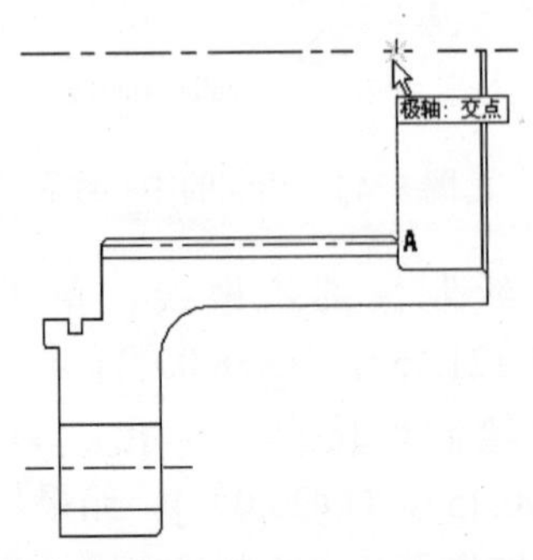

图 8-52　使用对象捕捉模式绘制的倒角线

使用对象捕捉模式绘制倒角线及其他直线段，结果如图 8-53 所示。

8）镜像图形。单击“修改”工具栏中的“镜像”按钮，以水平中心线为镜像轴进行镜像操作，对图 8-53 所示的全部图形进行镜像，结果如图 8-54 所示。

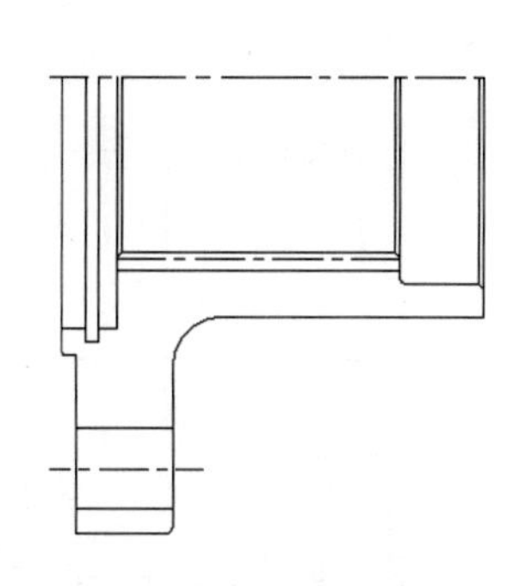

图 8-53 绘制的中心线一侧的轮廓线

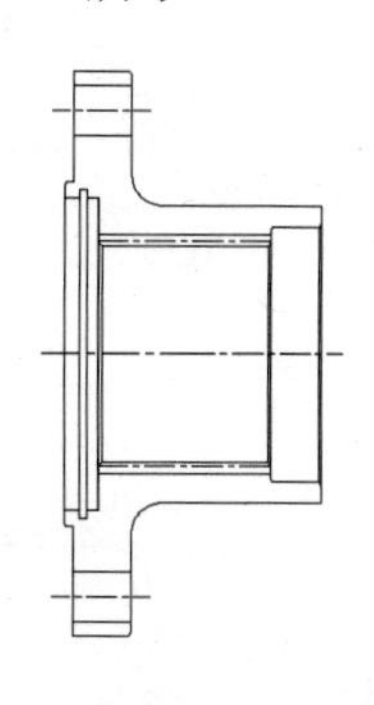

图 8-54 镜像后的连接盘轮廓线

（3）填充剖面线 由于主视图为全剖视图，因此需要在该视图上绘制剖面线。将“剖面线”图层设置为当前图层。单击“绘图”工具栏中的“图案填充”按钮，打开“图案填充创建”选项卡，剖面线样式图案为“ANSI31”，图案填充比例为“26”，如图 8-55 所示。设置好剖面线的类型后，然后拾取填充区域内一点，按〈Enter〉键，完成对图案的填充，图 8-56 所示为绘制剖面线后的图形。

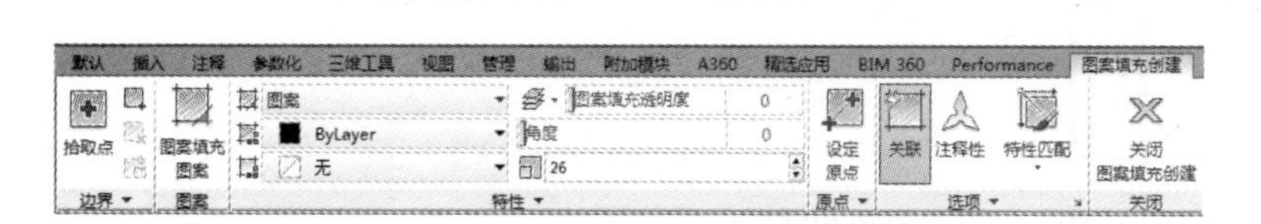

图 8-55 设置好的“图案填充创建”选项卡

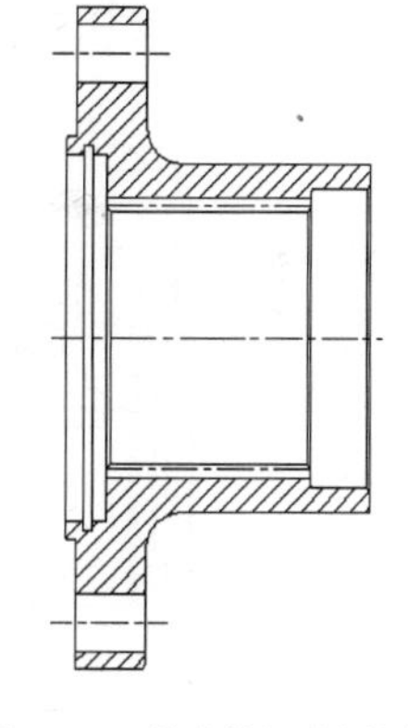

图 8-56 绘制剖面线的主视图

（4）绘制高频淬火位置线 在本例中，高频淬火位置线用双点画线来绘制，将“双点画线层”设置为当前图层。以下为绘制高频淬火位置线的命令序列。

1）绘制直线。单击“绘图”工具栏中的“直线”按钮，绘制直线。其端点坐标依次是（165,252.5）、（@25,0）、（@0,-43）、（@65,0），结果如图 8-57 所示。

2）倒角处理。单击“修改”工具栏中的“倒角”按钮，采用修剪、距离模式，对图 8-57 所示直线 1、直线 2 进行倒角操作，其倒角距离均是“1”。

3）圆角处理。单击“修改”工具栏中的“圆角”按钮，对图 8-57 所示直线 2、直线 3 进行圆角操作，其圆角半径为“10”，结果如图 8-58 所示。

3. 绘制左视图

在绘制左视图前，首先分析一下该部分的结构。该部分主要由圆组成，可以通过作辅助线方便地绘制。本部分用到的命令有“圆”“圆弧”和“直线”等。

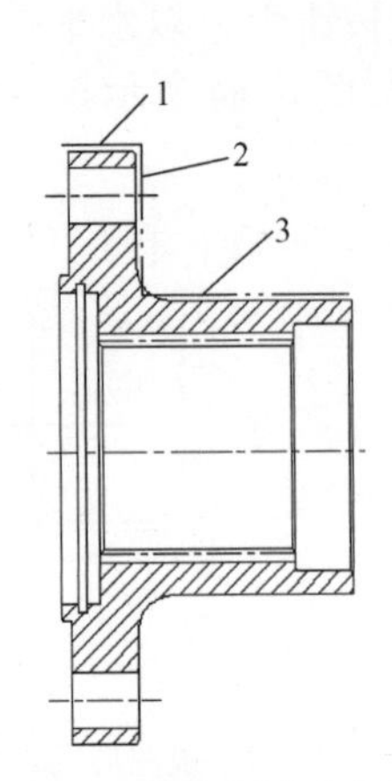

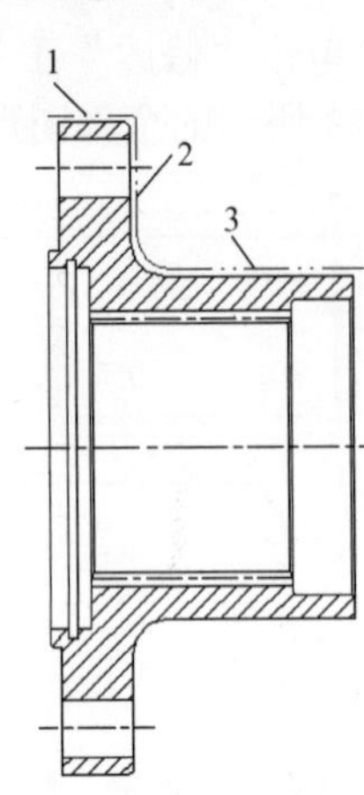

图 8-57　添加高频淬火位置线　　　　图 8-58　倒角及圆角后的轮廓线

（1）绘制中心线和辅助线

1）绘制中心线。将“中心线”图层设置为当前层。单击“绘图”工具栏中的“直线”按钮，绘制中心线{（315,160），（512,160）}{（415,55），（415,255）}。

2）绘制辅助线。将“实体层”图层设置为当前层。单击“绘图”工具栏中的“直线”按钮，以图 8-59 所示的点 *A* 为起点绘制长度为“245”（*X* 轴方向）的直线。使用“直线”命令依次绘制其他辅助线，结果如图 8-59 所示。

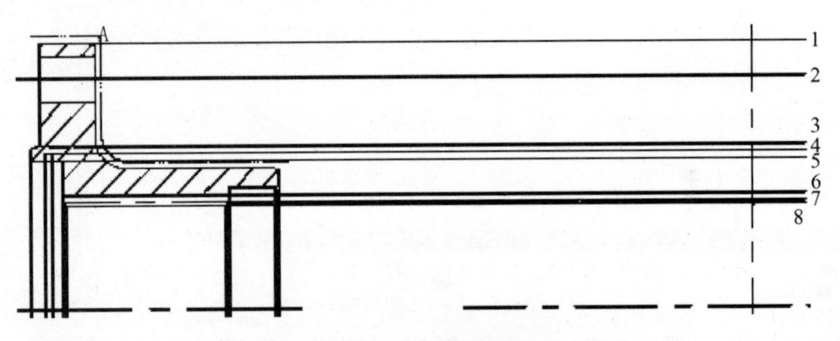

图 8-59　绘制中心线和辅助线后的图形

（2）绘制左视图的轮廓线

1）绘制齿顶圆和齿根圆。单击“绘图”工具栏中的“圆”按钮，以图 8-59 中右边两条中心线交点为圆心，分别以图 8-59 中辅助线 8 到中心线交点的距离、辅助线 6 到中心线交点的距离为半径绘制圆。

2）绘制分度圆和端部孔定位圆。将“中心线”图层设置为当前层，用与上面相同方法，以图 8-59 中右边两条中心线交点为圆心，以图 8-59 中辅助线 7 到中心线交点的距离为半径绘制圆。使用“圆”命令依次绘制其他圆，结果如图 8-60 所示。

3）绘制连接盘端部孔。将“实体层”图层设置为当前层。单击“绘图”工具栏中的“圆”按钮，以图 8-59 中辅助线 2 与竖直中心线的交点为圆心，绘制半径为“8”的圆。

4）绘制连接盘端部孔中心线。将“细实线”图层设置为当前层。单击“绘图”工具栏中的“直线”按钮，端点坐标为{（415,228），（@0,20）}，结果如图 8-61 所示。

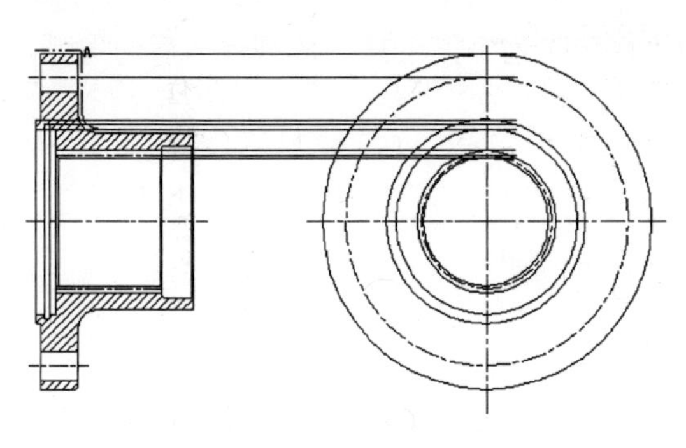

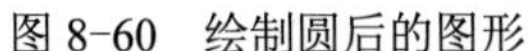

图 8-60　绘制圆后的图形

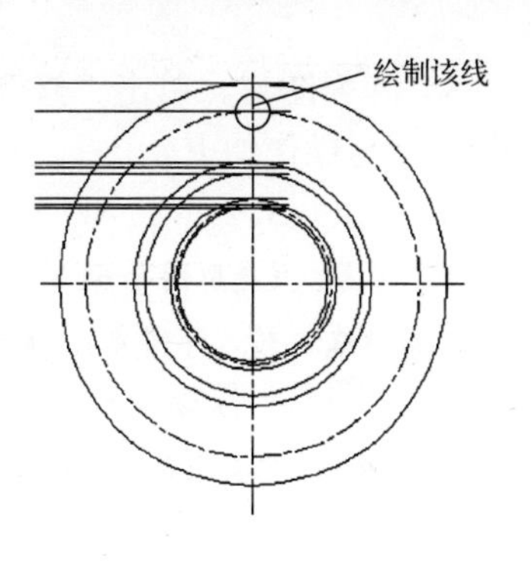

图 8-61　绘制端部孔后的图形

5）阵列连接盘端部孔和中心线。单击“修改”工具栏中的“环形阵列”按钮，绘制连接盘端部孔和中心线，命令行提示与操作如下。

命令: ARRAY

选择对象: （选取图 8-61 所示的图形）

选择对象: 输入阵列类型 [矩形(R)/路径(PA)/极轴(PO)] <极轴>: po

类型 = 极轴　关联 = 是

指定阵列的中心点或 [基点(B)/旋转轴(A)]:（鼠标单击图 8-61 中的中心点）

选择夹点以编辑阵列或 [关联(AS)/基点(B)/项目(I)/项目间角度(A)/填充角度(F)/行(ROW)/层(L)/旋转项目(ROT)/退出(X)] <退出>: I

输入阵列中的项目数或 [表达式(E)] <6>: 10

选择夹点以编辑阵列或 [关联(AS)/基点(B)/项目(I)/项目间角度(A)/填充角度(F)/行(ROW)/层(L)/旋转项目(ROT)/退出(X)] <退出>: F

指定填充角度(+=逆时针、-=顺时针)或 [表达式(EX)] <360>:360

选择夹点以编辑阵列或 [关联(AS)/基点(B)/项目(I)/项目间角度(A)/填充角度(F)/行(ROW)/层(L)/旋转项目(ROT)/退出(X)] <退出>:

结果如图 8-62 所示。

6）绘制圆弧线。将“双点画线层”设置为当前层。单击“绘图”工具栏中的“圆”按钮，以（415,200）为圆心，“12.5”为半径绘制圆，结果如图 8-63 所示。

7）修剪圆弧。单击“修改”工具栏中的“修剪”按钮，以图 6-63 所示的圆 *A* 为剪切边，对图 6-63 所示圆 1 进行修剪，结果如图 8-64 所示。

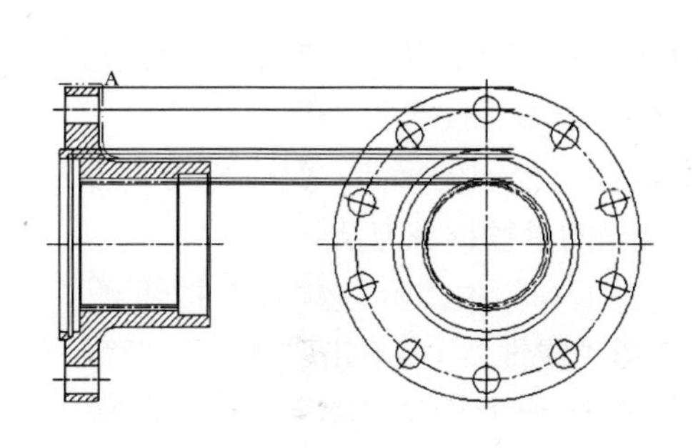

图 8-62　阵列后的图形

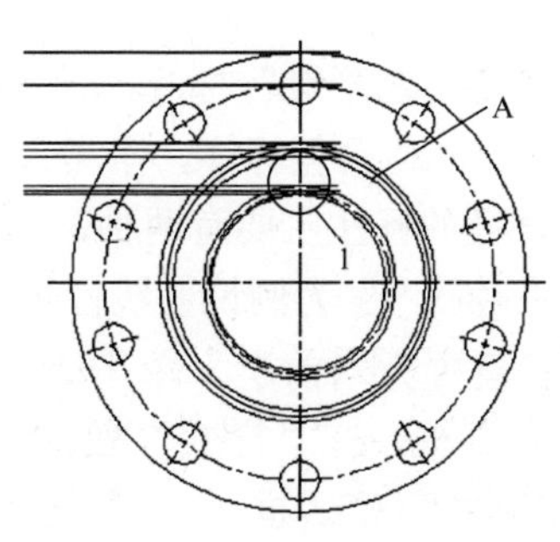

图 8-63　绘制圆后的图形

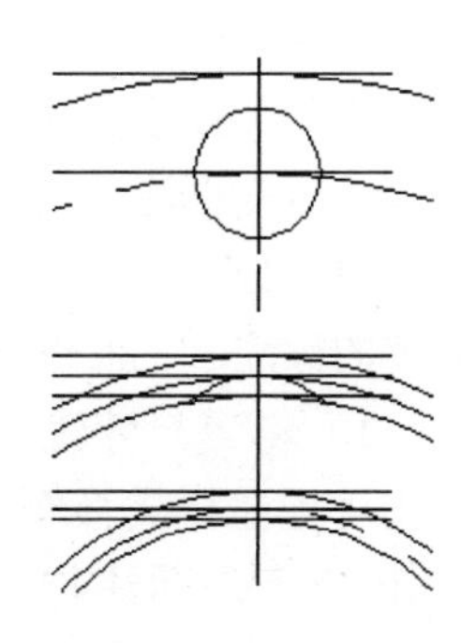

图 8-64　修剪后的图形

8）阵列图形。单击“修改”工具栏中的“环形阵列”按钮，阵列修剪后的劣弧，命令行提示与操作如下。

命令: ARRAY

选择对象:（选取图 8-64 所示修剪后的圆弧）

选择对象: 输入阵列类型 [矩形(R)/路径(PA)/极轴(PO)] <极轴>: po

类型 = 极轴 关联 = 是

指定阵列的中心点或 [基点(B)/旋转轴(A)]:（鼠标选取图 8-64 所示的中心点）

选择夹点以编辑阵列或 [关联(AS)/基点(B)/项目(I)/项目间角度(A)/填充角度(F)/行(ROW)/层(L)/旋转项目(ROT)/退出(X)] <退出>: I

输入阵列中的项目数或 [表达式(E)] <6>:6

选择夹点以编辑阵列或 [关联(AS)/基点(B)/项目(I)/项目间角度(A)/填充角度(F)/行(ROW)/层(L)/旋转项目(ROT)/退出(X)] <退出>: F

指定填充角度(+=逆时针、-=顺时针)或 [表达式(EX)] <360>:360

选择夹点以编辑阵列或 [关联(AS)/基点(B)/项目(I)/项目间角度(A)/填充角度(F)/行(ROW)/层(L)/旋转项目(ROT)/退出(X)] <退出>:

结果如图 8-65 所示。

9）删除所用的辅助线。单击“修改”工具栏中的“删除”按钮，依次删除图 8-65 所示的辅助线，结果如图 8-66 所示。

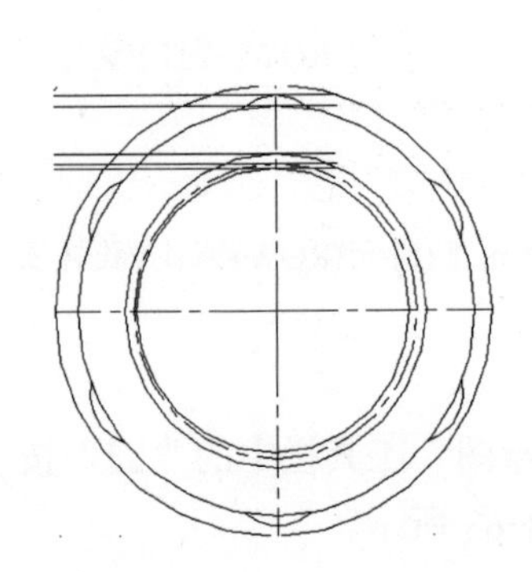

图 8-65 阵列后的图形

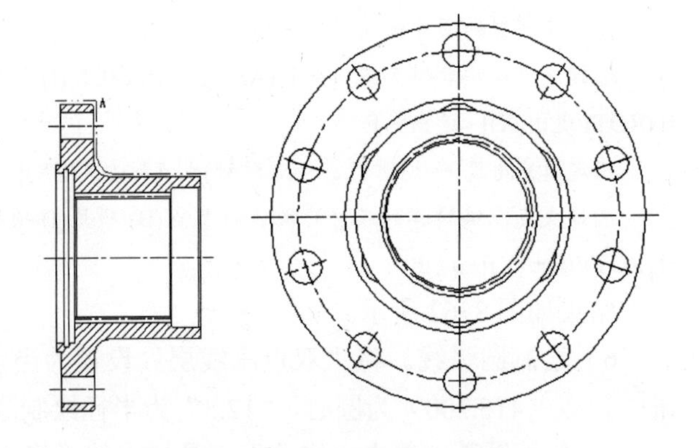

图 8-66 删除辅助线后的图形

4．标注连接盘

在图形绘制完成后，还要对图形进行标注，该零件图的标注包括齿轮参数表格的创建与填写、长度标注、角度标注、几何公差标注、参考尺寸标注和填写技术要求等。

（1）标注直径 线性直径的标注主要有两种，一种为带有公差的标注，另一种为不带有公差的标注。下面以标注“$\phi76.5_{0}^{+0.3}$”为例说明线性带有公差的直径标注方法。

1）将“尺寸线”图层设置为当前层。单击“样式”工具栏中“标注样式”按钮，弹出“标注样式管理器”对话框，在“样式”列表中选择“线性”，再单击“修改”按钮，弹出“修改标注样式：线性”对话框。在“主单位”选项卡的“前缀”文本框输入“%%C”，该符号表示直径，如图 8-67 所示；在“公差”选项卡的“方式”下拉列表中选择“极限偏差”，在“上偏差”文本框输入“0.3”，在“下偏差”文本框输入“0”，如图 8-68 所示。

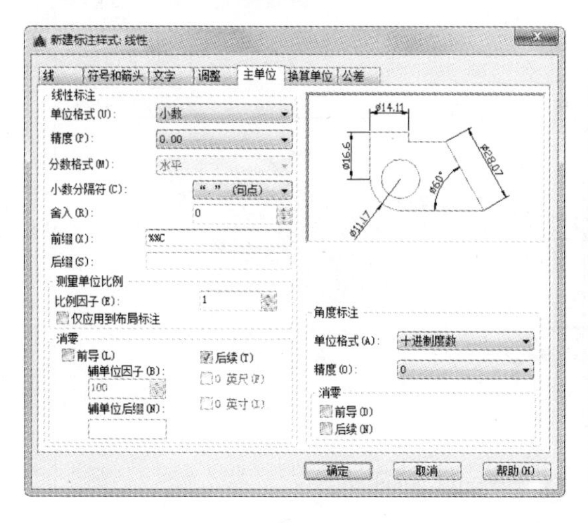

图 8-67 设置“主单位”选项卡

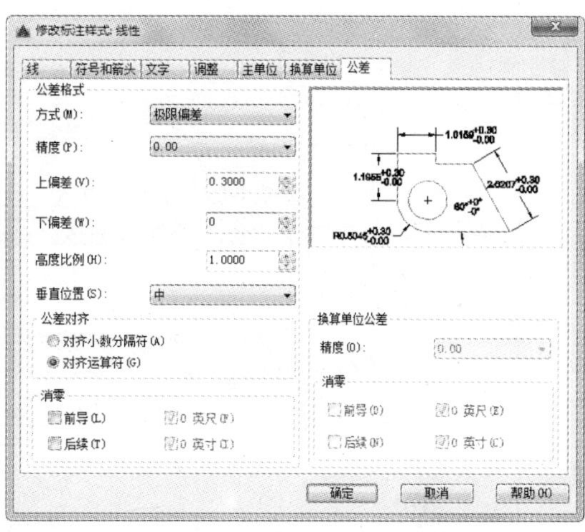

图 8-68 设置“公差”选项卡

2）完成上述设置后，单击“标注”工具栏中的“线性”按钮，标注图中 $\phi 76.5_{0}^{+0.3}$ 的尺寸，结果如图 8-69 所示。

（2）其他标注 除了上面介绍的标注外，本例还需要标注线性尺寸、半径、直径、角度，创建与填写齿轮参数表格和技术要求，以及标注几何公差和粗糙度符号。这里不再详细介绍，可以参照其他实例中相应的介绍。

5. 填写标题栏

标题栏是反应图形属性的一个重要信息来源，用户可以在其中查找零部件的材料、设计者及修改等信息。其填写与标注文字的过程相似，这里不再赘述，可以参照其他实例中相应的介绍。图 8-43 所示为绘制完整的连接盘零件设计图。

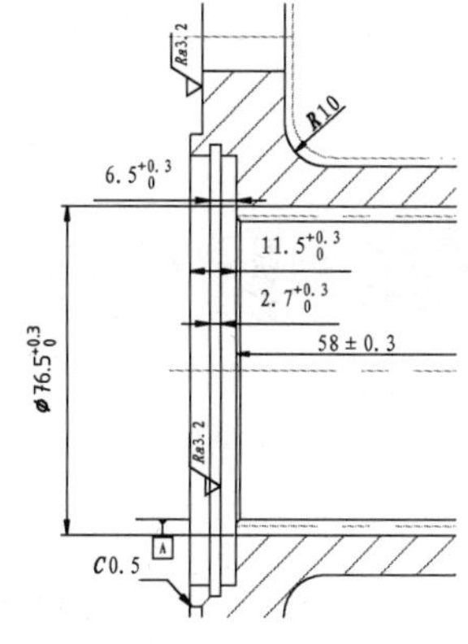

图 8-69 标注的尺寸

8.4 锥齿轮轴设计

轴类零件相对来说比较简单，主要由一系列的同轴回转体构成，其上分布有孔和键槽等结构。

根据国家标准和工程分析，要表达清楚轴类零件，通常将轴线水平放置的位置作为主视图的位置，用来表现其主要的结构。对于其局部细节，如键槽部分，通常用局部视图、局部放大视图和断面图来表现。选择绘图的比例为 1∶1，图幅为 A2，另外还需要在图形中绘制齿轮参数表、技术要求等。图 8-70 所示是要绘制的锥齿轮轴零件图。锥齿轮轴零件图的绘制方法和步骤如下。

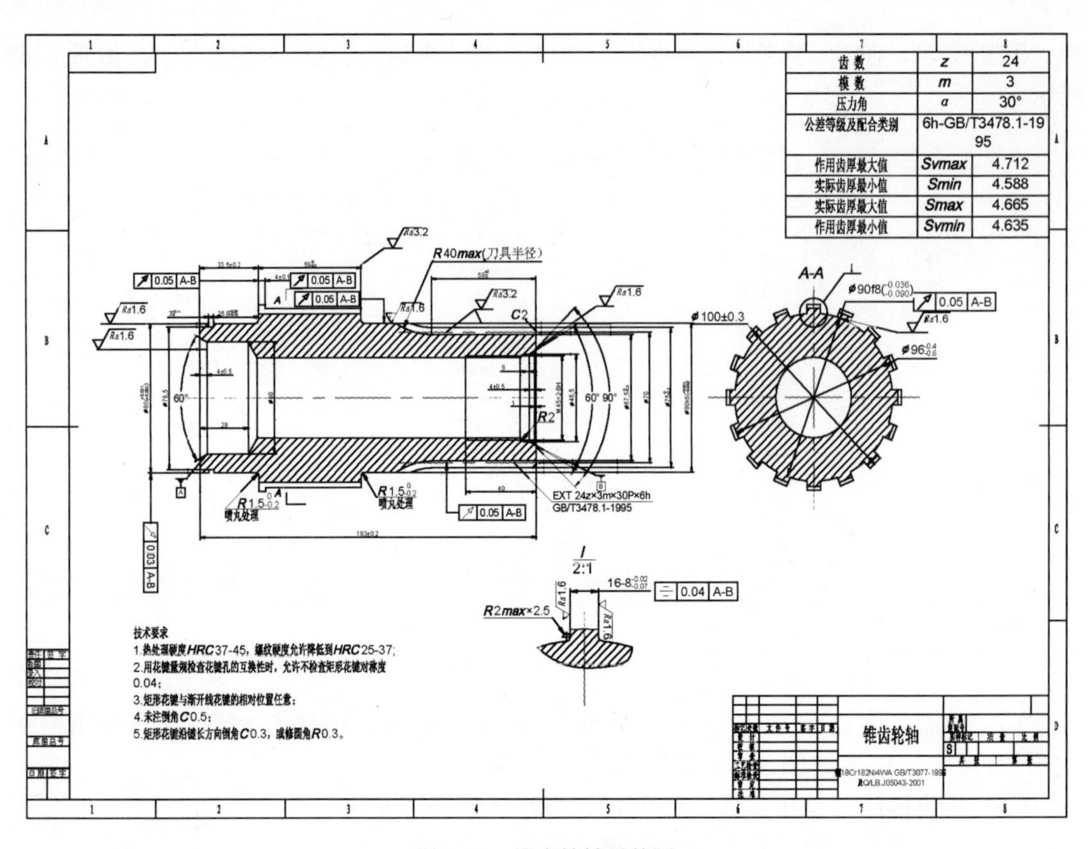

图 8-70　锥齿轮轴零件图

8.4.1 调入样板图

选择菜单栏中“文件”→“新建”命令，打开“选择样板”对话框，如图 8-71 所示，用户在该对话框中选择需要的样板图。

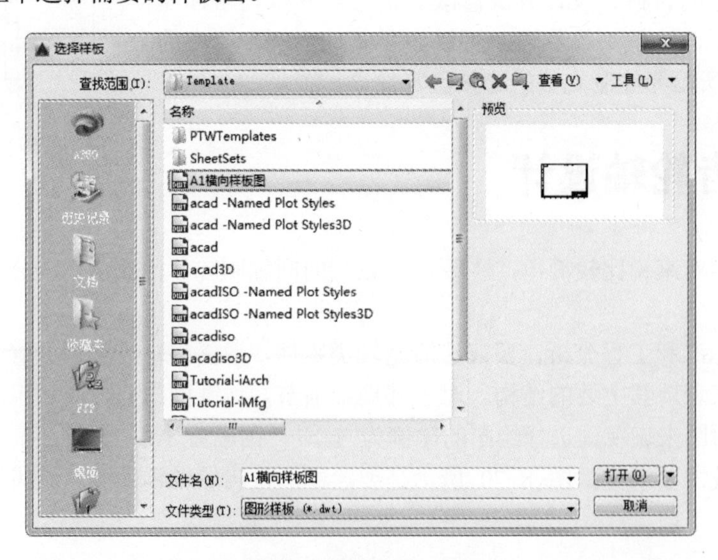

图 8-71　“选择样板”对话框

在“选择样板”对话框中选择用户已经绘制好的样板图后，单击“打开”按钮，则会返回绘图区域，同时选择的样板图也会出现在绘图区域内，如图 8-72 所示，其中样板图左下角点坐标为（0,0）。

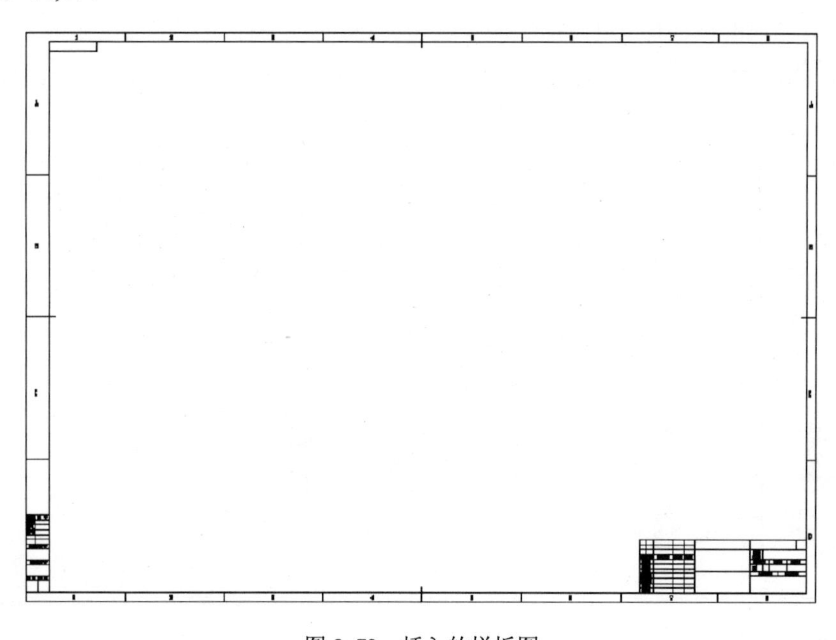

图 8-72　插入的样板图

8.4.2 设置图层与标注样式

1. 设置图层

根据机械制图国家标准中的锥齿轮轴的画法，可以知道锥齿轮轴轮廓线需要用粗实线绘制，中心线需要用点画线绘制，而在剖视图中，还需有剖面线图层等。

根据以上分析来设置图层。选择菜单栏中的“格式”→“图层”命令，打开“图层特性管理器”面板，用户可以参照前面介绍的命令在其中创建需要的图层，图 8-73 所示为创建好的图层。

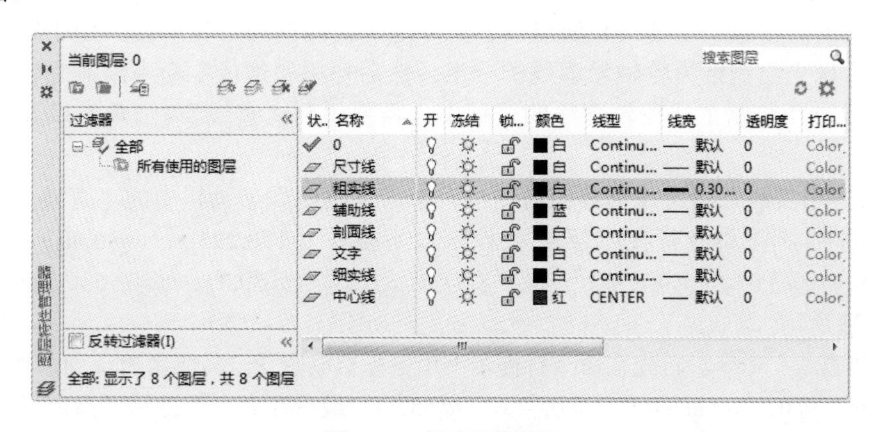

图 8-73　创建好的图层

2．设置标注样式

选择菜单栏中的“格式”→“标注样式”命令，打开“标注样式管理器”对话框，如图 8-74 所示。在该对话框中显示了当前的标注样式，包括半径、角度、线性和引线的标注样式。如果对当前的标注样式不满意，可以修改当前的标注样式。单击“修改”按钮，打开“修改标注样式：ISO-25”对话框，如图 8-75 所示，用户可以在其中设置需要的标注样式。

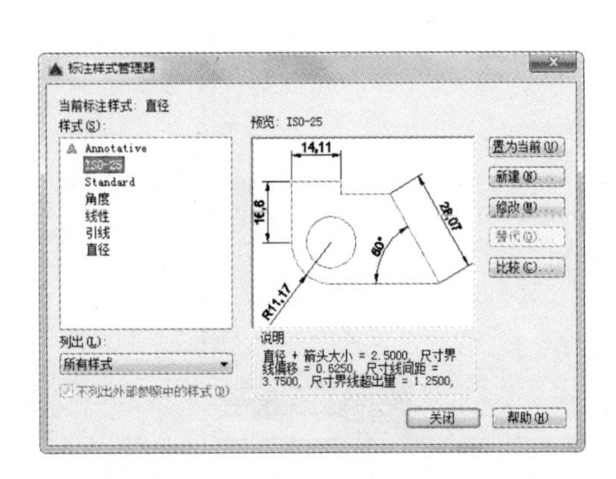

图 8-74 “标注样式管理器”对话框

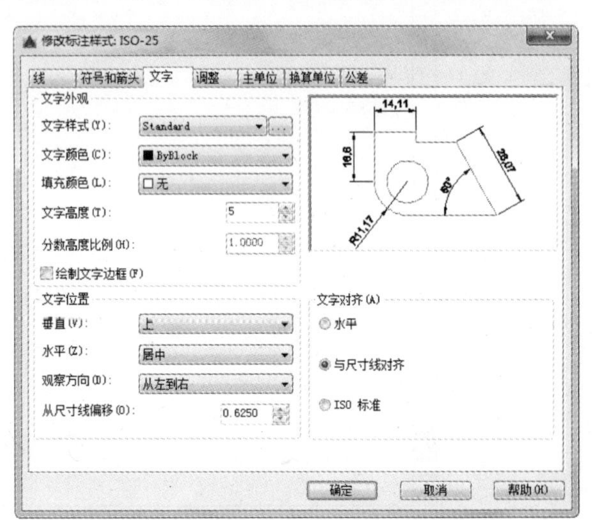

图 8-75 “修改标注样式：ISO-25”对话框

8.4.3 绘制主视图

1．绘制中心线

将“中心线”图层设置为当前图层，单击“绘图”工具栏中的“直线”按钮，以坐标点（160,225）、（300,225）绘制中心线。

2．绘制主视图的轮廓线

根据分析可以知道，由于为二级传动机构，该锥齿轮轴上有齿牙分布，所以该零件图比单一的齿轮轴相对要复杂一些。

该主视图的轮廓线主要由直线组成，另外还有齿轮的外形轮廓线。由于轴零件具有对称性，所以先绘制锥齿轮轴轮廓线的一半，然后使用“镜像”命令绘制完整的锥齿轮轴的轮廓线。在绘制主视图轮廓线的过程中，需要用到“直线”“圆角”以及“偏移”等命令。

1）将“粗实线”图层设置为当前图层，单击“绘图”工具栏中的“直线”按钮，绘制外轮廓线，在命令行提示下依次输入以下坐标（170,225）、（@0,40）、（@5,0）、（@0,-1.75）、（@3,0）、（@0,1.75）、（@25.8,0）、（@0,5）、（@59,0）、（@0,-5）、（@20,0），结果如图 8-76 所示。

重复“直线”命令。首先在命令行提示下用鼠标拾取图 8-76 所示的点 *A*，然后依次输入以下坐标（@0,5）、（@4,0）、（@0,-2）、（@55,0），最后在命令行提示“指定下一点或[放弃(U)]:”时，用鼠标拾取图 8-76 所示的点 *B*。结果如图 8-77 所示。

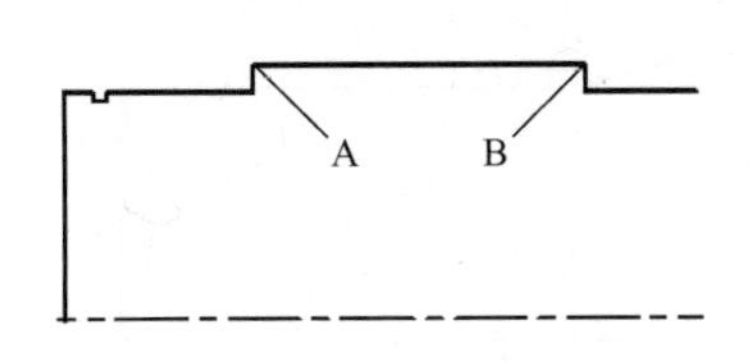

图 8-76　绘制的轮廓线（一）

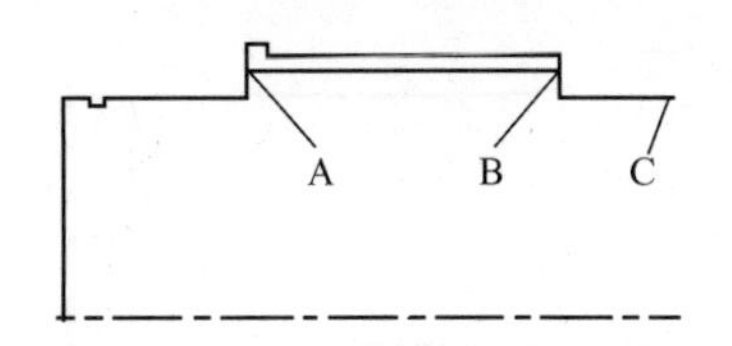

图 8-77　绘制的轮廓线（二）

重复“直线”命令。在命令行提示下依次输入以下坐标（363,225）、（@0,33.75）、（@-59,0）绘制直线。

2）选择菜单栏中的“绘图”→“圆弧”→“起点，端点，半径”命令，在命令行提示下用鼠标拾取图 8-77 所示的点 *C* 和上步绘制直线的最后一点，分别作为起点和端点，绘制半径为“40”的圆弧。结果如图 8-78 所示。

3）单击“绘图”工具栏中的“直线”按钮，以坐标点（174,225）、（@0,30）、（@10<150）绘制左端第一处倒角线，然后使用“修剪”命令修改图形，结果如图 8-79 所示。

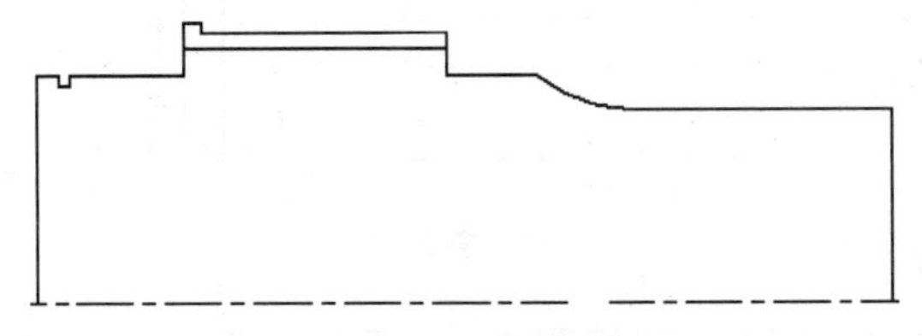
图 8-78　绘制圆弧后的轮廓线

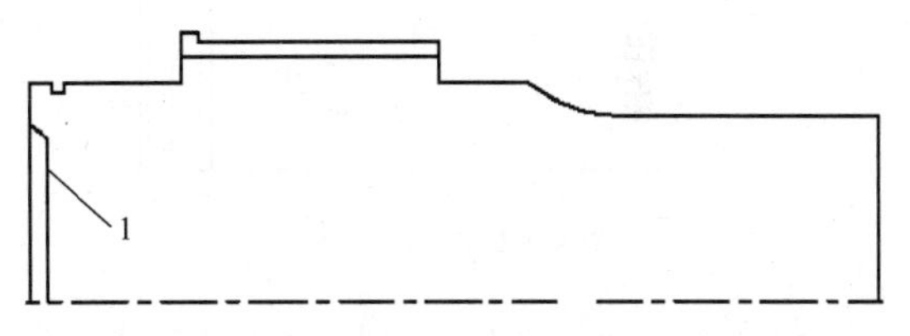

图 8-79　绘制左端第一处倒角后的图形

4）偏移直线。单击“修改”工具栏中的“偏移”按钮，将图 8-79 所示的直线 1 向右偏移“24”。

5）单击“绘图”工具栏中的“直线”按钮，以坐标点（203,225）、（@0,21.5）、（198,255），（174,370）绘制左端第二处倒角线，将两倒角间用直线连接，结果如图 8-80 所示。

6）单击“修改”工具栏中的“偏移”按钮，将锥齿轮轴右端的直线分别向左偏移“1”“4”和“9”；将水平中心线向上偏移“23.25”，并将偏移后的中心线改为粗实线层。结果如图 8-81 所示。

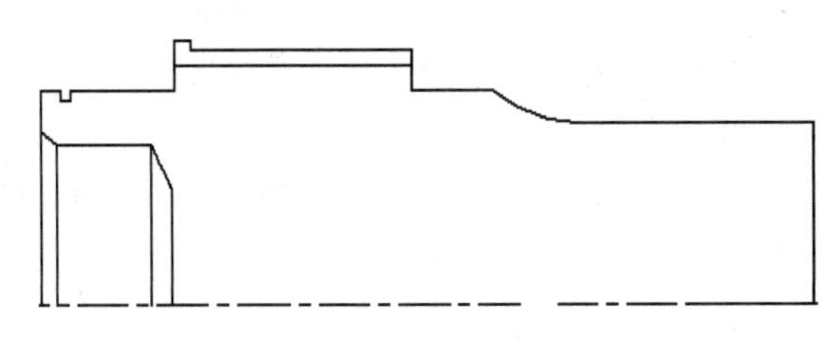
图 8-80　绘制左端第二处倒角后的图形

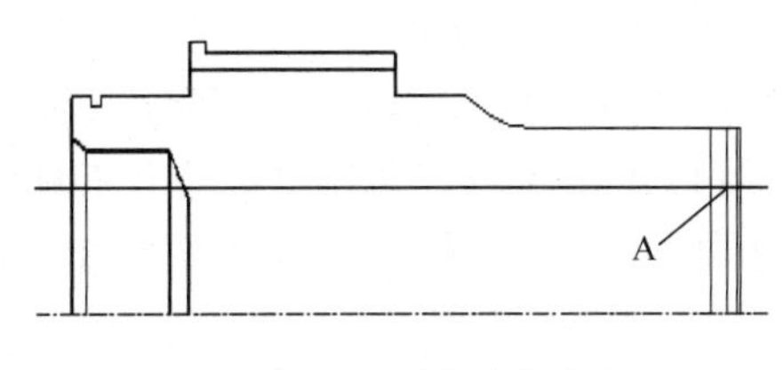

图 8-81　偏移直线

7）单击“修改”工具栏中的“旋转”按钮，将上步偏移后的水平线以图 8-81 所示的 *A* 点为基点旋转 30°，修剪后的结果如图 8-82 所示。

8）单击“绘图”工具栏中的“直线”按钮，分别以图 8-82 所示的点 *A* 和点 *B* 为起点绘制两条水平线，并将两水平线端点用直线连接，结果如图 8-83 所示。

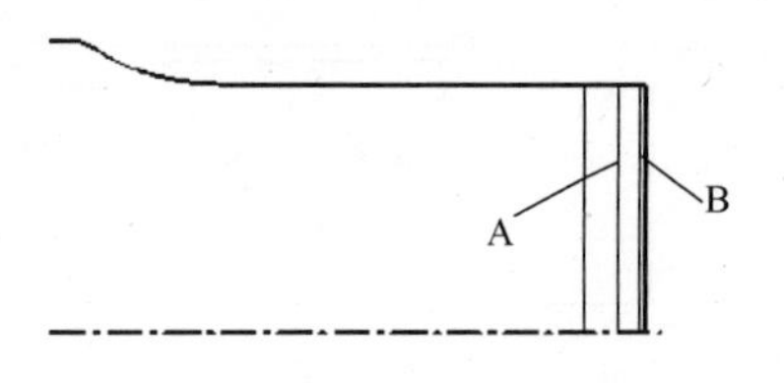

图 8-82　旋转直线

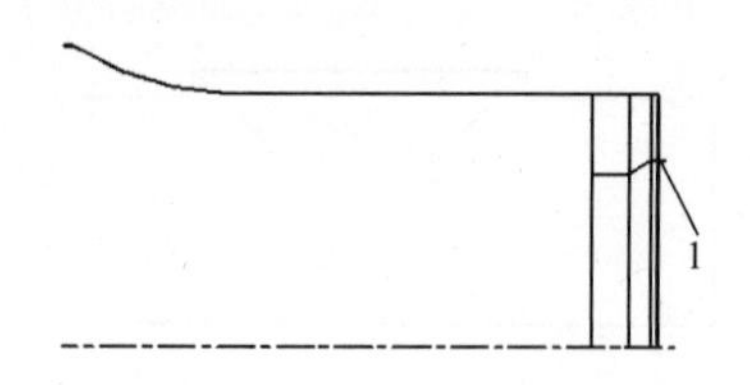

图 8-83　绘制水平线

9）单击“修改”工具栏中的“旋转”按钮，将图 8-83 所示的水平线 1 以图 8-82 所示的 *B* 点为基点旋转 45°，修剪后的结果如图 8-84 所示。

10）单击“修改”工具栏中的“圆角”按钮，将图 8-84 所示的直线 2 和直线 3 进行圆角处理，圆角半径为“2”。修剪后的结果如图 8-85 所示。

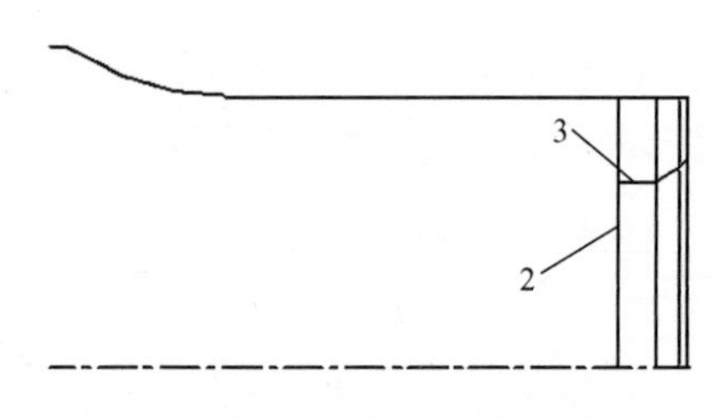

图 8-84　旋转直线 1

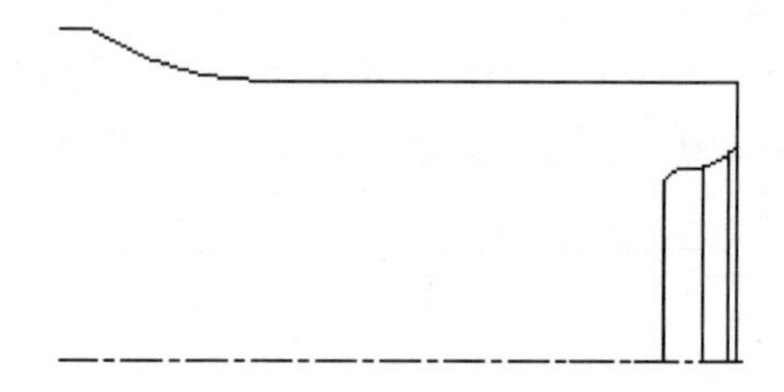

图 8-85　圆角处理

11）单击“绘图”工具栏中的“直线”按钮，用鼠标捕捉图 8-86 所示的点 *A* 并以其为起点，端点为（@153,0)，绘制锥齿轮轴孔内连接线。对直线进行修剪后的结果如图 8-87 所示。

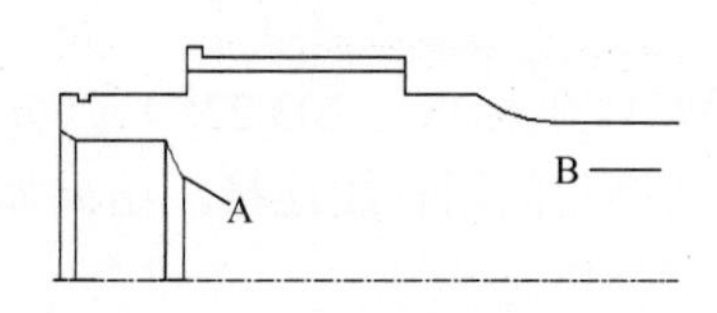

图 8-86　绘制右端倒角后的图形

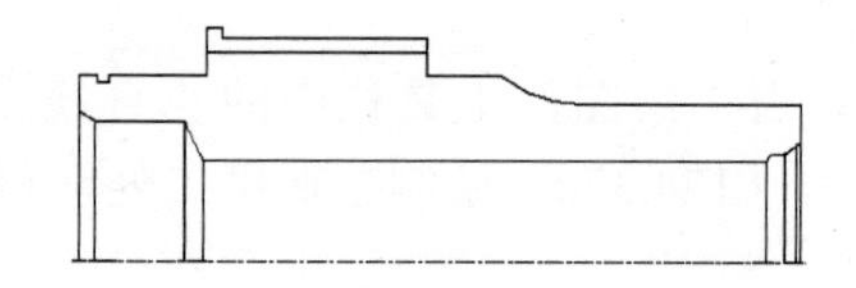

图 8-87　绘制中心孔后的轮廓线

12）将“细实线”图层设置为当前图层，单击“绘图”工具栏中的“直线”按钮，以坐标点（323,225)、(@0,22.5)、(@33,0）绘制内螺纹线。修剪后的结果如图 8-88 所示。

13）将“中心线”图层设置为当前图层，单击“绘图”工具栏中的“直线”按钮，以坐标点（285,251)、(@80,0）绘制二级齿轮轮廓线。

14）偏移直线。单击“修改”工具栏中的“偏移”按钮，将图 8-88 所示的直线 1、弧线 2 向上偏移“3.75”，结果如图 8-89 所示。

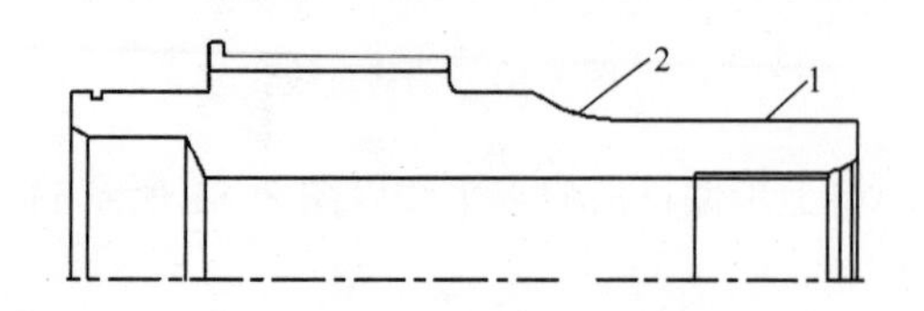

图 8-88　绘制内螺纹线后的轮廓线

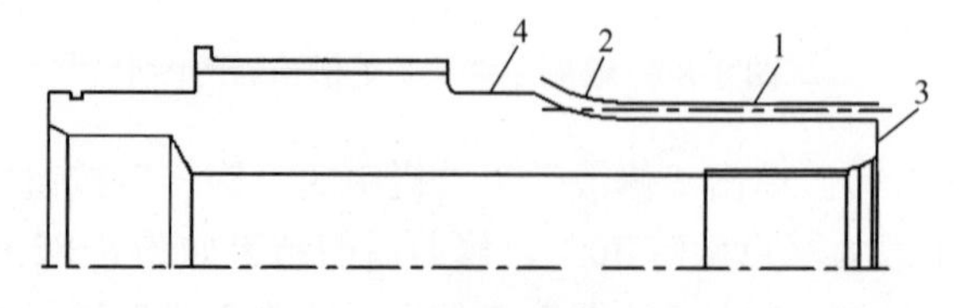

图 8-89　偏移后的轮廓线

15）延伸直线。单击“修改”工具栏中的“延伸”按钮，将图 8-89 所示的直线 3 延伸到直线 1 上，将图 8-89 所示的直线 4 延伸到弧线 2 上。结果如图 8-90 所示。

16）修剪对象。单击“修改”工具栏中的“修剪”按钮，以图 8-90 所示的直线 2 为剪切边，对弧线 1 处进行修剪，结果如图 8-91 所示。

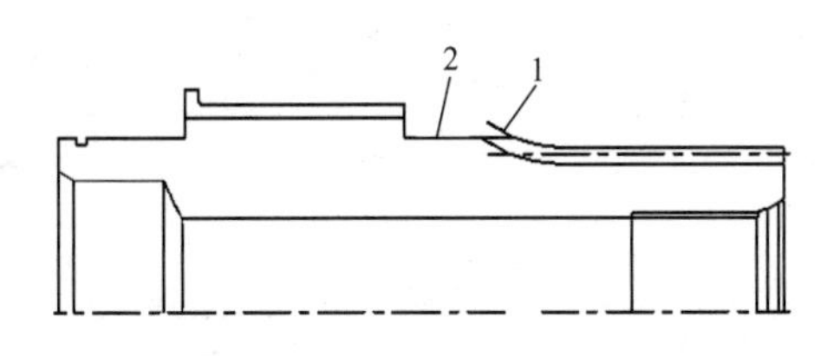

图 8-90　延伸后的轮廓线

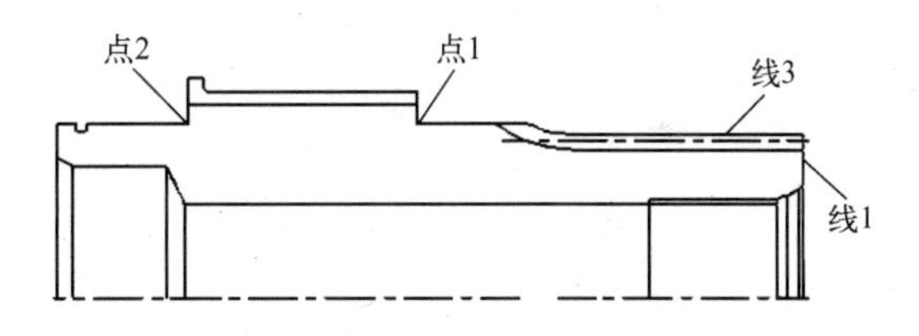

图 8-91　修剪后的轮廓线

按照设计要求对图 8-91 所示的直线 1 和直线 3 进行“*C*2”的倒角，点 1 和点 2 分别进行半径为“1.5”的圆角操作，结果如图 8-92 所示。

17）镜像图形。单击“修改”工具栏中的“镜像”按钮，以水平中心线为镜像轴，对图 8-92 所示的全部图形进行镜像，结果如图 8-93 所示。

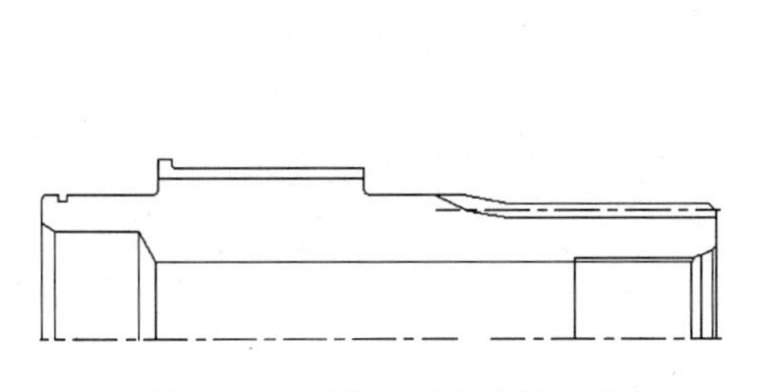

图 8-92　倒角及圆角后的轮廓线

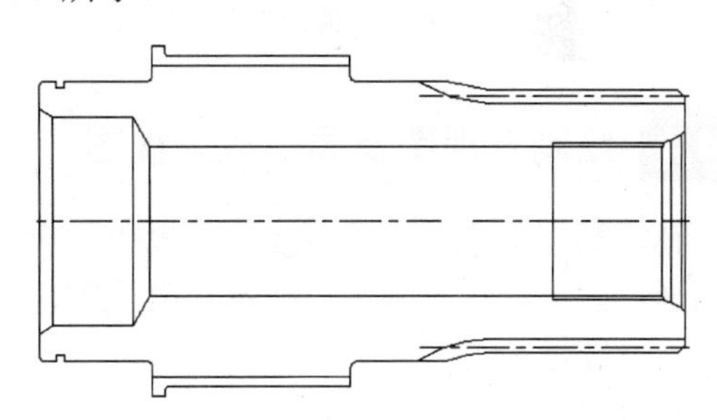

图 8-93　镜像后的锥齿轮轴轮廓线

3．填充剖面线

由于主视图为全剖视图，因此需要在该视图上绘制剖面线。将“剖面线”图层设置为当前图层，绘制剖面线的过程如下。

单击“绘图”工具栏中的“图案填充”按钮，打开“图案填充创建”选项卡，设置剖面线样式图案为“ANSI31”，并设置剖面线的旋转角度和显示比例，如图 8-94 所示。拾取填充区域内一点，按〈Enter〉键，返回绘图区域，剖面线绘制完毕。

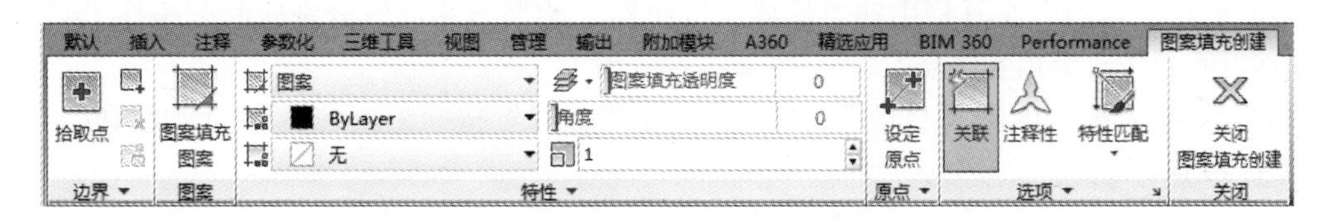

图 8-94　“图案填充创建”选项卡

如果用户对填充后效果不满意，利用“修改”→“对象”→“图案填充”命令，选择绘制的剖面线，系统会弹出“图案填充编辑”对话框，如图 8-95 所示。用户可以在其中重新设定填充的样式，设置好以后，单击“确定”按钮，剖面线则会以刚刚设置好的参数显示。重复此过程，直到满意为止。图 8-96 所示为绘制剖面线后的图形。

图 8-95 “图案填充编辑”对话框

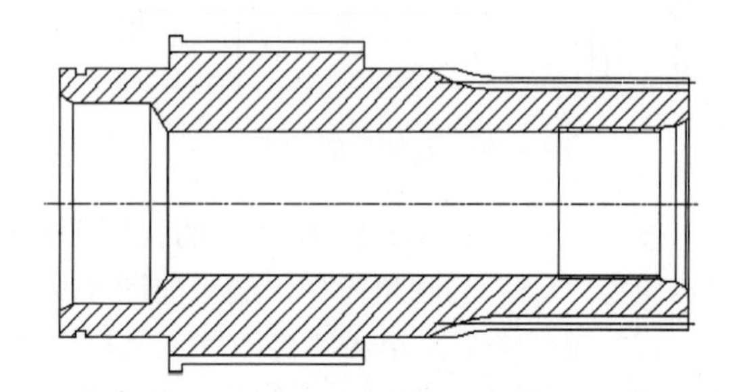

图 8-96 绘制剖面线后的主视图

8.4.4 绘制左视图及局部放大视图

在绘制局部视图前，首先应该分析一下哪些部分需要用局部视图来表示。对于该锥齿轮轴图形，需要绘制左视图，即键部剖视图，以查看配合关系，另外还要绘制出单键局部放大视图，以满足加工需要。

1．绘制左视图

（1）将“中心线”图层设置为当前图层，单击“绘图”工具栏中的“直线”按钮，以坐标点（390,225），（@120,0）绘制水平中心线，以坐标点（450,165），（@0,120）绘制垂直中心线，结果如图 8-97 所示。

（2）绘制轮廓线

1）将“粗实线”图层设置为当前图层，单击“绘图”工具栏中的“圆”按钮，以图 8-97 所示两条中心线的交点为圆心，绘制半径为“21.5”“45”“48”“50”的同心圆。结果如图 8-98 所示。

2）单击“修改”工具栏中的“偏移”按钮，将竖直中心线分别向两侧偏移“4”，并将偏移后的直线改为粗实线层。

3）修剪对象。单击“修改”工具栏中的“修剪”按钮，修剪多余的线段，结果如图 8-99 所示。

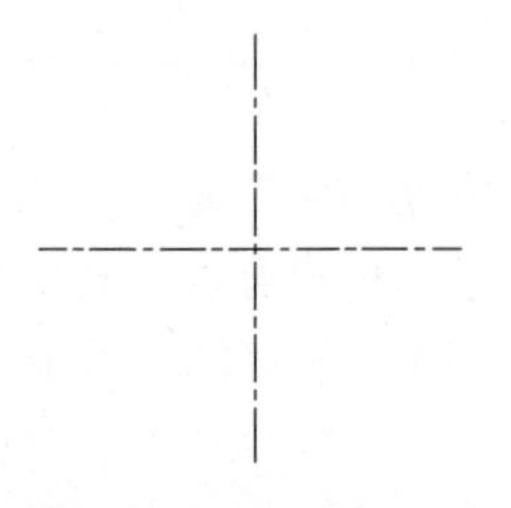

图 8-97 绘制的中心线

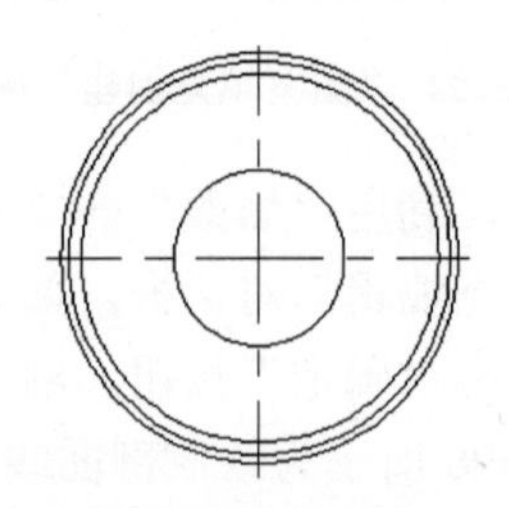

图 8-98 未修剪的外形轮廓线

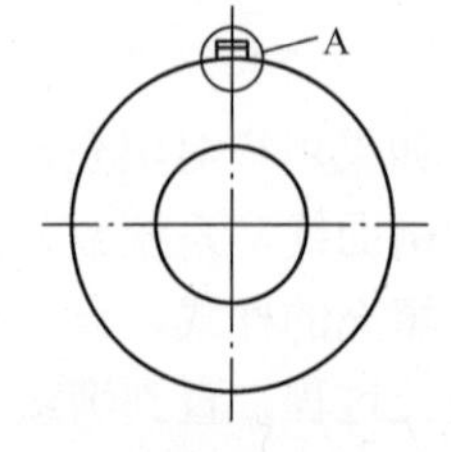

图 8-99 修剪后的外形轮廓线

4）阵列键槽。单击“修改”工具栏中的“环形阵列”按钮，选择图 8-99 所示的圆 *A* 中所有的对象，用鼠标单击图 8-99 所示的两条中心线的交点，设置阵列项目为“16”，结果如图 8-100 所示。

5）修剪对象。单击“修改”工具栏中的“修剪”按钮，以图 8-100 所示的直线 1 和直线 2 为剪切边，对图 8-100 所示的圆弧段 *A* 进行修剪，结果如图 8-101 所示。重复“修剪”命令，依次修剪图 8-101 所示相应的圆弧，结果如图 8-102 所示。

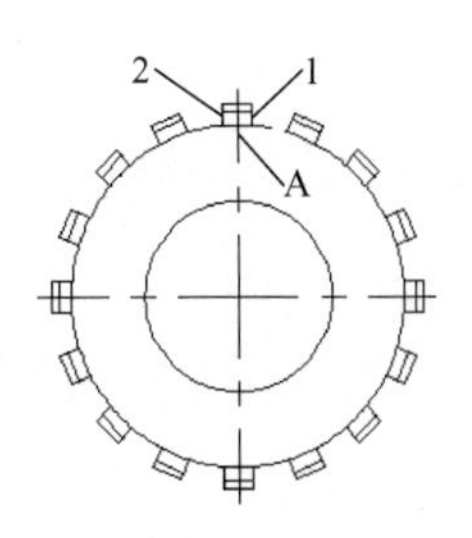

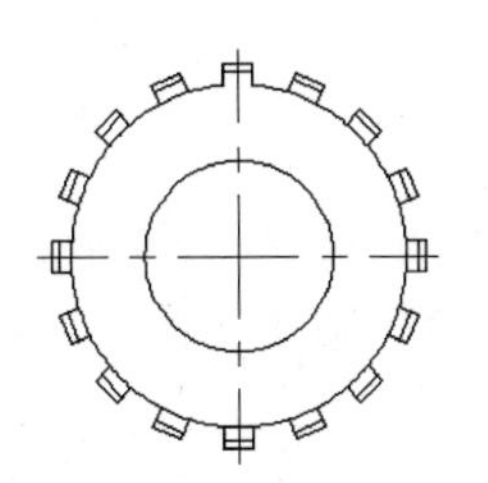

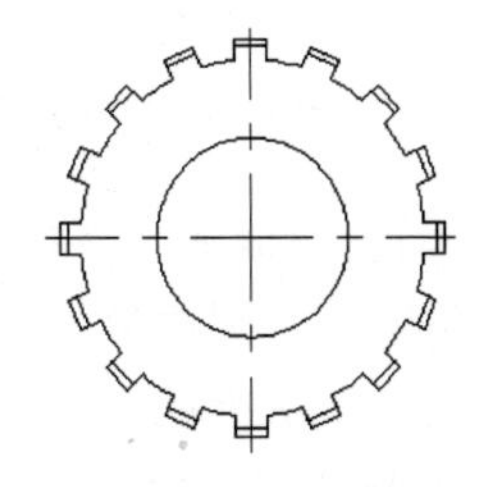

图 8-100　阵列后的外形轮廓线　　图 8-101　修剪后的外形轮廓线　图 8-102　完成修剪后的外形轮廓线

（3）填充剖面线　将“剖面线”图层设置为当前图层，填充剖面线。图 8-103 所示为设置好的“图案填充创建”选项卡，命令执行过程参照上面的介绍，填充后的左视图如图 8-104 所示。

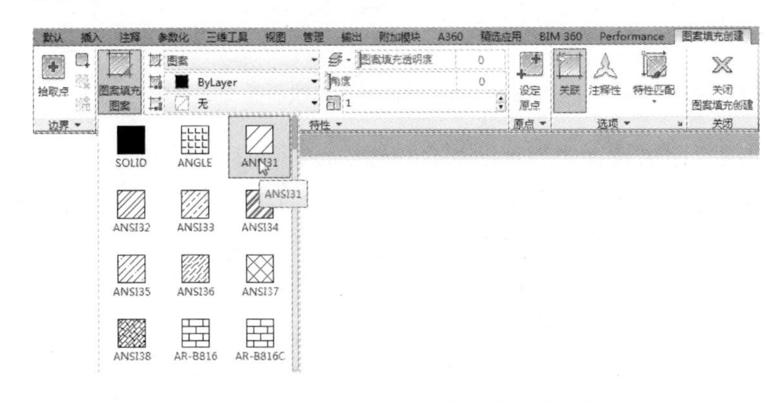

图 8-103　设置“图案填充创建”选项卡

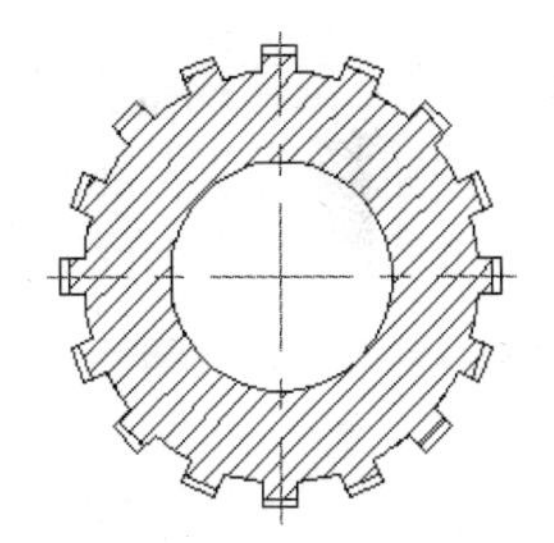

图 8-104　填充后的左视图

2．绘制局部放大视图

由于对键部的技术要求在主视图和左视图中没有表达清楚，而且不便于标注尺寸，因此需要对单键进行局部放大，本例采用比例为 2∶1 的剖视图来表达。绘制局部放大视图的命令序列如下。

1）将“中心线”图层设置为当前图层，单击“绘图”工具栏中的“直线”按钮，以坐标点（320,60），（@0,50）绘制竖直中心线。

复制要放大的局部视图。单击“修改”工具栏中的“复制”按钮，在命令行提示下用窗选方式选择图 8-104 所示最上端的键部和两边的圆弧，将其由基点（450,275）复制到第二点（320,105）。

2）放大局部视图。单击“修改”工具栏中的“缩放”按钮，用窗选方式选择复制过来的局部视图，以点（320,105）为基点，对图形进行两倍放大。结果如图 8-105 所示。

3）修剪对象。单击“修改”工具栏中的“修剪”按钮，以图 8-105 所示的直线 4 为剪切边，对图 8-105 中的直线 1、直线 3 进行修剪。

4）删除对象。将图 8-105 所示的圆弧 2 删除，结果如图 8-106 所示。

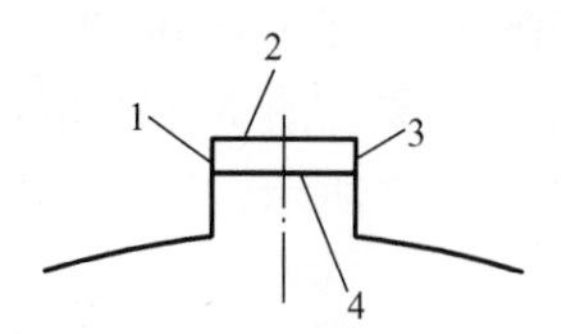

图 8-105　放大后的局部视图

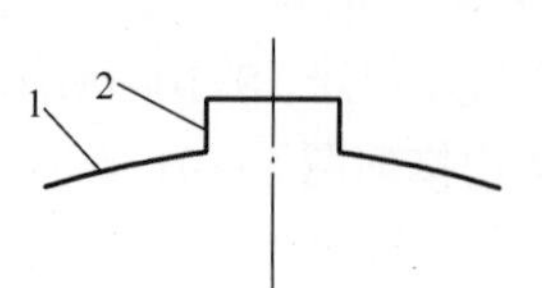

图 8-106　修剪、删除后的局部视图

5）圆角。单击“修改”工具栏中的“圆角”按钮，对图 8-106 所示的直线 2、圆弧 1 进行圆角操作，圆角半径为“2”。重复“圆角”命令，对中心线右边的对象进行圆角处理，结果如图 8-107 所示。

6）绘制样条曲线。将“细实线”图层设置为当前图层，单击“绘图”工具栏中的“样条曲线”按钮，绘制样条曲线，即局部剖视图的界线，如图 8-108 所示。

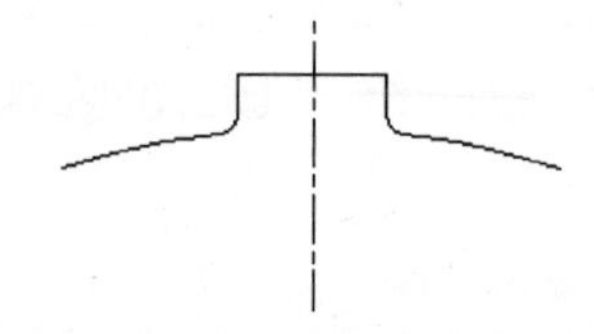

图 8-107　圆角操作后的局部视图

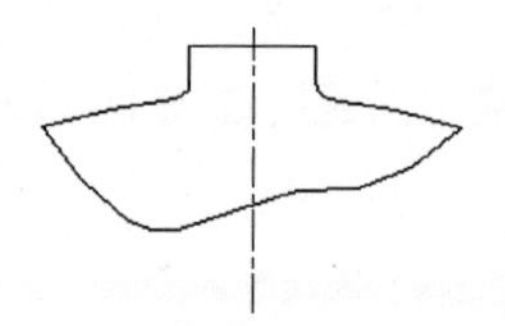

图 8-108　绘制样条曲线后的局部视图

7）填充剖面线。将“剖面线”图层设置为当前图层，单击“绘图”工具栏中的“图案填充”按钮，填充剖面线，图 8-109 所示为设置好的“图案填充创建”选项卡，命令执行过程可参照上面的介绍，填充后的图形如图 8-110 所示。

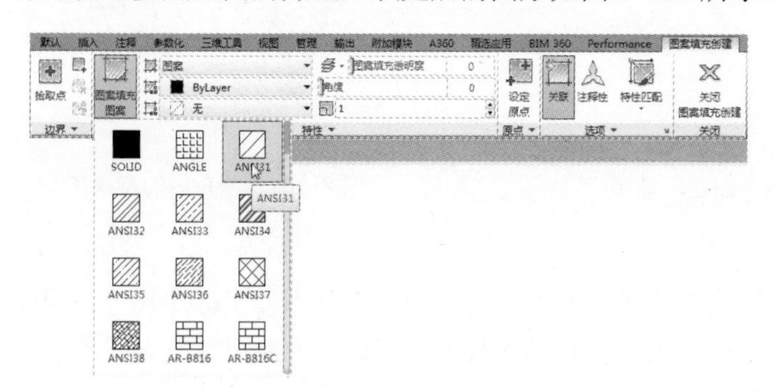

图 8-109　设置“图案填充创建”选项卡

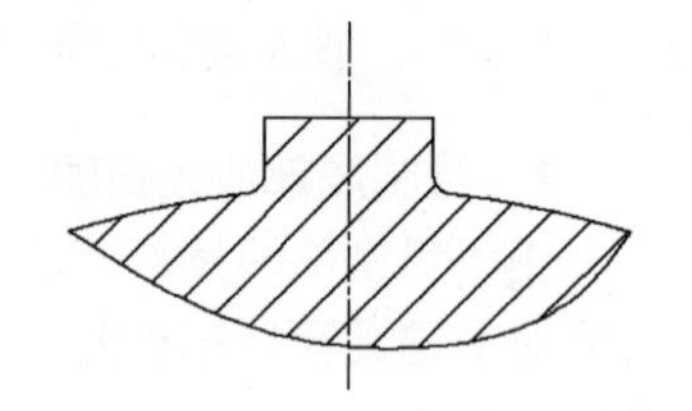

图 8-110　填充后的局部剖视图

8.4.5 标注锥齿轮轴

在图形绘制完成后，还要对图形进行标注，该零件图的标注包括齿轮参数表格的创建与填写、长度标注、角度标注、几何公差标注和填写技术要求等。锥齿轮轴零件图中一些典型的标注如下。

1．标注倒角

1）设置引线标注样式。由于倒角引线端部没有箭头，所以在标注倒角时，首先应修改标注样式。选择菜单栏中的“格式”→“标注样式”命令，打开“标注样式管理器”对话框，如图 8-111 所示。在“样式”列表中选择“引线”选项，然后单击“修改”按钮，打开“修改标注样式：引线”对话框。在该对话框可以修改标注样式的直线、箭头、文字以及位置等参数，此时用鼠标单击“符号和箭头”选项卡，以设置引线的样式。在左边“箭头”选项组的“引线”下拉列表中选择“无”，如图 8-112 所示。

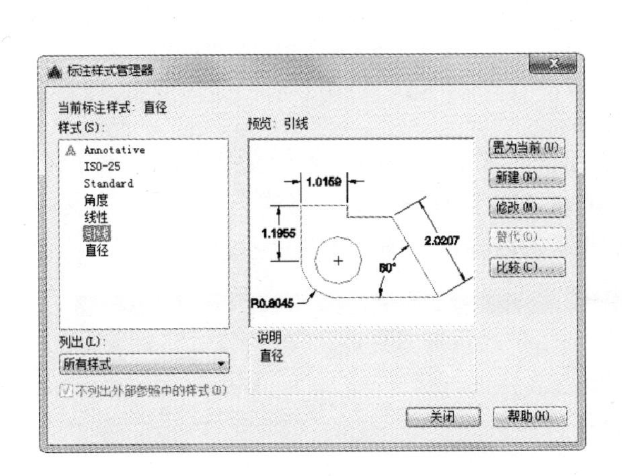

图 8-111 “标注样式管理器”对话框

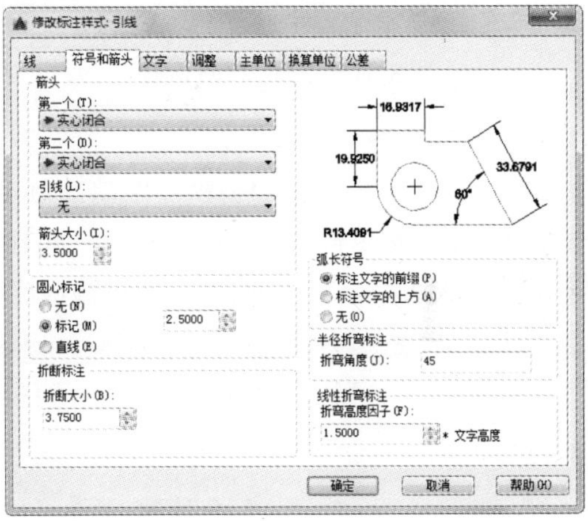

图 8-112 设置“修改标注样式：引线”对话框

2）标注倒角。以标注锥齿轮轴右端“*C*2”倒角为例说明倒角的标注。

在命令行中输入“LEADER”命令，用鼠标拾取图 8-113 所示的点 1，点 2 和点 3，绘制引线后连续两次按〈Enter〉键，此时 AutoCAD 打开“文字编辑器”选项卡，在其中按照要求设置好文字的格式，并输入文字的内容，如图 8-114 所示。然后单击“关闭”按钮，结果如图 8-113 所示。

按照前面讲述的方法标注其他尺寸。

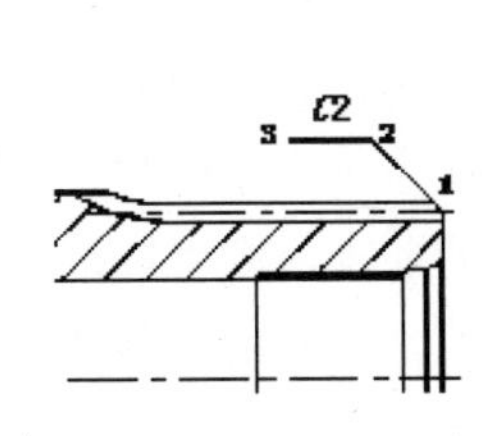

图 8-113 标注的倒角

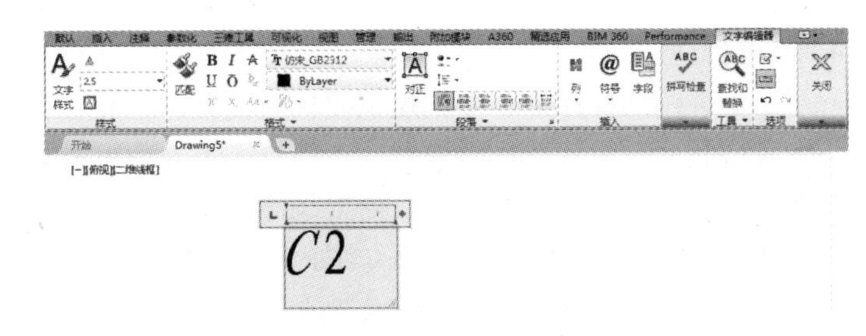

图 8-114 “文字编辑器”选项卡

2．标注表面粗糙度

单击“绘图”工具栏中的“插入块”按钮，打开“插入”对话框，在“名称”下拉列表中选择“粗糙度”选项，如图 8-115 所示。然后单击“确定”按钮，此时用鼠标指定在图中要插入的点，输入粗糙度数值。图 8-116 所示为使用该命令方式插入的粗糙度符号。

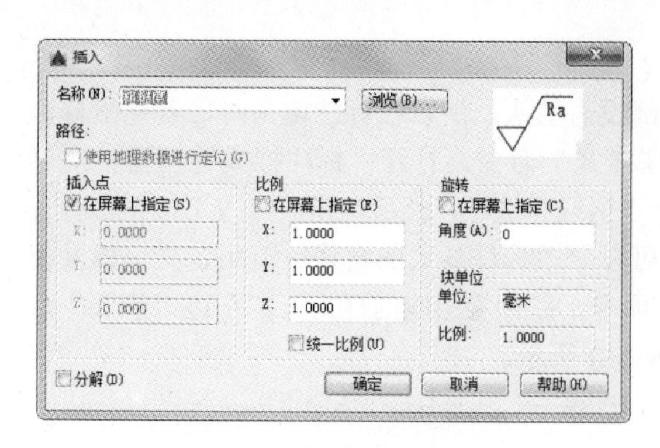

图 8-115 “插入”对话框

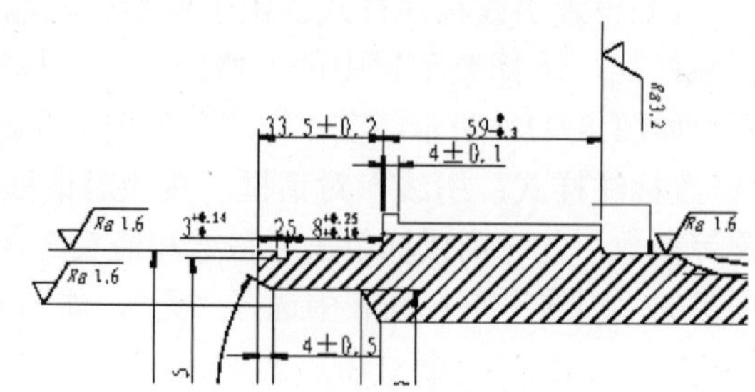

图 8-116 插入的粗糙度符号

3．标注文字

将“文字”图层设置为当前图层，单击“绘图”工具栏中的“多行文字”按钮A，在命令行提示下指定输入文字的对角点，此时 AutoCAD 会打开“文字格式”对话框，在其中设置需要的样式、字体和高度，然后输入技术要求的内容，如图 8-117 所示。

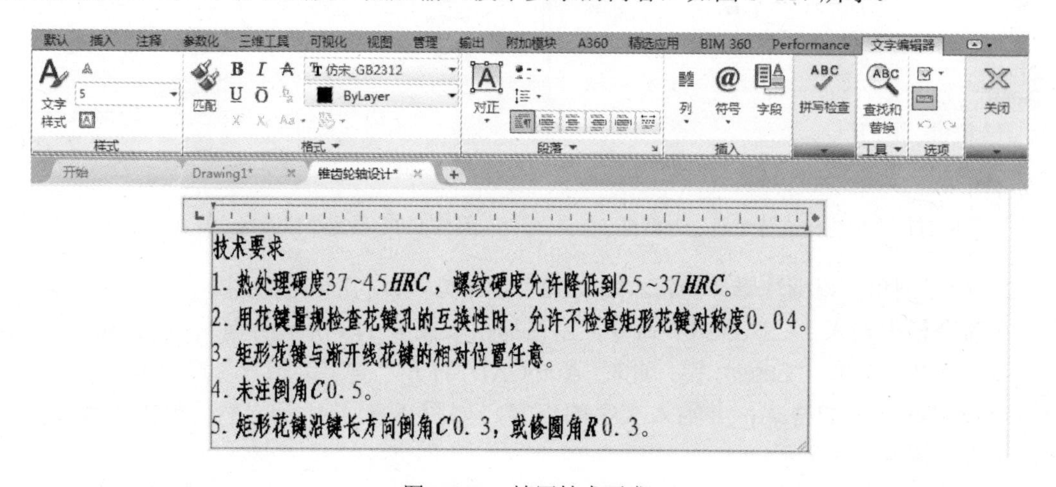

图 8-117 填写技术要求

4．其他标注

除了上面介绍的标注外，本例还需要标注线性、半径、直径和角度等，以及创建与填写齿轮参数表格和标注尺寸及几何公差。在 AutoCAD 中可以方便地标注多种类型的尺寸，标注的外观由当前尺寸标注样式控制。如果尺寸外观看起来不符合用户的要求，则可以通过调整标注样式进行修改，这里不再详细介绍，可以参照其他实例中相应的介绍。创建与填写齿轮参数表格和标注尺寸及几何公差可以参照上节的介绍。

8.4.6 填写标题栏

标题栏是反映图形属性的一个重要信息来源，用户可以在其中查找零部件的材料、设计者以及修改信息等。其填写与标注文字的过程相似，这里不再讲述，图 8-118 所示为填写好的标题栏。

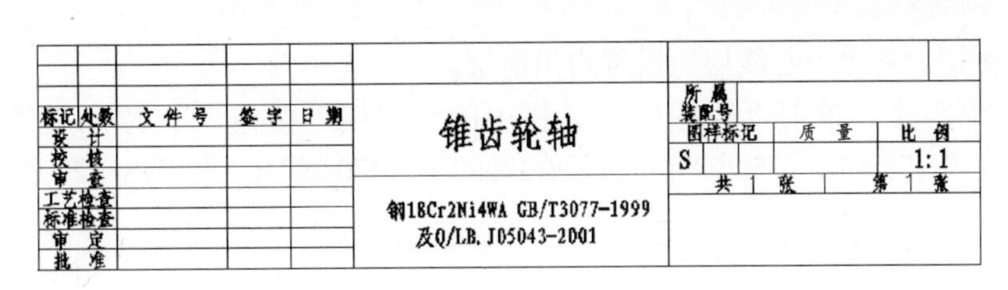

图 8-118　填写好的标题栏

8.5　圆柱齿轮设计

圆柱齿轮零件是机械产品中经常使用的一种典型零件，它的主视剖面图呈对称形状，左视图则由一组同心圆构成，如图 8-119 所示。

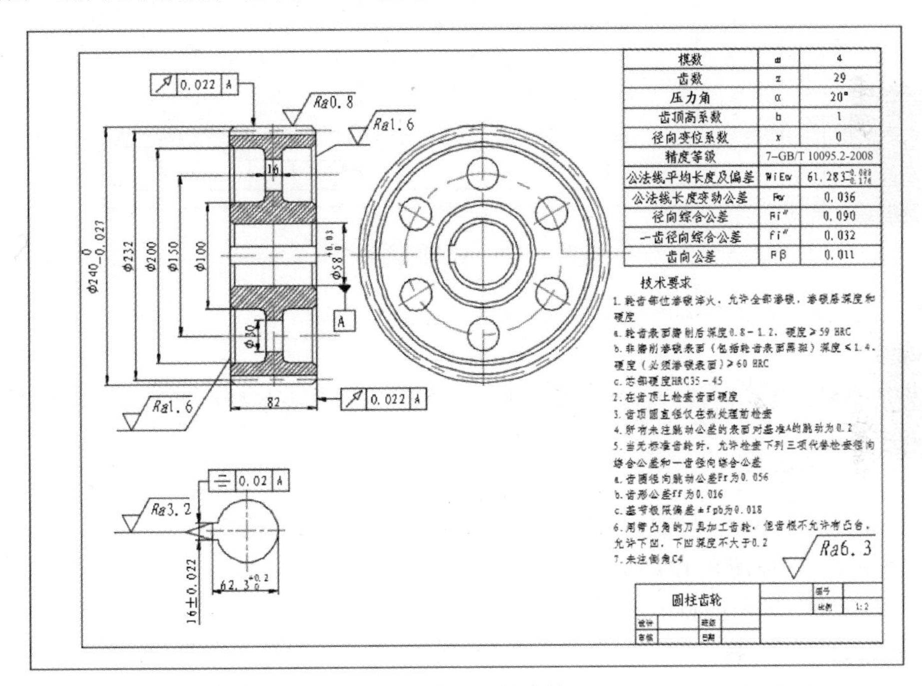

图 8-119　圆柱齿轮

由于圆柱齿轮的 1∶1 全尺寸平面图大于 A3 图幅，因此为了绘制方便，需要先隐藏“标题栏层”和“图框层”，在绘图窗口中不显示标题栏和图框。按照 1∶1 全尺寸绘制圆柱齿轮的主视图和左视图，与前面章节类似，绘制过程中可充分利用多视图互相投影对应关系。

【操作步骤】

1．配置绘图环境

单击“标准”工具栏中的“新建”按钮，AutoCAD 弹出“选择样板”对话框，用户在该对话框中选择需要的样板图。本例选用“A3 横向样板”，其中样板图左下角点坐标为(0,0)。

2．绘制圆柱齿轮

（1）绘制中心线与隐藏图层

1）切换图层。将“中心线层”设置为当前层。

2）绘制中心线。单击“绘图”工具栏中的“直线”按钮，绘制直线{(25,170)，(410,170)}，直线{(75,47)，(75,292)}和直线{(270,47)，(270,292)}，如图 8-120 所示。

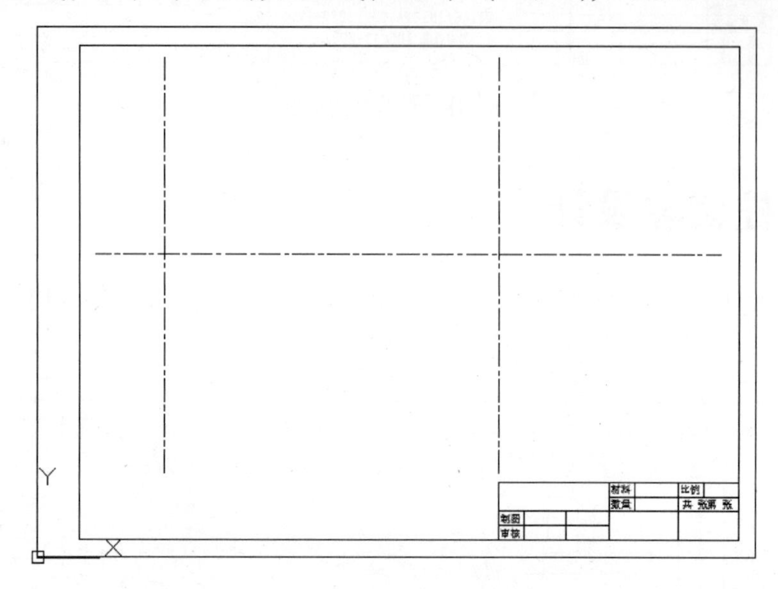

图 8-120　绘制中心线

说 明

为了绘制方便，隐藏“标题栏层”和“图框层”，隐去标题栏和图框，以使版面干净，利于绘图。

3）隐藏图层。单击“图层”工具栏中的“图层特性管理器”按钮，关闭“标题栏层”和“图框层”，如图 8-121 所示。

（2）绘制圆柱齿轮主视图

1）绘制边界线。将“实体层”设置为当前层。单击“绘图”工具栏中的“直线”按钮，利用“FROM”选项绘制两条直线，结果如图 8-122 所示。命令行提示与操作如下。

```
命令: LINE ↙
指定第一点: from ↙
基点:（利用对象捕捉功能选择左侧中心线的交点）
<偏移>: @ -41,0 ↙
指定下一点或 [放弃(U)]: @ 0,120 ↙
指定下一点或 [放弃(U)]: @ 41,0 ↙
指定下一点或 [闭合(C)/放弃(U)]: ↙
```

2）偏移直线。单击“修改”工具栏中的“偏移”按钮，将最左侧的直线向右偏移，偏移量为“33”，再将最上部的直线向下偏移，偏移量依次为“8”“20”“30”“60”“70”和“91”。偏移中心线，向上偏移，偏移量依次为“75”和“123”，结果如图 8-123 所示。

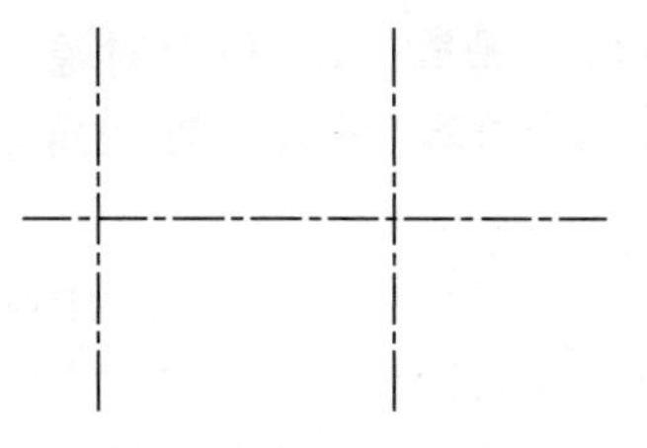
图 8-121 关闭图层后的绘图窗口

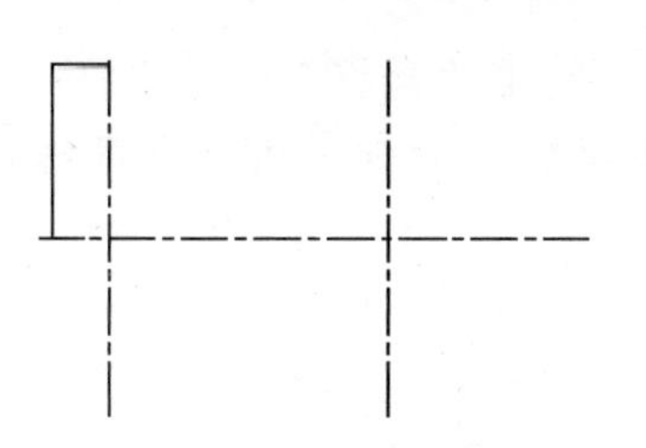
图 8-122 绘制边界线

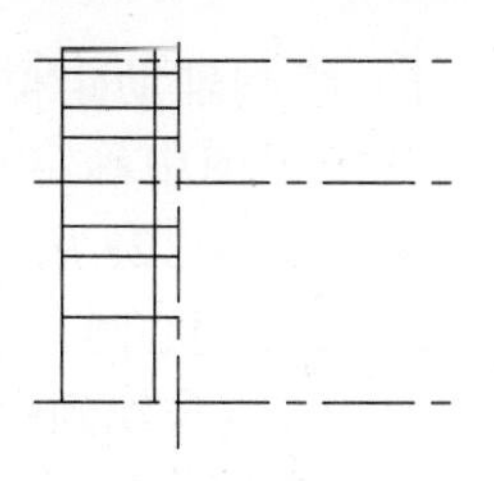
图 8-123 绘制偏移线

3）图形倒角。单击“修改”工具栏中的“倒角”按钮，“角度”，“距离”模式，对齿轮的左上角处倒角“C4”；凹槽端口和孔口处倒角“C4”；单击“修改”工具栏中的“圆角”按钮，对中间凹槽底部倒圆角，半径为“5”；然后进行修剪，绘制倒圆角轮廓线，结果如图 8-124 所示。

注 意

在执行“圆角”命令时，需要对不同情况交互使用“修剪”模式和“不修剪”模式。若使用“不修剪”模式，还需调用“修剪”命令进行修剪编辑。

4）绘制键槽。单击“修改”工具栏中的“偏移”按钮，将中心线向上偏移“8”，并更改其图层属性为“实体层”，然后进行修剪，结果如图 8-125 所示。

5）图形镜像。单击“修改”工具栏中的“镜像”按钮，分别以两条中心线为镜像轴进行镜像操作，结果如图 8-126 所示。

6）绘制剖面线。将“剖面层”设置为当前层，单击“绘图”工具栏中的“图案填充”按钮，弹出“图案填充和渐变色”对话框。单击“图案”选项右侧的按钮，弹出“填充图案选项板”对话框，在“ANSI”选项卡中选择“ANSI31”图案作为填充图案。利用提取图形对象特征点的方式选择填充区域。单击“确定”按钮，完成圆柱齿轮主视图绘制，如图 8-127 所示。

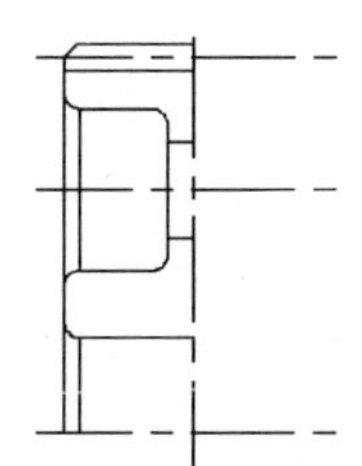
图 8-124 图形倒角

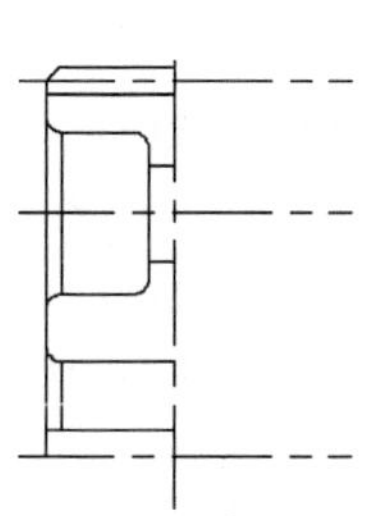
图 8-125 绘制键槽

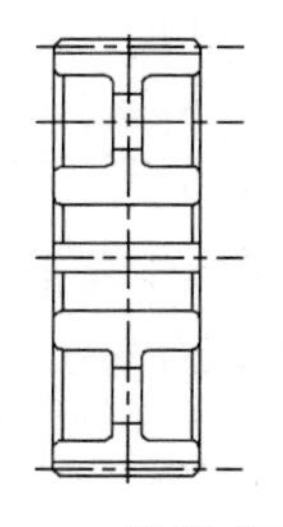
图 8-126 镜像成形

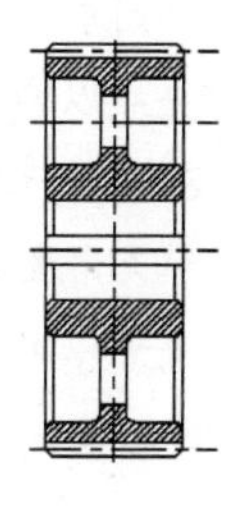
图 8-127 圆柱齿轮主视图

（3）绘制圆柱齿轮左视图

说 明

圆柱齿轮左视图由一组同心圆和环形分布的圆孔组成。左视图是在主视图的基础上生成的，因此需要借助主视图的位置信息确定同心圆的半径或直径数值，这时就需要从主视图引出相应的辅助定位线，利用对象捕捉功能确定同心圆。六个减重圆孔利用“环形阵列”进行绘制。

1）绘制辅助定位线。单击“绘图”工具栏中的“直线”按钮，利用对象捕捉功能在主视图中确定直线起点，再利用正交功能保证引出线水平，终点位置任意，绘制结果如图 8-128 所示。

2）绘制同心圆。单击“绘图”工具栏中的“圆”按钮，以右侧中心线交点为圆心，依次以辅助定位线到中心线的交点为半径，绘制九个圆；删除辅助直线；再重复“圆”命令，绘制减重圆孔，结果如图 8-129 所示。注意，减重圆孔的定位圆环属于“中心线层”。

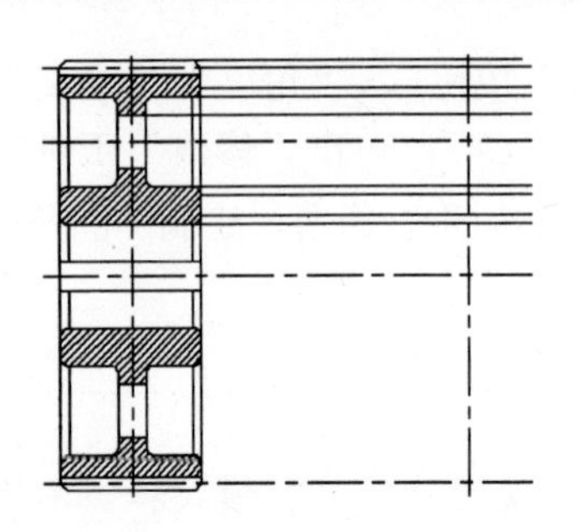

图 8-128　绘制辅助定位线

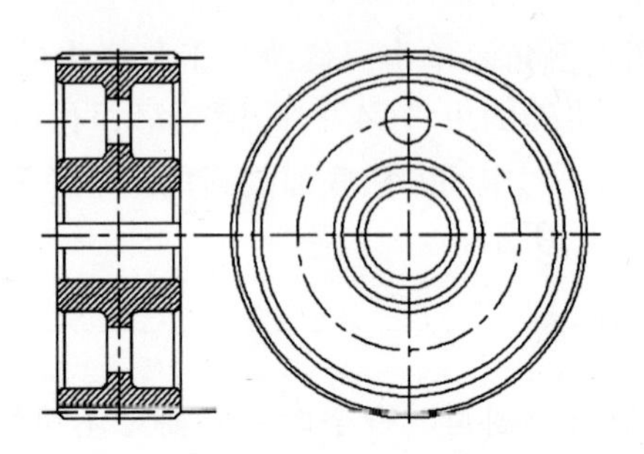

图 8-129　绘制同心圆和减重圆孔

3）环形阵列减重圆孔。单击“修改”工具栏中的“环形阵列”按钮，进行阵列操作，命令行提示与操作如下。

命令: ARRAY

选择对象: （选取图 8-129 所示的减重圆孔及其定位中心线）

选择对象: 输入阵列类型 [矩形(R)/路径(PA)/极轴(PO)] <极轴>: po

类型 = 极轴　关联 = 是

指定阵列的中心点或 [基点(B)/旋转轴(A)]:（同心圆的圆心）

选择夹点以编辑阵列或 [关联(AS)/基点(B)/项目(I)/项目间角度(A)/填充角度(F)/行(ROW)/层(L)/旋转项目(ROT)/退出(X)] <退出>: I

输入阵列中的项目数或 [表达式(E)] <6>: 6

选择夹点以编辑阵列或 [关联(AS)/基点(B)/项目(I)/项目间角度(A)/填充角度(F)/行(ROW)/层(L)/旋转项目(ROT)/退出(X)] <退出>: F

指定填充角度(+=逆时针、-=顺时针)或 [表达式(EX)] <360>:360

选择夹点以编辑阵列或 [关联(AS)/基点(B)/项目(I)/项目间角度(A)/填充角度(F)/行(ROW)/层(L)/旋转项目(ROT)/退出(X)] <退出>:

注 意

可单击“打断”按钮，修剪阵列减重孔过长的中心线，结果如图 8-130 所示。

4）绘制键槽边界线。单击“修改”工具栏中的“偏移”按钮，向左偏移同心圆的竖直中心线，偏移量为“33.3”；水平中心线分别上、下偏移“8”，并更改其图层属性为“实体层”，如图 8-131 所示。

5）修剪图形。对键槽进行修剪编辑，得到圆柱齿轮左视图，如图 8-132 所示。

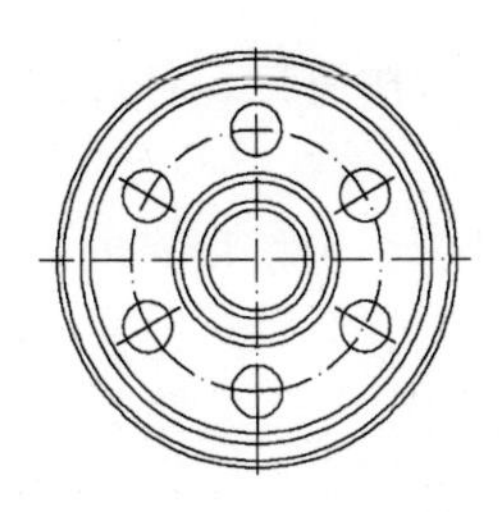
图 8-130 环形分布的减重圆孔

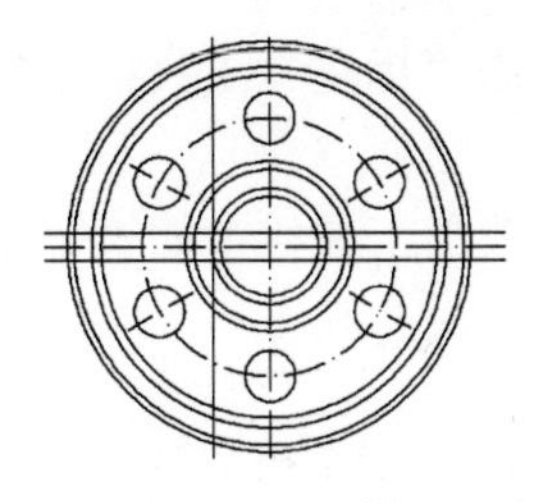
图 8-131 绘制键槽边界线

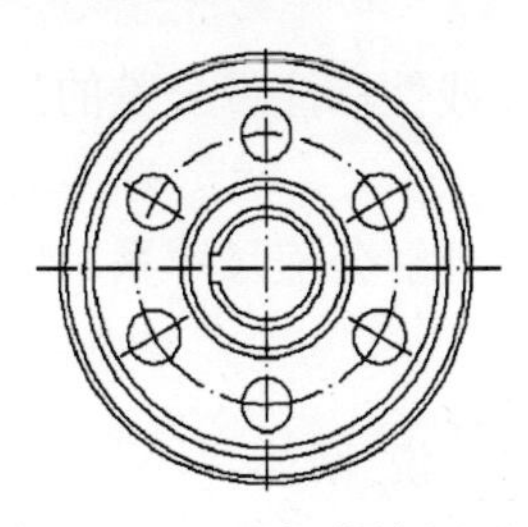
图 8-132 圆柱齿轮左视图

说 明

为了方便对键槽的标注，需要把圆柱齿轮左视图中的键槽图形复制出来单独放置，单独标注尺寸和几何公差。

6）复制键槽。单击“修改”工具栏中的“复制”按钮，选择键槽轮廓线和中心线，如图 8-133 所示。

7）图形缩放。选择菜单栏中的“修改”→“缩放”命令，或者单击“修改”工具栏中的“缩放”按钮，命令行提示如下。

命令。SCALE ↙

选择对象。(选择所有图形对象，包括轮廓线、中心线)

选择对象。(可以按〈Enter〉键或空格键结束选择)

指定基点。(指定缩放中心点)

指定比例因子或 复制(C)/参照(R)]。0.5 ↙(缩小为原来的一半)

3．标注圆柱齿轮

（1）无公差尺寸的标注

1）切换图层并修改标注样式。将“尺寸标注层”设置为当前层。单击“样式”工具栏中“标注样式”按钮，弹出“标注样式管理器”对话框，将“机械制图标注”样式设置为当前使用的标注样式。

2）线性标注无公差尺寸。单击“标注”工具栏中的“线性”按钮，标注同心圆使用特殊符号“%%C”表示ϕ，如“%%C100”表示ϕ100；标注其他无公差尺寸，如图 8-134 所示。

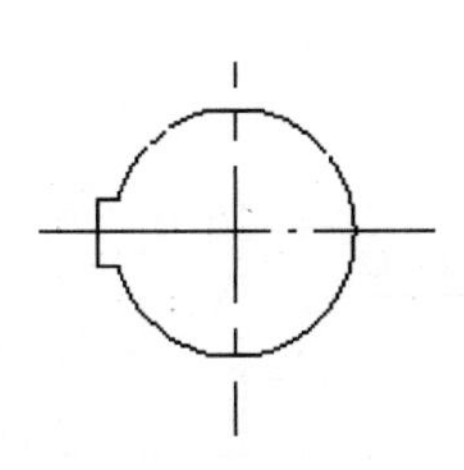
图 8-133 键槽轮廓线

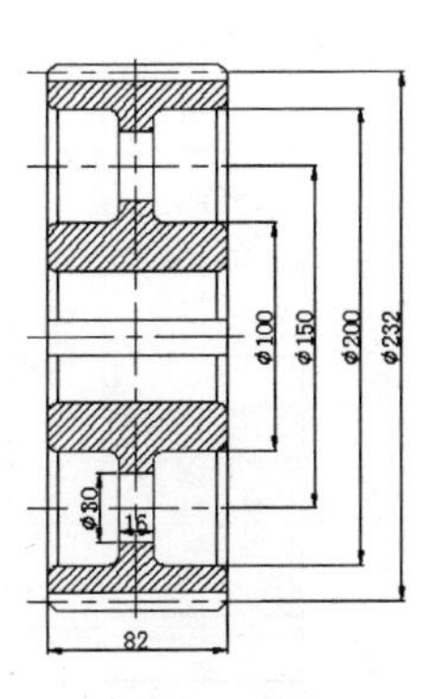

图 8-134 无公差尺寸标注

3）线性标注带公差的尺寸。单击“标注”工具栏中的“线性”按钮，标注带公差的尺寸。

4）分解公差尺寸系。单击“修改”工具栏中的“分解”按钮，分解所有的带公差的尺寸系。

说 明

《机械制图》国家标准中规定，标注的尺寸值必须是零件的实际值，而不是在图形上的值。这里之所以修改标注样式，是因为上一小节最后一步操作时将图形整个缩小了一半。在此将比例因子设置为“2”，标注出的尺寸数值刚好恢复为原来绘制时的数值。

（2）带公差尺寸标注

1）设置带公差标注样式。单击“样式”工具栏中“标注样式”按钮，弹出“创建新标准样式”对话框，建立一个名为“副本 机械制图（带公差）”的样式，“基础样式”为“机械制图”，如图 8-135 所示。在“新建标注样式：副本 机械制图（带公差）”对话框中，设置“公差”选项卡，如图 8-136 所示。并把“副本 机械制图（带公差）”的样式设置为当前使用的标注样式。

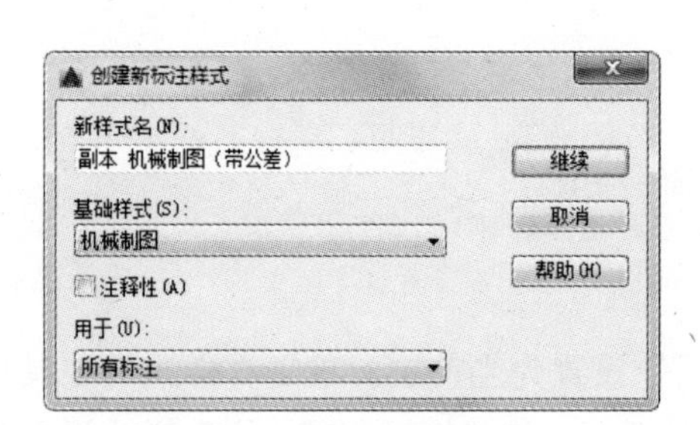

图 8-135 新建标注样式

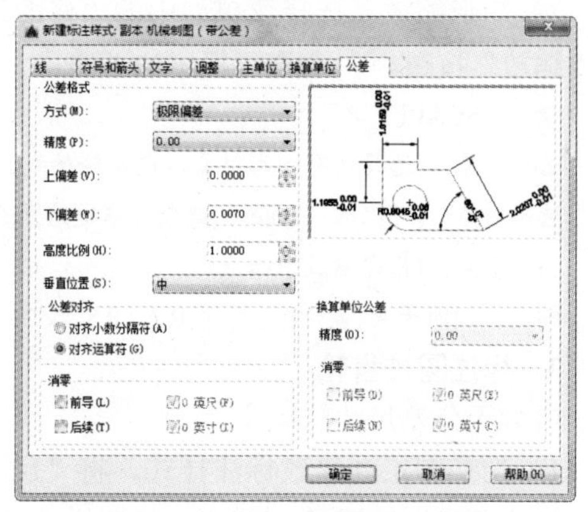

图 8-136 “公差”选项卡设置

2）编辑上、下极限偏差。在命令行中输入“DDEDIT”命令后按〈Enter〉键，选择需要修改的极限偏差文字，编辑上、下极限偏差，ϕ58：+0.030 和 0；ϕ240：0 和-0.027；16：+0.022 和-0.022；62.3：+0.20 和 0，如图 8-137 所示。

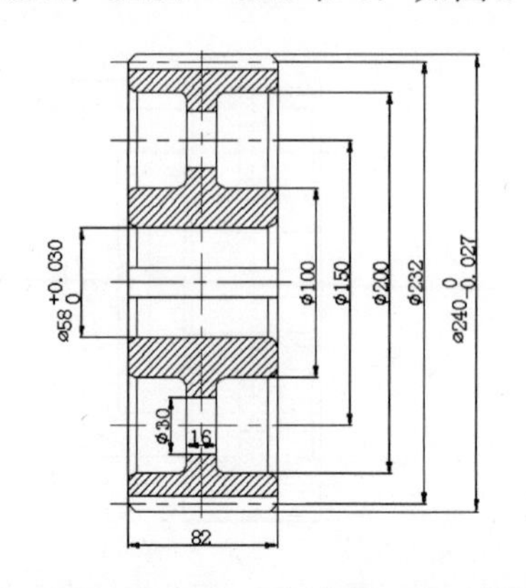

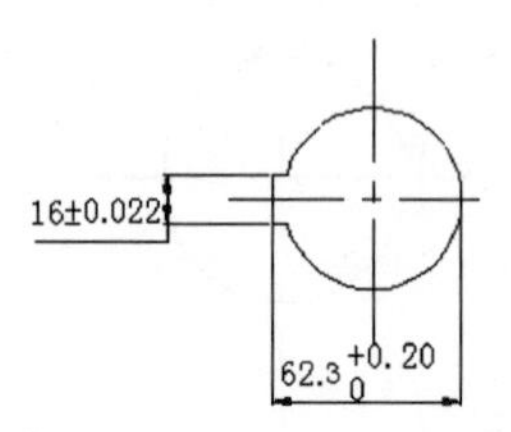

图 8-137 标注公差尺寸

公差尺寸的分解需要使用两次“分解”命令：第一次分解尺寸线与公差文字；第二次分解公差文字中的主尺寸文字与极限偏差文字。只有这样，才能单独利用“编辑文字”命令对上、下极限偏差文字进行编辑修改。

（3）几何公差标注

1）绘制基准符号。利用“多行文字”命令、“矩形”命令和“图案填充”命令绘制基准符号，如图 8-138 所示。

2）标注几何公差。在命令行中输入“QLEADER”命令，标注几何公差，如图 8-139 所示。

注 意

若发现几何公差符号选择有错误，可以再次选择“符号”选项重新进行选择；也可以单击“符号”，选择对话框右下角“空白”选项，取消当前选择。

3）打开图层：单击“图层”工具栏中的“图层特性管理器”按钮，弹出“图层特性管理器”面板，单击“标题栏层”和“图框层”属性中呈灰暗色的“打开/关闭图层”图标，使其呈鲜亮色，在绘图窗口中显示图幅边框和标题栏。

4）图形移动：单击“修改”工具栏中的“移动”按钮，分别移动圆柱齿轮主视图、左视图和键槽，使其均布于图纸版面里。单击“修改”工具栏中的“打断”按钮，删掉过长的中心线。效果如图 8-139 和图 8-140 所示。

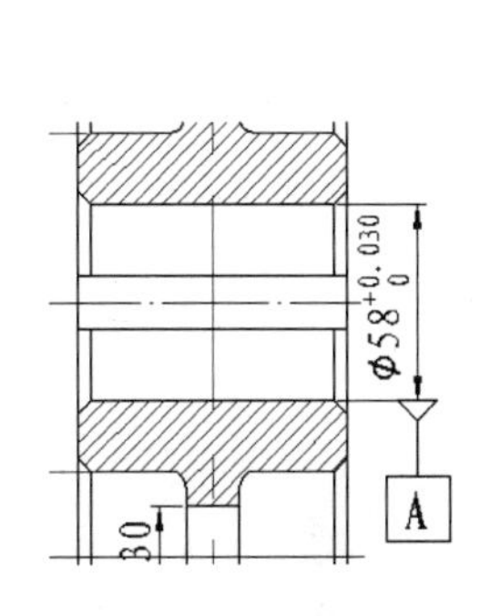

图 8-138 绘制基准符号

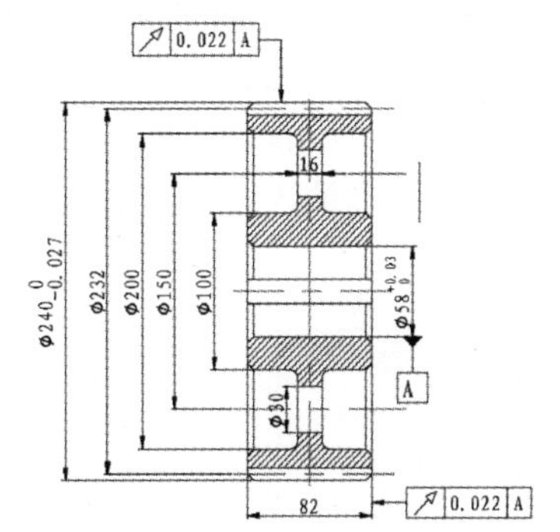

图 8-139 标注几何公差

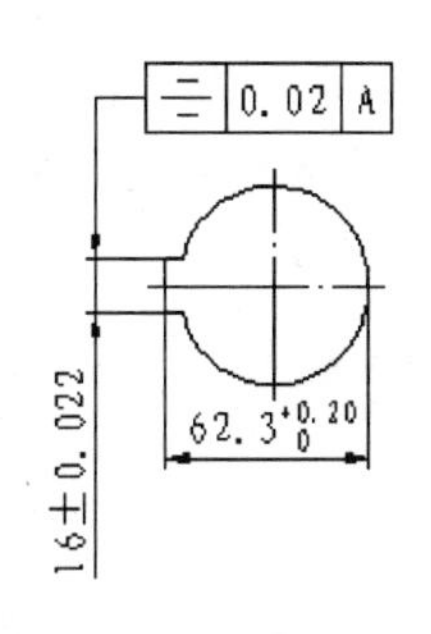

图 8-140 标注键槽的几何公差

4．标注表面粗糙度、参数表与技术要求

（1）表面粗糙度标注

1）将“尺寸标注层”设置为当前层。

2）制作表面粗糙度图块，结合“多行文字”命令标注表面粗糙度，得到的效果如图 8-141 所示。

（2）参数表标注

1）将“注释层”设置为当前层。

2）选择菜单栏中的“格式”→“表格样式”命令，弹出“表格样式”对话框，如图 8-142 所示。

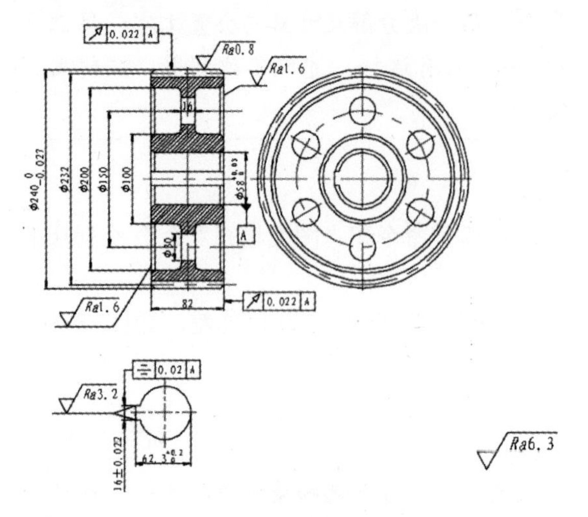

图 8-141 表面粗糙度标注

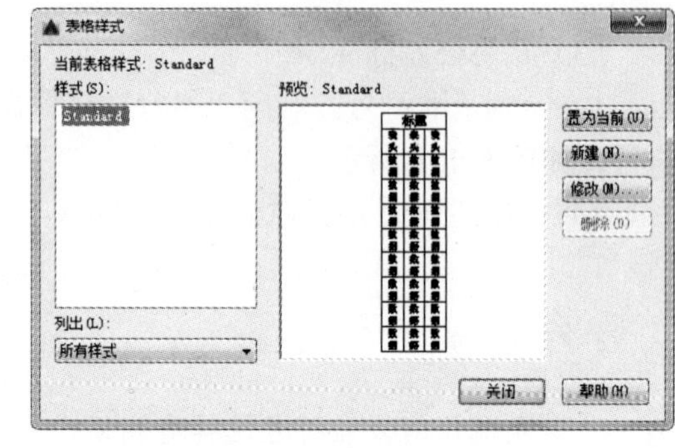

图 8-142 “表格样式”对话框

3）单击“修改”按钮，弹出“修改表格样式：Standard”对话框，如图 8-143 所示。在该对话框中进行设置：数据文字样式为“Standard”，文字高度为“4.5”，文字颜色为“ByBlock”，填充颜色为“无”，对齐方式为“正中”；在“边框特性”选项组中单击其下第一个按钮，栅格颜色为“洋红”；没有标题行和列标题，表格方向向下，水平单元边距和垂直单元边距都为“1.5”。

4）设置好文字样式后，确认退出。

5）创建表格。单击“绘图”工具栏中的“表格”按钮，弹出“插入表格”对话框，如图 8-144 所示。设置“插入方式”为“指定插入点”，行和列设置为“9”行“3”列，“列宽”为“8”，“行高”为“1”。确认后，在绘图平面指定插入点，则插入图 8-145 所示的空表格，并显示文字编辑器，不输入文字，直接在多行文字编辑器中单击“关闭”按钮退出。

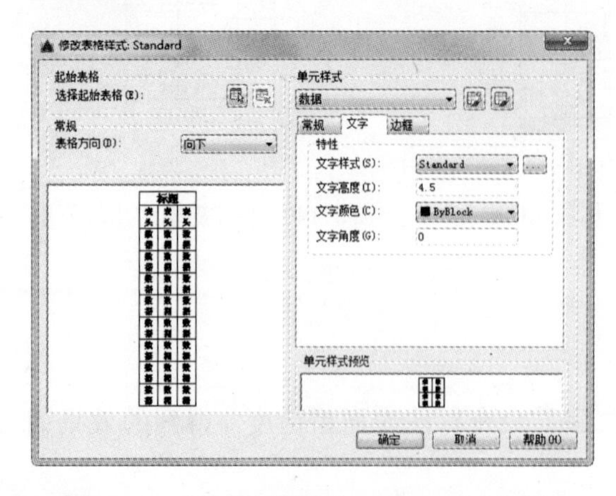

图 8-143 “修改表格样式：Standard”对话框

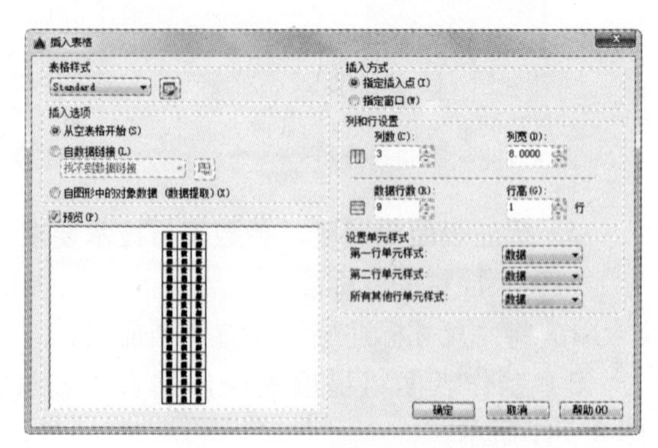

图 8-144 “插入表格”对话框

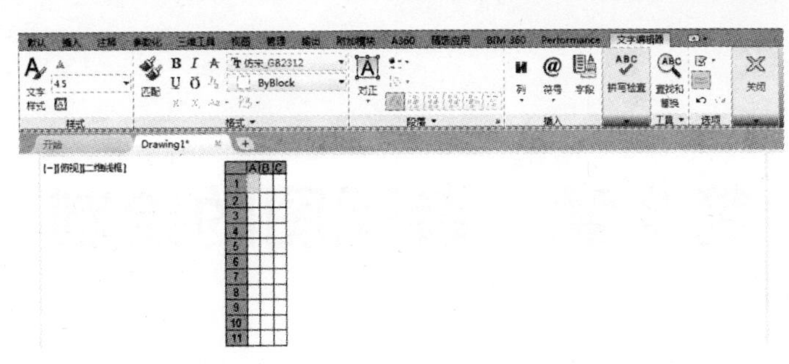

图 8-145　插入表格及显示文字编辑器

6）单击第 1 列某一个单元格，出现钳夹点后，将右边钳夹点向右拉，使列宽大约变成“60”，用同样方法，将第 2 列和第 3 列的列宽拉成约“15”和“30”，结果如图 8-146 所示。

7）双击单元格，重新打开多行文字编辑器，在各单元格中输入相应的文字或数据，结果如图 8-147 所示。

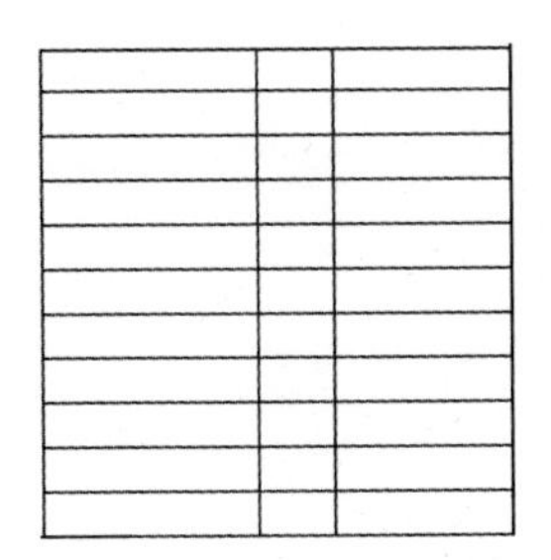

图 8-146　改变列宽

模数	m	4
齿数	z	29
压力角	α	20°
齿顶高系数	h	1
径向变位系数	x	0
精度等级	7-GB/T10095.2-2008	
公法线平均长度及偏差	WiEw	$61.283^{-0.088}_{-0.176}$
公法线长度变动公差	Fw	0.036
径向综合公差	Fi″	0.090
一齿径向综合公差	fi″	0.032
齿向公差	Fβ	0.011

图 8-147　参数表

（3）技术要求标注

1）将“注释层”设置为当前层。

2）单击“绘图”工具栏中的“多行文字”按钮A，标注技术要求，如图 8-148 所示。

技术要求
1.轮齿部位渗碳淬火，允许全部渗碳，渗碳层深度和硬度：
a.轮齿表面磨削后深度0.8～1.2，硬度≥59 HRC 。
b.非磨削渗碳表面（包括轮齿表面黑斑）深度≤1.4，硬度（必须渗碳表面）≥60 HRC。
c.芯部硬度35～45 HRC。
2.在齿顶上检查齿面硬度。
3.齿顶圆直径仅在热处理前检查。
4.所有未注跳动公差的表面对基准A的跳动为0.2。
5.当无标准齿轮时，允许检查下列三项代替检查径向综合公差和一齿径向综合公差。
a.齿圈径向跳动公差Fr为0.056。
b.齿形公差ff为0.016。
c.基节极限偏差±fpb为0.018。
6.用带凸角的刀具加工齿轮，但齿根不允许有凸台，允许下凹，下凹深度不大于0.2。
7.未注倒角C4。

图 8-148　标注技术要求

5. 填写标题栏

1）将“标题栏层”设置为当前层。

2）在标题栏中输入相应文本。圆柱齿轮设计最终效果如图 8-119 所示。

第 9 章　装配图的绘制

知识导引

装配图是表达机器、部件或组件的图样。在产品设计中，一般先绘制出装配图，然后根据装配图绘制零件图，在产品制造中，机器、部件、组件的工作都必须根据装配图来进行。使用和维修机器时，也往往需要通过装配图来了解机器的构造。因此，装配图在生产中起着非常重要的作用。

9.1　装配图简介

9.1.1　装配图的内容

如图 9-1 所示，一幅完整的装配图应包括下列内容。

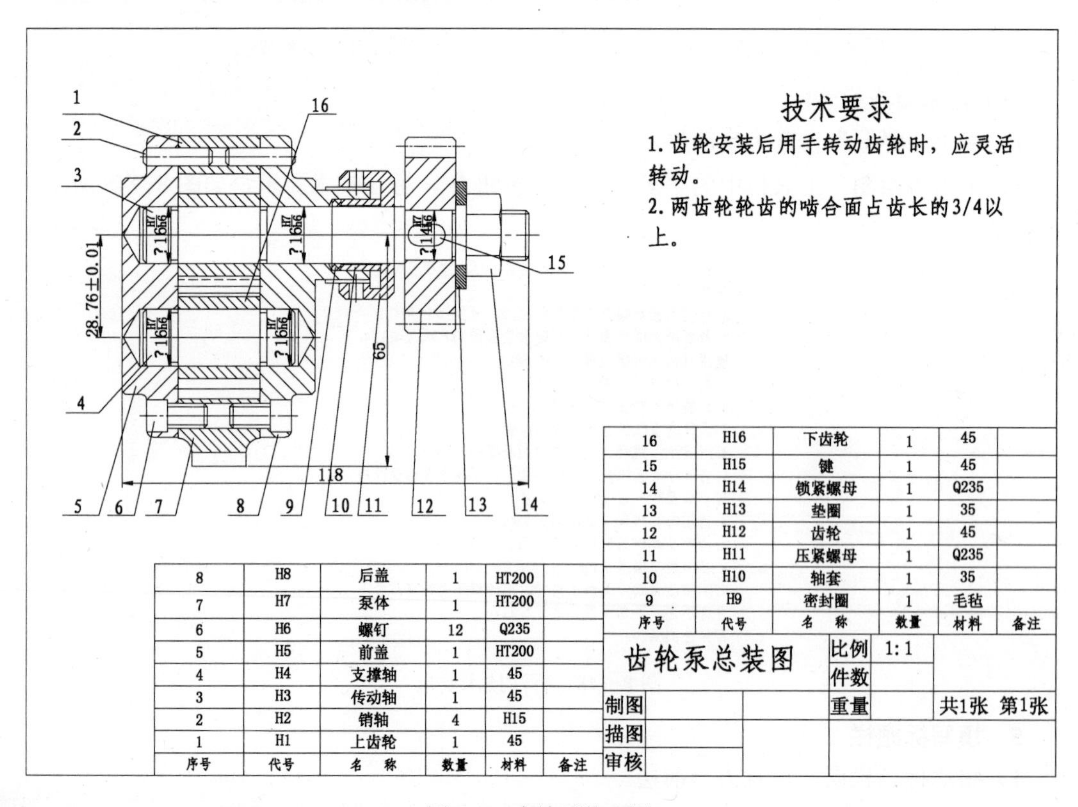

图 9-1　齿轮泵装配图

（1）一组视图　装配图由一组视图组成，用以表达各组成零件的相互位置和装配关系，部件或机器的工作原理和结构特点。

（2）必要的尺寸　必要的尺寸包括部件或机器的性能规格尺寸、零件之间的配合尺寸、外形尺寸、部件或机器的安装尺寸和其他重要尺寸等。

（3）技术要求　说明部件或机器的装配、安装、检验和运转的技术要求，一般用文字写出。

（4）零部件序号、明细栏和标题栏　在装配图中，应对每个不同的零部件编写序号，并在明细栏中依次填写序号、名称、件数、材料和备注等内容。标题栏与零件图中的标题栏相同。

9.1.2 装配图的特殊表达方法

（1）沿结合面剖切或拆卸画法　在装配图中，为了表达部件或机器的内部结构，可以采用沿结合面剖切画法，即假想沿某些零件的结合面剖切，此时，在零件的结合面上不画剖面线，而被剖切的零件一般都应画出剖面线。

在装配图中，为了表达被遮挡部分的装配关系或其他零件，可以采用拆卸画法，即假想拆去一个或几个零件，只画出所要表达部分的视图。

（2）假想画法　为了表示运动零件的极限位置，或与该部件有装配关系但又不属于该部件的其他相邻零件（或部件），可以用双点画线画出其轮廓。

（3）夸大画法　对于薄片零件、细丝弹簧、微小间隙等，若按它们的实际尺寸在装配图中很难画出或难以明显表示时，均可不按比例而采用夸大画法绘制。

（4）简化画法　在装配图中，零件的工艺结构，如圆角、倒角、退刀槽等可不画出。对于若干相同的零件组，如螺栓连接等，可详细地画出一组或几组，其余只需用点画线表示其装配位置即可。

9.1.3 装配图中零、部件序号的编写

为了便于读图，便于图样管理，以及做好生产准备工作，装配图中所有零、部件都必须编写序号，且同一装配图中相同零、部件只编写一个序号，并将其填写在标题栏上方的明细栏中。

1．装配图中序号编写的常见形式

装配图中序号的编写方法有三种，如图 9-2 所示。在所指的零、部件的可见轮廓内画一圆点，然后从圆点开始画指引线（细实线），在指引线的末端画一水平线或圆（均为细实线），在水平线上或圆内注写序号，序号的字高应比尺寸数字大两号，如图 9-2a 所示。

在指引线的末端也可以不画水平线或圆，直接注写序号，序号的字高应比尺寸数字大两号，如图 9-2b 所示。

对于很薄的零件或涂黑的剖面，可用箭头代替圆点，箭头指向该部分的轮廓，如图 9-2c 所示。

2．编写序号的注意事项

指引线相互不能相交，不能与剖面线平行，必要时可以将指引线画成折线，但是只允许弯折一次，如图 9-3 所示。

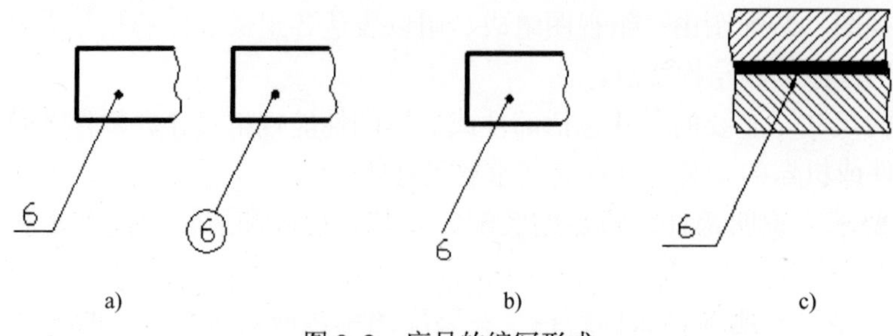

图 9-2　序号的编写形式

a) 序号在指引线上或圆内　b) 序号在指引线附近　c) 箭头代替圆点

序号应按照水平或垂直方向顺时针（或逆时针）方向顺次排列整齐，并尽可能均匀分布；一组紧固件以及装配关系清楚的零件组，可采用公共指引线，如图 9-4 所示。

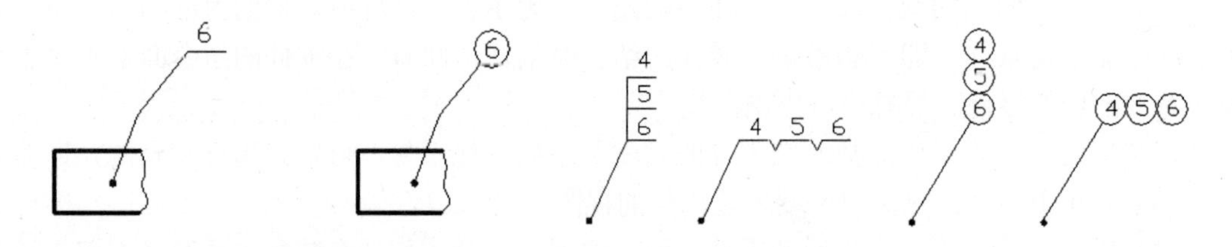

图 9-3　指引线为折线　　　　图 9-4　零件组的编号形式

装配图中的标准化组件（如滚动轴承、电动机等）可看作一个整体，只编写一个序号；部件中的标准件可以与非标准件同样地编写序号，也可以不编写序号，而将标准件的数量与规格直接用指引线标明在图中。

9.2　装配图的一般绘制过程与方法

9.2.1　装配图的一般绘制过程

装配图的绘制过程与零件图比较相似，但又具有自身的特点，装配图的一般绘制过程如下。

1）在绘制装配图之前，同样需要根据图纸幅面大小和版式的不同，分别建立符合机械制图国家标准的若干机械图样模板。模板中包括图纸幅面、图层、使用文字的一般样式、尺寸标注的一般样式等，在绘制装配图时可以直接调用建立好的模板进行绘图，有利于提高工作效率。

2）使用绘制装配图的方法完成装配图绘制，这些方法将在下一节作详细介绍。

3）对装配图进行尺寸标注。

4）编写零部件序号。用快速引线标注命令“QLEADER”绘制编写序号的指引线及注写序号。

5）绘制明细栏（也可以将明细栏的单元格创建为图块，需要时插入即可），填写标题栏及明细栏，注写技术要求。

6）保存图形文件。

9.2.2 装配图的绘制方法

（1）零件图块插入法　是指将组成部件或机器的各个零件的图形先创建为图块，然后再按零件间的相对位置关系，将零件图块逐个插入，拼画成装配图的一种方法。

（2）图形文件插入法　由于在 AutoCAD 2016 中，图形文件可以用“插入块（INSERT）”命令，在不同的图形中直接插入，因此，可以用直接插入零件图形文件的方法来拼画装配图，该方法与零件图块插入法极其相似，不同的是此时插入基点为零件图形的左下角坐标（0，0），这样在拼画装配图时就无法准确地确定零件图形在装配图中的位置。为了使图形插入时能准确地放到需要的位置，在绘制完零件图形后，应首先用“定义基点（BASE）”命令，设置插入基点，然后再保存文件。这样在用“插入块（INSERT）”命令将该图形文件插入时，就以定义的基点为插入点进行插入，从而完成装配图的拼画。

（3）直接绘制　对于一些比较简单的装配图，可以直接利用 AutoCAD 的二维绘图及编辑命令，按照装配图的画图步骤将其绘制出来。在绘制过程中，应使用对象捕捉及正交等绘图辅助工具帮助进行精确绘图，并用对象追踪功能来保证视图之间的投影关系。

（4）利用设计中心拼画装配图　在 AutoCAD 设计中心中，可以直接插入其他图形中定义的图块，但是一次只能插入一个图块。图块被插入到图形中后，如果原来的图块被修改，则插入到图形中的图块也随之改变。AutoCAD 设计中心提供了两种插入图块的方法：

1）采用“默认比例和旋转角”方式插入图块。采用该方法插入图块的步骤为：从“内容显示窗口”或“查找”对话框中选择要插入的图块，按住鼠标左键将其拖放到当前图形中，系统将比较图形和插入图块的单位，根据两者之间的比例对图块进行自动缩放。

2）根据“指定比例和旋转角”插入图块。采用该方法插入图块的步骤为：从“内容显示窗口”或“查找”对话框中用鼠标右键选择要插入的图块，按住鼠标右键将其拖放到当前图形中后松开，从弹出的快捷菜单中选择“插入块”选项，此时将弹出“插入”对话框，后面的操作与插入图块相同。

利用 AutoCAD 2016 设计中心，用户除了可以方便地插入其他图形中的图块之外，还可以插入其他图形中的标注样式、图层、线型、文字样式及外部引用等图形元素。具体步骤为：用鼠标左键单击选取欲插入的图形元素，并将其拖放到绘图区内。如果用户想一次插入多个对象，则可以通过按住〈Shift〉键或〈Ctrl〉键选取多个对象，这与在资源管理器中对文件的操作相似。

9.3 球阀装配图实例

球阀由阀体、阀盖、密封圈、阀芯、压紧套、阀杆和扳手等零件组成，球阀装配平面图如图 9-5 所示。装配图是零部件加工和装配过程中重要的技术文件。在设计过程中要用到剖视以及放大等表达方式，还要标注装配尺寸，绘制和填写明细表等。因此，通过球阀装配图的绘制，可以提高综合设计能力。将零件图的视图进行修改，制作成块，然后将这些块插入装配图中，制作块的步骤本节不再介绍，用户可以参考相应章节的介绍。

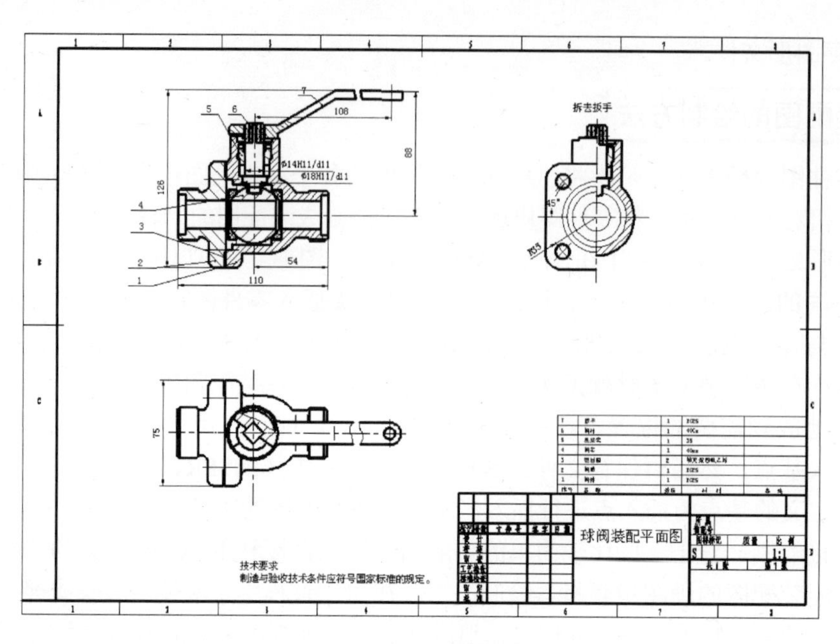

图 9-5　球阀装配平面图

9.3.1 配置绘图环境

1）建立新文件。启动 AutoCAD 2016 应用程序，单击“标准”工具栏中的“新建”按钮，弹出“选择样板文件”对话框，选择随书光盘文件 X：\源文件\ A2-2 样板图.dwt，单击“打开”按钮，如图 9-6 所示。另存为新文件；将新文件命名为“球阀装配平面图.dwg”并保存。

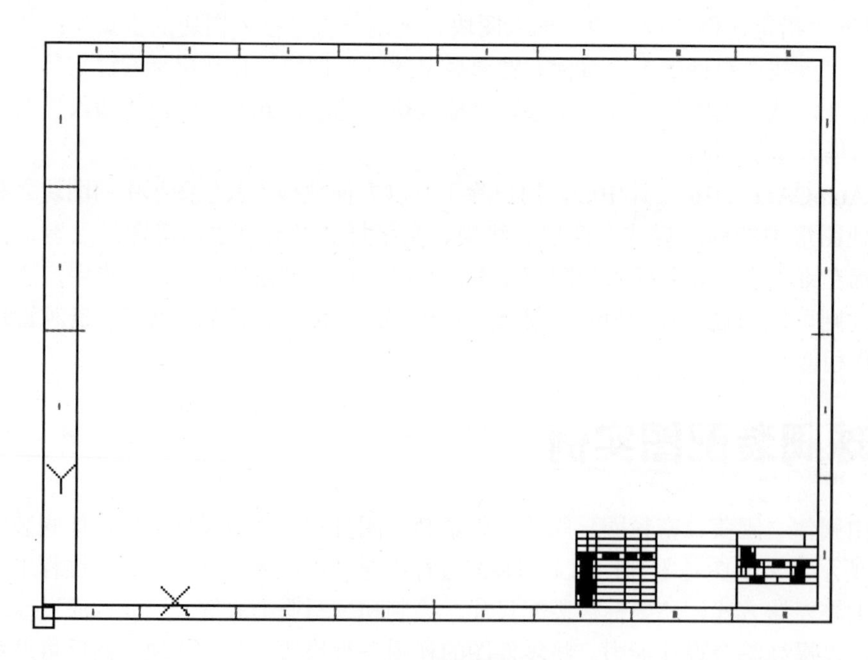

图 9-6　A2-2 样板图

2）设置绘图工具栏。选择菜单栏“视图”→“工具栏”命令，弹出“自定义用户界面”对话框，调出“标准”“图层”“对象特性”“绘图”“修改”和“标注”六个工具栏，并将它们移动到绘图窗口中的适当位置。

3）关闭线宽显示。单击状态栏中“线宽”按钮，在绘制图形时不显示线宽，命令行中会提示命令：

<线宽 关>

4）关闭栅格。单击状态栏中“栅格”按钮，或者使用快捷键〈F7〉关闭栅格。系统默认为关闭栅格。选择菜单栏中的“视图”→“缩放”→“全部”命令，调整绘图窗口的显示比例。

5）创建新图层。单击“图层”工具栏中的“图层特性管理器”按钮，弹出“图层特性管理器”面板，新建并设置每一个图层，如图9-7所示。

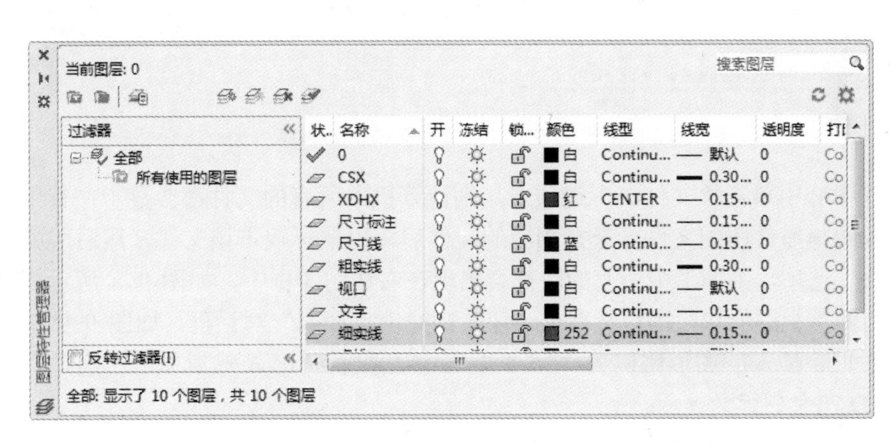

图 9-7 “图层特性管理器”面板

9.3.2 组装装配图

球阀装配平面图主要有阀体、阀盖、密封圈、阀芯、压紧套、阀杆和扳手等零件图组成。在绘制零件图时，用户可以为了绘制装配图的需要，将零件的主视图以及其他视图分别定义成图块，但是在定义的图块中不包括零件的尺寸标注和定位中心线，块的基点应选择在与该零件有装配关系或定位关系的关键点上。本例球阀装配平面图中所有的装配零件图都在附赠光盘的“装配平面图”中，并且已定义好块，用户可以直接应用。具体尺寸参考各零件的立体图。

1．装配零件图

1）插入阀体平面图。选择菜单栏中的“工具”→“选项板”→“设计中心”命令，AutoCAD弹出“设计中心”对话框，如图9-8所示。在AutoCAD设计中心中有“文件夹”“打开的图形”和“历史记录”等选项卡，用户可以根据需要选择相应的选项。

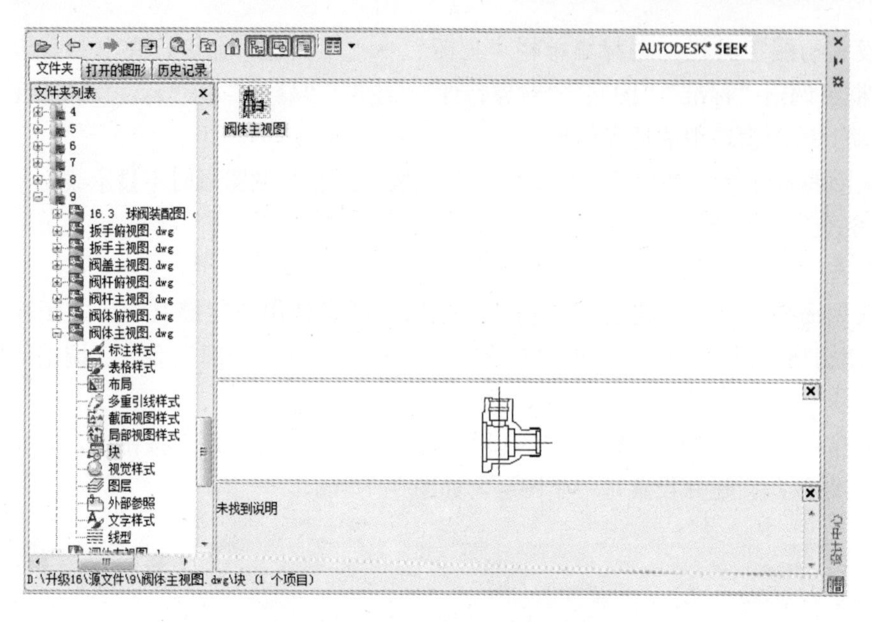

图 9-8 “设计中心”对话框之阀体

在设计中心中单击“文件夹”选项卡，则计算机中所有的文件都会显示在其中，在其中找出要插入阀体零件图的文件。选择相应的文件后，用鼠标双击该文件，然后用鼠标单击该文件中“块”选项，则图形中所有的块都会出现在右边的图框中，如图 9-8 所示。然后在其中选择“阀体主视图”块，用鼠标双击该块，则弹出“插入”对话框，如图 9-9 所示。按照图示进行设置，插入的图形比例为“1∶1”，旋转角度为“0”，然后单击“确定”按钮，此时 AutoCAD 在命令行会提示：

指定插入点或 [比例(S)/X/Y/Z/旋转(R)/预览比例(PS)/PX/PY/PZ/预览旋转(PR)]:

在命令行中输入“100,200”，则“阀体主视图”块会插入到“球阀总成”装配图中，且插入后阀体右端中心线交点处的坐标为（100,200）。结果如图 9-10 所示。

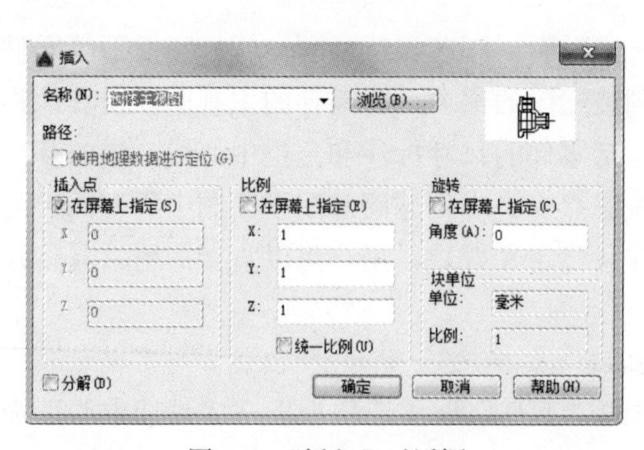

图 9-9 “插入”对话框

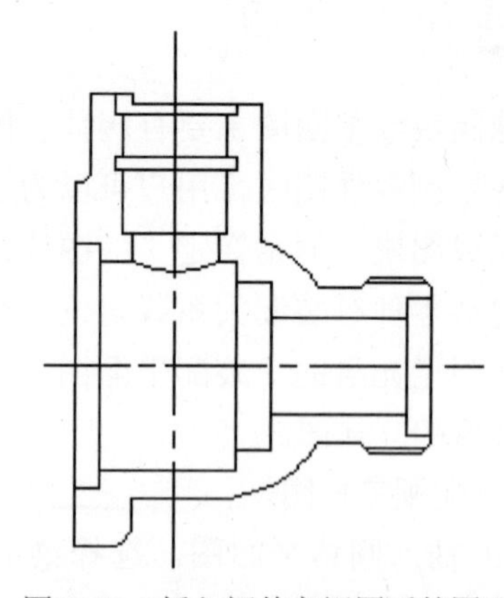

图 9-10 插入阀体主视图后的图形

在“设计中心”对话框中继续插入“阀体俯视图”块，插入的图形比例为“1∶1”，旋转角度为“0”，插入点的坐标为（100,100）；继续插入“阀体左视图”块，插入的图形比例为“1∶1”，旋转角度为“0”，插入点的坐标为（300,200），结果如图 9-11 所示。

2）插入阀盖平面图。选择菜单栏“工具”→“选项板”→“设计中心”命令，弹出“设计中心”对话框。在相应的文件夹中找出“阀盖主视图”，并选择其下的“块”选项，右边的图框中出现该平面图中定义的块，如图 9-12 所示。插入“阀盖主视图”块，插入的图形比例为“1∶1”，旋转角度为“0”，插入点的坐标为（84,200）。由于阀盖的外形轮廓与阀体的左视图的外形轮廓相同，故“阀盖左视图”块不需要插入。因为阀盖是一个对称结构，所以把“阀盖主视图”块，插入到“阀体装配平面图”的俯视图中，结果如图 9-13 所示。

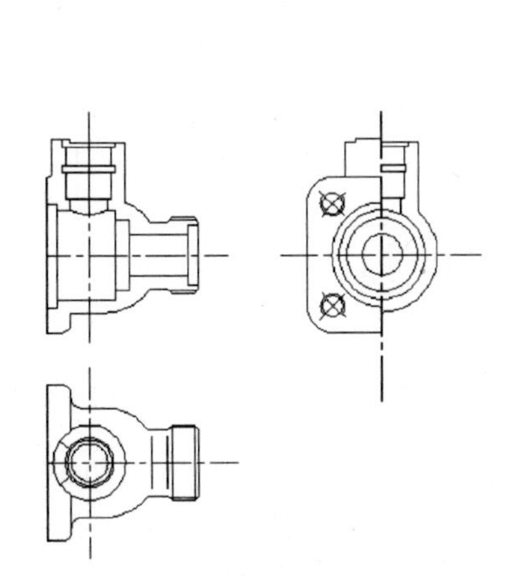

图 9-11　插入阀体后的装配图

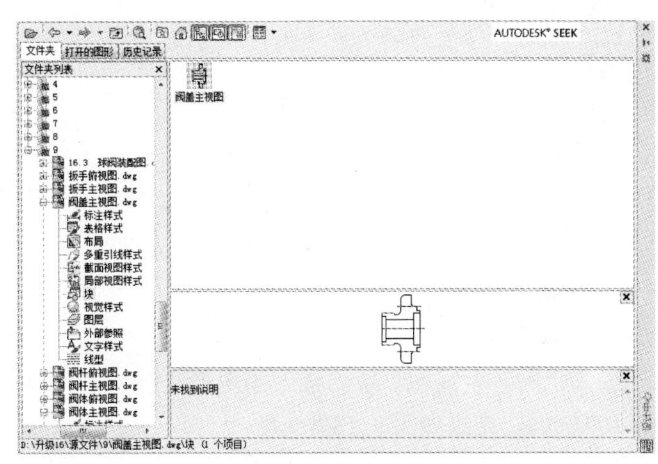

图 9-12　“设计中心”对话框之阀盖

把俯视图中的“阀盖主视图”块分解并修改，具体操作过程不再介绍，可以参考前面相应的命令，结果如图 9-14 所示。

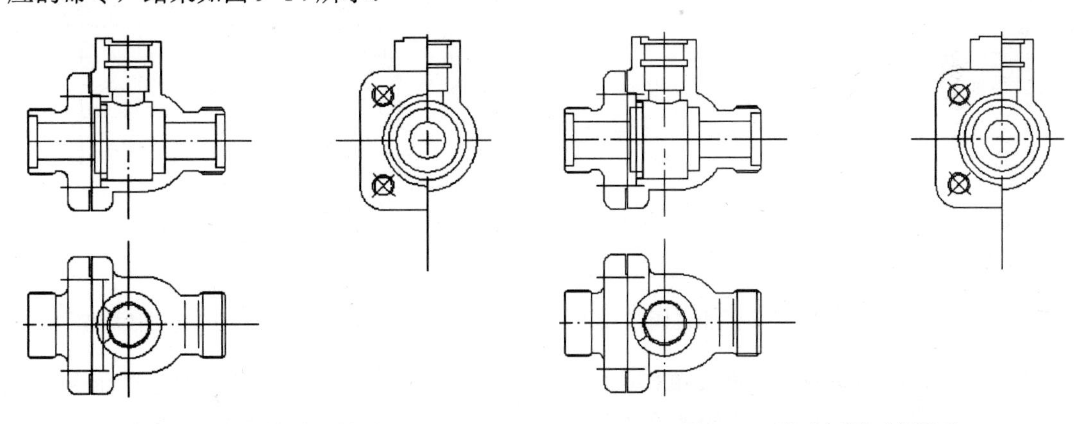

图 9-13　插入阀盖后的图形　　　　图 9-14　修改视图后的图形

3）插入“密封圈主视图”。选择菜单栏“工具”→“选项板”→“设计中心”命令，弹出“设计中心”对话框，在相应的文件夹中找出“密封圈”，并单击其下的“块”选项，右边的图框中出现该平面图中定义的块，如图 9-15 所示。

插入“密封圈主视图”块，插入的图形比例为“1∶1”，旋转角度为“90”，插入点的坐标为（120,200）。由于该装配图中有两个密封圈，所以再插入一个，插入的图形比例为“1∶1”，旋转角度为“-90”，插入点的坐标为（77,200），结果如图 9-16 所示。

4）插入阀芯平面图。选择菜单栏中的“工具”→“选项板”→“设计中心”命令，弹出“设计中心”对话框，在相应的文件夹中找出“阀芯主视图”，并选择其下的“块”选项，右边的图框中出现该平面图中定义的块，如图 9-17 所示。

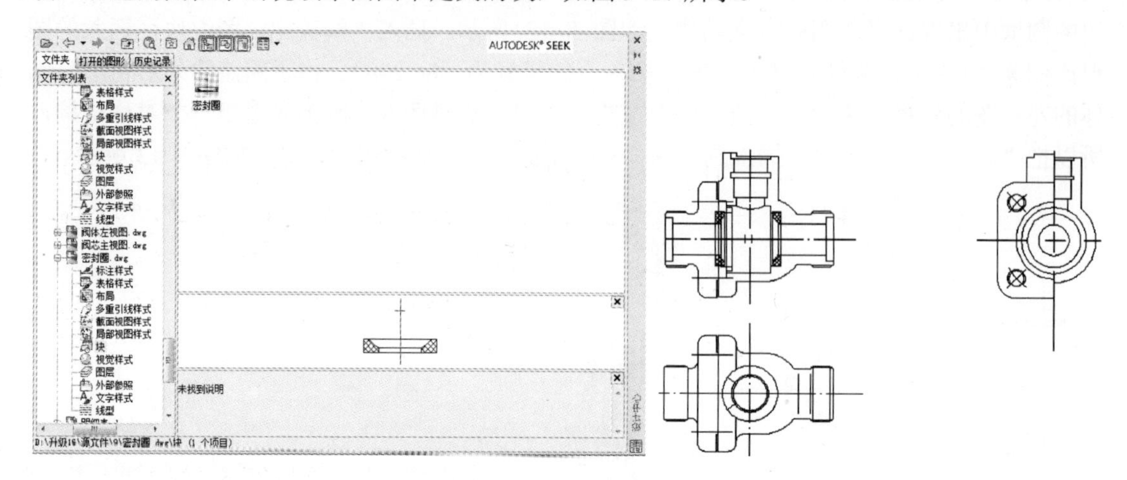

图 9-15 “设计中心”对话框之密封圈　　图 9-16 插入密封圈后的图形

插入“阀芯主视图”块。插入的图形比例为“1∶1”，旋转角度为“0”，插入点的坐标为（100,200），结果如图 9-18 所示。

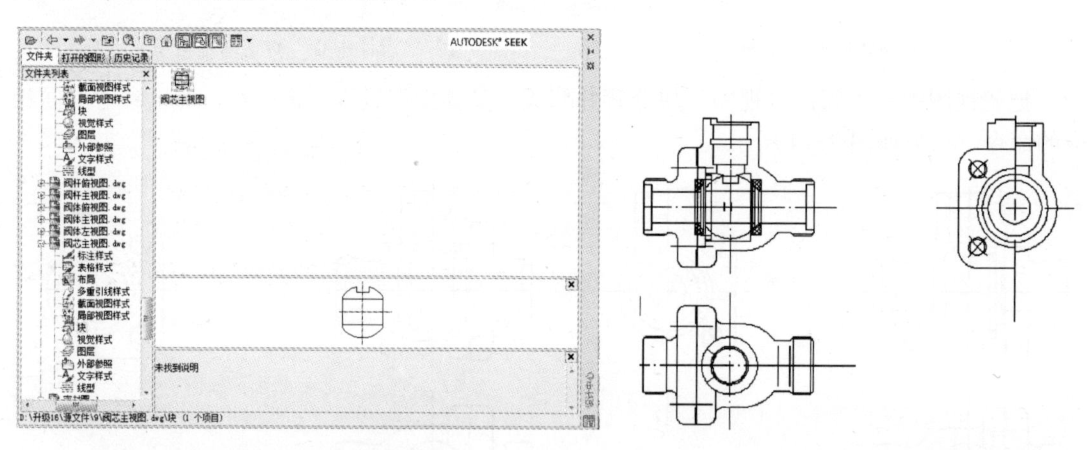

图 9-17 “设计中心”对话框之阀芯　　图 9-18 插入阀芯主视图后的图形

5）插入阀杆平面图。选择菜单栏中的“工具”→“选项板”→“设计中心”命令，弹出“设计中心”对话框，在相应的文件夹中找出“阀杆主视图”，并选择其下的“块”选项，右边的图框中出现该平面图中定义的块，如图 9-19 所示。

插入“阀杆主视图”块。插入的图形比例为“1∶1”，旋转角度为“-90”，插入点的坐标为（100,227）；插入“阀杆俯视图”块，插入的图形比例为“1∶1”，旋转角度为“0”，插入点的坐标为（100,100）；插入“阀杆左视图”块，插入的图形比例为“1∶1”，旋转角度为“-90”，插入点的坐标为（300,227）；结果如图 9-20 所示。

6）插入压紧套平面图。选择菜单栏中的“工具”→“选项板”→“设计中心”命令，弹出“设计中心”对话框，在相应的文件夹中找出“压紧套”，并选择其下的“块”选项，右边的图框中出现该平面图中定义的块，如图 9-21 所示。

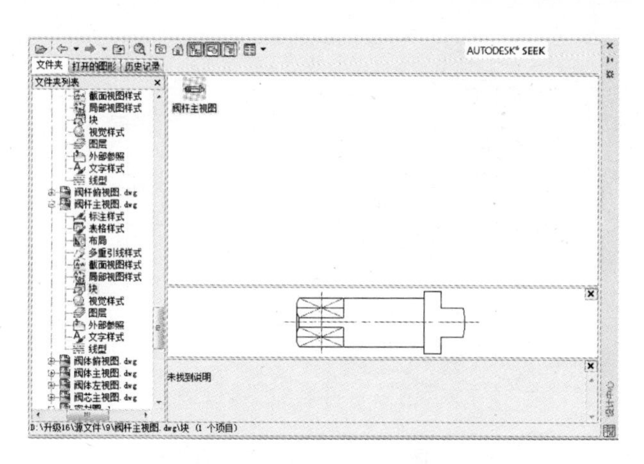

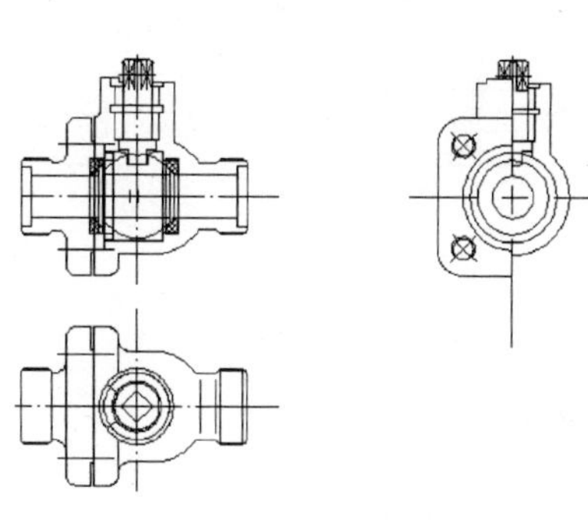

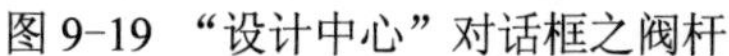

图 9-19 “设计中心”对话框之阀杆　　　　图 9-20 插入阀杆后的图形

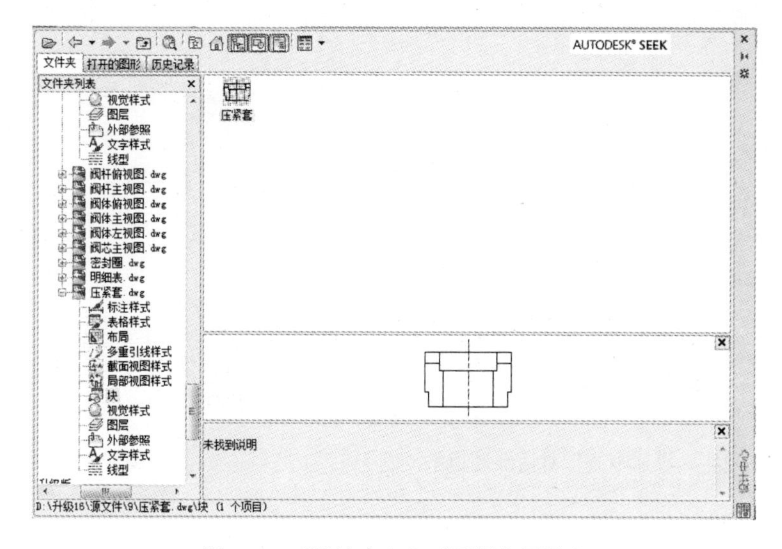

图 9-21 “设计中心”对话框之压紧套

插入“压紧套”块。插入的图形比例为“1∶1”，旋转角度为“0”，插入点的坐标为（100,235）；继续插入“压紧套”块（在左视图中），插入的图形比例为“1∶1”，旋转角度为“0”，插入点的坐标为（300,235），结果如图 9-22 所示。

把主视图和左视图中的“压紧套”块分解并修改，具体过程不再介绍，可以参考前面相应的命令，结果如图 9-23 所示。

7）插入扳手平面图。选择菜单栏中的“工具”→“选项板”→“设计中心”命令，弹出“设计中心”对话框，在相应的文件夹中找出“扳手主视图”，并单击其下的“块”选项，右边的图框中出现该平面图中定义的块，如图 9-24 所示。

插入“扳手主视图”块。插入的图形比例为“1∶1”，旋转角度为“0”，插入点的坐标为（46,254）；继续插入“扳手俯视图”块，插入的图形比例为“1∶1”，旋转角度为“0”，插入点的坐标为（46,100），结果如图 9-25 所示。

把主视图和俯视图中的“扳手”块分解并修改，具体过程不再介绍，可以参考前面相应的命令，结果如图 9-26 所示。

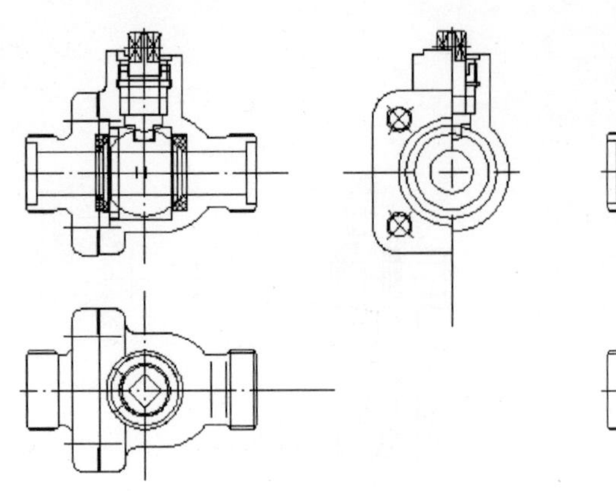

图 9-22　插入压紧套后的图形

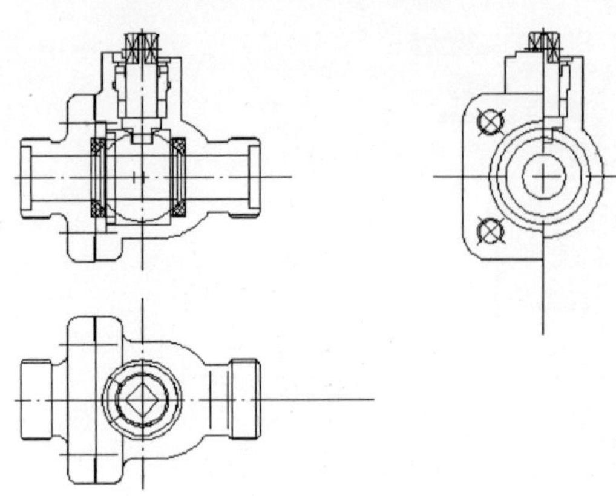

图 9-23　修改视图后的图形

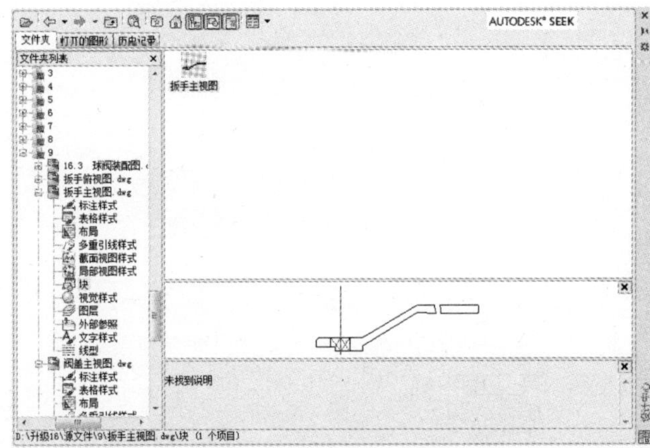

图 9-24 “设计中心”对话框之扳手

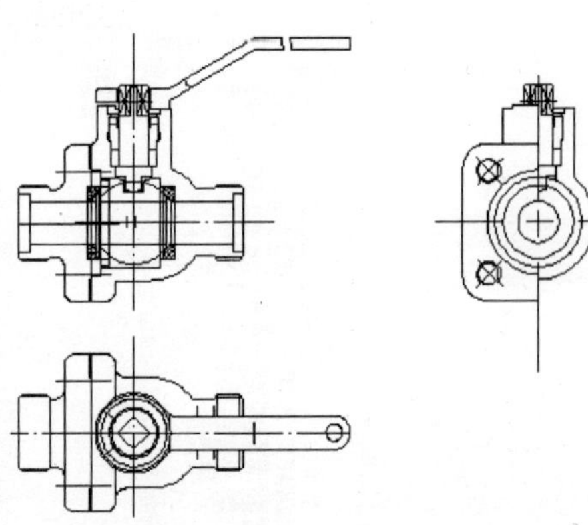

图 9-25　插入扳手后的图形

2．填充剖面线

1）修改视图。综合运用各种命令，将图 9-26 所示的图形进行修改并绘制填充剖面线的区域线，结果如图 9-27 所示。

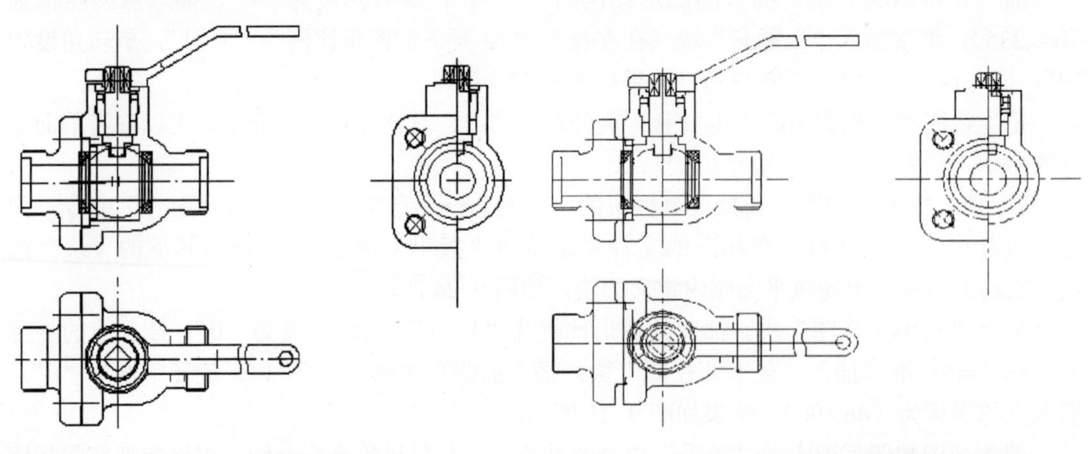

图 9-26　修改视图后的图形　　　　图 9-27　修改并绘制区域线后的图形

2）填充剖面线。单击“绘图”工具栏中的“图案填充”按钮，打开“图案填充创建”选项卡，设置剖面线样式图案为“ANSI31”，图案填充比例为“1”，将视图中需要填充的位置进行填充，结果如图 9-28 所示。

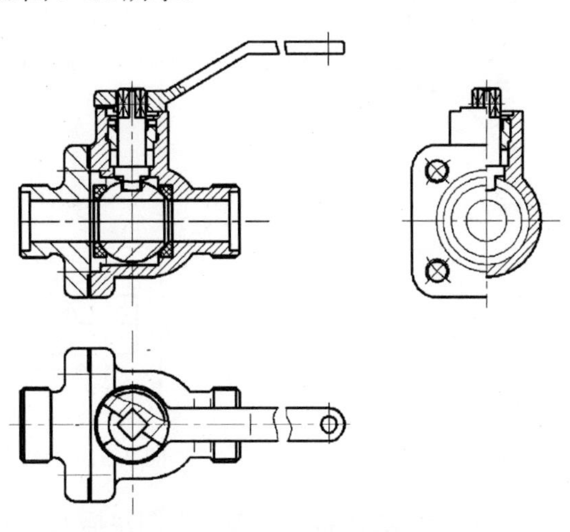

图 9-28 填充后的图形

9.3.3 标注球阀装配平面图

（1）标注尺寸 在装配图中，不需要将每个零件的尺寸全部标注出来，需要标注的尺寸有规格尺寸、装配尺寸、外形尺寸、安装尺寸以及其他重要尺寸。在本例中，只需要标注一些装配尺寸，而且其都为线性标注，比较简单，前面也有相应的介绍，这里就不再赘述，图 9-29 所示为标注后的装配图。

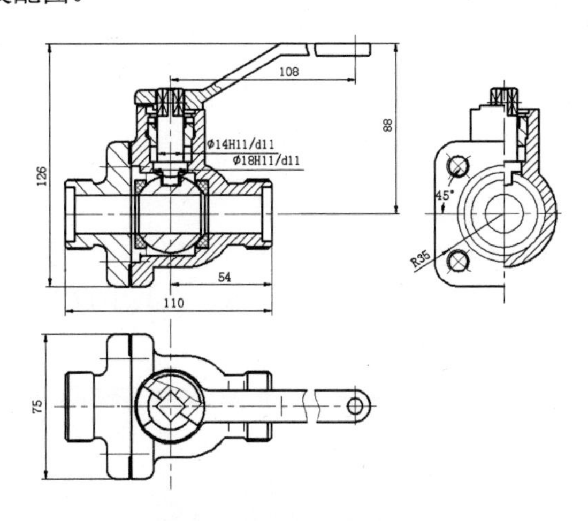

图 9-29 标注尺寸后的装配图

（2）标注零件序号 标注零件序号采用引线标注方式。单击“样式”工具栏中“标注样式”按钮，弹出“修改标注样式：ISO-25”对话框，如图 9-30 所示。修改其中的引线标注方式，将箭头的大小设置为“5”，“文字高度”设置为“5”。在标注引线时，为了保证引线中的文字在同一水平线上，可以在合适的位置绘制一条辅助线。图 9-31 所示为标注零件序号后的装配图。标注完成后，将图中所有的视图移动到图框中合适的位置。

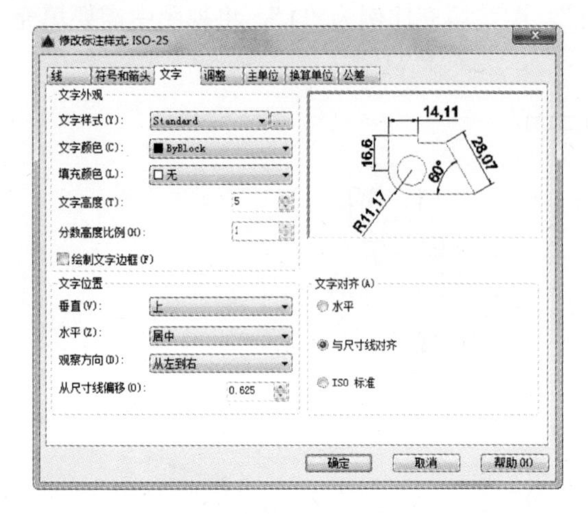

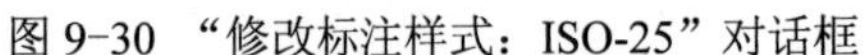

图 9-30 “修改标注样式：ISO-25”对话框

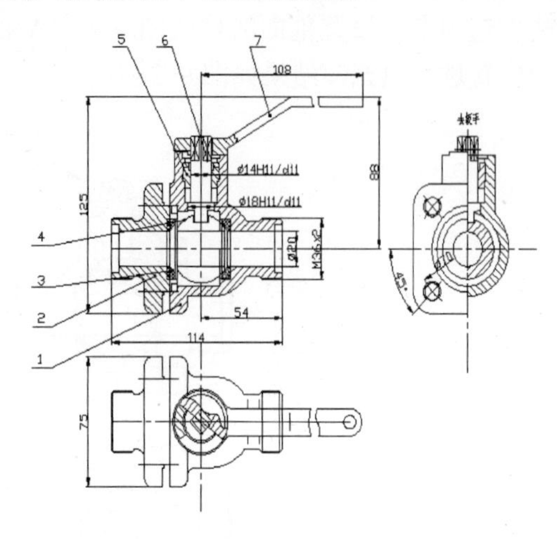

图 9-31 标注零件序号后的装配图

（3）标注零件序号 通过设计中心，将“明细表”图块插入到装配图中，插入点选择在标题栏的右上角处。插入“明细表”图块后，再使用“多行文字”命令填写明细表。图 9-32 所示为填写好的明细表。

7	扳手	1	ZG230-450	
6	阀杆	1	40Cr	
5	压紧套	1	35	
4	阀芯	1	40Cr	
3	密封圈	2	填充聚四氟乙烯	
2	阀盖	1	ZG 230-450	
1	阀体	1	ZG 230-450	
序号	名 称	数量	材 料	备 注

图 9-32 装配图明细表

（4）填写技术要求

1）切换图层。将“文字”图层设置为当前层。

2）填写技术要求。单击“绘图”工具栏中的“多行文字”按钮 A，填写技术要求。此时会打开“文字编辑器”选项卡和多行文字编辑器，在其中设置需要的样式、字体和字高度，然后再输入技术要求的内容，如图 9-33 所示。

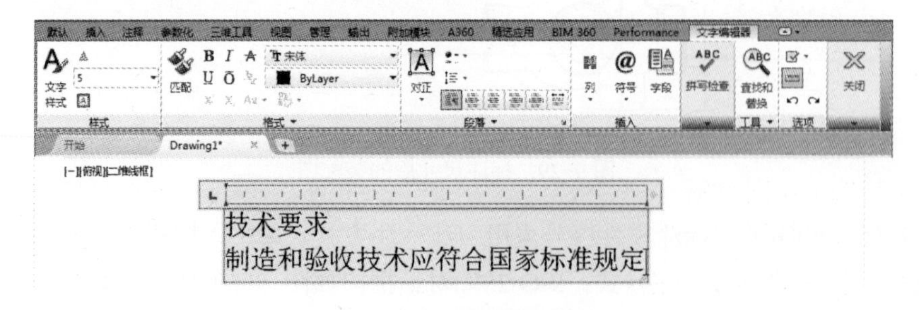

图 9-33 “文字编辑器”选项卡

9.3.4 填写标题栏

1）将“文字”层设置为当前层。

2）填写标题栏。单击“绘图”工具栏中的“多行文字”按钮A，填写标题栏中相应的项目，结果如图9-34所示。

图9-34 填写好的标题栏

9.4 图形输出

在利用AutoCAD建立了图形文件后，通常要进行绘图的最后一个环节，即输出图形。在这个过程中，要想在一张图纸上得到一幅完整的图形，必须恰当地规划图形的布局，合适地安排图纸规格和尺寸，正确地选择打印设备及各种打印参数。

在进行绘图输出时，将用到一个重要的命令“打印”（PLOT），该命令可以将图形输出到绘图仪、打印机或图形文件中。AutoCAD 2016的打印和绘图输出非常方便，其中打印预览功能非常有用，可实现所见即所得。AutoCAD 2016支持所有的标准Windows输出设备。下面分别介绍“PLOT”命令的有关参数设置的知识。

【执行方式】

命令行：PLOT。

菜单：文件→打印。

工具栏：标准→打印。

快捷键：〈Ctrl+P〉。

【选项说明】

屏幕显示“打印-模型”对话框，按下右下角的按钮，将对话框展开，如图9-35所示。

在“打印-模型”对话框中可设置打印设备参数和图纸尺寸、打印份数等。

9.4.1 打印设备参数设置

（1）“打印机/绘图仪”选项组　用来设置打印机配置。

1）“名称”下拉列表框：选择系统所连接的打印机或绘图仪名。下面的“说明”提示行给出了当前打印机名称、位置以及相应说明。

2）“特性”按钮：确定打印机或绘图机的配置属性。单击该按钮后，系统弹出“绘图仪配置编辑器-Microsoft XPS Document Writer”对话框，如图9-36所示。用户可以在其中对绘图仪的配置进行编辑。

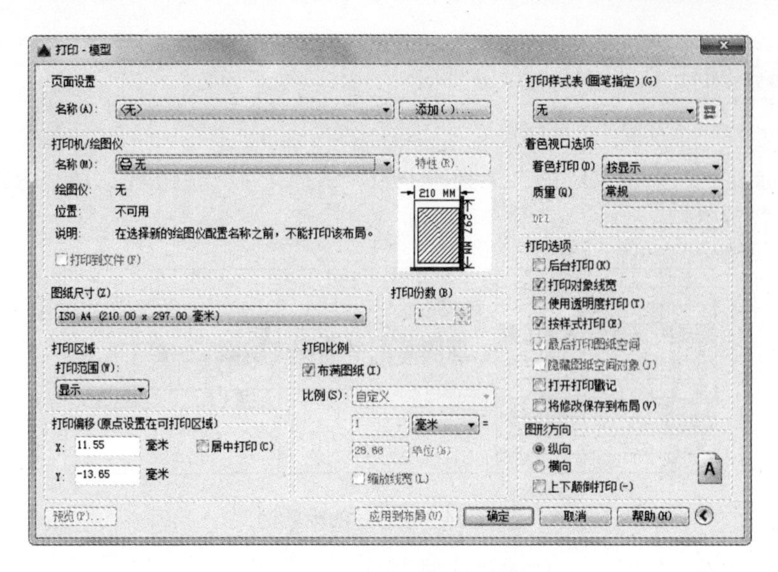

图 9-35 “打印-模型”对话框

（2）“打印样式表”选项组　用来确定准备输出的图形的有关参数。

1）下拉列表框：选择相应的参数配置文件名。

2）“编辑”按钮：打开“打印样式表编辑器-DWF Virtual Pens.ctb”对话框的“表格视图”选项卡，如图 9-37 所示。在该对话框中可以编辑有关参数。

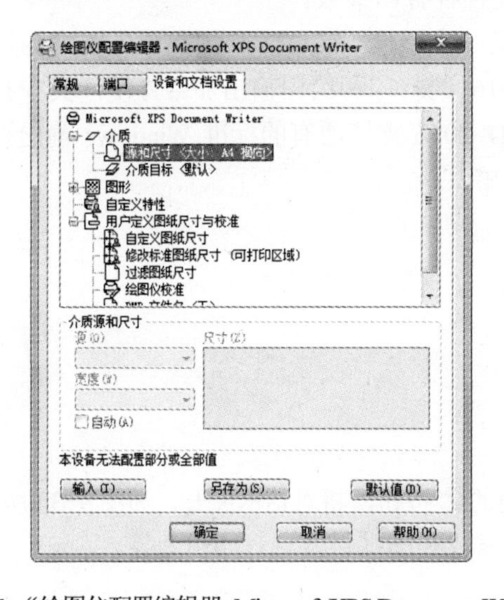

图 9-36 “绘图仪配置编辑器-Microsoft XPS Document Writer”对话框

图 9-37 “表格视图”选项卡

9.4.2 打印设置

（1）“页面设置”选项组　用于进行打印的页面设置，也可以通过“添加”按钮添加新设置。

（2）“图纸尺寸”下拉列表框　用来确定图纸的尺寸。

（3）“打印份数”微调框　用来指定打印的份数。

（4）“图形方向”选项组　用来确定打印方向。

1）“纵向”单选按钮：表示用户选择纵向打印方向。

2）“横向”单选按钮：表示用户选择横向打印方向。

3）“上下颠倒打印”复选框：控制是否将图形旋转180°打印。

（5）“打印区域”选项组　用来确定打印区域的范围。“打印范围”下拉列表中的选项有：

1）“窗口”选项：选定打印窗口的大小。

2）“范围”选项：与“范围缩放”命令相类似，用于告诉系统打印当前绘图空间内所有包含实体的部分（已冻结层除外）。在使用“范围”之前，最好先用“范围缩放”命令查看一下系统将打印的内容。

3）“图形界限”选项：控制系统打印当前层或由绘图界限所定义的绘图区域。如果当前视点并不处于平面视图状态，系统将作为“范围”选项处理。其中，当前图形在图纸空间时，对话框中显示“布局”按钮，当前图形在模型空间时，对话框显示“图形范围”按钮。

4）“显示”选项：控制系统打印当前视窗中显示的内容。

（6）“打印比例”选项组　用来确定绘图比例。

1）“比例”下拉列表框：确定绘图比例。当为“自定义”选项时，可在其下面的文本框中自定义任意打印比例。

2）“缩放线宽”复选框：确定是否打开线宽比例控制。该复选框只有在打印图纸空间时才会用到。

（7）“打印偏移”选项组　用来确定打印位置。

1）“居中打印”复选框：控制是否居中打印。

2）“*X*”“*Y*”文本框：分别控制*X*轴和*Y*轴打印偏移量。

（8）“打印选项”选项组

1）“后台打印”复选框：指定在后台处理打印（BACKGROUNDPLOT系统变量）。

2）“打印对象线宽”复选框：指定是否打印指定给对象和图层的线宽。如果选定“按样式打印”，则该选项不可用。

3）“使用透明度打印”复选框：指定是否打印对象透明度。仅当打印具有透明对象的图形时，才应使用此选项。重要的是出于性能原因的考虑，打印透明对象在默认情况下被禁用。若要打印透明对象，请选中“使用透明度打印”复选框。此设置可由PLOTTRANSPARENCYOVE RRIDE系统变量替代。默认情况下，该系统变量会使用“页面设置”和“打印”对话框中的设置。

4）“按样式打印”复选框：指定是否打印应用于对象和图层的打印样式。如果选择该选项，也将自动选择“打印对象线宽”。

5）“最后打印图纸空间”复选框：首先打印模型空间几何图形。通常是先打印图纸空间几何图形，然后再打印模型空间几何图形。

6）“隐藏图纸空间对象”复选框：指定HIDE操作是否应用于图纸空间视口中的对象。此选项仅在“布局”选项卡中可用。此设置的效果反映在打印预览中，而不反映在布局中。

7）“打开打印戳记”复选框：打开打印戳记。在每个图形的指定角点处放置打印戳记并/或将戳记记录到文件中。打印戳记设置可以在“打印戳记”对话框中指定，可以从该对话框中指定要应用于打印戳记的信息，例如，图形名称、日期和时间、打印比例等。要打开“打印戳记”对话框，请选中“打开打印戳记”复选框，然后单击该选项右侧显示的“打印戳记设置”按钮。

也可以通过单击“选项”对话框的“打印和发布”选项卡中的“打印戳记设置”按钮来打开“打印戳记”对话框。

8）“打印戳记设置”按钮：选中“打印”对话框中的“打开打印戳记”复选框时，将显示“打印戳记设置”按钮。

9）“将修改保存到布局”复选框：将在“打印”对话框中所做的修改保存到布局。

（9）“着色视口选项”选项组　指定着色和渲染视口的打印方式，并确定它们的分辨率大小和 DPI 值。

以前只能将三维图像打印为线框，为了打印着色或渲染图像，必须将场景渲染为位图，然后在其他程序中打印此位图。现在使用着色打印便可以在 AutoCAD 中打印着色三维图像或渲染三维图像了。还可以使用不同的着色选项和渲染选项设置多个视口。

1）“着色打印”下拉列表框：指定视图的打印方式。

2）“质量”下拉列表框：指定着色和渲染视口的打印质量。

3）“DPI”文本框：指定渲染和着色视图每英寸的点数，最大可为当前打印设备分辨率的最大值。只有在“质量”下拉列表框中选择了“自定义”后，此选项才可用。

（10）“预览”按钮　用于预览整个图形窗口中将要打印的图形，如图 9-38 所示。

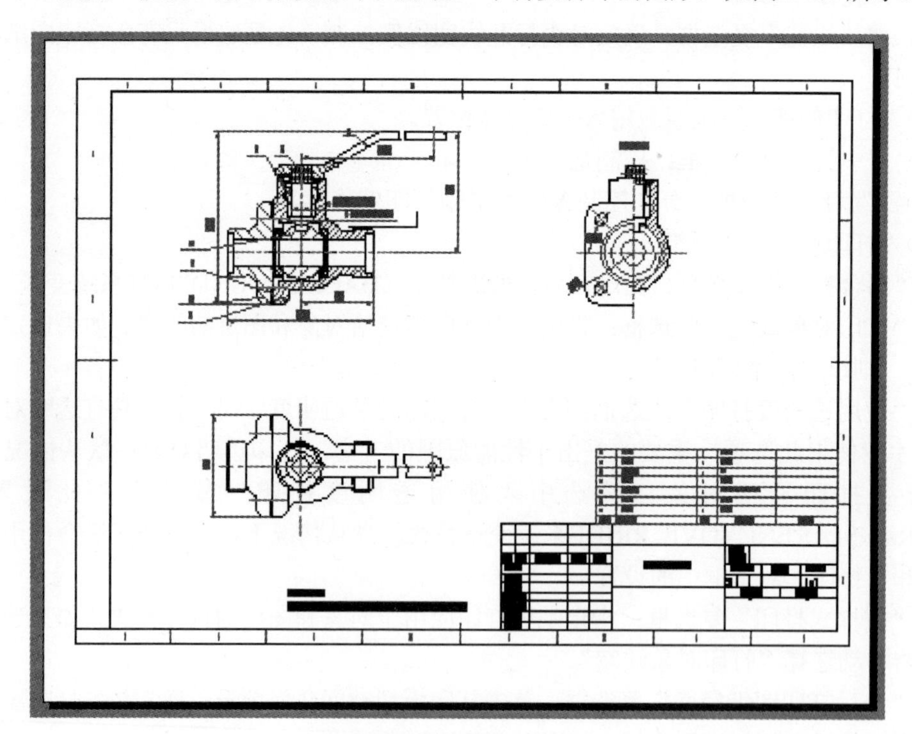

图 9-38 “预览”显示

完成上述打印参数设置后，可以单击“确定”按钮进行打印输出。

第 10 章 三维造型绘制

知识导引

实体模型是最方便使用的三维模型，它的信息最完整、创建方式最直接，所以，在 AutoCAD 三维绘图中，实体模型应用最为广泛。

三维实体是绘图设计过程当中相当重要的一个环节。因为图形的主要作用是表达物体的立体形状，而物体的真实度则需用三维建模进行绘制。本章介绍三维实体绘制。

10.1 三维坐标系统

AutoCAD 2016 使用的是笛卡儿坐标系。AutoCAD 2016 使用的直角坐标系有两种类型。一种是绘制二维图形时常用的坐标系，即世界坐标系（WCS），由系统默认提供。世界坐标系又称为通用坐标系或绝对坐标系。对于二维绘图来说，世界坐标系足以满足要求。为了方便创建三维模型，AutoCAD 2016 允许用户根据自己的需要设定坐标系，即另一种坐标系——用户坐标系（UCS）。合理地创建 UCS，用户可以方便地创建三维模型。

10.1.1 坐标系建立

【执行方式】

命令行：UCS。

菜单栏：工具→新建 UCS→世界。

工具栏：UCS。

功能区：视图 →坐标→世界。

【操作步骤】

命令：UCS↙

当前 UCS 名称：*世界*

指定 UCS 的原点或 [面(F)/命名(NA)/对象(OB)/上一个(P)/视图(V)/世界(W)/X/Y/Z/Z 轴(ZA)]<世界>:

【选项说明】

（1）指定 UCS 的原点　使用一点、两点或三点定义一个新的 UCS。如果指定单个点 1，当前 UCS 的原点将会移动而不会更改 *X*、*Y* 和 *Z* 轴的方向。选择该选项，系统提示如下。

指定 X 轴上的点或<接受>:（继续指定 *X* 轴通过的点 2 或直接按〈Enter〉键接受原坐标系 *X* 轴为新坐标

系 *X* 轴）

指定 XY 平面上的点或<接受>:（继续指定 *XY* 平面通过的点 3 以确定 *Y* 轴或直接按〈Enter〉键接受原坐标系 *XY* 平面为新坐标系 *XY* 平面，根据右手法则，相应的 *Z* 轴也同时确定）

指定原点示意图如图 10-1 所示。

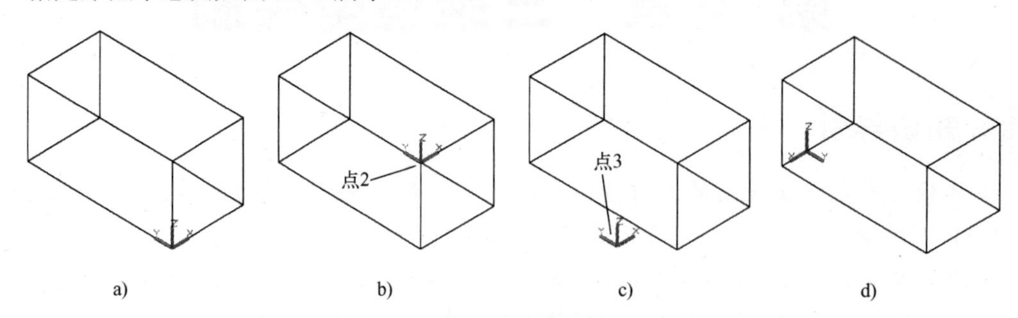

图 10-1　指定原点

a) 原坐标系　b) 指定一点　c) 指定两点　d) 指定三点

（2）面（F）　将 UCS 与三维实体的选定面对齐。要选择一个面，应在此面的边界内或面的边上单击，被选中的面将亮显，UCS 的 *X* 轴将与找到的第一个面上的最近的边对齐。选择该选项，系统提示：

选择实体对象的面:（选择面）

输入选项 [下一个(N)/X 轴反向(X)/Y 轴反向(Y)] <接受>:↙（结果如图 10-2 所示）

如果选择“下一个”选项，系统将 UCS 定位于邻接的面或选定边的后向面。

（3）对象（OB）　根据选定三维对象定义新的坐标系，如图 10-3 所示。新建 UCS 的拉伸方向（*Z* 轴正方向）与选定对象的拉伸方向相同。选择该选项，系统提示如下。

选择对齐 UCS 的对象:（选择对象）

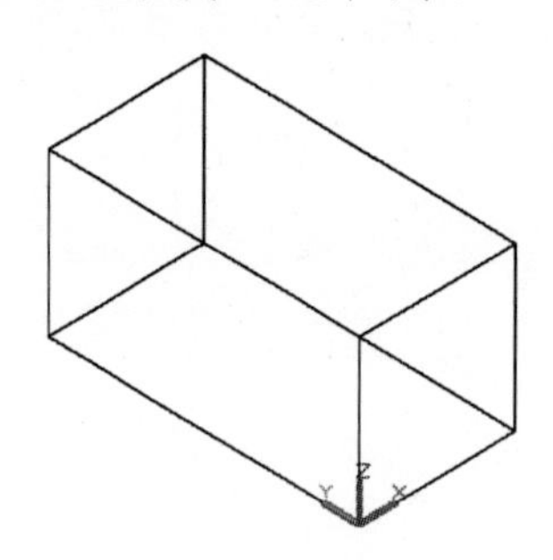

图 10-2　选择面确定坐标系

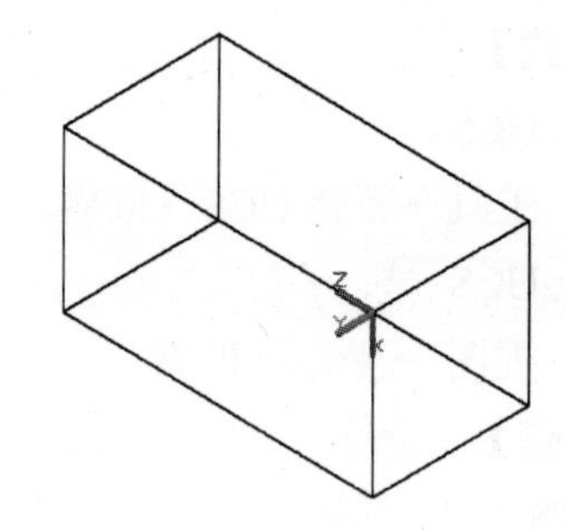

图 10-3　选择对象确定坐标系

对于大多数对象，新 UCS 的原点位于离选定对象最近的顶点处，并且 *X* 轴与一条边对齐或相切。对于平面对象，UCS 的 *XY* 平面与该对象所在的平面对齐。对于复杂对象，将重新定位原点，但是轴的当前方向保持不变。

注 意

该选项不能用于三维多段线、三维网格和构造线。

（4）视图（V） 以垂直于观察方向（平行于屏幕）的平面为 *XY* 平面，建立新的坐标系。UCS 原点保持不变。

（5）世界（W） 将当前用户坐标系设置为世界坐标系。WCS 是所有用户坐标系的基准，不能被重新定义。

（6）*X*、*Y*、*Z* 绕指定轴旋转当前 UCS。

（7）*Z* 轴 用指定的 *Z* 轴正半轴定义 UCS。

10.1.2 动态 UCS

动态 UCS 的具体操作方法是：按下状态栏上的 DUCS 按钮（或键盘上的〈F6〉键）。

可以使用动态 UCS 在三维实体的平整面上创建对象，而无需手动更改 UCS 方向。在执行命令的过程中，当将鼠标指针移动到面上方时，动态 UCS 会临时将 UCS 的 *XY* 平面与三维实体的平整面对齐。如图 10-4 所示。

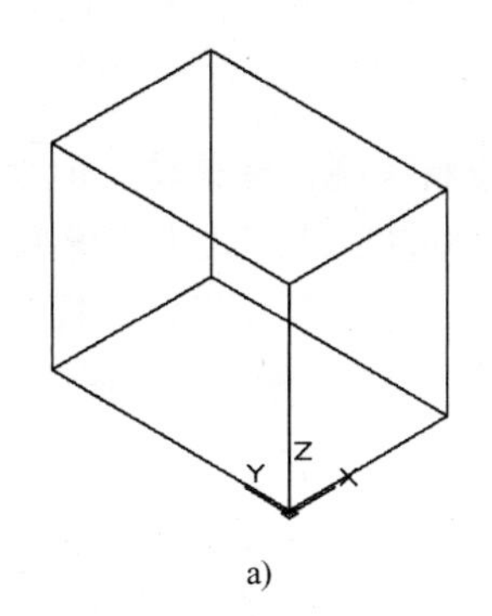

a)

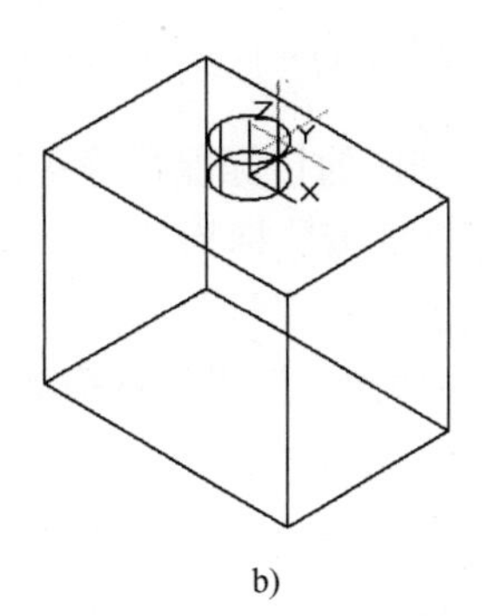

b)

图 10-4 动态 UCS

a) 原坐标系 b) 绘制圆柱体时的动态坐标系

动态 UCS 激活后，指定的点和绘图工具（如极轴追踪和栅格）都将与动态 UCS 建立的临时 UCS 相关联。

10.2 动态观察

AutoCAD 2016 提供了具有交互控制功能的三维动态观测器，可以实时地控制和改变当前视口中创建的三维视图，以得到用户期望的效果。

1. 受约束的动态观察

【执行方式】

命令行：3DORBIT。

菜单栏：视图→动态观察→受约束的动态观察。

右键快捷菜单：其他导航模式→受约束的动态观察（见图 10-5）。

工具栏：动态观察→受约束的动态观察或三维导航→受约束的动态观察（见图 10-6）。

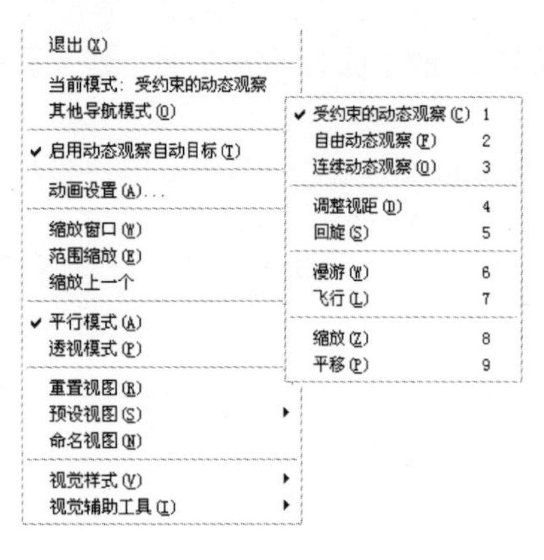

图 10-5　快捷菜单

图 10-6 “动态观察”和“三维导航”工具栏

功能区：视图→二维导航→“动态观察”下拉菜单→动态观察。

【操作步骤】

命令：3DORBIT↙

执行该命令后，视图的目标保持静止，而视点将围绕目标移动。但是，从用户的视点看起来就像三维模型正在随着鼠标指针而旋转。用户可以以此方式指定模型的任意视图。

系统显示三维动态观察鼠标指针图标。如果水平拖动鼠标指针，视点将平行于世界坐标系 (WCS) 的 *XY* 平面移动，如果垂直拖动鼠标指针，视点将沿 *Z* 轴移动，如图 10-7 所示。

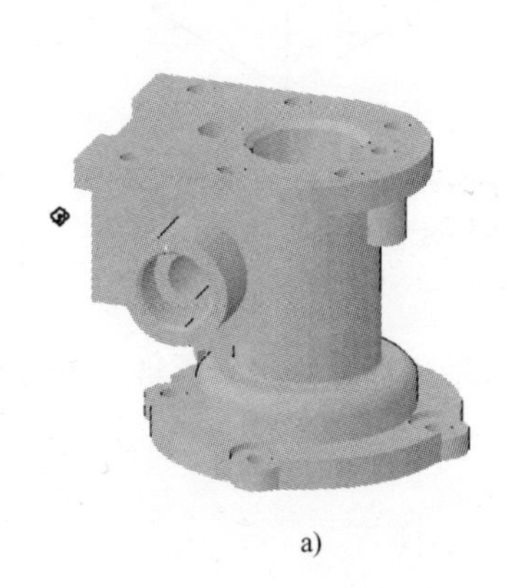

a)

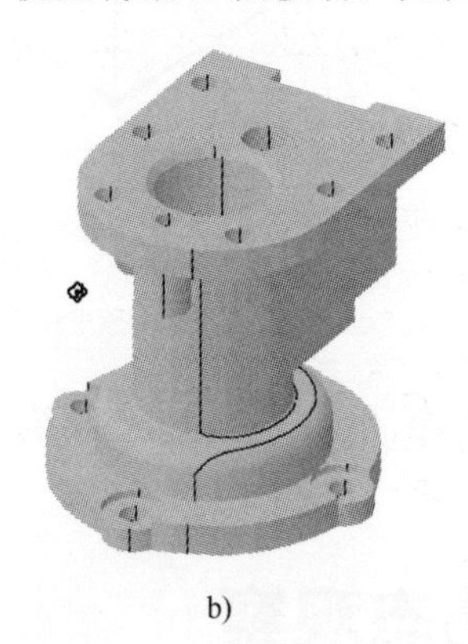

b)

图 10-7　受约束的三维动态观察

a) 原始图形　b) 拖动鼠标

2．自由动态观察

【执行方式】

命令行：3DFORBIT。

菜单栏：视图→动态观察→自由动态观察。

右键快捷菜单：其他导航模式→自由动态观察。

工具栏：动态观察→自由动态观察或三维导航→自由动态观察。

功能区：视图→二维导航→“动态观察”下拉菜单→自由动态观察（当前工作空间的功能区尚未提供）。

【操作步骤】

命令：3DFORBIT↙

执行该命令后，在当前视口出现一个绿色的大圆，在大圆上有四个绿色的小圆，如图 10-8 所示。此时通过拖动鼠标就可以对视图进行旋转观测。

在三维动态观测器中，查看目标的点被固定，用户可以利用鼠标控制视点位置绕观察对象得到动态的观测效果。当鼠标指针在绿色大圆的不同位置进行拖动时，鼠标指针的表现形式是不同的，视图的旋转方向也不同。视图的旋转由鼠标指针的表现形式和位置决定。鼠标在不同位置有⊙、⊕、⊕、⊕四种表现形式，拖动这些图标，分别对对象进行不同形式旋转。

3. 连续动态观察

【执行方式】

命令行：3DCORBIT。

菜单栏：视图→动态观察→连续动态观察。

右键快捷菜单：其他导航模式→连续动态观察。

工具栏：动态观察→连续动态观察或三维导航→连续动态观察。

功能区：视图→二维导航→“动态观察”下拉菜单→连续动态观察。

【操作步骤】

命令：3DCORBIT↙

执行该命令后，界面出现动态观察图标，按住鼠标左键拖动，图形按鼠标拖动方向旋转，旋转速度为鼠标的拖动速度，如图 10-9 所示。

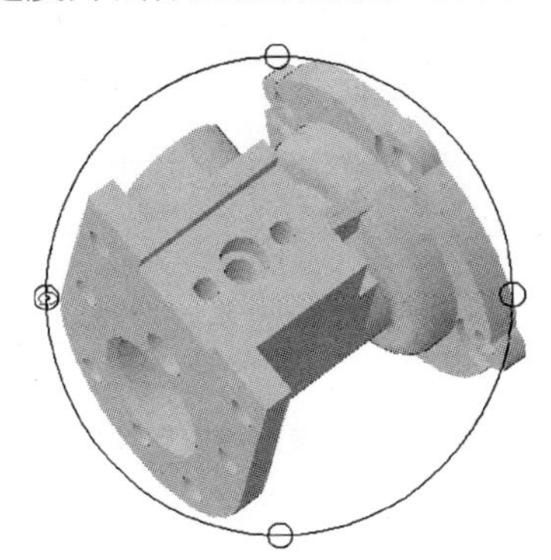

图 10-8　自由动态观察

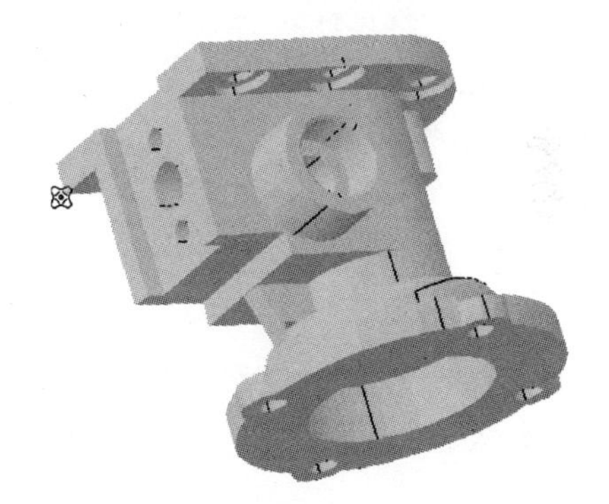

图 10-9　连续动态观察

10.3　显示形式

在 AutoCAD 中，三维实体有多种显示形式，包括二维线框、三维线框、三维消隐、真实、概念和消隐等显示形式。

10.3.1 消隐

【执行方式】

命令行：HIDE。

菜单栏：视图→消隐。

工具栏：渲染→隐藏。

【操作步骤】

命令：HIDE↙

系统将被其他对象挡住的图线隐藏起来，以增强三维视觉效果，如图 10-10 所示。

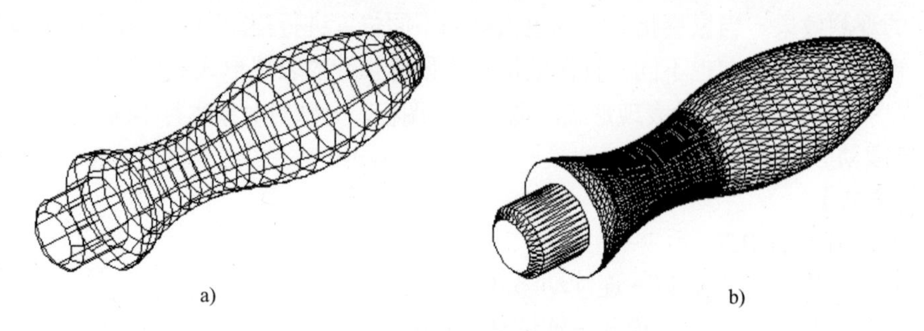

a)　　b)

图 10-10　消隐效果

a) 消隐前　b) 消隐后

10.3.2　视觉样式

【执行方式】

命令行：VSCURRENT。

菜单栏：视图→视觉样式→二维线框。

工具栏：视觉样式→二维线框。

功能区：打开“可视化”选项卡，在“视觉样式”面板中的“视觉样式”下拉列表中选择“二维线框”。

【操作步骤】

命令: VSCURRENT↙

输入选项 [二维线框(2)/线框(W)/隐藏(H)/真实(R)/概念(C)/着色（S）/带边缘着色（E）/灰度（G）/勾画（SK）/X 射线（X）/其他(O)] <二维线框>:

【选项说明】

（1）二维线框（2）　用直线和曲线表示对象的边界。光栅和 OLE 对象、线型和线宽都是可见的。即使将 COMPASS 系统变量的值设置为“1”，也不会出现在二维线框视图中。图 10-11 所示是 UCS 坐标和手柄二维线框图。

（2）线框（W）　显示对象时使用直线和曲线表示边界。显示一个已着色的三维 UCS 图标。光栅和 OLE 对象、线型及线宽不可见，可将 COMPASS 系统变量设置为“1”来查看坐标球，将显示应用到对象的材质颜色。图 10-12 所示是 UCS 坐标和手柄三维线框图。

（3）隐藏（H）　显示用三维线框表示的对象并隐藏表示后向面的直线。图 10-13 所示是 UCS 坐标和手柄的消隐图。

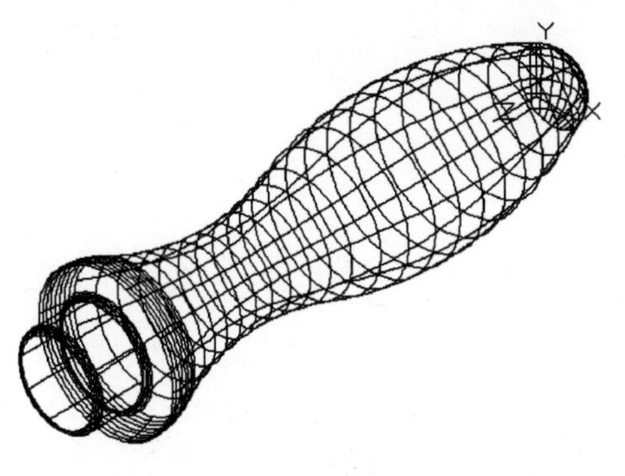

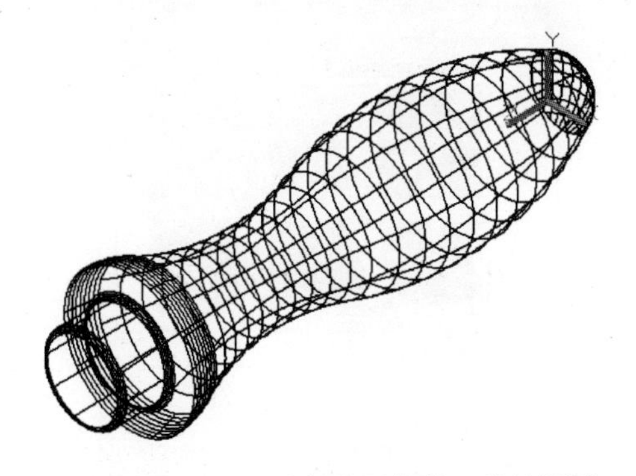

图 10-11　UCS 坐标和手柄的二维线框图　　图 10-12　UCS 坐标和手柄的三维线框图

（4）真实（R）　着色多边形平面间的对象，并使对象的边平滑化。如果已为对象附着材质，将显示已附着到对象上的材质。图 10-14 所示是 UCS 坐标和手柄的真实图。

（5）概念（C）　着色多边形平面间的对象，并使对象的边平滑化。着色使用冷色和暖色之间的过渡。效果缺乏真实感，但是可以更方便地查看模型的细节。图 10-15 所示是 UCS 坐标和手柄的概念图。

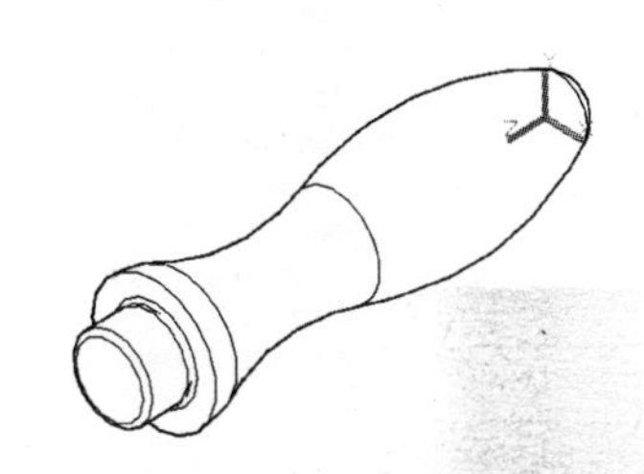

图 10-13　UCS 坐标和手柄的消隐图

图 10-14　UCS 坐标和手柄的真实图

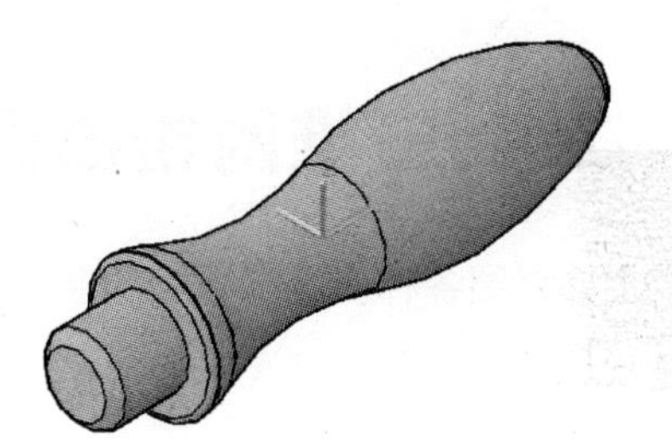

图 10-15　概念图

10.3.3 视觉样式管理器

【执行方式】

命令行：VISUALSTYLES。

菜单栏：视图→视觉样式→视觉样式管理器或工具→选项板→视觉样式。

工具栏：视觉样式→视觉样式管理器。

功能区：单击“可视化”选项卡“视觉样式”面板中心的“对话框启动器”按钮。

【操作步骤】

命令: VISUALSTYLES↙

执行该命令后，系统打开视觉样式管理器，可以对视觉样式的各参数进行设置，如图 10-16 所示。图 10-17 所示为按图 10-16 所示内容进行设置的概念图的显示结果，可以与图 10-15 所示的概念图进行比较。

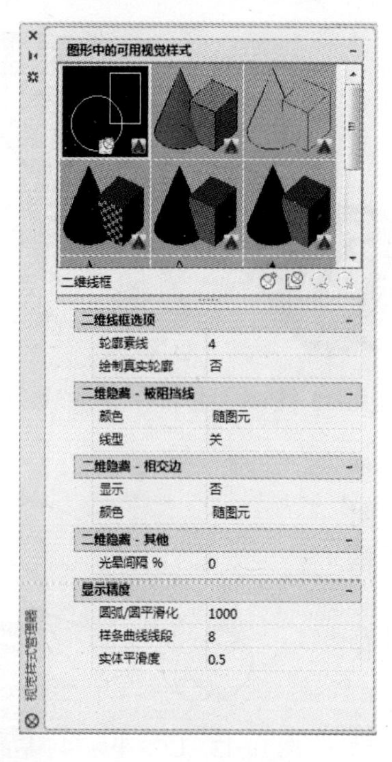

图 10-16　视觉样式管理器

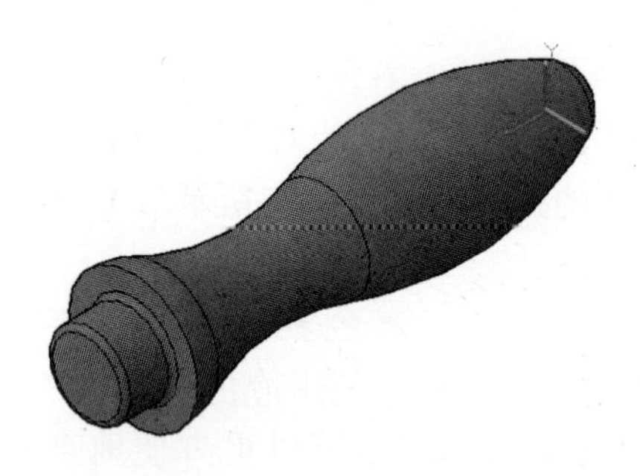

图 10-17　显示结果

10.4　绘制三维网格曲面

本节主要介绍各种三维网格的绘制命令。

10.4.1　平移网格

【执行方式】

命令行：TABSURF。

菜单栏：绘图→建模→网格→平移网格。

【操作步骤】

命令:TABSURF↙

当前线框密度:SURFTAB1=6

选择用作轮廓曲线的对象:（选择一个已经存在的轮廓曲线）

选择用作方向矢量的对象:（选择一个方向矢量）

【选项说明】

（1）轮廓曲线　可以是直线、圆弧、圆、椭圆、二维或三维多段线。AutoCAD 从轮廓曲线上离选定点最近的点开始绘制曲面。

（2）方向矢量　指出形状的拉伸方向和长度。在多段线或直线上选定的端点决定了拉伸方向。下面以绘制一个简单的平移网格为例。执行平移网格命令“TABSURF”，拾取 10-18a 所示六边形作为轮廓曲线，以 10-18a 所示直线为方向矢量，则得到的平移网格如图 10-18b 所示。

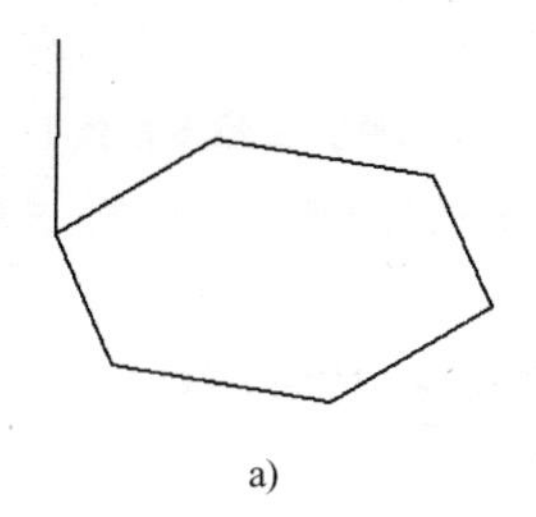

a)

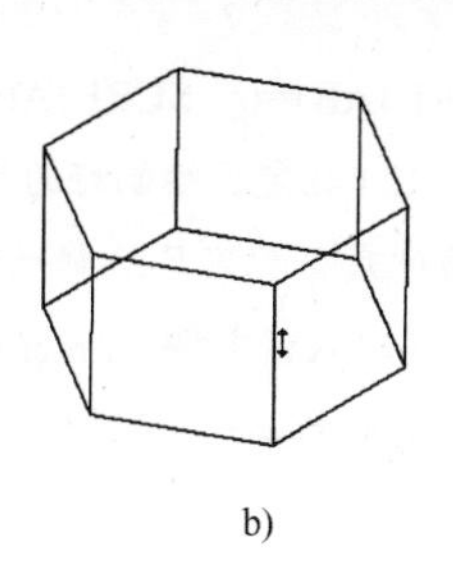

b)

图 10-18　平移网格的绘制

a) 六边形和方向矢量　b) 平移后的曲面

10.4.2 直纹网格

【执行方式】

命令行：RULESURF。

菜单栏：绘图→建模→网格→直纹网格。

【操作步骤】

命令:RULESURF↙

当前线框密度: SURFTAB1=6

选择第一条定义曲线:（指定第一条曲线）

选择第二条定义曲线:（指定第二条曲线）

以绘制一个简单的直纹网格为例。首先将视图转换为“西南等轴测”图，接着绘制图 10-19a 所示的两个圆作为草图，然后执行直纹网格命令“RULESURF”，分别拾取绘制的两个圆作为第一条和第二条定义曲线，则得到的直纹网格如图 10-19b 所示。

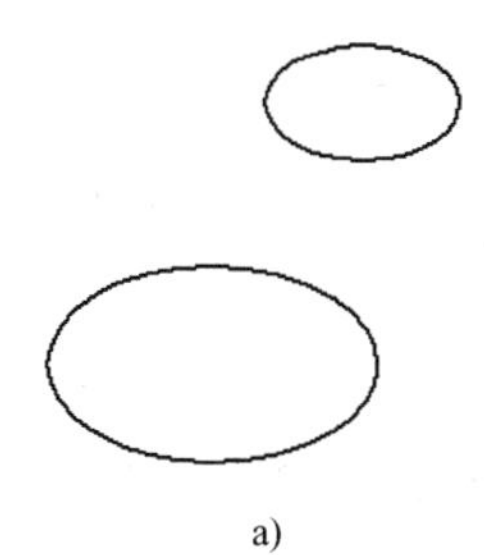

a)

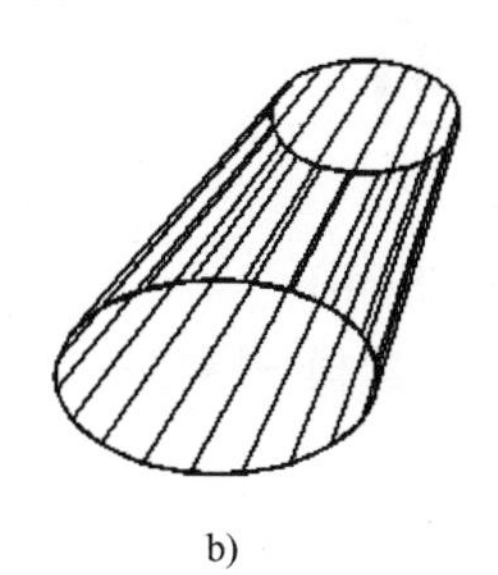

b)

图 10-19　绘制直纹网格

a) 作为草图的圆　b) 生成的直纹网格

10.4.3 旋转网格

【执行方式】

命令行：REVSURF。

菜单栏：绘图→建模→网格→旋转网格。

【操作步骤】

命令:REVSURF↙

当前线框密度:SURFTAB1=6　SURFTAB2=6

选择要旋转的对象 1:（指定已绘制好的直线、圆弧、圆，或二维、三维多段线）

选择定义旋转轴的对象:（指定已绘制好的用作旋转轴的直线或是开放的二维、三维多段线）

指定起点角度<0>:（输入值或按〈Enter〉键）

指定包含角度（+=逆时针，－=顺时针）<360>:（输入值或按〈Enter〉键）

【选项说明】

1）起点角度：如果设置为非零值，平面将从生成路径曲线位置的某个偏移处开始旋转。

2）包含角度：用来指定绕旋转轴旋转的角度。

3）系统变量 SURFTAB1 和 SURFTAB2：用来控制生成网格的密度。SURFTAB1 指定在旋转方向上绘制的网格线的数目，SURFTAB2 将指定把绘制的网格线数目等分。图 10-20 所示为利用“REVSURF”命令绘制的花瓶。

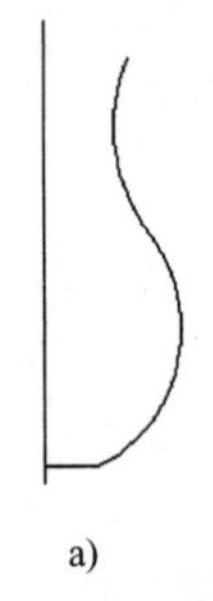

a)

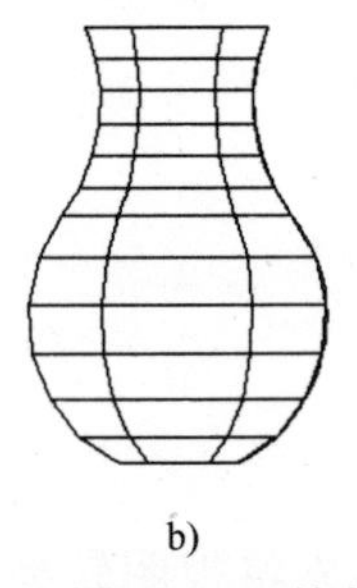

b)

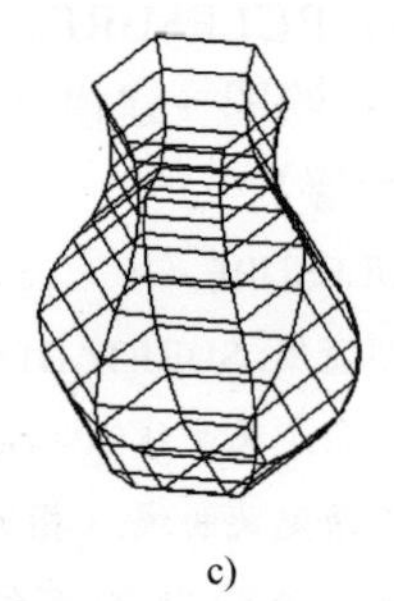

c)

图 10-20　绘制花瓶

a) 轴线和回转轮廓线　b) 回转面　c) 调整视角

10.4.4 边界网格

【执行方式】

命令行：EDGESURF。

菜单栏：绘图→建模→网格→边界网格。

【操作步骤】

命令：EDGESURF↙

当前线框密度：SURFTAB1=6 SURFTAB2=6

选择用作曲面边界的对象 1:（选择第一条边界线）

选择用作曲面边界的对象 2:（选择第二条边界线）

选择用作曲面边界的对象 3:（选择第三条边界线）

选择用作曲面边界的对象 4:（选择第四条边界线）

【选项说明】

系统变量 SURFTAB1 和 SURFTAB2 分别控制 M、N 方向的网格分段数。可通过在命令行输入“SURFTAB1”改变 M 方向的默认值，在命令行输入“SURFTAB2”改变 N 方向的默认值。

以生成一个简单的边界曲面为例。首先选择菜单栏中的“视图”→“三维视图”→“西南等轴测”命令，将视图转换为“西南等轴测”，绘制四条首尾相连的边界，如图 10-21a 所示。在绘制边界的过程中，为了方便绘制，可以首先绘制一个基本三维表面的立方体作为辅助立体，在它上面绘制边界，然后再将其删除。执行“边界曲面”（EDGESURF）命令，分别选择绘制的四条边界，则得到图 10-21b 所示的边界曲面。

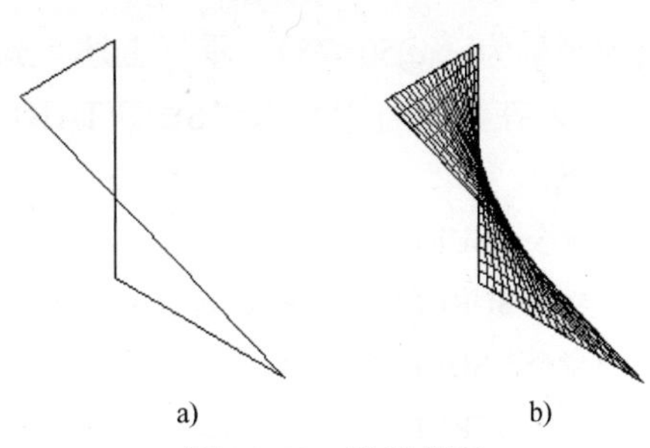

图 10-21 边界曲面

a) 边界曲线 b) 生成的边界曲面

10.4.5 实例——弹簧

本实例利用“旋转网格”命令绘制图 10-22 所示的弹簧。

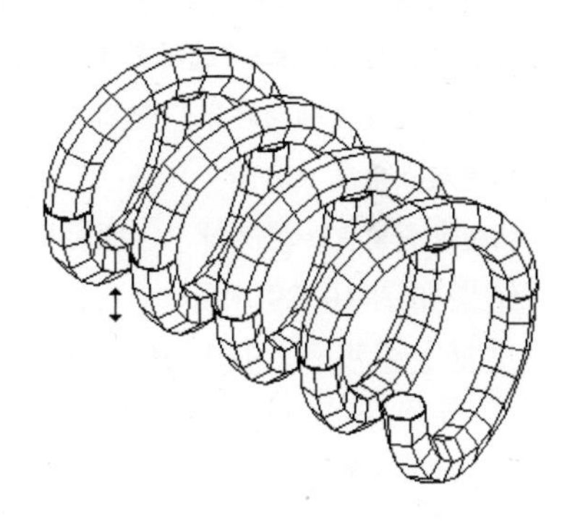
图 10-22 弹簧

【操作步骤】

1）在命令行中输入“UCS”命令，设置用户坐标系，命令行提示与操作如下。

命令: UCS↙

当前 UCS 名称: *世界*

指定 UCS 的原点或 [面(F)/命名(NA)/对象(OB)/上一个(P)/视图(V)/世界(W)/X/Y/Z/Z 轴(ZA)]<世界>: 200,200,0↙

指定 X 轴上的点或 <接受>:↙

2）单击“绘图”工具栏中的“多段线”按钮，以（0,0,0）为起点，（@200<15）、（@200<165）为下一点绘制多段线。重复上述步骤，结果如图 10-23 所示。

3）单击“绘图”工具栏中的“圆”按钮，指定多段线的起点为圆心，半径为“20”，结果如图 10-24 所示。

4）单击“修改”工具栏中的“复制”按钮，结果如图 10-25 所示。重复上述步骤，结果如图 10-26 所示。

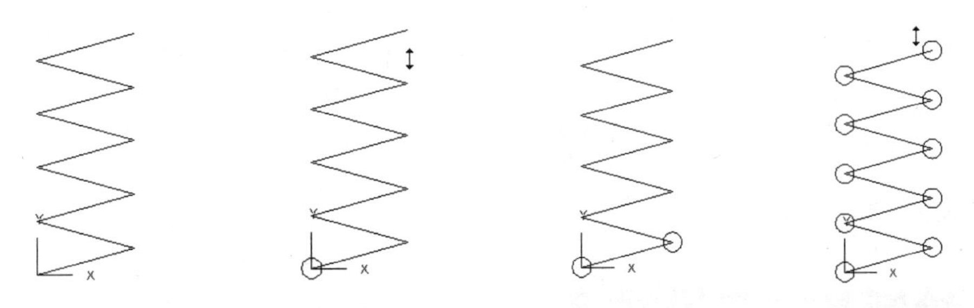
图 10-23 绘制步骤 1） 图 10-24 绘制步骤 2） 图 10-25 绘制步骤 3） 图 10-26 绘制步骤 4）

5）单击“绘图”工具栏中的“直线”按钮，直线的起点为第一条多段线的中点，终点的坐标为（@50<105），重复上述步骤，结果如图 10-27 所示。

6）单击“绘图”工具栏中的“直线”按钮，直线的起点为第一条多段线的中点，终点的坐标为（@50<75），重复上述步骤，结果如图 10-28 所示。

7）在命令行中输入“SURFTAB1”和“SUPFTAB2”，修改线条密度。命令行提示与操作如下。

命令：SURFTAB1↙

输入 SURFTAB1 的新值<6>：12↙

命令：SURFTAB2↙

输入 SURFTAB2 的新值<6>：12↙

8）选取菜单栏中的“绘图”→“建模”→“网格”→“旋转网格”命令，以最下斜向上垂直线段为轴，旋转最下面圆，旋转角度为“-180”。

命令: _revsurf

当前线框密度: SURFTAB1=12　SURFTAB2=12

选择要旋转的对象:（选择最下面圆）

选择定义旋转轴的对象:（选择第一条垂直线段）

指定起点角度 <0>:↙

指定包含角 (+=逆时针，-=顺时针) <360>:-180↙

结果如图 10-29 所示。

重复上述步骤，旋转角度分别为“180”和“-180”，结果如图 10-30 所示。

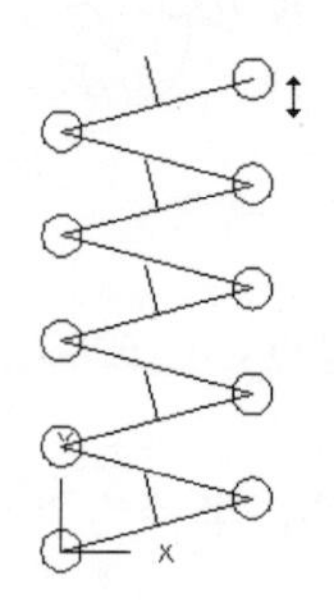

图 10-27　绘制步骤 5）

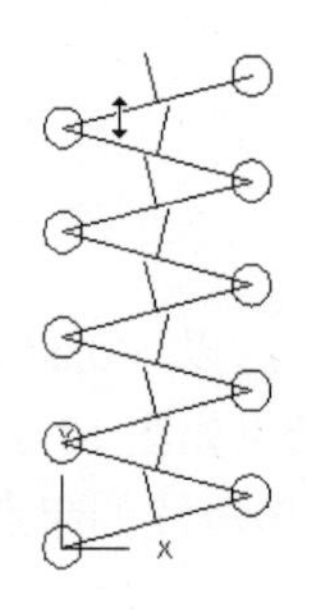

图 10-28　绘制步骤 6）

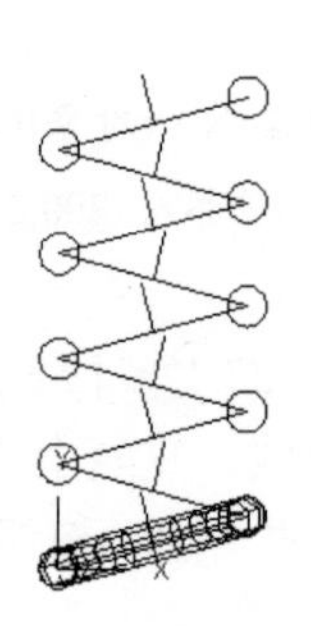

图 10-29　绘制步骤 7）

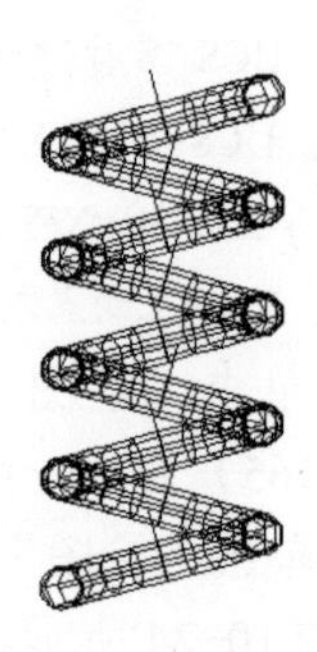

图 10-30　绘制步骤 8）

注 意

这里输入的旋转角度正负号如果反了，就不会得到正确的结果。

9）单击“视图”工具栏中的“西南等轴测”按钮，切换视图。

10）单击“修改”工具栏中的“删除”按钮，删除多余的线条。

11）在命令行输入“HIDE”命令对图形进行消隐，最终结果如图 10-22 所示。

10.5　绘制基本三维网格

三维基本图元与三维基本形体表面类似，有长方体表面、圆柱体表面、棱锥面、楔体表面、球面、圆锥面和圆环面等。

10.5.1 绘制网格长方体

【执行方式】

命令行：MESH。

菜单栏：绘图→建模→网格→图元→长方体。

工具栏：平滑网格图元→网格长方体。

功能区：单击“三维工具”选项卡“建模”面板中的“网格长方体”按钮。

【操作步骤】

命令: MESH

当前平滑度设置为: 0

输入选项 [长方体（B）/圆锥体（C）/圆柱体（CY）/棱锥体（P）/球体（S）/楔体（W）/圆环体（T）/设置（SE）] <长方体>:

指定第一个角点或 [中心（C）]:（给出长方体角点）

指定其他角点或 [立方体（C）/长度（L）]:（给出长方体其他角点）

指定高度或 [两点（2P）]:（给出长方体的高度）

【选项说明】

1）指定第一角点/角点：设置网格长方体的第一个角点。

2）中心(C)：设置网格长方体的中心。

3）立方体(C)：将长方体的所有边设置为长度相等。

4）长度：设置网格长方体沿 *Y* 轴的长度。

5）高度：设置网格长方体沿 *Z* 轴的高度。

6）两点（2P）（高度）：基于两点之间的距离设置高度。

10.5.2 绘制网格圆锥体

【执行方式】

命令行：MESH。

菜单栏：绘图→建模→网格→图元→圆锥体。

工具栏：平滑网格图元→网格圆锥体。

功能区：单击“三维工具”选项卡“建模”面板中的“网格圆锥体”按钮。

【操作步骤】

命令: _.MESH

当前平滑度设置为: 0

输入选项 [长方体（B）/圆锥体（C）/圆柱体（CY）/棱锥体（P）/球体（S）/楔体（W）/圆环体（T）/设置（SE）] <长方体>: _CONE

指定底面的中心点或 [三点（3P）/两点（2P）/切点、切点、半径（T）/椭圆（E）]:

指定底面半径或 [直径（D）]:

指定高度或 [两点（2P）/轴端点（A）/顶面半径（T）] <100.0000>:

【选项说明】

1）指定底面的中心点：设置网格圆锥体底面的中心点。

2）三点（3P）：通过指定三点设置网格圆锥体的位置、大小和平面。

3）两点（2P）（直径）：根据两点定义网格圆锥体的底面直径。

4）切点、切点、半径（T）：定义具有指定半径，且半径与两个对象相切的网格圆锥体的底面。

5）椭圆（E）：指定网格圆锥体的椭圆底面。

6）指定底面半径：设置网格圆锥体底面的半径。

7）指定直径（D）：设置圆锥体的底面直径。

8）指定高度：设置网格圆锥体沿与底面所在平面垂直的轴的高度。

9）两点（2P）（高度）：通过指定两点之间的距离定义网格圆锥体的高度。

10）指定轴端点（A）：设置圆锥体的顶点的位置，或圆锥体平截面顶面的中心位置。轴端点的方向可以为三维空间中的任意位置。

11）指定顶面半径（T）：指定创建圆锥体平截面时圆锥体的顶面半径。

其他三维网格，例如网格圆柱体、网格棱锥体、网格球体、网格楔体和网格圆环体，其绘制方式与前面所讲述的网格长方体绘制方法类似，不再赘述。

10.6 绘制基本三维实体

本节主要介绍各种基本三维实体的绘制方法。

10.6.1 螺旋

螺旋是一种特殊的基本三维实体，如图 10-31 所示。如果没有专门的命令，要绘制一个螺旋体是很困难的。从 AutoCAD 2010 开始，AutoCAD 就提供了一个螺旋绘制功能来完成螺旋体的绘制。具体操作方法如下。

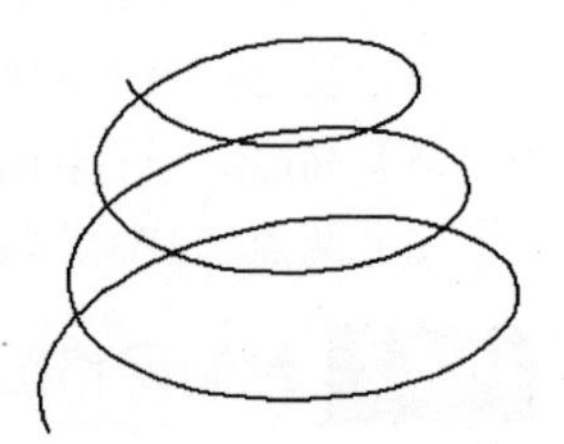

图 10-31 螺旋体

【执行方式】

命令行：HELIX。

菜单栏：绘图→螺旋。

工具栏：建模→螺旋。

功能区：单击“默认”选项卡“绘图”面板中的“螺旋”按钮。

【操作步骤】

命令：HELIX ↙

圈数 = 3.0000 扭曲=CCW

指定底面的中心点：(指定点)

指定底面半径或 [直径(D)] <1.0000>:（输入底面半径或直径）

指定顶面半径或 [直径(D)] <26.5531>:（输入顶面半径或直径）

指定螺旋高度或 [轴端点(A)/圈数(T)/圈高(H)/扭曲(W)] <1.0000>:

【选项说明】

1）轴端点（A）：指定螺旋轴的端点位置。它定义了螺旋的长度和方向。

2）圈数（T）：指定螺旋的圈（旋转）数。螺旋的圈数不能超过 500。

3）圈高（H）：指定螺旋内一个完整圈的高度。当指定圈高值时，螺旋中的圈数将相应地自动更新。如果已指定螺旋的圈数，则不能输入圈高的值。

4）扭曲（W）：指定是以顺时针（CW）方向还是以逆时针方向（CCW）绘制螺旋。螺旋扭曲的默认值是逆时针。

10.6.2 长方体

【执行方式】

命令行：BOX。

菜单栏：绘图→建模→长方体。

工具栏：建模→长方体。

功能区：单击“默认”选项卡“建模”面板中的“长方体”按钮。

【操作步骤】

命令：BOX↙

指定第一个角点或 [中心(C)]：（指定第一点或按〈Enter〉键表示原点是长方体的角点，或输入“c”代表中心点）

【选项说明】

（1）指定长方体的角点　确定长方体的一个顶点的位置。选择该选项后，系统继续提示如下。

指定其他角点或 [立方体(C)/长度(L)]：（指定第二点或输入选项）

1）指定其他角点：输入另一角点的数值，即可确定该长方体。如果输入的是正值，则沿着当前 UCS 的 *X*、*Y* 和 *Z* 轴的正向绘制长度。如果输入的是负值，则沿着 *X*、*Y* 和 *Z* 轴的负向绘制长度。图 10-32 所示为使用“角点”选项绘制的长方体。

2）立方体（C）：创建一个长、宽、高相等的长方体。图 10-33 所示为使用“立方体”选项创建的正方体。

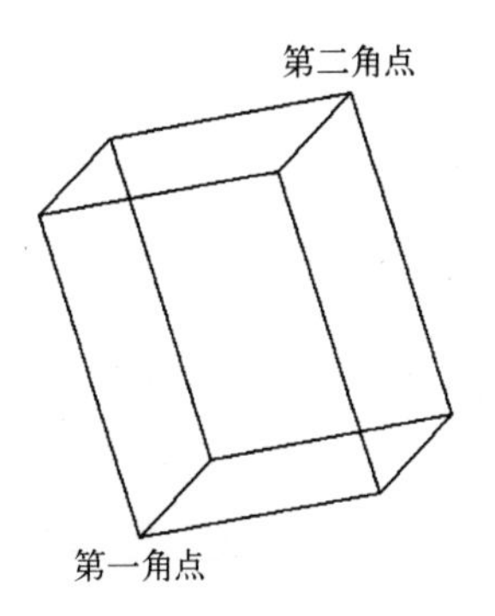

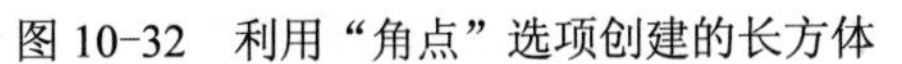

图 10-32　利用“角点”选项创建的长方体

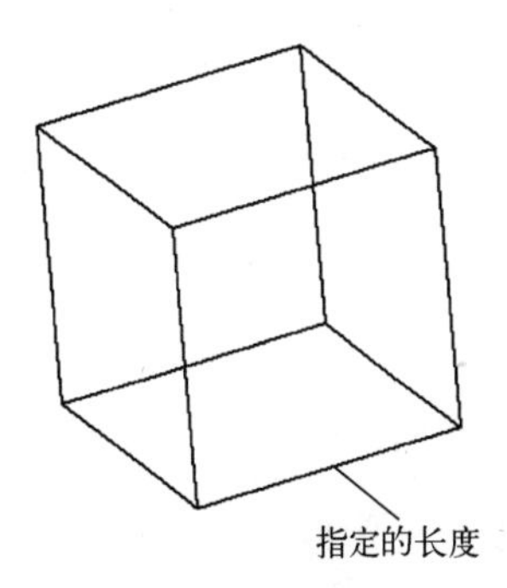

图 10-33　利用“立方体”选项创建的正方体

3）长度（L）：要求输入长、宽、高的值。图 10-34 所示为使用“长度”选项创建的长方体。

（2）中心（C）　使用指定的中心点创建长方体。图 10-35 所示为使用“中心”选项创建的正方体。

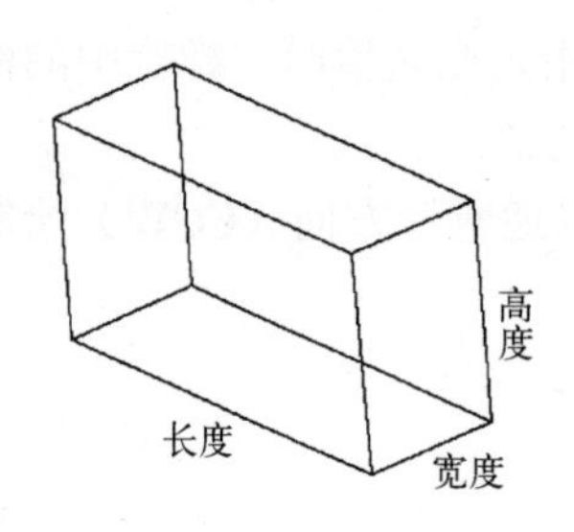

图 10-34 利用“长度”选项创建的长方体

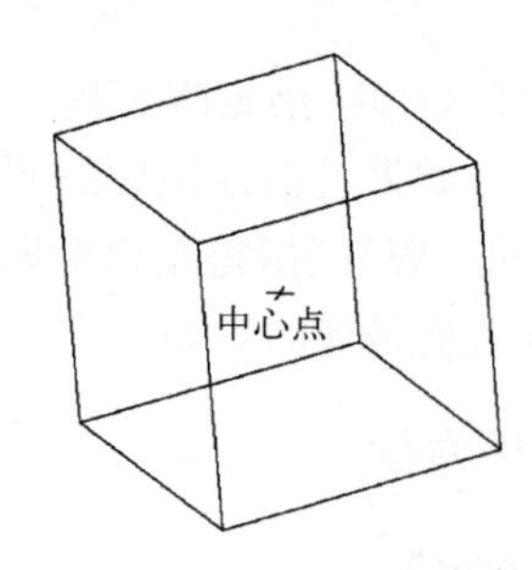

图 10-35 使用“中心”选项创建的长方体

10.6.3 圆柱体

【执行方式】

命令行：CYLINDER。

菜单栏：绘图→建模→圆柱体。

工具条：建模→圆柱体。

功能区：单击“三维工具”选项卡“建模”面板中的“圆柱体”。

【操作步骤】

命令：CYLINDER↙

指定底面的中心点或 [三点(3P)/两点(2P)/切点、切点、半径(T)/椭圆(E)]:

【选项说明】

1）中心点：输入底面圆心的坐标，此选项为系统的默认选项。然后指定底面的半径和高度。AutoCAD 按指定的高度创建圆柱体，且圆柱体的中心线与当前坐标系的 *Z* 轴平行，如图 10-36 所示。也可以指定另一个端面的圆心来指定高度。AutoCAD 根据圆柱体两个端面的中心位置来创建圆柱体。该圆柱体的中心线就是两个端面的连线，如图 10-37 所示。

2）椭圆（E）：绘制椭圆柱体。其中，端面椭圆的绘制方法与平面椭圆一样，结果如图 10-38 所示。

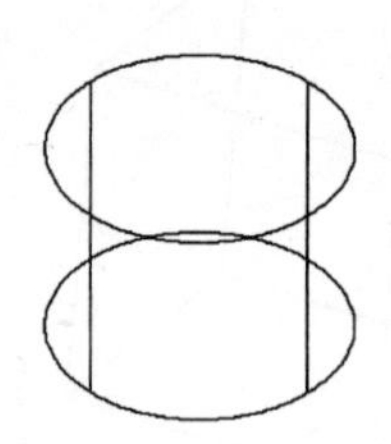

图 10-36 按指定的高度创建圆柱体

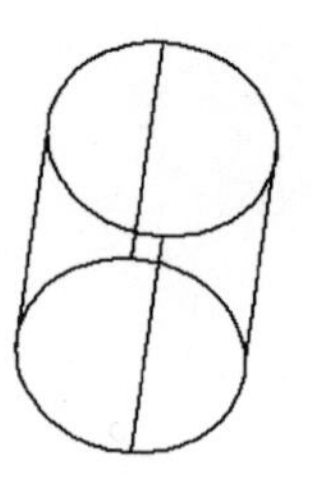

图 10-37 指定圆柱体另一个端面的中心位置

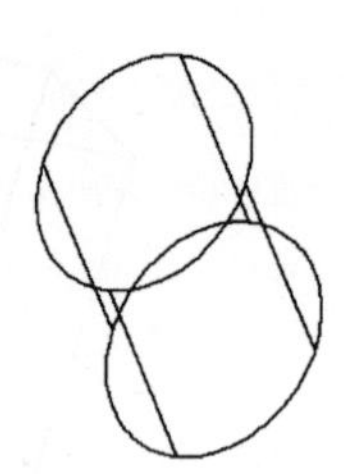

图 10-38 椭圆柱体

其他基本实体（如楔体、圆锥体、球体和圆环体等）的绘制方法与上面讲述的长方体和圆柱体类似，不再赘述。

10.6.4 实例——弯管接头

本实例主要利用“圆柱体”和“球体”等命令绘制图 10-39 所示的弯管接头。

【操作步骤】

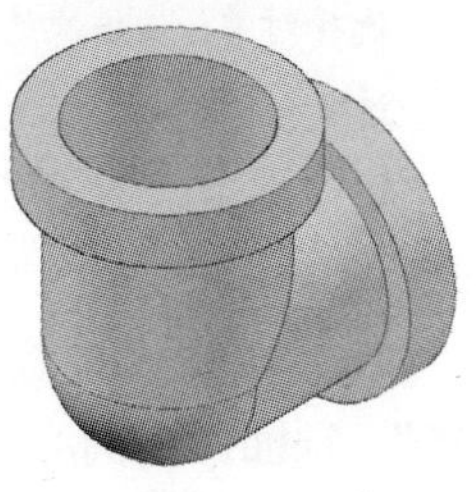

图 10-39 弯管接头

1）单击“视图”工具栏中的“西南等轴测”按钮，切换三维视图。

2）单击“建模”工具栏中的“圆柱体”按钮，绘制底面中心点为（0,0,0）半径为“20”，高度为“40”的圆柱体。命令行提示与操作如下。

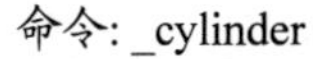

命令: _cylinder

指定底面的中心点或 [三点(3P)/两点(2P)/切点、切点、半径(T)/椭圆(E)]: 0,0,0↙

指定底面半径或 [直径(D)]: 20↙

指定高度或 [两点(2P)/轴端点(A)]: 40↙

3）按上述步骤，绘制底面中心点为（0,0,40），半径为“25”，高度为“-10”的圆柱体。

4）按上述步骤，绘制底面中心点为（0,0,0），半径为“20”，顶面圆的中心点为（40,0,0）的圆柱体。命令行提示与操作如下。

命令: _cylinder

指定底面的中心点或 [三点(3P)/两点(2P)/切点、切点、半径(T)/椭圆(E)]: 0,0,0↙

指定底面半径或 [直径(D)] <25.0000>: 20↙

指定高度或 [两点(2P)/轴端点(A)] <-10.0000>: a↙

指定轴端点: 40,0,0↙

5）按上述步骤，绘制底面中心点为（40,0,0），半径为“25”，顶面圆的圆心（轴端点）为（@-10,0,0）的圆柱体。

6）单击“建模”工具栏中的“球体”按钮，绘制一个球心在原点，半径为“20”的球。命令行提示与操作如下。

命令: _sphere

指定中心点或 [三点(3P)/两点(2P)/切点、切点、半径(T)]: 0,0↙

指定半径或 [直径(D)] <40.0000>: 20↙

7）单击“渲染”工具栏中的“隐藏”按钮，对绘制的好的建模进行消隐。此时窗口图形如图 10-40 所示。

8）单击“建模”工具栏中的“并集”按钮，将上步绘制的所有建模组合为一个整体。此时窗口图形如图 10-41 所示。命令行提示与操作如下。

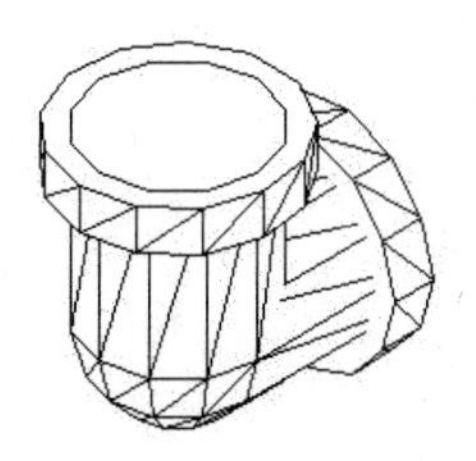

图 10-40 弯管主体

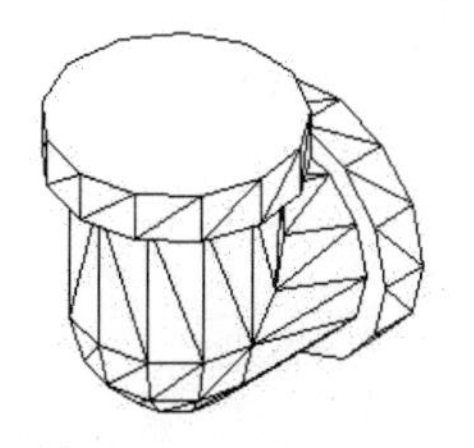

图 10-41 并集后的弯管主体

命令: _union

选择对象：（依次选择刚绘制的圆柱体和球）

选择对象：↙

9）单击“建模”工具栏中的“圆柱体”按钮，绘制底面中心点在原点，直径为“35”，高度为“40”的圆柱体。

10）单击“建模”工具栏中的“圆柱体”按钮，绘制底面中心点在原点，直径为“35”，顶面圆的圆心为（40,0,0）的圆柱体。

11）单击“建模”工具栏中的“球体”按钮，绘制一个球心在原点，直径为“35”的球。

12）单击“建模”工具栏中的“差集”按钮，对弯管和直径为“35”的圆柱体和球体进行布尔运算。命令行提示与操作如下。

命令: _subtract

选择要从中减去的实体、曲面和面域...

选择对象：（选择并集生成的整体）

选择对象：↙

选择要减去的实体、曲面和面域...

选择对象：（选择上面绘制的圆柱体和球）

13）单击“渲染”工具栏中的“隐藏”按钮，对绘制好的建模进行消隐，消隐后图形如图 10-42 所示。渲染后效果如图 10-39 所示。

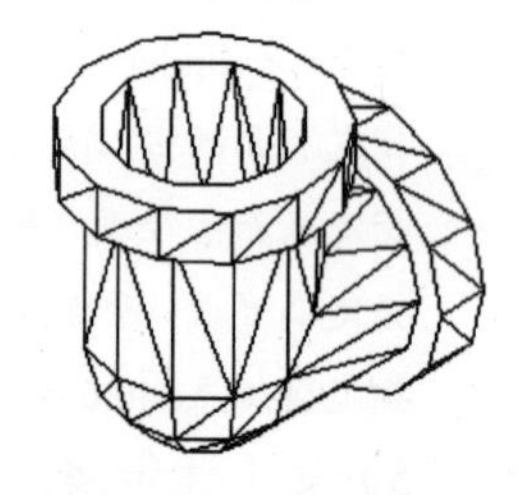

图 10-42　弯管消隐图

10.7　布尔运算

本节主要介绍布尔运算的应用。

10.7.1　三维建模布尔运算

布尔运算在数学的集合运算中得到广泛应用，AutoCAD 也将该运算应用到了建模的创建过程中。用户可以对三维建模对象进行并集、交集和差集的运算。三维建模的布尔运算与平面图形类似。图 10-43 所示为三个圆柱体进行交集运算后的图形。

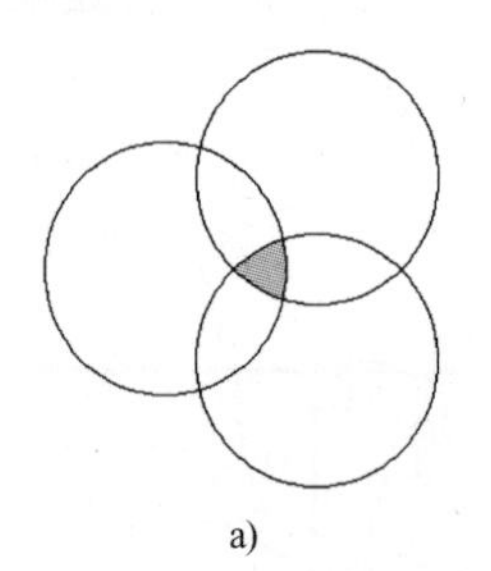

a)

b)

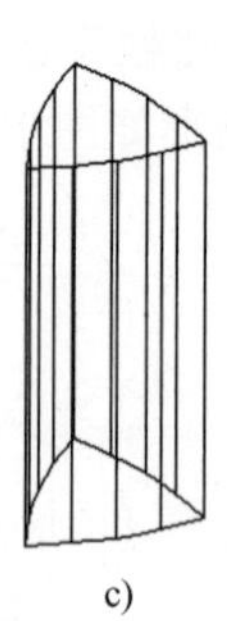

c)

图 10-43　三个圆柱体交集运算后的图形

a) 求交集前的图　b) 求交集后　c) 交集的立体图

注 意

如果某些命令第一个字母都相同的话，那么对于比较常用的命令，其快捷命令取第一个字母，其他命令的快捷命令可用前面两个或三个字母表示。例如“R”表示Redraw，“RA”表示 Redrawall；“L”表示 Line，“LT”表示 LineType，“LTS”表示LTScale。

10.7.2 实例——深沟球轴承

本实例主要利用布尔运算命令绘制图 10-44 所示的深沟球轴承。

【操作步骤】

1）设置线框密度，命令行提示与操作如下：

命令: ISOLINES↙

输入 ISOLINES 的新值 <4>: 10↙

2）单击“视图”工具栏中的“西南等轴测”按钮，切换到西南等轴测图。

3）单击“建模”工具栏中的“圆柱体”按钮，命令行提示与操作如下：

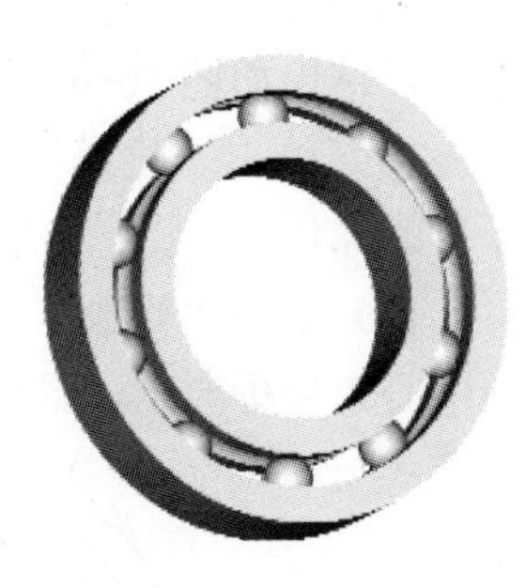

图 10-44 深沟球轴承

命令: _cylinder

指定底面的中心点或 [三点(3P)/两点(2P)/切点、切点、半径(T)/椭圆(E)]:0,0,0↙ （在绘图区指定底面中心点位置）

指定底面的半径或 [直径(D)]: 45↙

指定高度或 [两点(2P)/轴端点(A)]: 20↙

命令: ↙（继续创建圆柱体）

指定底面的中心点或[三点(3P)/两点(2P)/切点、切点、半径(T)/椭圆(E)] :0,0,0↙

指定底面的半径或 [直径(D)]: 38↙

指定高度或 [两点(2P)/轴端点(A)]: 20↙

4）单击“标准”工具栏中的“实时缩放”按钮，上下转动鼠标滚轮对其进行适当的放大。单击“建模”工具栏中的“差集”按钮，将创建的两个圆柱体进行差集运算。

5）单击“渲染”工具栏中的“隐藏”按钮，进行消隐处理后的图形如图 10-45 所示。

6）按上述步骤，单击“建模”工具栏中的“圆柱体”按钮，以坐标原点为圆心，分别创建高度为“20”，半径为“32”和“25”的两个圆柱体，并单击“建模”工具栏中的“差集”按钮，对其进行差集运算，创建轴承的内圈圆柱体，结果如图 10-46 所示。

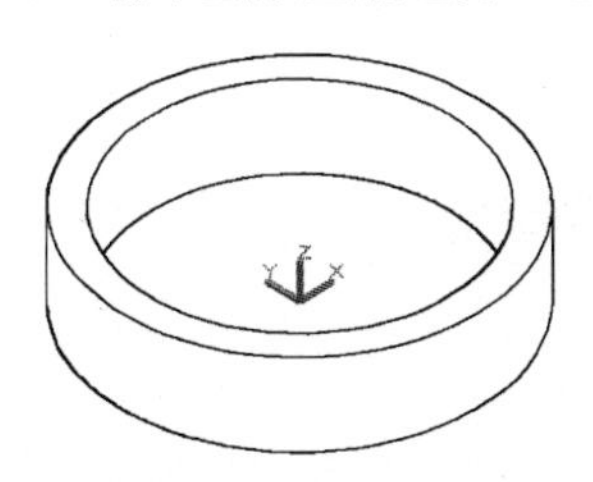

图 10-45 轴承外圈圆柱体

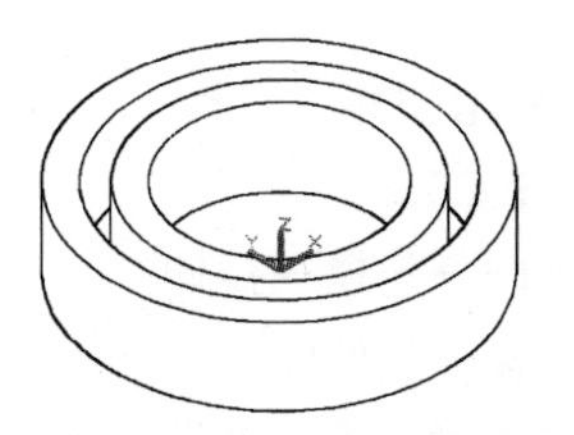

图 10-46 轴承内圈圆柱体

7）单击“建模”工具栏中的“并集”按钮，将创建的轴承外圈与内圈圆柱体进行并集运算。

8）单击“建模”工具栏中的“圆环体”按钮，绘制底面中心点为（0,0,10），半径为“35”，圆管半径为“5”的圆环，命令行提示与操作如下。

命令: _torus

指定中心点或 [三点(3P)/两点(2P)/切点、切点、半径(T)]: 0,0,10↙

指定半径或 [直径(D)] <25.0000>: 35↙

指定圆管半径或 [两点(2P)/直径(D)]: 5↙

9）单击“建模”工具栏中的“差集”按钮，将创建的圆环与轴承的内外圈进行差集运算，结果如图 10-47 所示。

10）单击“建模”工具栏中的“球体”按钮，绘制底面中心点为（35,0,10），半径为“5”的球体。

11）单击“修改”工具栏中的“环形阵列”按钮，将创建的滚动体进行环形阵列，阵列中心为坐标原点，数目为“10”，阵列结果如图 10-48 所示。

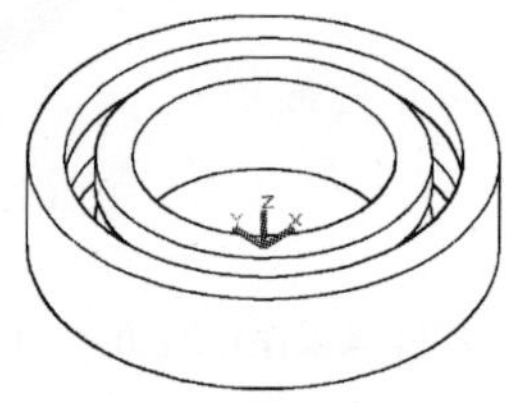

图 10-47　圆环与轴承内外圈进行差集运算结果

图 10-48　阵列滚动体

12）单击“建模”工具栏中的“并集”按钮，将阵列的滚动体与轴承的内外圈进行并集运算。

13）单击“渲染”工具栏中的“渲染”按钮，选择适当的材质，渲染后的效果如图 10-44 所示。

10.8　特征操作

三维网格与二维网格生成的原理一样，也可以通过二维图形来生成三维实体。具体操作如下。

10.8.1　拉伸

【执行方式】

命令行：EXTRUDE。

快捷命令：EXT。

菜单栏：绘图→建模→拉伸。

工具栏：建模→拉伸。

功能区：单击“三维工具”选项卡“建模”面板中的“拉伸”按钮。

【操作步骤】

命令：EXTRUDE↙

当前线框密度：ISOLINES=4，闭合轮廓创建模式=实体

选择要拉伸的对象或 [模式(MO)]：(选择绘制好的二维对象)

选择要拉伸的对象或 [模式(MO)]：(可继续选择对象或按〈Enter〉键结束选择)

指定拉伸的高度或 [方向(D)/路径(P)/倾斜角(T)/表达式(E)] <52.0000>:

【选项说明】

1）拉伸高度：按指定的高度拉伸出三维建模对象。输入高度值后，根据实际需要，指定拉伸的倾斜角度。如果指定的角度为 0，AutoCAD 则把二维对象按指定的高度拉伸成柱体；如果输入角度值，拉伸后建模截面沿拉伸方向按此角度变化，成为一个棱台或圆台体。图 10-49 所示为不同角度拉伸圆的结果。

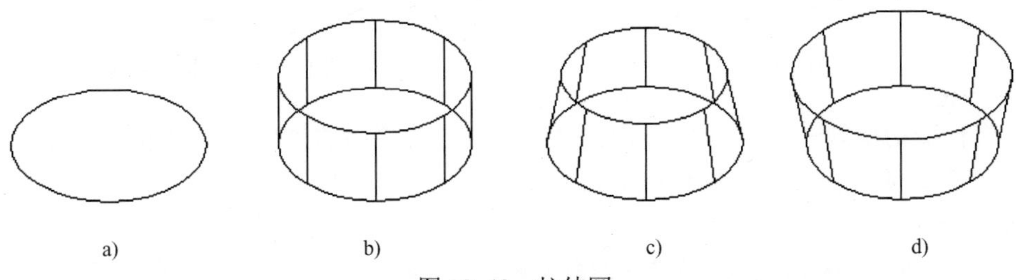

图 10-49 拉伸圆

a) 拉伸前 b) 拉伸锥角为 0° c) 拉伸锥角为 10° d) 拉伸锥角为-10°

2）路径（P）：以现有的图形对象作为拉伸创建三维建模对象。图 10-50 所示为沿圆弧曲线路径拉伸圆的结果。

注 意

1）可以使用创建圆柱体的“轴端点”命令确定圆柱体的高度和方向。轴端点是圆柱体顶面的中心点，轴端点可以位于三维空间的任意位置。

2）作为路径的曲线的形状不能曲率半径过小，否则会因拉伸出的实体出现自我干涉而拉伸失败。

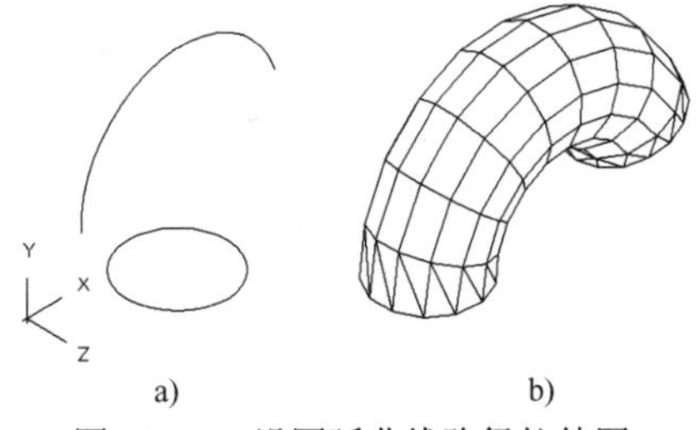

图 10-50 沿圆弧曲线路径拉伸圆

a) 拉伸前 b) 拉伸后

10.8.2 实例——胶垫

本实例主要利用“拉伸”命令绘制图 10-51 所示的胶垫。

【操作步骤】

1）单击菜单栏中的“文件”→“新建”命令，弹出“选择样板”对话框，单击“打开”按钮右侧的▾下拉按钮，以“无样板打开－公制”（毫米）方式建立新文件；将新文件命名为“胶垫.dwg”并保存。

2）调出“建模”“视觉样式”和“视图”三个工具栏，并将它们移动到绘图窗口中的适当位置。

3）设置线框密度，默认值是“8”，更改设定值为“10”。

4）绘制图形。

① 单击“绘图”工具栏中的“圆”按钮，在坐标原点分别绘制半径“25”和“18.5”的两个圆，如图 10-52 所示。

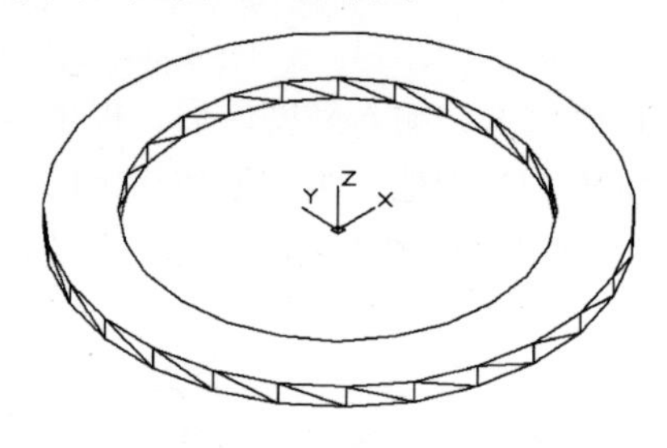

图 10-51　胶垫

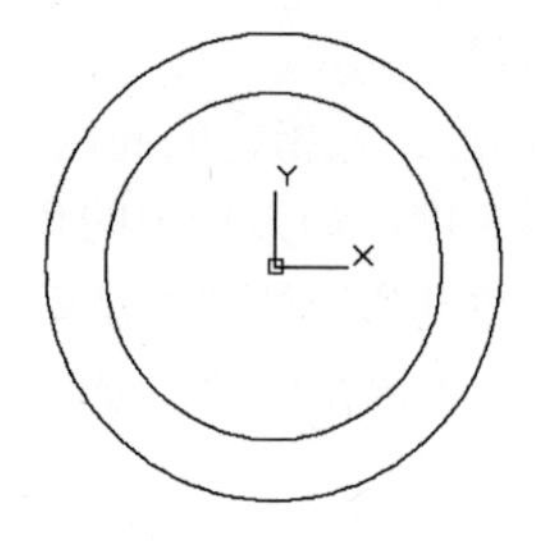

图 10-52　绘制轮廓线

② 将视图切换到“西南轴测”，单击“建模”工具栏中的“拉伸”按钮，将两个圆拉伸距离为“2”。命令行提示与操作如下。

命令: _extrude

当前线框密度: ISOLINES=10，闭合轮廓创建模式 = 实体

选择要拉伸的对象或 [模式(MO)]: _MO

闭合轮廓创建模式 [实体(SO)/曲面(SU)] <实体>: _SO

选择要拉伸的对象或 [模式(MO)]: （选取两个圆）

选择要拉伸的对象或 [模式(MO)]:

指定拉伸的高度或 [方向(D)/路径(P)/倾斜角(T)/表达式(E)]: 2

③ 单击“视图”工具栏中的“西南等轴测”按钮，切换三维视图，得到图 10-53 所示拉伸实体。

④ 单击“实体编辑”工具栏中的“差集”按钮，将拉伸后的大圆减去小圆，命令行提示与操作如下。

命令: _subtract

选择要从中减去的实体、曲面和面域...

选择对象: （选取拉伸后的大圆柱体）

选择对象:

选择要减去的实体、曲面和面域...

选择对象:（选取拉伸后的小圆体）

选择对象:

5）单击“渲染”工具栏中的“隐藏”按钮，进行消隐处理后的图形如图 10-54 所示。

10.8.3 旋转

【执行方式】

命令行：REVOLVE。

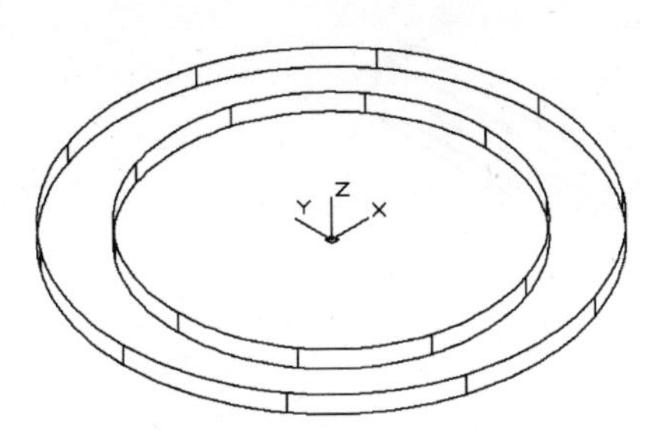

图 10-53 拉伸实体

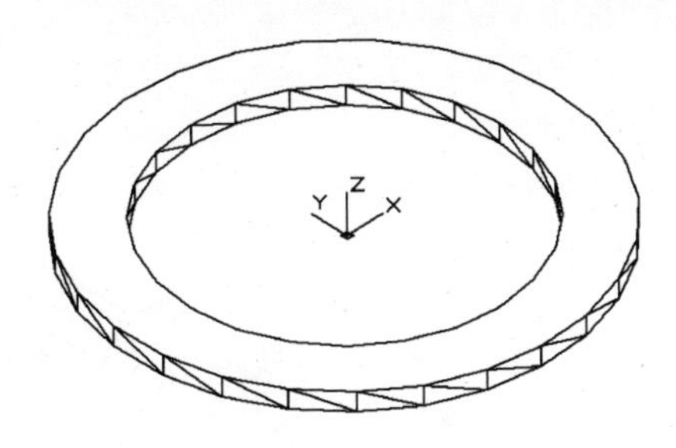

图 10-54 差集结果

快捷命令：REV。

菜单栏：绘图→建模→旋转。

工具栏：建模→旋转。

功能区：单击“三维工具”选项卡“建模”面板中的“旋转”按钮。

【操作步骤】

命令：REVOLVE↙

当前线框密度： ISOLINES=4，闭合轮廓创建模式 = 实体

选择要旋转的对象或 [模式(MO)]: _MO 闭合轮廓创建模式 [实体(SO)/曲面(SU)] <实体>: _SO

选择要旋转的对象或 [模式(MO)]: 找到 1 个

选择要旋转的对象或 [模式(MO)]:

指定轴起点或根据以下选项之一定义轴 [对象(O)/X/Y/Z] <对象>: x

指定旋转角度或 [起点角度(ST)/反转(R)/表达式(EX)] <360>: 115

【选项说明】

1）指定轴起点：通过两个点来定义旋转轴。AutoCAD 将按指定的角度和旋转轴旋转二维对象。

2）对象（O）：选择已经绘制好的直线或用“多段线”命令绘制的直线段作为旋转轴线。

3）*X*（*Y*、*Z*）轴：将二维对象绕当前坐标系（UCS）的 *X*（*Y*、*Z*）轴旋转。图 10-55 所示为矩形平面绕 *X* 轴旋转的结果。

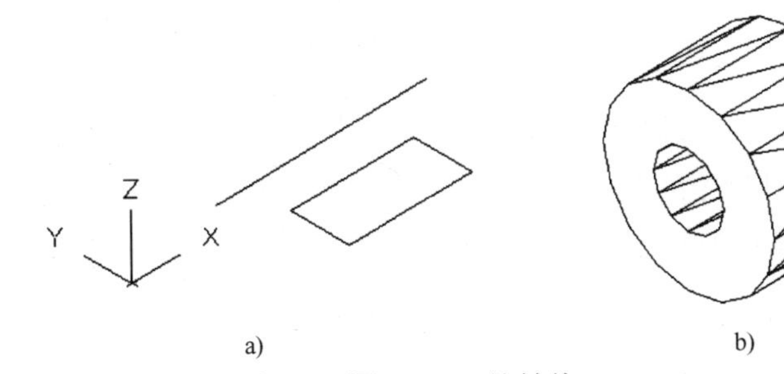

a) b)

图 10-55 旋转体

a) 旋转界面 b) 旋转后的建模

10.8.4 实例——阀杆

本实例主要利用“旋转”命令绘制图 10-56 所示的阀杆。

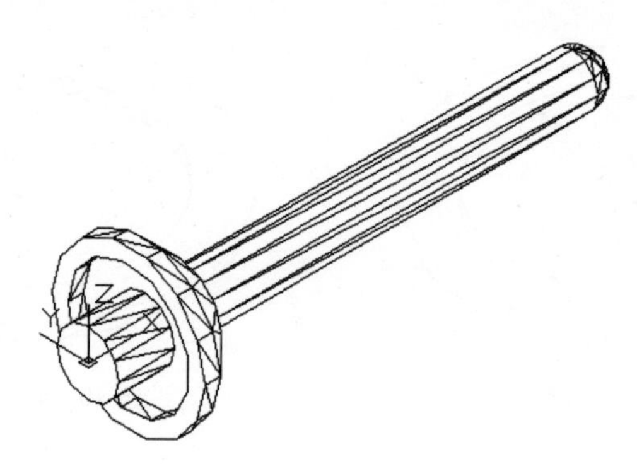

图 10-56 阀杆

【操作步骤】

1）单击菜单栏中的“文件”→“新建”命令，弹出“选择样板”对话框，单击“打开”按钮右侧的下拉按钮，以“无样板打开一公制”（毫米）方式建立新文件；将新文件命名为“阀杆.dwg”并保存。

2）调出“建模”“视觉样式”和“视图”三个工具栏，并将它们移动到绘图窗口中的适当位置。

3）设置线框密度，默认值是 8，更改设定值为“10”。

4）绘制平面图形。

① 单击“绘图”工具栏中的“直线”按钮，在坐标原点绘制一条水平直线和竖直直线。

② 单击“修改”工具栏中的“偏移”按钮，将上步绘制的水平直线向上偏移，偏移距离为“5”“6”“8”“12”和“15”；重复“偏移”命令，将竖直直线向右偏移“8”“11”“18”和“93”，结果如图 10-57 所示。

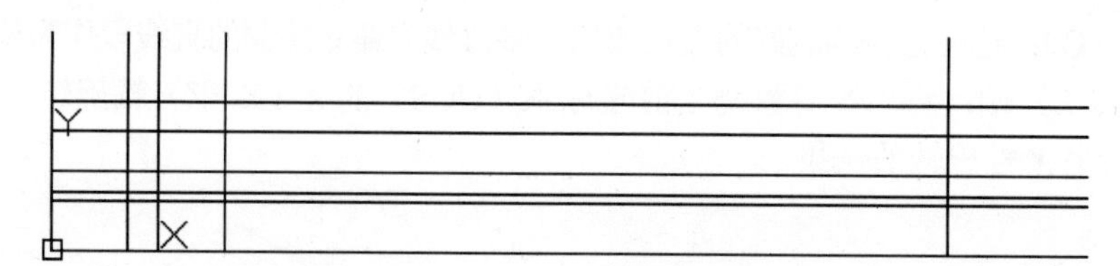

图 10-57 偏移直线

③ 单击“绘图”工具栏中的“直线”按钮，捕捉偏移线交点，绘制直线。

④ 单击“绘图”工具栏中的“圆弧”按钮，绘制半径为“5”的圆弧。结果如图 10-58 所示。

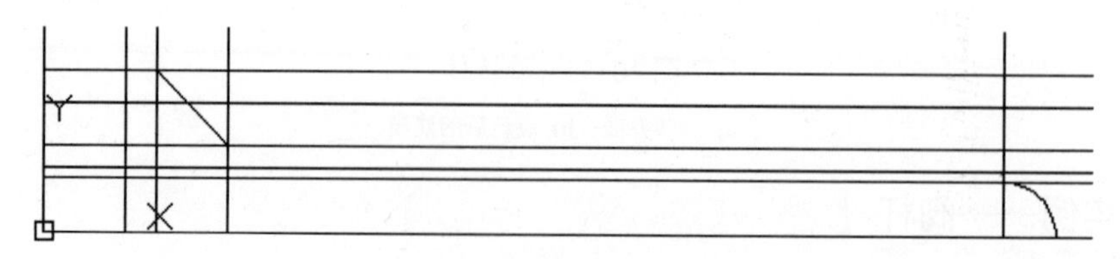

图 10-58 绘制直线和圆弧

⑤ 单击“修改”工具栏中的“修剪”按钮，修剪多余线段。结果如图 10-59 所示。

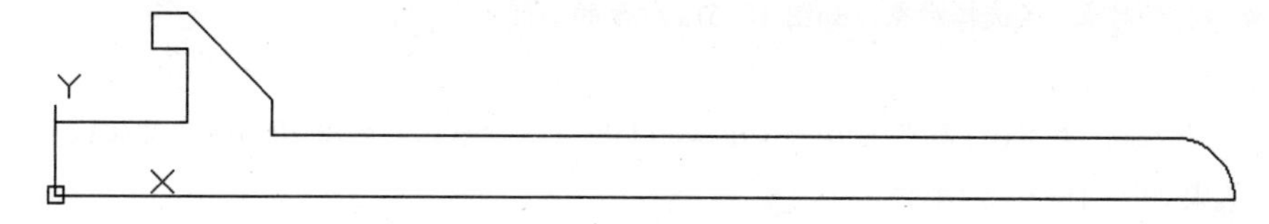

图 10-59　修剪多余线段

⑥ 单击“绘图”工具栏中的“面域”按钮，将修剪后的图形创建成面域。

5）旋转实体。单击“建模”工具栏中的“旋转”按钮，将创建的面域沿 X 轴进行旋转操作，命令行提示与操作如下。

命令: _revolve

当前线框密度: ISOLINES=4，闭合轮廓创建模式 = 实体

选择要旋转的对象或 [模式(MO)]: _MO 闭合轮廓创建模式 [实体(SO)/曲面(SU)] <实体>: _SO

选择要旋转的对象或 [模式(MO)]: 找到 1 个

选择要旋转的对象或 [模式(MO)]:

指定轴起点或根据以下选项之一定义轴 [对象(O)/X/Y/Z] <对象>: x

指定旋转角度或 [起点角度(ST)/反转(R)/表达式(EX)] <360>:

① 单击“视图”工具栏中的“西南等轴测”按钮，切换三维视图。

② 单击“渲染”工具栏中的“隐藏”按钮，消隐结果如图 10-60 所示。

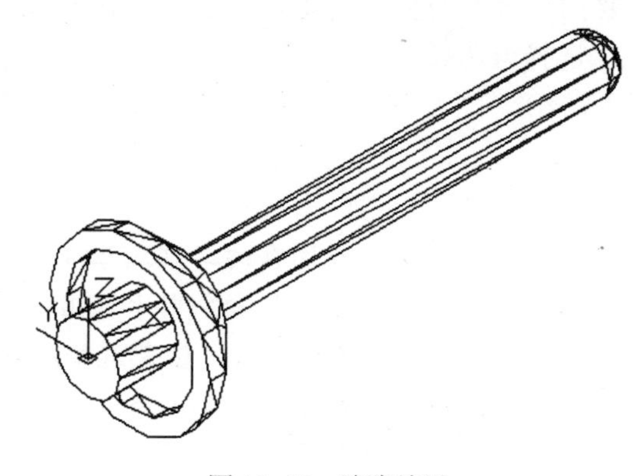

图 10-60　消隐结果

10.8.5 扫掠

【执行方式】

命令行：SWEEP。

菜单栏：绘图→建模→扫掠。

工具栏：建模→扫掠。

功能区：单击“三维工具”选项卡“建模”模板中的“扫掠”按钮。

【操作步骤】

命令：SWEEP↙

当前线框密度：ISOLINES=4，闭合轮廓创建模式 = 实体

选择要扫掠的对象：（选择对象，如图 10-61a 所示的小圆）

选择要扫掠的对象：↙

选择扫掠路径或 [对齐(A)/基点(B)/比例(S)/扭曲(T)]：（选择对象，如图 10-61a 中螺旋线）

扫掠结果如图 10-61b 所示。

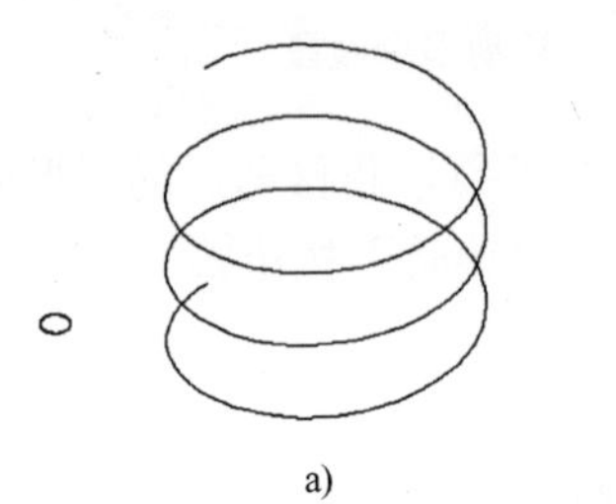

a)　　　　b)

图 10-61　扫掠

a) 对象和路径　b) 结果

【选项说明】

1）对齐（A）：指定是否对齐轮廓以使其作为扫掠路径切向的法向，默认情况下，轮廓是对齐的。选择该选项，命令行提示与操作如下。

扫掠前对齐垂直于路径的扫掠对象 [是(Y)/否(N)] <是>：（输入“n”，指定轮廓无需对齐；按〈Enter〉键，指定轮廓将对齐）

2）基点（B）：指定要扫掠对象的基点。如果指定的点不在选定对象所在的平面上，则该点将被投影到该平面上。选择该选项，命令行提示与操作如下。

指定基点：（指定选择集的基点）

注 意

使用“扫掠”命令，可以通过沿开放或闭合的二维或三维路径扫掠开放或闭合的平面曲线（轮廓）来创建新建模或曲面。“扫掠”命令用于沿指定路径以指定轮廓的形状（扫掠对象）创建建模或曲面。可以扫掠多个对象，但是这些对象必须在同一平面内。如果沿一条路径扫掠闭合的曲线，则生成建模。

3）比例（S）：指定比例因子以进行扫掠操作。从扫掠路径的开始到结束，比例因子将统一应用到扫掠的对象上。选择该选项，命令行提示与操作如下。

输入比例因子或 [参照(R)] <1.0000>：（指定比例因子，输入“r”，调用参照选项；按〈Enter〉键，选择默认值）

其中“参照（R）”选项表示通过拾取点或输入值来根据参照的长度缩放选定的对象。

4）扭曲（T）：设置被扫掠对象的扭曲角度。扭曲角度指定沿扫掠路径全部长度的旋转量。选择该选项，命令行提示与操作如下。

输入扭曲角度或允许非平面扫掠路径倾斜 [倾斜(B)] <n>：（指定小于 360° 的角度值，输入“b”，打开倾斜；按〈Enter〉键，选择默认角度值）

其中“倾斜（B）”选项指定被扫掠的曲线是否沿三维扫掠路径（三维多段线、三维样条

曲线或螺旋线）自然倾斜（旋转）。

图 10-62 所示为扭曲扫掠示意图。

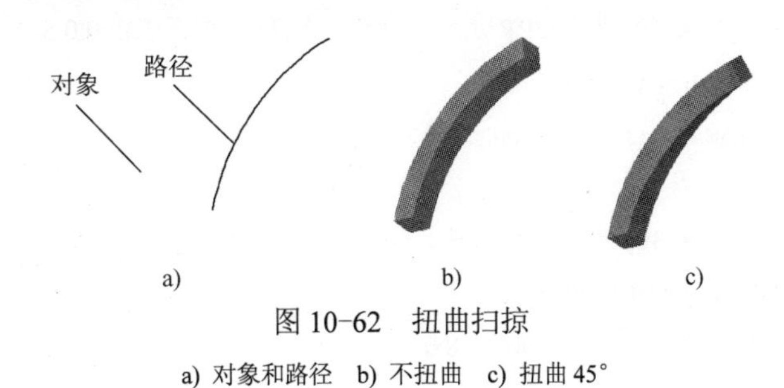

a) b) c)

图 10-62 扭曲扫掠

a) 对象和路径 b) 不扭曲 c) 扭曲 45°

10.8.6 实例——压紧螺母

本实例主要利用“扫掠”命令绘制图 10-63 所示的压紧螺母。

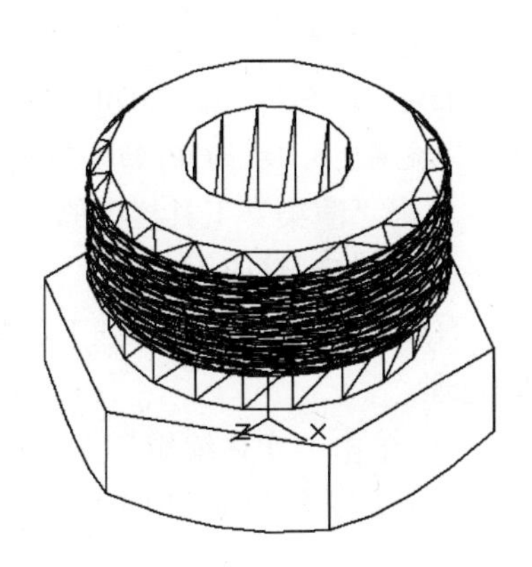

图 10-63 压紧螺母

【操作步骤】

1）单击菜单栏中的“文件”→“新建”命令，弹出“选择样板”对话框，单击“打开”按钮右侧的下拉按钮，以“无样板打开－公制”（毫米）方式建立新文件；将新文件命名为“压紧螺母.dwg”并保存。

2）调出“建模”“视觉样式”“实体编辑”“渲染”和“视图”五个工具栏，并将它们移动到绘图窗口中的适当位置。

3）设置线框密度，默认值是 8，更改设定值为“10”。单击“视图”工具栏中的“西南等轴测”按钮，切换三维视图。

4）拉伸六边形。

① 单击“绘图”工具栏中的“多边形”按钮，在坐标原点处绘制外切于圆，半径为“13”的六边形。单击“视图”工具栏中的“西南等轴测”按钮，切换三维视图，结果如图 10-64 所示。

② 单击“建模”工具栏中的“拉伸”按钮，将上步绘制的六边形进行拉伸，拉伸距离为“8”，结果如图 10-65 所示。

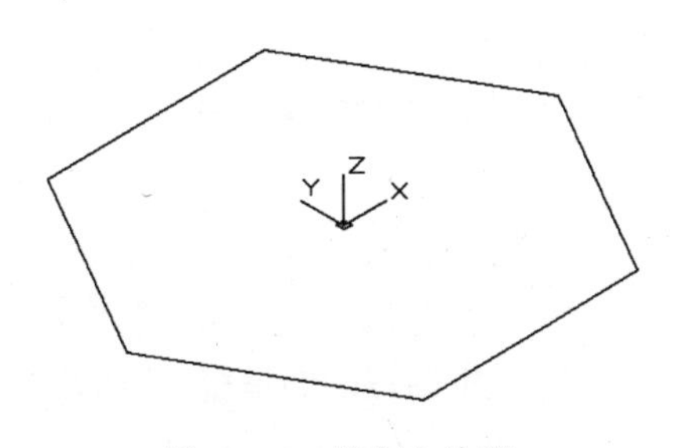

图 10-64 绘制六边形

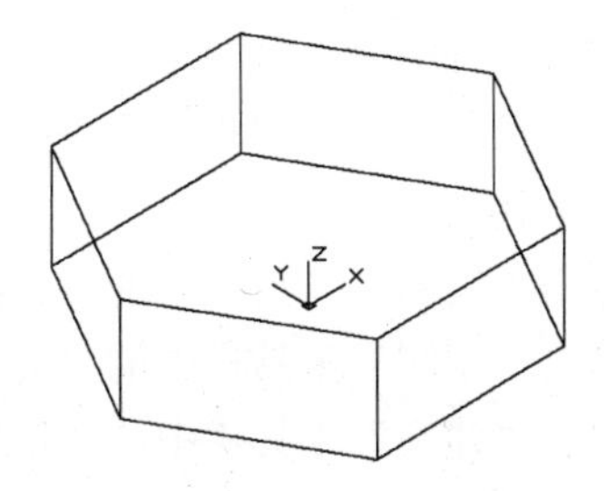

图 10-65 拉伸六边形

5）创建圆柱体。单击“建模”工具栏中的“圆柱体”按钮，绘制半径为“10.5”

“12”和“5.5”的圆柱体。命令行提示与操作如下。

命令: _cylinder

指定底面的中心点或 [三点(3P)/两点(2P)/切点、切点、半径(T)/椭圆(E)]: 0,0,8

指定底面半径或 [直径(D)] <10.0000>: 10.5

指定高度或 [两点(2P)/轴端点(A)] <8.0000>: 3.4

命令: _cylinder

指定底面的中心点或 [三点(3P)/两点(2P)/切点、切点、半径(T)/椭圆(E)]: 0,0,11.4

指定底面半径或 [直径(D)] <10.5000>: 12

指定高度或 [两点(2P)/轴端点(A)] <3.4000>: 8.6

命令: _cylinder

指定底面的中心点或 [三点(3P)/两点(2P)/切点、切点、半径(T)/椭圆(E)]: 0,0,0

指定底面半径或 [直径(D)] <12.0000>: 5.5

指定高度或 [两点(2P)/轴端点(A)] <8.6000>: 20

单击“渲染”工具栏中的“隐藏”按钮，消隐结果如图 10-66 所示。

6）布尔运算应用。

① 单击“实体编辑”工具栏中的“并集”按钮，将六棱柱和两个大圆柱体进行并集处理。

② 单击“实体编辑”工具栏中的“差集”按钮，将并集处理后的图形和小圆柱体进行差集处理。结果如图 10-67 所示。

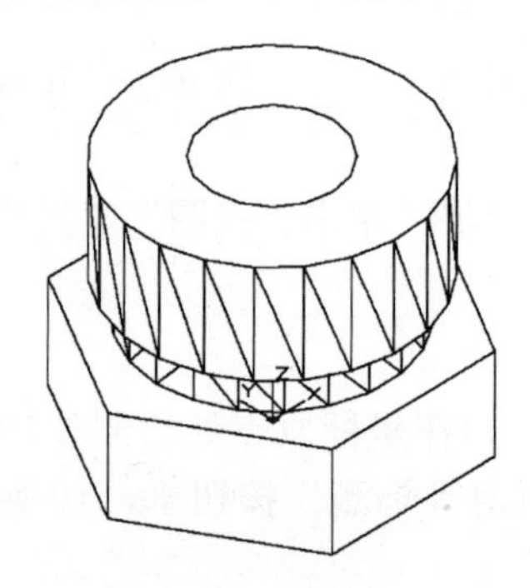

图 10-66　创建圆柱体

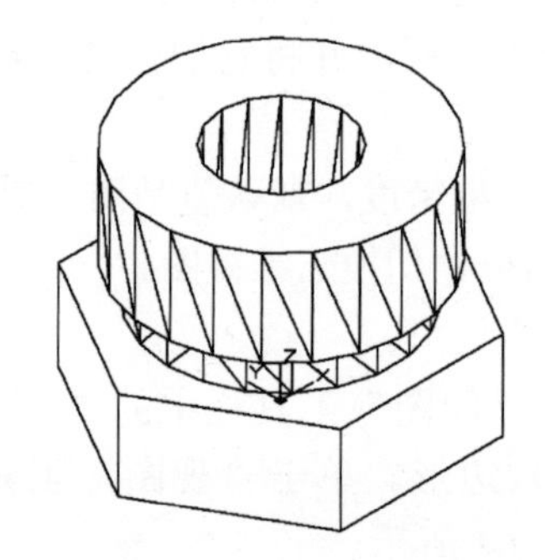

图 10-67　并集及差集处理

7）创建旋转体。

① 在命令行中输入“UCS”命令，将坐标系绕 *X* 轴旋转 90°。

② 选择菜单栏中的“视图”→“三维视图”→“平面视图”→“当前 UCS”命令，将视图切换到当前坐标系。

③ 单击“绘图”工具栏中的“直线”按钮，绘制图 10-68 所示的图形。

④ 单击“绘图”工具栏中的“面域”按钮，将上步绘制的图形创建为面域。

⑤ 单击“建模”工具栏中的“旋转”按钮，将上步创建的面域绕 *Y* 轴进行旋转，结果如图 10-69 所示。

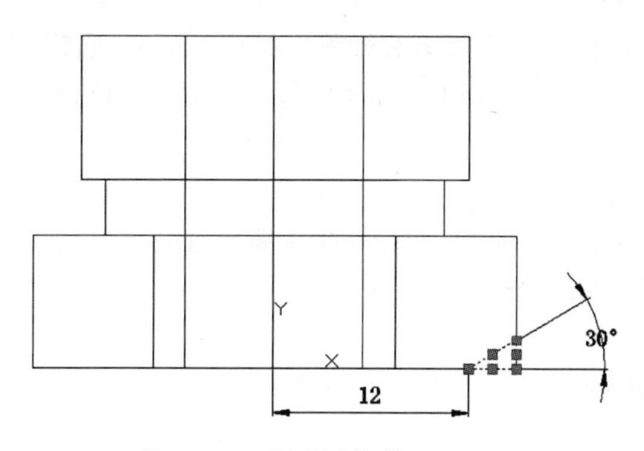

图 10-68　创建圆柱体

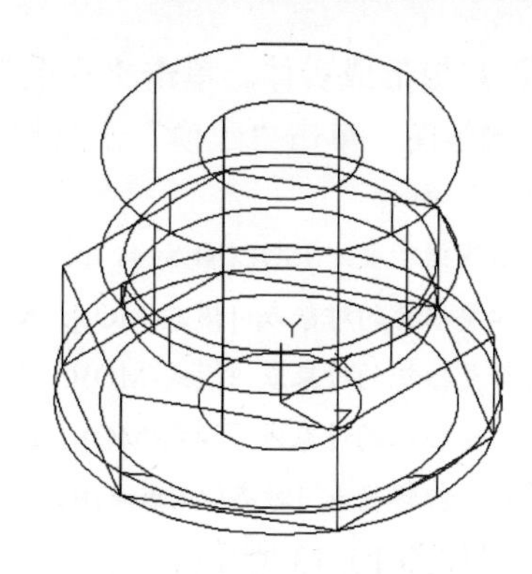

图 10-69　创建旋转实体

8）布尔运算应用。

单击“实体编辑”工具栏中的“差集”按钮，将主体和旋转体进行差集处理，结果如图 10-70 所示。

9）创建螺纹。

① 在命令行输入“UCS”命令，将坐标系恢复。

② 选择菜单栏中的“绘图”→“螺旋”命令，创建螺旋线，命令行提示与操作如下。

```
命令: _HELIX
圈数 = 3.0000      扭曲=CCW
指定底面的中心点: 0,0,22
指定底面半径或 [直径(D)] <1.0000>: 12
指定顶面半径或 [直径(D)] <12.0000>:
指定螺旋高度或 [轴端点(A)/圈数(T)/圈高(H)/扭曲(W)] <1.0000>: h
指定圈间距 <4.3333>: 0.58
指定螺旋高度或 [轴端点(A)/圈数(T)/圈高(H)/扭曲(W)] <13.0000>: -11
```

结果如图 10-71 所示。

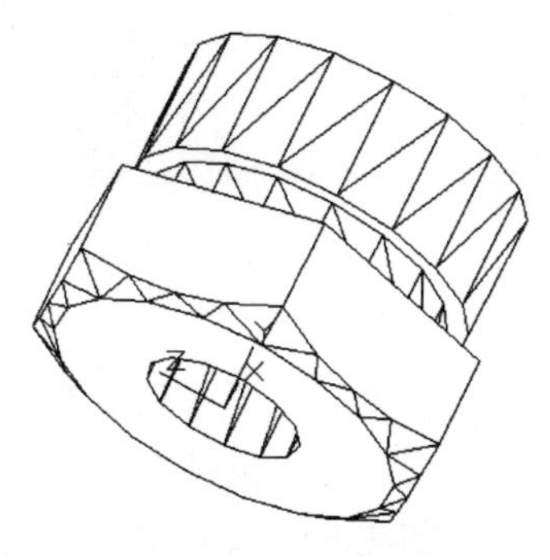

图 10-70　差集处理

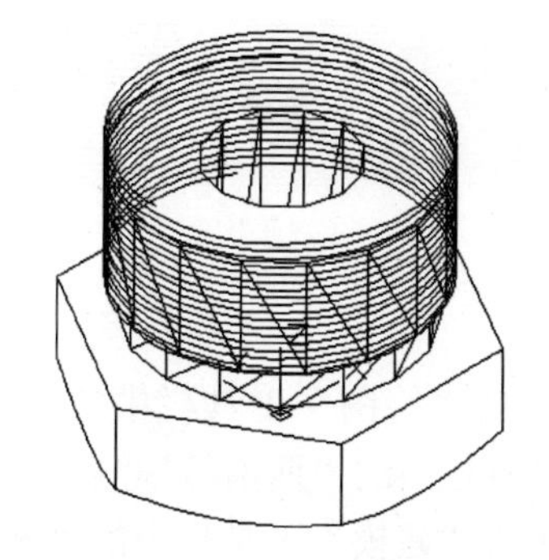

图 10-71　创建螺旋线

③ 选择菜单栏中的“视图”→“三维视图”→“前视”命令，将视图切换到前视图。

④ 绘制牙型截面轮廓。单击“绘图”工具栏中的“直线”按钮，捕捉螺旋线的上端点绘制牙型截面轮廓，尺寸参照图 10-72 所示；单击“绘图”工具栏中的“面域”按钮，将其创建成面域。

⑤ 扫掠形成实体。单击“视图”工具栏中的“西南等轴测”按钮，将视图切换到西南等轴测视图。单击“建模”工具栏中的“扫掠”按钮，命令行中的提示与操作如下。

命令: _sweep

当前线框密度: ISOLINES=4，闭合轮廓创建模式 = 实体

选择要扫掠的对象或 [模式(MO)]: _MO 闭合轮廓创建模式 [实体(SO)/曲面(SU)] <实体>: _SO

选择要扫掠的对象或 [模式(MO)]: （选择三角牙型轮廓）

选择要扫掠的对象或 [模式(MO)]: ↙

选择扫掠路径或 [对齐(A)/基点(B)/比例(S)/扭曲(T)]:（选择螺纹线）

结果如图 10-73 所示。

⑥ 布尔运算处理。单击“实体编辑”工具栏中的“差集”按钮，从主体中减去上步绘制的扫掠体，结果如图 10-74 所示。

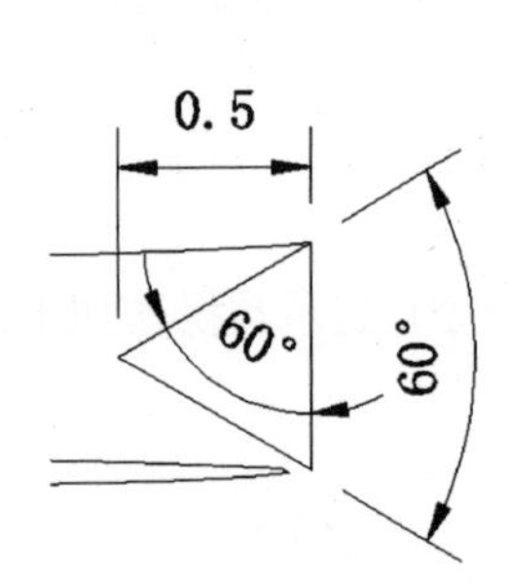

图 10-72　创建牙型截面轮廓

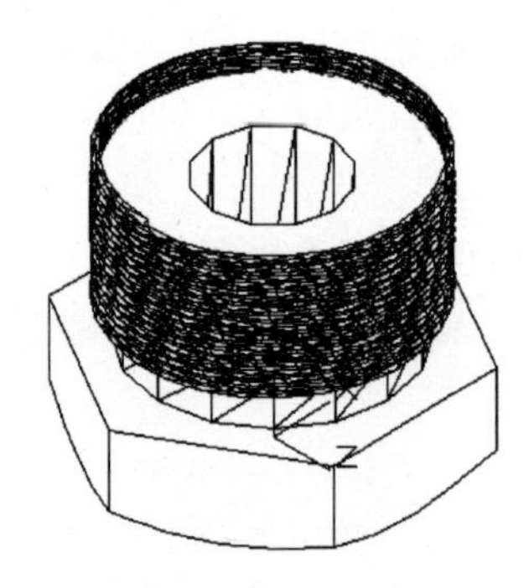

图 10-73　扫掠实体

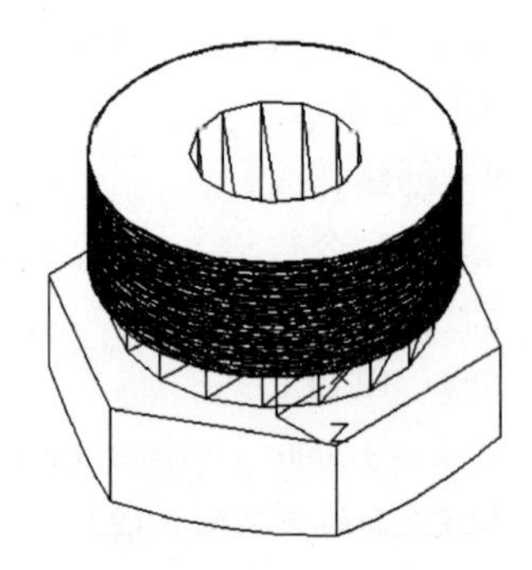

图 10-74　差集处理

⑦ 在命令行输入“UCS”命令，将坐标系恢复。

⑧ 选择菜单栏中的“视图”→“三维视图”→“左视”命令，将视图切换到左视图。

⑨ 单击“绘图”工具栏中的“直线”按钮，绘制图 10-75 所示的图形。

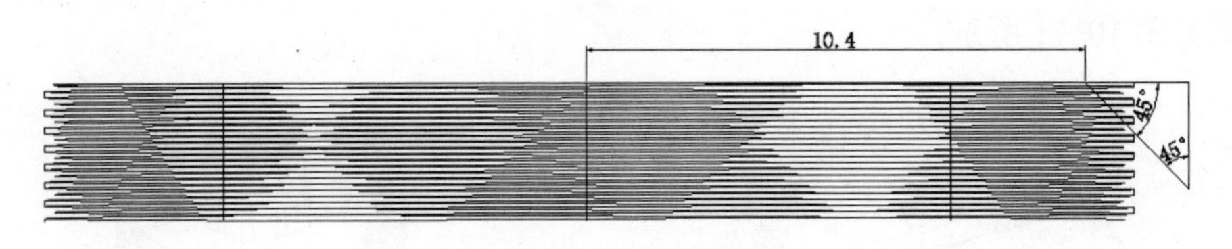

图 10-75　绘制截面轮廓

⑩ 单击“绘图”工具栏中的“面域”按钮，将上步绘制的图形创建为面域。单击“视图”工具栏中的“西南等轴测”按钮，将视图切换到西南等轴测视图。

⑪ 单击“建模”工具栏中的“旋转”按钮，将上步创建的面域绕 *Y* 轴进行旋转，消隐结果如图 10-76 所示。

⑫ 单击“实体编辑”工具栏中的“差集”按钮，将旋转体与主体进行差集处理。消隐结果如图 10-77 所示。

⑬ 底座的绘制方法与压紧螺母类似，如图 10-78 所示，这里不再赘述。

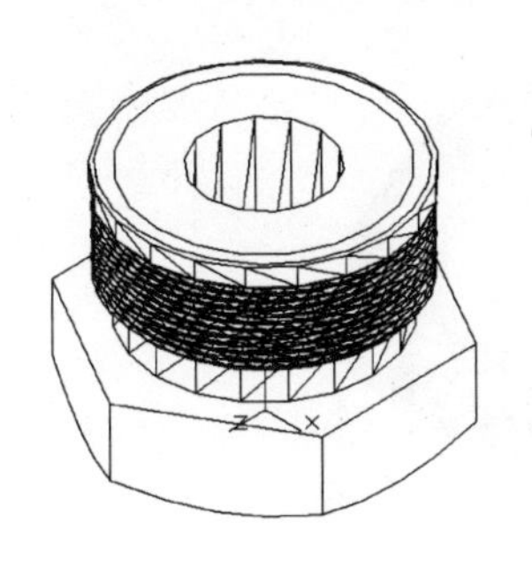

图 10-76　创建旋转实体

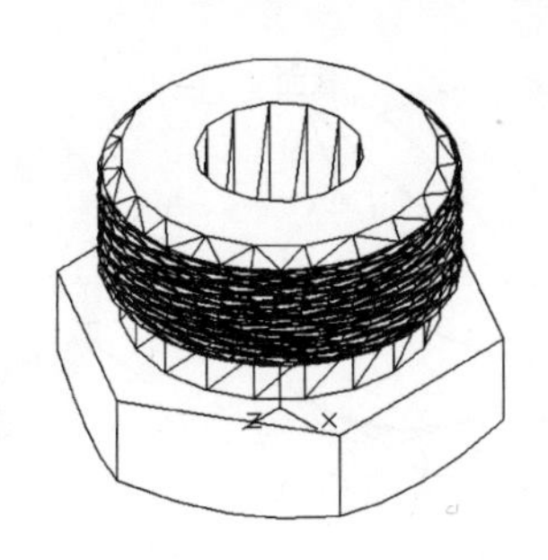

图 10-77　差集处理

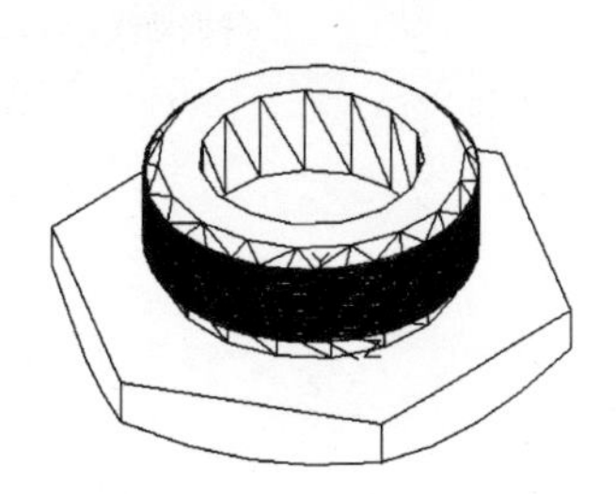

图 10-78　底座

10.8.7 放样

【执行方式】

命令行：LOFT。

菜单栏：绘图→建模→放样。

工具栏：建模→放样。

功能区：单击“三维工具”选项卡“建模”面板中的“放样”按钮。

【操作步骤】

命令: LOFT

当前线框密度: ISOLINES=4，闭合轮廓创建模式 = 实体

按放样次序选择横截面或 [点(PO)/合并多条边(J)/模式(MO)]:找到 1 个

按放样次序选择横截面或 [点(PO)/合并多条边(J)/模式(MO)]: 找到 1 个，总计 2 个

按放样次序选择横截面或 [点(PO)/合并多条边(J)/模式(MO)]: 找到 1 个，总计 3 个

按放样次序选择横截面或 [点(PO)/合并多条边(J)/模式(MO)]:选中了 3 个横截面（依次选择如图 10-79 所示的三个截面）

输入选项 [导向(G)/路径(P)/仅横截面(C)/设置(S)/连续性(CO)/凸度幅值(B)] <仅横截面>:

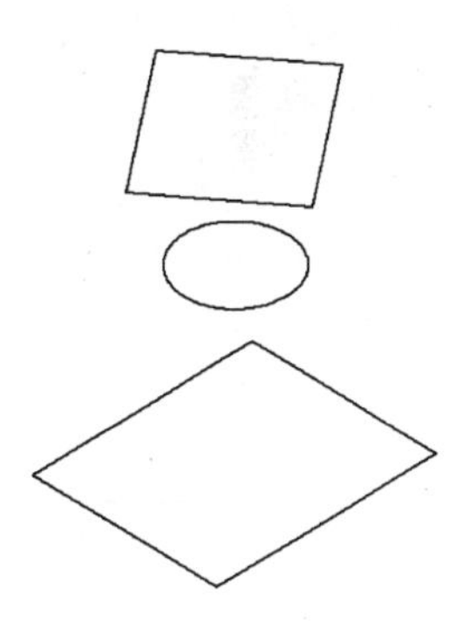

图 10-79　选择截面

【选项说明】

1）导向（G）：指定控制放样实体或曲面形状的导向曲线。可以使用导向曲线来控制点与相应的横截面匹配，以防止出现不希望看到的效果（如结果实体或曲面中出现皱褶）。导向曲线是直线或曲线，可通过将其他线框信息添加至对象来进一步定义建模或曲面的形状，如图 10-80 所示。选择该选项，命令行提示与操作如下。

选择导向曲线:（选择放样建模或曲面的导向曲线，然后按〈Enter〉键）

2）路径（P）：指定放样实体或曲面的单一路径。如图 10-81 所示。选择该选项，命令行提示与操作如下。

选择路径:（指定放样建模或曲面的单一路径）

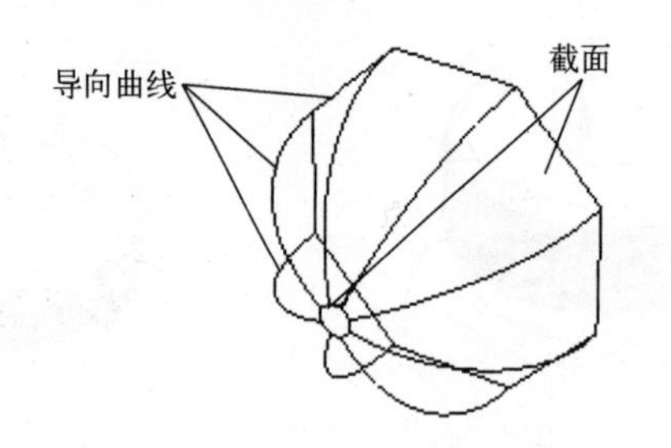

图 10-80　导向放样

路径曲线必须与横截面的所有平面相交。

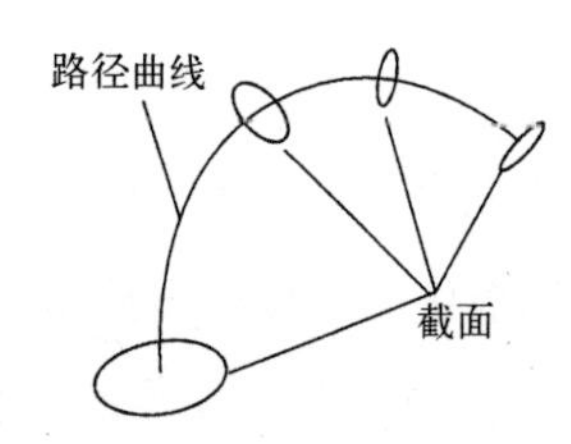

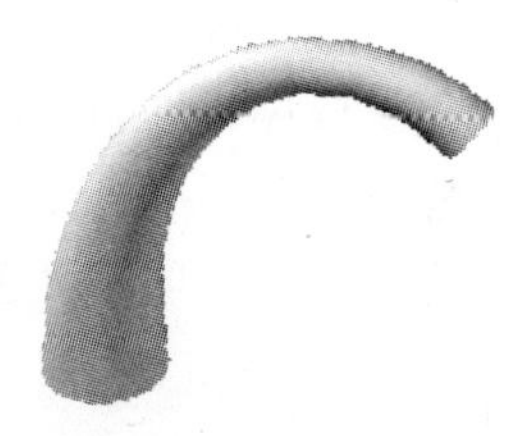

图 10-81　路径放样

3）仅横截面（C）：在不使用导向或路径的情况下，创建放样对象。

4）设置（S）：选择该选项，系统打开“放样设置”对话框，如图 10-82 所示。其中有四个单选按钮选项，图 10-83a 所示为选择“直纹”单选按钮的放样结果示意图，图 10-83b 所示为选择“平滑拟合”单选按钮的放样结果示意图，图 10-83c 所示为选择“法线指向”单选按钮并选择“所有横截面”选项的放样结果示意图，图 10-83d 所示为选择“拔模斜度”单选按钮并设置“起点角度”为“45”、“起点幅值”为“10”、“端点角度”为“60”、“端点幅值”为“10”的放样结果示意图。

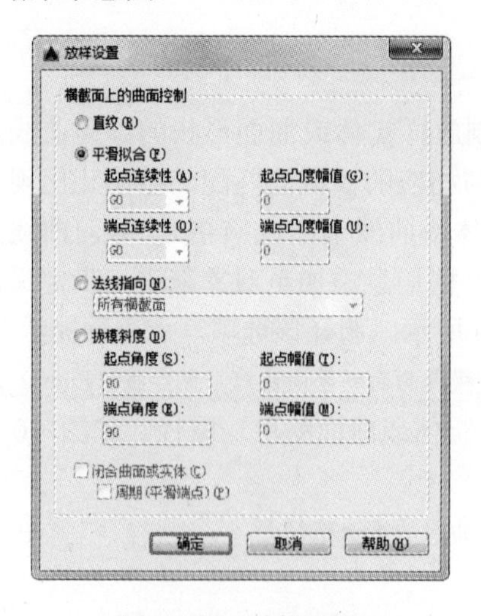

图 10-82　放样设置

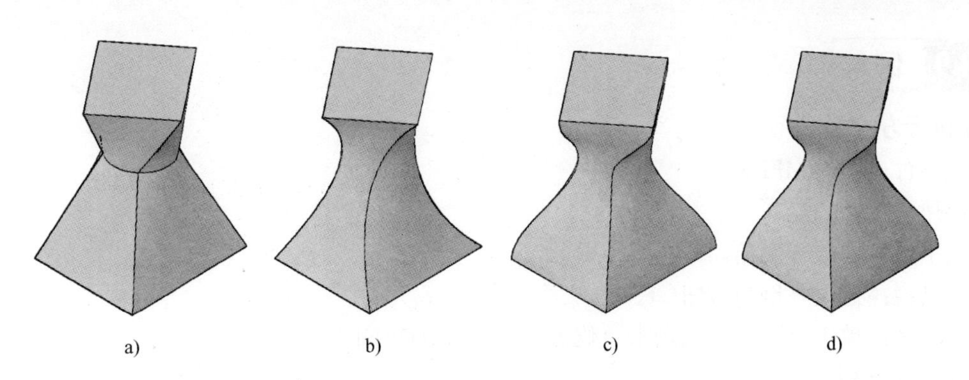

图 10-83　放样示意图

a) 直纹　b) 平滑拟合　c) 法线指向　d) 拔模斜度

注 意

每条导向曲线必须满足以下条件才能正常工作。

1）与每个横截面相交。

2）从第一个横截面开始。

3）到最后一个横截面结束。

可以为放样曲面或建模选择任意数量的导向曲线。

10.8.8 拖拽

【执行方式】

命令行：PRESSPULL。

工具栏：建模→按住并拖动。

功能区：单击“三维工具”选项卡“实体编辑”面板中的“按住并拖动”按钮。

【操作步骤】

命令: PRESSPULL↙

单击有限区域以进行按住或拖动操作。

选择有限区域后，按住鼠标左键并拖动，相应的区域就会进行拉伸变形。图 10-84 所示为选择圆台上表面，按住并拖动的结果。

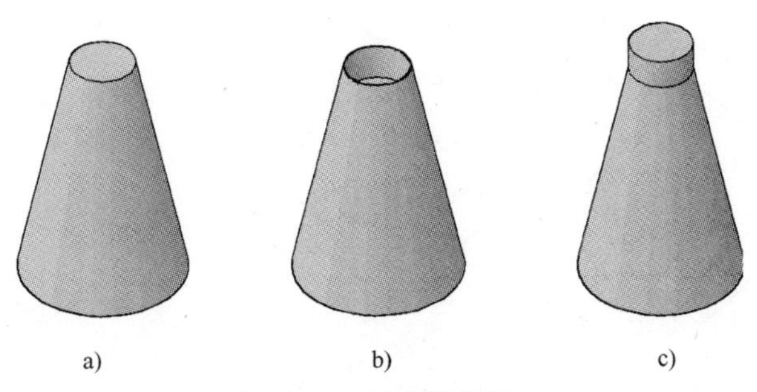

图 10-84　按住并拖动

a) 圆台　b) 向下拖动　c) 向上拖动

10.8.9 倒角

【执行方式】

命令行：CHAMFER。

快捷命令：CHA。

菜单栏：修改→倒角。

工具栏：修改→倒角按钮。

功能区：单击“默认”选项卡“修改”面板中的“倒角”按钮。

【操作步骤】

命令：CHAMFER↙

(“修剪”模式) 当前倒角距离 1 = 0.0000，距离 2 = 0.0000

选择第一条直线或 [放弃(U)/多段线(P)/距离(D)/角度(A)/修剪(T)/方式(E)/多个(M)]:

【选项说明】

1）选择第一条直线。选择建模的一条边，此选项为系统的默认选项。选择某一条边以后，与此边相邻的两个面中的一个面的边框就变成虚线。选择建模上要倒角的边后，命令行提示与操作如下。

基面选择...

输入曲面选择选项 [下一个(N)/当前(OK)] <当前(OK)>:

该提示要求选择基面，默认选项是“当前（OK）”，即以虚线表示的面作为基面。如果选择“下一个（N）”选项，则以与所选边相邻的另一个面作为基面。选择好基面后，命令行继续出现如下提示。

指定基面的倒角距离 <2.0000>:（输入基面上的倒角距离）

指定其他曲面的倒角距离 <2.0000>:（输入与基面相邻的另外一个面上的倒角距离）

选择边或 [环(L)]:

- 选择边：确定需要进行倒角的边，此选项为系统的默认选项。选择基面的某一边后，命令行提示与操作如下。

选择边或 [环(L)]:

在此提示下，按〈Enter〉键对选择好的边进行倒角，也可以继续选择其他需要倒角的边。

- 选择环（L）：对基面上所有的边都进行倒角。

2）其他选项。与二维倒角类似，此处不再赘述。

图 10-85 所示为对长方体倒角的结果。

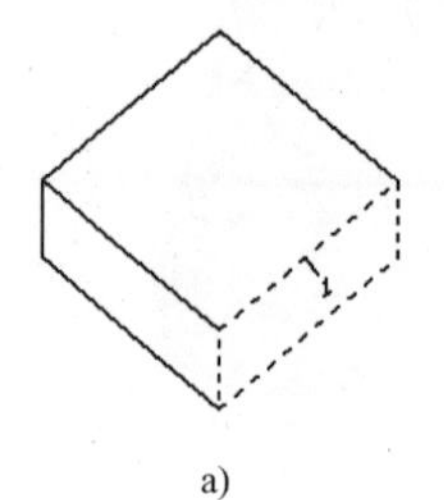

a)

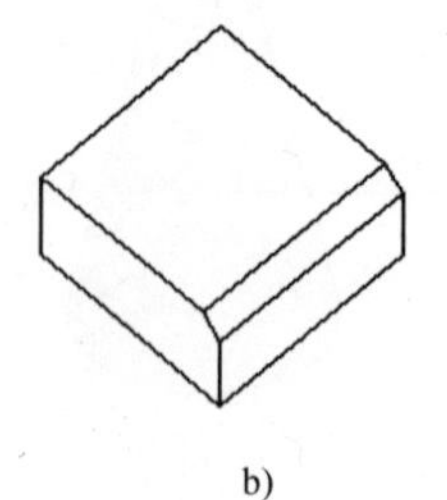

b)

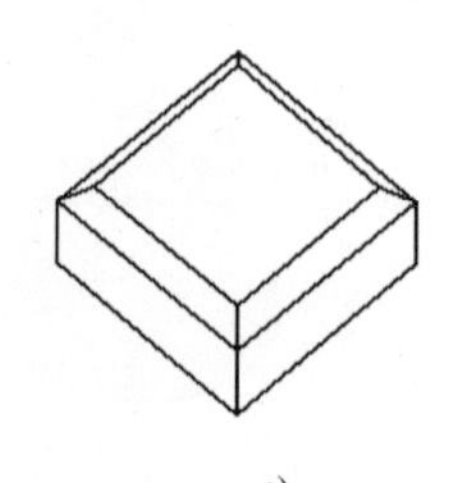

c)

图 10-85　对建模棱边倒角

a) 选择倒角边 1　b) 选择“边”倒角结果　c) 选择“环”倒角结果

10.8.10 实例——销轴

本实例主要利用“拉伸”和“倒角”等命令绘制图 10-86 所示的销轴。

【操作步骤】

1）选择菜单栏中的“文件”→“新建”命令，弹出“选择样板”对话框，单击“打开”按钮右侧的下拉按钮，以“无样板打开一公制”（毫米）方式建立新文件；将新文件命名为“销轴.dwg”并保存。

2）调出“建模”“视觉样式”“实体编辑”“渲染”和“视图”五个工具栏，并将它们移动到绘图窗口中的适当位置。

3）设置线框密度，默认值是“8”，更改设定值为“10”。

4）创建圆柱体。

① 单击“绘图”工具栏中的“圆”按钮，在坐标原点分别绘制半径为“9”和“5”的两个圆，如图 10-87 所示。

② 单击“视图”工具栏中的“西南等轴测”按钮，将视图切换到西南轴测。单击“建模”工具栏中的“拉伸”按钮，将两个圆做拉伸处理。命令行提示与操作如下。

```
命令: _extrude
当前线框密度:  ISOLINES=10，闭合轮廓创建模式 = 实体
选择要拉伸的对象或 [模式(MO)]: _MO 闭合轮廓创建模式 [实体(SO)/曲面(SU)] <实体>: _SO
选择要拉伸的对象或 [模式(MO)]: （选取大圆）
选择要拉伸的对象或 [模式(MO)]:
指定拉伸的高度或 [方向(D)/路径(P)/倾斜角(T)/表达式(E)]: 8
命令: _extrude
当前线框密度:  ISOLINES=10，闭合轮廓创建模式 = 实体
选择要拉伸的对象或 [模式(MO)]: _MO 闭合轮廓创建模式 [实体(SO)/曲面(SU)] <实体>: _SO
选择要拉伸的对象或 [模式(MO)]: （选取小圆）
选择要拉伸的对象或 [模式(MO)]:
指定拉伸的高度或 [方向(D)/路径(P)/倾斜角(T)/表达式(E)]: 50
```

结果如图 10-88 所示。

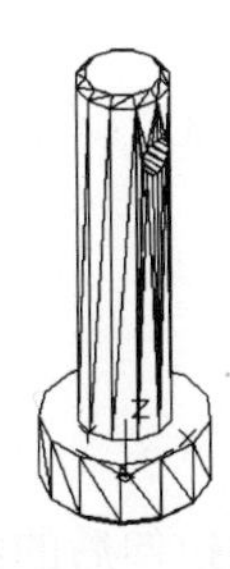

图 10-86 销轴

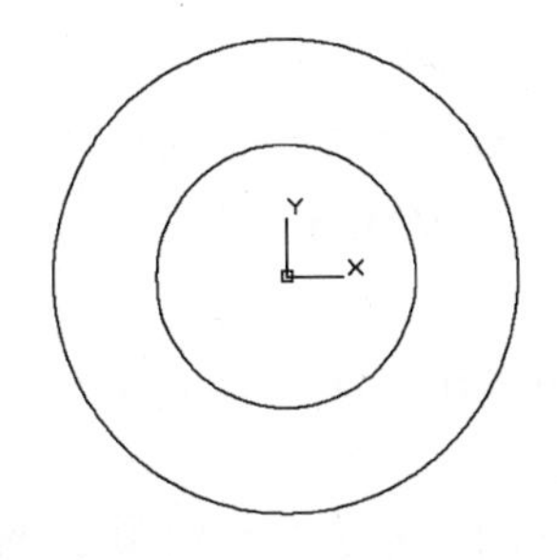

图 10-87 绘制轮廓线

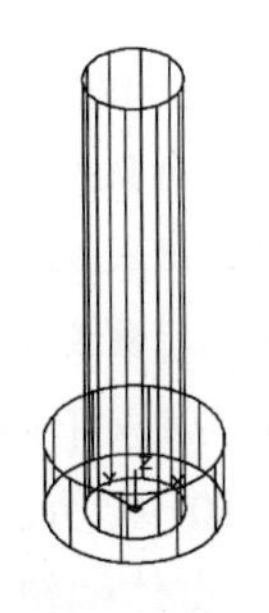

图 10-88 拉伸实体

5）布尔运算应用。单击“实体编辑”工具栏中的“并集”按钮，将拉伸后的圆柱体进行并集处理，命令行提示与操作如下。

命令: _union

选择对象: （选取拉伸后的两个圆柱体）

选择对象:

单击“渲染”工具栏中的“隐藏”按钮，消隐结果如图 10-89 所示。

6）创建销孔。

① 在命令行中输入“UCS”命令，新建坐标系，命令行提示与操作如下。

命令: ucs

当前 UCS 名称: *世界*

指定 UCS 的原点或 [面(F)/命名(NA)/对象(OB)/上一个(P)/视图(V)/世界(W)/X/Y/Z/Z 轴(ZA)] <世界>: 0,0,42

指定 X 轴上的点或 <接受>:

命令: ucs

当前 UCS 名称: *没有名称*

指定 UCS 的原点或 [面(F)/命名(NA)/对象(OB)/上一个(P)/视图(V)/世界(W)/X/Y/Z/Z 轴(ZA)] <世界>: x

指定绕 X 轴的旋转角度 <90>: 90

结果如图 10-90 所示。

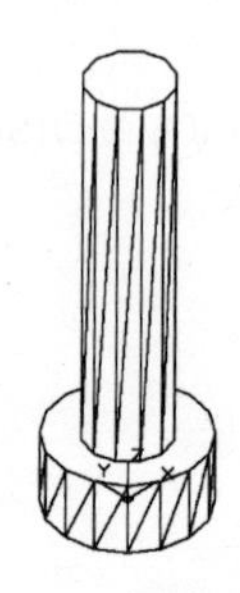

图 10-89　并集结果

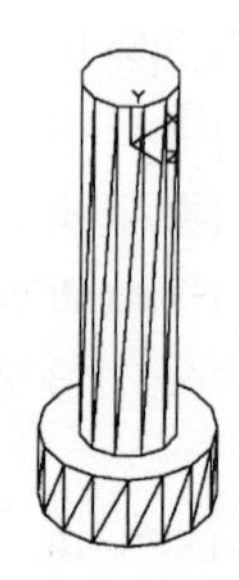

图 10-90　新建坐标系

② 单击“绘图”工具栏中的“圆”按钮，在坐标点（0,0,6）处绘制半径为“2”的圆。

③ 单击“建模”工具栏中的“拉伸”按钮，将圆做拉伸处理。命令行提示与操作如下。

命令: _extrude

当前线框密度: ISOLINES=10，闭合轮廓创建模式 = 实体

选择要拉伸的对象或 [模式(MO)]: _MO 闭合轮廓创建模式 [实体(SO)/曲面(SU)] <实体>: _SO

选择要拉伸的对象或 [模式(MO)]: （选取刚绘制的圆）

选择要拉伸的对象或 [模式(MO)]:

指定拉伸的高度或 [方向(D)/路径(P)/倾斜角(T)/表达式(E)]: -12

结果如图 10-91 所示。

④ 单击“实体编辑”工具栏中的“差集”按钮，将圆柱体与拉伸后的图形进行差集处理，命令行提示与操作如下。

命令: _subtract

选择要从中减去的实体、曲面和面域...

选择对象：（选取视图中的圆柱体）

选择对象：

选择要减去的实体、曲面和面域...

选择对象：（选取拉伸后的小圆体）

选择对象：

消隐后结果如图 10-92 所示。

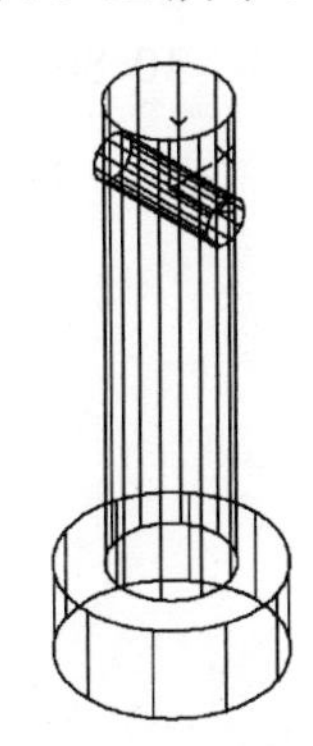

图 10-91　拉伸实体

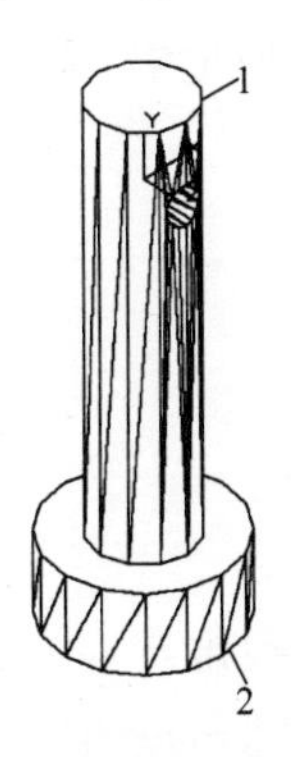

图 10-92　差集处理

⑤ 单击“修改”工具栏中的“倒角”按钮，对图 10-92 所示的 1，2 两条边线进行倒角处理，命令行提示与操作如下。

命令: _chamfer

(“修剪”模式) 当前倒角距离 1 = 0.0000，距离 2 = 0.0000

选择第一条直线或 [放弃(U)/多段线(P)/距离(D)/角度(A)/修剪(T)/方式(E)/多个(M)]: d

指定 第一个 倒角距离 <0.0000>: 1

指定 第二个 倒角距离 <1.0000>:

选择第一条直线或 [放弃(U)/多段线(P)/距离(D)/角度(A)/修剪(T)/方式(E)/多个(M)]:（选择图 10-92 所示的边线 1）

基面选择...

输入曲面选择选项 [下一个(N)/当前(OK)] <当前(OK)>:

指定 基面 倒角距离或 [表达式(E)] <1.0000>:

指定 其他曲面 倒角距离或 [表达式(E)] <1.0000>:

选择边或 [环(L)]:（选择图 10-92 所示的边线 1）

命令: _chamfer

(“修剪”模式) 当前倒角距离 1 = 1.0000，距离 2 = 1.0000

选择第一条直线或 [放弃(U)/多段线(P)/距离(D)/角度(A)/修剪(T)/方式(E)/多个(M)]: d

指定 第一个 倒角距离 <1.0000>: 0.8

指定 第二个 倒角距离 <0.8000>:

选择第一条直线或 [放弃(U)/多段线(P)/距离(D)/角度(A)/修剪(T)/方式(E)/多个(M)]:（选择图 10-92 所示的边线 2）

基面选择...

输入曲面选择选项 [下一个(N)/当前(OK)] <当前(OK)>:

指定 基面 倒角距离或 [表达式(E)] <0.8000>:

指定 其他曲面 倒角距离或 [表达式(E)] <0.8000>:

选择边或 [环(L)]: （选择图 10-92 所示的边线 2）

消隐后结果如图 10-93 所示。

在命令行中输入“UCS”命令，返回世界坐标系，结果如图 10-86 所示。

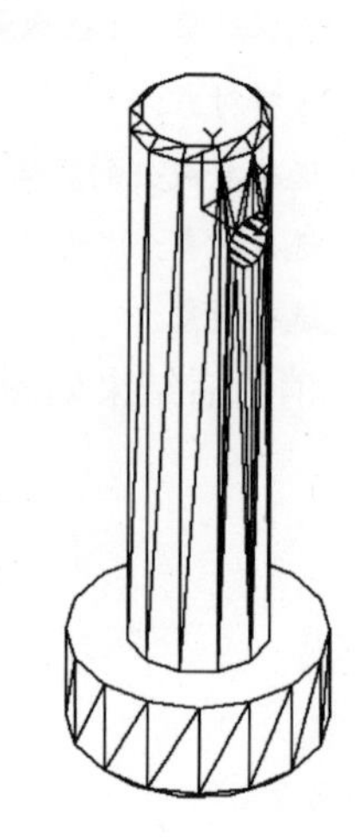

图 10-93　倒角处理

10.8.11 圆角

【执行方式】

命令行：FILLET。

快捷命令：F。

菜单栏：修改→圆角。

工具栏：修改→圆角按钮。

功能区：单击“默认”选项卡“修改”面板中的“圆角”按钮。

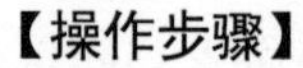

【操作步骤】

命令：FILLET↙

当前设置：模式 = 修剪，半径 = 0.0000

选择第一个对象或 [放弃(U)/多段线(P)/半径(R)/修剪(T)/多个(M)]:（选择建模上的一条边）

输入圆角半径或[表达式（E）]: 输入圆角半径↙:

选择边或[链(C)/ 环（L）/半径(R)]:

【选项说明】

“链（C）”选项：表示与此边相邻的边都被选中，并进行圆角操作。图 10-94 所示为对长方体圆角处理的结果。

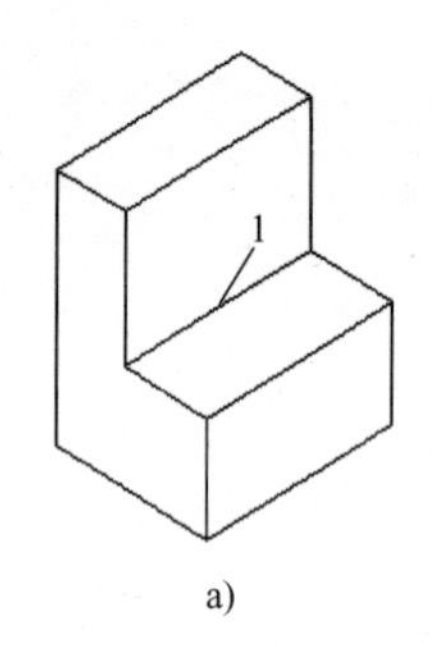

a)

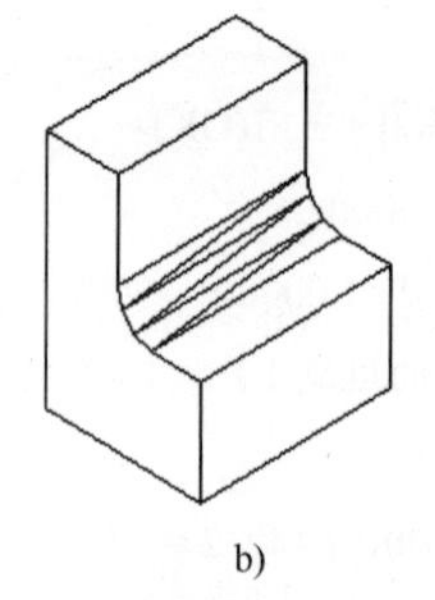

b)

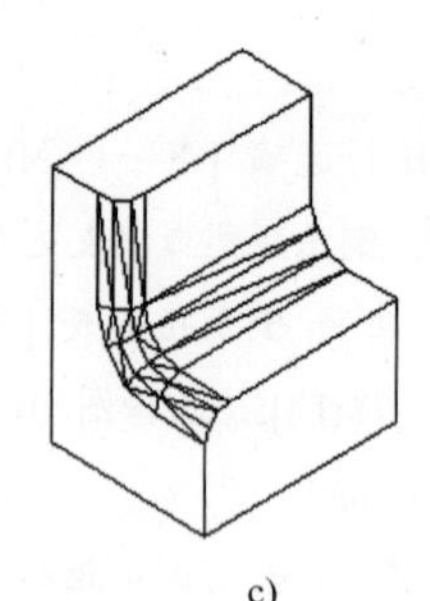

c)

图 10-94　对建模棱边进行圆角处理

a) 选择圆角边 1　b) “边”圆角结果　c) “链”圆角结果

10.8.12 实例——手把

本实例主要利用“拉伸”和“圆角”等命令绘制图 10-95 所示的手把。

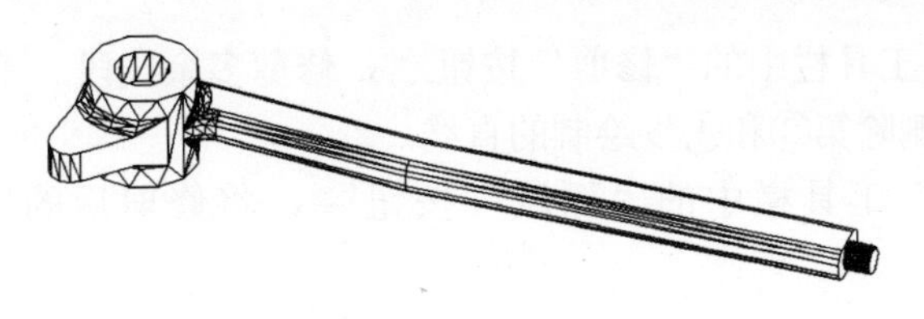

图 10-95 手把

【操作步骤】

1）单击菜单栏中的“文件”→“新建”命令，弹出“选择样板”对话框，单击“打开”按钮右侧的下拉按钮，以“无样板打开一公制”（毫米）方式建立新文件；将新文件命名为“手把.dwg”并保存。

2）调出“建模”“视觉样式”“实体编辑”“渲染”和“视图”五个工具栏，并将它们移动到绘图窗口中的适当位置。

3）设置线框密度，默认值是“8”，更改设定值为“10”。

4）单击“视图”工具栏中的“西南等轴测”按钮，切换三维视图。

5）创建圆柱体。

① 单击“建模”工具栏中的“圆柱体”按钮，在坐标原点处创建半径分别为“5”和“10”，高度为“18”的两个圆柱体。

② 单击“实体编辑”工具栏中的“差集”按钮，将大圆柱体减去小圆柱体。单击“渲染”工具栏中的“隐藏”按钮，结果如图 10-96 所示。

6）创建拉伸实体。

① 在命令行中输入“UCS”命令，将坐标系移动到坐标点（0,0,6）处。

② 切换视图方向。选择菜单栏中的“视图”→“三维视图”→“平面视图”→“当前UCS”命令，将视图切换到当前坐标系。

③ 单击“绘图”工具栏中的“直线”按钮，绘制两条通过圆心的十字线。

④ 单击“修改”工具栏中的“偏移”按钮，将水平线向下偏移“18”，如图 10-97 所示。

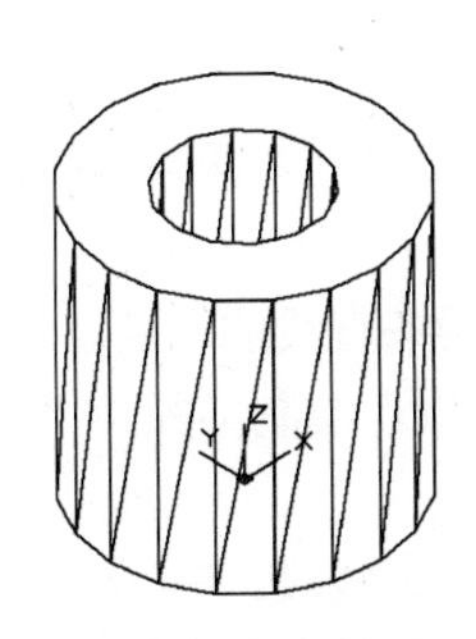

图 10-96 差集处理

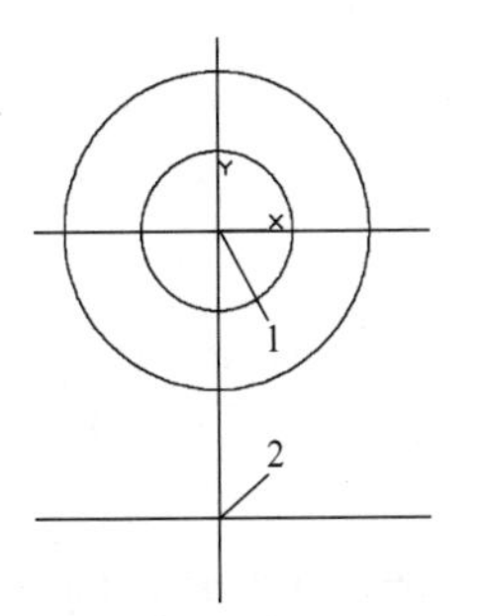

图 10-97 绘制辅助线

⑤ 单击“绘图”工具栏中的“圆”按钮，在点 1 处绘制半径为“10”的圆，在点 2 处绘制半径为“4”的圆。

⑥ 单击“绘图”工具栏中的“直线”按钮，绘制两个圆的切线，如图 10-98 所示。

⑦ 单击“修改”工具栏中的“修剪”按钮，修剪多余线段。单击“修改”工具栏中的“删除”按钮，删除第③和④步绘制的直线。

⑧ 单击“绘图”工具栏中的“面域”按钮，将修剪后的图形创建成面域，如图 10-99 所示。

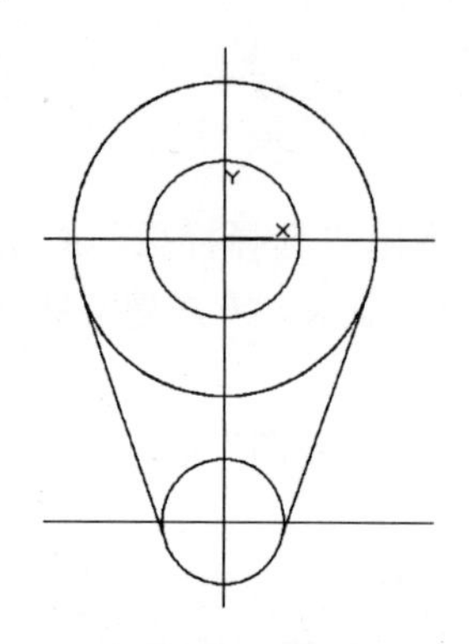

图 10-98　绘制截面轮廓

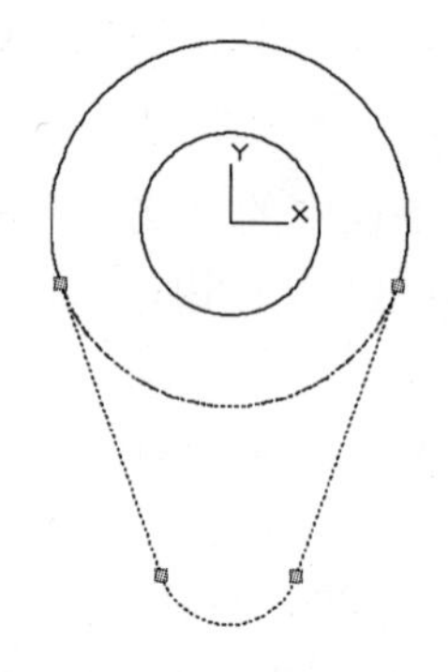

图 10-99　创建截面面域

⑨ 单击“视图”工具栏中的“西南等轴测”按钮，将视图切换到西南等轴测视图，删除多余辅助线，如图 10-100 所示。

单击“建模”工具栏中的“拉伸”按钮，将上步创建的面域进行拉伸处理，拉伸距离为“6”。

⑩ 单击“实体编辑”工具栏中的“并集”按钮，将视图中所有实体合并为一体，消隐结果如图 10-101 所示。

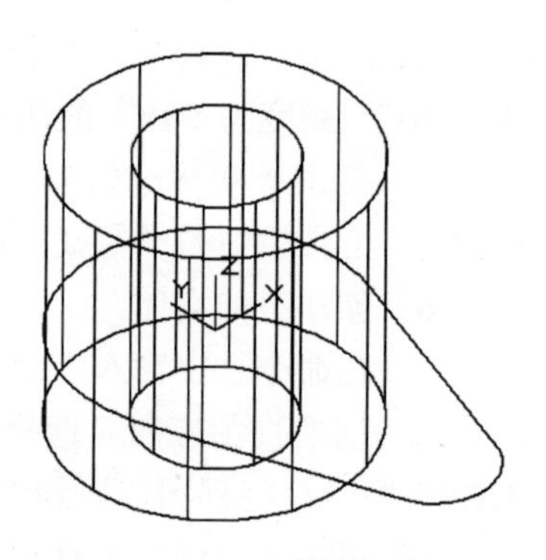

图 10-100　平面图绘制结果

7）创建拉伸实体。

① 切换视图方向。选择菜单栏中的“视图”→“三维视图”→“平面视图”→“当前 UCS”命令，将视图切换到当前坐标系。

② 单击“绘图”工具栏中的“直线”按钮，以坐标原点为起点，绘制坐标为（@50<20），（@80<25）的两条直线。

③ 单击“修改”工具栏中的“偏移”按钮，将上步绘制的两条直线向上偏移，偏移距离为“10”。

④ 单击“绘图”工具栏中的“直线”按钮，连接两条直线的端点。

⑤ 单击“绘图”工具栏中的“圆”按钮，在坐标原点绘制半径为“10”的圆，结果如图 10-102 所示。

⑥ 单击“修改”工具栏中的“修剪”按钮，修剪多余线段。

⑦ 单击“绘图”工具栏中的“面域”按钮，将修剪后的图形创建成面域，如图 10-103 所示。

⑧ 单击“视图”工具栏中的“西南等轴测”按钮，将视图切换到西南等轴测视图。单击“建模”工具栏中的“拉伸”按钮，将上步创建的面域进行拉伸处理，拉伸距离为“6”，消隐结果如图 10-104 所示。

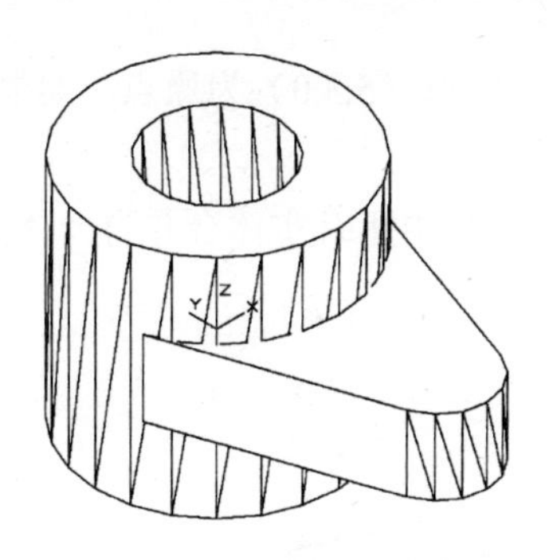

图 10-101　拉伸实体

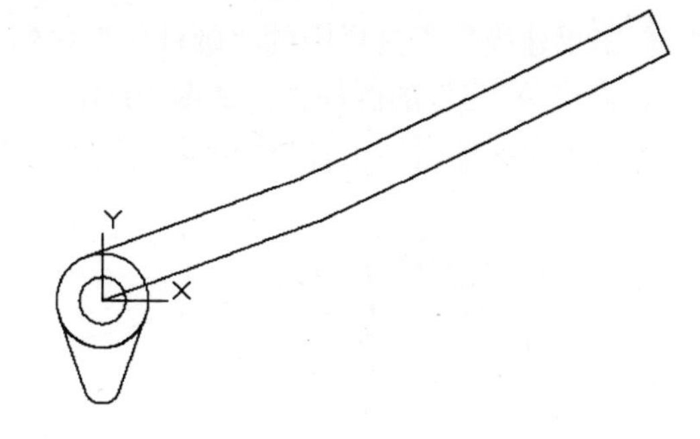

图 10-102　绘制截面轮廓

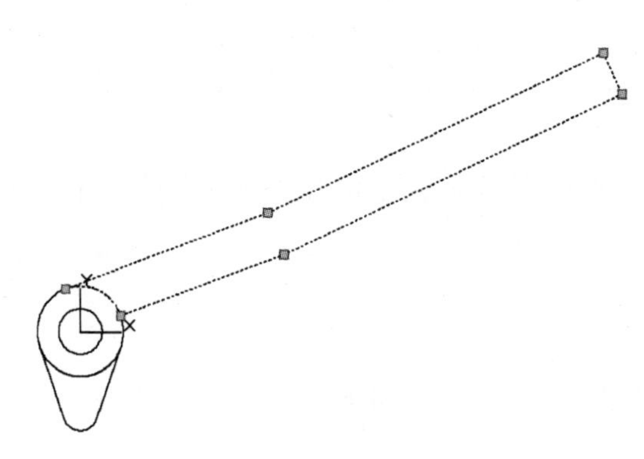
图 10-103　创建截面面域

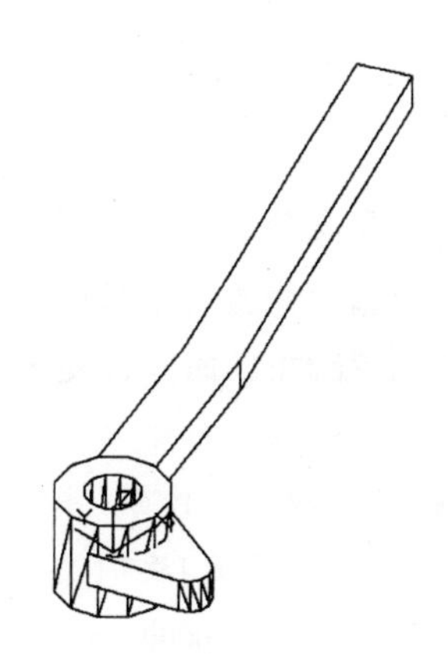
图 10-104　拉伸实体

8）创建圆柱体。

① 单击“视图”工具栏中的“东南等轴测”按钮，将视图切换到东南等轴测视图。如图 10-105 所示。

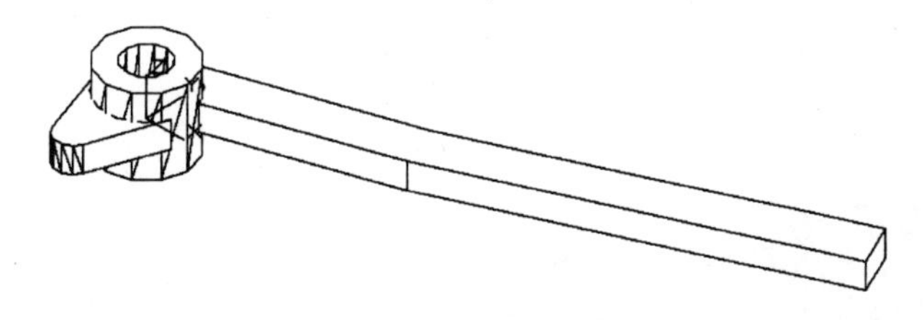
图 10-105　东南等轴测视图

② 在命令行中输入“UCS”命令，将坐标系移动到把手端点，旋转坐标系，结果如图 10-106 所示。

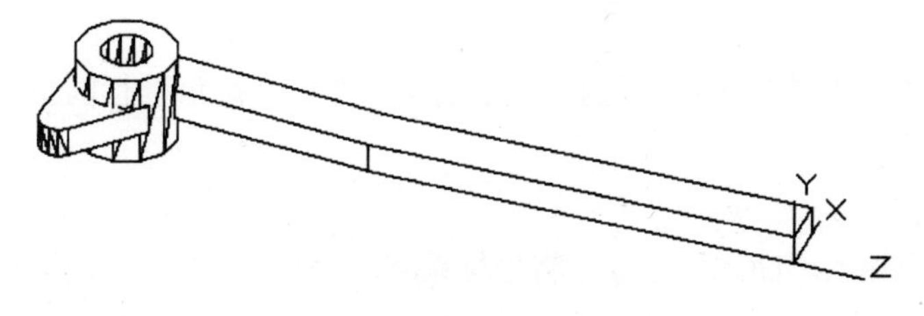

图 10-106　建立新坐标系

③ 单击“建模”工具栏中的“圆柱体”按钮，以坐标点（5,3,0）为原点，绘制半径为“2.5”，高度为“5”的圆柱体，如图 10-107 所示。

④ 单击“实体编辑”工具栏中的“并集”按钮，将视图中所有实体合并为一体。

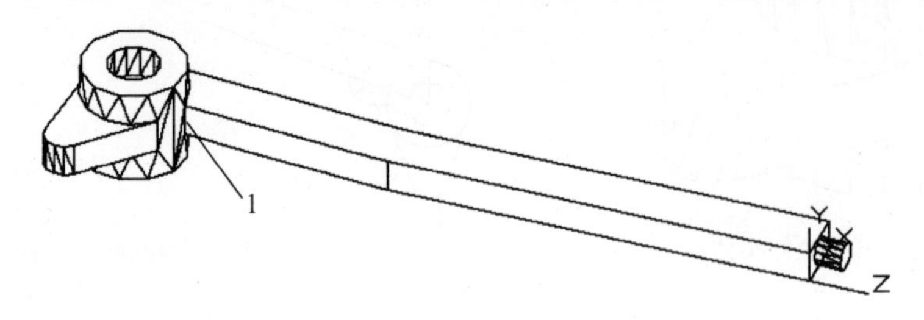

图 10-107 创建圆柱体

9）创建圆角。

① 单击“修改”工具栏中的“圆角”按钮，选取图 10-107 所示的交线 1，圆角半径为“5”创建圆角。命令行提示与操作如下。

命令: _fillet

当前设置: 模式 = 修剪，半径 = 0.0000

选择第一个对象或 [放弃(U)/多段线(P)/半径(R)/修剪(T)/多个(M)]: R

指定圆角半径 <0.0000>: 5

选择第一个对象或 [放弃(U)/多段线(P)/半径(R)/修剪(T)/多个(M)]:（选择图 10-107 所示的交线 1）

输入圆角半径或 [表达式(E)] <5.0000>:

选择边或 [链(C)/环(L)/半径(R)]:（选择图 10-107 所示的交线 1）

选择边或 [链(C)/环(L)/半径(R)]:

已选定 1 个边用于圆角

圆角并消隐结果如图 10-108 所示。

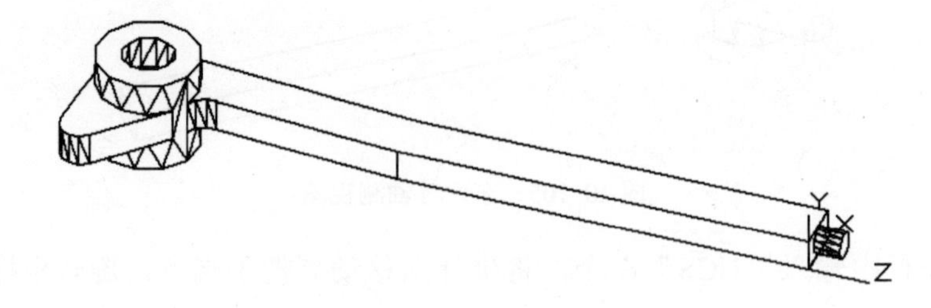

图 10-108 创建圆角一

② 单击“修改”工具栏中的“圆角”按钮，将其余棱角进行圆角操作，圆角半径为“2”。如图 10-109 所示。

10）创建螺纹。

① 在命令行中输入“UCS”命令，将坐标系移动到把手端点。如图 10-110 所示。

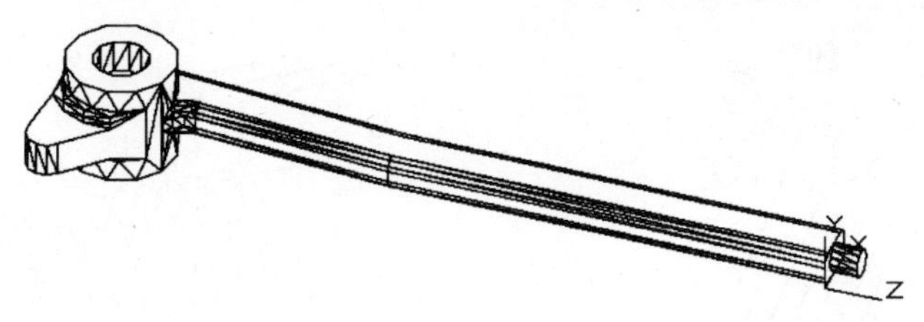

图 10-109　创建圆角二

② 单击“视图”工具栏中的“西南等轴测”按钮，将视图切换到西南等轴测视图。

③ 选择菜单栏中的“绘图”→“螺旋”命令，创建螺旋线。命令行提示与操作如下。

命令: _HELIX

圈数 = 3.0000　　扭曲=CCW

指定底面的中心点: 0,0,2

指定底面半径或 [直径(D)] <1.0000>: 2.5

指定顶面半径或 [直径(D)] <2.5.0000>:

指定螺旋高度或 [轴端点(A)/圈数(T)/圈高(H)/扭曲(W)] <1.0000>: h

指定圈间距 <0.2500>: 0.58

指定螺旋高度或 [轴端点(A)/圈数(T)/圈高(H)/扭曲(W)] <1.0000>: -8

④ 单击“视图”工具栏中的“东南等轴测”按钮，将视图切换到东南等轴测视图。结果如图 10-111 所示。

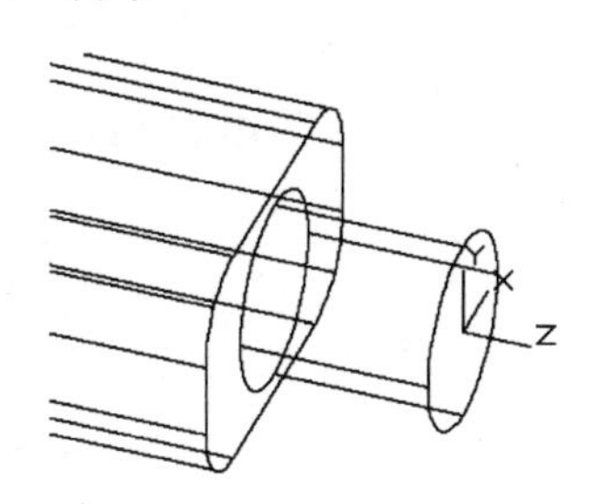

图 10-110　建立新坐标系

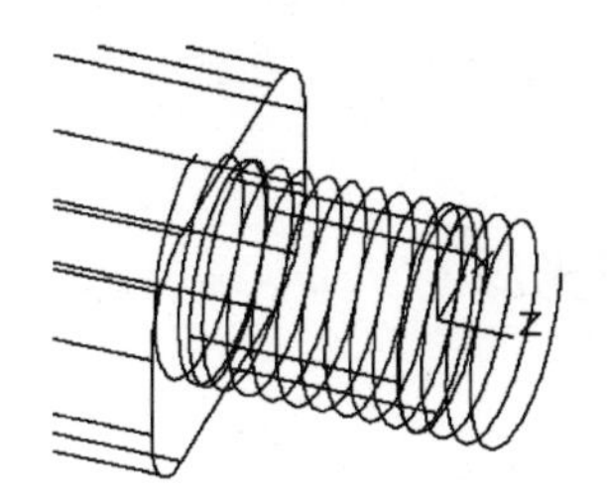

图 10-111　创建螺旋线

⑤ 选择菜单栏中的“视图”→“三维视图”→“俯视”命令，将视图切换到俯视图。

⑥ 绘制牙型截面轮廓。单击“绘图”工具栏中的“直线”按钮，捕捉螺旋线的上端点绘制牙型截面轮廓，尺寸参照如图 10-112 所示；单击“绘图”工具栏中的“面域”按钮，将其创建成面域。

⑦ 扫掠形成实体。单击“视图”工具栏中的“西南等轴测”按钮，将视图切换到西南等轴测视图。单击“建模”工具栏中的“扫掠”按钮，命令行中的提示与操作如下。

命令: _sweep

当前线框密度: ISOLINES=4，闭合轮廓创建模式 = 实体

选择要扫掠的对象或 [模式(MO)]: _MO 闭合轮廓创建模式 [实体(SO)/曲面(SU)] <实体>: _SO

选择要扫掠的对象或 [模式(MO)]: (选择三角牙型轮廓)

选择要扫掠的对象或 [模式(MO)]: ↙

选择扫掠路径或 [对齐(A)/基点(B)/比例(S)/扭曲(T)]: (选择螺纹线)

结果如图 10-113 所示。

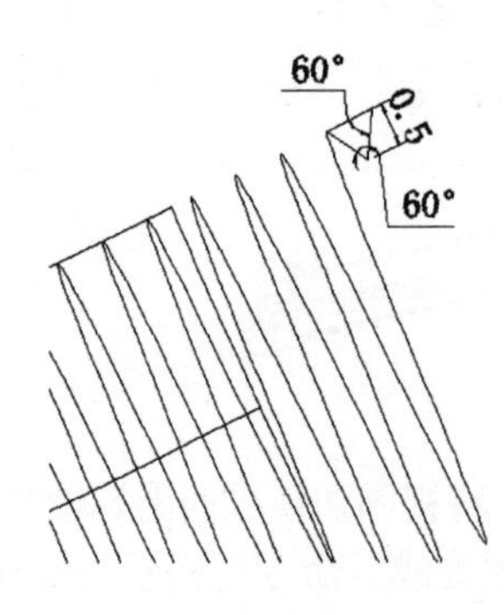

图 10-112　创建截面轮廓

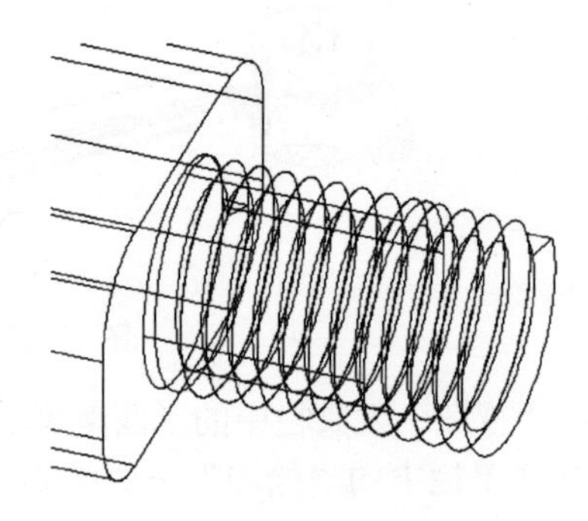

图 10-113　扫掠实体

⑧ 布尔运算处理。单击“实体编辑”工具栏中的“差集”按钮，从主体中减去上步绘制的扫掠体。单击“视图”工具栏中的“东南等轴测”按钮，将视图切换到东南等轴测视图，螺纹部分结果如图 10-114 所示。

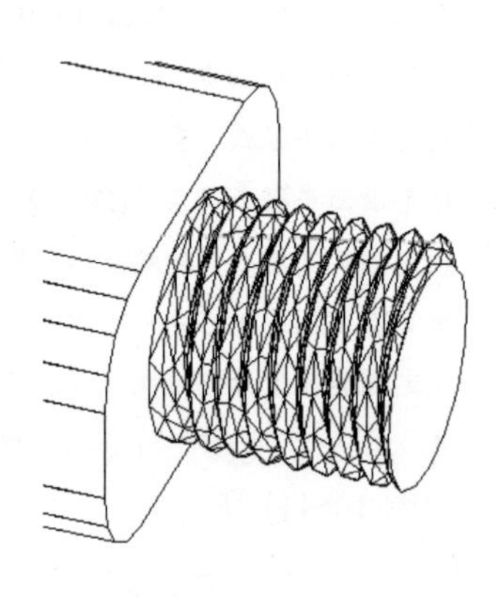

图 10-114　螺纹部分结果

10.9　渲染实体

渲染是给三维图形对象加上颜色和材质元素，还可以有灯光、背景和场景等元素，能够更真实地表达图形的外观和纹理。渲染是输出图形前的关键步骤，尤其是在效果图的设计中。

10.9.1　设置光源

【执行方式】

命令行：LIGHT。

菜单栏：视图→渲染→光源→新建点光源（见图 10-115）。

工具栏：渲染→新建点光源（见图 10-116）。

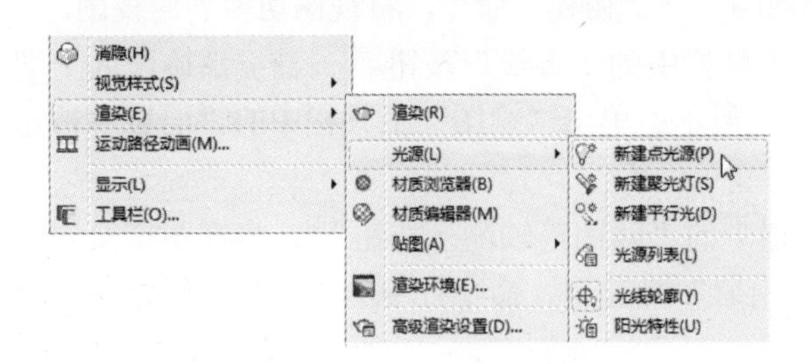

图 10-115　“光源”子菜单

图 10-116　“渲染”工具栏

【操作步骤】

命令：LIGHT↙

输入光源类型 [点光源(P)/聚光灯(S)/光域网(W)/目标点光源(T)/自由聚光灯(F)/自由光域(B)/平行光(D)] <点光源>:

【选项说明】

1. 点光源（P）

创建点光源。选择该选项，系统提示如下。

指定源位置 <0,0,0>:（指定位置）

输入要更改的选项 [名称(N)/强度(I)/状态(S)/阴影(W)/衰减(A)/颜色(C)/退出(X)] <退出>:

上面各项的含义如下。

（1）名称（N） 指定光源的名称。可以在名称中使用大写字母和小写字母、数字、空格、连字符“-”和下画线“_”，最大长度为256个字符。选择该选项，系统提示如下。

输入光源名称:

（2）强度（I） 设置光源的强度或亮度，取值范围为 0.00 到系统支持的最大值。选择该选项，系统提示如下。

输入强度 (0.00 - 最大浮点数) <1>:

（3）状态（S） 打开和关闭光源。如果图形中没有启用光源，则该设置对绘图没有影响（或为不可用）。选择该选项，系统提示如下。

输入状态 [开(N)/关(F)] <开>:

（4）阴影（W） 使光源投影。选择该选项，系统提示如下。

输入阴影设置 [关(O)/鲜明(S)/柔和(F)] <鲜明>:

其中，各选项的含义如下。

1）关（O）：关闭光源的阴影显示和阴影计算。关闭阴影将提高性能。

2）鲜明（S）：显示带有强烈边界的阴影。使用此选项可以提高性能。

3）柔和（F）：显示带有柔和边界的真实阴影。

（5）衰减（A） 设置系统的衰减特性。选择该选项，系统提示如下。

输入要更改的选项 [衰减类型(T)/使用界限(U)/衰减起始界限(L)/衰减结束界限(E)/退出(X)] <退出>:

其中，各项的含义如下。

1）衰减类型（T）：控制光线如何随着距离增加而衰减。对象距点光源越远，则越暗。选择该选项，系统提示如下。

输入衰减类型 [无(N)/线性反比(I)/平方反比(S)] <线性反比>:

- 无（N）：设置无衰减。此时对象不论距离点光源是远还是近，明暗程度都一样。
- 线性反比（I）：将衰减设置为与距离点光源的线性距离成反比。例如，距离点光源 2 个单位时，光线强度是点光源的一半；而距离点光源 4 个单位时，光线强度是点光源的 1/4。线性反比的默认值是最大强度的一半。
- 平方反比（S）：将衰减设置为与距离点光源的距离的平方成反比。例如，距离点光源 2 个单位时，光线强度是点光源的 1/4；而距离点光源 4 个单位时，光线强度是点光源的 1/16。

2）衰减起始界限（L）：指定一个点，光线的亮度相对于光源中心的衰减从这一点开始，默认值为 0。选择该选项，系统提示如下。

指定起始界限偏移 (0-??) 或 [关(O)]:

3）衰减结束界限（E）：指定一个点，光线的亮度相对于光源中心的衰减从这一点结束，在此点之后将不会投射光线。在光线的效果很微弱、计算将浪费处理时间的位置处，设置结束界限将提高性能。选择该选项，系统提示如下。

指定结束界限偏移或 [关(O)]:

（6）颜色（C）　控制光源的颜色。选择该选项，系统提示如下。

输入真彩色 (R,G,B) 或输入选项 [索引颜色(I)/HSL(H)/配色系统(B)]<255,255,255>:

颜色设置与前面第 2 章中介绍的图层颜色设置一样，不再赘述。

2. 聚光灯（S）

创建聚光灯。选择该选项，系统提示如下。

指定源位置 <0,0,0>:（输入坐标值或 使用定点设备）

指定目标位置 <1,1,1>:（输入坐标值或 使用定点设备）

输入要更改的选项 [名称(N)/强度(I)/状态(S)/聚光角(H)/照射角(F)/阴影(W)/衰减(A)/颜色(C)/退出(X)] <退出>:

其中，大部分选项与点光源（P）选项相同，只对特别的几项加以说明。

（1）聚光角（H）　指定定义最亮光锥的角度，也称为光束角。聚光角的取值范围为 0～160°，或基于别的角度单位的等价值。选择该选项，系统提示：

输入聚光角角度 (0.00-160.00):

（2）照射角（F）　指定定义完整光锥的角度，也称为现场角。照射角的取值范围为 0～160°。默认值为 45°或基于别的角度单位的等价值。选择该选项，系统提示：

输入照射角角度 (0.00-160.00):

照射角角度必须大于或等于聚光角角度。

3. 平行光（D）

创建平行光。选择该选项，系统提示如下。

指定光源方向 FROM <0,0,0> 或 [矢量(V)]:（指定点或输入“v”）

指定光源去向 <1,1,1>:（指定点 ）

如果输入“V”选项，系统提示如下。

指定矢量方向 <0.0000, -0.0100,1.0000>:（输入矢量）

指定光源方向后，系统提示如下：

输入要更改的选项 [名称(N)/强度因子(I)/状态(S)/光度(P)/阴影(W)/过滤颜色(C)/退出(X)] <退出>:

其中，各选项与前面所述相同，不再赘述。

有关光源设置的命令还有“光源列表”“地理位置”和“阳光特性”等几项。

（1）光源列表　有关内容如下。

【执行方式】

命令行：LIGHTLIST。

菜单栏：视图→渲染→光源→光源列表。

工具栏：渲染→光源列表。

【操作步骤】

命令：LIGHTLIST↙

执行上述命令后，系统打开“模型中的光源”选项板，如图 10-117 所示，显示模型中已经建立的光源。

（2）地理位置　有关内容如下。

【执行方式】

命令行：GEOGRAPHICLOCATION。

菜单栏：工具→地理位置。

工具栏：渲染→地理位置。

【操作步骤】

命令：GEOGRAPHICLOCATION↙

执行上述命令后，系统打开“地理位置”对话框，从中可以设置不同的地理位置的阳光特性。

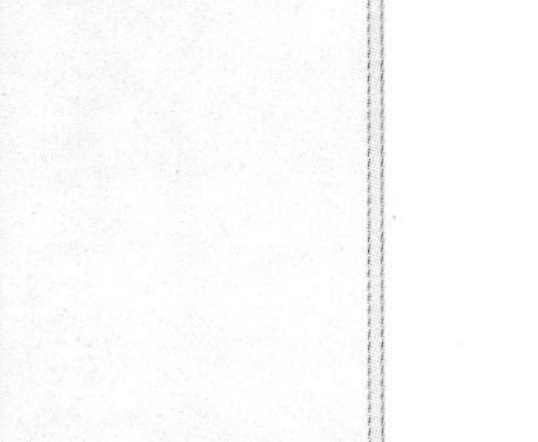

图 10-117 “模型中的光源”选项板

（3）阳光特性　有关内容如下。

【执行方式】

命令行：SUNPROPERTIES。

菜单栏：视图→渲染→光源→阳光特性。

工具栏：渲染→阳光特性。

【操作步骤】

命令：SUNPROPERTIES↙

执行上述命令后，系统打开“阳光特性”选项板，如图 10-118 所示，可以修改已经设置好的阳光特性。

10.9.2 渲染环境

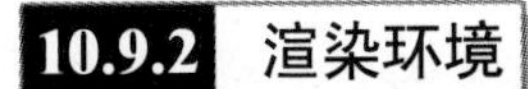

【执行方式】

命令行：RENDERENVIRONMENT。

菜单栏：视图→渲染→渲染环境。

工具栏：渲染→渲染环境。

【操作步骤】

命令：RENDERENVIRONMENT↙

执行该命令后，弹出图 10-119 所示的“渲染环境”选项板，可以从中设置渲染环境的有关参数。

10.9.3 贴图

贴图的功能是在实体附着带纹理的材质后，可以调整实体或面上纹理贴图的方向。当材质被映射后，应调整材质以适应对象的形状。将合适的材质贴图类型应用到对象可以使之更加适合对象。

【执行方式】

命令行：MATERIALMAP。

菜单栏：视图→渲染→贴图（见图 10-120）。

工具栏：渲染→贴图（见图 10-121 或见图 10-122）。

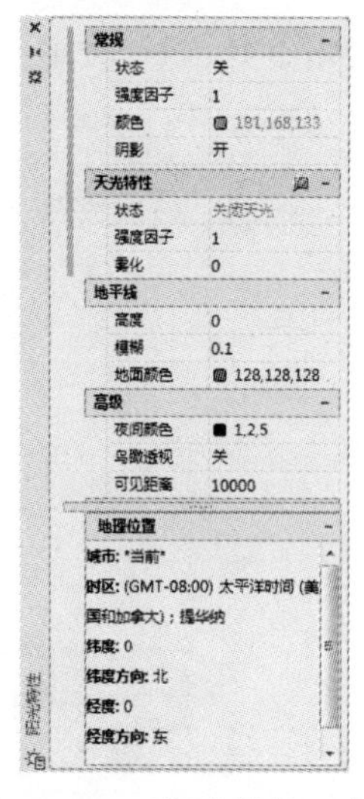

图 10-118 “阳光特性”选项板

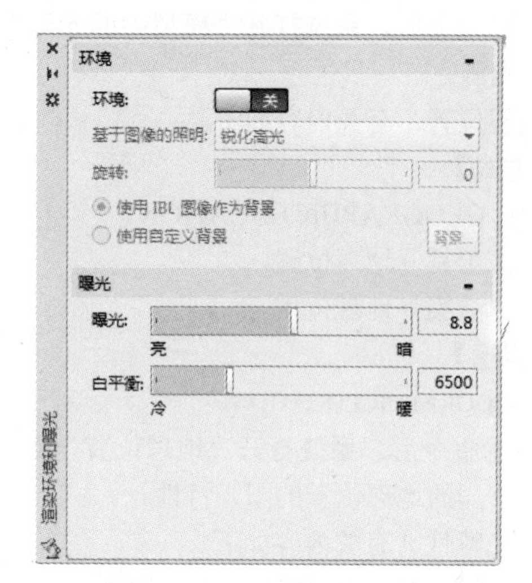

图 10-119 “渲染环境”选项板

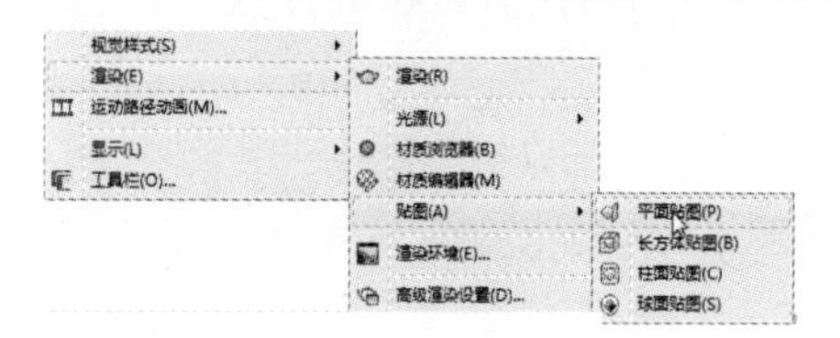

图 10-120 “贴图”子菜单

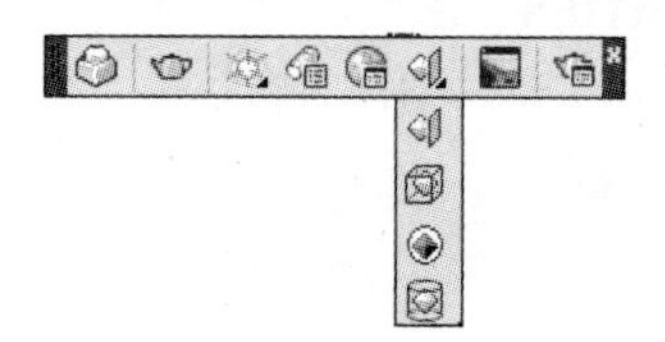

图 10-121 “渲染”工具栏

图 10-122 “贴图”工具栏

【操作步骤】

命令：MATERIALMAP↙

选择选项 [长方体(B)/平面(P)/球面(S)/柱面(C)/复制贴图至(Y)/重置贴图(R)] <长方体>:

【选项说明】

1）长方体（B）：将图像映射到类似长方体的实体上。该图像将在对象的每个面上重复使用。

2）平面（P）：将图像映射到对象上，就像将其从幻灯片投影器投影到二维曲面上一样。图像不会失真，但是会被缩放以适应对象。该贴图最常用于面。

3）球面（S）：在水平和垂直两个方向上同时使图像弯曲。纹理贴图的顶边在球体的“北极”压缩为一个点；同样，底边在“南极”压缩为一个点。

4）柱面（C）：将图像映射到圆柱形对象上；水平边将一起弯曲，但顶边和底边不会弯曲。图像的高度将沿圆柱体的轴进行缩放。

5）复制贴图至（Y）：将贴图从原始对象或面应用到选定对象。

6）重置贴图（R）：将 UV 坐标重置为贴图的默认坐标。

图 10-123 所示是球面贴图实例。

10.9.4 渲染

1．高级渲染设置

【执行方式】

命令行：RPREF。

a)

b)

图 10-123 球面贴图

a) 贴图前 b) 贴图后

菜单栏：视图→渲染→高级渲染设置。

工具栏：渲染→高级渲染设置。

功能区：单击“可视化”选项卡“渲染”面板中的“对话框启动器”按钮。

【操作步骤】

命令：RPREF↙

执行该命令后，打开“高级渲染设置”选项板，如图 10-124 所示。通过该选项板，可以对渲染的有关参数进行设置。

2．渲染

【执行方式】

命令行：RENDER。

菜单栏：视图→渲染→渲染。

工具栏：渲染→渲染。

【操作步骤】

命令：RENDER↙

执行该命令后，弹出图 10-125 所示的“渲染”对话框，显示渲染结果和相关参数。

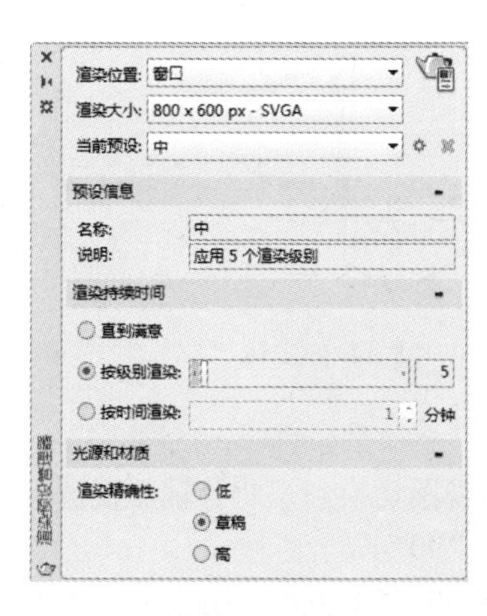

图 10-124 “高级渲染设置”选项板

图 10-125 “渲染”对话框

10.10 综合演练——手压阀阀体

本实例主要利用前面学习的“拉伸”“圆柱体”“扫掠”和“圆角”等命令绘制图 10-126 所示的手压阀阀体。

【操作步骤】

1．建立新文件

选择菜单栏中的“文件”→“新建”命令，弹出“选择样板”对话框，单击“打开”按钮右侧的下拉按钮，以“无样板打开—公制”（毫米）方式建立新文件；将新文件命名为“阀体.dwg”并保存。

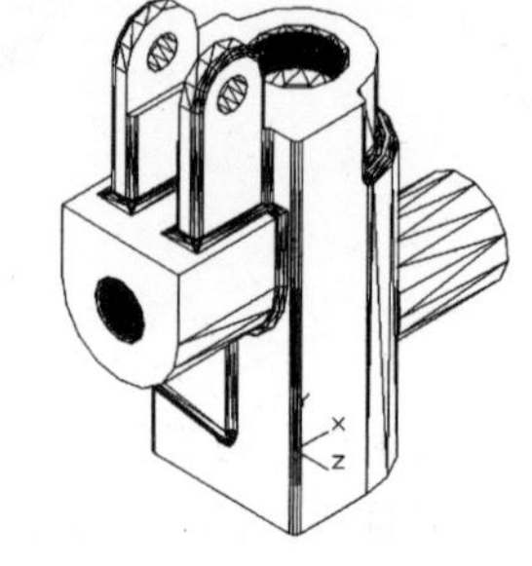

图 10-126 手压阀阀体

2．设置绘图工具栏

调出“建模”“视觉样式”“实体编辑”“渲染”和“视图”5 个工具栏，并将它们移动到绘图窗口中的适当位置。

3．设置线框密度

设定默认值是“8”，更改设定值为“10”。

4．创建拉伸实体

1）单击“绘图”工具栏中的“圆弧”按钮，在坐标原点处绘制半径为“25”，角度为“180”的圆弧。

2）单击“绘图”工具栏中的“直线”按钮，绘制长度为“25”和“50”的直线。结果如图 10-127 所示。

3）单击“绘图”工具栏中的“面域”按钮，将绘制好的图形创建成面域。

4）单击“视图”工具栏中的“西南等轴测”按钮，将视图切换到西南等轴测视图。单击“建模”工具栏中的“拉伸”按钮，将上步创建的面域进行拉伸处理，拉伸距离为“113”，结果如图 10-128 所示。

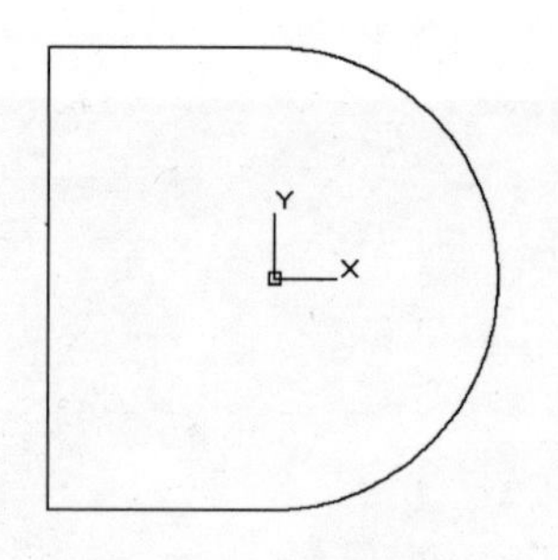

图 10-127 绘制截面图形

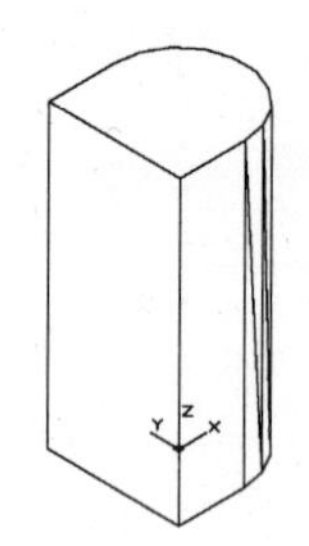

图 10-128 拉伸实体

5．创建圆柱体

1）单击“视图”工具栏中的“东北等轴测”按钮，将视图切换到东北等轴测视图。

2）在命令行中输入“UCS”命令，将坐标系绕 Y 轴旋转“90°”。

3）单击“建模”工具栏中的“圆柱体”按钮，以坐标点（-35,0,0）为圆点，绘制半径为“15”，高为“58”的圆柱体。结果如图 10-129 所示。

4）在命令行中输入“UCS”命令，将坐标移动到坐标点（-70,0,0），并将坐标系绕 *Z* 轴旋转“-90°”。

5）切换视图方向。选择菜单栏中的“视图”→“三维视图”→“平面视图”→“当前UCS”命令，将视图切换到当前坐标系。

6）单击“绘图”工具栏中的“圆弧”按钮，绘制半径为“20”，角度为“180”的圆弧。

7）单击“绘图”工具栏中的“直线”按钮，绘制长度为“20”和“40”的直线。

8）单击“绘图”工具栏中的“面域”按钮，将绘制好的图形创建成面域。结果如图 10-130 所示。

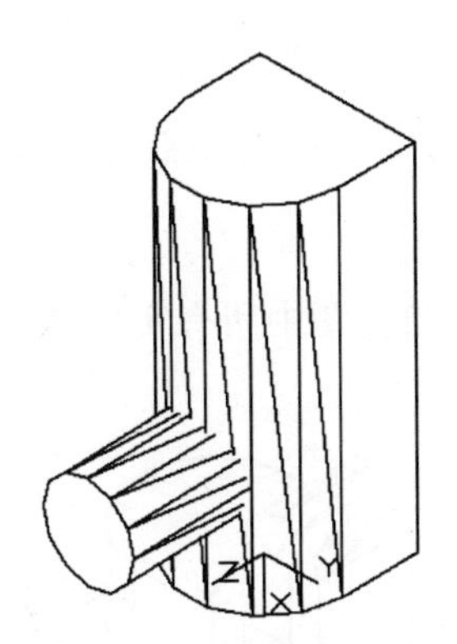

图 10-129　创建圆柱体

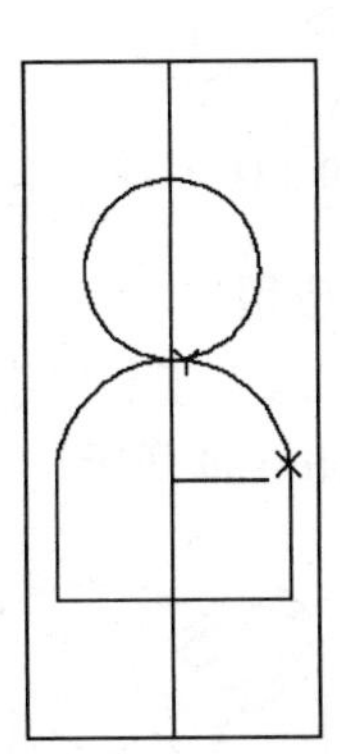

图 10-130　创建截面

9）单击“视图”工具栏中的“西南等轴测”按钮，将视图切换到西南等轴测视图。在命令行中输入“UCS”命令，将坐标系绕 *X* 轴旋转“180°”。

单击“建模”工具栏中的“拉伸”按钮，将上步创建的面域进行拉伸处理，拉伸距离为“-60”，结果如图 10-131 所示。

6. 创建长方体

1）在命令行中输入“UCS”命令，将坐标系移动到坐标（0, 20,25）处。

2）单击“建模”工具栏中的“长方体”按钮，绘制长方体。命令行中的提示与操作如下。

命令: _box

指定第一个角点或 [中心(C)]: 15,0,0

指定其他角点或 [立方体(C)/长度(L)]: l

指定长度: 30

指定宽度: 38

指定高度或 [两点(2P)] <60.0000>: 24

结果如图 10-132 所示。

7. 创建圆柱体

1）在命令行中输入“UCS”命令，将坐标系绕 *Y* 轴旋转 90°。

2）单击“建模”工具栏中的“圆柱体”按钮，以坐标点（-12,38,-15）为起点，绘制半径为“12”，高度为“30”的圆柱体。结果如图 10-133 所示。

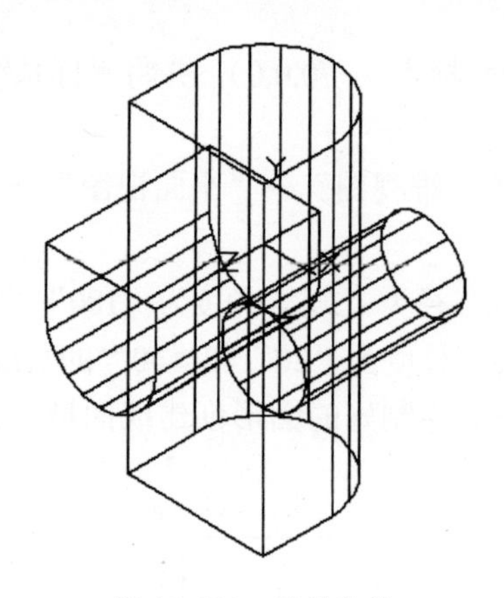

图 10-131　拉伸实体

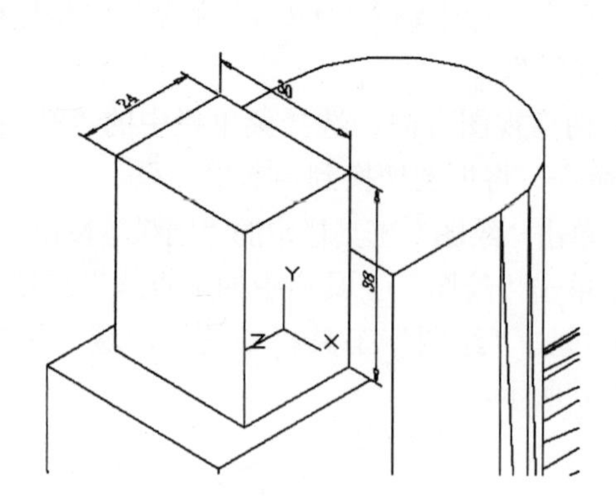

图 10-132　创建长方体

8．布尔运算应用

单击“实体编辑”工具栏中的“并集”按钮，将视图中所有实体进行并集操作。并集消隐后结果如图 10-134 所示。

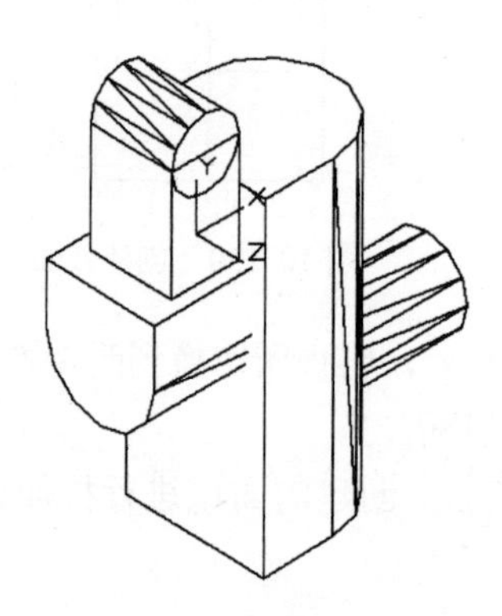

图 10-133　创建圆柱体

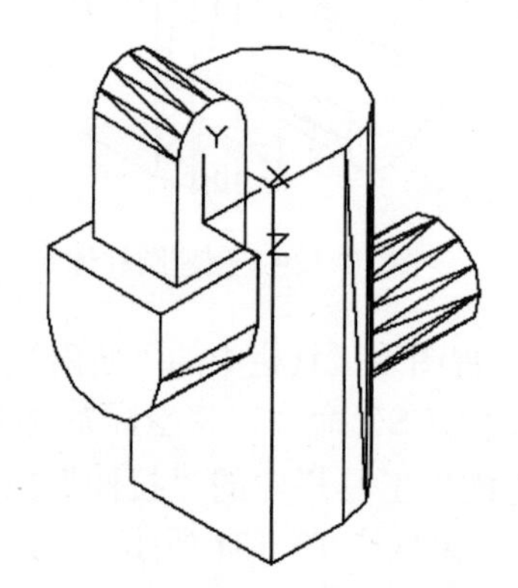

图 10-134　并集处理

9．创建长方体

单击“建模”工具栏中的“长方体”按钮，绘制长方体，命令行中的提示与操作如下。

命令: _box

指定第一个角点或 [中心(C)]: 0,0,7

指定其他角点或 [立方体(C)/长度(L)]: l

指定长度: 24

指定宽度: 50

指定高度或 [两点(2P)] <60.0000>: -14

结果如图 10-135 所示。

10．布尔运算应用

单击“实体编辑”工具栏中的“差集”按钮，在视图中减去长方体，差集消隐后结果如图 10-136 所示。

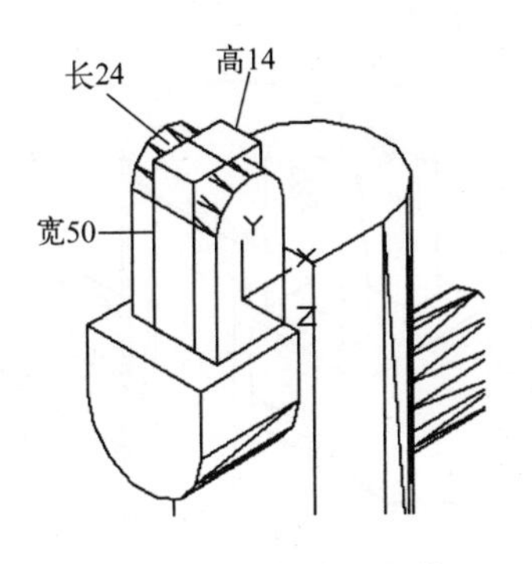

图 10-135　创建长方体

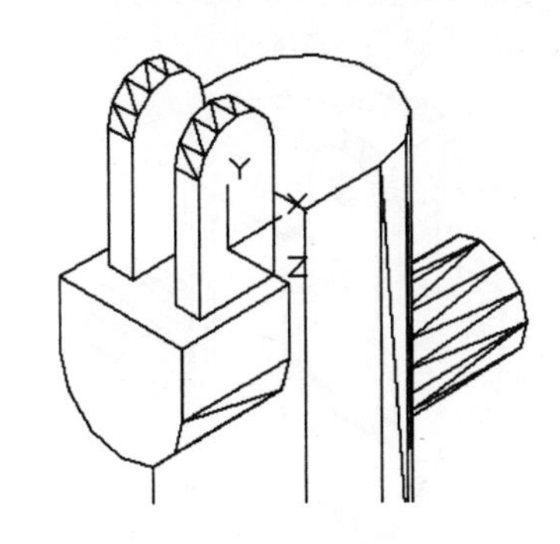

图 10-136　差集处理一

11．创建圆柱体

单击“建模”工具栏中的“圆柱体”按钮，以坐标点（-12,38,-15）为起点，绘制半径为“5”，高度为“30”的圆柱体。消隐后结果如图 10-137 所示。

12．布尔运算应用

单击“实体编辑”工具栏中的“差集”按钮，在视图中减去圆柱体，差集消隐后结果如图 10-138 所示。

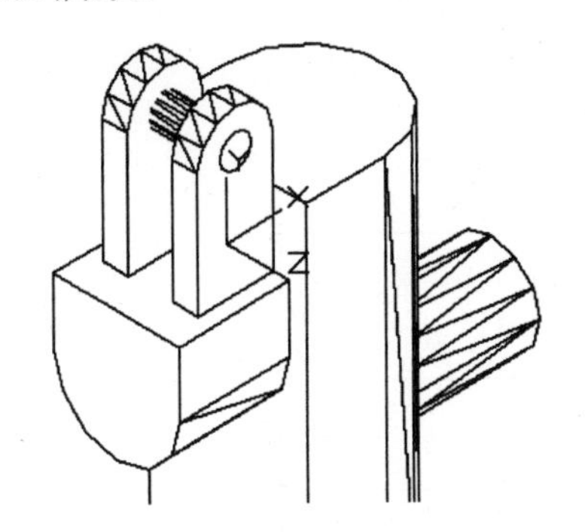

图 10-137　创建圆柱体

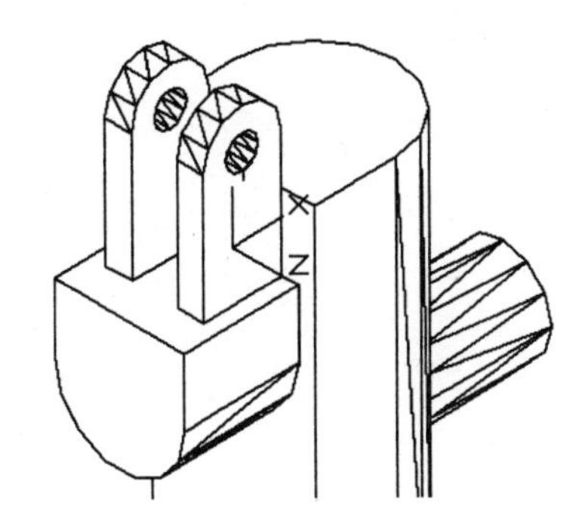

图 10-138　差集处理二

13．创建长方体

单击“建模”工具栏中的“长方体”按钮，绘制长方体，命令行中的提示与操作如下。

```
命令: _box
指定第一个角点或 [中心(C)]: 0,26,9
指定其他角点或 [立方体(C)/长度(L)]: l
指定长度: 24
指定宽度: 24
指定高度或 [两点(2P)] <60.0000>: -18
```

结果如图 10-139 所示。

14．布尔运算应用

单击“实体编辑”工具栏中的“差集”按钮，在视图中减去长方体，差集消隐后结果如图 10-140 所示。

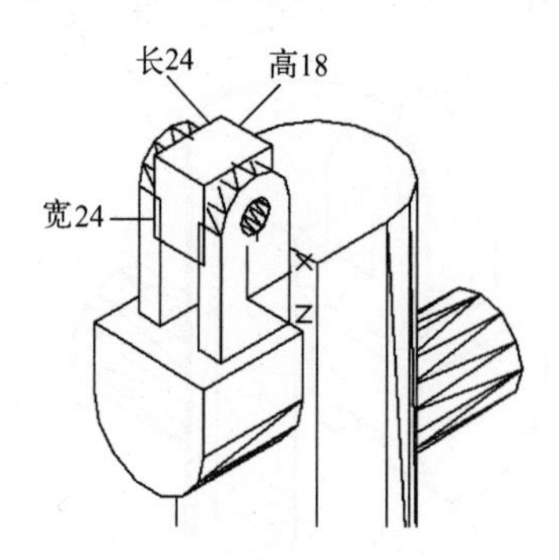

图 10-139 创建长方体

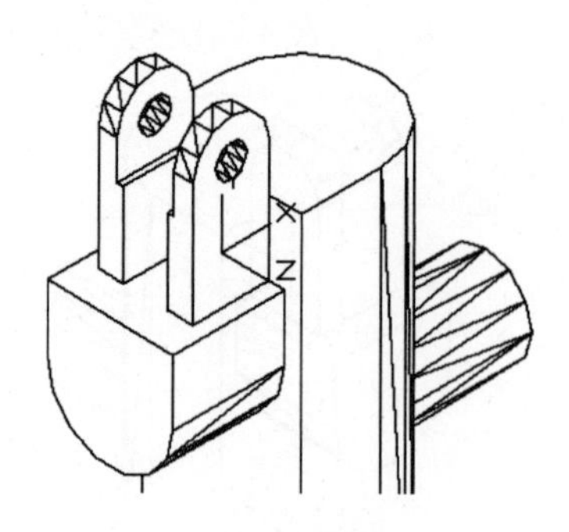

图 10-140 差集处理三

15. 创建旋转体

1）在命令行中输入“UCS”命令，将坐标系恢复到世界坐标系。

2）选择菜单栏中的“视图”→“三维视图”→“前视”命令，将视图切换到前视图。

3）单击“绘图”工具栏中的“直线”按钮，“修改”工具栏中的“偏移”按钮和“修剪”按钮，绘制一系列直线。

4）单击“绘图”工具栏中的“面域”按钮，将绘制好的图形创建成面域。结果如图 10-141 所示。

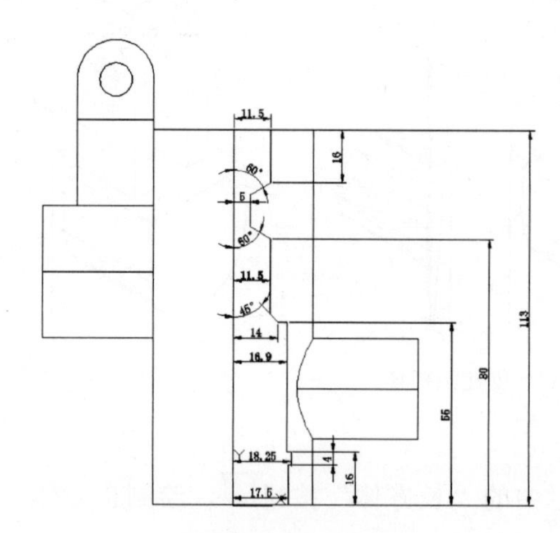

图 10-141 绘制旋转截面

5）单击“视图”工具栏中的“东北等轴测”按钮，将视图切换到东北等轴测视图。

6）单击“建模”工具栏中的“旋转”按钮，将上步创建的面域绕 Y 轴进行旋转，结果如图 10-142 所示。

16. 布尔运算应用

单击“实体编辑”工具栏中的“差集”按钮，将旋转体进行差集处理。结果如图 10-143 所示。

17. 创建旋转体

1）在命令行中输入“UCS”命令，将坐标系恢复到世界坐标系。

2）选择菜单栏中的“视图”→“三维视图”→“前视”命令，将视图切换到前视图。

单击“绘图”工具栏中的“直线”按钮，“修改”工具栏中的“偏移”按钮和“修剪”按钮，绘制一系列直线。

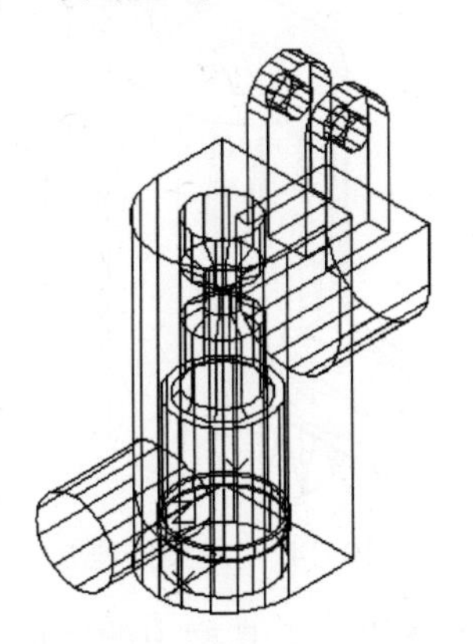

图 10-142 旋转实体

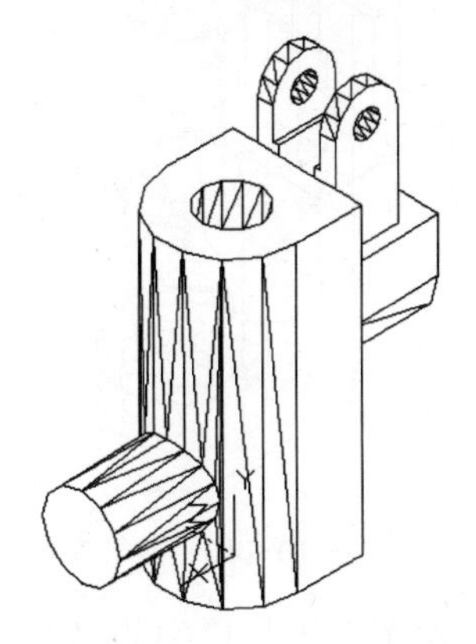

图 10-143 差集处理四

3）单击“绘图”工具栏中的“面域”按钮，将绘制好的图形创建成面域。结果如图 10-144 所示。

4）单击“视图”工具栏中的“西南等轴测”按钮，将视图切换到西南等轴测视图。

5）在命令行中输入“UCS”命令，将坐标系移动到如图 10-145 所示位置。

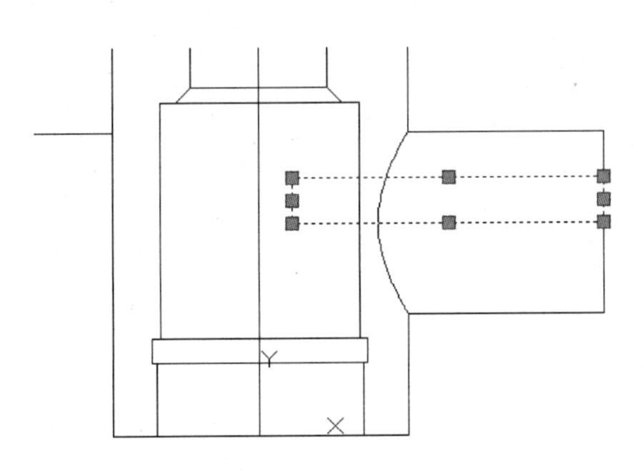

图 10-144 绘制旋转截面

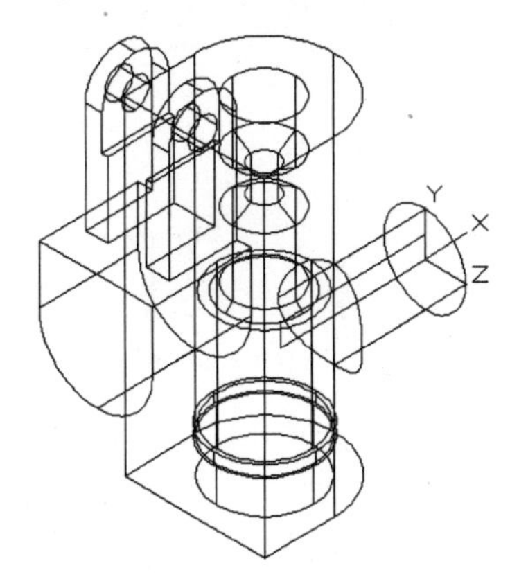

图 10-145 建立新坐标系

6）单击“建模”工具栏中的“旋转”按钮，将上步创建的面域绕 *X* 轴进行旋转，结果如图 10-146 所示。

18. 布尔运算应用

1）单击“视图”工具栏中的“东北等轴测”按钮，将视图切换到东北等轴测视图。

2）单击“实体编辑”工具栏中的“差集”按钮，将旋转体进行差集处理，结果如图 10-147 所示。

19. 创建旋转体

1）选择菜单栏中的“视图”→“三维视图”→“前视”命令，将视图切换到前视图。

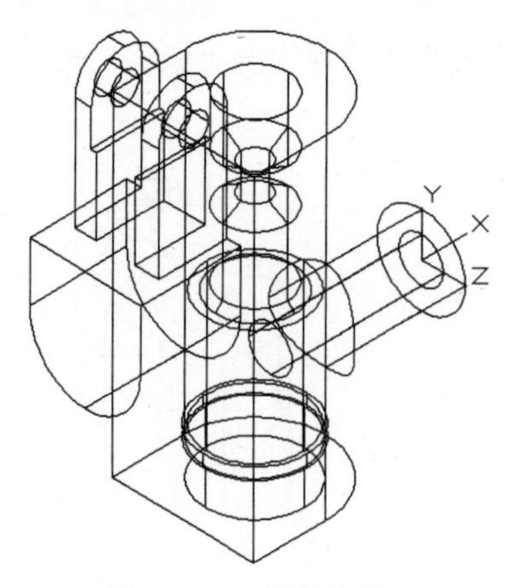

图 10-146　旋转实体

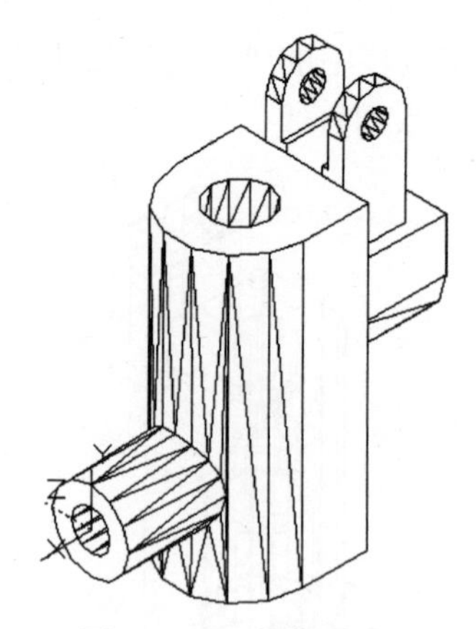

图 10-147　差集处理五

2）单击“绘图”工具栏中的“直线”按钮，“修改”工具栏中的“偏移”按钮和“修剪”按钮，绘制一系列直线。

3）单击“绘图”工具栏中的“面域”按钮，将绘制好的图形创建成面域。结果如图 10-148 所示。

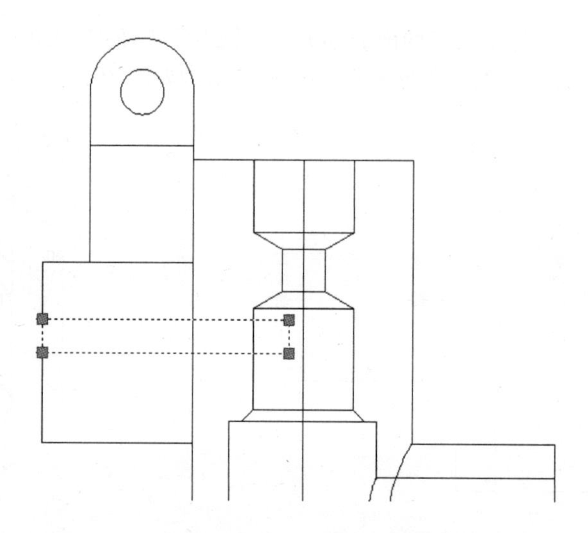

图 10-148　绘制旋转截面

4）单击“视图”工具栏中的“西南等轴测”按钮，将视图切换到西南等轴测视图。

5）在命令行中输入“UCS”命令，将坐标系移动到图 10-149 所示位置。

6）单击“建模”工具栏中的“旋转”按钮，将上步创建的面域绕 *X* 轴进行旋转，结果如图 10-150 所示。

20．布尔运算应用

单击“实体编辑”工具栏中的“差集”按钮，将旋转体进行差集处理。结果如图 10-151 所示。

21．创建圆柱体

1）在命令行中输入“UCS”命令，将坐标系恢复到世界坐标系。

2）在命令行中输入“UCS”命令，将坐标系移动到坐标（0,0,113）处。

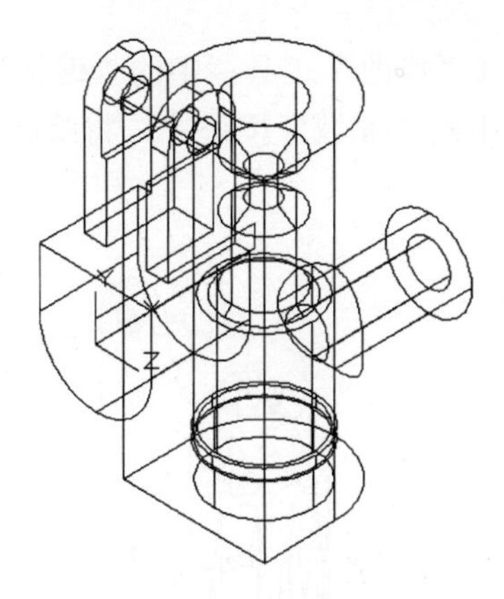

图 10-149　建立新坐标系

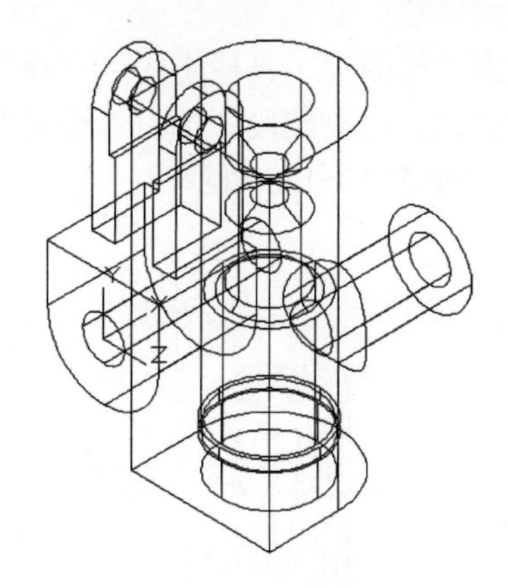

图 10-150　旋转实体

3）选择菜单栏中的“视图”→“三维视图”→“平面视图”→“当前 UCS”命令，将视图切换到当前坐标系。

4）单击“绘图”工具栏中的“圆”按钮，在坐标原点处绘制半径为“20”和“25”的圆。

5）单击“绘图”工具栏中的“直线”按钮，过中心点绘制一条竖直直线。

6）单击“修改”工具栏中的“修剪”按钮，修剪多余的线段。

7）单击“绘图”工具栏中的“面域”按钮，将绘制的图形创建成面域，如图 10-152 所示。

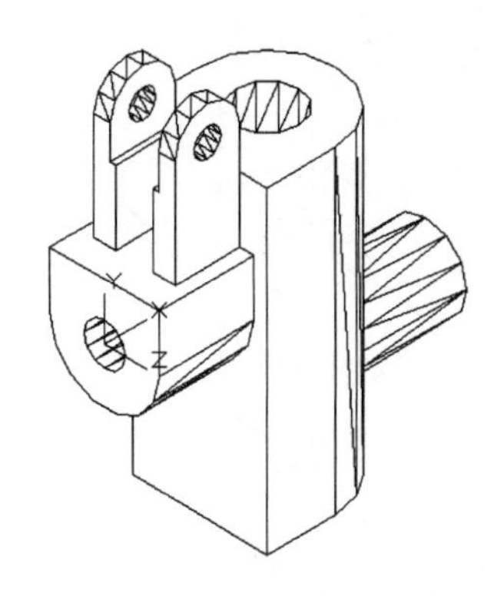

图 10-151　差集处理六

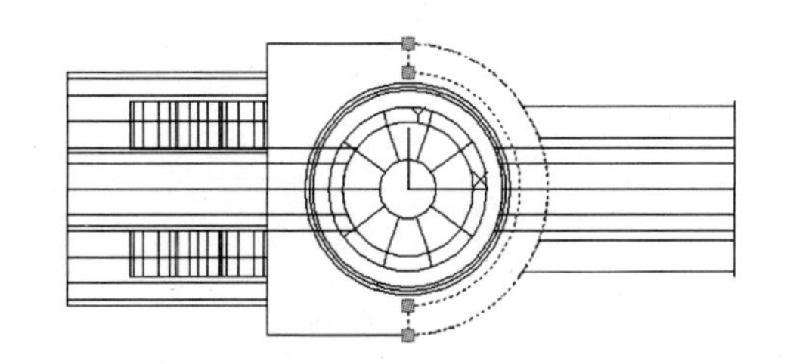

图 10-152　绘制截面

8）单击“视图”工具栏中的“东北等轴测”按钮，将视图切换到东北等轴测视图。单击“建模”工具栏中的“拉伸”按钮，将上步创建的面域进行拉伸处理，拉伸距离为“-23”，消隐后结果如图 10-153 所示。

22．布尔运算应用

单击“实体编辑”工具栏中的“差集”按钮，在视图中用实体减去拉伸体。差集消隐后结果如图 10-154 所示。

23．创建加强筋

1）在命令行中输入“UCS”命令，将坐标系恢复到世界坐标系。选择菜单栏中的“视图”→“三维视图”→“前视”命令，将视图切换到前视图。

2）单击“绘图”工具栏中的“直线”按钮，“修改”工具栏中的“偏移”按钮和“修剪”按钮，绘制线段。单击“绘图”工具栏中的“面域”按钮，将绘制的图形创建成面域，结果如图 10-155 所示。

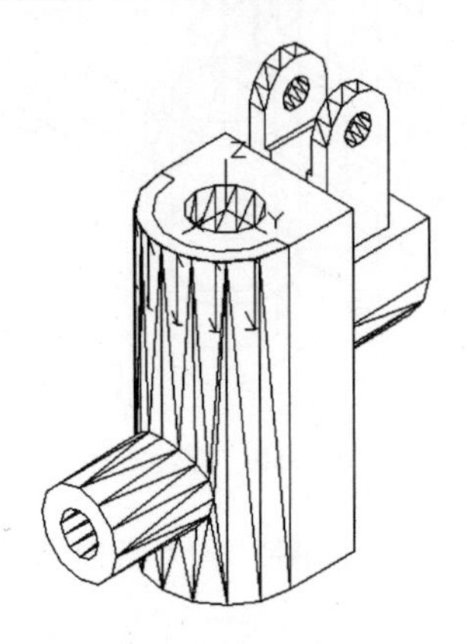

图 10-153　拉伸实体

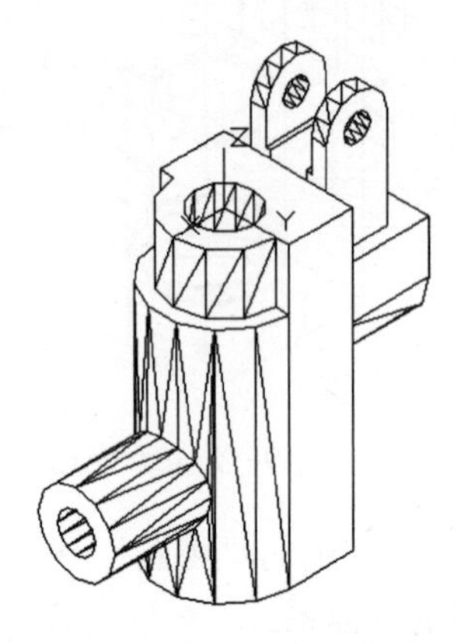

图 10-154　差集处理七

3）单击“视图”工具栏中的“西南等轴测”按钮，将视图切换到西南等轴测视图。单击“建模”工具栏中的“拉伸”按钮，将上步创建的面域进行拉伸处理，拉伸高度为“3”，结果如图 10-156 所示。

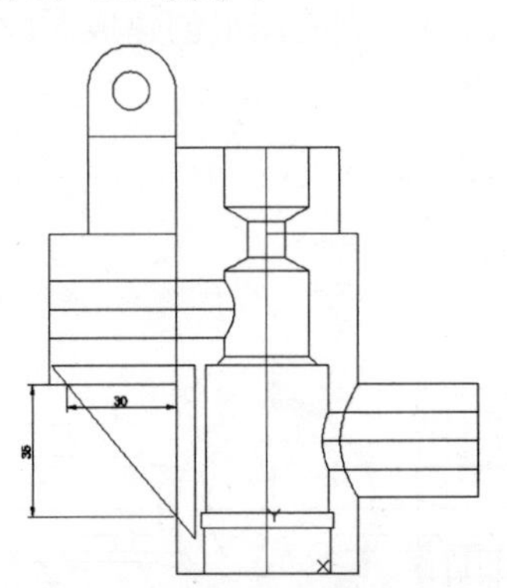

图 10-155　绘制截面

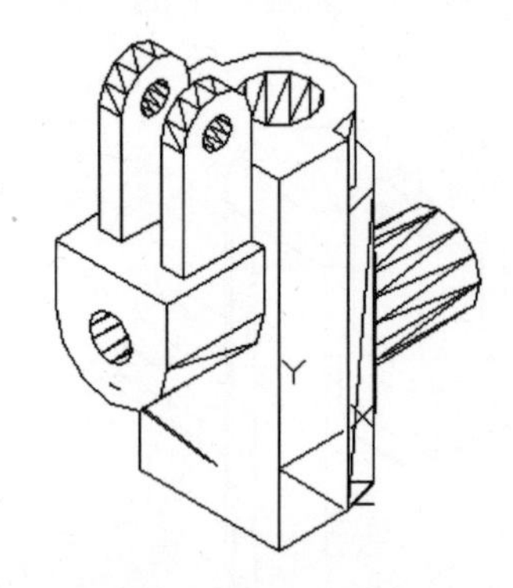

图 10-156　拉伸实体

4）在命令行中输入“UCS”命令，将坐标系恢复到世界坐标系。

5）选择菜单栏中的“修改”→“三维操作”→“三维镜像”命令，将拉伸的实体镜像，命令行中的提示与操作如下。

命令: _MIRROR3D

选择对象: 找到 1 个（选取上一步的拉伸实体）

选择对象:

指定镜像平面 (三点) 的第一个点或[对象(O)/最近的(L)/Z 轴(Z)/视图(V)/XY 平面(XY)/YZ 平面(YZ)/ZX 平面(ZX)/三点(3)] <三点>: 0,0,0↙

在镜像平面上指定第二点: 0,0,10↙

在镜像平面上指定第三点: 10,0,0↙

是否删除源对象？[是(Y)/否(N)] <否>:↙

消隐后的结果如图 10-157 所示。

24. 布尔运算应用

单击“实体编辑”工具栏中的“并集”按钮，将视图中的实体和上步绘制的拉伸体进行并集处理。结果如图 10-158 所示。

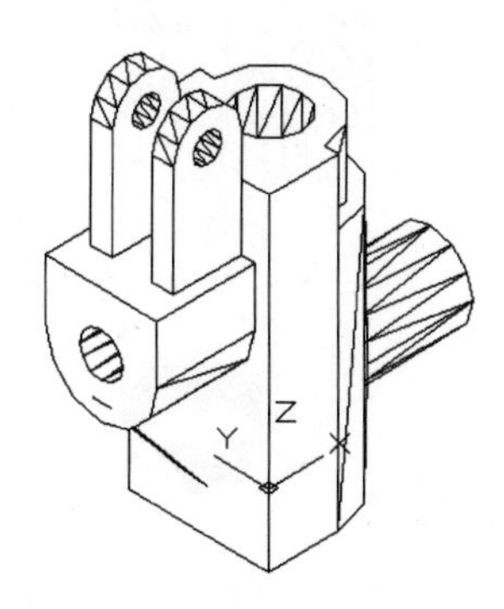

图 10-157 镜像实体

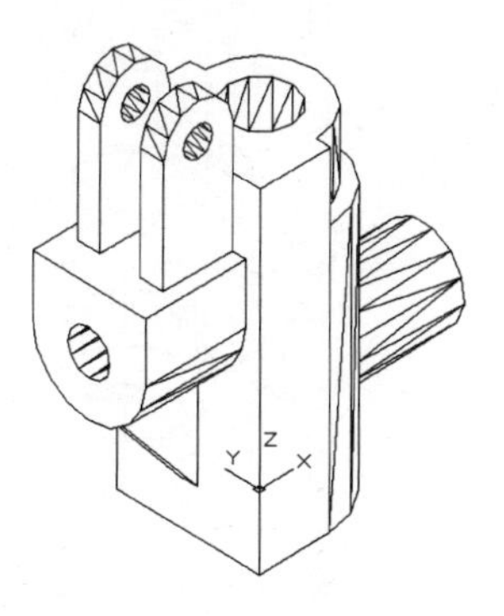

图 10-158 并集处理

25. 创建倒角

单击“修改”工具栏中的“倒角”按钮，将实体孔处倒角，倒角分别为“1.5”和“1”，结果如图 10-159 所示。

26. 创建螺纹

1）在命令行中输入“UCS”命令，将坐标系恢复到世界坐标系。

2）选择菜单栏中的“绘图”→“螺旋”命令，创建螺旋线。命令行提示与操作如下。

命令: _HELIX

圈数 = 3.0000　　扭曲=CCW

指定底面的中心点: 0,0,-2

指定底面半径或 [直径(D)] <11.0000>:17.5

指定顶面半径或 [直径(D)] <11.0000>:17.5

指定螺旋高度或 [轴端点(A)/圈数(T)/圈高(H)/扭曲(W)] <1.0000>: h

指定圈间距 <0.2500>: 0.58

指定螺旋高度或 [轴端点(A)/圈数(T)/圈高(H)/扭曲(W)] <1.0000>: 15

结果如图 10-160 所示。

3）选择菜单栏中的“视图”→“三维视图”→“前视”命令，将视图切换到前视图。

4）单击“绘图”工具栏中的“直线”按钮，在图形中绘制截面图，单击“绘图”工具栏中的“面域”按钮，将其创建成面域，结果如图 10-161 所示。

5）扫掠形成实体。单击“视图”工具栏中的“西南等轴测”按钮，将视图切换到西南等轴测视图。单击“建模”工具栏中的“扫掠”按钮，命令行中的提示与操作如下。

命令: _sweep

当前线框密度: ISOLINES=4，闭合轮廓创建模式 = 实体

选择要扫掠的对象或 [模式(MO)]: _MO 闭合轮廓创建模式 [实体(SO)/曲面(SU)] <实体>: _SO

选择要扫掠的对象或 [模式(MO)]: （选择三角牙型轮廓）

选择要扫掠的对象或 [模式(MO)]: ↙

选择扫掠路径或 [对齐(A)/基点(B)/比例(S)/扭曲(T)]:（选择螺纹线）

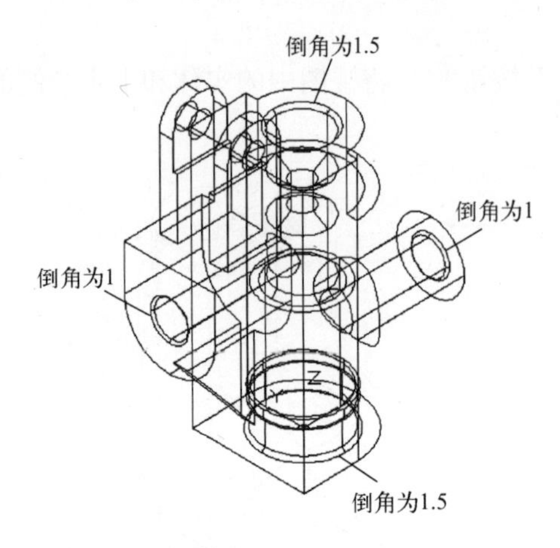

图 10-159 倒角处理

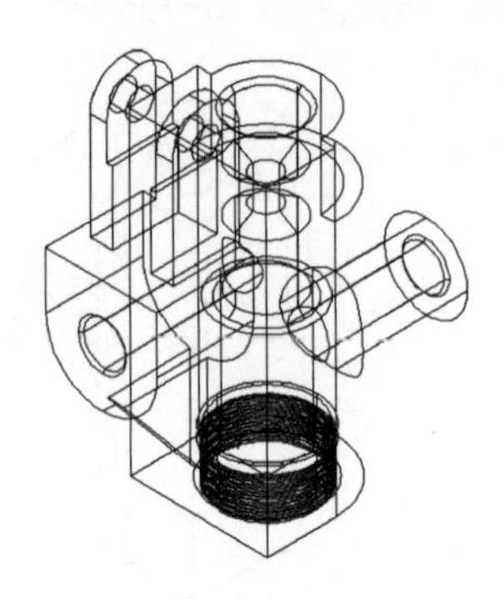

图 10-160 创建螺旋线

结果如图 10-162 所示。

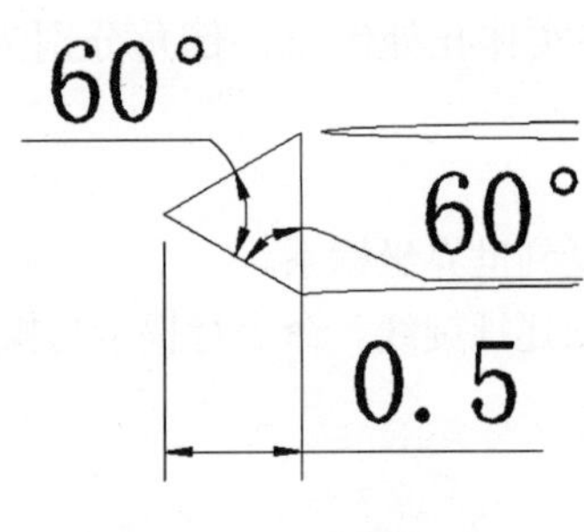

图 10-161 绘制截面

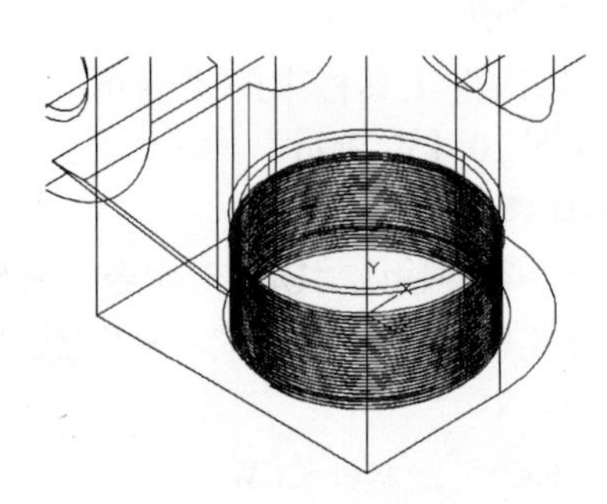

图 10-162 扫掠实体

6）布尔运算处理。单击“实体编辑”工具栏中的“差集”按钮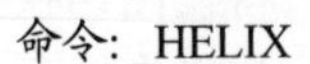，从主体中减去上步绘制的扫掠实体，结果如图 10-163 所示。

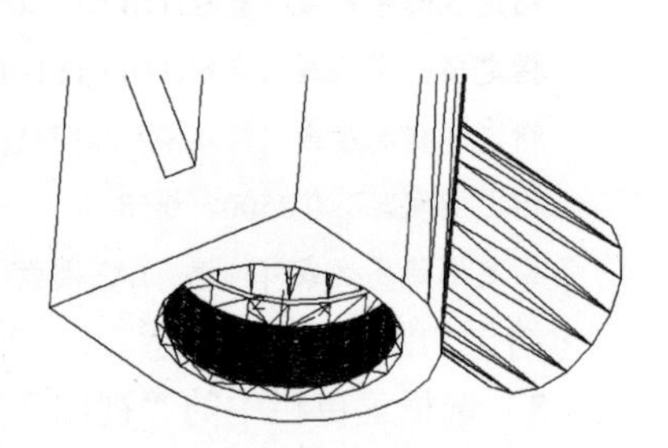

图 10-163 差集处理

7）在命令行中输入“UCS”命令，将坐标系恢复到世界坐标系。

在命令行中输入“UCS”命令，将坐标系移动到坐标（0,0,113）处。

8）选择菜单栏中的“绘图”→“螺旋”命令，创建螺旋线。命令行提示与操作如下。

命令: _HELIX

圈数 = 3.0000　　扭曲=CCW

指定底面的中心点: 0,0,2

指定底面半径或 [直径(D)] <11.0000>:11.5

指定顶面半径或 [直径(D)] <11.0000>:11.5

指定螺旋高度或 [轴端点(A)/圈数(T)/圈高(H)/扭曲(W)] <1.0000>: h

指定圈间距 <0.2500>: 0.58

指定螺旋高度或 [轴端点(A)/圈数(T)/圈高(H)/扭曲(W)] <1.0000>: -13

结果如图 10-164 所示。

9）选择菜单栏中的“视图”→“三维视图”→“左视”命令，将视图切换到左视图。单击“绘图”工具栏中的“直线”按钮，在图形中绘制截面图，单击“绘图”工具栏中的“面域”按钮，将其创建成面域，结果如图 10-165 所示。

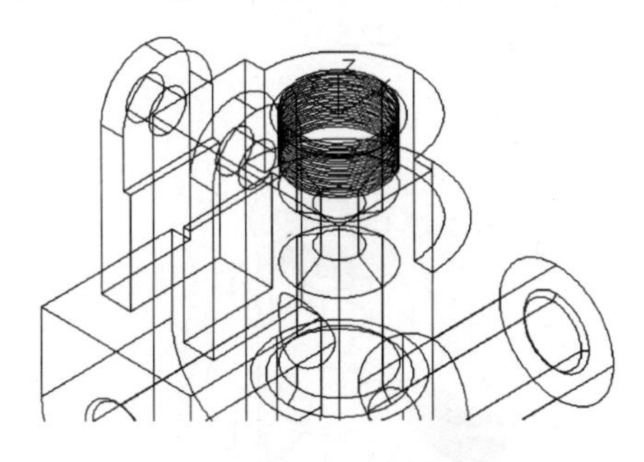

图 10-164 创建螺旋线

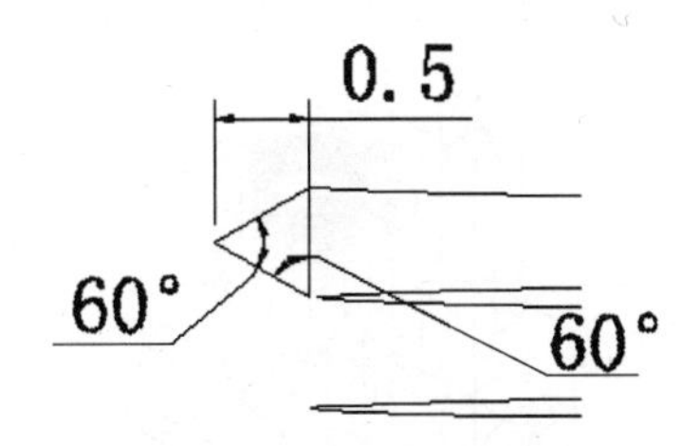

图 10-165 绘制截面

10）扫掠形成实体。单击“视图”工具栏中的“西南等轴测”按钮，将视图切换到西南等轴测视图。单击“建模”工具栏中的“扫掠”按钮，命令行中的提示与操作如下。

命令: _sweep

当前线框密度: ISOLINES=4，闭合轮廓创建模式 = 实体

选择要扫掠的对象或 [模式(MO)]: _MO 闭合轮廓创建模式 [实体(SO)/曲面(SU)] <实体>: _SO

选择要扫掠的对象或 [模式(MO)]: （选择三角牙型轮廓）

选择要扫掠的对象或 [模式(MO)]: ↙

选择扫掠路径或 [对齐(A)/基点(B)/比例(S)/扭曲(T)]:（选择螺纹线）

结果如图 10-166 所示。

11）布尔运算处理。单击“实体编辑”工具栏中的“差集”按钮，从主体中减去上步绘制的扫掠实体，结果如图 10-167 所示。

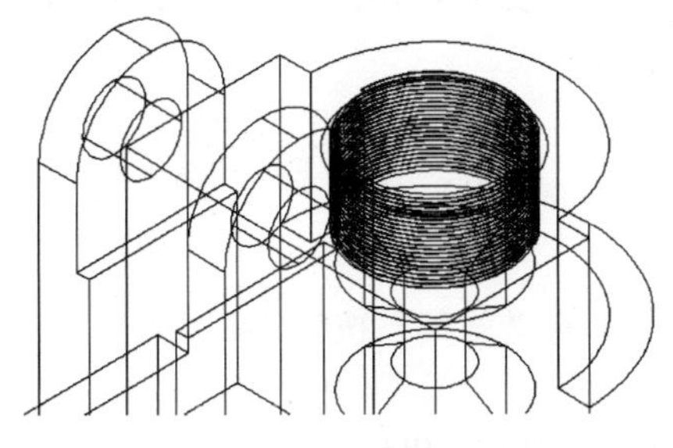

图 10-166 扫掠实体

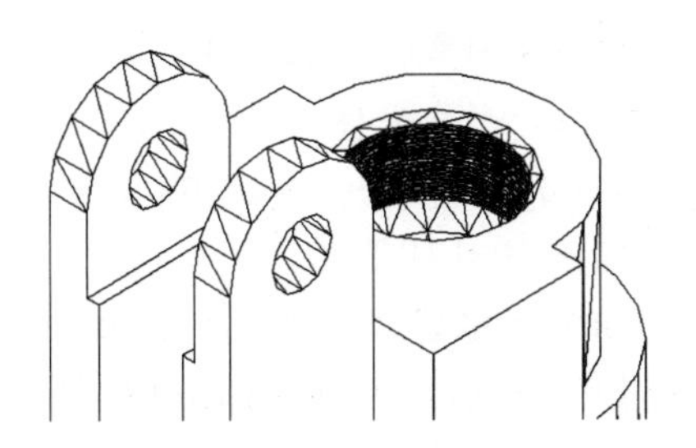

图 10-167 差集处理

12）在命令行中输入“UCS”命令，将坐标系恢复到世界坐标系。

在命令行中输入“UCS”命令，将坐标系移动到图 10-168 所示位置。

13）选择菜单栏中的“绘图”→“螺旋”命令，创建螺旋线。命令行提示与操作如下。

命令: _HELIX

圈数 = 3.0000　　扭曲=CCW

指定底面的中心点: 0,0,-2

指定底面半径或 [直径(D)] <11.0000>:7.5

指定顶面半径或 [直径(D)] <11.0000>:7.5

指定螺旋高度或 [轴端点(A)/圈数(T)/圈高(H)/扭曲(W)] <1.0000>: h

指定圈间距 <0.2500>: 0.58

指定螺旋高度或 [轴端点(A)/圈数(T)/圈高(H)/扭曲(W)] <1.0000>: 22.5

结果如图 10-169 所示。

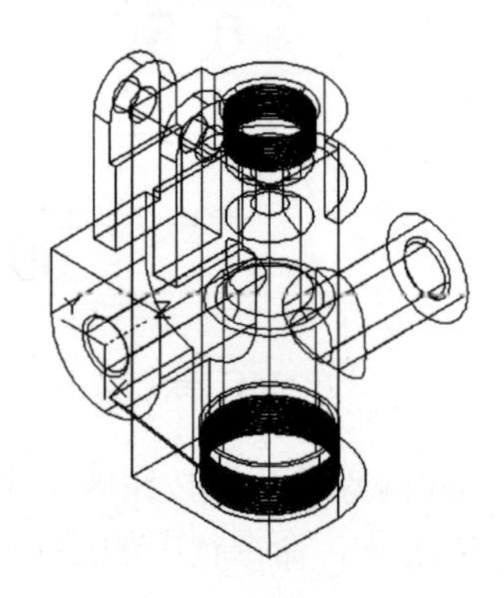

图 10-168　建立新坐标系

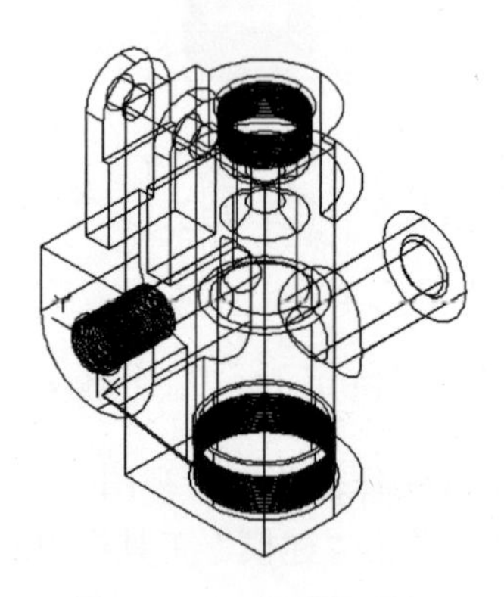

图 10-169　创建螺旋线

14）选择菜单栏中的“视图”→“三维视图”→“前视”命令，将视图切换到前视图。

15）单击“绘图”工具栏中的“直线”按钮，在图形中绘制截面图，单击“绘图”工具栏中的“面域”按钮，将其创建成面域，结果如图 10-170 所示。

16）扫掠形成实体。单击“视图”工具栏中的“西南等轴测”按钮，将视图切换到西南等轴测视图。单击“建模”工具栏中的“扫掠”按钮，命令行中的提示与操作如下。

命令: _SWEEP

当前线框密度: ISOLINES=4，闭合轮廓创建模式 = 实体

选择要扫掠的对象或 [模式(MO)]: _MO 闭合轮廓创建模式 [实体(SO)/曲面(SU)] <实体>: _SO

选择要扫掠的对象或 [模式(MO)]: （选择三角牙型轮廓）

选择要扫掠的对象或 [模式(MO)]: ↙

选择扫掠路径或 [对齐(A)/基点(B)/比例(S)/扭曲(T)]:（选择螺纹线）

结果如图 10-171 所示。

17）布尔运算处理。单击“实体编辑”工具栏中的“差集”按钮，从主体中减去上步绘制的扫掠实体，结果如图 10-172 所示。

18）在命令行中输入“UCS”命令，将坐标系恢复到世界坐标系。

19）选择菜单栏中的“视图”→“三维视图”→“东北等轴测”命令，将视图切换到东北等轴测视图。

20）在命令行中输入“UCS”命令，将坐标系移动到图 10-173 所示位置。

21）选择菜单栏中的“绘图”→“螺旋”命令，创建螺旋线，命令行提示与操作如下。

命令: _HELIX

圈数 = 3.0000 扭曲=CCW

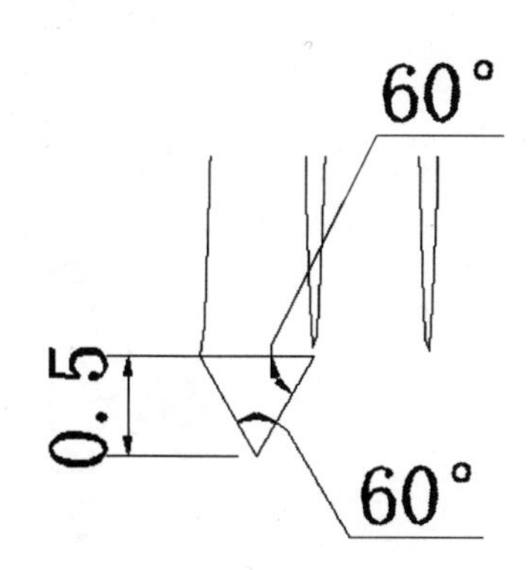

图 10-170 绘制截面

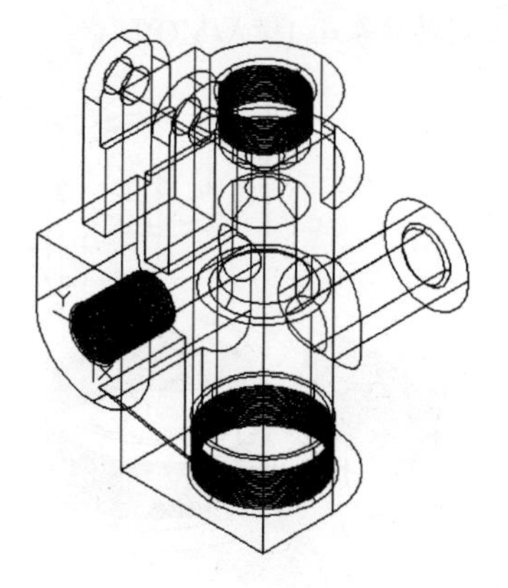

图 10-171 扫掠实体

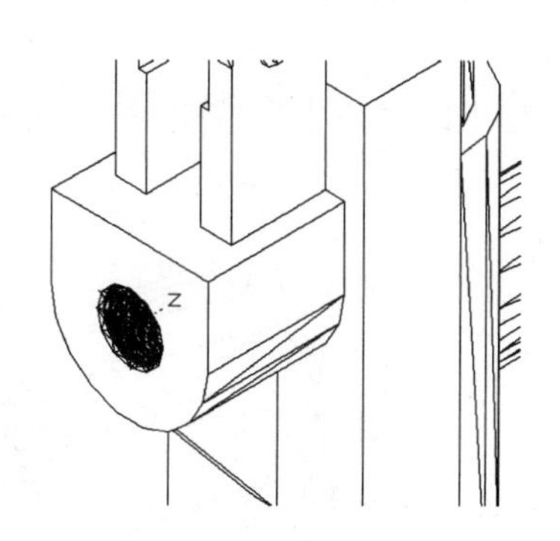

图 10-172 差集扫掠实体

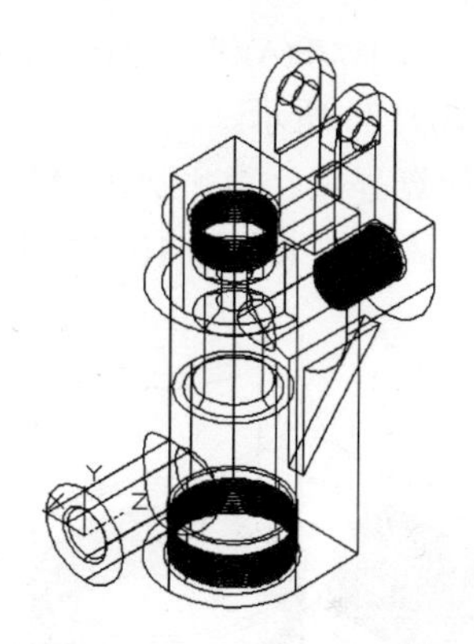

图 10-173 建立新坐标系

指定底面的中心点: 0,0, -2

指定底面半径或 [直径(D)] <11.0000>:7.5

指定顶面半径或 [直径(D)] <11.0000>:7.5

指定螺旋高度或 [轴端点(A)/圈数(T)/圈高(H)/扭曲(W)] <1.0000>: h

指定圈间距 <0.2500>: 0.58

指定螺旋高度或 [轴端点(A)/圈数(T)/圈高(H)/扭曲(W)] <1.0000>:22

结果如图 10-174 所示。

22）选择菜单栏中的“视图”→“三维视图”→“俯视”命令，将视图切换到俯视图。

23）单击“绘图”工具栏中的“直线”按钮，在图形中绘制截面图，单击“绘图”工具栏中的“面域”按钮，将其创建成面域，结果如图 10-175 所示。

24）扫掠形成实体。单击“视图”工具栏中的“西南等轴测”按钮，将视图切换到西南等轴测视图。单击“建模”工具栏中的“扫掠”按钮，命令行中的提示与操作如下。

命令: _SWEEP

当前线框密度: ISOLINES=4，闭合轮廓创建模式 = 实体

选择要扫掠的对象或 [模式(MO)]: _MO 闭合轮廓创建模式 [实体(SO)/曲面(SU)] <实体>: _SO

选择要扫掠的对象或 [模式(MO)]:（选择三角牙型轮廓）

选择要扫掠的对象或 [模式(MO)]: ↙

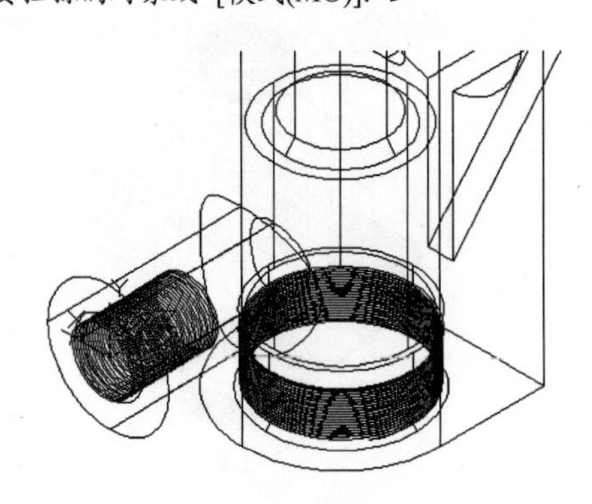

图 10-174　创建螺旋线

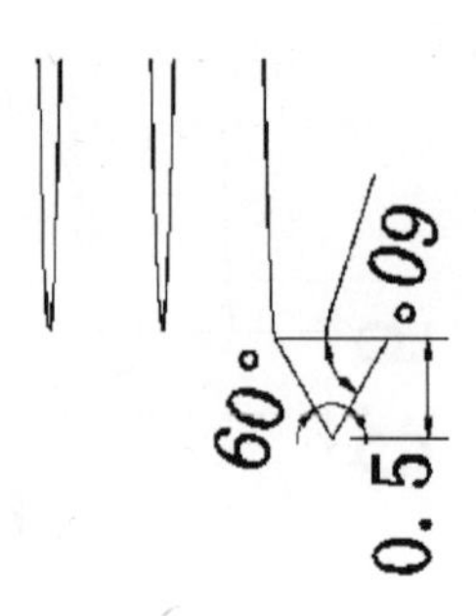

图 10-175　绘制截面

选择扫掠路径或 [对齐(A)/基点(B)/比例(S)/扭曲(T)]:（选择螺纹线）

结果如图 10-176 所示。

25）布尔运算处理。单击“实体编辑”工具栏中的“差集”按钮，从主体中减去上步绘制的扫掠实体，结果如图 10-177 所示。

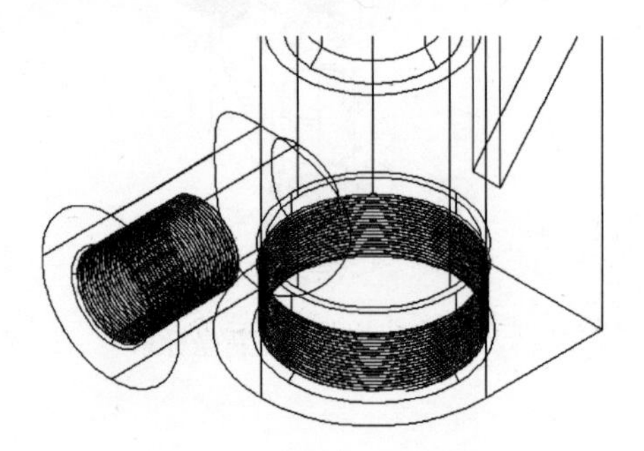

图 10-176　扫掠实体

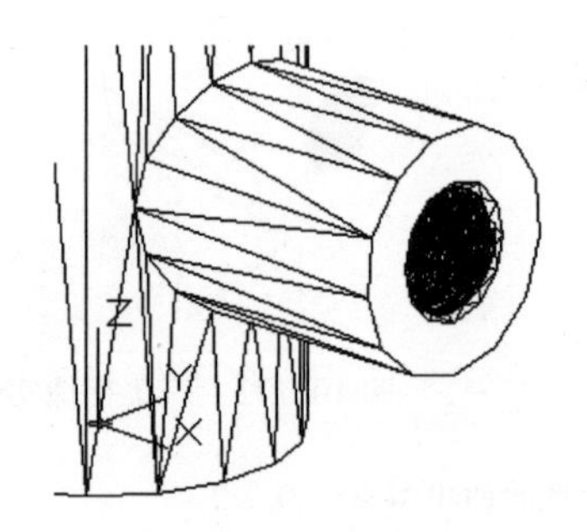

图 10-177　差集处理

27．创建圆角

单击“修改”工具栏中的“圆角”按钮，将棱角进行圆角处理，圆角半径为“2”。结果如图 10-178 所示。

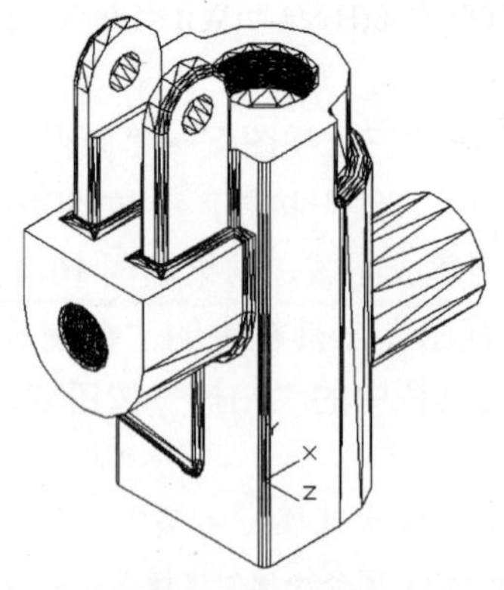

图 10-178　创建圆角

第 11 章 三维造型编辑

知识导引

三维实体编辑主要是对三维物体进行编辑。主要内容包括编辑特殊视图、三维曲面和编辑实体。本章将对编辑实体功能进行详细介绍。

11.1 特殊视图

利用假想的平面对实体进行剖切，是实体编辑的一种基本方法。读者注意体会其具体操作方法。

11.1.1 剖切

【执行方式】

命令行：SLICE。

快捷命令：SL。

菜单栏：修改→三维操作→剖切。

功能区：单击“三维工具”选项卡“实体编辑”面板中的“剖切”按钮。

【操作步骤】

命令：SLICE↙

选择要剖切的对象：（选择要剖切的实体）

选择要剖切的对象：（继续选择或按〈Enter〉键结束选择）

指定切面的起点或 [平面对象(O)/曲面(S)/Z 轴(Z)/视图(V)/XY(XY)/YZ(YZ)/ZX(ZX)/三点(3)] <三点>:

指定平面上的第二个点：

【选项说明】

1）平面对象（O）：将所选对象的所在平面作为剖切面。

2）曲面（S）：将剪切平面与曲面对齐。

3）*Z* 轴（Z）：通过平面指定一点并与在平面的 *Z* 轴（法线）上指定的另一点一起来定义剖切平面。

4）视图（V）：以平行于当前视图的平面作为剖切面。

5）*XY*（XY）/*YZ*（YZ）/*ZX*（ZX）：将剖切平面与当前用户坐标系（UCS）的 *XY* 平面/*YZ* 平面/*ZX* 平面对齐。

6）三点（3）：将根据空间三个点确定的平面作为剖切面。确定剖切面后，系统会提示保留一侧或两侧。

图 11-1 所示为剖切三维实体图。

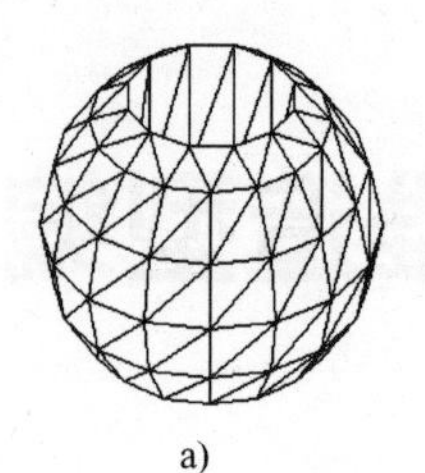

a)

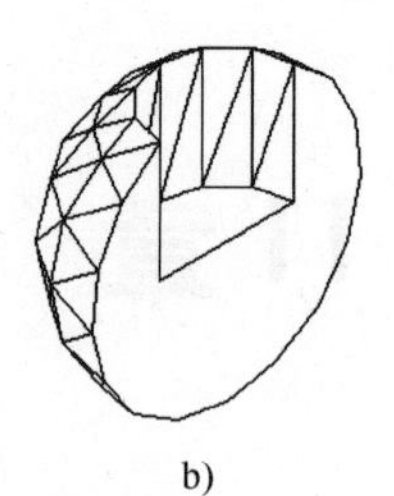

b)

图 11-1 剖切三维实体

a) 剖切前的三维实体 b) 剖切后的实体

11.1.2 剖切截面

【执行方式】

命令行：SECTION。

快捷命令：SEC。

【操作步骤】

命令：SECTION↙

选择对象：（选择要剖切的实体）

指定截面平面上的第一个点，依照 [对象(O)/Z 轴(Z)/视图(V)/XY/YZ/ZX/三点(3)] <三点>：（指定一点或输入一个选项）

图 11-2 所示为断面图形。

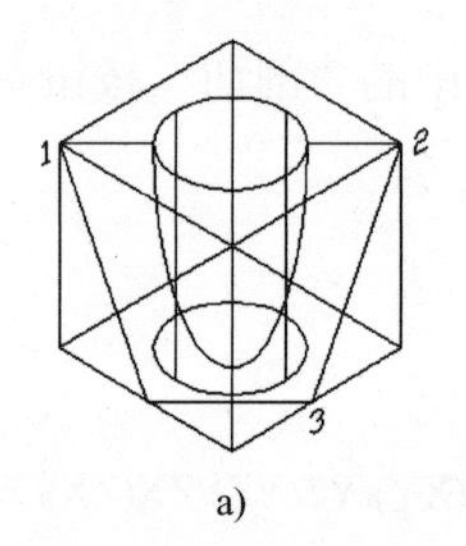

a)

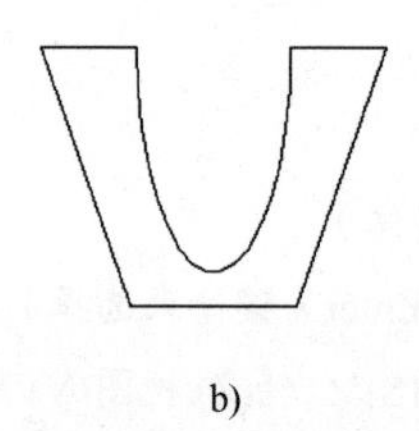

b)

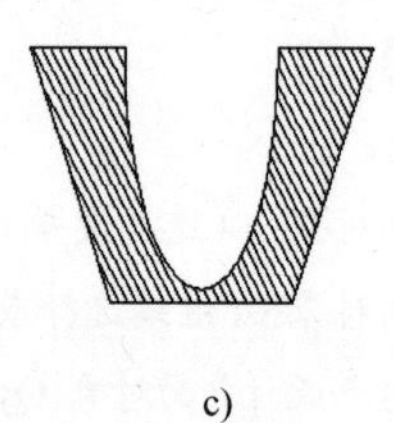

c)

图 11-2 断面图形

a) 剖切平面与断面 b) 移出的断面图形 c) 填充剖面线的断面图形

11.1.3 截面平面

通过截面平面功能可以创建实体对象的二维截面平面或三维截面实体。

【执行方式】

命令行：SECTIONPLANE。

菜单栏：绘图→建模→截面平面。

【操作步骤】

命令：SECTIONPLANE↙

选择面或任意点以定位截面线或[绘制截面(D)/正交(O)/类型(T)]:

【选项说明】

1．选择面或任意点以定位截面线

1）选择绘图区的任意点（不在面上）可以创建独立于实体的截面对象。第一点可创建截面对象旋转所围绕的点，第二点可创建截面对象。图 11-3 所示为在手柄主视图上指定两点创建一个截面平面，图 11-4 所示为转换到西南等轴测视图的情形，图中半透明的平面为活动截面，实线为截面控制线。

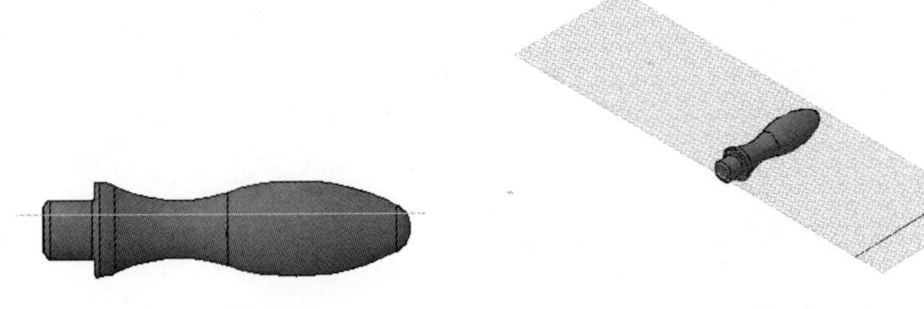

图 11-3　创建截面　　　　图 11-4　西南等轴测视图

单击活动截面平面，显示编辑夹点，如图 11-5 所示，其功能分别介绍如下。

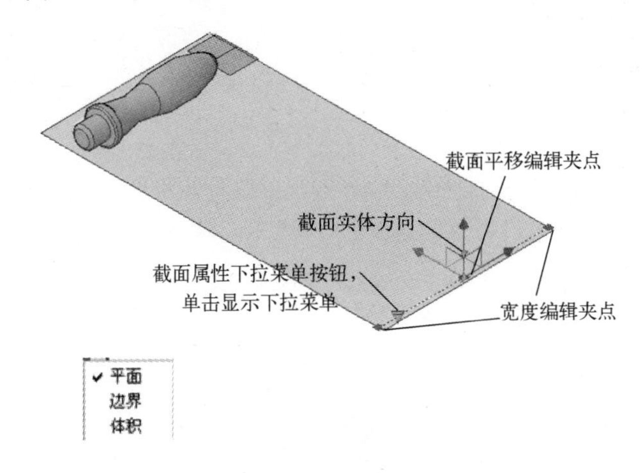

图 11-5　截面编辑夹点

- 截面实体方向箭头：表示生成截面实体时所要保留的一侧，单击该箭头，则反向。
- 截面平移编辑夹点：选中并拖动该夹点，截面沿其法向平移。
- 宽度编辑夹点：选中并拖动该夹点，可以调节截面宽度。
- 截面属性下拉菜单按钮：单击该按钮，显示当前截面的属性，包括截面平面（见图 11-5）、截面边界（见图 11-6）和截面体积（见图 11-7）三种，分别显示截面平面相关操作的作用范围，调节相关夹点，可以调整范围。

2）选择实体或面域上的面可以产生与该面重合的截面对象。

3）快捷菜单。在截面平面编辑状态下右击，系统弹出快捷菜单，如图 11-8 所示。其中几个主要选项介绍如下。

- 激活活动截面：选择该选项，活动截面被激活，可以对其进行编辑，同时源对象不可见，如图 11-9 所示。

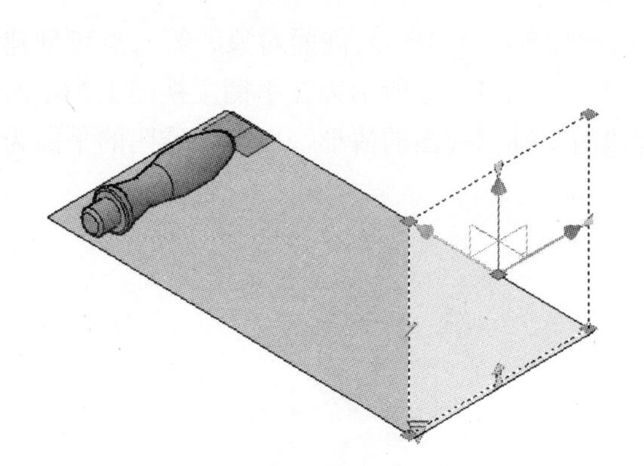

图 11-6　截面边界

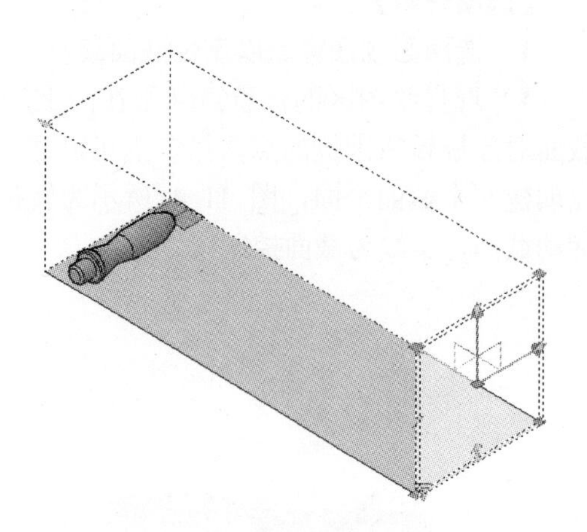

图 11-7　截面体积

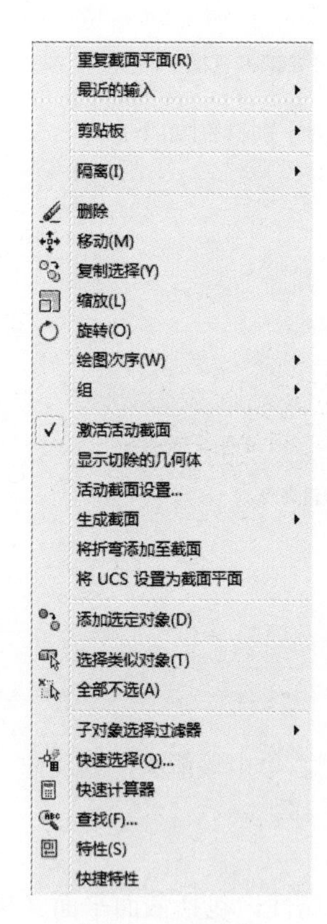

图 11-8　快捷菜单

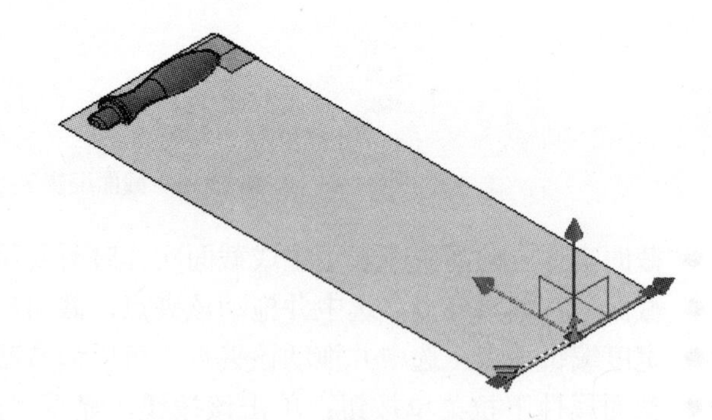

图 11-9　编辑活动截面

- 活动截面设置：选择该选项，打开“截面设置”对话框，可以设置截面各参数，如图 11-10 所示。
- 生成截面：选择该选项，系统打开“生成截面/立面”对话框，如图 11-11 所示。设置相关参数后，单击“创建”按钮，即可创建相应的图块或文件。在图 11-12 所示的截面平面位置创建的三维截面如图 11-13 所示，图 11-14 所示为对应的二维截面。

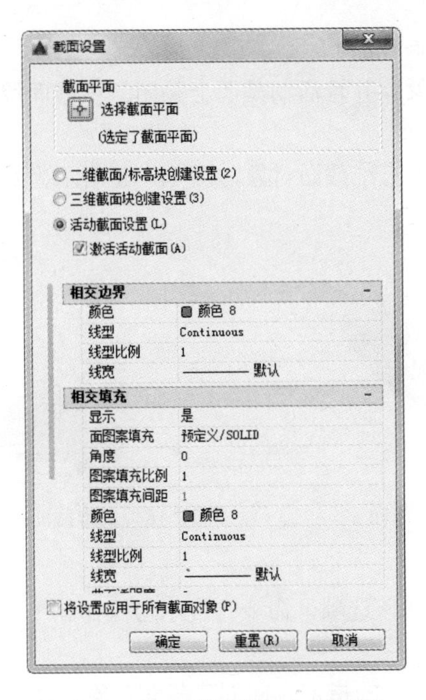

图 11-10 “截面设置”对话框

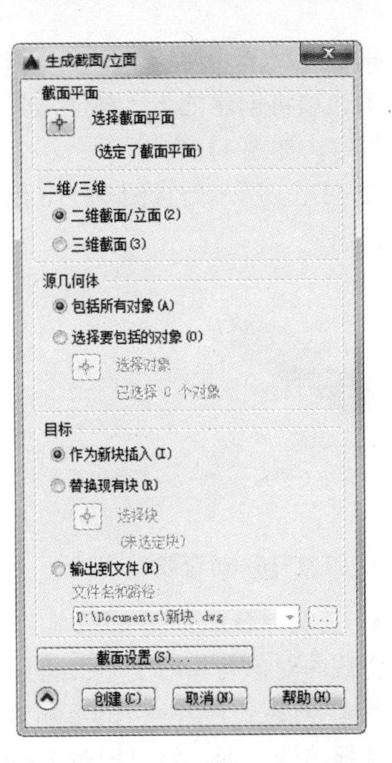

图 11-11 “生成截面/立面”对话框

图 11-12 截面平面位置

图 11-13 三维截面

- 将折弯添加至截面：选择该选项，系统提示添加折弯到截面的一端，并可以编辑折弯的位置和高度。在图 11-14 所示的基础上添加折弯后的截面平面如图 11-15 所示。

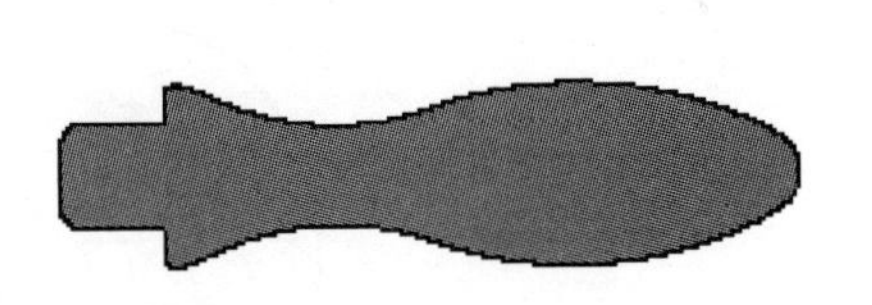

图 11-14 二维截面

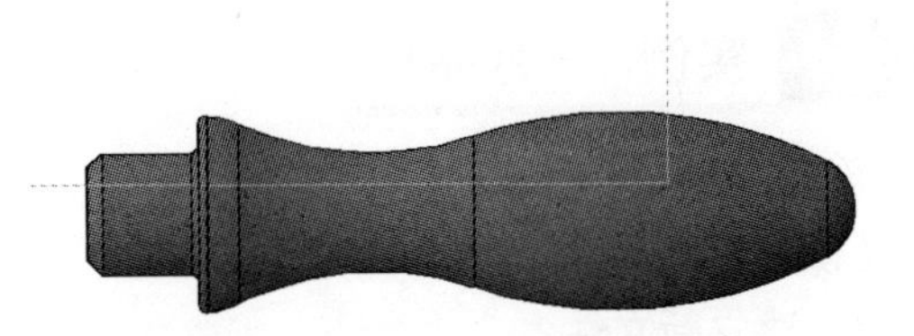

图 11-15 添加折弯后的截面平面

2. 绘制截面（D）

定义具有多个点的截面对象以创建带有折弯的截面线。选择该选项，命令行提示如下。

指定起点：（指定点 1）

指定下一点：（指定点 2）

指定下一点或按〈Enter〉键完成：（指定点 3 或按〈Enter〉键）

指定截面视图方向上的下一点：（指定点以指示剪切平面的方向）

该选项将创建处于“截面边界”状态的截面对象，并且活动截面会关闭，该截面线可以带有折弯，如图 11-16 所示。

图 11-17 所示为按图 11-16 所示设置截面生成的三维截面对象，图 11-18 所示为对应的二维截面。

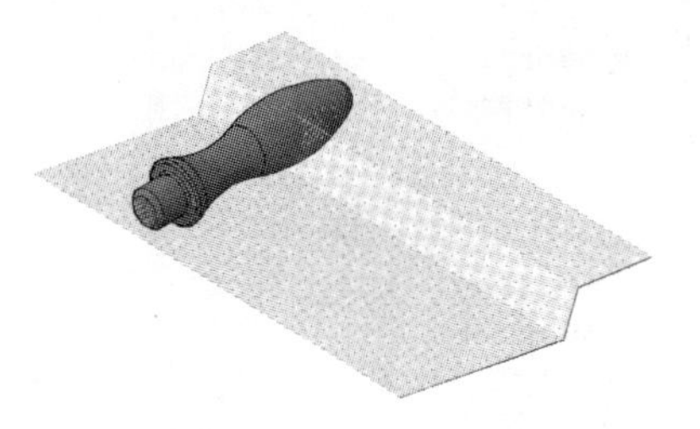

图 11-16　折弯截面

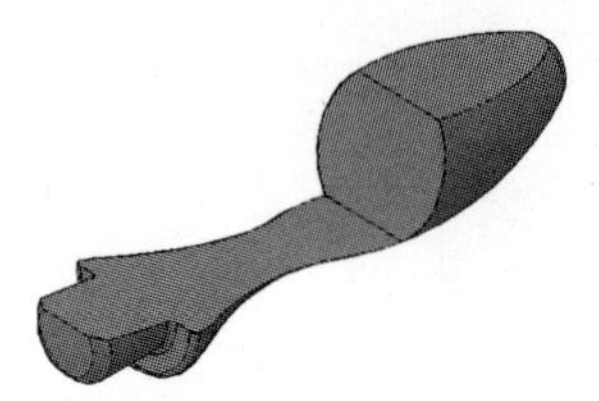

图 11-17　三维截面

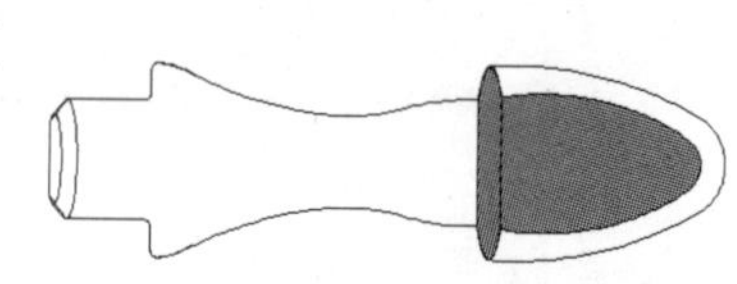

图 11-18　二维截面

3．正交（O）

将截面对象与相对于 UCS 的正交方向对齐。选择该选项，命令行提示与操作如下。

将截面对齐至 [前(F)/后(B)/顶部(T)/底部(B)/左(L)/右(R)]:

选择该选项后，将以相对于 UCS（不是当前视图）的指定方向创建截面对象，并且该对象将包含所有三维对象。该选项将创建处于“截面边界”状态的截面对象，并且活动截面会打开。

选择该选项，可以很方便地创建工程制图中的剖视图。UCS 位置如图 11-19 所示，图 11-20 所示为对应的左向截面。

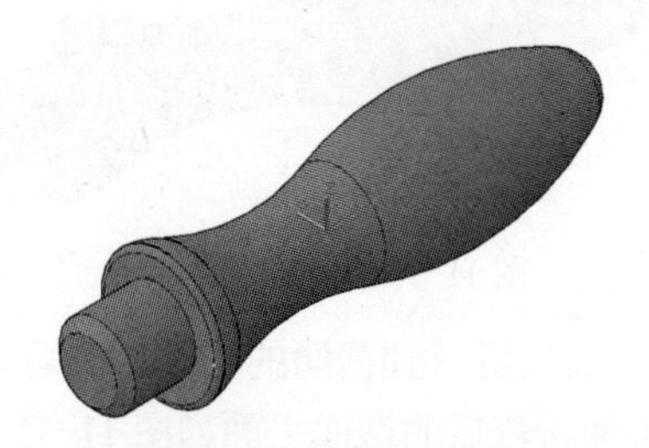

图 11-19　UCS 位置

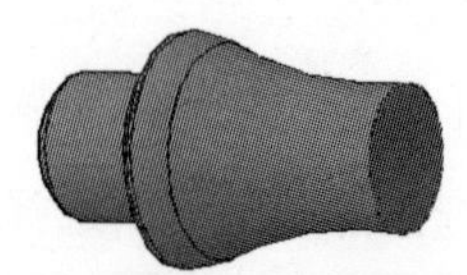

图 11-20　左向截面

11.1.4 实例——胶木球

创建图 11-21 所示的胶木球。

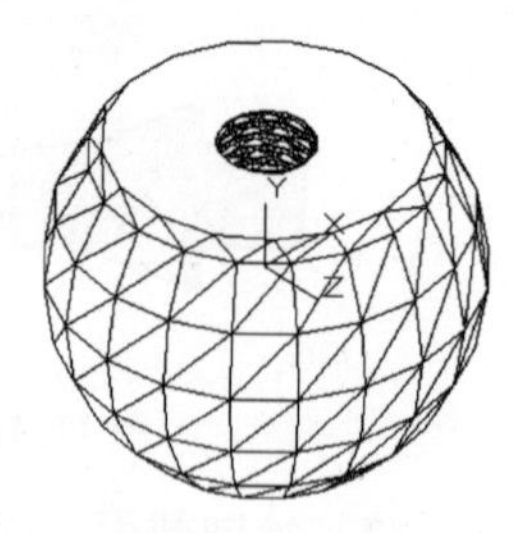

图 11-21　胶木球

【操作步骤】

1．建立新文件

选择菜单栏中的“文件”→“新建”命令，弹出“选择样板”对话框，单击“打开”按钮右侧的下拉按钮，以“无样板打开—公制”（毫米）方式建立新文件；将新文件命名为“胶木球.dwg”并保存。

2．设置绘图工具栏

调出“建模”“视觉样式”“实体编辑”“渲染”和“视图”五个工具栏，并将它们移动到绘图窗口中的适当位置。

3．设置线框密度。

在命令行中输入“ISOLINES”，默认值设定为“8”，更改设定值为“10”。

4．创建球体图形

1）单击“建模”工具栏中的“球体”按钮，在坐标原点绘制半径为“9”的球体，命令行提示与操作如下。

命令: _SPHERE

指定中心点或 [三点(3P)/两点(2P)/切点、切点、半径(T)]: 0,0,0

指定半径或 [直径(D)]: 9

单击“视图”工具栏中的“西南等轴测”按钮，切换三维视图。

单击“渲染”工具栏中的“隐藏”按钮，消隐结果如图 11-22 所示。

2）选择菜单栏中的“修改”→“三维操作”→“剖切”命令，对球体进行剖切，命令行提示与操作如下。

命令: _SLICE

选择要剖切的对象: （选择球）

选择要剖切的对象:

指定 切面 的起点或 [平面对象(O)/曲面(S)/Z 轴(Z)/视图(V)/XY(XY)/YZ(YZ)/ZX(ZX)/三点(3)] <三点>: xy

指定 XY 平面上的点 <0,0,0>: 0,0,6

在所需的侧面上指定点或 [保留两个侧面(B)] <保留两个侧面>:（选取球体下方）

结果如图 11-23 所示。

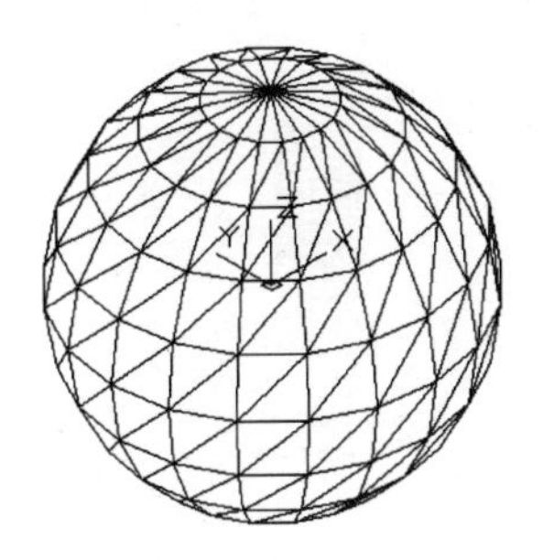

图 11-22　绘制球体

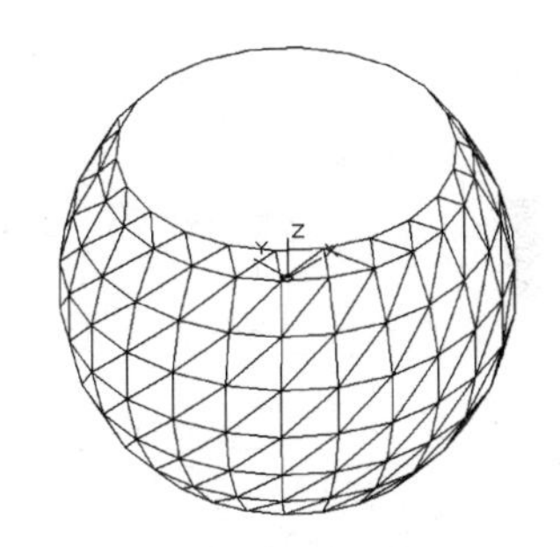

图 11-23　剖切平面

5．创建旋转体

1）选择菜单栏中的“视图”→“三维视图”→“左视”命令，将视图切换到左视图。

2）单击“绘图”工具栏中的“直线”按钮，绘制图 11-24 所示的图形。

3）单击“绘图”工具栏中的“面域”按钮，将上步绘制的图形创建为面域。

4）单击“视图”工具栏中的“西南等轴测”按钮，切换三维视图。

5）单击“建模”工具栏中的“旋转”按钮，将上步创建的面域绕 *Y* 轴进行旋转，结果如图 11-25 所示。

6）布尔运算。单击“实体编辑”工具栏中的“差集”按钮，将旋转体与球体进行差集处理。结果如图 11-26 所示。

6．创建螺纹

1）在命令行输入“UCS”命令，将坐标系恢复成世界坐标系。

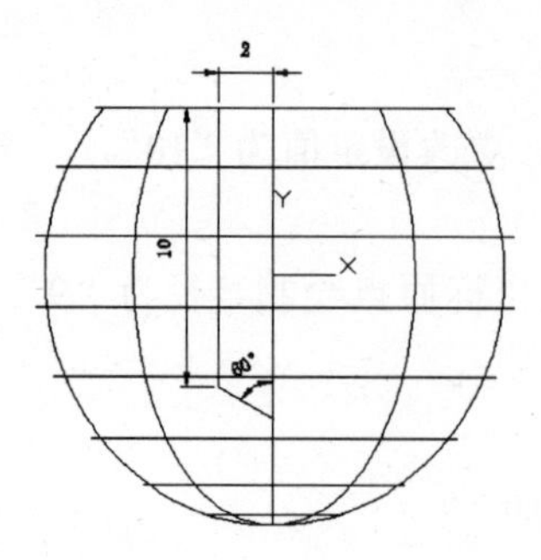

图 11-24　绘制的旋转截面图

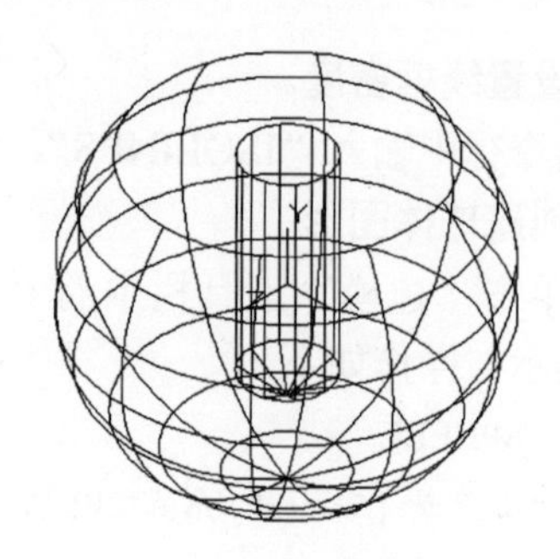

图 11-25　旋转实体

2）选择菜单栏中的“绘图”→“螺旋”命令，创建螺旋线。命令行提示与操作如下。

命令: _HELIX

圈数 = 3.0000　　扭曲=CCW

指定底面的中心点: 0,0,8

指定底面半径或 [直径(D)] <1.0000>: 2

指定顶面半径或 [直径(D)] <2.0000>:

指定螺旋高度或 [轴端点(A)/圈数(T)/圈高(H)/扭曲(W)] <1.0000>: h

指定圈间距 <3.6667>: 0.58

指定螺旋高度或 [轴端点(A)/圈数(T)/圈高(H)/扭曲(W)] <11.0000>: -9

结果如图 11-27 所示。

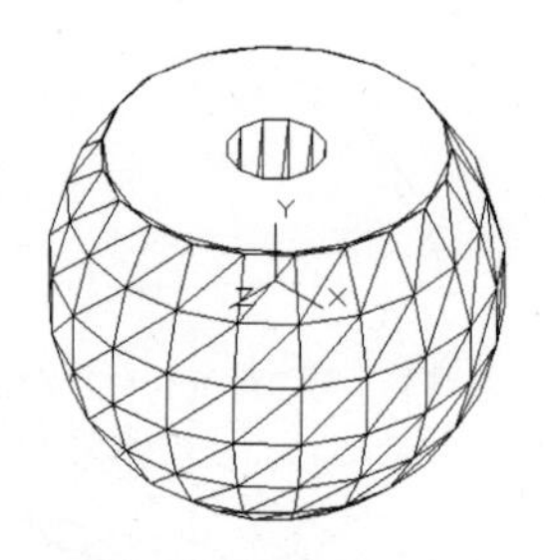

图 11-26　差集结果

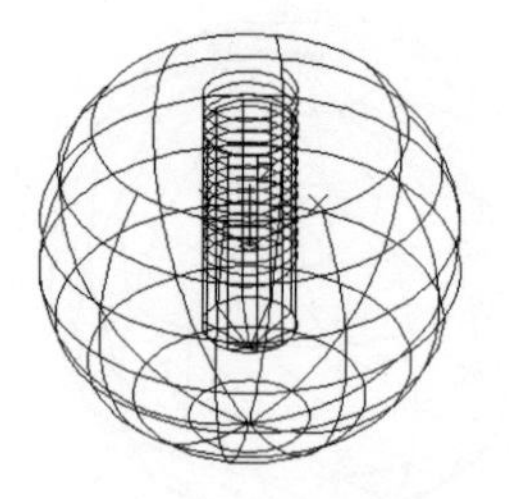

图 11-27　绘制螺旋线

3）选择菜单栏中的“视图”→“三维视图”→“前视”命令，将视图切换到前视图。

4）绘制牙型截面轮廓。单击“绘图”工具栏中的“直线”按钮，捕捉螺旋线的上端点绘制牙型截面轮廓，单击“绘图”工具栏中的“面域”按钮，将其创建成面域，结果如图 11-28 所示。

5）扫掠形成实体。单击“视图”工具栏中的“西南等轴测”按钮，将视图切换到西南等轴测视图。单击“建模”工具栏中的“扫掠”按钮，命令行中的提示与操作如下。

命令: _SWEEP

当前线框密度:　ISOLINES=4，闭合轮廓创建模式 = 实体

选择要扫掠的对象或 [模式(MO)]: _MO 闭合轮廓创建模式 [实体(SO)/曲面(SU)] <实体>: _SO

选择要扫掠的对象或 [模式(MO)]:（选择三角牙型轮廓）

选择要扫掠的对象或 [模式(MO)]: ↙

选择扫掠路径或 [对齐(A)/基点(B)/比例(S)/扭曲(T)]:（选择螺纹线）

扫掠结果如图 11-29 所示。

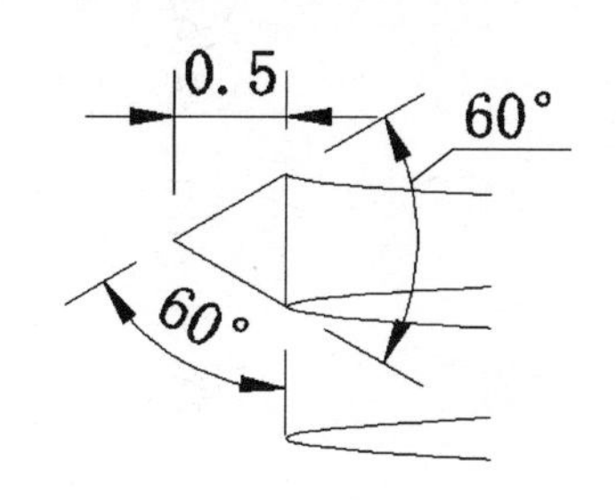

图 11-28 绘制截面轮廓

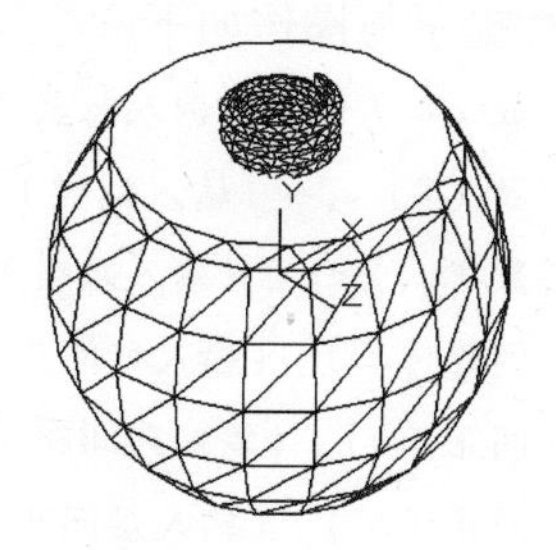

图 11-29 扫掠结果

6）布尔运算处理。单击“实体编辑”工具栏中的“差集”按钮，从主体中减去上步绘制的扫掠实体，差集消隐后结果如图 11-30 所示。

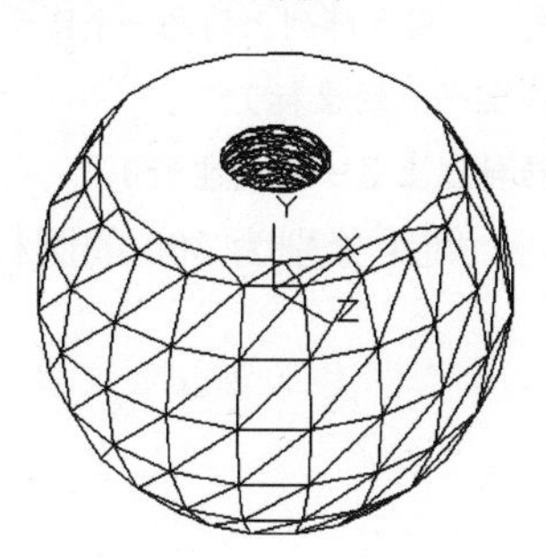

图 11-30 差集结果

11.2 编辑三维曲面

三维曲面编辑与二维图形的编辑功能相似，也有一些对应的编辑功能可以对三维造型进行相应的编辑。

11.2.1 三维阵列

【执行方式】

命令行：3DARRAY。

菜单栏：修改→三维操作→三维阵列。

工具栏：建模→三维阵列按钮。

【操作步骤】

命令: 3DARRAY↙

选择对象:（选择要阵列的对象）

选择对象:（选择下一个对象或按〈Enter〉键）

输入阵列类型[矩形（R）/环形（P）]<矩形>:

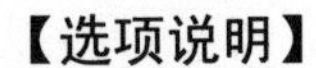

【选项说明】

（1）矩形（R）　对图形进行矩形阵列复制，此选项是系统的默认选项。选择该选项后，命令行提示与操作如下。

输入行数（---）<1>:（输入行数）

输入列数（|||）<1>:（输入列数）

输入层数（...）<1>:（输入层数）

指定行间距（---）:（输入行间距）

指定列间距（|||）:（输入列间距）

指定层间距（...）:（输入层间距）

（2）环形（P）　对图形进行环形阵列复制。选择该选项后，命令行提示与操作如下。

输入阵列中的项目数目:（输入阵列的数目）

指定要填充的角度（+=逆时针，－=顺时针）<360>:（输入环形阵列的圆心角）

旋转阵列对象？[是（Y）/否(N)]<是>:（确定阵列上的每一个图形是否根据旋转轴线的位置进行旋转）

指定阵列的中心点:（输入旋转轴线上一点的坐标）

指定旋转轴上的第二点:（输入旋转轴线上另一点的坐标）

图 11-31 所示为 3 层 3 行 3 列、间距分别为 300 的圆柱的矩形阵列，图 11-32 所示为圆柱的环形阵列。

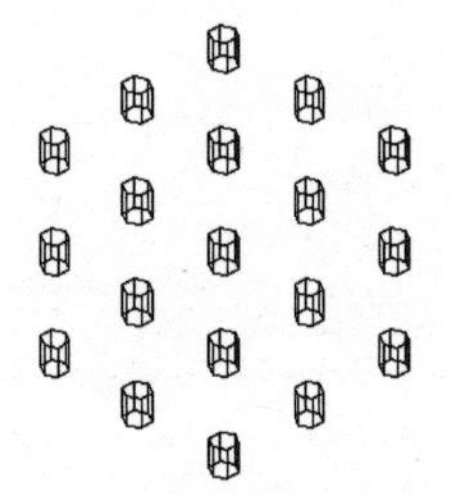

图 11-31　三维图形的矩形阵列

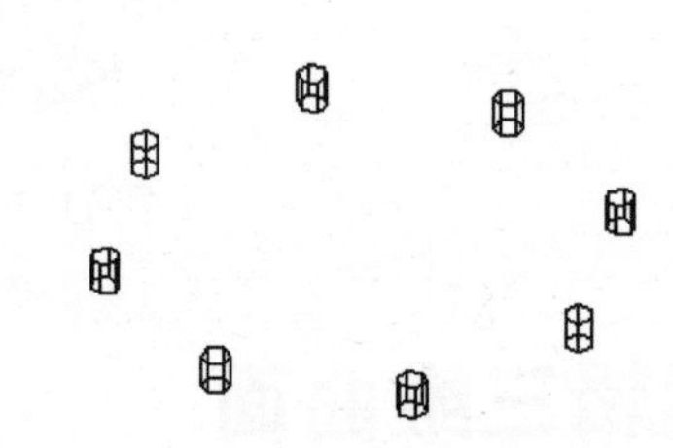

图 11-32　三维图形的环形阵列

11.2.2　实例——手轮

创建图 11-33 所示的手轮。

【操作步骤】

1）建立新文件。单击菜单栏中的“文件”→“新建”命令，弹出“选择样板”对话框，单击“打开”按钮右侧的下拉按钮，以“无样板打开－公制”（毫米）方式建立新文件；将新文件命名为“手轮.dwg”并保存。

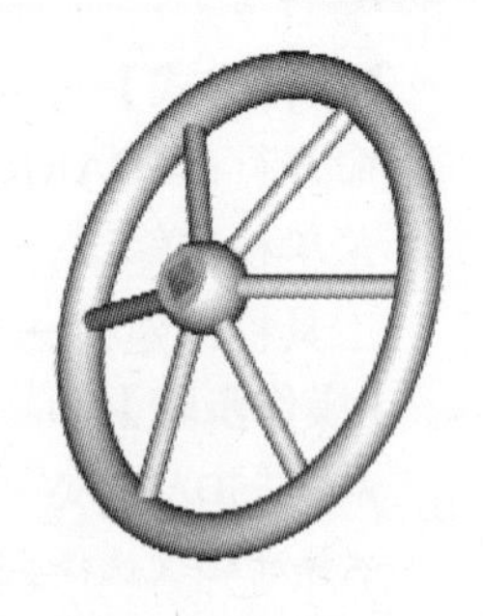

图 11-33　手轮

2）设置绘图工具栏。调出“建模”“视觉样式”“实体编辑”“渲染”和“视图”五个工具栏，并将它们移动到绘图窗口中的适当位置。

3）设置线框密度。在命令行中输入“ISOLINES”，设置线框密度为“10”。单击“视图”工具栏中的“西南等轴测”按钮，切换到西南等轴测图。

4）创建圆环。单击“建模”工具栏中的“圆环体”按钮◎，命令行提示与操作如下。

命令: _TORUS

指定中心点或 [三点(3P)/两点(2P)/切点、切点、半径(T)]<0,0,0>:↙

指定半径或 [直径(D)]: 100↙

指定圆管半径或 [两点(2P)/直径(D)]: 10↙

5）创建球体。单击“建模”工具栏中的“球体”按钮○，命令行提示与操作如下。

命令: _SPHERE

指定中心点或 [三点(3P)/两点(2P)/切点、切点、半径(T)]<0,0,0>: 0,0,30↙

指定半径或 [直径(D)]: 20↙

6）转换视图。单击“视图”工具栏中的“前视”按钮，切换到前视图，如图 11-34 所示。

7）绘制直线。单击“绘图”工具栏中的“直线”按钮，命令行提示与操作如下。

命令: _LINE

指定第一点:（单击“对象捕捉”工具栏中的“捕捉到圆心”按钮）

_cen 于:（捕捉球的球心）

指定下一点或 [放弃(U)]: 100,0,0↙

指定下一点或 [放弃(U)]:↙

绘制结果如图 11-35 所示。

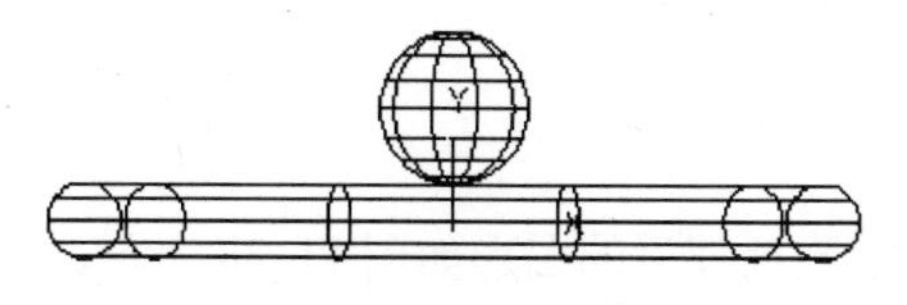

图 11-34 圆环与球

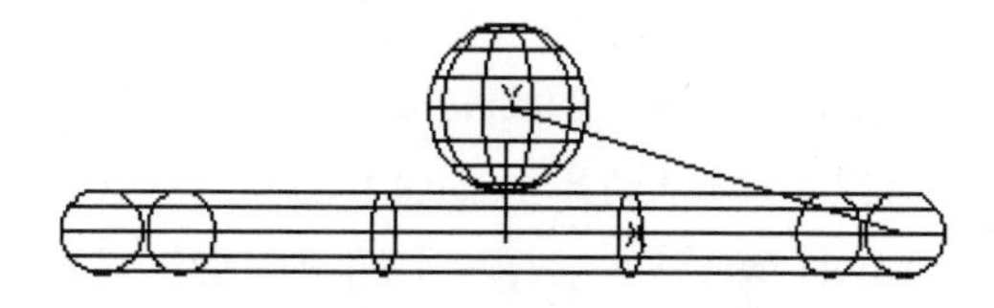

图 11-35 绘制直线

8）绘制圆。单击“视图”工具栏中的“左视”按钮，切换到左视图。单击“绘图”工具栏中的“圆”按钮，命令行提示与操作如下。

命令: _CIRCLE

指定圆的圆心或 [三点(3P)/两点(2P)/切点、切点、半径(T)]:（单击“对象捕捉”工具栏中的“捕捉到圆心”按钮）

_cen 于:（捕捉球的球心）

指定圆的半径或 [直径(D)]: 5↙

绘制结果如图 11-36 所示。

9）拉伸圆。单击“视图”工具栏中的“西南等轴测”按钮，切换到西南等轴测图。单击“建模”工具栏中的“拉伸”按钮，命令行提示与操作如下。

命令: _EXTRUDE

当前线框密度: ISOLINES=10，闭合轮廓创建模式=实体

选择要拉伸的对象或[模式(MO)]: _MO 闭合轮廓创建模式 [实体(SO)/曲面(SU)] <实体>: _SO

选择要拉伸的对象或[模式(MO)]: （选择步骤 8）中绘制的圆）↙

指定拉伸高度或 [方向(D)/路径(P)/倾斜角(T)/表达式(E)]: P↙

选择拉伸路径或 [倾斜角(T)]: （选择直线）

单击“渲染”工具栏中的“隐藏”按钮，进行消隐处理后的图形如图 11-37 所示。

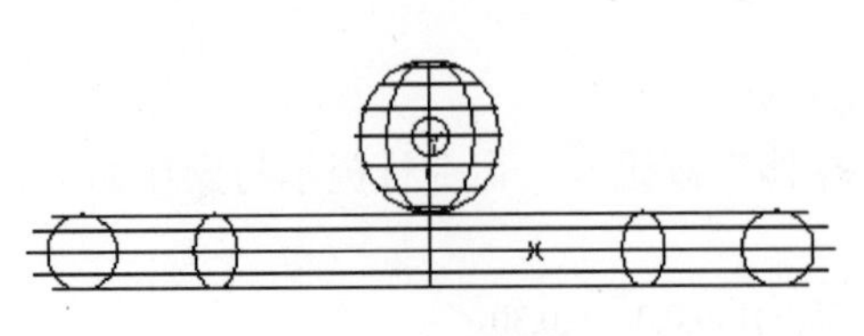

图 11-36 绘制圆

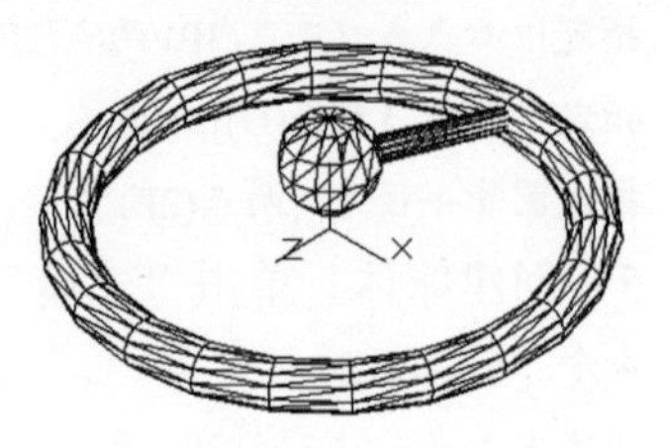

图 11-37 拉伸圆

在命令行中输入“UCS”命令，将坐标返回世界坐标系。

10）阵列拉伸生成的圆柱体。选择菜单栏中的“修改”→“三维操作”→“三维阵列”命令，命令行提示与操作如下。

命令: _3DARRAY

选择对象: （选择圆柱体）↙

输入阵列类型 [矩形(R)/环形(P)] <矩形>:P↙

输入阵列中的项目数目: 6↙

指定要填充的角度 (+=逆时针, -=顺时针) <360>:↙

旋转阵列对象? [是(Y)/否(N)] < Y >: ↙

指定阵列的中心点: （单击“对象捕捉”工具栏中的“捕捉到圆心”按钮）

_cen 于: （捕捉圆环的圆心）

指定旋转轴上的第二点: 0,0,100

单击“渲染”工具栏中的“隐藏”按钮，进行消隐处理后的图形如图 11-38 所示。

11）创建长方体。单击“建模”工具栏中的“长方体”按钮，以指定中心点的方式创建长方体，长方体的中心点为坐标原点，长、宽、高分别为“15”“15”和“120”。

12）布尔运算。单击“实体编辑”工具栏中的“差集”按钮，将创建的长方体与球体进行差集运算，结果如图 11-39 所示。

13）剖切处理。选择菜单栏中的“修改”→“三维操作”→“剖切”命令，对球体进行对称剖切，利用三点（0,0,42）、（10,0,42）、（0,10,42），剖切掉的球冠高度为“8”，如图 11-40 所示。

图 11-38 阵列圆柱体

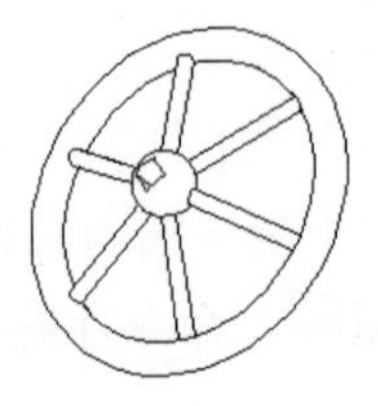

图 11-39 差集运算后的手轮

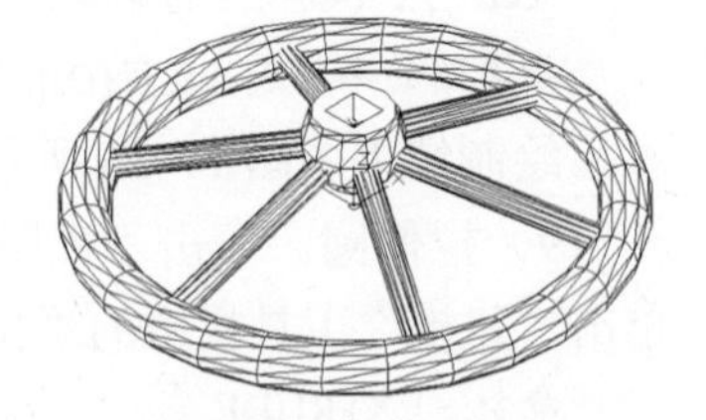

图 11-40 剖切球体

14）布尔运算。单击“实体编辑”工具栏中的“并集”按钮，将阵列的圆柱体与球体及圆环进行并集运算。

15）改变视觉样式。选择菜单栏中的“视图”→“视觉样式”→“概念”命令，最终显示效果如图 11-33 所示。

11.2.3 三维镜像

【执行方式】

命令行：MIRROR3D。

菜单栏：修改→三维操作→三维镜像。

【操作步骤】

命令：MIRROR3D↙

选择对象：(选择要镜像的对象)

选择对象：(选择下一个对象或按〈Enter〉键)

指定镜像平面 (三点) 的第一个点或[对象(O)/最近的(L)/Z 轴(Z)/视图(V)/XY 平面(XY)/YZ 平面(YZ)/ZX 平面(ZX)/三点(3)] <三点>:

在镜像平面上指定第一点:

【选项说明】

1）点：输入镜像平面上点的坐标。该选项通过三个点确定镜像平面，是系统的默认选项。

2）Z 轴（Z）：利用指定的平面作为镜像平面。选择该选项后，命令行提示与操作如下。

在镜像平面上指定点：（输入镜像平面上一点的坐标）

在镜像平面的 Z 轴（法向）上指定点：（输入与镜像平面垂直的任意一条直线上任意一点的坐标）

是否删除源对象？[是（Y）/否（N）]：（根据需要确定是否删除源对象）

3）视图（V）：指定一个平行于当前视图的平面作为镜像平面。

4）*XY*（*YZ*、*ZX*）平面（*XY*）：指定一个平行于当前坐标系的 *XY*（*YZ*、*ZX*）平面作为镜像平面。

11.2.4 实例——泵轴

本实例绘制的泵轴，主要应用了创建“圆柱体”命令、“拉伸”命令、“三维镜像”命令、“三维阵列”命令以及布尔运算。最终结果如图 11-41 所示。

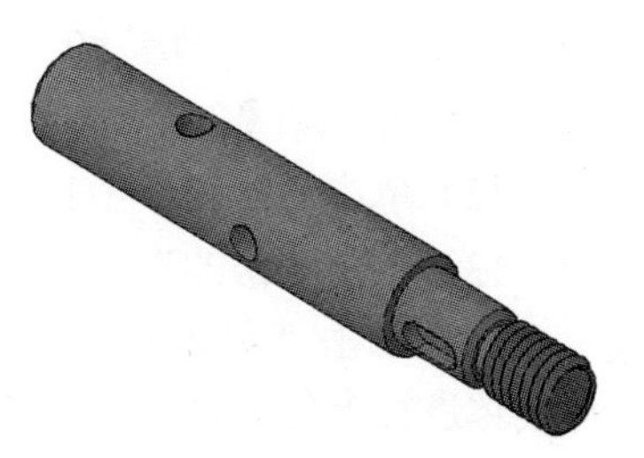

图 11-41 泵轴

【操作步骤】

1）建立新文件。选择菜单栏中的“文件”→“新建”命令，弹出“选择样板”对话框，单击“打开”按钮右侧的▾下拉按钮，以“无样板打开—公制”（毫米）方式建立新文件；将新文件命名为“泵轴.dwg”并保存。

2）设置线框密度。在命令行中输入“ISOLINES”，设置线框密度为“10”。

3）设置用户坐标系。在命令行输入“UCS”命令，设置用户坐标系，将坐标系统绕 *X* 轴旋转“90°”。

4）单击“建模”工具栏中的“圆柱体”按钮，以坐标原点为圆心，创建直径为“14”，高“66”的圆柱体；接续该圆柱体，依次创建直径为“11”和高“14”、直径为

"7.5"和高"2"、直径为"8"和高"12"的圆柱体。

5）单击"实体编辑"工具栏中的"并集"按钮，将创建的圆柱体进行并集运算。

6）单击"渲染"工具栏中的"隐藏"按钮，进行消隐处理后的图形如图 11-42 所示。

7）单击"渲染"工具栏中的"隐藏"按钮，取消消隐，创建内形圆柱体。

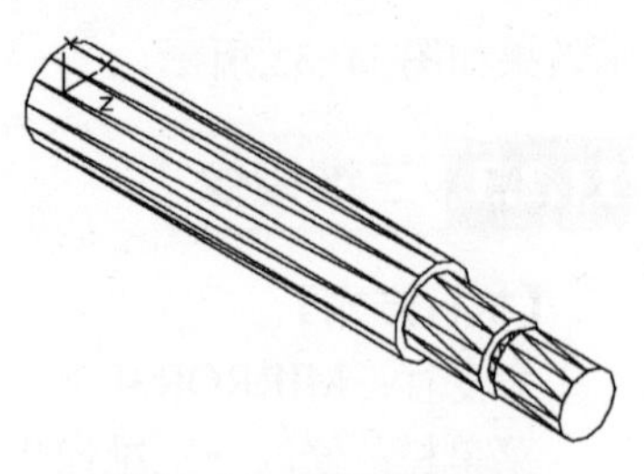

图 11-42　创建外形圆柱

8）单击"建模"工具栏中的"圆柱体"按钮，以（40,0）为圆心，创建直径为"5"，高"7"的圆柱体；以（88,0）为圆心，创建直径为"2"，高"4"的圆柱体。

9）绘制二维图形，并创建为面域。

① 单击"绘图"工具栏中的"直线"按钮，从点（70,0）到点（@6,0）绘制直线。

② 单击"修改"工具栏中的"偏移"按钮，将上一步绘制的直线分别向上、下偏移"2"。

③ 单击"修改"工具栏中的"圆角"按钮，对两条直线进行倒圆角操作，圆角半径为"2"。

④ 单击"绘图"工具栏中的"面域"按钮，将二维图形创建为面域。结果如图 11-43 所示。

10）单击"视图"工具栏中的"西南等轴测"按钮，切换视图到西南等轴测图。

11）选择菜单栏中的"修改"→"三维操作"→"三维镜像"命令，将$\phi 5$ 及$\phi 2$ 的圆柱体以当前 *XY* 面为镜像面，进行镜像操作。命令行提示与操作如下。

命令: MIRROR3D↙

选择对象:（选择$\phi 5$ 及$\phi 2$ 圆柱体）↙

选择对象:

指定镜像平面 (三点) 的第一个点或[对象(O)/最近的(L)/Z 轴(Z)/视图(V)/XY 平面(XY)/YZ 平面(YZ)/ZX 平面(ZX)/三点(3)] <三点>: xy↙

指定 XY 平面上的点 <0,0,0>:

是否删除源对象？[是(Y)/否(N)] <否>:

12）单击"绘图"工具栏中的"拉伸"按钮，将创建的面域拉伸"2.5"。

13）单击"修改"工具栏中的"移动"按钮，将拉伸实体移动到点（@0,0,3）处。

14）单击"实体编辑"工具栏中的"差集"按钮，将外形圆柱体与内形圆柱体及拉伸实体进行差集运算，结果如图 11-44 所示。

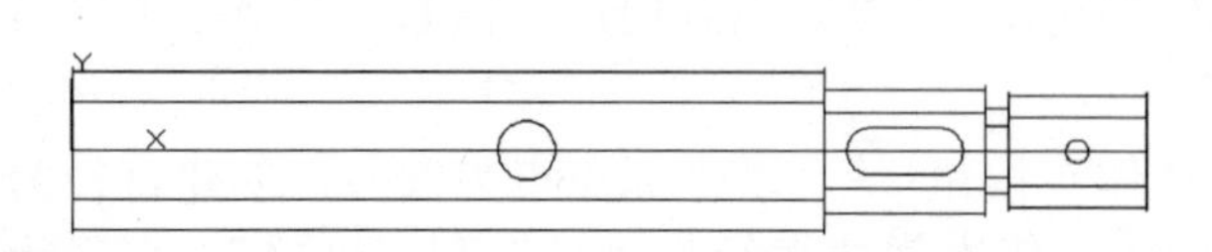

图 11-43　将二维图形创建为面域

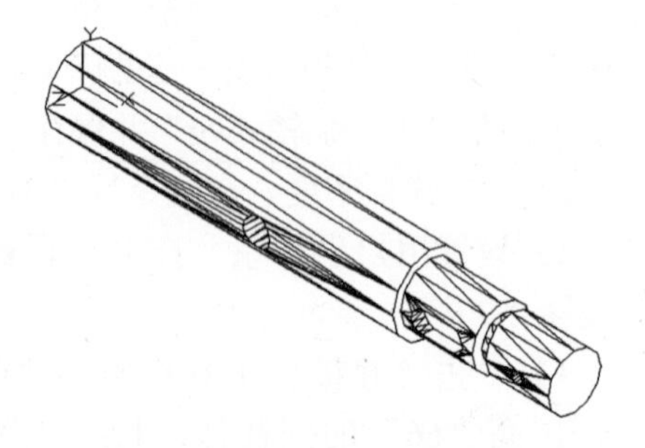

图 11-44　差集后的实体

15）创建螺纹。

① 在命令行输入“UCS”命令，将坐标系切换到世界坐标系，然后绕 X 轴旋转“90°”。

② 单击“建模”工具栏中的“螺旋”按钮，绘制螺纹轮廓，命令行提示与操作如下。

命令: _HELIX

圈数 = 8.0000　　扭曲=CCW

指定底面的中心点: 0,0,95↙

指定底面半径或 [直径(D)] <1.000>:4↙

指定顶面半径或 [直径(D)] <4>:↙

指定螺旋高度或 [轴端点(A)/圈数(T)/圈高(H)/扭曲(W)] <12.2000>: T↙

输入圈数 <3.0000>:8↙

指定螺旋高度或 [轴端点(A)/圈数(T)/圈高(H)/扭曲(W)] <12.2000>: -14↙

结果如图 11-45 所示。

③ 在命令行中输入“UCS”命令，命令行提示与操作如下。

命令: _UCS

当前 UCS 名称: *世界*

指定 UCS 的原点或 [面(F)/命名(NA)/对象(OB)/上一个(P)/视图(V)/世界(W)/X/Y/Z/Z 轴(ZA)] <世界>:（捕捉螺旋线的上端点）

指定 X 轴上的点或 <接受>:（捕捉螺旋线上一点）

指定 XY 平面上的点或 <接受>:

④ 在命令行中输入“UCS”命令，将坐标系绕 Y 轴旋转“-90°”。结果如图 11-46 所示。

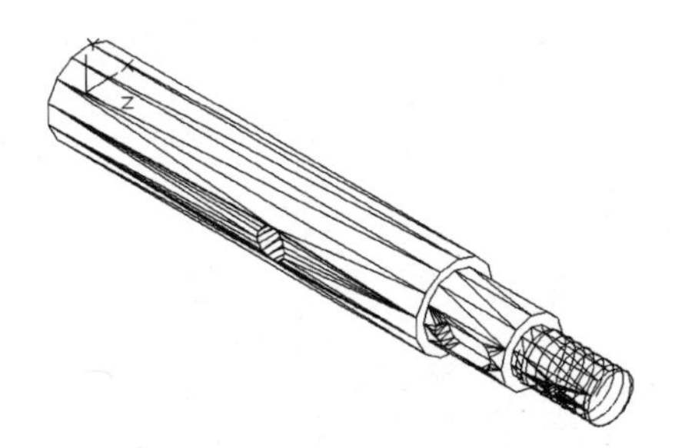

图 11-45　绘制螺旋线

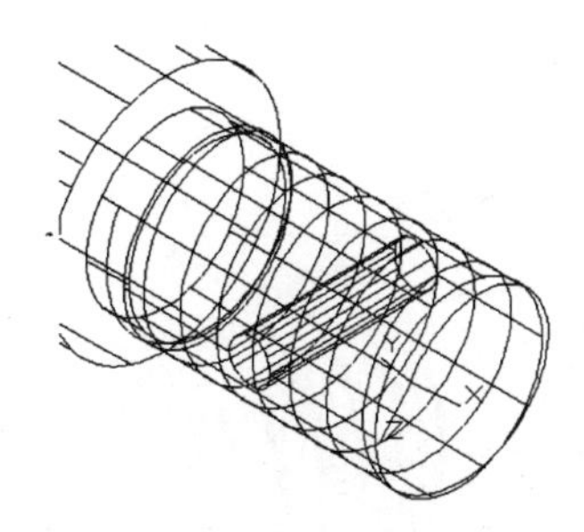

图 11-46　切换坐标系

⑤ 选择菜单栏中的“视图”→“三维视图”→“平面视图”→“当前 UCS（C）”命令。

⑥ 单击“绘图”工具栏中的“直线”按钮，捕捉螺旋线的上端点绘制牙型截面轮廓，绘制一个正三角形，其边长为“1.5”。

⑦ 单击“绘图”工具栏中的“面域”按钮，将牙型截面轮廓创建成面域，结果如图 11-47 所示。

⑧ 单击“视图”工具栏中的“西南等轴测”按钮，将视图切换到西南等轴测视图。

⑨ 单击“建模”工具栏中的“扫掠”按钮，将面域图形扫掠形成实体。命令行提示与操作如下。

命令: _SWEEP

当前线框密度：ISOLINES=4，闭合轮廓创建模式 = 实体

选择要扫掠的对象或 [模式(MO)]: _MO 闭合轮廓创建模式 [实体(SO)/曲面(SU)] <实体>: _SO

选择要扫掠的对象或 [模式(MO)]:（选择三角牙型轮廓）

选择要扫掠的对象或 [模式(MO)]: ↙

选择扫掠路径或 [对齐(A)/基点(B)/比例(S)/扭曲(T)]:（选择螺纹线）

扫掠实体结果如图 11-48 所示。

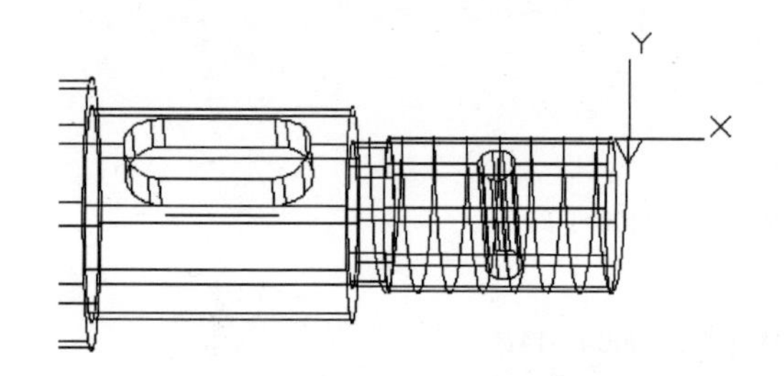

图 11-47　绘制牙型截面轮廓并创建成面域

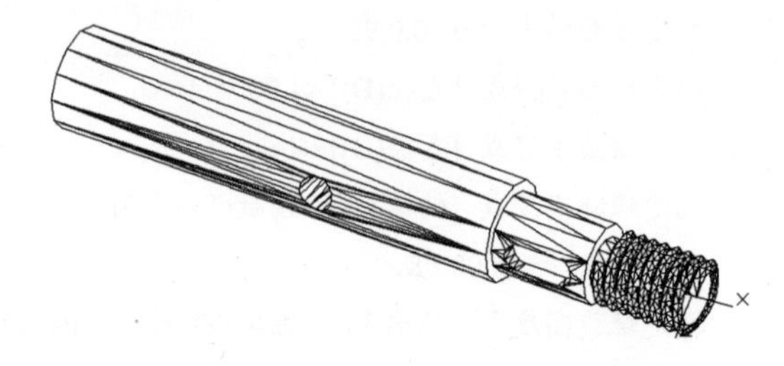

图 11-48　扫掠实体

⑩ 将坐标系切换到世界坐标系，然后将坐标系绕 *X* 轴旋转“90°”。

⑪ 创建圆柱体。单击“建模”工具栏中的“圆柱体”按钮，以坐标点（0,0,94）为底面中心点，创建半径为“6”，高为“2”的圆柱体；以坐标点（0,0,82）为底面中心点，创建半径为“6”，高为“-2”的圆柱体；以坐标点（0,0,82）为底面中心点，创建直径为“7.5”，高为“-2”的圆柱体，结果如图 11-49 所示。

⑫ 单击“实体编辑”工具栏中的“并集”按钮，将螺纹与主体进行并集处理。

⑬ 单击“实体编辑”工具栏中的“差集”按钮，从左端半径为“6”的圆柱体中减去半径为“3.5”的圆柱体，然后从螺纹主体中减去半径为“6”的圆柱体，结果如图 11-50 所示。

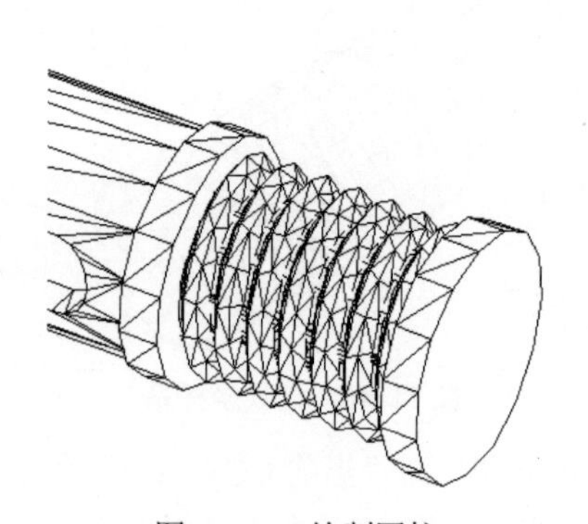

图 11-49　绘制圆柱

图 11-50　布尔运算处理

16）在命令行中输入“UCS”命令，将坐标系切换到世界坐标系，然后将坐标系绕 *Y* 轴旋转“-90°”。

17）单击“建模”工具栏中的“圆柱体”按钮，以（24,0,0）为圆心，创建直径为“5”，高为“7”的圆柱。

18）选择菜单命令“修改”→“三维操作”→“三维镜像”，将上一步绘制的圆柱以当前 *XY* 面为镜像面，进行镜像操作，结果如图 11-51 所示。

19）单击“实体编辑”工具栏中的“差集”按钮，将主体与镜像的圆柱体进行差集运算，对泵轴倒角。

20）单击“修改”工具栏中的“倒角”按钮，对泵轴左端及ϕ11 轴径进行倒角操作，倒角距离为“1”。单击“渲染”工具栏中的“隐藏”按钮，对实体进行消隐。如图 11-52 所示。

21）单击“渲染”工具栏中的“材质浏览器”按钮，选择适当的材质，单击“渲染”工具栏中的“渲染”按钮，对图形进行渲染。结果如图 11-41 所示。

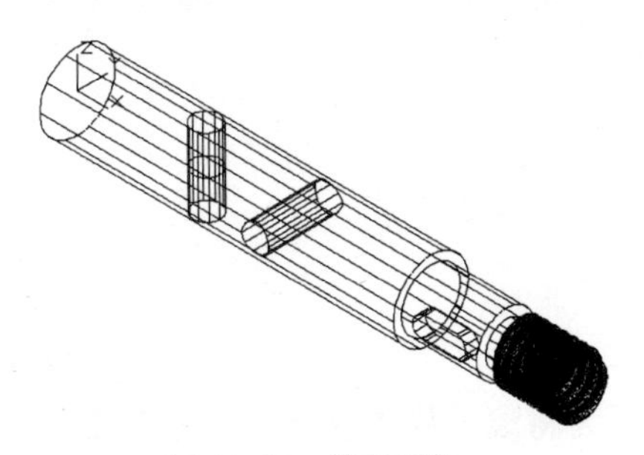

图 11-51 镜像圆柱

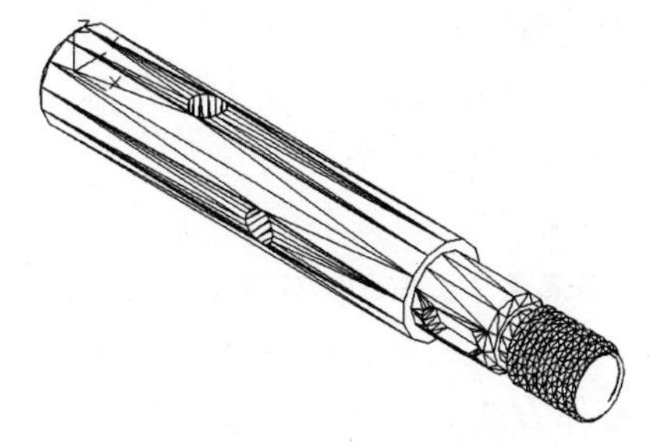

图 11-52 消隐后的实体

11.2.5 对齐对象

【执行方式】

命令行：ALIGN。

快捷命令：AL。

菜单栏：修改→三维操作→对齐。

【操作步骤】

命令：ALIGN↙

选择对象：(选择要对齐的对象)

选择对象：(选择下一个对象或按〈Enter〉键)

指定一对、两对或三对点，将选定对象对齐。

指定第一个源点：(选择点 1)

指定第一个目标点：(选择点 2)

指定第二个源点：↙

一对点对齐结果如图 11-53 所示。两对点对齐和三对点对齐与一对点对齐的情形类似。

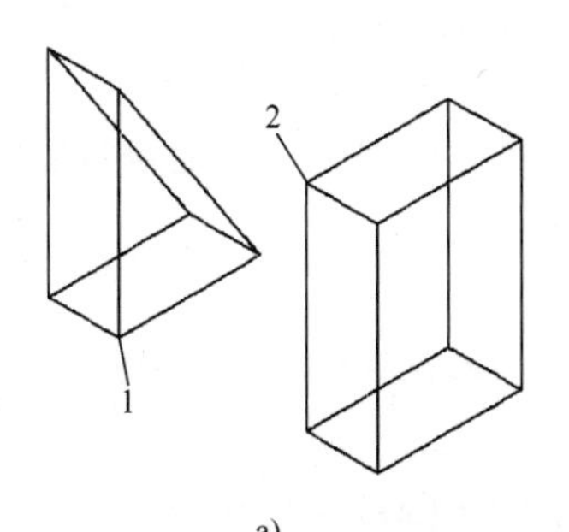

a)

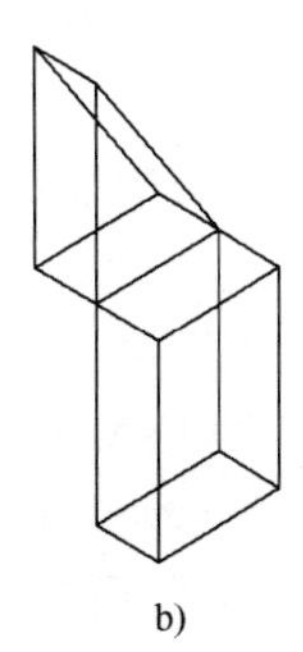

b)

图 11-53 一对点对齐

a) 对齐前 b) 对齐后

11.2.6 三维移动

【执行方式】

命令行：3DMOVE。

菜单栏：修改→三维操作→三维移动。

工具栏：建模→三维移动按钮。

【操作步骤】

命令: 3DMOVE↙

选择对象: 找到 1 个

选择对象: ↙

指定基点或 [位移(D)] <位移>: （指定基点）

指定第二个点或 <使用第一个点作为位移>: （指定第二点）

其操作方法与二维移动命令类似，图 11-54 所示为将滚子从轴承中移出的情形。

11.2.7 实例——阀盖

本实例绘制的阀盖主要应用创建“圆柱体”（CYLINDER）命令，“长方体”（BOX）命令，“旋转”（REVOLVE）命令，“圆角”（FILLET）命令，“倒角”（CHAMFER）命令以及布尔运算的“差集”（SUBTRACT）命令和“并集”（UNION）命令等，结果如图 11-55 所示。

【操作步骤】

1）启动系统。启动 AutoCAD 2016，使用默认的绘图环境设置。

2）设置线框密度。设置对象上每个曲面的轮廓线数目为“10”。

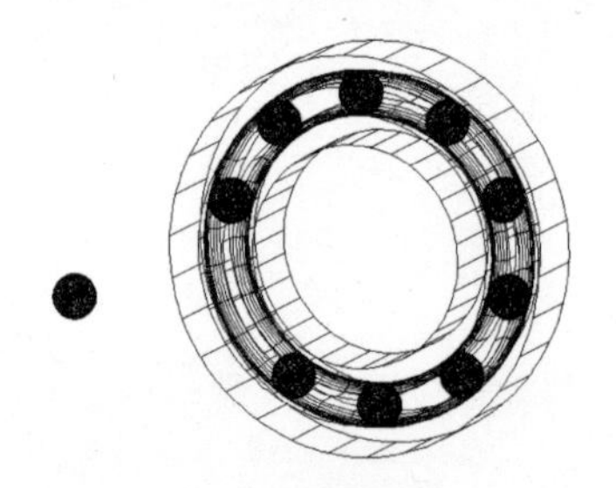

图 11-54 三维移动

图 11-55 阀盖

3）设置视图方向。单击“视图”工具栏中的“西南等轴测”按钮，将当前视图方向设置为西南等轴测视图。

4）设置用户坐标系，将坐标系原点绕 *X* 轴旋转“90°”，命令行提示与操作如下。

命令: UCS ↙

当前 UCS 名称: *西南等轴测*

UCS 的原点或 [面(F)/命名(NA)/对象(OB)/上一个(P)/视图(V)/世界(W)/X/Y/Z/Z 轴(ZA)] <世界>: X↙

指定绕 X 轴的旋转角度 <90>:↙

5）绘制圆柱体。单击“建模”工具栏中的“圆柱体”按钮，以（0,0,0）为底面中心点，创建半径为“18”，高“15”以及半径为“16”，高为“26”的圆柱体。

6）设置用户坐标系，命令行提示与操作如下。

命令: UCS

当前 UCS 名称: *世界*

指定 UCS 的原点或 [面(F)/命名(NA)/对象(OB)/上一个(P)/视图(V)/世界(W)/X/Y/Z/Z 轴(ZA)] <世界>:0,0,32↙

指定 X 轴上的点或 <接受>:↙

7）绘制长方体。单击“建模”工具栏中的“长方体”按钮，绘制以原点为中心点，长度为“75”，宽度为“75”，高度为“12”的长方体。

8）对长方体倒圆角。单击“修改”工具栏中的“圆角”按钮，圆角半径为“12.5”，对长方体的四个 Z 轴方向边进行圆角操作。

9）绘制圆柱体。单击“建模”工具栏中的“圆柱体”按钮，捕捉圆角的圆心为中心点，创建直径为“10”，高“12”的圆柱体。

10）复制圆柱体。单击“修改”工具栏中的“复制”按钮，将上步绘制的圆柱体以圆柱体的圆心为基点，复制到其余三个圆角圆心处。

11）布尔运算。单击“实体编辑”工具栏中的“差集”按钮，将第 9)、10）步绘制的圆柱体从长方体图形中减去。结果如图 11-56 所示。

12）绘制圆柱体。单击“建模”工具栏中的“圆柱体”按钮，以（0,0,0）为圆心，分别创建直径为“53”，高“7”，直径为“50”，高“12”及直径为“41”，高“16”的圆柱体。

13）布尔运算。单击“实体编辑”工具栏中的“并集”按钮，将所有图形进行并集运算。结果如图 11-57 所示。

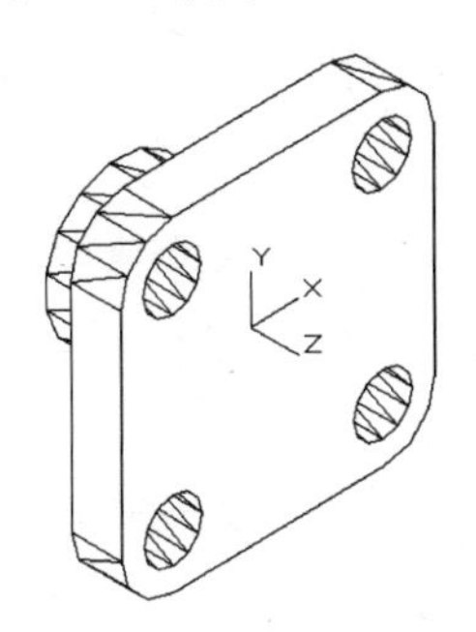

图 11-56　差集后的图形

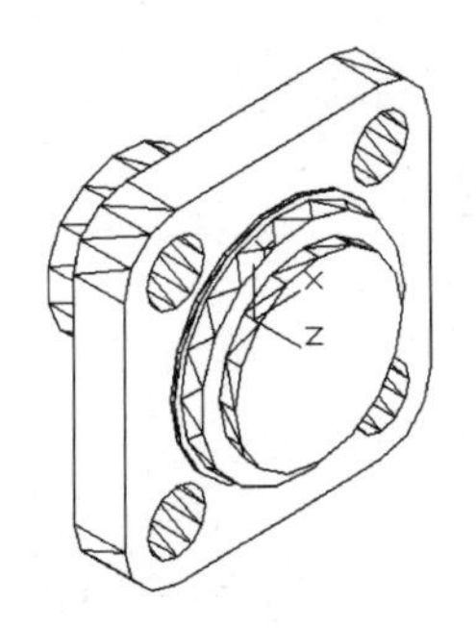

图 11-57　并集后的图形

14）绘制圆柱体。单击“建模”工具栏中的“圆柱体”按钮，捕捉实体前端面圆心为中心点，分别创建直径为“35”，高为“-7”及直径为“20”，高为“-48”的圆柱体；捕捉实体后端面圆心为中心点，创建直径为“28.5”，高“5”的圆柱体。

15）布尔运算。单击“实体编辑”工具栏中的“差集”按钮，将实体与第 14）步绘制的圆柱体进行差集运算。结果如图 11-58 所示。

16）圆角处理。单击“修改”工具栏中的“圆角”按钮，设置圆角半径分别为“1”“3”“5”，对需要的边进行圆角处理。

17）倒角处理。单击“修改”工具栏中的“倒角”按钮，倒角距离为“1.5”，对实体后端面进行倒角处理。

18）设置视图方向。将当前视图方向设置为左视图。设置后的图形如图 11-59 所示。

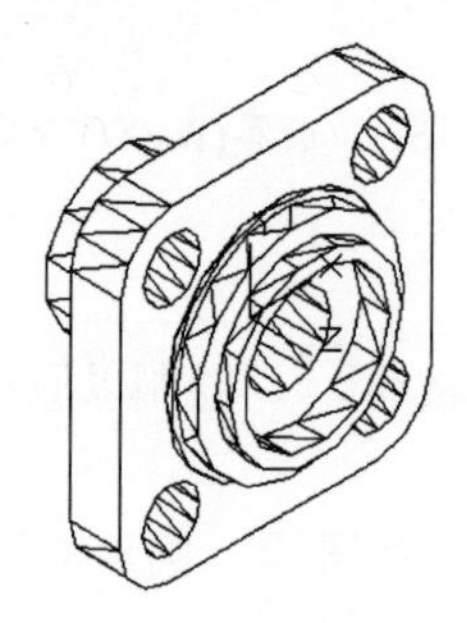

图 11-58　差集后的图形

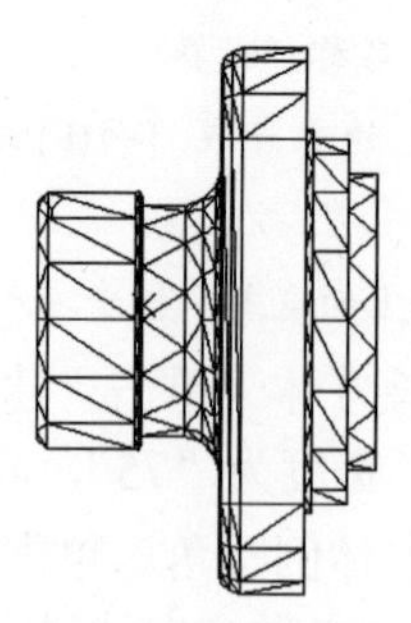

图 11-59　倒角及倒圆角后的图形

19）绘制螺纹。

① 绘制多边形。单击“绘图”工具栏中的“多边形”按钮，在实体旁边空白处绘制一个正三角形，其边长为“2”，如图 11-60 所示。

② 绘制辅助线。单击“绘图”工具栏中的“构造线”按钮，过正三角形底边绘制水平辅助线，如图 11-61 所示。

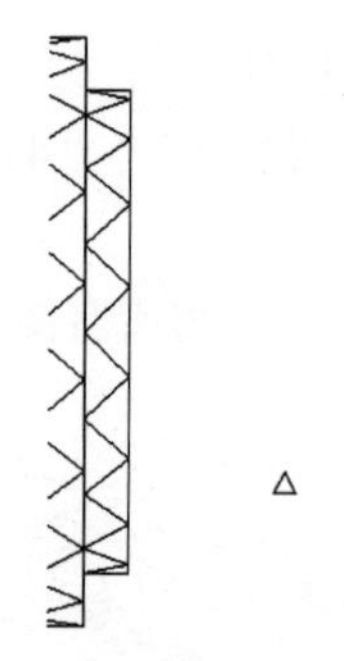

图 11-60　绘制正三角形

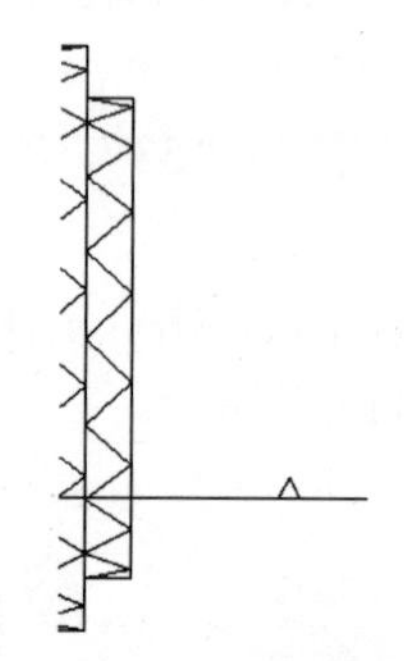

图 11-61　绘制辅助线

③ 偏移辅助线。单击“修改”工具栏中的“偏移”按钮，将水平辅助线向上偏移“18”，如图 11-62 所示。

④ 旋转正三角形。单击“建模”工具栏中的“旋转”按钮，以偏移后的水平辅助线为旋转轴，选取正三角形，将其旋转“360°”，如图 11-63 所示。

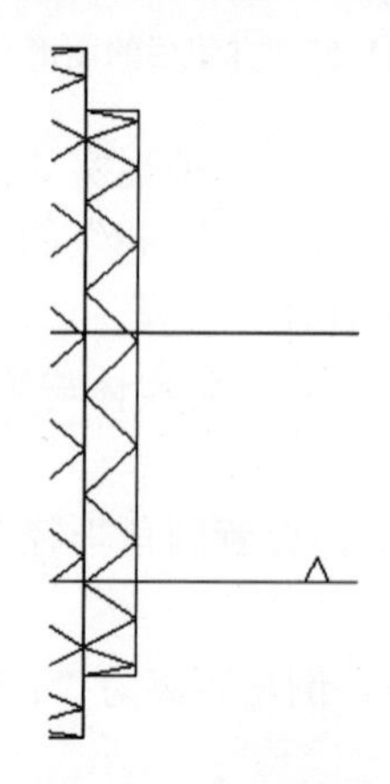

图 11-62　偏移辅助线

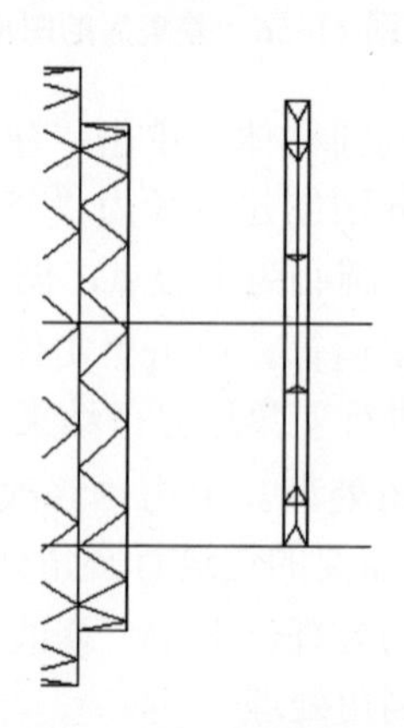

图 11-63　旋转实体

⑤ 删除辅助线。单击“修改”工具栏中的“删除”按钮，删除绘制的辅助线。

⑥ 阵列对象。单击“建模”工具栏中的“三维阵列”按钮，将旋转形成的实体进行1行、7列、1层的矩形阵列，列间距为“2”。

⑦ 布尔运算。单击“实体编辑”工具栏中的“并集”按钮，将阵列后的实体进行并集运算。结果如图11-64所示。

20）移动螺纹。单击“建模”工具栏中的“三维移动”按钮，命令行提示与操作如下。

命令: 3DMOVE↙

选择对象:（用鼠标选取绘制的螺纹）

选择对象: ↙

指定基点或 [位移(D)] <位移>:（用鼠标选取螺纹左端面圆心）

指定第二个点或 <使用第一个点作为位移>:（用鼠标选取实体左端圆心）

移动螺纹结果如图11-65所示。

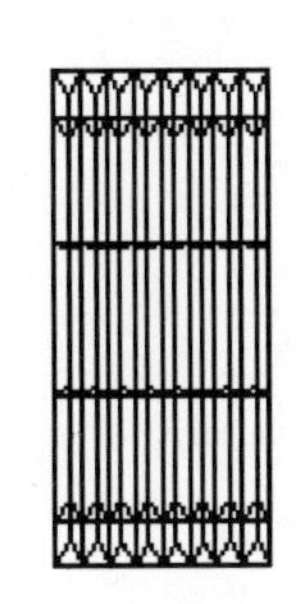

图11-64 绘制的螺纹

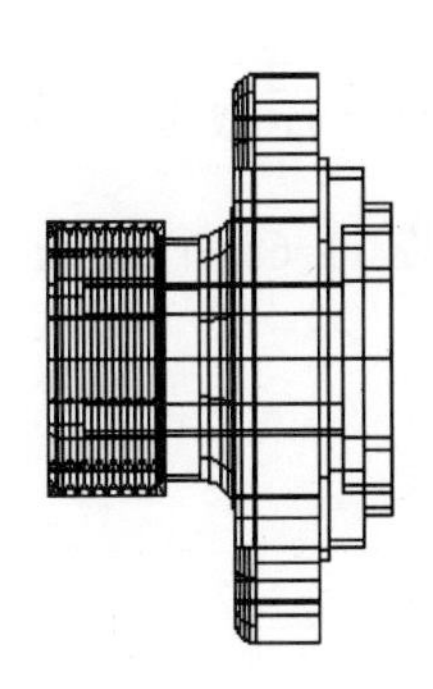

图11-65 移动螺纹后的图形

21）布尔运算。单击“实体编辑”工具栏中的“差集”按钮，将实体与螺纹进行差集运算。

22）绘制螺纹孔。

同样方法，为阀盖创建螺纹孔。其中，螺纹三角形边长为“0.75”，偏移辅助线“5”，阵列8行螺纹，层数为“1”间距为“1.5”。渲染后结果如图11-55所示。

11.2.8 三维旋转

【执行方式】

命令行：3DROTATE（或ROTATE3D）。

菜单栏：修改→三维操作→三维旋转。

工具栏：建模→三维旋转按钮。

【操作步骤】

命令: 3DROTATE↙

UCS 当前的正角方向: ANGDIR=逆时针 ANGBASE=0

选择对象:（选择一个滚子）

选择对象: ↙

指定基点:（指定圆心位置）

拾取旋转轴：（选择如图 11-66 所示的轴）

指定角的起点或键入角度：（选择图 11-66 所示的中心点）

指定角的端点：（指定另一点）

旋转结果如图 11-67 所示。

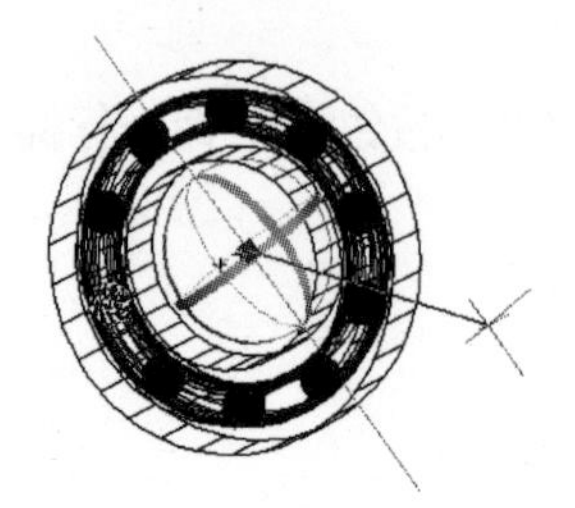

图 11-66　指定参数

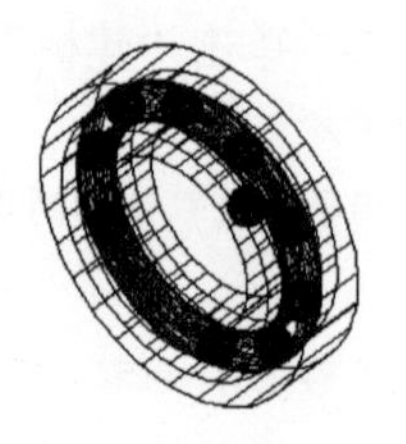

图 11-67　旋转结果

11.2.9 实例——压板

本实例绘制图 11-68 所示的压板。

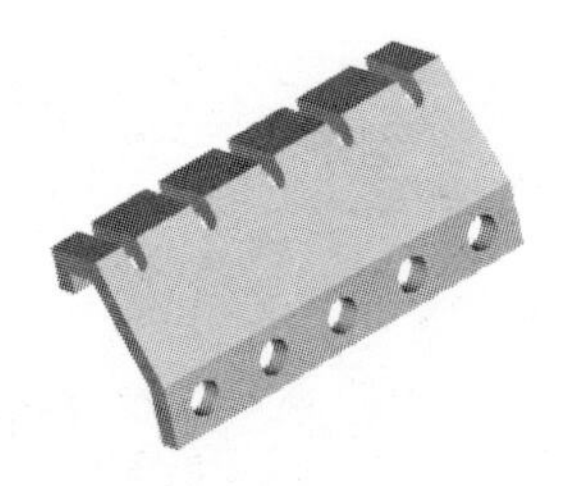

图 11-68　压板

【操作步骤】

1）启动系统。启动 AutoCAD 2016，建立新文件。选择菜单栏中的“文件”→“新建”命令，弹出“选择样板”对话框，单击“打开”按钮右侧的下拉按钮，以“无样板打开—公制”（毫米）方式建立新文件；将新文件命名为“压板.dwg”并保存。

2）设置线框密度，命令行提示与操作如下。

命令: ISOLINES↙

输入 ISOLINES 的新值 <8>: 10↙

3）设置视图方向。选择菜单栏中的“视图”→“三维视图”→“前视”命令，或者单击“视图”工具栏中的“前视”按钮，将当前视图方向设置为前视图。

4）绘制长方体，选择菜单栏中的“绘图”→“建模”→“长方体”命令或者单击“建模”工具栏中的“长方体”按钮，命令行提示与操作如下。

命令: BOX↙

指定第一个角点或 [中心(C)]:0,0,0↙

指定其他角点或 [立方体(C)/长度(L)]: L↙

指定长度:200↙

指定宽度:30↙

指定高度或 [两点(2P)]:10↙

继续以该长方体的左上端点为角点，创建长“200”、宽“60”、高“10”的长方体，依次类推，创建长“200”，宽“30”“20”，高“10”的另两个长方体。结果如图 11-69 所示。

5）设置视图方向。选择菜单栏中的“视图”→“三维视图”→“左视”命令，将当前视图方向设置为左视图。

6）利用命令行操作，旋转长方体，命令行提示与操作如下。

命令: ROTATE3D↙

当前正向角度: ANGDIR=逆时针 ANGBASE=0

选择对象:（选取上部的三个长方体，如图 11-70 所示）

指定轴上的第一个点或定义轴依据[对象(O)/最近的(L)/视图(V)/X 轴(X)/Y 轴(Y)/Z 轴(Z)/两点(2)]: Z↙

指定 Z 轴上的点 <0,0,0>:（捕捉第二个长方体的右下端点，如图 11-71 所示 1 点）

指定旋转角度或 [参照(R)]: 30↙

旋转结果如图 11-72 所示。

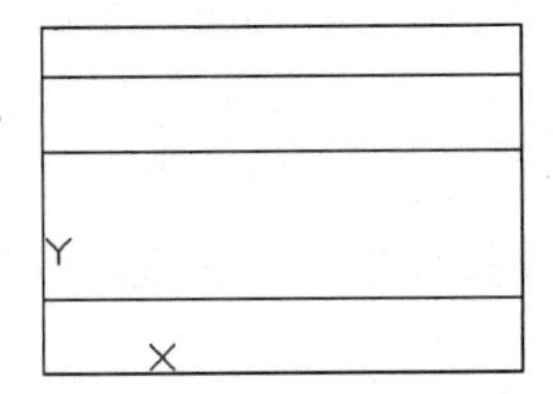

图 11-69 创建长方体

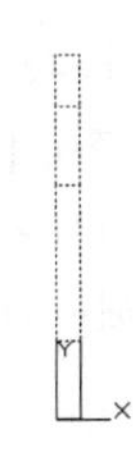

图 11-70 选取旋转的实体

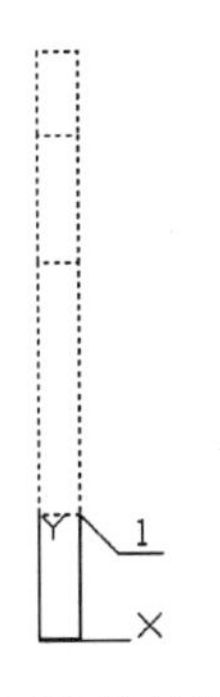

图 11-71 选取旋转轴上的 1 点

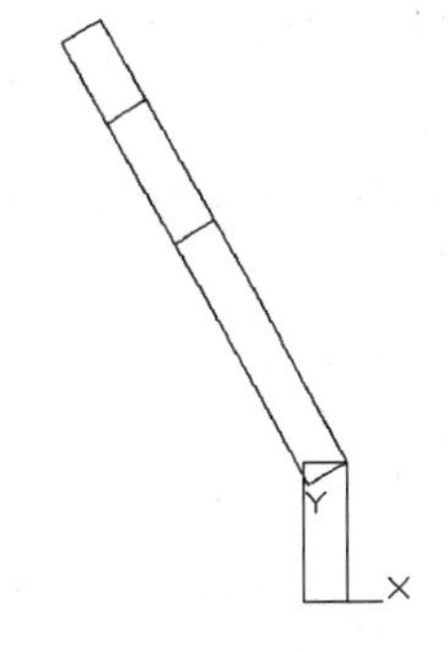

图 11-72 旋转上部实体

7）旋转长方体。方法同前，继续旋转上部两个长方体，分别绕 *Z* 轴旋转“60°”及“90°”。这里采用另一个“三维旋转”命令执行方式。单击“建模”工具栏中的“三维旋转”按钮，命令行提示与操作如下。

命令: _3DROTATE

UCS 当前的正角方向: ANGDIR=逆时针 ANGBASE=0

选择对象:（选择宽度为 30 和 20 的长方体）

选择对象: ↙

指定基点:（指定宽度为 60 长方体右上端点）

指定旋转角度，或 [复制(C)/参照(R)] <30>: 60 ↙

继续旋转宽度为 20 的长方体，旋转结果如图 11-73 所示。

8）设置视图方向。选择菜单栏中的“视图”→“三维视图”→“前视”命令，或者单击“视图”工具栏中的“前视”按钮，将当前视图方向设置为前视图。

9）移动坐标系。在命令行中输入“UCS”命令，修改坐标系。命令行提示与操作如下。

命令: UCS↙

当前 UCS 名称: *前视*

指定 UCS 的原点或 [面(F)/命名(NA)/对象(OB)/上一个(P)/视图(V)/世界(W)/X/Y/Z/Z 轴(ZA)] <世界>:（捕捉压板的左下角点）

指定 X 轴上的点或 <接受>:↙

10）绘制圆柱体。选择菜单栏中的“绘图”→“建模”→“圆柱体”命令，或者单击“建模”工具栏中的“圆柱体”按钮，命令行提示与操作如下。

命令: CYLINDER↙

指定底面的中心点或 [三点(3P)/两点(2P)/切点、切点、半径(T)/椭圆(E)] <0,0,0>: 20，15↙

指定底面半径或 [直径(D)]: 8↙

指定高度或 [两点(2P)/轴端点(A)]: 10↙

11）阵列圆柱体。选择菜单栏中的“修改”→“三维操作”→“三维阵列”命令，命令行提示与操作如下。

命令: _3DARRAY

正在初始化... 已加载 3DARRAY

选择对象:（选择圆柱体）

选择对象: ↙

输入阵列类型 [矩形(R)/环形(P)] <矩形>:↙

输入行数 (---) <1>: 1↙

输入列数 (|||) <1>: 5↙

输入层数 (...) <1>:↙

指定列间距 (|||): 40↙

阵列结果如图 11-74 所示。

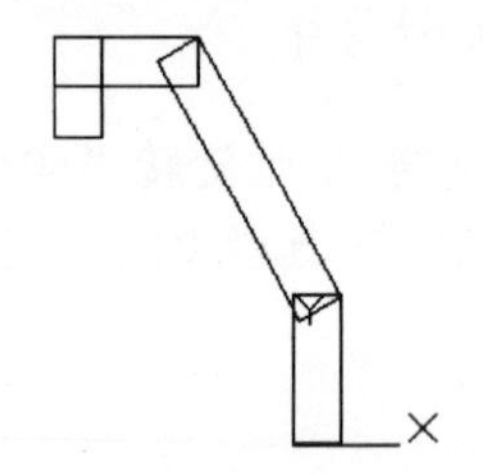

图 11-73　旋转后的实体

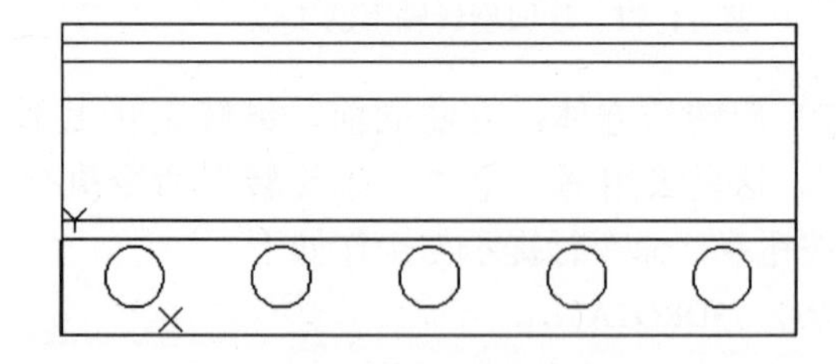

图 11-74　阵列圆柱体

12）布尔运算。单击“实体编辑”工具栏中的“差集”按钮，将阵列的圆柱体从长方体中减去。单击“实体编辑”工具栏中的“并集”按钮，将所有实体并集处理。

13）单击“视图”工具栏中的“西南等轴测”按钮，切换视图到西南等轴测图，打开状态栏上的“动态 UCS”按钮，用鼠标选择当前坐标系，将其移动到顶面左下角点，如图 11-75 所示。

14）选择菜单栏中的“视图”→“三维视图”→“平面视图”→“当前 UCS”命令，将视图转换到当前 UCS 所在平面，如图 11-76 所示。

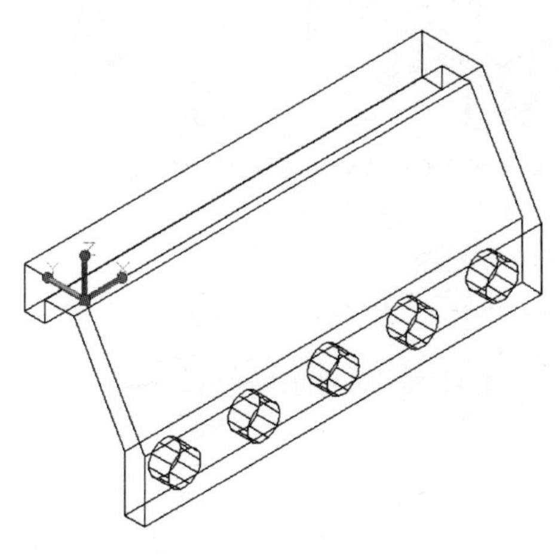

图 11-75　移动坐标系

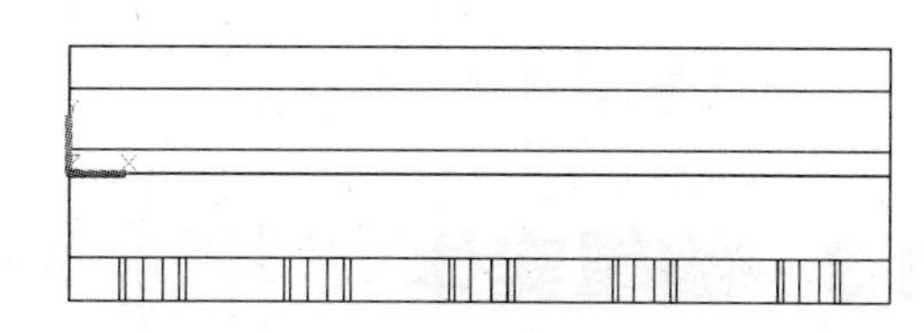

图 11-76　平面视图

15）绘制二维图形。绘制图 11-77 所示的二维图形，图形下部为 $R4$ 的半圆弧。

16）创建面域。单击“绘图”工具栏中的“面域”按钮，将绘制的二维图形创建为面域。

17）设置视图方向。单击“视图”工具栏中的“西南等轴测”按钮，将当前视图方向设置为西南等轴测视图。

18）拉伸面域。选择菜单栏中的“修改”→“拉伸”，或者单击“建模”工具栏中的“拉伸”按钮，拉伸二维面域图形，命令行提示与操作如下。

```
命令:EXTRUDE↙
当前线框密度: ISOLINES=10，闭合轮廓创建模式 = 实体
选择要拉伸的对象或 [模式(MO)]: _MO
闭合轮廓创建模式 [实体(SO)/曲面(SU)] <实体>: _SO
选择要拉伸的对象或 [模式(MO)]:（选取创建的面域）
选择要拉伸的对象或 [模式(MO)]: ↙
指定拉伸的高度或 [方向(D)/路径(P)/倾斜角(T)/表达式(E)]:-20↙
```

19）阵列拉伸的实体。将拉伸形成的实体，进行 1 行、5 列、1 层的矩形阵列，列间距为“40”。阵列结果如图 11-78 所示。

20）布尔运算。单击“实体编辑”工具栏中 “差集”按钮，将并集后的实体与拉伸的实体进行差集运算。

21）渲染处理。选择菜单栏中的“视图”→“渲染”→“材质浏览器”命令，选择适当的材质，然后单击“渲染”工具栏中的“渲染”按钮，对图形进行渲染。渲染后的效果如图 11-68 所示。

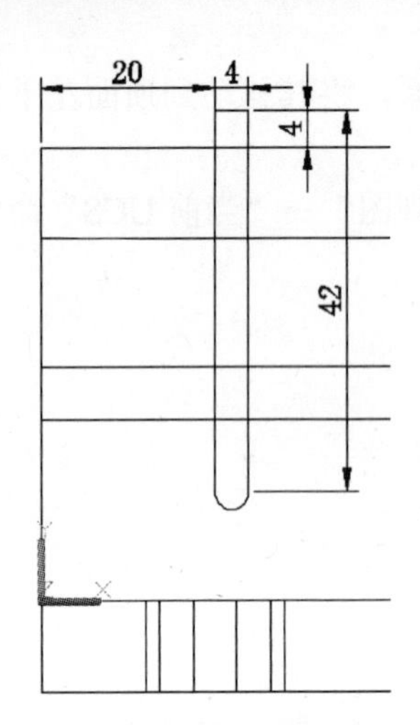

图 11-77 绘制二维图形

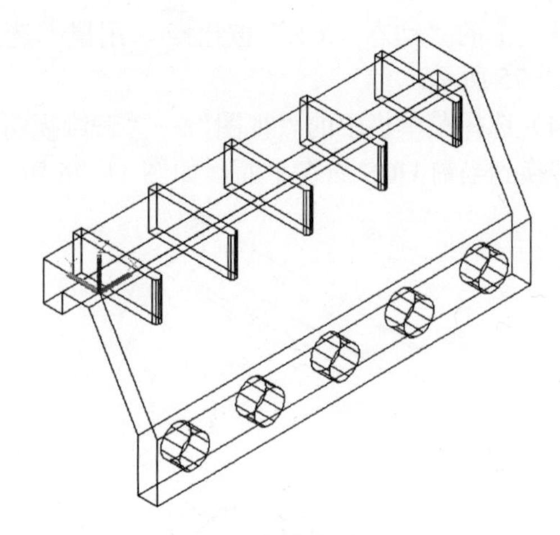

图 11-78 阵列拉伸的实体

11.3 编辑实体

对象编辑是指对单个三维实体本身的某些部分或某些要素进行编辑，从而改变三维实体造型。

11.3.1 拉伸面

【执行方式】

命令行：SOLIDEDIT。

菜单栏：修改→实体编辑→拉伸面。

工具栏：实体编辑→拉伸面按钮。

功能区：单击“三维工具”选项卡“实体编辑”面板中的“拉伸面”按钮。

【操作步骤】

命令: _SOLIDEDIT

实体编辑自动检查: SOLIDCHECK=1

输入实体编辑选项 [面(F)/边(E)/体(B)/放弃(U)/退出(X)] <退出>: _face

输入面编辑选项[拉伸(E)/移动(M)/旋转(R)/偏移(O)/倾斜(T)/删除(D)/复制(C)/颜色(L)/材质(A)/放弃(U)/退出(X)] <退出>: _EXTRUDE

择面或 [放弃(U)/删除(R)]: （选择要进行拉伸的面）

选择面或 [放弃(U)/删除(R)/全部（ALL）]:

指定拉伸高度或[路径（P）]:

【选项说明】

1）指定拉伸高度：按指定的高度值来拉伸面。指定拉伸的倾斜角度后，完成拉伸操作。

2）路径（P）：沿指定的路径曲线拉伸面。图 11-79 所示为拉伸长方体顶面和侧面的结果。

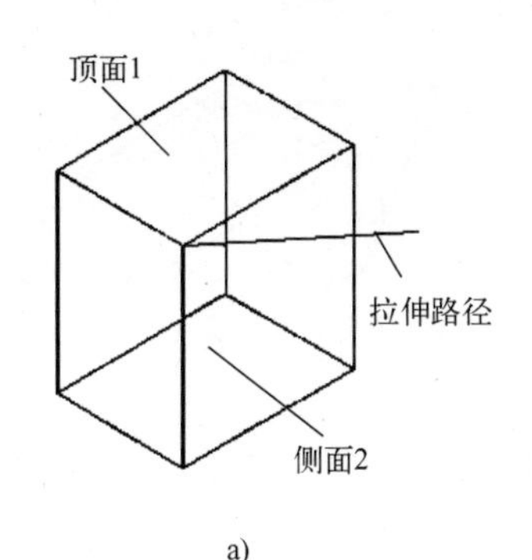

a)

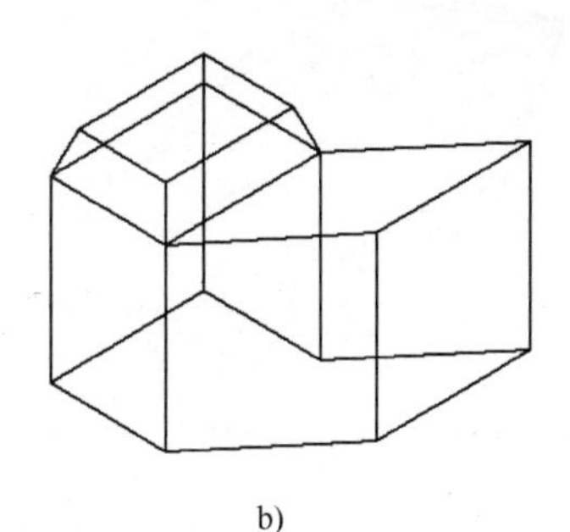

b)

图 11-79 拉伸长方体

a) 拉伸前的长方体 b) 拉伸后的三维实体

11.3.2 实例——顶尖

本例利用刚学习的拉伸面功能绘制图 11-80 所示的顶尖。

【操作步骤】

1）建立新文件。选择菜单栏中的“文件”→“新建”命令，弹出“选择样板”对话框，单击“打开”按钮右侧的下拉按钮，以“无样板打开一公制”（毫米）方式建立新文件；将新文件命名为“顶针.dwg”并保存。

图 11-80 顶尖

2）设置对象上每个曲面的轮廓线数目为“10”。

3）单击“视图”工具栏中的“西南等轴测”按钮，将当前视图设置为西南等轴测方向，在命令行输入“UCS”，将坐标系绕 *X* 轴旋转“90°”。命令行提示与操作如下。

命令: UCS↙

当前 UCS 名称: *世界*

指定 UCS 的原点或[面(F)/命名(NA)/ 对象(OB)/上一个(P)/视图(V)/世界(W)/X/Y/Z/Z 轴(ZA)]<世界>:x↙

指定绕 X 轴的旋转角度 <90>: 90↙

单击“建模”工具栏中的“圆锥体”按钮，以坐标原点为圆锥底面中心，创建半径为“30”、高“-50”的圆锥。

4）单击“建模”工具栏中的“圆柱体”按钮，以坐标原点为圆心，创建半径为“30”、高“70”的圆柱。结果如图 11-81 所示。

5）选择菜单栏中的“修改”→“三维操作”→“剖切”命令，选取圆锥体，以 *ZX* 为剖切面，指定剖切面上的点为（0,10,0），对圆锥进行剖切，保留圆锥下部。结果如图 11-82 所示。

6）单击“建模”工具栏中的“并集”按钮，选择圆锥体与圆柱体进行并集运算。

7）单击“实体编辑”工具栏中的“拉伸面”按钮，命令行提示与操作如下。

命令: _SOLIDEDIT

实体编辑自动检查: SOLIDCHECK=1

输入实体编辑选项 [面(F)/边(E)/体(B)/放弃(U)/退出(X)] <退出>: _FACE

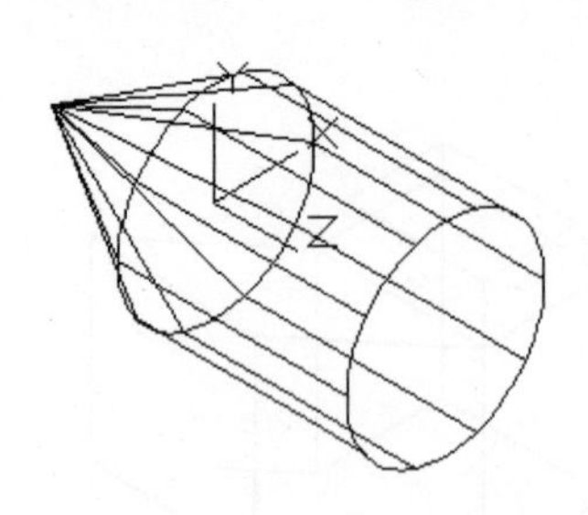

图 11-81　绘制圆锥体及圆柱体

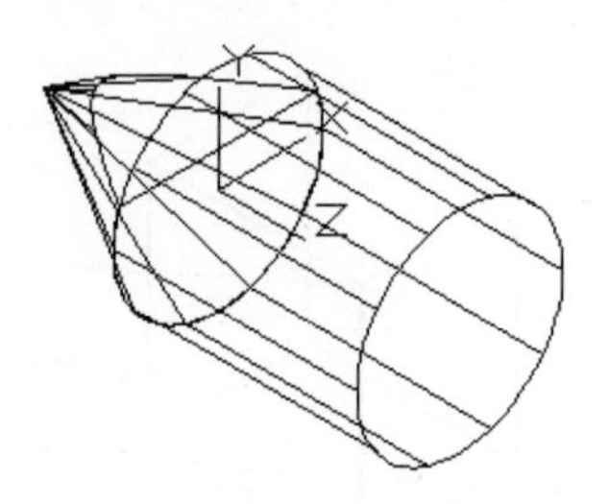

图 11-82　剖切圆锥体

输入面编辑选项[拉伸(E)/移动(M)/旋转(R)/偏移(O)/倾斜(T)/删除(D)/复制(C)/颜色(L)/材质(A)/放弃(U)/退出(X)] <退出>: _EXTRUDE

选择面或 [放弃(U)/删除(R)]: （选取图 11-83 所示的实体表面）

指定拉伸高度或 [路径(P)]: -10↙

指定拉伸的倾斜角度 <0>:↙

已开始实体校验。

已完成实体校验。

输入面编辑选项[拉伸(E)/移动(M)/旋转(R)/偏移(O)/倾斜(T)/删除(D)/复制(C)/颜色(L)/材质(A)/放弃(U)/退出(X)] <退出>:↙

实体编辑自动检查: SOLIDCHECK=1

输入实体编辑选项 [面(F)/边(E)/体(B)/放弃(U)/退出(X)] <退出>:↙

拉伸后结果如图 11-84 所示。

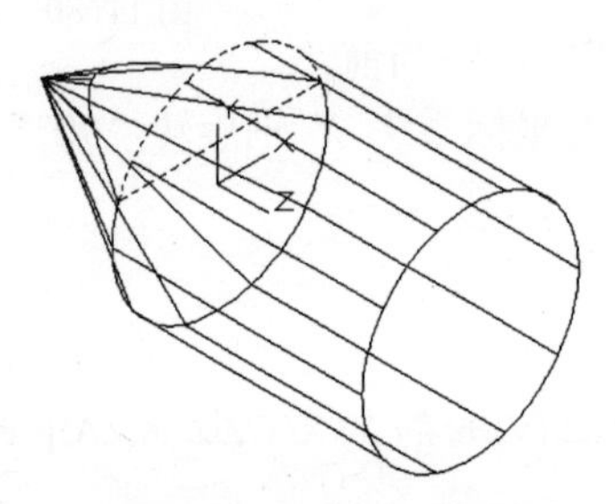

图 11-83　选取拉伸面

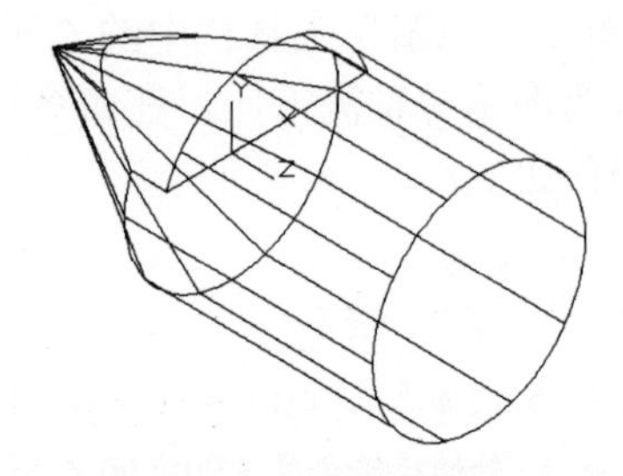

图 11-84　拉伸后的实体

8）将当前视图设置为左视图方向，以（10,30,-30）为圆心，创建半径为“20”、高“60”的圆柱体；以（50,0,-30）为圆心，创建半径为“10”、高“60”的圆柱体。结果如图 11-85 所示。

9）单击“建模”工具栏中的“差集”按钮，选择实体图形与两个圆柱体进行差集运算。单击“视图”工具栏中的“西南等轴测”按钮，将当前视图设置为西南等轴测方向，结果如图 11-86 所示。

10）单击“建模”工具栏中的“长方体”按钮，以（35,0,-10）为角点，创建长“20”、宽“30”、高“30”的长方体。然后将实体与长方体进行差集运算。消隐后的实体如图 11-87 所示。

11）选择菜单栏中的“视图”→“渲染”→”材质浏览器”命令，在材质选项板中选择适当的材质。选择菜单栏中的“视图”→“渲染”→“渲染”命令，对实体进行渲染，渲染后的结果如图 11-80 所示。

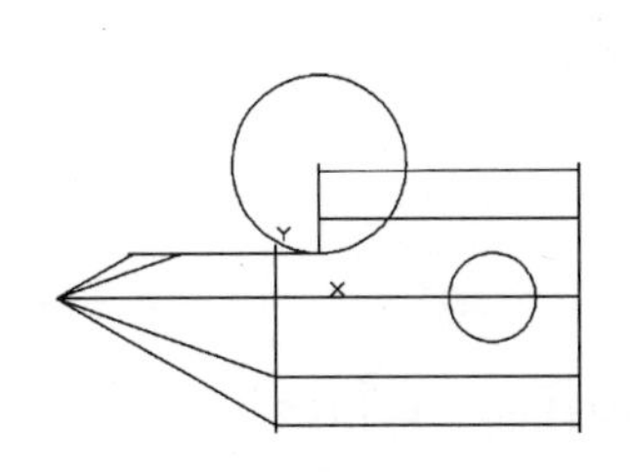

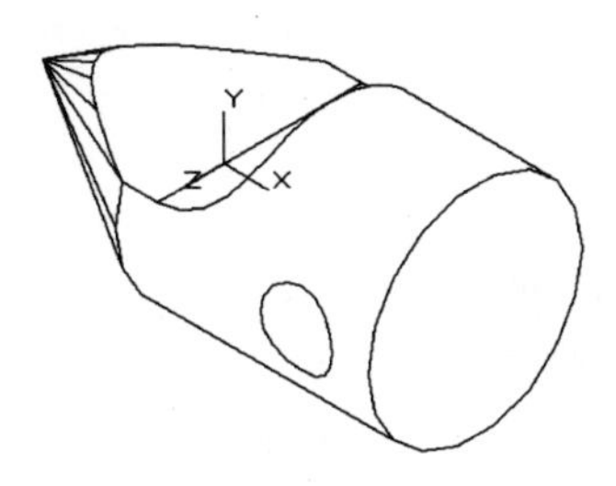

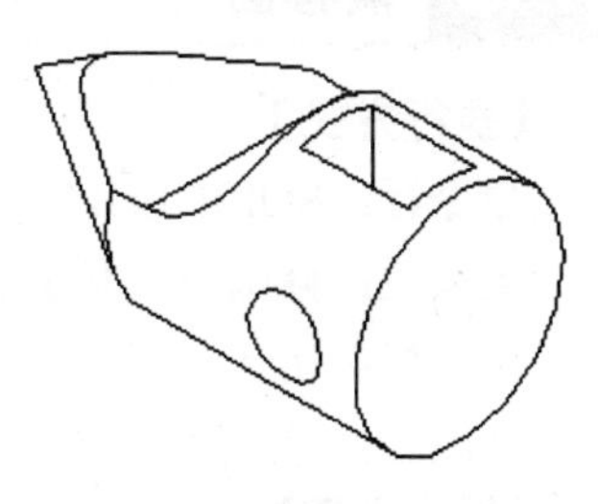

图 11-85　创建圆柱　　图 11-86　差集圆柱后的实体　　图 11-87　消隐后的实体

12）选取菜单栏中的“文件”→“保存”命令。将绘制完成的图形以“顶尖立体图.dwg”为文件名保存在指定的路径中。

11.3.3 移动面

【执行方式】

命令行：SOLIDEDIT。

菜单栏：修改→实体编辑→移动面。

工具栏：实体编辑→移动面按钮。

功能区：单击“三维工具”选项卡“实体编辑”面板中的“移动面”按钮。

【操作步骤】

命令:_SOLIDEDIT

实体编辑自动检查: SOLIDCHECK=1

输入实体编辑选项 [面(F)/边(E)/体(B)/放弃(U)/退出(X)] <退出>: _FACE

输入面编辑选项[拉伸(E)/移动(M)/旋转(R)/偏移(O)/倾斜(T)/删除(D)/复制(C)/颜色(L)/ 材质（A）/放弃(U)] <退出>: _MOVE

选择面或 [放弃(U)/删除(R)]: （选择要进行移动的面）

选择面或 [放弃(U)/删除(R)/全部(ALL)]: （继续选择要移动的面或按〈Enter〉键结束选择）

指定基点或位移: （输入具体的坐标值或选择关键点）

指定位移的第二点: （输入具体的坐标值或选择关键点）

各选项的含义在前面介绍的命令中都有涉及，如有问题，可查询相关命令（拉伸面、移动等）。图 11-88 所示为移动面后三维实体的结果。

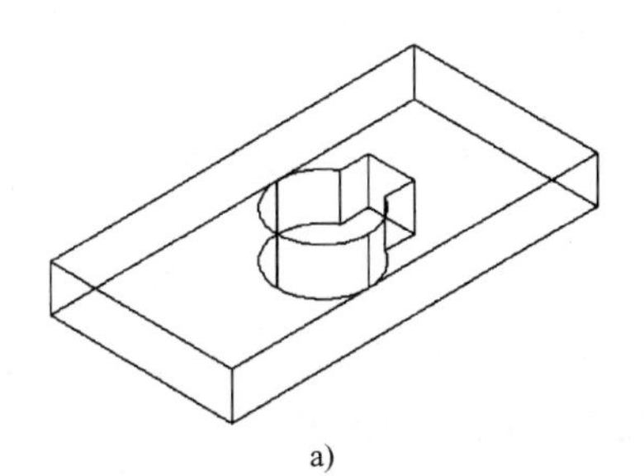

a)　　b)

图 11-88　移动面后三维实体

a) 移动面前的图形　b) 移动面后的图形

11.3.4 偏移面

【执行方式】

命令行：SOLIDEDIT。

菜单栏：修改→实体编辑→偏移面。

工具栏：实体编辑→偏移面按钮。

功能区：单击“三维工具”选项卡“实体编辑”面板中的“偏移面”按钮。

【操作步骤】

命令: _SOLIDEDIT

实体编辑自动检查: SOLIDCHECK=1

输入实体编辑选项 [面(F)/边(E)/体(B)/放弃(U)/退出(X)] <退出>: _FACE

输入面编辑选项[拉伸(E)/移动(M)/旋转(R)/偏移(O)/倾斜(T)/删除(D)/复制(C)/颜色(L)/ 材质（A）/放弃(U)] <退出>: _OFFSET

选择面或 [放弃(U)/删除(R)]:（选择要进行偏移的面）

指定偏移距离:（输入要偏移的距离值）

图 11-89 所示为通过“偏移面”命令改变哑铃手柄大小的结果。

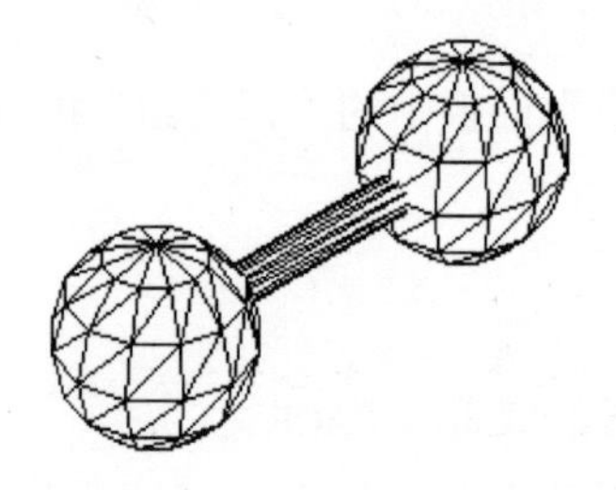

a)

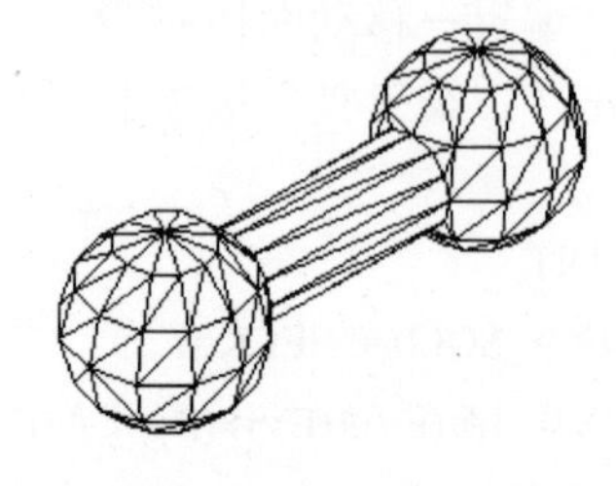

b)

图 11-89 偏移面后的三维实体

a) 偏移面前 b) 偏移面后

11.3.5 删除面

【执行方式】

命令行：SOLIDEDIT。

菜单栏：修改→实体编辑→删除面。

工具栏：实体编辑→删除面。

功能区：单击“三维工具”选项卡“实体编辑”面板中的“删除面”按钮。

【操作步骤】

命令: _SOLIDEDIT

实体编辑自动检查: SOLIDCHECK=1

输入实体编辑选项 [面(F)/边(E)/体(B)/放弃(U)/退出(X)] <退出>: _FACE

输入面编辑选项[拉伸(E)/移动(M)/旋转(R)/偏移(O)/倾斜(T)/删除(D)/复制(C)/颜色(L)/材质(A)/放弃(U)/退出(X)] <退出>: _ERASE

选择面或 [放弃(U)/删除(R)]:（选择要删除的面）

图 11-90 所示为删除长方体的一个倒角面后的结果。

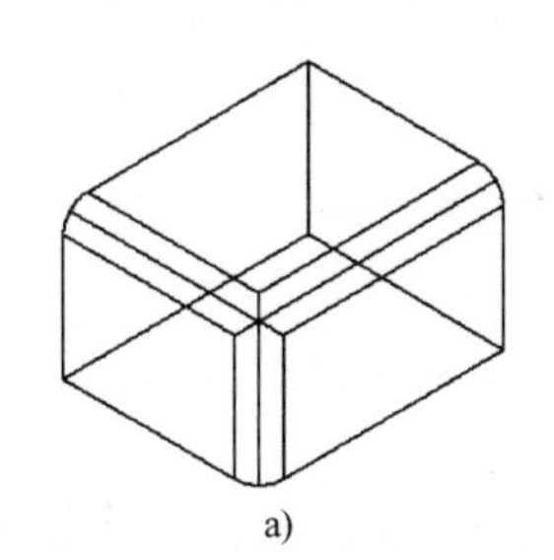

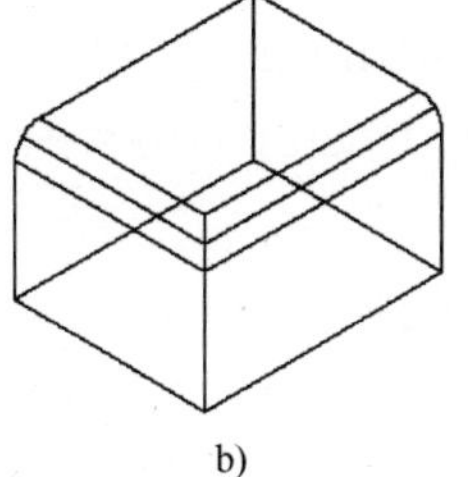

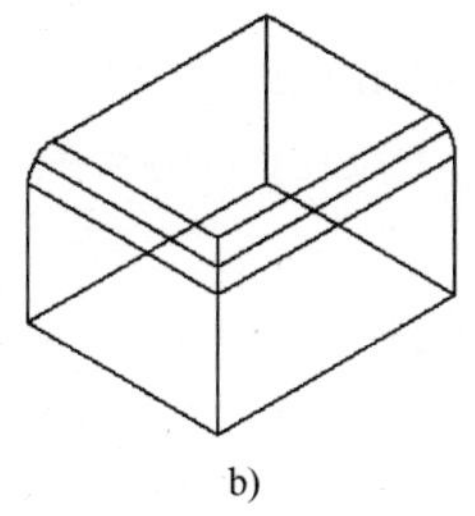

a)　　　　b)

图 11-90　删除倒角面

a) 倒角后的长方体　b) 删除倒角后的图形

11.3.6 实例——镶块

本实例绘制图 11-91 所示的镶块。

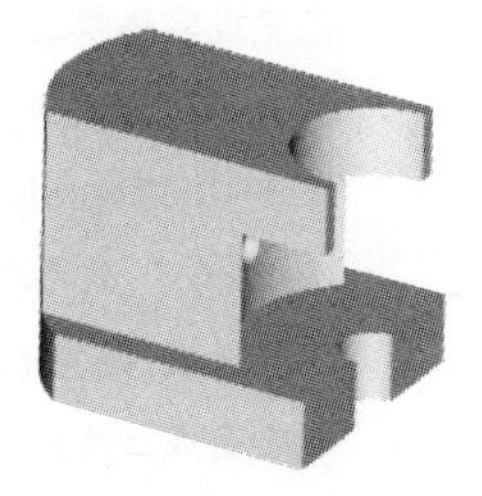

图 11-91　镶块

【操作步骤】

1）启动 AutoCAD 2016，使用默认设置画图。

2）在命令行中输入“ISOLINES”命令，设置线框密度为“10”。单击“视图”工具栏中的“西南等轴测”按钮，切换到西南等轴测图。

3）单击“建模”工具栏中的“长方体”按钮，以坐标原点为角点，创建长“50”，宽“100”，高“20”的长方体。

4）单击“建模”工具栏中的“圆柱体”按钮，以长方体右侧面底边中点为圆心，创建半径为“50”，高“20”的圆柱。

5）单击“建模”工具栏中的“并集”按钮，将长方体与圆柱进行并集运算。结果如图 11-92 所示。

6）选择菜单栏中的“修改”→“三维操作”→“剖切”命令，以 *ZX* 为剖切面，分别指定剖切面上的点为（0,10,0）及（0,90,0），对实体进行对称剖切，保留实体中部。结果如图 11-93 所示。

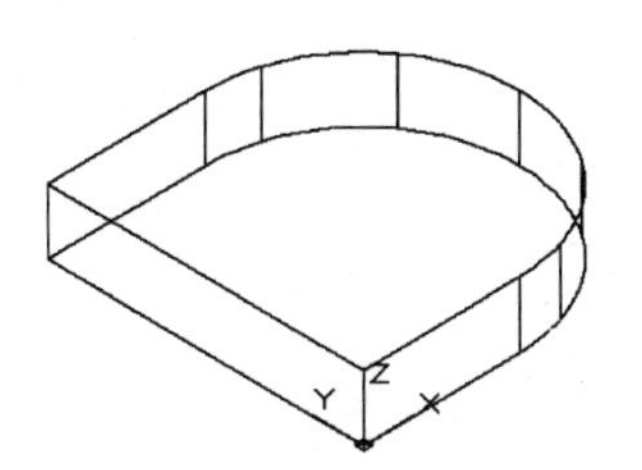

图 11-92　并集后的实体

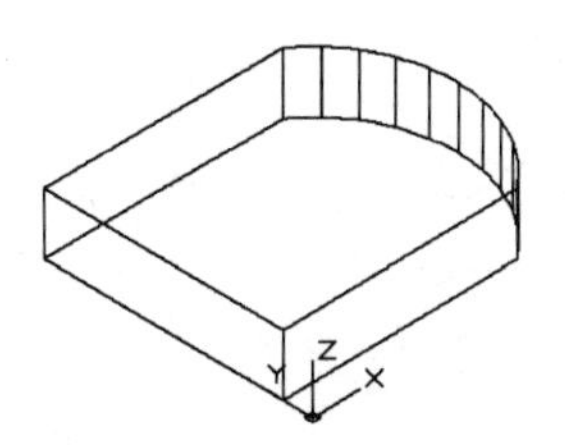

图 11-93　剖切后的实体

7）单击“修改”工具栏中的“复制”按钮，如图 11-94 所示，将剖切后的实体向上复制一个。

8）单击“实体编辑”工具栏中的“拉伸面”按钮。选取实体前端面，拉伸高度为“-10”。继续将实体后侧面拉伸“-10”。结果如图 11-95 所示。

9）单击“实体编辑”工具栏中的“删除面”按钮，删除实体上的面。继续将实体后部对称侧面删除。命令行提示与操作如下。

命令: _SOLIDEDIT

实体编辑自动检查: SOLIDCHECK=1

输入实体编辑选项 [面(F)/边(E)/体(B)/放弃(U)/退出(X)] <退出>: _face

输入面编辑选项

[拉伸(E)/移动(M)/旋转(R)/偏移(O)/倾斜(T)/删除(D)/复制(C)/颜色(L)/材质(A)/放弃(U)/退出(X)] <退出>: _delete

选择面或 [放弃(U)/删除(R)]: （选择平面 1，如图 11-95 所示）

选择面或 [放弃(U)/删除(R)/全部(ALL)]: r↙（由于单击鼠标选取时，会选择多余的平面，所以这里要进行删除）

删除面或 [放弃(U)/添加(A)/全部(ALL)]: （选择多余的平面）

删除面或 [放弃(U)/添加(A)/全部(ALL)]: ↙

已开始实体校验。

已完成实体校验。

输入面编辑选项

[拉伸(E)/移动(M)/旋转(R)/偏移(O)/倾斜(T)/删除(D)/复制(C)/颜色(L)/材质(A)/放弃(U)/退出(X)] <退出>: d↙

选择面或 [放弃(U)/删除(R)]: （选择平面 2，如图 11-95 所示）

选择面或 [放弃(U)/删除(R)/全部(ALL)]: r↙

删除面或 [放弃(U)/添加(A)/全部(ALL)]: （选择多余的平面）

删除面或 [放弃(U)/添加(A)/全部(ALL)]: ↙

已开始实体校验。

已完成实体校验。

输入面编辑选项

[拉伸(E)/移动(M)/旋转(R)/偏移(O)/倾斜(T)/删除(D)/复制(C)/颜色(L)/材质(A)/放弃(U)/退出(X)] <退出>:↙

实体编辑自动检查: SOLIDCHECK=1

输入实体编辑选项 [面(F)/边(E)/体(B)/放弃(U)/退出(X)] <退出>:↙

结果如图 11-96 所示。

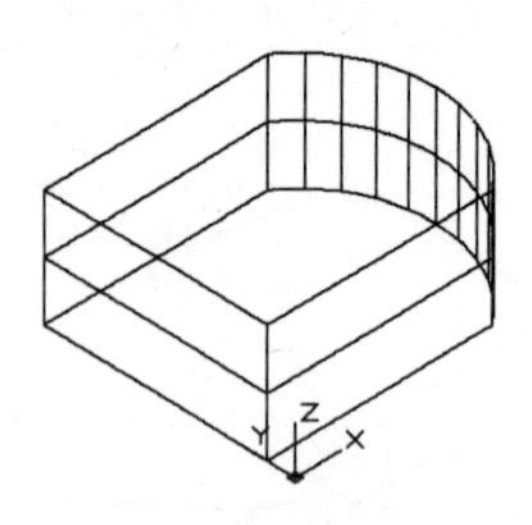

图 11-94 复制实体

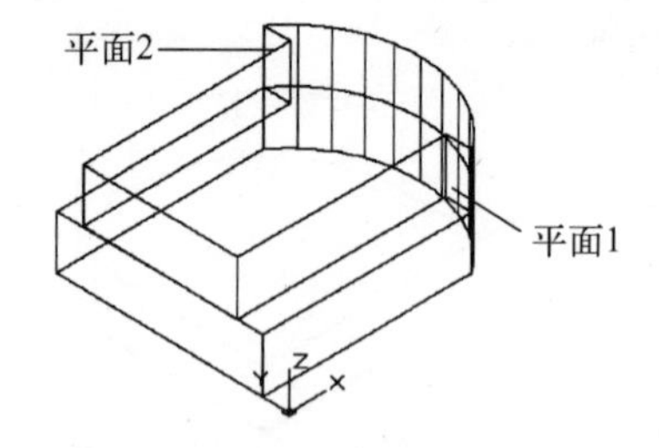

图 11-95 拉伸面操作后的实体

10）单击“实体编辑”工具栏中的“拉伸面”按钮，将实体顶面向上拉伸“40”。结果如图 11-97 所示。

11）单击“建模”工具栏中的“圆柱体”按钮，以实体底面左边中点为圆心，创建半径为“10”，高为“20”的圆柱体。同理，以 *R*10 圆柱体顶面圆心为中心点继续创建半径为

“40”，高为“40”及半径为“25”，高为“60”的圆柱体。

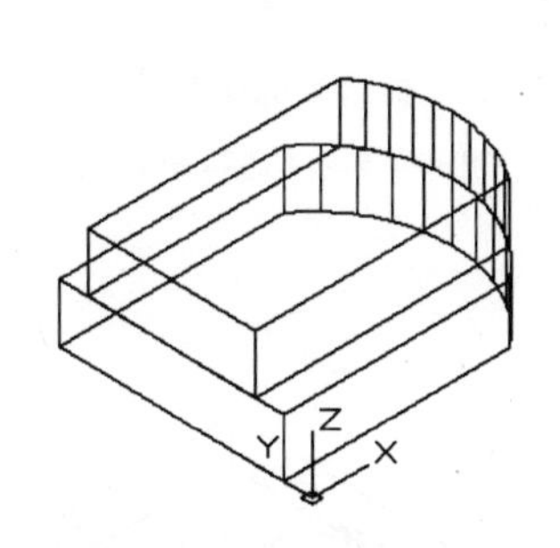

图 11-96 删除面操作后的实体

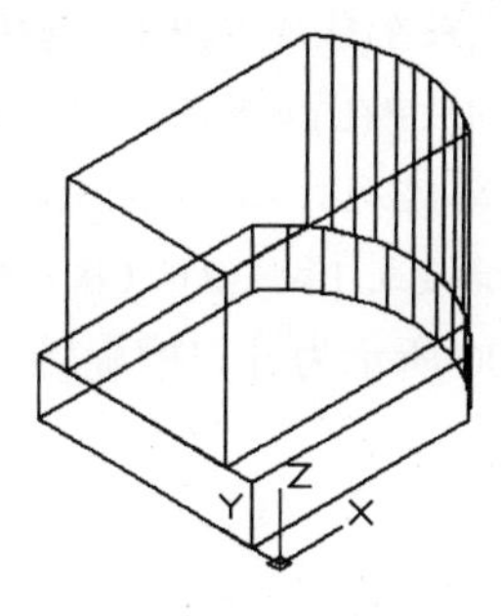

图 11-97 拉伸顶面操作后的实体

12）单击“建模”工具栏中的“差集”按钮，将实体与三个圆柱进行差集运算。结果如图 11-98 所示。

13）在命令行输入“UCS”命令，将坐标原点移动到（0,50,40），并将其绕 *Y* 轴旋转“90°”。

14）单击”建模”工具栏中的“圆柱体”按钮，以坐标原点为圆心，创建半径为“5”，高“100”的圆柱体。结果如图 11-99 所示。

15）单击“建模”工具栏中的“差集”按钮，将实体与圆柱体进行差集运算。

16）单击“渲染”工具栏中的“渲染”按钮，渲染后的结果如图 11-91 所示。

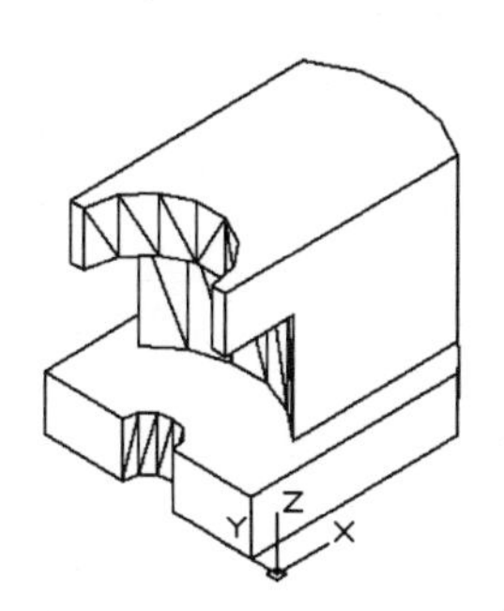

图 11-98 差集后的实体

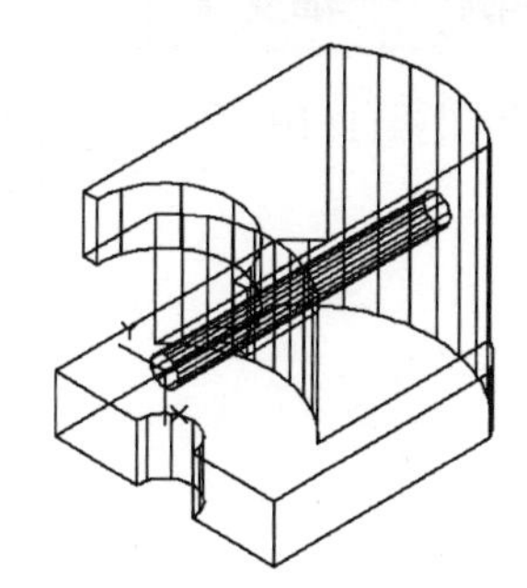

图 11-99 创建圆柱体

11.3.7 旋转面

【执行方式】

命令行：SOLIDEDIT。

菜单栏：修改→实体编辑→旋转面。

工具栏：实体编辑→旋转面。

功能区：单击“三维工具”选项卡“实体编辑”面板中的“旋转面”按钮。

【操作步骤】

命令: _SOLIDEDIT

实体编辑自动检查: SOLIDCHECK=1

输入实体编辑选项 [面(F)/边(E)/体(B)/放弃(U)/退出(X)] <退出>: _FACE

输入面编辑选项[拉伸(E)/移动(M)/旋转(R)/偏移(O)/倾斜(T)/删除(D)/复制(C)/颜色(L)/材质(A)/放弃(U)/退

出(X)] <退出>: _ROTATE

选择面或 [放弃(U)/删除(R)]:（选择要旋转的面）

选择面或 [放弃(U)/删除(R)/全部(ALL)]:（继续选择或按〈Enter〉键结束选择）

指定轴点或 [经过对象的轴(A)/视图(V)/X 轴(X)/Y 轴(Y)/Z 轴(Z)] <两点>:（选择一种确定轴线的方式）

指定旋转角度或 [参照(R)]:（输入旋转角度）

图 11-100 所示为开口槽旋转 90° 前后的图形。

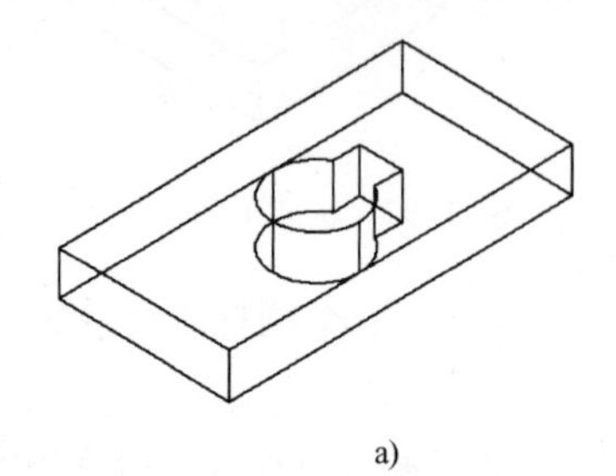

a)

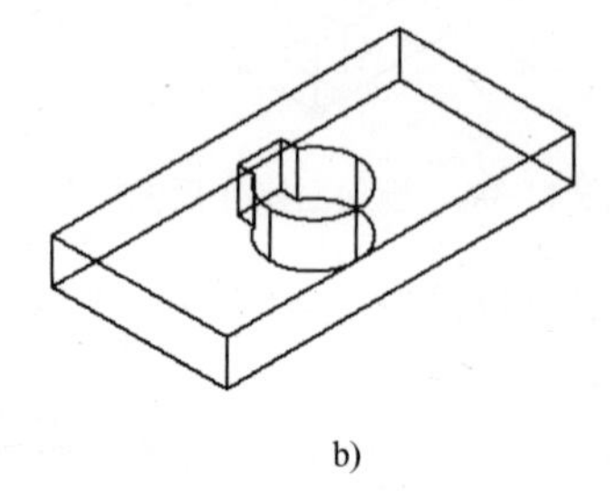

b)

图 11-100 开口槽旋转 90° 前后的图形

a) 旋转前 b) 旋转后

11.3.8 实例——轴支架

本实例绘制图 11-101 所示的轴支架。

图 11-101 轴支架

【操作步骤】

1）启动 AutoCAD 2016，使用默认设置的绘图环境。

2）设置线框密度，命令行提示与操作如下。

命令: ISOLINES

输入 ISOLINES 的新值 <8>: 10↙

3）单击“视图”工具栏中的“西南等轴测”按钮，将当前视图方向设置为西南等轴测视图。

4）单击“建模”工具栏中的“长方体”按钮，以角点坐标为（0,0,0），长、宽、高分别为“80”“60”和“10”绘制长方体。

5）单击“修改”工具栏中的“圆角”按钮，选择要圆角的长方体进行圆角处理，圆角半径为“10”。

6）单击“建模”工具栏中的“圆柱体”按钮，绘制底面中心点为（10,10,0）半径为“6”，高度为“10”的圆柱体。结果如图 11-102 所示。

7）单击“修改”工具栏中的“复制”按钮，选择上一步绘制的圆柱体复制到其他三个圆角处。结果如图 11-103 所示。

8）单击“建模”工具栏中的“差集”按钮，将长方体和圆柱体进行差集运算。

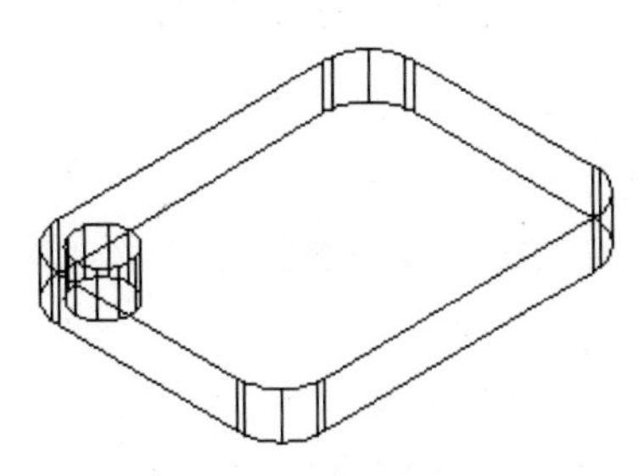

图 11-102 创建圆柱体

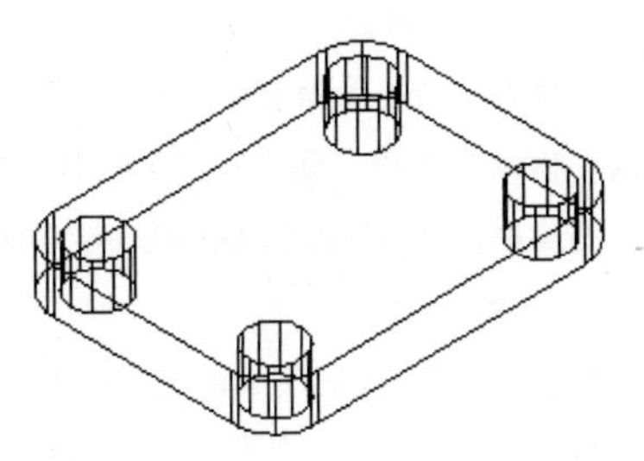

图 11-103 复制圆柱体

9）设置用户坐标系。命令行提示与操作如下。

命令: UCS↙

当前 UCS 名称: *世界*

指定 UCS 的原点或[面(F)/命名(NA)/对象(OB)/上一个(P)/视图(V)/世界(W)/X/Y/Z/Z 轴(ZA)]<世界>: 40,30,60↙

指定 X 轴上的点或 <接受>:↙

10）单击“建模”工具栏中的“长方体”按钮，以坐标原点为长方体的中心点，分别创建长“40”、宽“10”、高“100”及长“10”、宽“40”、高“100”的长方体。结果如图 11-104 所示。

11）移动坐标原点到（0,0,50），并将其绕 *Y* 轴旋转“90°”。

12）单击“建模”工具栏中的“圆柱体”按钮，以坐标原点为圆心，创建半径为“20”、高“25”的圆柱体。

13）选择菜单栏中的“修改”→“三维操作”→“三维镜像”命令，以 *XY* 面为镜像面，镜像圆柱体。结果如图 11-105 所示。

14）单击“建模”工具栏中的“并集”按钮，选择两个圆柱体与两个长方体进行并集运算。

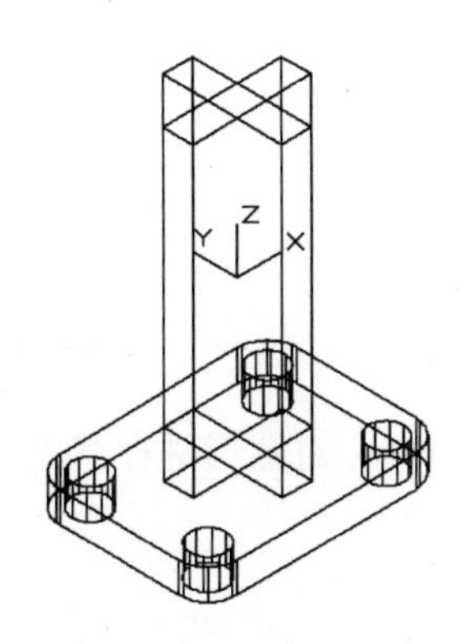

图 11-104 创建长方体

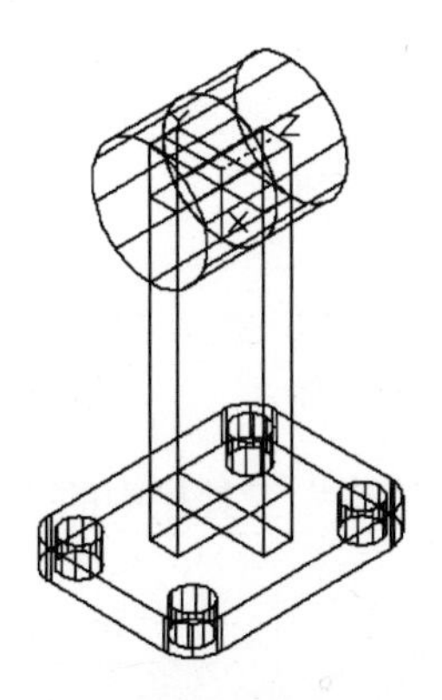

图 11-105 镜像圆柱体

15）单击“建模”工具栏中的“圆柱体”按钮，捕捉 *R*20 圆柱的圆心为圆心，创建半径为“10”、高“50”的圆柱体。

16）单击“建模”工具栏中的“差集”按钮，将并集后的实体与 *R*10 圆柱体进行差集运算。消隐处理后的图形，如图 11-106 所示。

17）单击“实体编辑”工具栏中的“旋转面”按钮，旋转支架上部十字形底面。命令行提示与操作如下。

命令: SOLIDEDIT↙

实体编辑自动检查:SOLIDCHECK=1

输入实体编辑选项 [面(F)/边(E)/体(B)/放弃(U)/退出(X)] <退出>: F↙

输入面编辑选项[拉伸(E)/移动(M)/旋转(R)/偏移(O)/倾斜(T)/删除(D)/复制(C)/颜色(L)/材质(A)/放弃(U)/退出(X)] <退出> : R↙

选择面或 [放弃(U)/删除(R)]:（如图 11-107 所示，选择支架上部十字形底面）

指定轴点或 [经过对象的轴(A)/视图(V)/X 轴(X)/Y 轴(Y)/Z 轴(Z)] <两点>: Y↙

指定旋转原点 <0,0,0>:_ENDP 于 （捕捉十字形底面的右端点）

指定旋转角度或 [参照(R)]: 30↙

结果如图 11-107 所示。

18）旋转底板。命令行输入与操作如下。

命令: ROTATE3D↙

选择对象:（选取底板）

指定轴上的第一个点或定义轴依据 [对象(O)/最近的(L)/视图(V)/X 轴(X)/Y 轴(Y)/Z 轴(Z)/两点(2)]: Y↙

指定 X 轴上的点 <0,0,0>:_endp 于 （捕捉支架下部十字形底面的右端点）

指定旋转角度或 [参照(R)]: 30↙

19）单击“视图”工具栏中的“前视”按钮，将当前视图方向设置为前视图。消隐处理后的图形如图 11-108 所示。

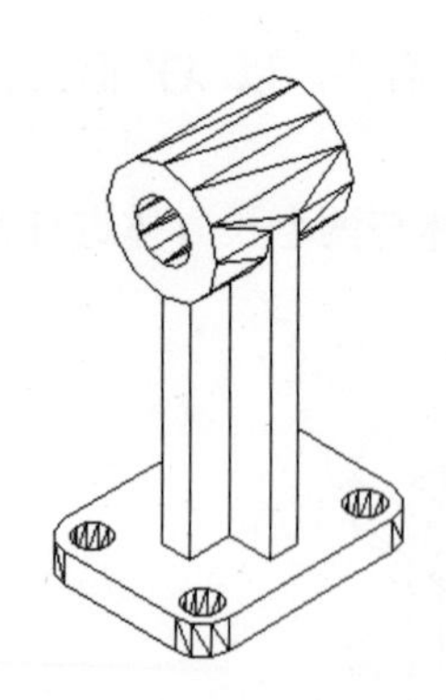

图 11-106 消隐后的实体

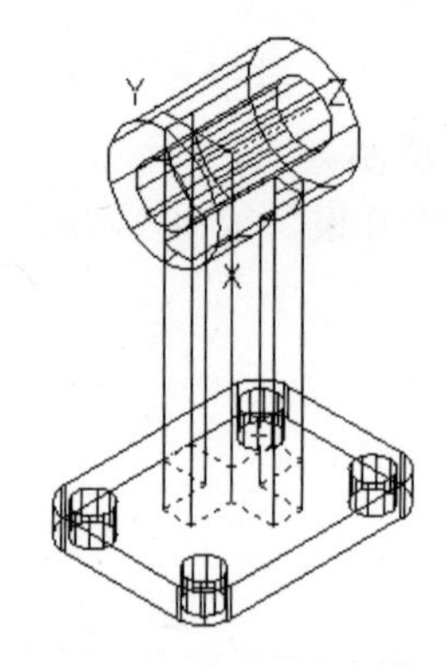

图 11-107 选择旋转面

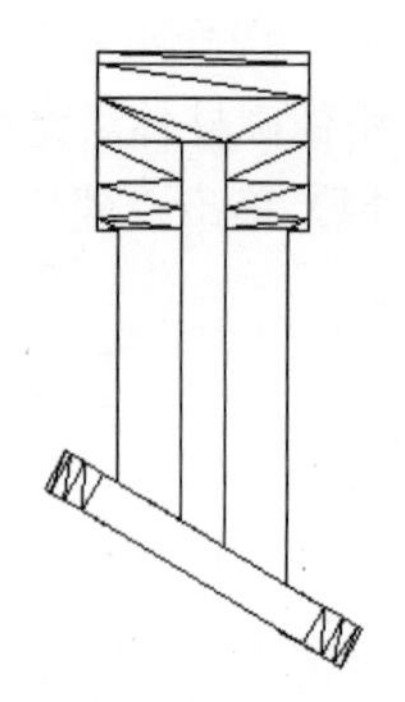

图 11-108 旋转底板

20）单击“渲染”工具栏中的“材质浏览器”按钮，对图形进行渲染。渲染后的结果如图 11-101 所示。

11.3.9 倾斜面

【执行方式】

命令行：SOLIDEDIT。

菜单栏：修改→实体编辑→倾斜面。

工具栏：实体编辑→倾斜面。

功能区：单击“三维工具”选项卡“实体编辑”面板中的“倾斜面”按钮。

【操作步骤】

命令: _SOLIDEDIT

实体编辑自动检查: SOLIDCHECK=1

输入实体编辑选项 [面(F)/边(E)/体(B)/放弃(U)/退出(X)] <退出>: _FACE

输入面编辑选项[拉伸(E)/移动(M)/旋转(R)/偏移(O)/倾斜(T)/删除(D)/复制(C)/颜色(L)/材质(A)/放弃(U)/退出(X)] <退出>: _TAPER

选择面或 [放弃(U)/删除(R)]:（选择要倾斜的面）

选择面或 [放弃(U)/删除(R)/全部(ALL)]:（继续选择或按〈Enter〉键结束选择）

指定基点:[选择倾斜的基点（倾斜后不动的点）]

指定沿倾斜轴的另一个点:[选择另一点（倾斜后改变方向的点）]

指定倾斜角度:（输入倾斜角度）

11.3.10 实例——机座

本实例主要利用“倾斜面”命令绘制图 11-109 所示的机座。

图 11-109 机座

【操作步骤】

1）启动 AutoCAD 2016，使用默认设置的绘图环境。

2）设置线框密度，命令行提示与操作如下。

命令: ISOLINES

输入 ISOLINES 的新值 <8>: 10↙

3）单击“视图”工具栏“西南等轴测”按钮，将当前视图方向设置为西南等轴测视图。

4）单击“建模”工具栏中的“长方体”按钮，指定角点（0,0,0），长、宽、高分别为“80”“50”和“20”，绘制长方体。

5）单击“建模”工具栏中的“圆柱体”按钮，绘制底面中心点为长方体底面右边中点，半径为“25”，高度为“20”的圆柱体。同样方法，绘制底面中心点为长方体底面右边中点(80,25,0)，半径为“20”，高度为“80”的圆柱体。

6）单击“建模”工具栏中的“并集”按钮，选取长方体与两个圆柱体进行并集运算，结果如图 11-110 所示。

7）设置用户坐标系，命令行提示与操作如下。

命令: UCS↙

当前 UCS 名称: *世界*

指定 UCS 的原点或 [面(F)/命名(NA)/对象(OB)/上一个(P)/视图(V)/世界(W)/X/Y/Z/Z 轴(ZA)] <世界>:（用鼠标选取实体顶面的左下角点）

指定 X 轴上的点或 <接受>:↙

8）单击“建模”工具栏中的“长方体”按钮，以（0,10）为角点，创建长“80”、宽“30”、高“30”的长方体。结果如图 11-111 所示。

9）单击“实体编辑”工具栏中的“倾斜面”按钮，对长方体的左侧面进行倾斜操作，命令行提示与操作如下：

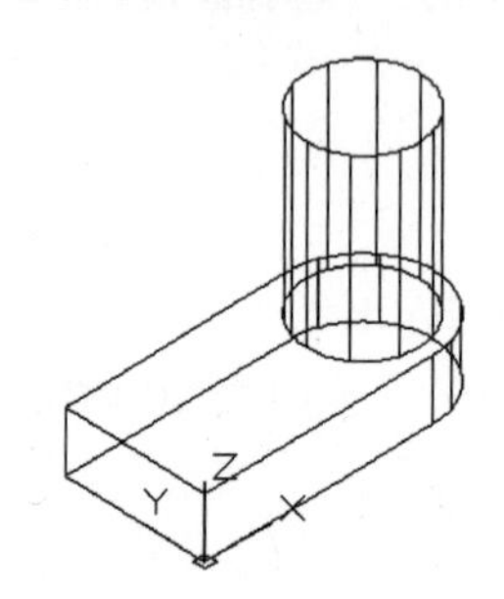

图 11-110　并集后的实体

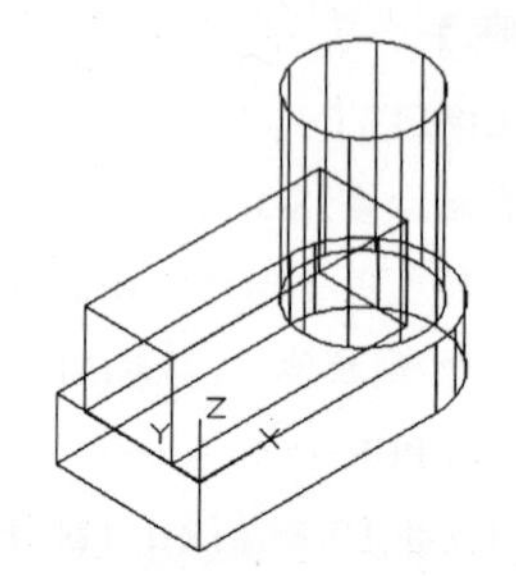

图 11-111　创建长方体

命令: SOLIDEDIT↙

实体编辑自动检查: SOLIDCHECK=1

输入实体编辑选项 [面(F)/边(E)/体(B)/放弃(U)/退出(X)] <退出>: F↙

输入面编辑选项[拉伸(E)/移动(M)/旋转(R)/偏移(O)/倾斜(T)/删除(D)/复制(C)/颜色(L)/材质(A)/放弃(U)/退出(X)] <退出>: T↙

选择面或 [放弃(U)/删除(R)]:（如图 11-112 所示，选取长方体左侧面）

指定基点: _ENDP 于 （如图 11-112 所示，捕捉长方体端点 2）

指定沿倾斜轴的另一个点:_ENDP 于 （如图 11-112 所示，捕捉长方体端点 1）

指定倾斜角度: 60↙

倾斜面后结果如图 11-113 所示。

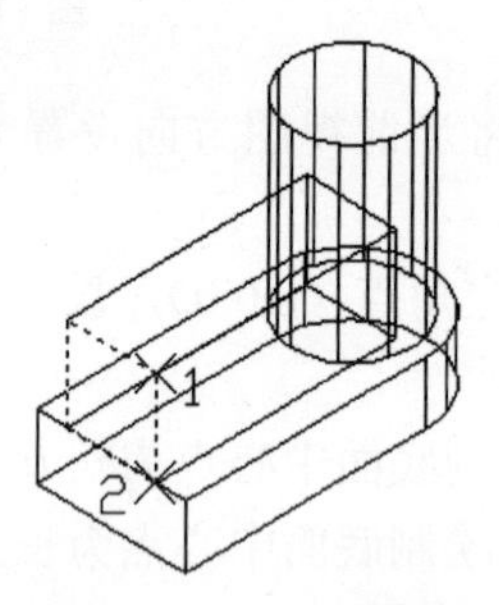

图 11-112　选取倾斜面

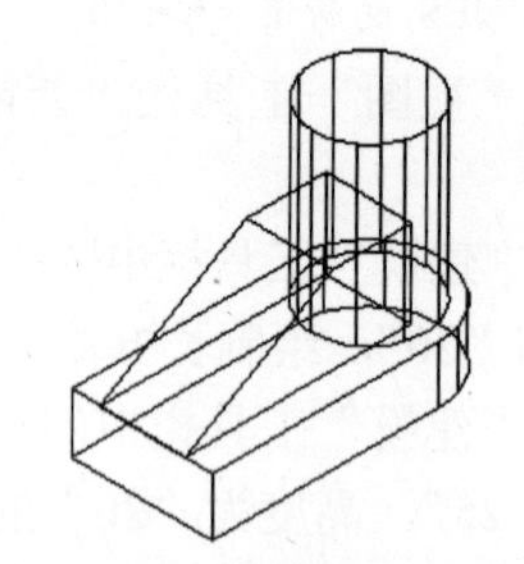
图 11-113　倾斜面后的实体

10）单击“建模”工具栏中的“并集”按钮，将创建的长方体与实体进行并集运算。

11）方法同前，在命令行输入“UCS”命令，将坐标原点移回到实体底面的左下顶点。

12）单击“建模”工具栏中的“长方体”按钮，以（0,5）为角点，创建长“50”、宽“40”、高“5”的长方体；继续以（0,20）为角点，创建长“30”、宽“10”、高“50”的长方体。

13）单击“建模”工具栏中的“差集”按钮，将实体与两个长方体进行差集运算。结果如图 11-114 所示。

14）单击“建模”工具栏中的“圆柱体”按钮，捕捉 *R*20 圆柱体顶面圆心为中心点，分别创建半径为“15”、高“-15”及半径为“10”、高“-80”的圆柱体。

15）单击“建模”工具栏中的“差集”按钮，将实体与两个圆柱体进行差集运算。消隐处理后的图形，如图 11-115 所示。

16）渲染处理。单击“渲染”工具栏“材质浏览器”按钮，选择适当的材质，然对图形进行渲染。渲染后的结果如图 11-109 所示。

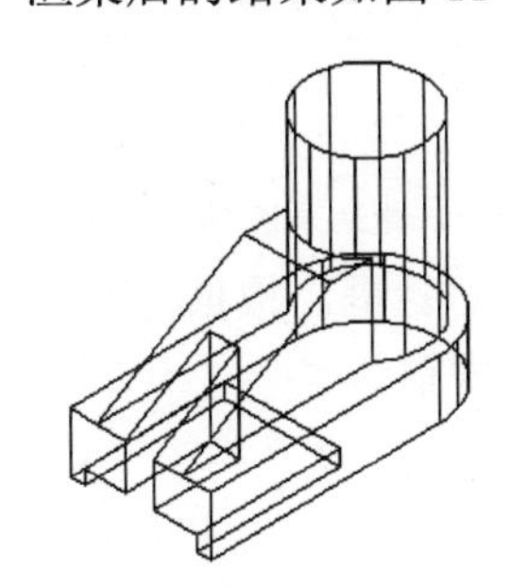

图 11-114 差集后的实体

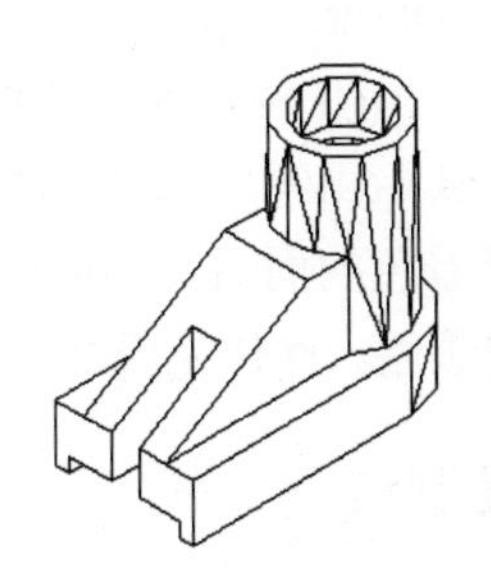

图 11-115 消隐后的实体

11.3.11 复制面

【执行方式】

命令行：SOLIDEDIT。

菜单栏：修改→实体编辑→复制面。

工具栏：实体编辑→复制面。

功能区：单击“三维工具”选项卡“实体编辑”面板中的“复制面”按钮。

【操作步骤】

命令: _SOLIDEDIT

实体编辑自动检查: SOLIDCHECK=1

输入实体编辑选项 [面(F)/边(E)/体(B)/放弃(U)/退出(X)] <退出>: _FACE

输入面编辑选项[拉伸(E)/移动(M)/旋转(R)/偏移(O)/倾斜(T)/删除(D)/复制(C)/颜色(L)/材质(A)/放弃(U)/退出(X)] <退出>: _COPY

选择面或 [放弃(U)/删除(R)]:（选择要复制的面）

选择面或 [放弃(U)/删除(R)/全部(ALL)]:（继续选择或按〈Enter〉键结束选择）

指定基点或位移:（输入基点的坐标）

指定位移的第二点:（输入第二点的坐标）

11.3.12 着色面

【执行方式】

命令行：SOLIDEDIT。

菜单栏：修改→实体编辑→着色面。

工具栏：实体编辑→着色面。

功能区：单击“三维工具”选项卡“实体编辑”面板中的“着色面”按钮。

【操作步骤】

命令: _SOLIDEDIT

实体编辑自动检查: SOLIDCHECK=1

输入实体编辑选项 [面(F)/边(E)/体(B)/放弃(U)/退出(X)] <退出>: _FACE

输入面编辑选项[拉伸(E)/移动(M)/旋转(R)/偏移(O)/倾斜(T)/删除(D)/复制(C)/颜色(L)/材质(A)/放弃(U)/退出(X)] <退出>: _COLOR

选择面或 [放弃(U)/删除(R)]:（选择要着色的面）

选择面或 [放弃(U)/删除(R)/全部(ALL)]:（继续选择或按〈Enter〉键结束选择）

选择好要着色的面后，AutoCAD 打开“选择颜色”对话框，根据需要选择合适颜色作为要着色面的颜色。操作完成后，该表面将被相应的颜色覆盖。

11.3.13 复制边

【执行方式】

命令行：SOLIDEDIT。

菜单栏：修改→实体编辑→复制边。

工具栏：实体编辑→复制边。

功能区：单击“三维工具”选项卡“实体编辑”面板中的“复制边”按钮。

【操作步骤】

命令: _SOLIDEDIT

实体编辑自动检查： SOLIDCHECK=1

输入实体编辑选项 [面（F）/边（E）/体（B）/放弃（U）/退出（×）] <退出>: _EDGE

输入边编辑选项 [复制（C）/着色（L）/放弃（U）/退出（×）] <退出>: _COPY

选择边或 [放弃（U）/删除（R）]:（选择曲线边）

选择边或 [放弃（U）/删除（R）]:（按〈Enter〉键）

指定基点或位移:（单击确定复制基准点）

指定位移的第二点:（单击确定复制目标点）

图 11-116 所示为复制边的图形结果。

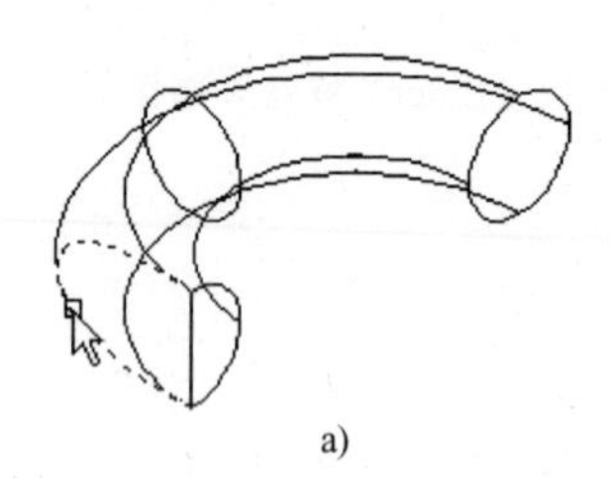

a)

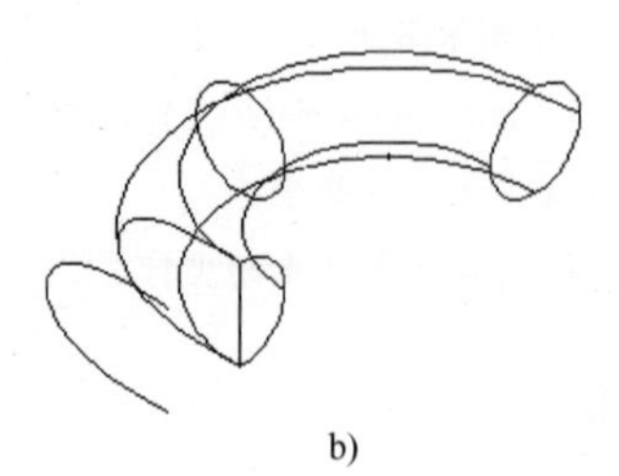

b)

图 11-116 复制边

a) 选择边 b) 复制边

11.3.14 实例——支架

本实例绘制图 11-117 所示的支架。

图 11-117 支架

【操作步骤】

1）启动 AutoCAD 2016，使用默认设置的绘图环境。

2）设置线框密度。设置对象上每个曲面的轮廓线数目为“10”。

3）设置视图方向。单击“视图”工具栏中的“西南等轴测”按钮，将当前视图方向设置为西南等轴测视图。

4）绘制长方体。单击“建模”工具栏中的“长方体”按钮，命令行提示与操作如下。

命令: BOX↙

指定第一个角点或 [中心(C)]:0，0，0↙

指定其他角点或 [立方体(C)/长度(L)]: L↙

指定长度:60↙

指定宽度:100↙

指定高度: 15↙

5）圆角处理，单击“修改”工具栏中的“圆角”按钮，命令行提示与操作如下。

命令:FILLET↙

当前设置: 模式 = 修剪，半径 =0.0000

选择第一个对象或 [放弃(U)/多段线(P)/半径(R)/修剪(T)/多个(M)]:（用鼠标选择要倒圆角的对象）

输入圆角半径或 [表达式(E)]: 25↙

选择边或 [链(C)/环(L)/半径(R)]:（用鼠标选择长方体左端面的边）

已拾取到边。

选择边或 [链(C)/环(L)/半径(R)]:（依次用鼠标选择长方体左端面的边）

选择边或 [链(C)/环(L)/半径(R)]:↙

结果如图 11-118 所示。

6）绘制圆柱体。单击“建模”工具栏中的“圆柱体”按钮，命令行提示与操作如下。

命令: CYLINDER

指定底面的中心点或 [三点(3P)/两点(2P)/切点、切点、半径(T)/椭圆(E)]:（用鼠标选择长方体底面圆角的圆心）

指定底面半径或 [直径(D)]: 15↙

指定高度或 [两点(2P)/轴端点(A)]: 3↙

重复绘制“圆柱体”命令，绘制半径为“13”，高“15”的圆柱体。并利用复制命令将绘制的两圆柱体复制到长方体底面另一个圆角处。

7）单击“实体编辑”工具栏中的“差集”按钮，差集处理出阶梯孔，结果如图 11-119 所示。

8）设置用户坐标系，命令行提示与操作如下。

命令: UCS↙

当前 UCS 名称: *世界*

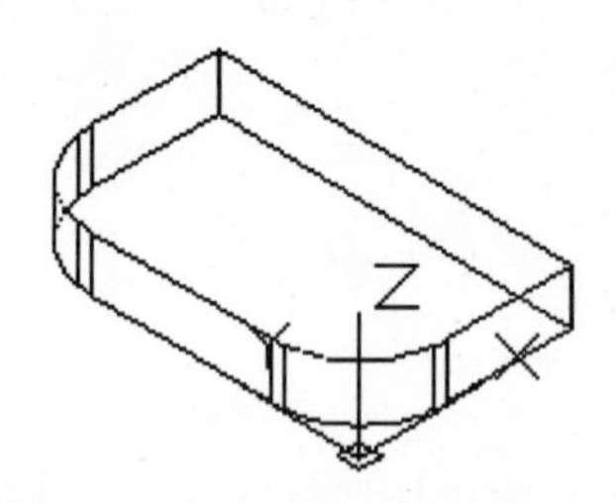

图 11-118　倒圆角后的长方体

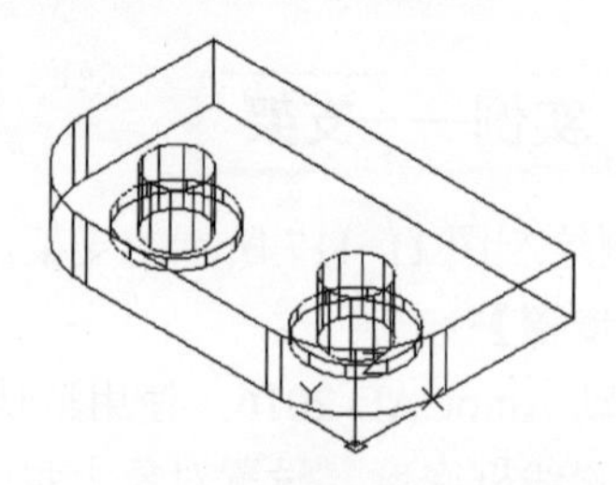

图 11-119　差集圆柱体后的实体

指定 UCS 的原点或 [面(F)/命名(NA)/对象(OB)/上一个(P)/视图(V)/世界(W)/X/Y/Z/Z 轴(ZA)] <世界>: 0，0，15↙

指定 X 轴上的点或 <接受>:↙

9）设置视图方向。选择菜单栏中的“视图”→“三维视图”→“俯视”命令，或者单击“视图”工具栏“俯视”按钮，将当前视图方向设置为俯视图。

10）绘制矩形。单击“绘图”工具栏中的“矩形”按钮，以（60,25）为第一个角点，以（@-14,50）为第二个角点，绘制矩形。结果如图 11-120 所示。

11）设置视图方向。选择菜单栏中的“视图”→“三维视图”→“前视”命令，单击“视图”工具栏中的“前视”按钮，将当前视图方向设置为前视图。

12）绘制辅助线。单击“绘图”工具栏中的“多段线”按钮，命令行提示与操作如下：

命令: PLINE↙

指定起点:（如图 11-121 所示，捕捉长方体右上角点）

指定下一个点或 [圆弧(A)/半宽(H)/长度(L)/放弃(U)/宽度(W)]: @0,23↙

指定下一点或 [圆弧(A)/闭合(C)/半宽(H)/长度(L)/放弃(U)/宽度(W)]:A↙

指定圆弧的端点或[角度(A)/圆心(CE)/闭合(CL)/方向(D)/半宽(H)/直线(L)/半径(R)/第二个点(S)/放弃(U)/宽度(W)]: A↙

指定包含角: -90↙

指定圆弧的端点或 [圆心(CE)/半径(R)]: @10,10↙

指定圆弧的端点或[角度(A)/圆心(CE)/闭合(CL)/方向(D)/半宽(H)/直线(L)/半径(R)/第二个点(S)/放弃(U)/宽度(W)]: L↙

指定下一点或 [圆弧(A)/闭合(C)/半宽(H)/长度(L)/放弃(U)/宽度(W)]: @35,0↙

结果如图 11-121 所示。

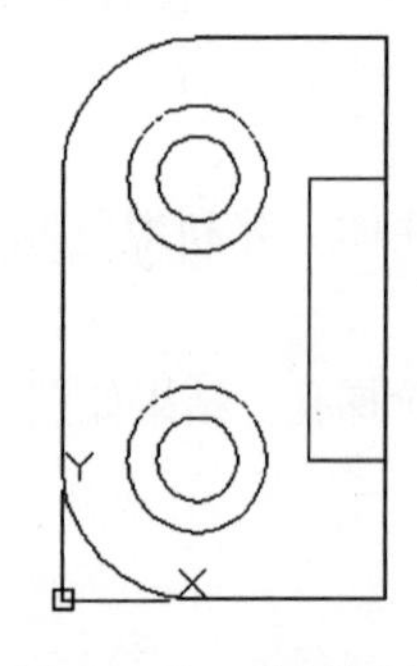

图 11-120　绘制矩形

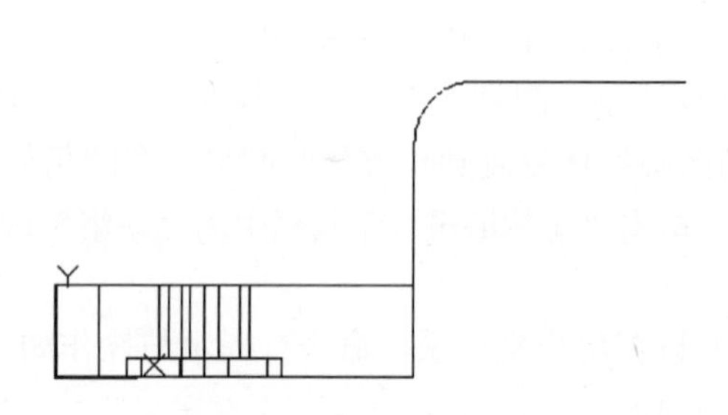

图 11-121　绘制辅助线

13）设置视图方向。单击“视图”工具栏中“西南等轴测”按钮，将当前视图方向设置为西南等轴测视图。

14）拉伸矩形。单击“建模”工具栏中的“拉伸”按钮，选取矩形，以辅助线为路径进行拉伸。命令行提示与操作如下。

命令: _EXTRUDE

当前线框密度:　ISOLINES=10，闭合轮廓创建模式 = 实体

选择要拉伸的对象或 [模式(MO)]: _MO 闭合轮廓创建模式 [实体(SO)/曲面(SU)] <实体>: _SO

选择要拉伸的对象或 [模式(MO)]: （选择矩形）

选择要拉伸的对象或 [模式(MO)]:

指定拉伸的高度或 [方向(D)/路径(P)/倾斜角(T)/表达式(E)] <-55.6891>: p↙

选择拉伸路径或 [倾斜角(T)]:（选择多段线）

结果如图 11-122 所示。

15）删除辅助线。单击“修改”工具栏中的“删除”按钮，删除绘制的辅助线。

16）设置用户坐标系，命令行提示与操作如下。

命令: UCS↙

当前 UCS 名称: *世界*

指定 UCS 的原点或 [面(F)/命名(NA)/对象(OB)/上一个(P)/视图(V)/世界(W)/X/Y/Z/Z 轴(ZA)] <世界>: 105，72，-50↙

指定 X 轴上的点或 <接受>:↙

17）重复该命令将其绕 X 轴旋转“90°”。

18）绘制圆柱体。单击“建模”工具栏中的“圆柱体”按钮，以坐标原点为圆心，分别创建直径为“50”及“25”，高“34”的圆柱体。

19）单击“实体编辑”工具栏中的“并集”按钮，将长方体、拉伸实体及 $\phi 50$ 圆柱体进行并集处理。

20）差集处理。单击“实体编辑”工具栏中的“差集”按钮，将实体与 $\phi 25$ 圆柱体进行差集运算。消隐处理后的实体图形，如图 11-123 所示。

21）复制边线。单击“实体编辑”工具栏中的“复制边”按钮，选取拉伸实体前端面边线，在原位置进行复制，命令行提示与操作如下。

命令: _SOLIDEDIT

实体编辑自动检查:　SOLIDCHECK=1

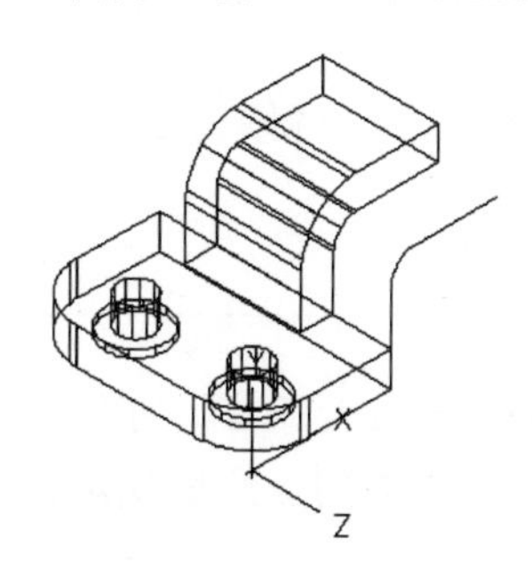

图 11-122　拉伸实体

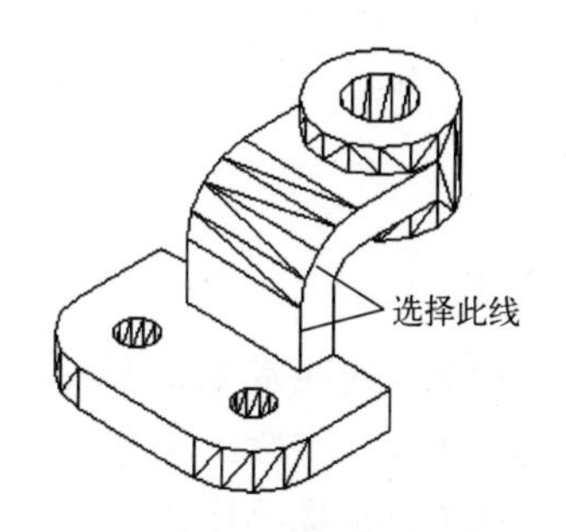

图 11-123　消隐后的实体

输入实体编辑选项 [面(F)/边(E)/体(B)/放弃(U)/退出(X)] <退出>: _EDGE

输入边编辑选项 [复制(C)/着色(L)/放弃(U)/退出(X)] <退出>: _COPY

选择边或 [放弃(U)/删除(R)]:（如图 11-123 所示，选取拉伸实体前端面边线）

指定基点或位移: 0,0↙

指定位移的第二点: 0,0↙

输入边编辑选项 [复制(C)/着色(L)/放弃(U)/退出(X)] <退出>:↙

22）设置视图方向。单击“视图”工具栏中的“前视”按钮，将当前视图方向设置为前视图。

23）绘制直线。单击“绘图”工具栏中的“直线”按钮，捕捉拉伸实体左下端点为起点，输入（@-30,0），捕捉 *R*10 圆弧切点，绘制直线。

注 意

有时读者发现很难准确捕捉到拉伸实体左下端点，或者说表面上看捕捉到了，旋转一个角度看，会发现捕捉的不是想要的点，这时解决的办法是对三维对象捕捉进行设置，只捕捉三维顶点，如图 11-124 所示。或者关闭“启用三维对象捕捉”功能，打开“对象捕捉”功能，同样设置只捕捉“端点”。

图 11-124 “草图设置”对话框

24）修剪复制的边线。单击“修改”工具栏中的“修剪”按钮，对复制的边线进行修剪。结果如图 11-125 所示。

25）创建面域。单击“绘图”工具栏中的“面域”按钮，将修剪后的图形创建为面域。

注 意

有时读者发现生成不了面域，主要原因是图线不闭合。就此处而言，可能是修剪的地方看起来闭合，实际上没有严格闭合，解决的办法是先把没有闭合处图线延伸，再修剪，这样就不会出现问题了。

26）设置视图方向。单击“视图”工具栏中的“西南等轴测”按钮，将当前视图方向设置为西南等轴测视图。

27）拉伸面域。单击“建模”工具栏中的“拉伸”按钮，选取面域，拉伸高度为“12”。

28）移动拉伸实体。单击“修改”工具栏中的“移动”按钮，将拉伸形成的实体移动到图 11-126 所示位置。

29）并集处理。单击“实体编辑”工具栏中的“并集”按钮，将实体进行并集运算。

30）渲染处理。选择菜单栏中的“视图”→“渲染”→“材质浏览器”命令，选择适当的材质，然后单击“渲染”工具栏中的“渲染”按钮，对图形进行渲染。渲染后的效果如图 11-117 所示。

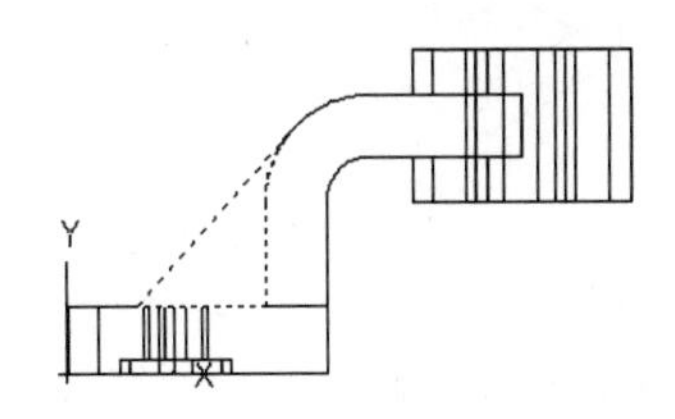

图 11-125 修剪后的图形

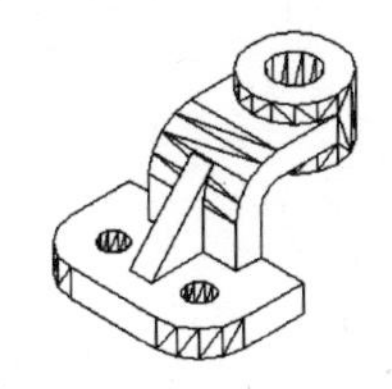

图 11-126 移动拉伸实体

11.3.15 着色边

【执行方式】

命令行：SOLIDEDIT。

菜单栏：修改→实体编辑→着色边。

工具栏：实体编辑→着色边。

功能区：单击“三维工具”选项卡“实体编辑”面板中的“着色边”按钮。

【操作步骤】

命令: _SOLIDEDIT

实体编辑自动检查: SOLIDCHECK=1

输入实体编辑选项 [面(F)/边(E)/体(B)/放弃(U)/退出(X)] <退出>: _edge

输入边编辑选项 [复制(C)/着色(L)/放弃(U)/退出(X)] <退出>:L

选择边或 [放弃(U)/删除(R)]:（选择要着色的边）

选择面或 [放弃(U)/删除(R)/全部(ALL)]:（继续选择或按〈Enter〉键结束选择）

选择好边后，AutoCAD 将打开“选择颜色”对话框。根据需要选择合适的颜色作为要着色边的颜色。

11.3.16 压印边

【执行方式】

命令行：IMPRINT。

菜单栏：修改→实体编辑→压印边。

工具栏：实体编辑→压印。

功能区：单击“三维工具”选项卡“实体编辑”面板中的“压印”按钮。

【操作步骤】

命令:IMPRINT

选择三维实体或曲面:

选择要压印的对象:

是否删除源对象 [是(Y)/否(N)] <N>:

依次选择三维实体、要压印的对象和设置是否删除源对象。图 11-127 所示为将五角星压印在长方体上的图形。

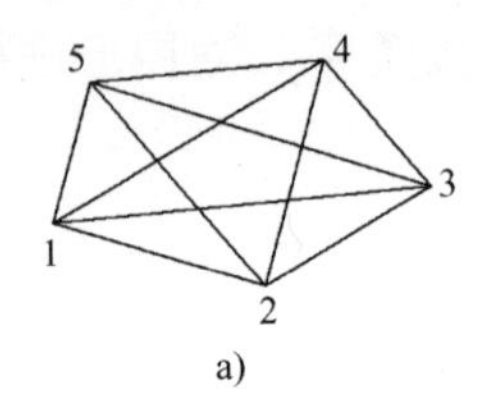

a)

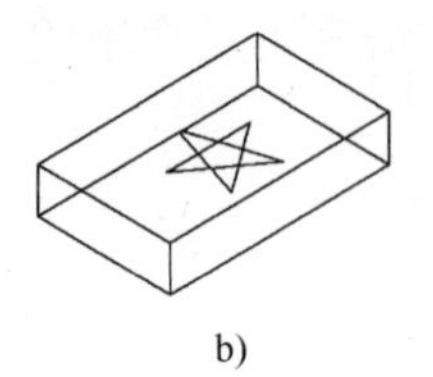
b)

图 11-127　压印对象

a) 五角星和五边形　b) 压印后长方体和五角星

11.3.17 清除

【执行方式】

命令行：SOLIDEDIT。

菜单栏：修改→实体编辑→清除。

工具栏：实体编辑→清除。

功能区：单击“三维工具”选项卡“实体编辑”面板中的“清除”按钮。

【操作步骤】

命令: _SOLIDEDIT

实体编辑自动检查: SOLIDCHECK=1

输入实体编辑选项 [面(F)/边(E)/体(B)/放弃(U)/退出(X)] <退出>: _BODY

输入体编辑选项[压印(I)/分割实体(P)/抽壳(S)/清除(L)/检查(C)/放弃(U)/退出(X)] <退出>: _CLEAN

选择三维实体: (选择要清除的对象)

11.3.18 分割

【执行方式】

命令行：SOLIDEDIT。

菜单栏：修改→实体编辑→分割。

工具栏：实体编辑→分割。

功能区：单击“三维工具”选项卡“实体编辑”面板中的“分割”按钮。

【操作步骤】

命令: _SOLIDEDIT

实体编辑自动检查:　SOLIDCHECK=1

输入实体编辑选项 [面(F)/边(E)/体(B)/放弃(U)/退出(X)] <退出>: _BODY

输入体编辑选项[压印(I)/分割实体(P)/抽壳(S)/清除(L)/检查(C)/放弃(U)/退出(X)] <退出>: _SPERATE

选择三维实体: (选择要分割的对象)

11.3.19 抽壳

【执行方式】

命令行：SOLIDEDIT。

菜单栏：修改→实体编辑→抽壳。

工具栏："实体编辑"→"抽壳"按钮。

功能区：单击"三维工具"选项卡"实体编辑"面板中的"抽壳"按钮。

【操作步骤】

命令: _SOLIDEDIT

实体编辑自动检查: SOLIDCHECK=1

输入实体编辑选项 [面(F)/边(E)/体(B)/放弃(U)/退出(X)] <退出>: _BODY

输入体编辑选项[压印(I)/分割实体(P)/抽壳(S)/清除(L)/检查(C)/放弃(U)/退出(X)] <退出>: _SHELL

选择三维实体: （选择三维实体）

删除面或 [放弃(U)/添加(A)/全部(ALL)]: （选择开口面）

输入抽壳偏移距离: （指定壳体的厚度值）

图 11-128 所示为利用"抽壳"命令创建的花盆。

a)

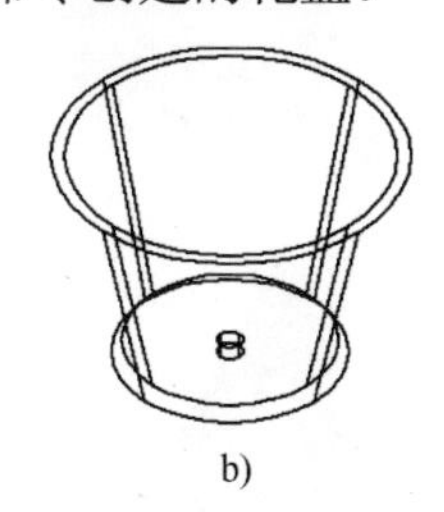
b)

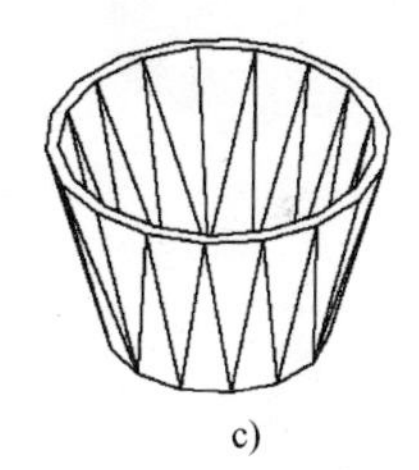
c)

图 11-128 花盆

a）创建初步轮廓 b）完成创建 c）消隐结果

注 意

抽壳是用指定的厚度创建一个空的薄层壳体。可以为所有面指定一个固定的薄层厚度，通过选择也可以将选择的面排除在壳外。一个三维实体只能有一个壳，通过将现有面偏移出其原位置可创建新的面。

11.3.20 检查

【执行方式】

命令行：SOLIDEDIT。

菜单栏：修改→实体编辑→检查。

工具栏：实体编辑→检查。

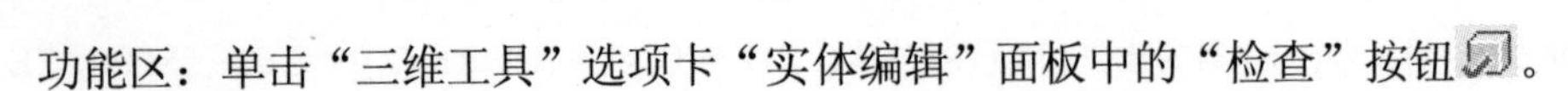

功能区：单击“三维工具”选项卡“实体编辑”面板中的“检查”按钮。

【操作步骤】

命令: _SOLIDEDIT

实体编辑自动检查: SOLIDCHECK=1

输入实体编辑选项 [面(F)/边(E)/体(B)/放弃(U)/退出(X)] <退出>: _BODY

输入体编辑选项[压印(I)/分割实体(P)/抽壳(S)/清除(L)/检查（C）/放弃(U)/退出(X)] <退出>: _CHECK

选择三维实体:（选择要检查的三维实体）

选择实体后，AutoCAD 将在命令行中显示出该对象是否是有效的 ACIS 实体。

11.3.21 夹点编辑

利用夹点编辑功能，可以很方便地对三维实体进行编辑，与二维对象夹点编辑功能相似。其方法很简单，单击要编辑的对象，系统显示编辑夹点，选择某个夹点，按住鼠标拖动，则三维对象随之改变，选择不同的夹点，可以编辑对象的不同参数，红色夹点为当前编辑夹点，如图 11-129 所示。

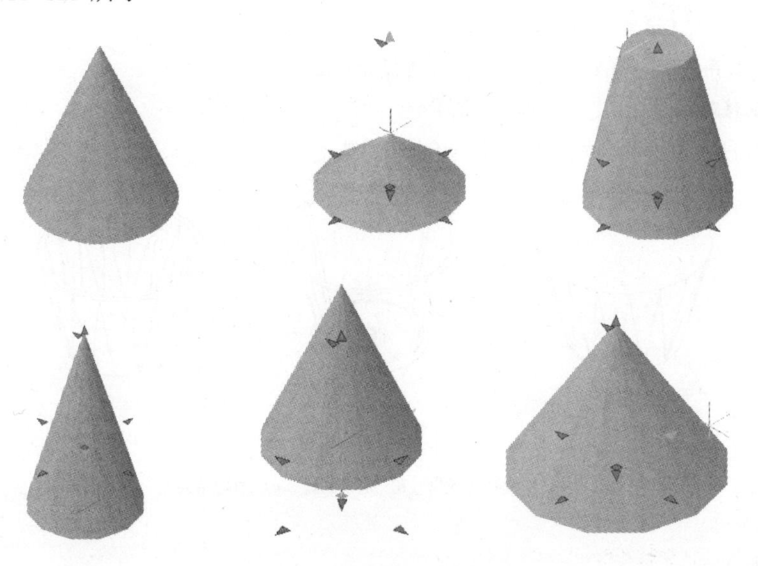

图 11-129　圆锥体及其夹点编辑

11.3.22 实例——齿轮

绘制齿轮二维剖切面轮廓线，再使用通过旋转操作从二维曲面生成三维实体的方法绘制齿轮基体及轴孔；绘制渐开线轮齿的二维轮廓线，使用从二维曲面通过拉伸操作生成三维实体的方法绘制齿轮轮齿；调用“圆柱体”命令和“长方体”命令，利用布尔运算“求差”命令绘制齿轮的键槽以及减轻孔。最后利用渲染操作对齿轮进行渲染，学习图形渲染的基本操作过程和方法。渲染后的图形如图 11-130 所示。

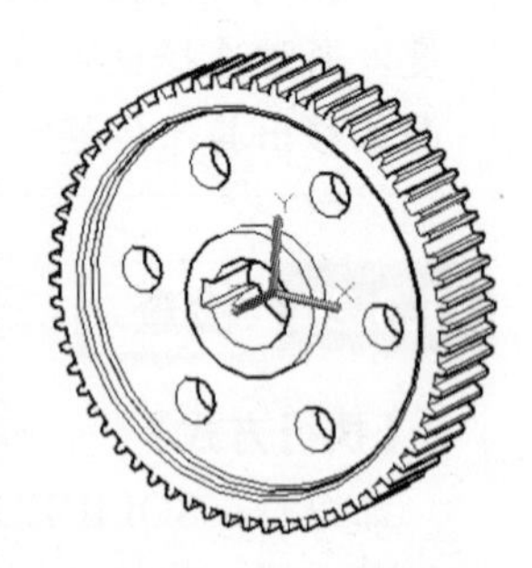

图 11-130　渲染后的图形

【操作步骤】

1．绘制齿轮基体

1）建立新文件。启动 AutoCAD 2016 应用程序，以“无样板打开—公制”(M)方式建立新文件；将新文件命名为“大齿轮立体图.dwg”并保存。

2）绘制矩形。单击“绘图”工具栏中的“矩形”按钮，指定两个角点坐标分别为（−20,0）和（20,94），绘制结果如图 11−131 所示。

3）分解矩形。单击“修改”工具栏中的“分解”按钮，分解矩形使之成为四条直线。

4）偏移直线。单击“修改”工具栏中的“偏移”按钮，向上偏移量依次为“20”“32”和“84”，两边向中间偏移量分别为“11”，结果如图 11−132 所示。

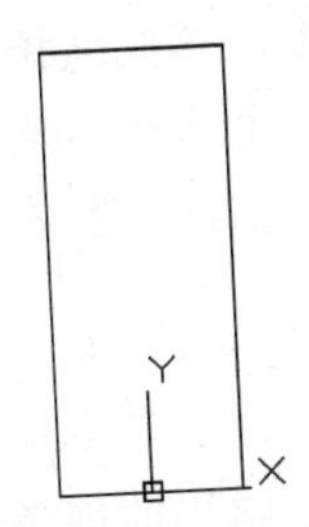

图 11−131　绘制矩形

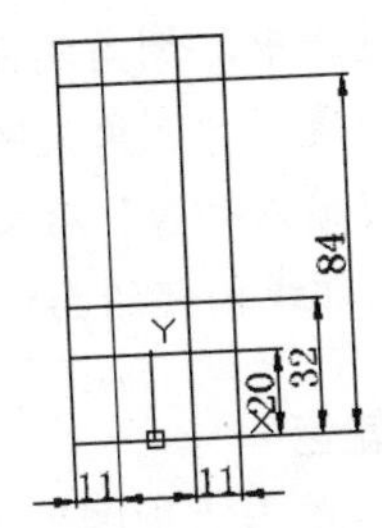

图 11−132　绘制偏移直线

5）修剪图形。单击“修改”工具栏中的“修剪”按钮，对图形进行修剪，结果如图 11−133 所示。

6）合并轮廓线。选择菜单栏中的“修改”→“对象”→“多段线”命令，将旋转体轮廓线合并为一条多段线，满足“旋转”命令的要求，结果如图 11−134 所示。

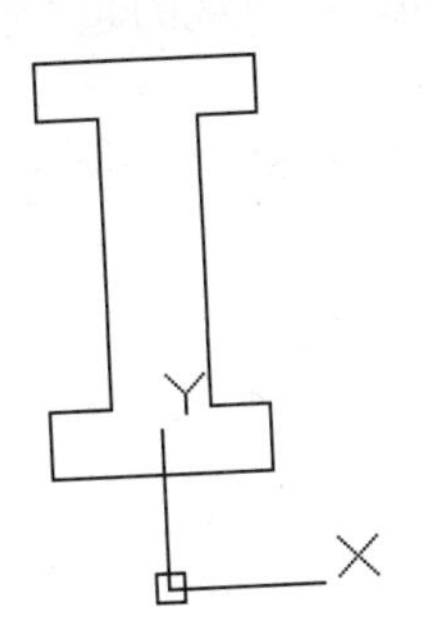

图 11−133　修剪图形

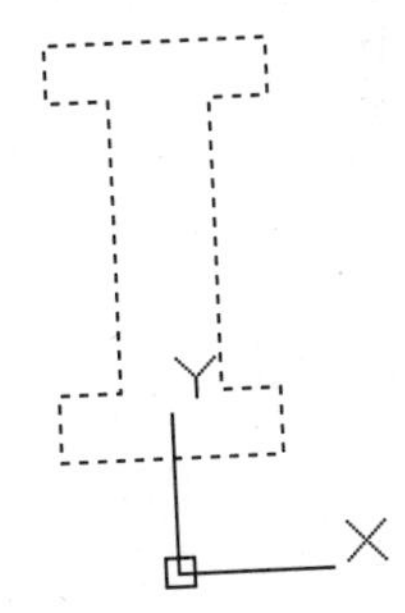

图 11−134　合并齿轮基体轮廓线

7）旋转实体。单击“建模”工具栏中的“旋转”按钮，将齿轮基体轮廓线绕 *X* 轴旋转 360°。单击“视图”工具栏中的“西南等轴测”按钮，观察旋转结果，消隐后的结果如图 11−135 所示。

8）实体圆角。单击“修改”工具栏中的“圆角”按钮，将齿轮的两面凹槽底边圆角，圆角半径为“2”，消隐后的结果如图 11−136 所示。

9）实体倒角。单击“修改”工具栏中的“倒角”按钮，对齿轮边缘进行倒角操作，倒角距离为“*C*2”，消隐后的结果如图 11−137 所示。

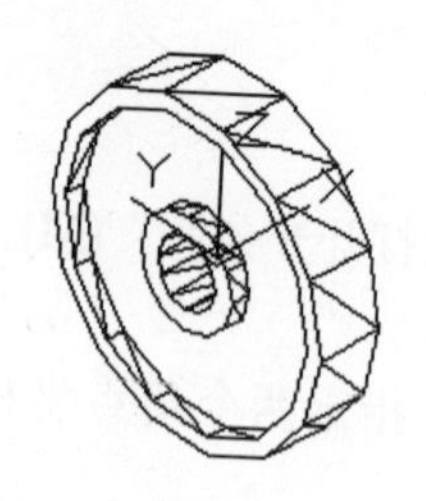
图 11-135　旋转实体

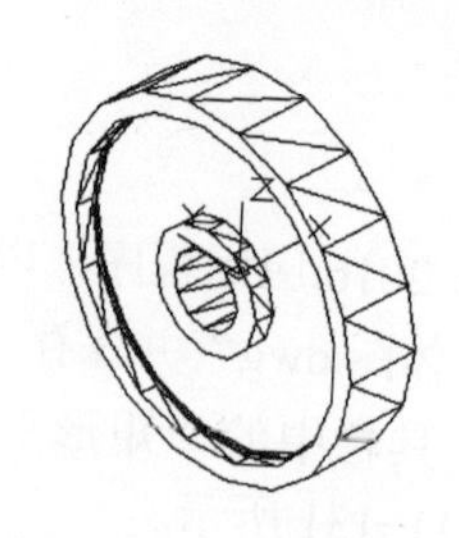
图 11-136　实体圆角

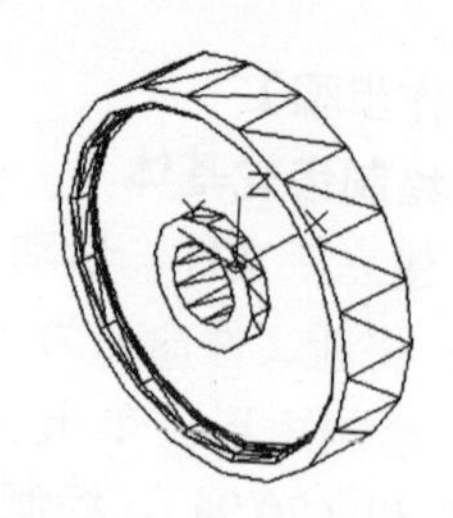
图 11-137　实体倒角

注 意

倒角操作过程中，倒角端面一定要选择齿轮的侧表面上，不能选择在齿轮的圆环面上，否则系统会提示“倒角失败”。如果系统最先提示的倒角基面不是齿轮的侧表面，只需在命令行中输入“N”后按〈Enter〉键，选择“下一个(N)”选项，系统会继续提示其他与倒角轮廓线相邻的面作为基面。

2．绘制齿轮轮齿

1）切换视角。单击“视图”工具栏中的“俯视”按钮，将当前视角切换为俯视。

2）创建新图层。选择菜单栏中的“格式”→“图层”命令，打开“图层特性管理器”面板，单击“新建”按钮，创建新图层“图层 1”，将齿轮基体图形对象的图层属性更改为“图层 1”。

3）隐藏图层。在“图层特性管理器”面板中，单击“图层 1”的“打开/关闭”按钮，使之变为黯淡色，关闭并隐藏“图层 1”。

4）绘制直线。单击“绘图”工具栏中的“直线”按钮，直线的起点坐标为（-2,93.1），终点坐标为（2,93.1）。

5）绘制圆弧。单击“绘图”工具栏中的“圆弧”按钮，绘制轮齿圆弧，结果如图 11-138 所示。命令行提示如下。

```
命令：ARC ↙
指定圆弧的起点或 [圆心(C)]: -1,98.75 ↙
指定圆弧的第二个点或 [圆心(C)/端点(E)]: E ↙
指定圆弧的端点: -2,93.1 ↙
指定圆弧的圆心或 [角度(A)/方向(D)/半径(R)]: R ↙
指定圆弧的半径: 15 ↙
```

6）绘制镜像轴。单击“绘图”工具栏中的“直线”按钮，过中点绘制一条垂直线作为镜像轴。

7）镜像圆弧。单击“修改”工具栏中的“镜像”按钮，以上步绘制的直线为镜像轴，将圆弧进行镜像处理。删除作为镜像轴的直线，如图 11-139 所示。

8）连接圆弧。单击“绘图”工具栏中的“直线”按钮，利用对象捕捉功能捕捉两段圆弧的端点，连接成直线，结果如图 11-140 所示。

9）合并轮廓线。选择菜单栏中的“修改”→“对象”→“多段线”命令，将两段圆弧和两段直线合并为一条多段线，以满足“拉伸”命令的要求。

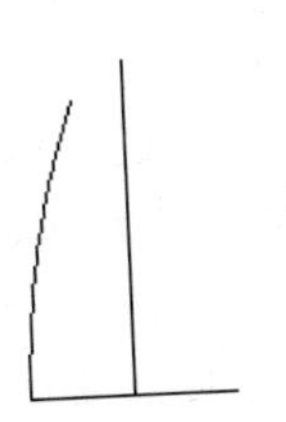

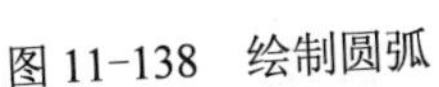

图 11-138 绘制圆弧

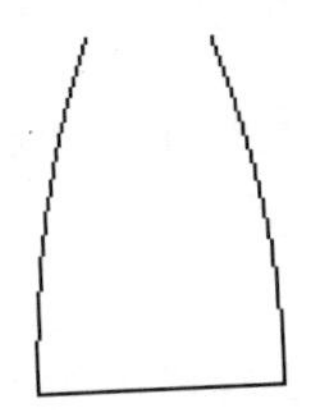

图 11-139 镜像圆弧

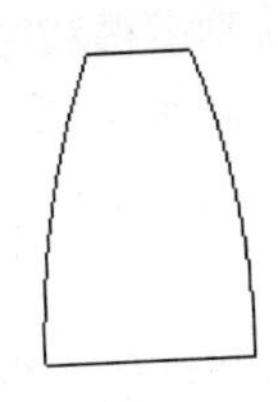

图 11-140 绘制直线

10）切换视角。选择菜单栏中的“视图”→“三维视图”→“西南等轴测”命令，或者单击“视图”工具栏中的“西南等轴测”按钮，将当前视图切换为西南等轴测视图。

11）拉伸实体。单击“建模”工具栏中的“拉伸”按钮，将合并后的多段线拉伸“40”，拉伸的倾斜角度为“0°”。结果如图 11-141 所示。

12）环形阵列轮齿。单击“建模”工具栏中的“三维阵列”按钮，将拉伸实体进行360° 环形阵列。阵列数目为“62”，旋转阵列对象，阵列的中心点为（0,0,0），旋转轴上的第二点为（0,0,100），环形阵列后将阵列结果进行并集操作。采用三维隐藏视觉样式显示，结果如图 11-142 所示。

图 11-141 拉伸实体

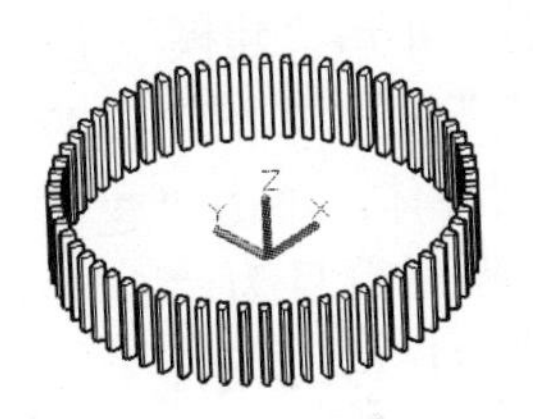

图 11-142 环形阵列实体

13）旋转实体。单击“建模”工具栏中的“三维旋转”按钮，将所有轮齿以（0,0,0）为基点绕 *Y* 轴旋转“90°”。将旋转后的实体以（0,0,0）为基点移动到点（20,0,0），结果如图 11-143 所示。

14）打开图层 1。调用菜单栏中的“格式”→“图层”命令，打开“图层特性管理器”面板，单击“图层 1”的“打开/关闭”按钮，使之变为鲜亮色，打开并显示“图层 1”。

15）布尔运算求并集。单击“实体编辑”工具栏中的“并集”按钮，选择所有实体，按〈Enter〉键执行并集操作，使之成为一个三维实体。并集结果如图 11-144 所示。

图 11-143 旋转和移动三维实体

图 11-144 并集结果

3．绘制键槽和减轻孔

1）绘制长方体。单击“建模”工具栏中的“长方体”按钮，指定长方体一个角点坐标为（-25,16,-6），长度为“60”，宽度为“8”，高度为“12”。绘制的长方体如图 11-145 所示。

2）绘制键槽。单击“实体编辑”工具栏中的“差集”按钮，执行命令后从齿轮基体中减去长方体，在齿轮轴孔中形成键槽，如图 11-146 所示。

3）改变坐标系。命令行输入“UCS”，将当前坐标系设置绕 *Y* 轴旋转“-90°”，再绕 *Z* 轴旋转“-90°”。

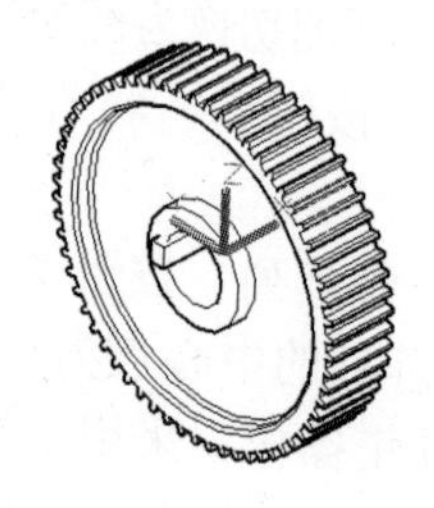

图 11-145　绘制长方体

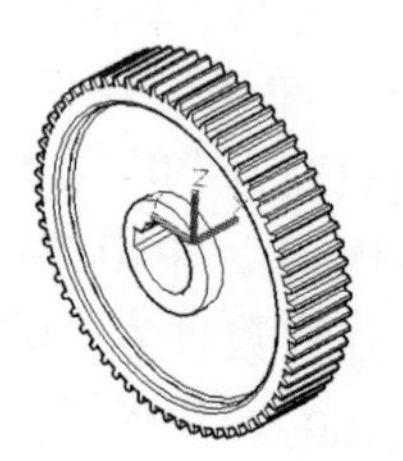

图 11-146　绘制键槽

4）绘制圆柱体。单击“建模”工具栏中的“圆柱体”按钮，中心点为（60,0,-20），半径为“10”，高度“40”。如图 11-147 所示。

5）环形阵列圆柱体。单击“建模”工具栏中的“三维阵列”按钮，将圆柱体进行 360° 环形阵列。阵列数目为“6”，阵列的中心点为（0,0,0），旋转轴上的第二点为（0,0,100），结果如图 11-148 所示。

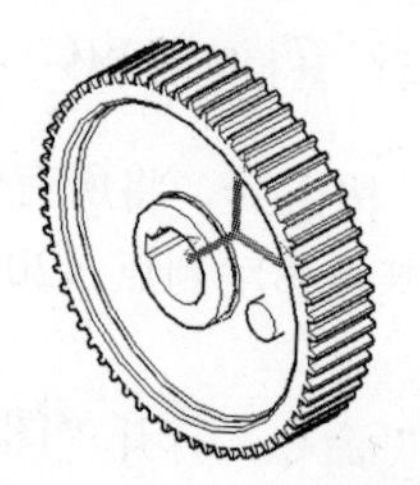

图 11-147　绘制圆柱体

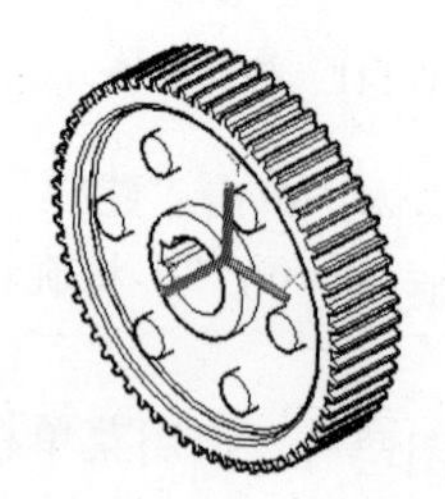

图 11-148　环形阵列圆柱体

6）绘制减轻孔。单击“实体编辑”工具栏中的“差集”按钮，从齿轮基体中减去六个圆柱体，在齿轮凹槽内形成六个减轻孔，如图 11-149 所示。

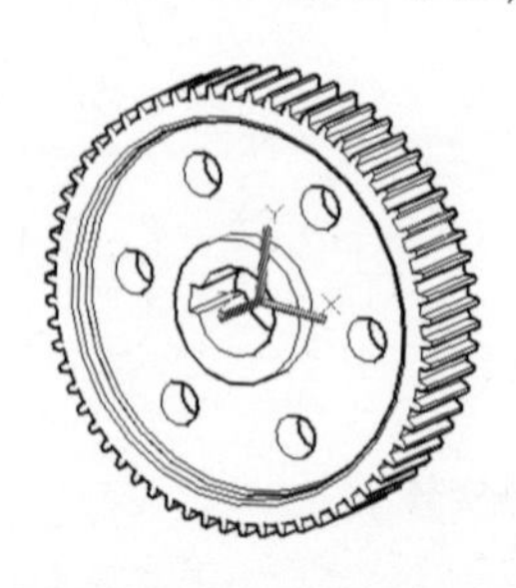

图 11-149　绘制减轻孔

4. 渲染齿轮

1）设置材质。单击“渲染”工具栏中的“材质浏览器”按钮，打开“材质浏览器”面板，如图 11-150 所示，选择适当的材质赋予图形。

2）渲染设置。选择菜单栏中的“视图”→“渲染”→“渲染”命令，或者单击“渲染”工具栏中的“渲染”按钮，渲染图形。

3）保存渲染效果图。选择菜单栏中的“工具”→“显示图像”→“保存”命令，打开“渲染输出文件”对话框，如图 11-151 所示，设置保存图像的格式，输入图像名称，选择保存位置，单击“保存”按钮，保存图像。

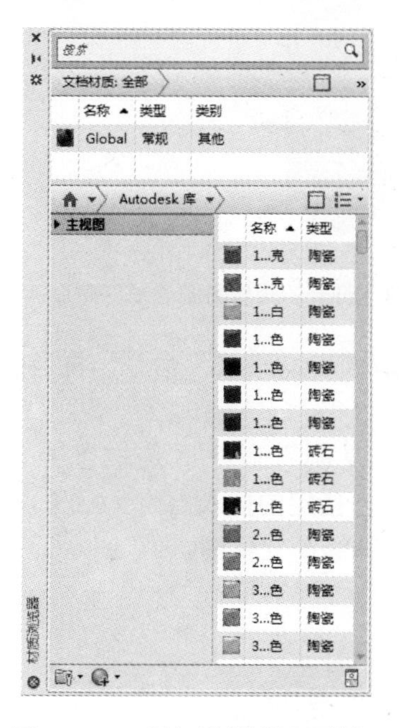

图 11-150 “材质浏览器”面板

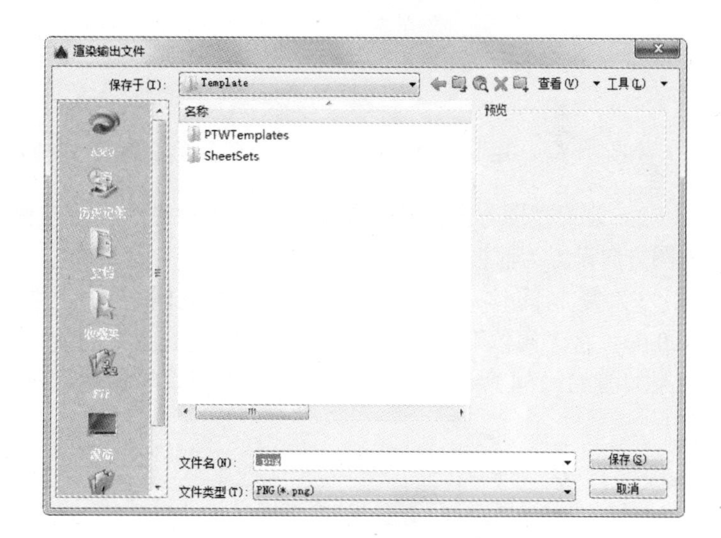

图 11-151 “渲染输出文件”对话框

11.4 综合演练——手压阀三维装配图

手压阀由阀体、阀杆、手把、底座、弹簧、胶垫、压紧螺母、销轴、胶木球和密封垫等零件组成，如图 11-152 所示。

11.4.1 配置绘图环境

1）启动系统。启动 AutoCAD 2016，使用默认设置的绘图环境。

2）建立新文件。选择“文件”→“新建”命令，打开“选择样板”对话框，单击“打开”按钮右侧的下拉按钮，以“无样板打开－公制”（毫米）方式建立新文件；将新文件命名为“手压阀装配图.DWG”并保存。

3）设置线框密度。设置对象上每个曲面的轮廓线数目。默认设置是 8，有效值的范围为 0～2047，该设置保存在图形中。在命令行中输入“ISOLINES”，设置线框密度为“10”。

4）设置视图方向。选择菜单栏中的“视图”→“三维视图”→“前视”命令，将当前视图方向设置为前视方向。

11.4.2 装配阀体

1）打开文件：选择菜单栏中的“文件”→“打开”命令，打开随书光盘文件 X:\源文件\11\立体图\阀体.DWG，如图 11-153 所示。

图 11-152　手压阀

图 11-153　打开的阀体图形

2）设置视图方向：选择菜单栏中的“视图”→“三维视图”→“前视”命令，将当前视图方向设置为前视方向。

3）复制阀体：选择菜单栏中的“编辑”→“带基点复制”命令，选取基点为(0,0,0)，将“阀体”图形复制到“手压阀装配图”的前视图中，指定的插入点为（0,0,0)，结果如图 11-154 所示。图 11-155 所示为西南等轴测方向的阀体装配立体图。

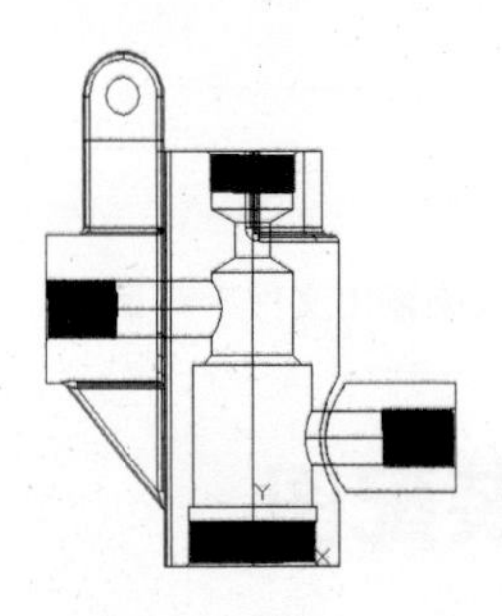

图 11-154　装入阀体后的图形

图 11-155　西南等轴测视图

11.4.3 装配阀杆

1）打开文件：选择菜单栏中的“文件”→“打开”命令，打开随书光盘文件 X：\源文件\11\立体图\阀杆.DWG，如图 11-156 所示。

2）设置视图方向：选择菜单栏中的“视图”→“三维视图”→“前视”命令，将当前视图方向设置为前视方向。

3）复制泵体：选择菜单栏中的“编辑”→“带基点

图 11-156　打开的阀杆图形

复制”命令，选取基点为（0,0, 0），将“阀杆”图形复制到“手压阀装配图”的前视图中，指定的插入点为（0,0,0），结果如图 11-157 所示。

4）旋转阀杆：单击“修改”工具栏中的“旋转”按钮，将阀杆以原点为基点，沿 *Z* 轴旋转，角度为“90°”，结果如图 11-158 所示。

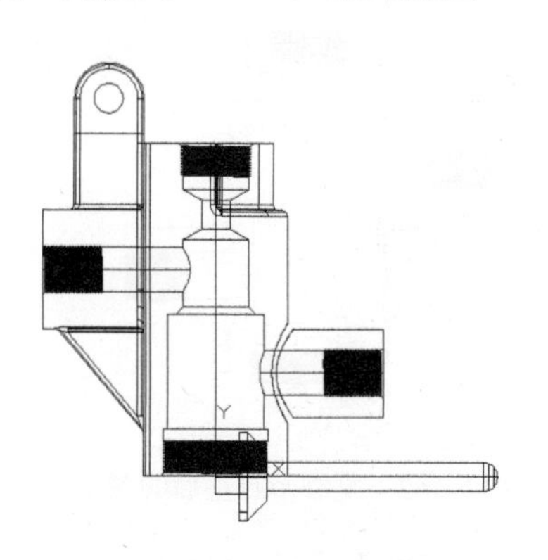

图 11-157 复制阀杆后的图形

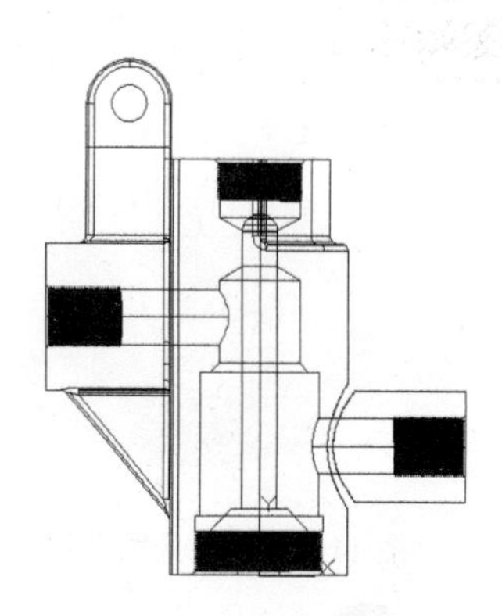

图 11-158 旋转阀杆后的图形

5）移动阀杆：单击“修改”工具栏中的“移动”按钮，以坐标点（0,0,0）为基点，沿 *Y* 轴移动，第二点坐标为（0,43,0）。结果如图 11-159 所示。

6）设置视图方向：选择菜单栏中的“视图”→“三维视图”→“西南等轴测”命令，将当前视图方向设置为西南等轴测视图。

7）着色面：选择菜单栏中的“修改”→“实体编辑”→“着色面”命令，将视图中的面按照需要进行着色。着色后的图形如图 11-160 所示。

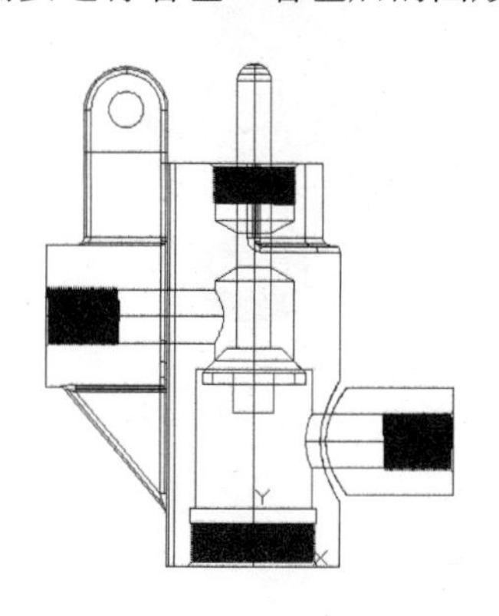

图 11-159 移动阀杆后的图形

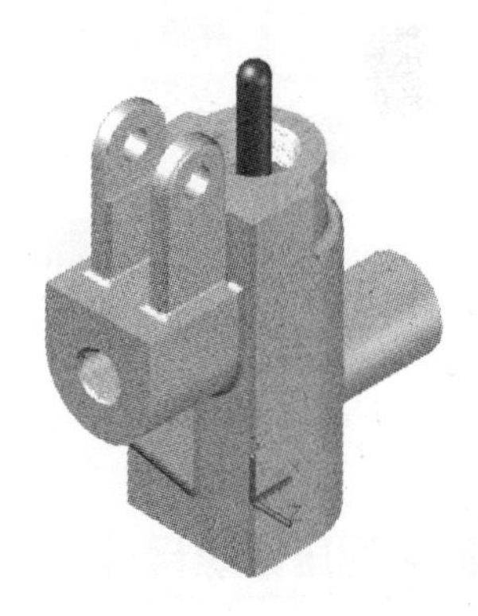

图 11-160 着色后的图形

11.4.4 装配密封垫

1）打开文件：选择菜单栏中的“文件”→“打开”命令，打开随书光盘 X:\源文件\11\立体图\密封垫.DWG，如图 11-161 所示。

2）设置视图方向：选择菜单栏中的“视图”→“三维视图”→“前视”命令，将当前视图方向设置为前视方向。

3）复制密封垫：选择菜单栏中的“编辑”→“带基点复制”命令，选取基点为（0,0,0），将“密封垫”图形复制到“手压阀装配图”的前视图中，指定的插入点为（0,0,0），结果如图 11-162 所示。

图 11-161　打开的密封垫图形

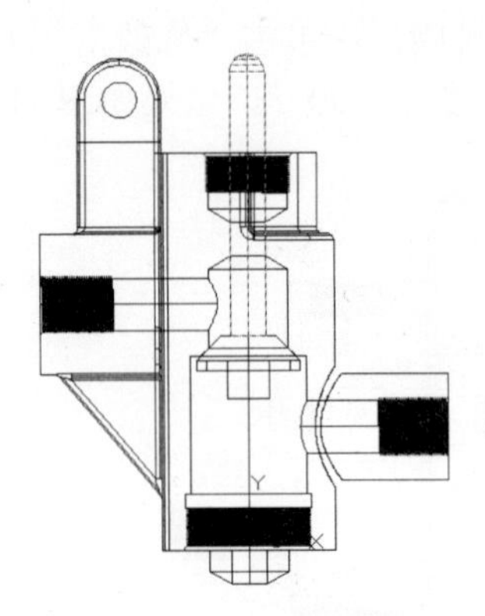

图 11-162　复制密封垫后的图形

4）移动密封垫：单击“修改”工具栏中的“移动”按钮，以坐标点（0,0,0）为基点，沿 *Y* 轴移动，第二点坐标为（0,103,0）。结果如图 11-163 所示。

5）设置视图方向：选择菜单栏中的“视图”→“三维视图”→“西南等轴测”命令，将当前视图方向设置为西南等轴测视图。

6）着色面：选择菜单栏中的“修改”→“实体编辑”→“着色面”命令，将视图中的面按照需要进行着色。结果如图 11-164 所示。

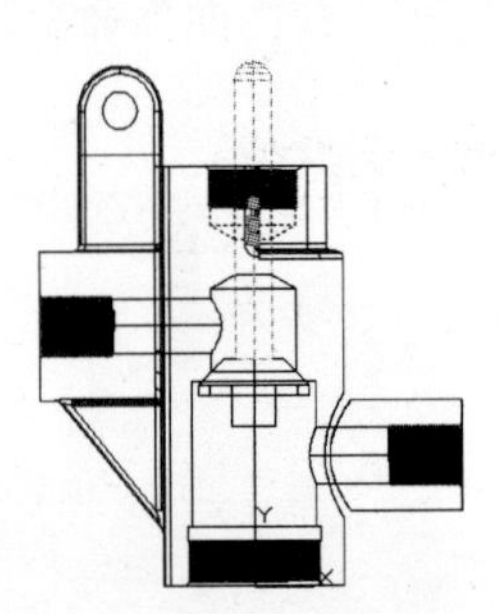

图 11-163　移动密封垫后的图形

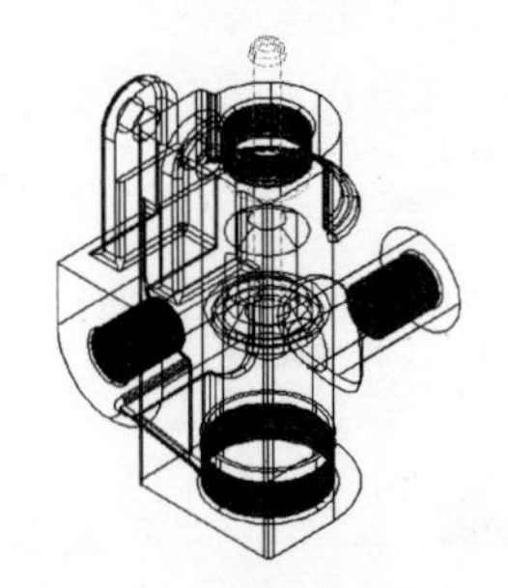

图 11-164　着色后的图形

11.4.5　装配压紧螺母

1）打开文件：选择菜单栏中的“文件”→“打开”命令，打开随书光盘文件 X:\源文件\11\立体图\压紧螺母.DWG，如图 11-165 所示。

2）设置视图方向：选择菜单栏中的“视图”→“三维视图”→“前视”命令，将当前视图方向设置为前视图方向。

3）复制压紧螺母：选择菜单栏中的“编辑”→“带基点复制”命令，选取基点为（0,0, 0），将“压紧螺母”图形复制到“手压阀装配图”的前视图中，指定的插入点为

图 11-165　打开的压紧螺母图形

(0,0,0)，结果如图 11-166 所示。

4）旋转视图：单击“修改”工具栏中的“旋转”按钮，将压紧螺母绕坐标原点旋转，旋转角度为“180°”。结果如图 11-167 所示。

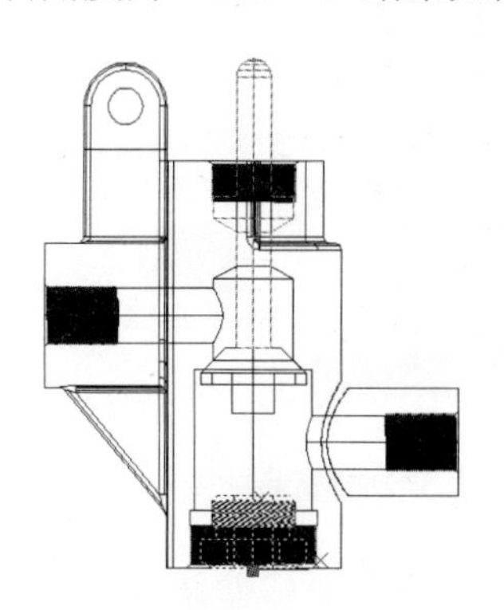

图 11-166　复制压紧螺母后的图形

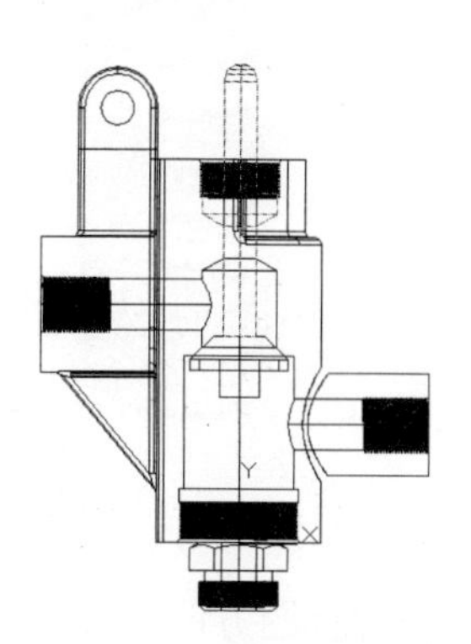

图 11-167　旋转压紧螺母后的图形

5）移动压紧螺母：单击“修改”工具栏中的“移动”按钮，以坐标点（0,0,0）为基点，沿 Y 轴移动，第二点坐标为（0,123,0）。结果如图 11-168 所示。

6）设置视图方向：选择菜单栏中的“视图”→“三维视图”→“西南等轴测”命令，将当前视图方向设置为西南等轴测视图。

7）着色面：选择菜单栏中的“修改”→“实体编辑”→“着色面”命令，将视图中的面按照需要进行着色。结果如图 11-169 所示。

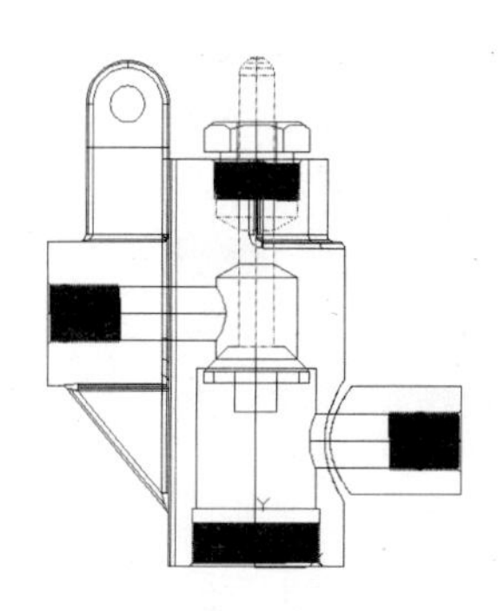

图 11-168　移动压紧螺母后的图形

图 11-169　着色后的图形

11.4.6 装配弹簧

1）打开文件：选择菜单栏中的“文件”→“打开”命令，打开随书光盘文件 X：\源文件\11\立体图\弹簧.DWG，如图 11-170 所示。

2）设置视图方向：选择菜单栏中的“视图”→“三维视图”→“前视”命令，将当前视图方向设置为前视图方向。

3）复制弹簧：选择菜单栏中的“编辑”→“带基点复制”命令，选取基点为(0,0,0)，将“弹簧”图形复制到“手压阀装配图”的前视图中，指定的插入点为（0,0,0），结果如图 11-171 所示。

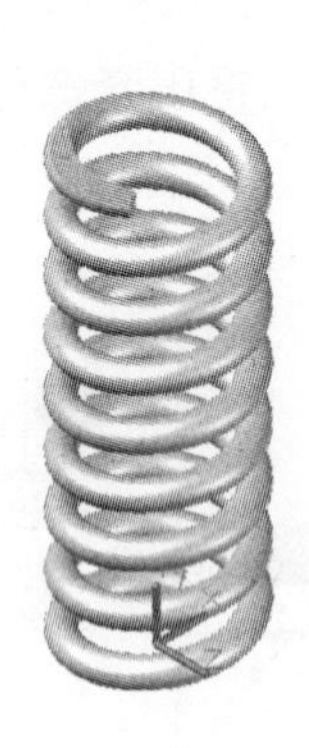

图 11-170　打开的弹簧图形

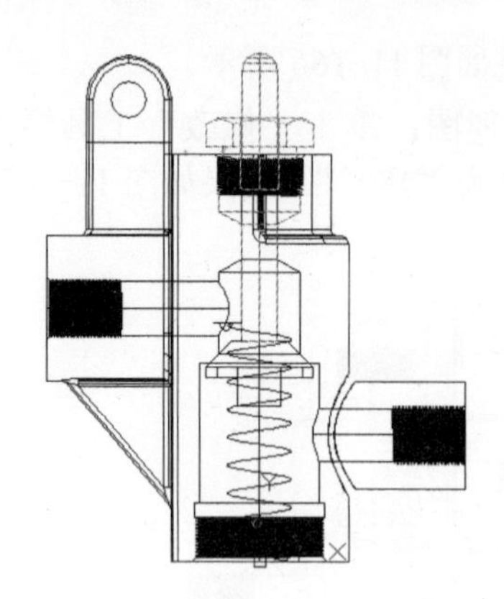

图 11-171　复制弹簧后的图形

4）设置视图方向：选择菜单栏中的“视图”→“三维视图”→“西南等轴测”命令，将视图切换到西南等轴测视图。

5）恢复坐标系：在命令行中输入“UCS”命令，将坐标系恢复到世界坐标系。

6）创建圆柱体：单击“建模”工具栏中的“圆柱体”按钮，以坐标点（0,0,54）为起点，绘制半径为“14”，高度为“30”的圆柱体。

7）设置视图方向：选择菜单栏中的“视图”→“三维视图”→“前视”命令，将当前视图方向设置为前视图方向。创建圆柱体如图 11-172 所示。

8）差集处理：单击“实体编辑”工具栏中的“差集”按钮，将弹簧实体与上一步创建的圆柱实体进行差集处理。如图 11-173 所示。

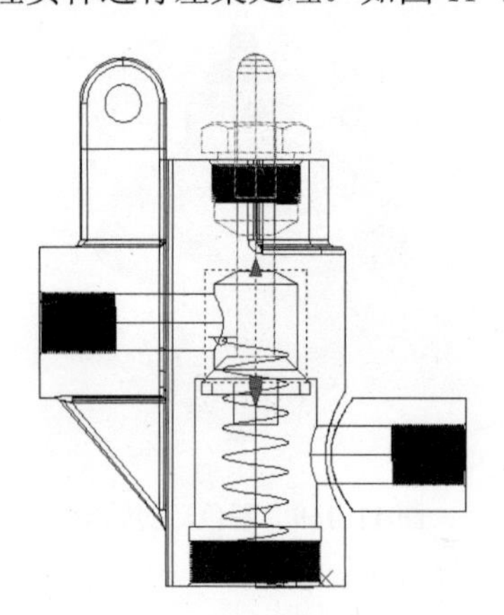

图 11-172　创建圆柱体（一）

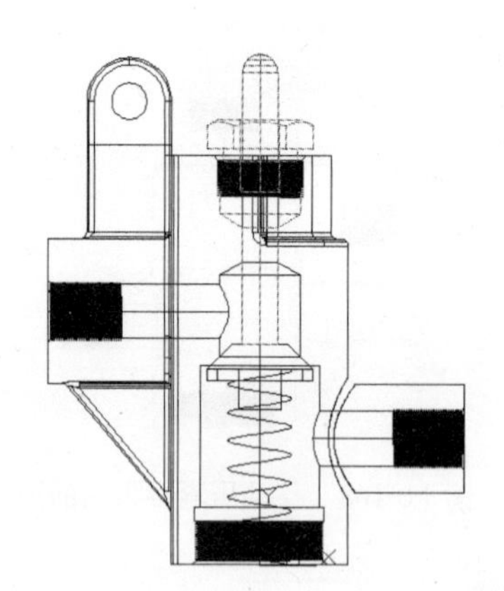

图 11-173　差集后的弹簧（一）

9）设置视图方向：选择菜单栏中的“视图”→“三维视图”→“西南等轴测”命令，将视图切换到西南等轴测视图。

10）恢复坐标系：在命令行中输入“UCS”命令，将坐标系恢复到世界坐标系。

11）创建圆柱体：单击“建模”工具栏中的“圆柱体”按钮，以坐标点（0,0,-2）为起点，绘制半径为“14”，高度为“4”的圆柱体。创建的圆柱体如图 11-174 所示。

12）差集处理：单击“实体编辑”工具栏中的“差集”按钮，将弹簧实体与上一步创建的圆柱实体进行差集。如图 11-175 所示。

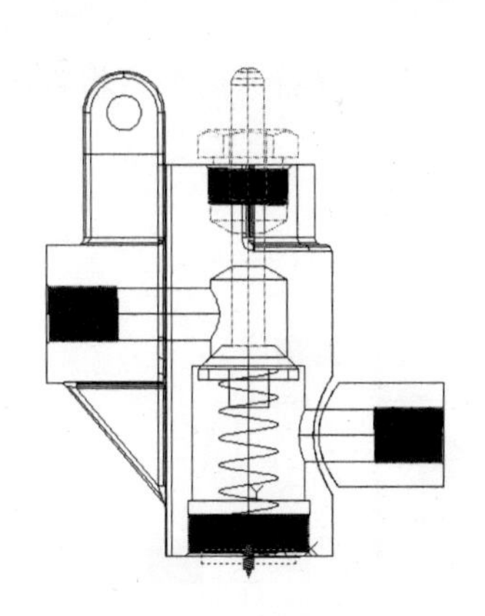

图 11-174　创建圆柱体（二）

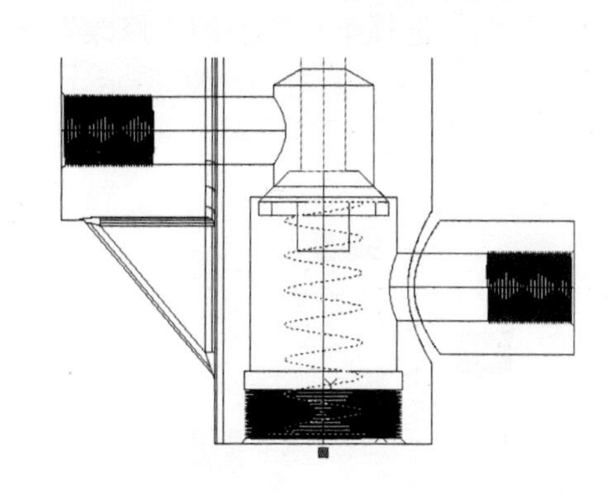

图 11-175　差集后的弹簧（二）

13）设置视图方向：选择菜单栏中的“视图”→“三维视图”→“西南等轴测”命令，将当前视图方向设置为西南等轴测视图。

14）着色面：选择菜单栏中的“修改”→“实体编辑”→“着色面”命令，将视图中的面按照需要进行着色。结果如图 11-176 所示。

11.4.7 装配胶垫

1）打开文件：选择菜单栏中的“文件”→“打开”命令，打开随书光盘文件 X:\源文件\11\立体图\胶垫.DWG，如图 11-177 所示。

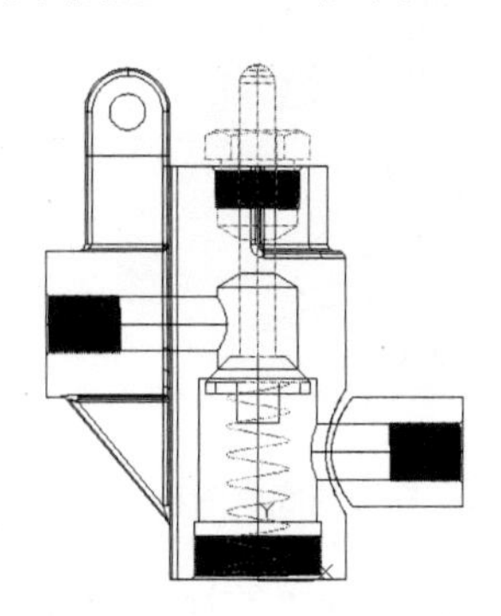

图 11-176　着色后的图形

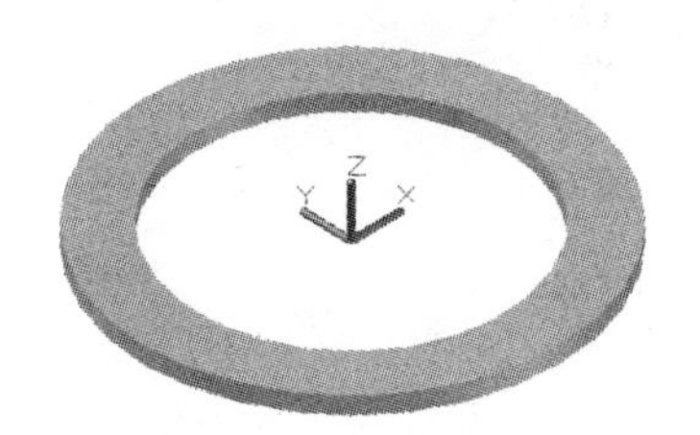

图 11-177　打开的胶垫图形

2）设置视图方向：选择菜单栏中的“视图”→“三维视图”→“前视”命令，将当前视图方向设置为前视图方向。

3）复制胶垫：选择菜单栏中的“编辑”→“带基点复制”命令，选取基点为（0,0,0），将“胶垫”图形复制到“手压阀装配图”的前视图中，指定的插入点为（0,0,0），如图 11-178 所示。

4）移动胶垫：单击“修改”工具栏中的“移动”按钮，以坐标点（0,0,0）为基点，沿 Y 轴移动，第二点坐标为（0,-2,0）。如图 11-179 所示。

5）设置视图方向：选择菜单栏中的“视图”→“三维视图”→“西南等轴测”命令，将当前视图方向设置为西南等轴测视图。

6）着色面：选择菜单栏中的“修改”→“实体编辑”→“着色面”命令，将视图中的面按照需要进行着色。如图 11-180 所示。

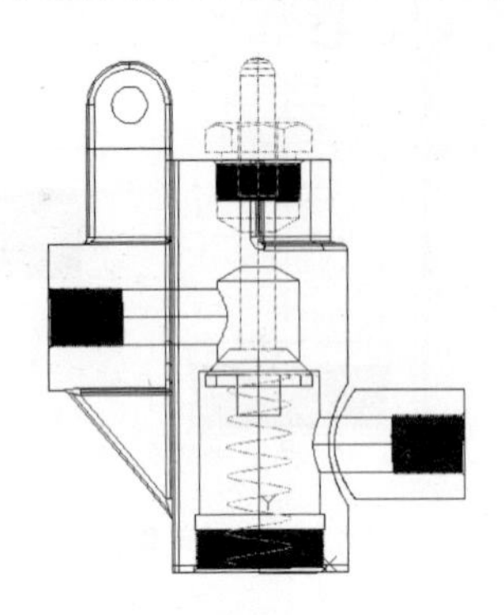

图 11-178　复制胶垫后的图形

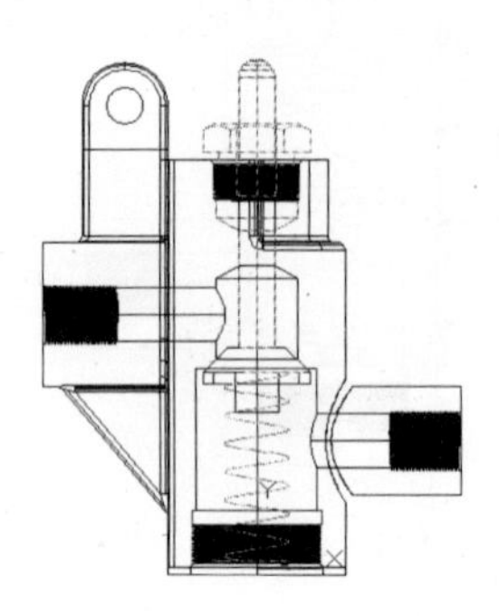

图 11-179　移动胶垫后的图形

11.4.8 装配底座

1）打开文件：选择菜单栏中的“文件”→“打开”命令，打开随书光盘文件 X:\源文件\11\立体图\底座.DWG，如图 11-181 所示。

图 11-180　着色后的图形

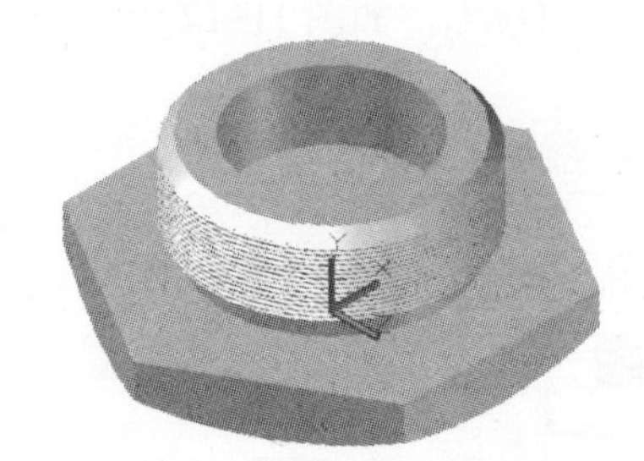

图 11-181　打开的底座图形

2）设置视图方向：选择菜单栏中的“视图”→“三维视图”→“前视”命令，将当前视图方向设置为前视图方向。

3）复制底座：选择菜单栏中的“编辑”→“带基点复制”命令，选取基点为（0,0,0），将“底座”图形复制到“手压阀装配图”的前视图中，指定的插入点为（0,0,0），如图 11-182 所示。

4）移动底座：单击“修改”工具栏中的“移动”按钮，以坐标点（0,0,0）为基点，沿 Y 轴移动，第二点坐标为（0,-10,0）。如图 11-183 所示。

5）设置视图方向：选择菜单栏中的“视图”→“三维视图”→“西南等轴测”命令，将当前视图方向设置为西南等轴测视图。

6）着色面：选择菜单栏中的“修改”→“实体编辑”→“着色面”命令，将视图中的面按照需要进行着色。如图 11-184 所示。

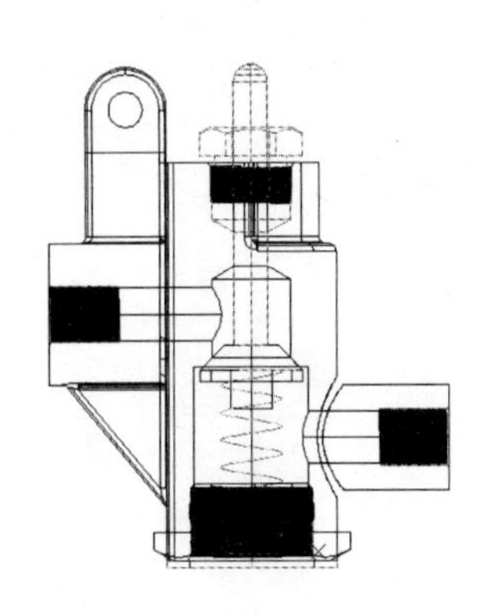

图 11-182 复制底座后的图形

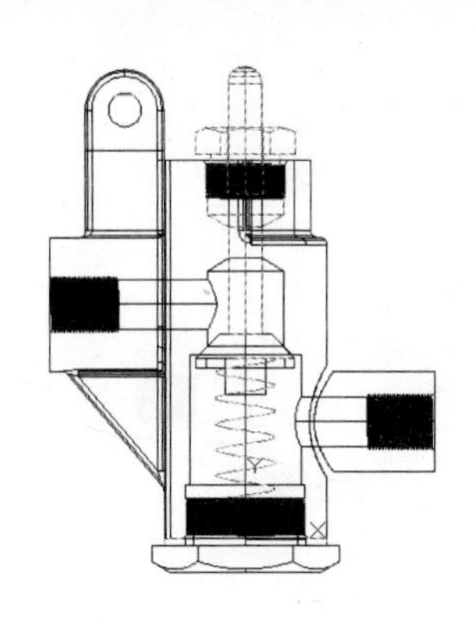

图 11-183 移动底座后的图形

图 11-184 着色后的图形

11.4.9 装配手把

1）打开文件：选择菜单栏中的“文件”→“打开”命令，打开随书光盘文件 X:\源文件\11\立体图\手把.DWG，如图 11-185 所示。

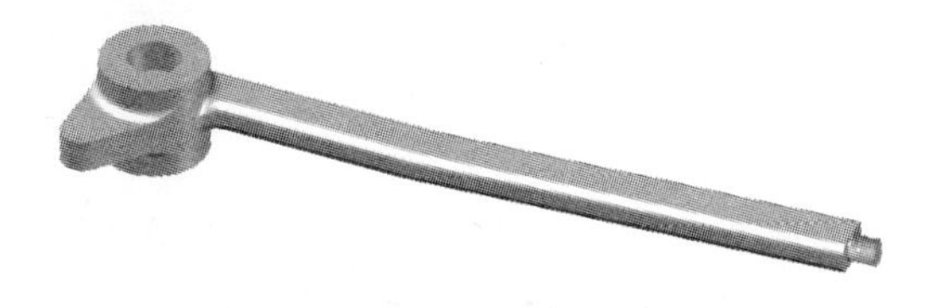

图 11-185 打开的手把图形

2）设置视图方向：选择菜单栏中的“视图”→“三维视图”→“俯视”命令，将当前视图方向设置为俯视图方向。

3）复制手把：选择菜单栏中的“编辑”→“带基点复制”命令，选取基点为（0,0,0），将“手把”图形复制到“手压阀装配图”的前视图中，指定的插入点为（0,0,0），如图 11-186 所示。

4）移动手把：单击“修改”工具栏中的“移动”按钮，以坐标点（0,0,0）为基点移动，第二点坐标为（-37,128,0）。如图 11-187 所示。

5）设置视图方向：选择菜单栏中的“视图”→“三维视图”→“左视”命令，将当前视图方向设置为左视图方向。

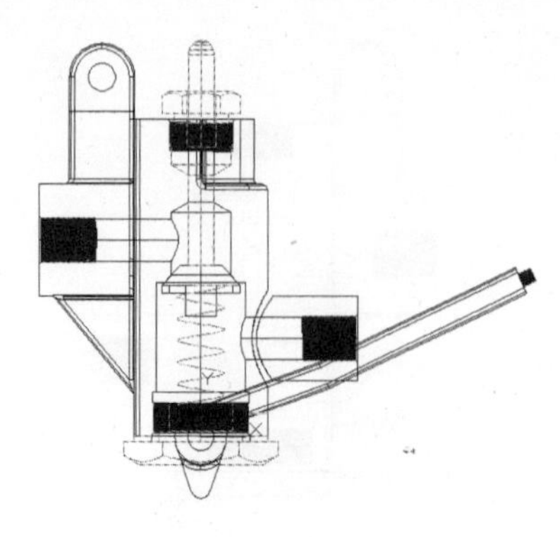

图 11-186　复制手把后的图形

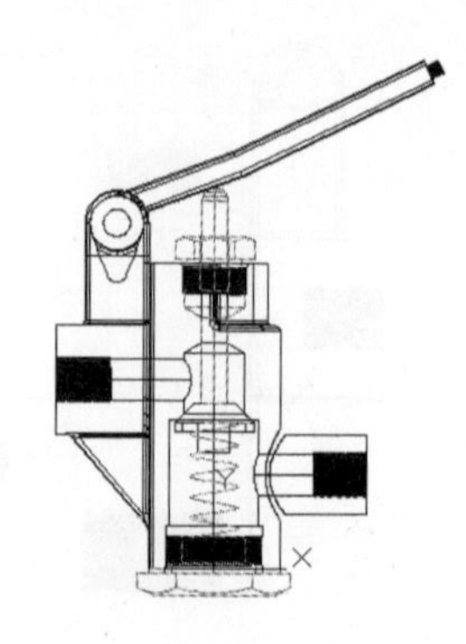

图 11-187　移动手把后的图形（一）

6）移动手把：单击“修改”工具栏中的“移动”按钮，以坐标点（0,0,0）为基点，沿 *X* 轴移动，第二点坐标为（-9,0,0）。如图 11-188 所示。

7）设置视图方向：选择菜单栏中的“视图”→“三维视图”→“西南等轴测”命令，将当前视图方向设置为西南等轴测视图。

8）着色面：选择菜单栏中的“修改”→“实体编辑”→“着色面”命令，将视图中的面按照需要进行着色。如图 11-189 所示。

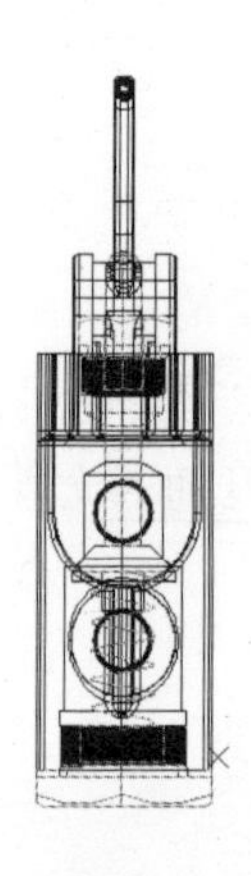

图 11-188　移动手把后的图形（二）

图 11-189　着色后的图形

11.4.10 装配销轴

1）打开文件：选择菜单栏中的“文件”→“打开”命令，打开随书光盘文件 X:\源文件\11\立体图\销轴.DWG，如图 11-190 所示。

2）设置视图方向：选择菜单栏中的“视图”→“三维视图”→“俯视”命令，将当前视图方向设置为俯视图方向。

3）复制销轴：选择菜单栏中的“编辑”→“带基点复制”命令，选取基点为（0,0,0），将“销轴”图形复制到“手压阀装配图”的前视图中，指定的插入点为（0,0,0），如图 11-191 所示。

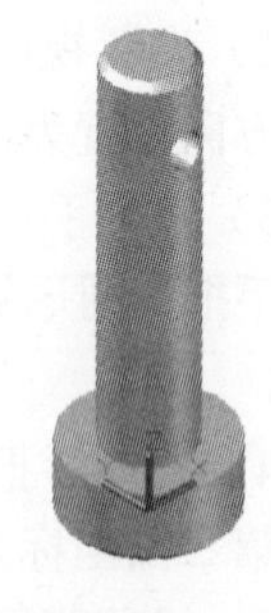

图 11-190　打开销轴图形

4）移动销轴：单击“修改”工具栏中的“移动”按钮，以坐标点（0,0,0）为基点移动，第二点坐标为（-37,128,0）。如图 11-192 所示。

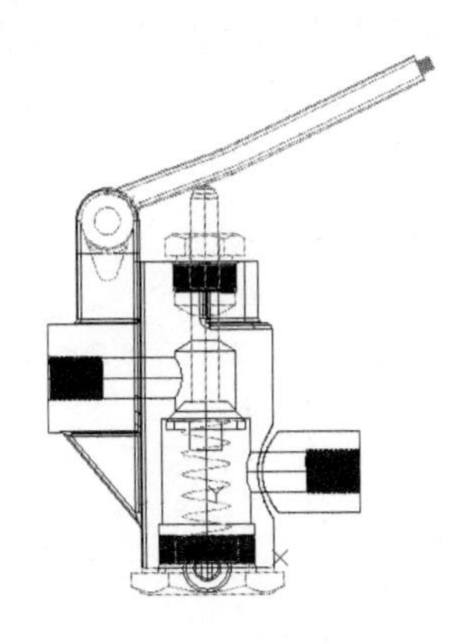

图 11-191　复制销轴后的图形

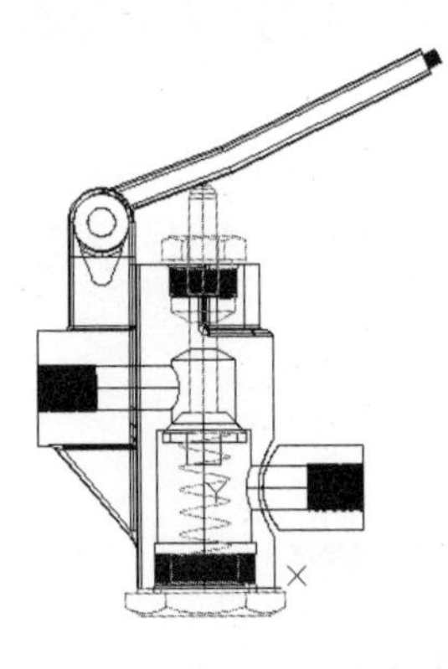

图 11-192　移动销轴后的图形

5）设置视图方向：选择菜单栏中的“视图”→“三维视图”→“左视”命令，将当前视图方向设置为左视图方向。

6）移动销轴：单击“修改”工具栏中的“移动”按钮，以坐标点（0,0,0）为基点，沿 X 轴移动，第二点坐标为（-23,0,0）。如图 11-193 所示。

7）设置视图方向：选择菜单栏中的“视图”→“三维视图”→“西南等轴测”命令，将当前视图方向设置为西南等轴测视图。

8）着色面：选择菜单栏中的“修改”→“实体编辑”→“着色面”命令，将视图中的面按照需要进行着色。如图 11-194 所示。

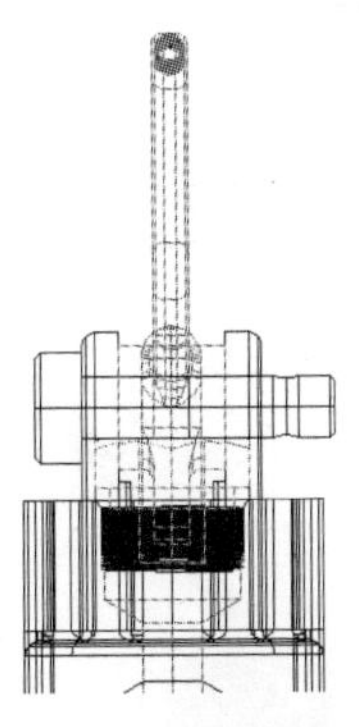

图 11-193　移动销轴后的左视图

图 11-194　着色后的图形

11.4.11 装配销

1）打开文件：选择菜单栏中的“文件”→“打开”命令，打开随书光盘文件 X:\源文件\11\立体图\销.DWG，如图 11-195 所示。

2）设置视图方向：选择菜单栏中的“视图”→“三维视图”→“俯视”命令，将当前视图方向设置为俯视图方向。

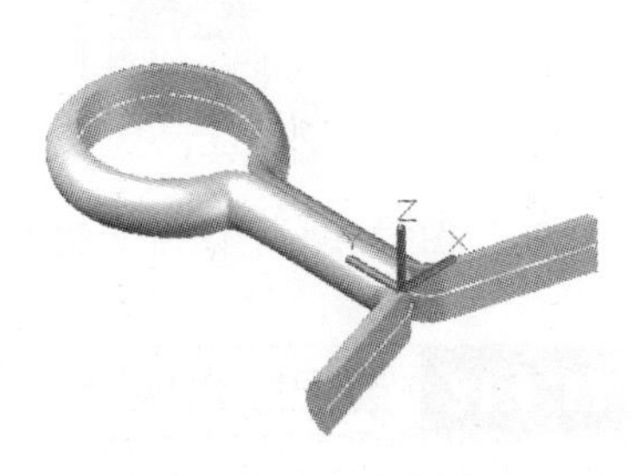

图 11-195　打开的销图形

3）复制销：选择菜单栏中的“编辑”→“带基点复制”命令，选取基点为（0,0,0），将“销”图形复制到“手压阀装配图”的前视图中，指定的插入点为（0,0,0），如图 11-196 所示。

4）移动销：单击“修改”工具栏中的“移动”按钮，以坐标点（0,0,0）为基点移动，第二点坐标为（-37,122.5,0）。如图 11-197 所示。

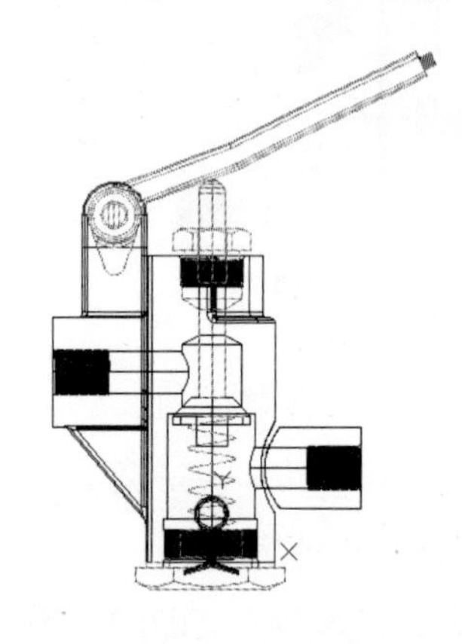

图 11-196 复制销后的图形

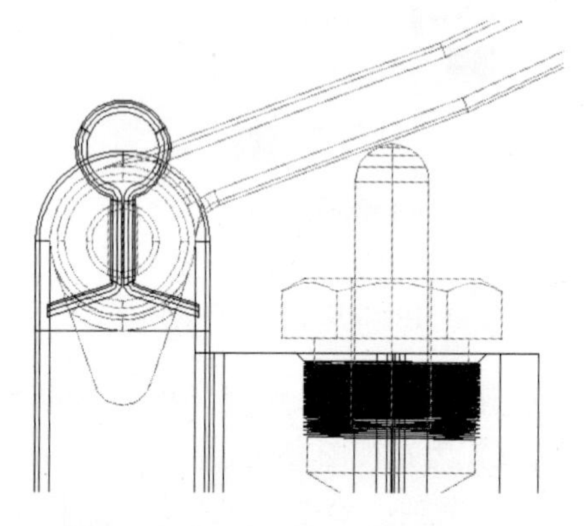

图 11-197 移动销后的图形（一）

5）设置视图方向：选择菜单栏中的“视图”→“三维视图”→“左视”命令，将当前视图方向设置为左视图方向。

6）移动销：单击“修改”工具栏中的“移动”按钮，以坐标点（0,0,0）为基点，沿 X 轴移动，第二点坐标为（19,0,0）。如图 11-198 所示。

7）设置视图方向：选择菜单栏中的“视图”→“三维视图”→“西南等轴测”命令，将当前视图方向设置为西南等轴测视图。

8）着色面：选择菜单栏中的“修改”→“实体编辑”→“着色面”命令，将视图中的面按照需要进行着色。如图 11-199 所示。

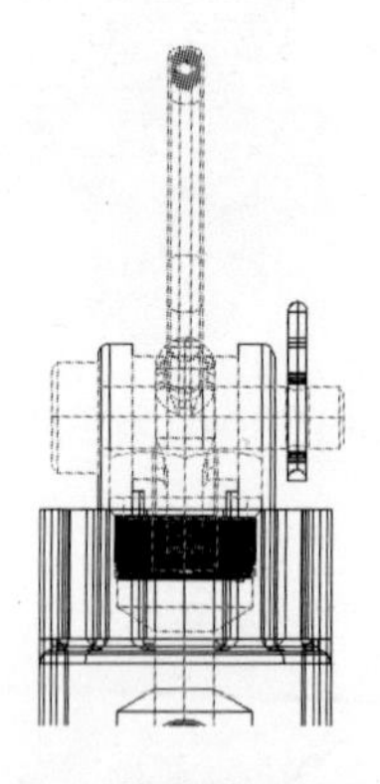

图 11-198 移动销后的图形（二）

图 11-199 着色后的图形

11.4.12 装配胶木球

1）打开文件：选择菜单栏中的“文件”→“打开”命令，打开随书光盘文件 X:\源文件

\11\立体图\胶木球.DWG，如图 11-200 所示。

2）设置视图方向：选择菜单栏中的“视图”→“三维视图”→“前视”命令，将当前视图方向设置为前视图方向。

3）复制胶木球：选择菜单栏中的“编辑”→“带基点复制”命令，选取基点为（0,0,0），将“胶木球”图形复制到“手压阀装配图”的前视图中，指定的插入点为（0,0,0），如图 11-201 所示。

图 11-200 打开的胶木球图形

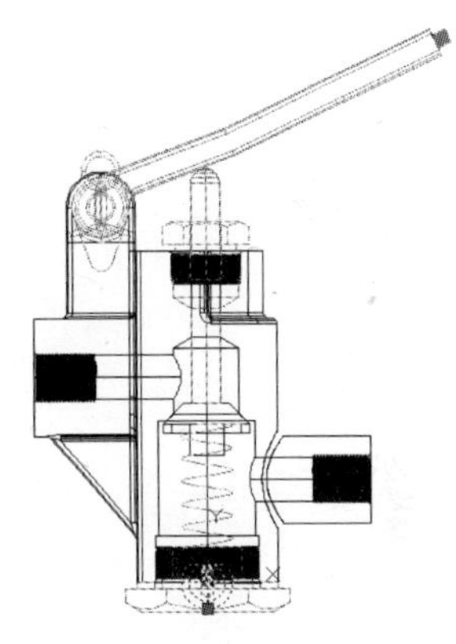

图 11-201 复制胶木球后的图形

4）旋转胶木球：单击“修改”工具栏中的“旋转”按钮，将胶木球以原点为基点，沿 Z 轴旋转，角度为“115°”。结果如图 11-202 所示。

5）移动胶木球：单击“修改”工具栏中的“移动”按钮，选取图 11-203 所示的圆心为基点，选取图 11-204 所示的圆心为插入点。移动后结果如图 11-205 所示。

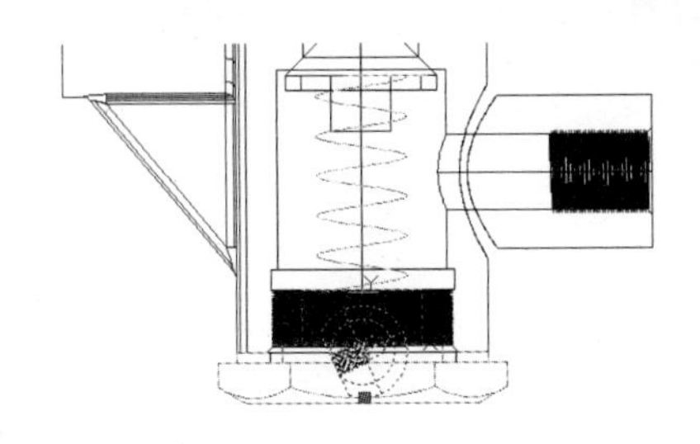

图 11-202 旋转后的图形

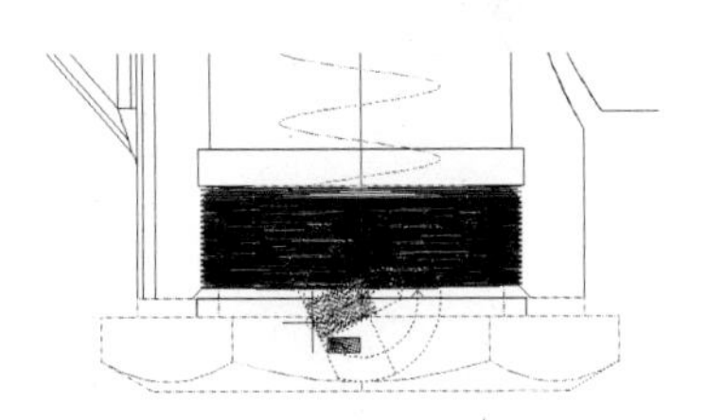

图 11-203 选取基点

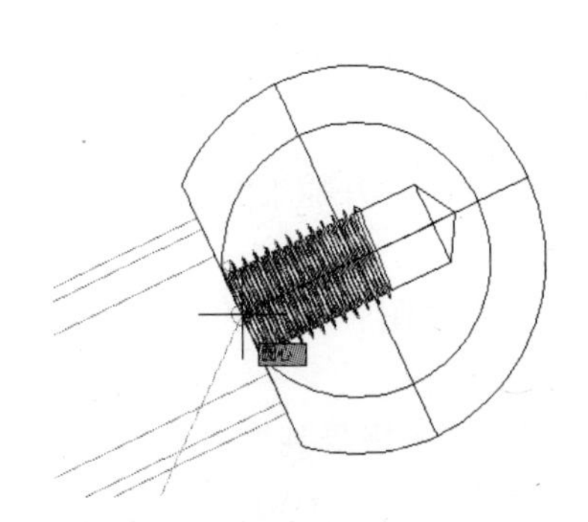

图 11-204 选取插入点

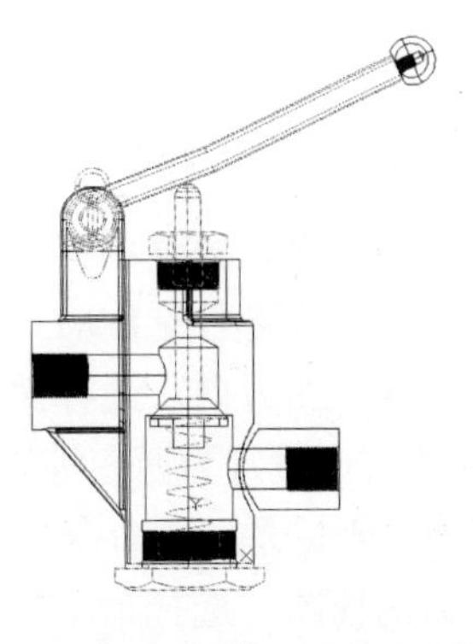

图 11-205 移动胶木球后的图形

6）设置视图方向：选择菜单栏中的“视图”→“三维视图”→“西南等轴测”命令，将当前视图方向设置为西南等轴测视图。

7）着色面：选择菜单栏中的“修改”→“实体编辑”→“着色面”命令，将视图中的面按照需要进行着色。如图 11-206 所示。

图 11-206　着色后的图形

11.4.13　1/4 剖切手压阀装配图

本实例打开手压阀装配图，然后使用剖切命令对装配体进行剖切处理，最后进行消隐处理。结果如图 11-207 所示。

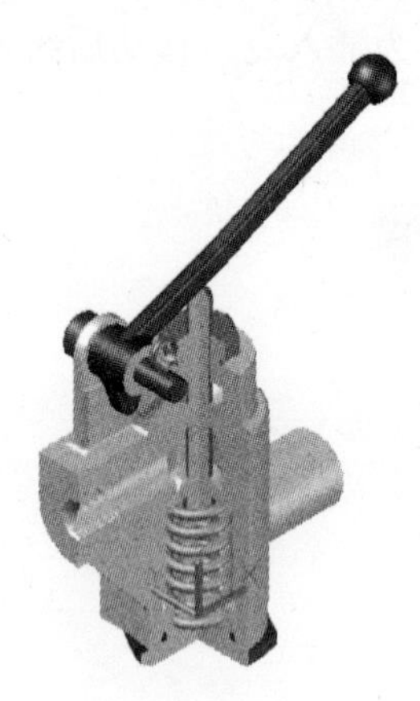

图 11-207　消隐后的 1/4 剖切视图

1）打开文件。选菜单栏中的“文件”→“打开”命令，打开随书光盘文件 X:\源文件\11\立体图\手压阀装配图.DWG。

2）设置视图方向。选择菜单栏中的“视图”→“三维视图”→“西南等轴测”命令，将当前视图方向设置为西南等轴测视图。

3）恢复坐标系。在命令行中输入“UCS”命令，将坐标系恢复到世界坐标系。

4）剖切视图。选择菜单栏中的“修改”→“三维操作”→“剖切”命令，对手压阀装

配体进行剖切，命令行提示与操作如下。

命令: SLICE↙

选择要剖切的对象: （用鼠标依次选择阀体、压紧螺母、密封垫、胶垫、底座五个零件）

选择要剖切的对象: ↙

指定 切面 的起点或 [平面对象(O)/曲面(S)/Z 轴(Z)/视图(V)/XY(XY)/YZ(YZ)/ZX(ZX)/三点(3)] <三点>: ZX↙

指定 XY 平面上的点 <0,0,0>:↙

在所需的侧面上指定点或 [保留两个侧面(B)] <保留两个侧面>: B↙

命令: SLICE↙

选择对象: （用鼠标依次选择阀体、压紧螺母、密封垫、胶垫、底座五个零件）

选择对象: ↙

指定切面上的第一个点，依照 [对象(O)/Z 轴(Z)/视图(V)/XY 平面(XY)/YZ 平面(YZ)/ZX 平面(ZX)/三点(3)] <三点>: YZ↙

指定 ZX 平面上的点 <0,0,0>:↙

在要保留的一侧指定点或 [保留两侧(B)]: 10,0,0↙

消隐后结果如图 11-208 所示。

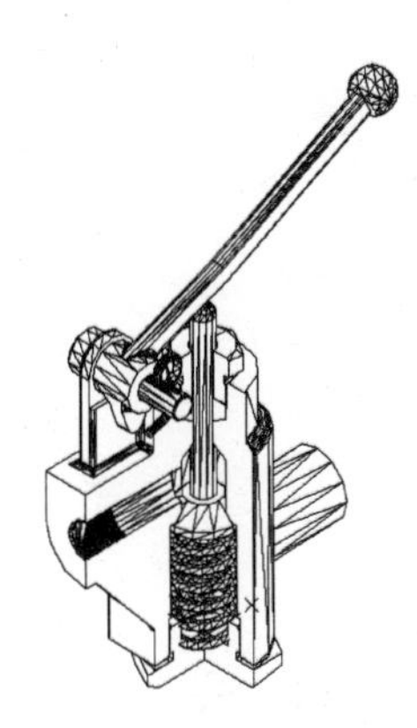

图 11-208　消隐后的 1/4 剖切视图